Léon Poliakov / Josef Wulf

Das Dritte Reich und seine Denker

K · G · Saur München · New York · London · Paris
arani-Verlag Berlin

CIP-Kurztitelaufnahme der Deutschen Bibliothek

Das Dritte Reich und seine Denker: Dokumente / Léon Poliakov; Josef Wulf. – Berecht. Nachdr. – München, New York, London, Paris: Saur; Berlin-Grunewald: arani-Verlags-GmbH, 1978.
ISBN 3-598-04601-4

NE: Poliakov, Léon [Hrsg.]

Berechtigter Nachdruck der im arani-Verlag Berlin erschienenen Originalausgabe

Druck: Hain-Druck KG, Meisenheim/Glan
Binden: Thomas-Buchbinderei GmbH, Augsburg
Printed in the Federal Republic of Germany
ISBN 3-598-04601-4

INHALT

Ein Verzeichnis der Dokumente befindet sich zu Beginn jedes Kapitels

Einleitung

Die in diesem Buch zusammengestellten Texte ergeben einen Querschnitt durch die deutsche Geisteswelt unter dem nationalsozialistischen Regime.

Eigentlich bedürfte es also keines Kommentars. Es war jedoch unvermeidlich, neben Adolf Hitler und Heinrich Himmler auch Persönlichkeiten in ihren schriftstellerischen und rhetorischen Auslassungen zu dokumentieren, die im Dritten Reich nicht nur bekannt und angesehen waren, sondern es auch heute sind. Manche von ihnen fühlten sich durch solche Nachbarschaft diffamiert und drückten uns ihr Mißbehagen darüber aus.

Uns betrübt die Promiskuität der Denker und Mörder, aber sie beleuchtet das verzwickte Problem des Dritten Reiches. Aus dieser Promiskuität ergibt sich, auf wie mannigfache Art das nationalsozialistische Regime es verstanden hat, selbst hochgeachtete Staatsbürger für seine Zwecke einzuspannen. Wir hielten es daher für unvereinbar mit unserer Pflicht als Historiker, diesen oder jenen Auszug fortzulassen, nur weil dessen Verfasser uns vielleicht nachweisen konnte, er sei im Grunde seines Herzens ein Gegner des Nationalsozialismus gewesen. Wir werfen uns keinesfalls zum Richter auf, denn die Entscheidung, ob solche Behauptungen ehrlich oder unaufrichtig sind, steht uns nicht zu. Wir urteilen vielmehr einzig und allein nach dem Inhalt der betreffenden Äußerung selbst, ohne dabei in Betracht zu ziehen, wie die tatsächliche Einstellung des Autors damals gewesen sein mag. Die Herausnahme eines Textes wäre auch wohl anderen Autoren gegenüber ungerecht gewesen, weil diese sich vielleicht nicht mehr zu verteidigen vermögen oder weil wir gerade über sie weniger Angaben zur Verfügung hatten[1]).

Den von uns ausgewählten unfreiwilligen Denkern mögen mildernde Umstände zugebilligt werden, aber verdienen sie den Freispruch des Schweigens?

Derartige Probleme und Überlegungen sind nicht neu, denn sie sind allzu menschlich. Zu allen Zeiten hat es schließlich immer nur wenige Beherzte gegeben, die den Schierlingsbecher leerten oder sagten: Hier stehe ich, ich kann nicht anders, *anstatt den Götzen des Staates zu opfern. Bei geistigen Führern, Erziehern und Wissenschaftlern wird indessen vorausgesetzt, was entsprechend dem ersten Gebot von Judentum und Christenheit gleicherweise unermüdlich gefordert wird:* Du sollst keine anderen Götter neben mir haben! *Das allein erwirbt dem einzelnen Unsterblichkeit und bewirkt ein Fortbestehen der Völker. Hätten nicht im Verlauf der Jahrhunderte unzählige jüdische Märtyrer den Tod der Taufe vorgezogen, indem sie im entscheidenden Augenblick „nein" sagten und starben, damit der* Name Gottes *(also: die Wahrheit!)* geheiligt werde, *die Juden wären wahrscheinlich längst gleich den Chaldäern und Hethitern nur noch ein Begriff der Kulturgeschichte.*

---

[1]) Wir bemühten uns jedenfalls, über jeden der Zitierten ein Maximum biographischer und anderer Einzelheiten zu beschaffen, soweit diese die Nachkriegswirren überdauerten. Das Wesentliche befindet sich jeweils unmittelbar vor dem zitierten Text.

Es dürfte kaum notwendig sein, auch noch an die Worte der Apostel vor dem Hohen Rat zu erinnern: Richtet ihr selbst, ob es vor Gott recht ist, daß wir euch mehr gehorchen, denn Gott. Wir können's ja nicht lassen, daß wir nicht sagen, was wir gesehen und gehört haben.

Von der kritischen Vernunft wurden die alten Dogmen später in Frage gestellt, durch neue Lehren ersetzt und in andere Worte gekleidet. Der dann aufgestellte kategorische Imperativ wiederholte jedoch auch nur wieder die fundamentale schlichte Wahrheit: Eure Rede sei: ja, ja; nein, nein!

Jede Diktatur verfügt über mancherlei und recht vielfältige Mittel, ihre Bürger zu locken und in Versuchung zu führen. Verfechter und Mitläufer des Nationalsozialismus sind daher oft einem Druck besonderer Art erlegen. Sie ließen sich verführen, weil sie dem Lockruf nicht zu widerstehen vermochten. Sie wurden mitschuldig, indem sie ihre Stellung halten, das eigene Fortkommen sichern wollten.

Weit schlimmer jedoch ist — und das gerade war leider nur allzuoft der Fall — daß bekanntlich die Angst vor dem Skandal und ein kurzsichtiger Konformismus unter Umständen spielend erreichten, was selbst die blanke Waffe nicht zu erzwingen vermochte. An soldatischem Mut fehlte es dem Deutschen bestimmt nicht, denn er stellte ihn — den Tod auf dem Schlachtfeld vor Augen — unter Beweis. Ebensowohl weiß die Welt aber auch, wie eng sein Mangel an Zivilcourage von 1933 bis 1945 oft mit der Furcht, die Gunst der Obrigkeit einzubüßen, der Sorge um die öffentliche Meinung, die des lieben Nachbarn oder gar des Blockwarts, verknüpft war. Hinzu kam noch die allgemeine Lust am Marschieren in Reih und Glied *ohne jede eigene Verantwortung und oft selbst wider besseres Wissen.*

All das zusammen aber hilft der Diktatur nicht unwesentlich, ihr angestrebtes Ziel zu erreichen. So konnte also das nationalsozialistische Regime auch ganz still und heimlich oder durch nur indirekten Druck seine Pläne ebenfalls leicht verwirklichen. Erst die im Überfluß vorhandenen Charakterschwächen ermöglichten die Diktatur des Nationalsozialismus. Darüber hinaus brachte es der Mangel an echter innerer Überzeugung dazu, daß die faden und doch äußerst gefährlichen Verheißungen des Führers oder seiner Trabanten für die Zukunft gläubig hingenommen wurden und auf fruchtbaren Boden fielen. Man meinte zunächst, es ist schon etwas Gutes an der Sache dran, *denn immerhin habe der Führer ja die Ordnung und Disziplin wieder hergestellt und außerdem verspreche er Deutschland eine Vormachtstellung in der Welt.*

Dieser Ansicht begegnet man in Deutschland auch heute noch. Darf man im Hinblick darauf nun aber die jüngste Vergangenheit tatsächlich so einfach auf sich beruhen lassen? Kann man wirklich alles Charakterlose und Schwache großzügig übersehen?

Wir machten uns an die undankbare und außerdem recht mühsame Arbeit, die Dokumente dieses Buches zusammenzustellen, weil wir hofften, einerseits möchten sie als Mahnung dienen und andererseits könnten sie vielleicht das Gedächtnis nützlicherweise etwas auffrischen.

Falls nun der eine oder andere Ärger empfindet, weil wir ihn zitierten, so möge er bedenken, durch wen der Ärger kommt.

Mit großer Genugtuung durften wir bei unseren Nachforschungen feststellen, daß es dennoch auf allen Gebieten verantwortungsbewußte Deutsche gegeben hat, die selbst unter nationalsozialistischer Herrschaft standhaft blieben und weder Drohung noch Versuchung erlagen, sondern die Sünde wider den Geist teilweise sogar zu vereiteln wußten.

Soweit es im Rahmen dieses Buches möglich ist, veröffentlichen wir von ihnen, was ihre Einstellung oder Stellungnahme deutlich offenbart. Der Leser wird erkennen, wie ihr Nein, die Dienstverweigerung nationalsozialistischen Idolen gegenüber, stets in einem festen Glauben, einer tiefen Überzeugung wurzelte: dem Christentum bei Graf Galen und den Wortführern der Bekenntniskirche; dem Glauben an einen lebendigen Humanismus in Volk und Vaterland bei Professor Huber und den Geschwistern Scholl; dem Glauben an die Ethik wahrer Wissenschaft der Professoren Werner Heisenberg, Max Bodenstein und Rudolf Fick.

Das Wesentliche über das Ethos der Wahrheit wurde schon vor Jahrtausenden ausgesprochen, und ganz genauso offenbaren es auch die letzten Worte von Professor Huber:

Sie haben mir den Rang und die Rechte des Professors und den „summa cum laude" erarbeiteten Doktorhut genommen und mich dem niedrigsten Verbrecher gleichgestellt.

Die innere Würde des Hochschullehrers, des offenen, mutigen Bekenners seiner Welt- und Staatsanschauung, kann mir kein Hochverratsverfahren rauben. Mein Handeln und Wollen wird der eherne Gang der Geschichte rechtfertigen; darauf vertraue ich felsenfest. Ich hoffe zu Gott, daß die geistigen Kräfte, die es rechtfertigen, rechtzeitig aus meinem eigenen Volk sich entbinden mögen. Ich habe gehandelt, wie ich aus einer inneren Stimme heraus handeln mußte.

*

An dieser Stelle wollen wir den nachstehend aufgeführten Institutionen unseren Dank aussprechen, weil sie uns ihre Bibliotheken und Archive liebenswürdigerweise zur Einsichtnahme zur Verfügung stellten und unsere Arbeit wesentlich erleichterten. Wir danken also in

Amsterdam: *dem Rijksinstituut voor Oorlogsdocumentatie.*

Berlin: *der Amerikanischen Gedenkbibliothek, dem Amt für Büchereiwesen des Bezirksamts Zehlendorf, der Bibliothek beim Senator für Justiz, der Bibliothek des Kammergerichts Charlottenburg, der Bibliothek der Firma Lorenz AG., dem Caritasverband, der Deutschen Hochschule für Politik, dem Friedrich-Meinecke-Institut, dem Institut für Erziehung und Schulwesen, dem Institut für Musikforschung, dem Institut für politische Wissenschaft, dem Institut für Publizistik der Freien Universität, der Kunstbibliothek der ehemals Staatlichen Museen, der Landesbildstelle, dem Landesfinanzamt, dem Max-Planck-Institut in Dahlem, der Medizinischen Zentralbibliothek, dem Museum für Vorgeschichte, dem Musikwissenschaftlichen Institut, der Pädagogischen Hochschule, dem Philosophischen Seminar der Freien Universität, der Senatsbibliothek Charlottenburg, der Städtischen Bücherei Wilmersdorf, der Städtischen Volksbücherei Steglitz, der Städtischen Volksbücherei Neukölln, der Theaterhistorischen Sammlung in Dahlem,*

Berlin:	*dem Zentralausschuß für die Innere Mission der Evangelischen Kirche, der Zentralfachbücherei der Firma Siemens & Halske in Siemensstadt.*
Frankfurt a. M.:	*dem Institut für angewandte Geodäsie.*
Jerusalem:	*dem Yad Vashem.*
New York:	*dem YIVO – Institute for Jewish Research.*
Paris:	*dem Centre de Documentation Juive Contemporaine.*

Ganz besonders danken möchten wir auch denen, die uns persönlich bei unserer Arbeit unterstützten und sich hilfsbereit in den Dienst der Sache stellten, wie in

Amsterdam:	*Herrn Dr. L. de Jong.*
Berlin:	*Frau Dora Fehling, Frl. Dr. Steffen, Frau Ingeborg Wichmann, Frau Herta Zerna und den Herren: Dr. Köhler, Oberbibliothekar Kreutzler, dem Herausgeber der „Filmblätter", Herrn R. Scheuer, und Herrn M. Zarzycki.*
Bonn:	*Herrn Dr. Friedrich Beermann, Herrn Prof. Dr. K. D. Bracher.*
Buenos Aires:	*Herrn Marc Turkow.*
Frankfurt a. M.:	*Herrn Prof. Dr. Robert M. W. Kempner, Herrn Lothar Saczek.*
Krakau:	*Herrn Prof. Dr. Jan Sehn.*
New York:	*Herrn Prof. Dr. John Fried.*
Paris:	*Herrn U. Hessel.*

Und zuletzt sei vor allen Dingen Frau Iris von Stryk für ihre Mitarbeit bei den Vorbereitungen und der Zusammenstellung dieses Buches sehr gedankt.

Léon Poliakov *Josef Wulf*

ABKÜRZUNGEN UND HINWEISE

C. R. P. I.	*CrP – Informationsdienst des Clubs Republikanischer Publizisten im Grünwalder Kreis.*
Endlösung	Gerald Reitlinger: „Die Endlösung", Hitlers Versuch der Ausrottung der Juden Europas 1939–1945. Berlin 1956.
F. L.	Das Deutsche Führerlexikon 1934/35. Berlin 1935.
H. P.	„Hitler's Professors", The part of scholarship in Germany's Crimes against the Jewish people, by Max Weinreich, Yiddish Scientific Institute – YIVO. New York 1946.
K. G. K.	Kürschners Deutscher Gelehrten-Kalender.
K. L. K.	Kürschners Deutscher Literatur-Kalender.
Kons. Rev.	Armin Mohler: „Die konservative Revolution in Deutschland 1918 bis 1932", Grundriß ihrer Weltanschauung. Stuttgart 1950.
P. W. I.	Léon Poliakov/Josef Wulf: „Das Dritte Reich und die Juden." Berlin 1955.
P. W. II.	Léon Poliakov/Josef Wulf: „Das Dritte Reich und seine Diener." Berlin 1956.
SBZ	Wer ist Wer in der sowjetisch besetzten Zone?, Berlin-Zehlendorf 1958.
T. W. C.	„Trail of War Criminals", Oktober 1946–April 1949 („Grüne Serie").
Vom andern Deutschland	Ullrich von Hassel, „Aus den nachgelassenen Tagebüchern 1938 bis 1944". Wien 1948.

Die für die einzelnen Dokumente gewählten Überschriften und Erläuterungen stammen von den Herausgebern. *Erläuterungen sind in Kursivschrift gesetzt.*

Dokumente, die aus dem Archiv des Internationalen Militärgerichtshofs in Nürnberg stammen, weisen eine Verbindung von Buchstaben und Zahlen – die Nummern der Beweisurkunden – auf: z. B. PS – 1816.

Dokumente aus den Archiven des Centre de Documentation Juive Contemporaine in Paris sind mit der Kennziffer des Instituts versehen, nämlich mit einer römischen Ziffer, die durch eine arabische Zahl ergänzt ist: z. B. CCLXXX – 20. Dieses Material ist größtenteils bisher noch nicht veröffentlicht worden.

KAPITEL I

Weltanschauung

INHALTSVERZEICHNIS

Vorwort

Das Durcheinander und der unglaubliche Wirrwarr von Schriftstücken und Namen, durch das sich dieses Kapitel auszeichnet, verschafft dem Leser von vornherein einen Begriff von dem, was unser Buch darstellt. Neben Ergüssen der geschichtlich längst abgestempelten Verbrecher findet man nämlich auch Schriften, unter denen ehrwürdige und noch heute geachtete Namen stehen. Aber sie reden die gleiche Sprache.

Handelt es sich da um Borniertheit oder Schadenfreude, um Karrieremacherei oder ganz einfach um Furcht? Nun, das ist nicht wichtig! Individual-Psychologie dürfte hier kaum am Platze sein.

Was einzig und allein zählt, sind die unheimlichen Gewalten, das Zusammenfließen verschiedenster Strömungen. Zum Schluß mußte es unweigerlich in der schlimmsten Katastrophe der ganzen Geschichte Deutschlands, ja Europas überhaupt, münden.

Adolf Hitler

Adolf Hitler. * 20. 4. 1889 — 1925 erscheint sein Hauptwerk „Mein Kampf" — 1943 Auflage bereits 9 840 000 Exemplare — † 1. 5. 1945 (Selbstmord).

I.

Der Arier[1])

Was wir heute an menschlicher Kultur, an Ergebnissen von Kunst, Wissenschaft und Technik vor uns sehen, ist nahezu ausschließlich schöpferisches Produkt des Ariers.

*

Würde man die Menschheit in drei Arten einteilen: in Kulturbegründer, Kulturträger und Kulturzerstörer, dann käme als Vertreter der ersten wohl nur der Arier in Frage. Von ihm stammen die Fundamente und Mauern aller menschlichen Schöpfungen, und nur die äußere Form und Farbe sind bedingt durch die jeweiligen Charakterzüge der einzelnen Völker.

*

Arische Stämme unterwerfen — häufig in wahrhaft lächerlich geringer Volkszahl — fremde Völker und entwickeln nun, angeregt durch die besonderen Lebensverhältnisse des neuen Gebietes (Fruchtbarkeit, klimatische Zustände usw.), sowie begünstigt durch die Menge der zur Verfügung stehenden Hilfskräfte an Menschen niederer Art, ihre in ihnen schlummernden geistigen und organisatorischen Fähigkeiten.

*

So war für die Bildung höherer Kulturen das Vorhandensein niederer Menschen eine der wesentlichsten Voraussetzungen, indem nur sie den Mangel technischer Hilfsmittel, ohne die aber eine höhere Entwicklung gar nicht denkbar ist, zu ersetzen vermochten.

Erst nach der Versklavung unterworfener Rassen begann das gleiche Schicksal auch Tiere zu treffen und nicht umgekehrt, wie manche wohl glauben möchten. Denn zuerst ging der Besiegte vor dem Pfluge — und erst nach ihm das Pferd.

*

---

[1]) *„Mein Kampf", Zentralverlag der NSDAP. Frz. Eher Nachf., München 1934, 112. bis 113. Auflage, S. 317—326.*

Der Fortschritt der Menschheit gleicht dem Aufstiege auf einer endlosen Leiter; man kommt eben nicht höher, ohne erst die unteren Stufen genommen zu haben. So mußte der Arier den Weg schreiten, den ihm die Wirklichkeit wies, und nicht den, von dem die Phantasie eines modernen Pazifisten träumt.

*

Es ist also kein Zufall, daß die ersten Kulturen dort entstanden, wo der Arier im Zusammentreffen mit niederen Völkern diese unterjochte und seinem Willen untertan machte.

*

Damit aber war der Weg, den der Arier zu gehen hatte, klar vorgezeichnet. Als Eroberer unterwarf er sich die niederen Menschen und regelte dann deren praktische Betätigung unter seinem Befehl, nach seinem Wollen und für seine Ziele.

*

Die Blutsvermischung und das dadurch bedingte Senken des Rassenniveaus ist die alleinige Ursache des Absterbens alter Kulturen; denn die Menschen gehen nicht an verlorenen Kriegen zugrunde, sondern am Verlust jener Widerstandskraft, die nur dem reinen Blute zu eigen ist.

*

Was nicht gute Rasse ist auf dieser Welt, ist Spreu.

*

Nicht in den intellektuellen Gaben liegt die Ursache der kulturbildenden und aufbauenden Fähigkeiten des Ariers. Hätte er nur diese allein, würde er damit immer nur zerstörend wirken können, auf keinen Fall aber organisierend.

Hermann Göring

Hermann Göring. * 12. 1. 1893 — 1922 Oberster SA-Führer — 1923 Marsch zur Feldherrnhalle — 1930 Mitglied des Reichstags — 1932 Reichstagspräsident — 1933 Mitglied der Reichsregierung, Ministerpräsident und Innenminister von Preußen — 1933 bis 1945 Luftfahrtminister — 1936 bis 1945 Bevollmächtigter des Vierjahresplans — 1939 bis 1945 Präsident des Reichsverteidigungsrates — 1939 bis 1945 Reichsmarschall — † 16. 10. 1946 (Selbstmord). (F. L.).

Die Freiheit kommt aus dem Blut[1])

Die Freiheit nach innen galt es vielleicht oft schwerer zu erringen. Sie ist aber möglich, und darum werden heute auch die Grundsätze festgelegt werden, die diese Freiheit im Innern ein für allemal stabilisieren werden; denn diese Freiheit kommt *aus dem Blut, und nur durch die Reinheit der Rasse kann diese Freiheit auch für ewig behauptet werden.* Gott hat die Rassen geschaffen. Er wollte nichts Gleiches, und wir weisen es deshalb weit von uns, wenn man versucht, diese Rassenreinheit umzufälschen in eine Gleichheit. Wir haben erlebt, was es heißt, wenn ein Volk nach den artfremden und naturwidrigen Gesetzen einer Gleichheit leben muß. Denn diese Gleichheit gibt es nicht. Wir haben uns nie zu ihr bekannt, und deshalb müssen wir sie auch in unseren Gesetzen grundsätzlich ablehnen und müssen uns bekennen zu jener Reinheit der Rasse, die von der Vorsehung und der Natur bestimmt gewesen ist.

[1]) *Hermann Göring zur Begründung der Nürnberger Rassengesetze in: Gerd Rühle, „Das Dritte Reich", Hummelverlag Berlin 1935, S. 257.*

Josef Goebbels

Josef Goebbels. * 29. 10. 1897 — 1920 Dr. phil. Heidelberg — 1922 Mitgld. NSDAP — 1924 Schriftleiter „Völkische Freiheit" — 1925 gründet er die „NS-Briefe" — 1926 Gauleiter Berlin — 1927 gründet er den „Angriff" — 1928 Reichstagsabgeordneter — 1929 Ernennung zum Reichspropagandaleiter der NSDAP — 1933 Minister für Volksaufklärung und Propaganda — † 2. 5. 1945 (Selbstmord). (F. L.)
Veröffentlichungen: „Der unbekannte SA-Mann", „Michael", „Das Buch Isidor", „Kampf um Berlin", „Die Blutsaat", „Die zweite Revolution", „Die verfluchten Hakenkreuzler", „Der Nazi-Sozi", „Das kleine ABC", „Lenin oder Hitler", „Wege im Dritten Reich", „Das erwachende Berlin", „Vom Kaiserhof zur Reichskanzlei".

„Warten können"[1]

Es ist nichts einfacher, wohltuender, befriedigender und herzerfrischender, als an der Spitze einer jungen aktivistischen Gruppe stehend Faustpolitik zu betreiben, zu reden und zu handeln, wie es einem ums Herz ist, einen Schweinehund Schweinehund und einen Misthaufen Misthaufen zu nennen, einem Lügner, Verräter und notorischen Lumpen nach Bedarf eins hinter die Löffel zu kleben, daß ihm Hören und Sehen vergeht, das, was jeder anständige Mensch denkt und empfindet, auch zu sagen und zu tun; kurz und gut, aus seinem Herzen keine Mördergrube zu machen. Schwerer schon ist es, sich aus verstecktem Hinterhalt an sein Opfer heranzuschleichen, wie die Katze um den heißen Brei zu gehen, gute Miene zum bösen Spiel zu machen, eine Faust in der Tasche zu ballen und nur mit sich allein die Zähne aufeinanderzubeißen und „Canaille!" zu zischen.

Am schwersten aber ist es, als reißender Wolf den Schafspelz umzulegen, die Maske des Biedermannes aufzusetzen, Bürger unter Bürgern zu sein, wenn innen ein Vulkan brennt, wenn einen Tag um Tag und Stunde um Stunde der Teufel verfolgt und man manchmal in einem sinnlosen Wutgeheul aufbrüllen möchte vor Haß und Rachedurst. Aber

[1]) *Aus „Der Angriff", Aufsätze aus der Kampfzeit, Zentralverlag der NSDAP. Franz Eher Nachf., München 1940, S. 46–48.*

auch das soll gelernt werden. Ein Revolutionär muß alles können. Beweis für revolutionäre Gesinnung ist nicht allein das Schlagen, sondern das Schlagen zur rechten Zeit. Bereit sein ist alles. In die Gefängnisse wandern, verboten und niedergeknüppelt werden, das kann schließlich jeder. Aber vulkanische Leidenschaften entfesseln, Zornesausbrüche wecken, Menschenmassen in Marsch setzen, Haß und Verzweiflung organisieren, mit eiskalter Berechnung, sozusagen mit legalen Mitteln, das unterscheidet den Revolutionär vom Revoluzzer. Ich weiß, das stinkt nach Kompromiß. Aber sagt mir einen anderen Weg, dem Feind an den Kragen zu gehen und, wenn er zuschlagen will, freundlich den Hut zu lüften und zu flüstern: was habe ich dir Böses getan?

Auch die Revolution will organisiert sein. Wenn Revolution nichts anderes bedeutet als Durchbruch einer neuen seelischen Haltung mit anders gerichteten geistigen und politischen Inhalten, und wenn der Revolutionär von der Richtigkeit und Notwendigkeit dieses Durchbruchs innerlich so unerschütterbar überzeugt ist, daß er notfalls sein Leben dafür zu opfern bereit wäre, dann wird er auch Mittel und Wege finden, diesen Durchbruch praktisch in Marsch zu setzen. Revolutionen haben ihr entscheidendes Merkmal in diesen Inhalten selbst, niemals in ihren Methoden. Durchführungsmöglichkeiten sind wandelbar. Unwandelbar muß nur bleiben, was durchgeführt werden soll.

Die Krise des deutschen politisch-wirtschaftlichen Lebens, die heute in langanhaltenden inneren Erschütterungen unser Volk durchzittert, ist für unser Werden die furchtbarste, aber auch die gefährlichste Zeit. Weil wir Aktivisten sind, gehen uns die Dinge zu schleichend voran. Wir stehen immer auf dem Sprung nachzuhelfen und verlieren dabei Geduld und Weisheit des Handelns, möchten durch mutiges Draufgängertum das ersetzen, was die natürliche Entwicklung der Krise uns oft in so grausamer Weise vorenthält. Und siehe da: wo einer losrennen will, fühlt er sich von seinem Vordermann gehalten. Wo einer schreien will, da schließt ihm sein Nachbar den wutverzerrten Mund. Ist das nicht unerträglich?

Ja, das ist unerträglich! Aber unerträglicher für den, der an der Spitze steht, als für den, der in Reih und Glied marschiert. Da trägt jeder sein Päckchen allein, aber der oben trägt an all diesen Päckchen noch mit und hat sein eigenes dazu zu tragen. Glaubt ihr, uns zuckte es nicht auch mal in den Fingern? Wißt ihr nicht, daß unsere Feder oft und oft andere Worte schreiben will, als der kühlwägende Verstand gestattet? Hört ihr denn nicht, daß die Stimme anders reden möchte, als die rechnende Überlegung erlaubt?

Warten können! Darauf kommt es jetzt an. Für die oben und für die unten. An die revolutionäre Kraft der Bewegung glauben, auch wenn sie honett und friedlich ihre scheinbar bürgerlichen Pfade wandelt. Das sind die wirksamsten Rächer nicht, die ihren Haß in Wut und Blut baden. Eiskalt dem Gegner auf den Pelz rücken, ihn abtasten, auskundschaften, wo seine verwundbare Stelle ist, überlegsam und berechnend den Speer schärfen, ihn wohlgezielt in die lecke Blöße des Feindes hineinjagen und dann vielleicht noch freundlich lächelnd zu sagen: Verzeihen Sie, Herr Nachbar, aber ich kann nicht anders! Das ist jenes Rachegericht, das kalt genossen wird.

Ja, sagst du, aber die Kommunisten sind dann doch andere Kerle; die gehen 'ran wie Blücher. Gewiß, das weiß ich auch. Aber die können sich das leisten. Hast du einmal erlebt, daß ein Berliner Polizeipräsident dem Gummiknüppel seiner Soldaten Einhalt gebot, wenn er auf unseren Rücken niedersauste? Eine Revolution, die sich der liebevollen Obhut der von ihr bekämpften Gewalten erfreut, ist keine Revolution, sondern eine Revolte. Hier wird die Gesinnung des Durchbruchs ersetzt durch das Surrogat einer behördlich geduldeten radikalen Methode.

Nein, nein! So kommen wir nicht zum Ziel. Es geht jetzt darum, die Kräfte, die in unseren Reihen mobilisiert sind, zu organisieren. Redet nicht viel, sondern arbeitet! Lernt Gesinnung haben ohne Krakeel. Das Warten bekommt uns besser als denen, die wir vernichten wollen. Die Zeit arbeitet für uns, und wenn wir mit der Zeit Hand in Hand arbeiten, dann können wir getrost und seelenruhig zuschauen, wie der Feind im eigenen Fett zu schmoren anfängt.

Lerne schweigen!

So lautet das erste Gebot des Revolutionärs.

Lerne warten!

So lautet das zweite Gebot des Revolutionärs.

Arbeiten ist das Erfordernis der Stunde. Und dann schweigend warten!

18. Februar 1929

Alfred Rosenberg

Alfred Rosenberg. * 12. 1. 1893 (Reval/Rußland) — 1910 Studium Techn. Hochschule Riga, 1915 bis 1918 dito in Moskau — 1918 kam er nach Berlin und ging später nach München — Ab 1919 schriftstell. u. polit. Tätigkeit. (Rosenbergs Aussage am 18. April 1946 Nachmitt. Sitzung vorm Intern. Milit. Gericht Nürnberg) — 1930 Hauptwerk „Der Mythus des 20. Jahrhunderts", Auflage 1941: 950 000 Exemplare (Dtsch. Nationalbiographie Nr. 36, 1941) — 1937 Erster Nationalpreisträger des „Deutschen Nationalpreises" mit der Begründung: „A. Rosenberg hat in seinen Werken im hervorragendstem Maße die Weltanschauung des Nationalsozialismus wissenschaftlich und intuitiv begründen und festigen geholfen. In seinem unermüdlichen Kampf um die Reinerhaltung der nat.-soz. Weltanschauung hat er sich ganz besondere Verdienste erworben. Erst eine spätere Zeit wird voll zu ermessen vermögen, wie tief der Einfluß dieses Mannes auf die weltanschauliche Gestaltung des nat.-soz. Reiches ist." — Parteistellungen 1933 bis 1945: Reichsleiter, Außenpolitisches Amt der NSDAP, Beauftragter des Führers für die Überwachung der gesamten geistigen und weltanschaulichen Schulung und Erziehung der NSDAP — Regierungsstellung: Reichsminister für die besetzten Ostgebiete ab 17. Juli 1941 — † 16. 10. 1946 (Hinrichtung).

I.

Anmerkungen und Bemerkungen[1])

12. Januar 1919

(31) Man sagt, die Katholische Kirche sorge für Schönheit. Zwar hat sie die aus tiefstem Glauben entsprungenen Kathedralen zur Verfügung, aber die sind nicht katholisch. Ausgesprochen katholisch ist der Barock. Es ist der Stil der triumphierenden Kirche, und alles, was aus Gold, Silber und Edelstein daran hängt, an Samt und Seidenflittern, an Weihrauch und Räucherkerzen, dieses ist katholisch. Und hier ist zu bemerken, daß dieses alles nicht an die von der Erde wegstrebende menschliche Seele gerichtet ist, sondern ganz und gar an die sinnliche Natur. (32) Das gleißende Gold der Heiligenbilder und

[1]) Dokument CXLV 6 – 1. *Dies ist ein in Leinen gebundenes schwarzes Heft, Format 21×15 cm und 100 Seiten stark, in dem der 24jährige Alfred Rosenberg seine philosophischen Gedankengänge niederschrieb. Das Heft trägt den Titel* „Anmerkungen und Bemerkungen".

Fahnen, die prunkenden Gewänder, der betäubende Duft des Wohlgeruchs, dieses erregt die Sinne und versetzt sie in einen aufgeregten Zustand, der mit religiöser Erhebung nichts zu tun hat. Die Litanei der Priester in ihrer Monotonie tut das ihrige zur Suggestion bei; einzig die Musik nimmt manchmal einen Anlauf zur Befreiung.

Es ist darum kein Widerspruch, sondern ganz natürlich, schöne nackte Gestalten mit schmachtenden Augen einerseits und mit Eiterbeulen bedeckte blutige Körper andererseits zur Schau zu stellen; beide wecken sexuelle Instinkte (C. F. Meyer). Man kann das besonders dort verfolgen, wo die katholische Kirche Alleinherrscherin ist und keine Konkurrenz hat: in Spanien, Süditalien, Südamerika. Dort sind es vieler Orten die furchtbarsten und abstoßendsten Schnitzereien und Bilder, die zum Kusse der Gläubigen dienen, eklige Schwären der Märtyrer, blutige Wunden der Heiligen usw. Und was wir hier in Europa sehen, das ist in verfeinerter Form, aber doch die verkappte Lüsternheit der Sinne und ein Masochismus, der so viele Menschen, besonders Frauen, dem Katholizismus in die Arme treibt. Der aesthetische Genuß besteht eben darin, daß der Mensch, der unbewußt auch in sich einen freien formenden Willen spürt, beim Kunstwerk dieses ihm gehörende innerste Ich in die Erscheinung treten sieht. Für einen nimmt dieses Werk, hat dieser Künstler den Weg, der ihm am meisten gemäß ist, für den zweiten ist es ein anderer. Kein Mensch aber, der die Wesensverwandtschaft zwischen Formung und Kunstwerk, zwischen dem Ich und der ihm selber nicht gegebenen Hinausprojizierung aber die ihm vom Künstler gegenübergestellte Synthese anstaunt und erlebt hat, keiner wird dann sich dieses Erlebnis wegdisputieren lassen. Denn dieses Erlebnis ist eine ebenso unmittelbare Erfahrung, wie daß das Licht von der Sonne kommt. Darum kann man das Wesen eines Menschen am besten daran erkennen, wenn man erfahren hat, welch ein Künstler seinem tiefsten Fühlen und Denken am besten entspricht. Gewiß ist der Mensch vielen Modulationen zugänglich, und manchmal mehr dem einen als dem anderen zugeneigter, aber die Richtung des Suchens dürfte wohl je ausgesprochener der Charakter ist, desto bestimmter sein. Die Vorzüge einer Gruppe erkennen wir begeistert an, bei anderen dagegen stehen wir unserem Selbst gegenüber, wie es zum Bewußtsein gekommen und zur schöpferischen Tat geworden, Gestalt annehmen würde.

— — — —

Dazu gehört aber das Abstreifen aller Konventionen und empirischen Urteile.

— — — —

(33) Der Wert der theoretischen Betrachtung liegt einzig darin, dabei auf das Formen und die Eigenart desselben zu achten, wie es in großen Künstlern zutage tritt, und zu versuchen, Klarheit darüber zu gewinnen, wie es vonstatten gegangen ist. Hat man dieses erforscht, so steht man als ein anderer vor dem Werk und muß irgendein Verhältnis zu ihm gewonnen haben. Hat er den Künstlerwillen erfaßt, dann versteht er auch die Farben und die Helligkeiten und Dunkelheiten, Linien und Perspektiven in diesem Zusammenhang zu deuten.

Der Wille

Gegen die Auslegung des Schopenhauerschen „Willens" spricht die tägliche Erfahrung. Denn es kommt wohl sehr oft vor, daß ein Mensch ein sinnliches Verlangen fühlt, welches oft riesenstark werden kann, und trotzdem sagt sich dieser Mensch, daß er innerlich dieses gar nicht will. Wohlverstanden, hier spielt die Erkenntnis irgendeines Sittengebotes noch gar keine Rolle, sondern es stehen hier zwei Willenstriebe einander gegenüber. Luther hat gesagt, er könne keine einzige Frau ansehen, ohne sie zu begehren, und andererseits war es doch ein Wille, ein inneres Wollen, das ihn anders führte. Die Erkenntnis kam erst später. So sehen wir den von Sch. so prompt als Wesen der Welt und des Menschen verkündeten Willen sich in zwei Teile, in zwei heterogene Teile spalten. Der eine Teil ist der Wille im Sinne Sch's. Er repräsentiert die Natur im umfassendsten Sinne und da hat Sch. recht, ihn das Wesen desselben zu nennen.

... Aber diesem Willen steht ein anderer Wille plus Vernunfterkenntnis gegenüber. Diese beiden Pole stehen also im Kampf. Hat man dieses eingesehen, daß auf Seiten der Freiheit zwei Momente sind, Wollen und Vernunft, so wirft diese Erkenntnis ein Licht auf die Moral-Lehre Kants und Schopenhauers. Kant sah die moralische Tat als Folge des erkannten kategorischen Imperativs; er legte also das Gewicht auf Erkenntnis; Schopenhauer sah als alleiniges Prinzip der Moral das Mitleiden an, legte also das Gewicht auf den Willen. Er glaubte sich in unüberbrückbarer Gegnerschaft zu Kant. Das ist auch so, wenn man den Willen so faßt wie Sch. es getan hat. Hat man aber den zwiespältigen (34) Charakter des Willens erkannt und eingesehen, daß Wille und Vernunft auf *einem* Boden dem tierischen Triebe gegenüberstehen, und beide gegen ihn wirken, so muß der Streit aufhören. (Näheres bei Bedarf [?].) Behalten wir Schopenhauers Bezeichnung vom Willen bei und nennen den anderen Teil – Wollen – so können wir sagen, daß es in den Phänomenen der Heiligkeit nicht der Wille ist, der sich selbst verneint, und zwar auf Grund von Selbsterkenntnis verneint, sondern diese sind ein Produkt des Wollens im Kampfe mit dem Willen. Schopenhauer hat sich in seine idée fixe verbissen, und ein überreiches Wissen und Geist standen ihm zu Gebote, diese Idee mit allen Farben schillernd darzustellen, aber nichtsdestoweniger ist es eigenartig, daß er z. B. Kant so fürchterlich bekämpft, weil dieser eine Vernunftserkenntnis zur Grundlage des sittlichen Handelns, den Pflichtbegriff, macht, und daß doch Schopenhauer die Verneinung des Willens, also der größten Überwindung seiner Natur, ebensolcher Erkenntnis der Kraft des Selbsterkennens zuschreibt.

Hier liegt der zweite Punkt der Anfechtbarkeit Schopenhauers. Punkt 1) Der Wille ist a) der Wille b) Das Wollen nicht a) ist es, was die Inder als Atman bezeichnen, wie es Schopenhauer fälschlich annimmt, sondern b) + Erkenntnis. 2) Daß die Erkenntnis allein der Wirkung der Verneinung des Willens zugeschrieben wird.

– – – –

Hat man Letzteres eingesehen, so erhellt sich auch der Unterschied zwischen Indern und Christus, erstere verlegen die Erlösung in die Macht der Erkenntnis der Wesensgleichheit des Wollens mit dem Weltprinzip, letzterer verlegt den Schwerpunkt in den Sieg des Wollens, unterstützt von der Erkenntnis über den Willen.

Wollen und Erkennen haben beide die Formung des Willens der Natur zum Zwecke. Beide sind primäre Triebfedern alles Menschlichen. Erstere gebiert die Religion, letztere die Wissenschaft und Philosophie.

Schema:

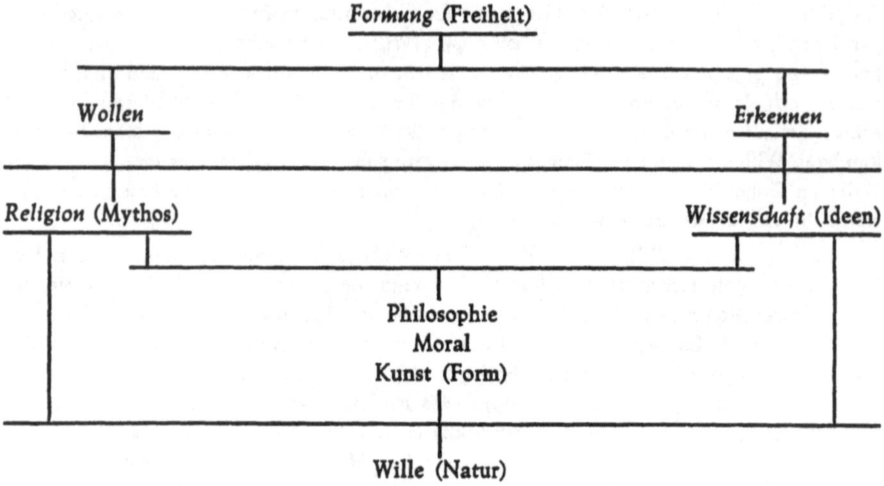

Die Form ist ein Kunstprodukt, wo das Erkennen die Haupttriebfeder war.

Wo die Formung vorwiegt, ist das Wollen übermäßig gewesen.

– – – –

Der Mythus kann immer fragmentarisch sein. Nur insofern er in sich abgerundet ist, wird er zur Dichtung, zur Formung. Darum behalte ich für innere Form die Benennung Formung bei, denn hier ist das schaffende Wesen der Menschen am monumentalsten verkörpert.

– – – –

(35) Das Erkennen ist immer objektiverer Natur als das Wollen, welches mehr individuell ist. So fallen Erkennen, objektiverer Stil und Form auf eine Seite, Wollen, ind. Stil und Formung auf die andere Seite.

– – – –

Religion im Sinne des reinen Wollens wird immer nur Grundpfeiler der Kultur sein.

Es liegen also im Menschen fünf Tendenzen, und das Wesen einer jeden hat verschiedene Nuancen, die man erfassen muß, um sie zu begreifen.

Bei der Kunst suche ich nach der *Form* und *Formung* und deren Notwendigkeit.

In der Wissenschaft suche ich die *Wahrheit* im Zusammenfallen von Urteil und Naturphänomen.

In der Religion suche ich ein eindringliches *Symbol des Übersinnlichen.*

In der Philosophie suche ich die *Übereinstimmung von Wollen und Erkennen*, von Religion und Wissenschaft.

In der Moral suche ich die notwendigen Voraussetzungen und *Direktiven* des Handelns.

— — — —

Insofern besteht eine Verwandtschaft zwischen Kunst und Religion, daß sie beide im Sinnlichen ein Übersinnliches ausdrücken. Daher kommt es wohl, daß die Religion die Kunst so oft zu Hilfe ruft, und daß die Kunst andererseits so gern ein religiöses Empfinden zum Ausdruck bringen möchte.

Der semitisch-jüdische Wille hat deshalb die fürchterliche Macht und Zähheit, weil sich sein Wollen und seine Erkenntnis ganz und gar dem Willen zur Verfügung gestellt hat und durch keinerlei andersgerichtete Tendenzen aus der Bahn gebracht wird.

Dieses ist auch der Grund, warum der Jude ein materialistischer Monist ist, wie oben angedeutet.

II.

Die Kirche[1])

Die Kirche selbst, als *Zucht*form, konnte und durfte keine Liebe kennen, um sich als typenbildende Kraft zu erhalten und weiter durchzusetzen. Aber sie konnte Machtpolitik *mit* Hilfe der Liebe treiben. Sind das Persönlichkeitsbewußtsein, die Idee der wehrhaften Ehre und der Mannespflicht umgewandelt in Demut und liebevolle Hingabe, so ist der Widerstandsantrieb gegen die, diese Gläubigen organisierende und leitende Macht gebrochen. *„Eine Herde und ein Hirt!"* Das ist, wörtlich genommen, wie es gefordert wurde, die klarste Kampfansage an den germanischen Geist gewesen. Hätte dieser Gedanke restlos gesiegt, so wäre Europa heute nur ein viele hundert Millionen zählender charakterloser Menschenhaufen, regiert mit Hilfe hochgezüchteter Furcht vor Fegefeuer und ewiger Höllenqual, im Kampf um das Ehrgefühl durch die „Liebe" gelähmt, die besseren Reste in den Dienst einer „humanitären" Wohltätigkeit, der „Caritas" gestellt. Das ist der Zustand, welchem das römische System zustrebte, zustreben mußte, sofern es als solches und als geistige und politische Macht überhaupt bestehen wollte.

Ich habe hier keine Dogmengeschichte zu schreiben, sondern möchte nur ein folgerichtiges System schildern, mit dem (was sein Wesen betrifft) ein erwachender nordischer Mensch auf die Dauer in schwerste seelische Konflikte kommen muß. Entweder unterwirft er sich ihm vollkommen (wie zeitweise im Mittelalter), oder er lehnt es gefühlsmäßig und bewußt grundsätzlich ab. Im ersten Fall wird auf kurze Zeit eine äußerliche Einheitlichkeit erzielt werden, die jedoch an ihrer organischen Unmöglichkeit zerspringen muß, wie die Kämpfe von Widukind bis Döllinger zeigen; im zweiten Fall ist der Weg frei für echte organische Kultur und eine echte blut- und artgemäße Glaubensform . . .

---

[1]) *„Der Mythus des 20. Jahrhunderts", Hoheneichen-Verlag, München 1933, S. 159.*

III.

Humanität[1])

Hierher gehört das *kirchlich-christliche Mitleid*, das auch in der freimaurerischen „Humanität" in neuer Form aufgetaucht ist und zu der größten Verheerung unseres gesamten Lebens geführt hat. Aus dem Zwangsglaubenssatz der schrankenlosen Liebe und der Gleichheit alles Menschlichen vor Gott einerseits, der Lehre vom demokratischen rasselosen und von keinem nationalverwurzelten Ehrgedanken getragenen „Menschenrecht" andererseits, hat sich die europäische Gesellschaft geradezu als Hüterin des Minderwertigen, Kranken, Verkrüppelten, Verbrecherischen und Verfaulten „entwickelt". Die „Liebe" plus „Humanität" ist zu einer, alle Lebensgebote und Lebensformen eines Volkes und Staates zersetzenden Lehre geworden und hat sich dadurch gegen die sich heute rächende Natur empört. Eine Nation, deren Mittelpunkt Ehre und Pflicht darstellte, würde nicht Faule und Verbrecher erhalten, sondern ausschalten. Wir sehen auch an diesem Beispiel, daß sich das einheitslüsterne, rasselose Schema mit ungesundem Subjektivismus paart, während ein durch Ehre und Pflicht zusammengeschweißtes soziales und staatliches Gemeinwesen zwar aus Gerechtigkeit äußere Not beseitigen und das Wertbewußtsein des Einzelnen innerhalb dieses Zuchtwillens zu steigern bemüht sein muß, daß es aber ebenso notgedrungen diese rassisch und seelisch für nordische Lebensform Untauglichen aussondern würde. Das eine wie das andere ergibt sich, wenn als Höchstwert alles Handelns die Ehre und als Träger dieser Idee der Schutz der nordisch-abendländischen Rasse gesetzt wird.

---

[1]) *ebendort, S. 169–170.*

Dr. Robert Ley

Robert Ley. * 15. 2. 1890 — Dr. phil. — 1924 Mitglied der nat.-soz. Freiheitsbewegung (die NSDAP war damals verboten) — 1925 Gauleiter der NSDAP im Rheinland — 1932 Reichsleitung der NSDAP in München — 1933 übernimmt er die Gewerkschaften, wird Führer der Deutschen Arbeitsfront, Mitglied des Preußischen Staatsrats und der Akademie für Deutsches Recht — † 25. 10. 1945 (Selbstmord). (F. L.)

I.

Nationalsozialistische Erntezeit[1])

Das war das eindringlichste für das Volk, daß es sah, wie der Sieg der nationalsozialistischen Gemeinschaft über alle Widerstände hinweg zur Macht kam. Mit einem Male brach alles, was das Volk vorher trennte, die Parteien und die Gewerkschaften. Alle drängten zu dieser Gemeinschaft, zu dieser Partei, die sie kämpfen und siegen gesehen hatten. So erlebten wir dieses ungeheuerliche und ungestüme Drängen aller Volksgenossen zur Gemeinschaft. Es ist vielleicht das Erhabenste dieser ganzen Zeit, das Gewaltigste, was die Geschichte vielleicht kennt. Wir sehen ein Volk zusammentreten, das seit Jahrhunderten gespalten war in Konfessionen, in Klassen, in Stände, in Bauern und Städter, es gibt kein Halten mehr, alle Dämme brechen.

Wenn wir das faschistische Italien in seiner Periode der Machtergreifung vergleichen mit dem nationalsozialistischen Deutschland, so fällt vor allem einmal auf, das faschistische Italien kam zur Macht in einer Zeitepoche, wo das Volk noch nicht reif war. Die Frucht war noch nicht reif, sie war in einem Frühreifezustande. In einem Frühreifezustande kam der Faschismus zur Macht. Nun mußte der Faschismus seine Früchte, das Volk, in der Sonne seiner Macht reifen lassen. Das kann gelingen, das kann aber auch nicht gelingen. Das kann der Bauer nicht sagen, ob nun wirklich seine Äpfel, die er frühreif pflückt, auch bestimmt nachreifen, wirklich reif werden, es ist ein schwieriges Experiment. Der Nationalsozialismus kam im Gegensatz dazu in einer spätreifen Epoche zur Macht. Die Früchte waren überreif. Wir hatten dem Volke an unserer Partei den Wahn- und Aberwitz seines

[1]) *In „Durchbruch der sozialen Ehre – Reden und Gedanken für das schaffende Deutschland", herausgegeben von Hans Dauer und Mitarbeit von Walter Kiehl, Mehden-Verlag Berlin 1936, S. 111–112.*

Systems gezeigt. Es glaubte keiner mehr an das alte System. Sie sagten alle, die Nationalsozialisten scheinen doch recht zu haben, denn sie siegten ja immer. Als wir nun den Endsieg davontrugen, da gab es kein Halten mehr, da fielen die Früchte in einem reifen Zustand.

Hier war nun wieder eine große Gefahr für uns. Während bei dem Faschismus in der Zeit seiner Machtergreifung eine frühreife Epoche war, war beim Nationalsozialismus in seiner Zeitepoche der Machtergreifung eine Spätreifeepoche, das heißt, wir mußten nun alle Hände, alle Körbe offenhalten, damit wir die Früchte sammeln konnten. Ich konnte an einem Tage nicht genug Leute empfangen, die mir ihre Verbände anboten, sie überjagten und überstürzten sich und boten uns alles an. Es war unmöglich, sich einen festen Plan zu machen, die Arbeit einzuteilen, man konnte nicht sagen, das mache ich heute, das mache ich morgen usw., und in einem Jahr bin ich soweit. Wenn die Erntezeit da ist, wenn alles überreif ist, dann muß der Bauer Tag und Nacht schuften, dann kann er nicht warten, dann kann er nicht sagen, ich warte einmal ab; nein, dann fällt die Frucht ab und wird faul. Das war die große Gefahr bei unserer Machtübernahme, und ich behaupte, daß nur ein Volk wie das deutsche mit seiner gewaltigen organisatorischen Begabung in der Lage war, überhaupt diese Arbeit zu meistern. Jedes andere Volk wäre daran zugrundegegangen, jedes andere Volk hätte das einfach nicht meistern können!

II.

Das Dogma[1])

Die Wünsche an den Himmel sind sehr verschieden. Wer auf Erden arm war, wünscht sich im Himmel Reichtum. Wer kein Glück bei Frauen hatte, wünscht sich schöne Engel. Wer keinen Wein hatte, wünscht sich im Himmel ein Faß, das nie leer wird. Die Christen mögen vom Himmel denken was sie wollen, das ist mir gleich. In dem Augenblick aber, in dem sie verlangen, daß ich ihre Vorstellung davon anzuerkennen habe, rufe ich: „Halt!"

Die Gesetze der Natur stehen höher als das Priestertum. Diese natürlichen Gesetze sind unabänderlich, sie sind alle ewig, die Gesetze des Blutes, der Rasse, der Energie, des Mutes, der Tapferkeit, der Mutterschaft. Sobald die menschliche Gesellschaft diese Gesetze angreift, geschieht es stets nur aus Machthunger. Man tut es nur, um andere Menschen leichter beherrschen zu können. Wir kennen unsererseits nur einen Befehlsgeber, das deutsche Volk. Den Befehlen des deutschen Volkes müssen wir gehorchen. *Repräsentant des deutschen Volkes ist der Führer. Wenn er mir Befehle erteilt, habe ich sie unbedingt auszuführen.*

---

[1]) *Dokument CXLIII – 277. Aus einer Rede Dr. Leys auf der Ordensburg „Die Falkenburg" am Crössinsee am 17. Mai 1943 vor dem ersten Lehrgang Kriegsversehrter, die politische Leiter in der NSDAP und der DAF werden sollten. Auf der Ordensburg waren auch Adolf-Hitler-Schüler untergebracht.*

Damit komme ich zum zweiten Dogma, der *Autorität*. Der Mensch muß die Autorität anerkennen. Aus ihr kommen das Führertum und die Gemeinschaft. Die Gemeinschaft ohne Autorität ist undenkbar. Rasse und Blut allein machen noch keine Gemeinschaft. Es genügt nicht, daß ich eine Anzahl gleicher Menschen habe, diese müssen erst Leistungen vollbringen, um zu einer Gemeinschaft zusammenzuwachsen. Die Gemeinschaft wird erst durch eine Ordnung gebildet. Eine Herde von Tieren, von Schafen, ist noch keine Gemeinschaft. Die Gemeinschaft ist das Höhere. Sie erhebt sich über einer Herde gleichartiger Individuen. Kennzeichen der menschlichen Gemeinschaft ist die Ordnung der Menschen untereinander, die kulturelle Ordnung, die Gesellschaftsordnung, Wirtschaftsordnung usw. Diese Ordnung ist nur möglich, wenn die Menschen Leistungen vollbringen. Führertum ist eine Auslese kraft Leistungen, kraft besseren Blutes, kraft höheren Könnens. Der höchste Ausdruck jeder Gemeinschaft ist die Autorität. Damit ist der Führer, der die Autorität unserer Gemeinschaft verkörpert, für uns unantastbar. Der Führer der Nation steht für jeden Deutschen für alle Zeiten außerhalb jeder Kritik.

Wenn der Führer befiehlt, gehorchen wir. Dann darf niemand innerlich Bedingungen haben. Niemand darf fragen, hat der Führer recht und ist in Ordnung, was er sagt? Denn noch einmal: Was der Führer sagt, ist stets richtig. Wenn ich hier Kritik übe, verletze ich ein Dogma unserer Idee. Es ist oberstes Gesetz und bleibt stets dabei: Der Führer hat immer recht, in allen Lagen und immerdar.

Julius Streicher

Julius Streicher. * 12. 2. 1885 — 1921 gründet er die Nürnberger Ortsgruppe der NSDAP — 1923 Marsch zur Feldherrnhalle und Gründung des „Der Stürmer" — 1933 Ernennung zum Leiter des „Zentralkomitees zur Abwehr der jüdischen Greuel- und Boykotthetze" — 1933 bis 1945 Mitglied des Reichstags, General der SA — 1925 bis 1940 Gauleiter von Franken — Besondere Interessen: Malerei — † 16. 10. 1946 (Hinrichtung). (F. L.)

„Die Talmudrevolution"[1])

Die Juden haben nie ein Geheimnis daraus gemacht, daß sie ihre Erfolge schon immer der Dummheit der Nichtjuden verdankten. Mit dieser Dummheit meinen sie die Leichtgläubigkeit und Fahrlässigkeit, mit der die Masse der Nichtjuden zu allen Zeiten auf die lockenden Schlagworte hereinfiel, mit denen die Juden seit Jahrtausenden ihre geheimnisvollen Spiele treiben. Eines der folgenschwersten Schlagworte aus der Talmudküche lautet: „Freiheit, Gleichheit, Brüderlichkeit!" Mit diesem Schlagwort haben die jüdischen „Aufklärer" alle Volksaufstände angezettelt, die das Imperium der römischen Kaiser erschütterten, mit ihm haben sie auch in der Folgezeit immer wieder Gefolgsleute für ihre Wühlarbeiten unter den Völkern gefunden, und jenes Schlagwort stand auch am Beginn aller großen Revolutionen, herein bis in die Gegenwart.

Am Ende eines jeden Staatsumsturzes aber wurde früher oder später die Erkenntnis des Betrogenseins, die Einsicht, daß die Unfreiheit, Ungleichheit und der Haß unter den Menschen größer war als zuvor. Damit aber den betrogenen Völkern die Erkenntnis kommen konnte, *wer* der Verführer und *wer* der Nutznießer des blutigen Geschehens war, bedurfte es einer aus dem deutschen Volke gekommenen Bewegung, deren Auswirkungen nun dabei sind, der Menschheit die Erlösung zu bringen: Die Erlösung vom Juden! Die Erlösung vom Juden aber wird die Ursache zum Erlöschen bringen, die das Unglück in die Völker gebracht hat.

Eines der Völker, die gerade dabei sind, sich aus dem deutschen Wunder die Kraft zur Neugestaltung zu holen, ist das französische Volk. Hundertfünfzig Jahre sind vergangen, seitdem in den Straßen der französischen Hauptstadt mit dem Ruf „Freiheit, Gleichheit,

[1]) *„Der Stürmer", Nürnberg, 8. November 1941, S. 1–2.*

Brüderlichkeit!" eine Revolution eingeleitet wurde, die den Juden in Frankreich die staatsbürgerliche Gleichberechtigung einbrachte und darüber hinaus den Weg frei machte zur Erringung der wirtschaftlichen und politischen Herrschaft. Einer Herrschaft, die das Geschick dieses Volkes bis in das vierte Jahrzehnt des 20. Jahrhunderts bestimmt hatte. Die Versklavung, der das französische Volk verfallen war, ist besonders dadurch gekennzeichnet, daß in Frankreich die Erinnerung an das geschehene Revolutionsverbrechen seit 1789 alljährlich als „Tag der Nation" gefeiert wurde. Es war der Gipfel jüdischen Hohnes, daß für das französische Nationalfest ausgerechnet der 14. Juli ausersehen wurde, der Tag, an dem Judensöldlinge das Staatsgefängnis, die Bastille, stürmten. Von dort her hatten sich die Revolutionsjuden das Verbrechergesindel geholt, das sich dazu bereit fand, die Massenabschlachtungen von Bürgern zu besorgen, von denen bekannt war, daß sie den Juden haßten und deshalb dem jüdischen Herrschaftsverlangen im Wege standen. So feierte also das Volk der Franzosen hundertfünfzig Jahre lang ein Menschenschlachtfest, von dem es sich durch die Juden hatte einreden lassen, es hätte ihm das ersehnte Glück gebracht. Um nun endlich zur Erkenntnis zu kommen, daß es einst dem Teufel in Menschengestalt sein Vertrauen gegeben hatte, mußten über das französische Volk die Erschütterungen des verlorenen Krieges des Jahres 1940 kommen, so wie das deutsche Volk die Folgen des verlorenen Weltkrieges hatte über sich ergehen lassen müssen, um zum Erlösungsquell für die übrige Menschheit werden zu können. Unter Führung seines Staatschefs Pétain beginnt sich nun das französische Volk Stück für Stück freizumachen aus der Verstrickung, in die es durch seine „klassische" Revolution am Ende des 18. Jahrhunderts geraten war. Dieses innere Neuwerden hat nun dazu geführt, daß im Jahre 1941 damit begonnen wurde, den 14. Juli nicht mehr als den „Tag der Nation" zu begehen. Dieser Verzicht auf eine hundertfünfzigjährige Überlieferung ist eine bedeutungsvolle Bekundung des Willens, die jüdische Einflußnahme auf das französische Volk endgültig zu beseitigen.

Das Gute braucht seine Zeit, bis es geworden ist. Und so wird noch mancher Stein vom Wege geräumt werden müssen, bis die Völker Europas sich zu einer Schicksalsgemeinschaft gestaltet haben, die ihnen eine glückliche Zukunft werden läßt. Wenn an dieser Zukunft auch das neue Frankreich teilhaben soll, dann ist dies ein Schicksal, das aus dem Guten kommt.

R. Walther Darré

R. Walther Darré. * 14. 7. 1895 — 1930 Eintritt NSDAP — Seit 1925 Diplomlandwirt — 1933 Reichsbauernführer, Reichsernährungsminister, Preuß. Minister für Landwirtschaft, Forsten und Domänen — 1933 Präsident des Deutschen Landwirtschaftsrates, Senator der Kaiser Wilhelm Ges., Chef des ᛋᛋ-Rassen- und Siedlungsamtes, Ehrenpräsident der dt. Landwirtschaftsgesellschaft, Mitglied der Akademie für Deutsches Recht. (F. L.) Veröffentlichungen: 1926 „Das Schwein als Kriterium für nordische Menschen und Semiten", 1928 „Das Bauerntum als Lebensquell der nordischen Rasse", 1933 „Walther Rathenau und das Problem des nordischen Menschen", „Walther Rathenau und die Bedeutung der Rasse in der Weltgeschichte", 1934 „Im Kampf um die Seele des deutschen Menschen", „Neuadel aus Blut und Boden", usw. usw. Spezialgebiete: Vererbungslehre, Rassenkunde, Tierzucht, Geschichte, Geopolitik, Agrarpolitik, Familienforschung.
„R. Walther Darré, ähnlich wie Rosenberg, hat die stärkste Suggestivkraft auf Hitler ausgeübt und übt sie weiter. Nicht seiner praktischen Wirksamkeit in der Agrarpolitik, sondern seinem vernebelnden Mythos vom Bauernadel galt der von ihm eingeweihte Basaltblock der gleichgeschalteten Bauernbünde seines Wahlheimatgaus." (Aus „Naziführer sehen dich an", 33 Biographien aus dem Dritten Reich, Editions du Carrefour, 1934.)

„Zucht und Sitte"[1])

Erlischt das Blut des arischen Menschen, so erlischt auch die Wirkungsmöglichkeit der arischen Seele auf dieser Welt.

*

Das einzige wirkliche Vermögen unseres Volkes ist sein gutes Blut.

*

Man kann die germanischen Ehe- und Sittengesetze nur verstehen, wenn man sie als Zuchtgesetze erkennt.

*

Aller züchterischer Fortschritt beruht zunächst immer nur auf der Ausmerze der Minderwertigen und einem Festhalten des bewährten Blutes.

---

[1]) *„80 Merksätze und Leitsprüche über Zucht und Sitte aus Schriften und Reden von R. Walther Darré", Verlag Blut und Boden, Reichsbauernstadt Goslar, 2. Auflage — Ausgewählt von Marie Adelheid Reuss zur Lippe.*

Die Rasse ist nur der selbstverständliche Rohstoff, aus dem erst in schärfster Leistungszucht und Führerbewährung der Adel herausgearbeitet wird.

*

Der Wesensinhalt des echten, deutschen Adelsbegriffes im germanischen Sinne ist bewußt gezüchtetes Führertum auf Grund ausgelesener Erbmasse.

*

Kinderreichtum ist das Kennzeichen der adligen Frau.

*

In dem Augenblick, wo die ungeschlechtliche, sittliche Freiheit des Nordischen Weibes sich in eine unsittliche geschlechtliche umkehrte, ist bisher in der Geschichte die Auflösung des Staates noch immer mit grauenerregender Schnelligkeit vor sich gegangen.

*

Offen und wahr ist das Liebesleben der Nordischen Rasse gewesen; unsittlich war nur, was dem Rassenerbe zuwiderlief.

*

Für das Bauerntum gibt es keine größere politische Realität als die Frage des Blutes.

*

Bei gesundem Bodenrecht und gesunden Ehen hat der Nordischen Rasse noch niemals ein Krieg im biologischen Sinne geschadet.

Heinrich Himmler

Heinrich Himmler. * 7. 10. 1900 — Diplomlandwirt — 1925 Eintritt in die NSDAP, stellv. Gauleiter Niederbayern-Oberpfalz, dann Oberbayern-Schwaben — 1926 bis 1930 stellv. Reichspropagandaleiter — 1927 Stellvertreter des Reichsführers-SS — 1929 Reichsführer-SS — 1930 Mitglied des Reichstags — 1933 kommiss. Polizeipräsident von München — 1934 Mitglied des Preuß. Staatsrats und der Akademie für Deutsches Recht — Reichsführer-SS und Chef der Deutschen Polizei, Befehlshaber des Ersatzheeres, Reichskommissar für die Festigung deutschen Volkstums, Chef des Reichssicherheitshauptamtes, Milit. Führer des Volkssturms. † 23. 5. 1945 (Selbstmord). (F. L. und „Wer ist Wer?", 1935).

I.

„Nur für den Dienstgebrauch der Wehrmacht"[1])

Diese Auslese des guten Blutes ist theoretisch schon sehr oft erkannt worden. Es hat sehr viele Bücher darüber gegeben, angefangen von Chamberlain bis zu Günther in der Zeit 1926/27 und viele andere, die ich hier nicht anführen kann. Es kam nun die schwierige Frage: Wie lesen wir die Leute aus? — Es gibt zweierlei Ausleseprozesse: Einmal den schärfsten Ausleseprozeß, den jeweils der Krieg, der Kampf auf Leben und Tod, bringt. In diesem Ausleseprozeß zeigt sich das gute Blut durch Leistung. Im Jahre 1929 stand immer noch eine große Anzahl früherer Soldaten zur Verfügung, bei denen man nach ihrem Verhalten im Kriege Schlüsse ziehen konnte auf ihren inneren Wert. Kriege sind aber Ausnahmezustände, und man mußte einen Weg finden, um auch in Friedenszeiten auslesen zu können, wenn die Probe der Tapferkeit nicht abgelegt werden kann. Hier konnte ich nur das Erscheinungsbild heranziehen, wie der Mensch aussieht. Nun werden mir sehr viele sofort entgegenhalten: Das ist alles ganz schön, aber wenn Sie von der Größe, von den blonden Haaren und den blauen Augen ausgehen und da meinetwegen den Schädel messen, dann ist das doch eine sehr problematische Sache. Das weiß ich auch sehr gut. Danach allein könnte man niemals gehen.

Ich bin zunächst darangegangen, eine bestimmte Größe zu verlangen. Ich habe keine Leute unter 1,70 Meter genommen — und da bitte ich Sie, daß Sie meine Worte ganz genau verstehen —, weil ich weiß, daß Menschen, deren Größe über einer bestimmten

[1]) *In „Nationalpolitischer Lehrgang der Wehrmacht vom 15. bis 23. Januar 1937." (Nur für den Dienstgebrauch der Wehrmacht.) Druck: Berliner Börsenzeitung, S. 138–140.*

Zentimeterzahl liegt, das gewünschte Blut irgendwie haben müssen. Man darf bei all den Dingen natürlich nicht ausschließlich sein, ebenso wie in keiner Weise gesagt ist, daß Menschen, deren Größe unter diesem Wert liegt, es nicht haben können. Das ist selbstverständlich. Es besteht nur die größere Wahrscheinlichkeit, in dieses Reservoir zu greifen, wenn ich diese bestimmte Größe nehme.

Nun kommt das weitere. Es genügt nicht, wenn ich irgendjeden nehme, der groß ist, sondern wir gingen auch damals schon daran, uns Lichtbilder kommen zu lassen. Das waren im Jahre 100 oder 150 bis 200 Leute, die wir aufnehmen konnten. Von allen habe ich persönlich das Lichtbild gesehen und überlegte mir: Sind hier im Gesicht des Mannes ganz deutliche Einschläge von fremdem Blut, also überstarke Backenknochen, wozu man landläufig sagt: der sieht mongolisch oder slawisch aus? Slawisch ist übrigens ein falscher Ausdruck. Das ist lediglich der volkstümliche Ausdruck.

Warum habe ich das getan? Da darf ich Ihre Aufmerksamkeit auf eine Erfahrungstatsache lenken. Erinnern Sie sich bitte an die Soldatenratstypen des Jahres 1918 und 1919. Jeder von Ihnen, der damals Offizier war, kennt eine Anzahl dieser Leute aus persönlicher Erfahrung. Sie werden feststellen können, daß das im großen und ganzen Leute waren, die für unser deutsches Auge irgendwie komisch aussahen, die irgendeinen komischen Zug hatten, bei denen irgendein fremdes Blut eingeschlagen war. Es war der Typ Menschen, die man wohl bändigen kann und die sich in ruhigen Zeiten einordnen, die im Kriege sogar tapfer, kühn und verwegen sind, die aber in dem Moment, wo die letzte Druckprobe auf Charakter und Nerven ankommt, irgendwie aus ihrem Blut heraus versagen müssen.

Da ich diese Dinge nun wußte, sagte ich mir: Ich nehme von vornherein keine Leute auf, bei denen ich eben auf Grund der Blutzusammensetzung ganz sicher erwarten kann: wenn eine politische Druckprobe kommt, springen sie aus, sind unzufrieden und untreu, gehen zum Gegner über, meckern, haben Soldatenratsmanieren an sich und ähnliches. Das mußten wir um so mehr, als wir in den Kampfjahren in den Schutzstaffeln nur eine freiwillige Disziplin und gar keine Möglichkeit hatten, den Mann zu etwas zu zwingen. Es bestand nur die Möglichkeit, dem Mann, wenn er die Strafe freiwillig auf sich nahm, die Armbinde auf drei oder vier Wochen zu entziehen, oder Strafexerzieren, wenn das ging. Aber wenn er nicht wollte, konnte er sagen: Ich trete aus, mir gefällt das nicht mehr. Wir haben daher den obengenannten Auslesegrundsatz befolgt und dadurch die gröbsten Fehlerquellen entfernt.

Nun war damit, daß ich damals die äußere Siebung begann, noch keine endgültige Auslese erreicht. Es kam ja immer auf die Leistung an, wie der Mann sich in den folgenden Monaten und Jahren bewährte. Hier stand ich auf dem Standpunkt, daß wir immer Schwereres und mehr verlangen mußten als alle anderen Organisationen. Wertvolle Leute zieht man sich ja nicht durch leichten Dienst und durch Annehmlichkeiten heran, sondern nur durch Schwierigkeiten und größere Belastungen. Wir fingen also damit an, von unseren Männern trotz der damals so armen Zeit grundsätzlich höhere Beiträge hereinzunehmen. Zu einer Zeit, in der gar keine Uniformierung in den Parteigliederungen bestand, verlangten wir von den Leuten, daß sie sich selbst schwarze Hosen und Schaftstiefel kauften –, eine Riesenausgabe für einen Erwerbslosen, wenn er die 40 Mark selbst bezahlen mußte. Wenn er das nicht tat oder sagte: ich kann das nicht, dann erklärten wir ihm: bitte, geh' wieder, dann hast du irgendwie die Sache nicht erfaßt, dann hast du irgendwie nicht die letzte Opferwilligkeit und diesen letzten Antrieb von innen heraus, dann können wir dich nicht gebrauchen. So kamen wir allmählich zu einem von uns beabsichtigten und erwünschten Bild.

Man mag zu dieser hier kurz angedeuteten Theorie der Menschenauslese stehen wie man will, heute, nach acht Jahren, glaube ich sagen zu können, daß die Praxis uns recht gegeben hat, und daß es wirklich möglich war, eine gewisse Auslese von Menschen in der Schutzstaffel schon während der Kampfzeit organisatorisch zu erfassen.

II.

„So wird regiert und nicht anders"[1])

Der Reichsführer-SS
1279/42

Reval, den 28. Juli 1942
Geheime Reichssache!
1. Ausfertigung

Lieber Berger![2])

Zu Ihren Aktennotizen:

1. Ich lasse dringend bitten, daß keine Verordnung über den Begriff „Jude" herauskommt. Mit all diesen törichten Festlegungen binden wir uns ja selber nur die Hände.

   Die besetzten Ostgebiete werden judenfrei. Die Durchführung dieses sehr schweren Befehls hat der Führer auf meine Schultern gelegt. Die Verantwortung kann mir ohnedies niemand abnehmen. Also verbiete ich mir alles Mitreden.

   Aktennotiz Lammers erhalten Sie demnächst.

2. Was soll eigentlich das Ehegesetz? Ich wünsche Vorlage bei mir. Kann heute schon sagen, daß ich der Ansicht bin, daß die Verbindungen von Deutschen mit Landeseinwohnerinnen zunächst gar nicht gesetzlich geregelt werden können.

   Insgesamt müßten sie verboten sein. Ausnahmen für Estland und Lettland müßten dort an zentralen Stellen anlaufen und einzeln nach rassischen Gesichtspunkten entschieden werden. Nach einem Jahr kann man dann die durch das Leben und die Praxis gesammelten Erfahrungen in die Form eines Gesetzes gießen.

   So wird regiert und nicht anders.

Heil Hitler!

Ihr

gez. H.

[1]) *Dokument CXXXI – 10.*
[2]) *Siehe Seite 27.*

Gottlob Berger an Heinrich Himmler [1]

Gottlob Berger. * 16. 7. 1896 — 1940 bis 1945 Obergruppenführer der ﾩ und Generalleutnant der Waffen-ﾩ, Chef des ﾩ-Hauptamtes — 1941 bis 1945 Verbindungsoffizier des Reichsführers-ﾩ zum Reichsminister für die besetzten Ostgebiete — 1942 bis 1945 Chef der Postüberwachungsstellen der Deutschen Reichspost (T. W. C., XII, 19) — 1949 in Nürnberg zu 25 Jahren Gefängnis verurteilt — 1951 wurde die Strafe auf 10 Jahre herabgesetzt — 1952 auf freien Fuß gesetzt. („Endlösung").

„So lange ich lebe, werde ich Ihr getreuer Gefolgsmann sein, ganz gleichgültig, was Sie befehlen"

Berlin-Charlottenburg, den 9. 3. 43
An der Heerstraße 95

Reichsführer!

Es ist oft im menschlichen Leben so, daß jahrelang Besonderes nichts passiert und daß sich dann große und wichtige Ereignisse in Tagen und Stunden häufen. So ist auch mein letzter Vortrag im Feldquartier des Reichsführers-ﾩ für mich persönlich das Entscheidendste in meinem Leben gewesen. Zuerst einmal darum, weil mein Reichsführer mir das Vertrauen geschenkt und mir persönliche Dinge mitgeteilt hat, was man nur tut, wenn das Visier in jeder Form geöffnet ist und man weiß, daß derjenige, dem man das sagt, dieses Vertrauen zu wahren versteht und, sofern möglich, mit noch größerem Diensteifer zu danken versucht.

Reichsführer, wenn ich nun das, was ich so auf dem Herzen habe, Ihnen mit Maschine schreiben lasse und nicht handschriftlich, so nur darum, weil es besser und leichter zu lesen ist.

Sie haben in den letzten Tagen und Wochen eine große persönliche Enttäuschung erlebt. Für mich kam die Angelegenheit nicht ganz unerwartet. Es ist ja so, Reichsführer, daß Sie mit einem ungeheuren Vertrauen oft an alle Menschen herantreten und in Ihrer Güte es ganz übersehen, daß nicht alle dieses Vertrauens würdig sind, daß so viel Vertrauen zu genießen, jedem Einzelnen sehr starke Verpflichtungen auferlegt, die zu übernehmen wieder nicht alle fähig sind.

---

[1]) *Dokument CXXVIII – 19a.*

Wir befinden uns in einer wilden und stürmischen Zeit. Die Alten hatten es, soweit es das Offizierskorps anbelangt, erheblich leichter. Der alte Spruch des hugenottischen und Refugé-Adels, also zum großen Teil hochgezüchteten germanischen Blutes, war doch der:

„Mon âme à Dieu, mon épée au Roi, mon cœur aux dames" (Altfranzösisch).

Das war wirklich leicht, denn es war eine klare Scheidung, eine klare Zuständigkeitsabgrenzung. Der Nationalsozialismus verlangt nun alles, die Seele, den Degen und das Herz für die Idee. Nach einer kurzen Übergangszeit, zugleich einer Zeit tiefster Demütigung, kam nun die Idee zum Sieg. Wie in einem tropischen Urwald nach der Regenzeit wuchs alles, schossen gleichsam die Säfte alle ins Blatt. Und nun kommt die Zeit der Bewährung. Diese Umstellung, Reichsführer, man muß hier sehr gerecht sein, verlangt von dem Einzelnen unerhört viel Selbstbeobachtung, Selbstbeherrschung, persönliche Kritik. Daß man das nicht von allen verlangen darf, ist ganz selbstverständlich. Allerdings sollte ja verlangt werden können, daß einer, der zu den Vertrauten des Reichsführers-SS gehört, nun auch von Reichsführer-SS persönlich etwas lernt und übernimmt:

Die Zurückstellung der eigenen Person, den Einsatz für die Sache, umso mehr, als doch jedem klar sein muß, daß jeder Einzelne von uns in irgendeiner Form eine geschichtliche Persönlichkeit ist oder werden kann, wie die Generale Friedrichs des Großen es geworden sind.

Diese kleinen, im großen Rahmen gesehen, persönlichen Enttäuschungen, Reichsführer, dürfen Sie aber nicht abbringen von Ihrer Güte und von Ihrem seitherigen Weg. Ich darf Sie aufs Bestimmteste versichern, daß Tausende und Zehntausende alter und vor allen Dingen junger SS-Männer da sind, die in einer rührenden Treue und Liebe an Ihnen hängen, und die jederzeit bereit sind, für die von Ihnen aufgestellten Satzungen und Befehle nicht nur ihr Leben einzusetzen und zu geben, sondern auch, was oft viel schwerer fällt, danach zu leben.

Wenn ich noch etwas sagen darf. Ich gehöre nicht zu den Leuten, die ihr sog. Herz auf der Zunge tragen. Wenn es sich um persönliche Dinge handelt, bin ich immer furchtbar unbeholfen und schwerfällig, und so gewandt ich sonst in der Durchsetzung sachlicher Belange meines Reichsführers gegenüber bin, so unbeholfen bin ich, wenn solche persönlichen Dinge beim Reichsführer zur Sprache kommen. Die besten Gedanken fallen mir da immer nachher ein, nach dem alten schwäbischen Spruch: „Wenn der Gemeinderat vom Rathaus kommt, ist er immer klüger als vorher."

Wir leiden in der NSDAP und damit auch in der SS noch unter einem; daß wir manche Führer bei uns haben, die einstens nicht in der Lage waren, sich durch ihrer eigenen Hände Arbeit anständig zu ernähren, d. h. die mit zu uns gekommen sind, weil sie im Innern ihres Herzens hofften, auf eine etwas leichtere und bequemere Art durchs Leben zu kommen. Sie sagten, Reichsführer, bei meinem Dortsein, daß eine Frau nur danach gewertet werden kann, wenn sie von einem Mann Kinder bekommt und wenn sie bereit ist, mit ihrem Mann notfalls die härteste Arbeit zu leisten, um durchzukommen. Diese konsequente Haltung haben wir bei manchen unserer SS-Führer nicht. Daher fehlt ihnen auch, was man sonst geheißen hat „Der Mannesstolz vor Königsthronen", der Mut, auch seinem höchsten Vorgesetzten, selbstverständlich unter aller Wahrung der Form, eine gegenteilige Meinung zu sagen. Der Vorgesetzte hat es dann ja immer in der Hand, zu entscheiden. Dann allerdings, wenn er entschieden hat, wird dieser Befehl bis zur letzten Konsequenz durchgeführt. Wir müssen, Reichsfüher, diese neue Auffassung vom Dienst und von der Mannentreue bei uns erst wieder zur Geltung bringen. Sie ist vorhanden, und das ist für mich bei nüchterner Beurteilung oft das Betrübende, bei den Männern und bei den unteren Dienstgraden. Sie ist leider bei den höheren Dienstgraden oft nicht da. Die SS-Führer vergessen, daß eine Treue nicht nur von unten nach oben, sondern auch von oben nach unten gehen muß, da sonst auf die Dauer eine Führung nicht möglich ist.

Wir haben auch bei unseren Führern noch eines, was nicht richtig ist, und das ist die Kritik. Kritik ist notwendig, aber eine Kritik der Führer an ihren Vorgesetzten und höchsten Dienststellen unwürdig. Denn gerade ein höherer SS-Führer hat ja jederzeit, insbesondere bei der besonderen Veranlagung des Reichsführers-SS, die Möglichkeit, an den Reichsführer-SS selbst gelangen zu können und seine Sorgen oder seine Auffassung an den Reichsführer-SS selber zu bringen. Hier haben wir manche Führer, die über den alten Leutnantsstandpunkt nicht hinweggekommen sind. Es ist doch ein alter Spruch: „Niemand ist mehr zu sachlicher Kritik berufen als der mißvergnügte Leutnant." Über diesen Standpunkt haben sich manche unserer SS-Führer nicht hinausentwickelt.

Äußerlich ist die Form als Kommandeur sehr gut, innerlich aber fehlt das Wachstum, oft auch das Verantwortungsbewußtsein für den Kommandeur. Das ist, Reichsführer, an und für sich nicht schlimm. Es liegt das alles in der raschen Entwicklung begründet. Ich führe auch das nicht an, um zu kritisieren, sondern wirklich nur darum, daß Reichsführer sich auch durch schwerste Enttäuschungen nicht abbringen läßt von dem seither beschrittenen Weg, und sich nicht abbringen läßt von der großen Herzensgüte. Es sind einfach einmal viele Leute da, die einer so großzügigen Behandlung nicht würdig sind, aber es werden viele kommen, die nur mit und durch diese Behandlung zum allerhöchsten Einsatz angeregt werden.

Zum Ostministerium:

Ich habe mich auf der einen Seite etwas damit abgefunden, zwar schwer. Schwer insbesondere darum, weil ich glaube, daß ich als Chef des SS-Hauptamtes dem Reichsführer-SS mehr geben kann, denn als Staatssekretär im Ostministerium. Ich habe dann die angenehmen Seiten besonders herausgesucht, als da sind, daß viele Kleinigkeiten, die mir heute noch als Hauptamtschef Schwierigkeiten machen und Sorgen bereiten, im Ostministerium nicht mehr sind, weil ich da grundsätzlich aus eigener Kraft sie abstellen kann und weil letzten Endes im Osten unsere Zukunft liegt und ich dafür hätte sorgen können, daß in 1 oder 2 Jahren das Ostministerium innerlich einwandfrei nur nach den großen Grundsätzen und Richtlinien des Reichsführers-SS arbeitet.

Daß ich nun in meinem Hauptamt bleiben darf, macht mich stolz. Denn niemand geht gerne von einer Arbeit, die mit einem Teil seiner Lebenskraft geleistet wurde. Ich werde aber versuchen, auch im Reichsostministerium nun, ohne daß ich hauptamtlich dort bin, zum Ziel zu kommen.

Ich glaube, daß wir im Großen und Ganzen in Deutschland gerade in der Behandlung der fremden Völkerschaften aus der Geschichte gar nichts gelernt haben. Seither war es doch so, daß man geglaubt hat, wenn man den Ostvölkern (siehe Polen-Politik) wirtschaftliche Zugeständnisse macht und politische Freiheiten einräumt, sie nun für uns gewonnen sind und für uns marschieren. Je mehr wir nach dieser Seite getan haben, umsomehr haben sich die Völker auf sich selbst besonnen. Sie kamen eigentlich erst durch dieses Entgegenkommen auf den Begriff ihrer „Volkheit". Es war allerdings meiner Ansicht nach ein Fehler, daß wir uns sowohl im Ostland wie in der Ukraine als ausgehungerte arme Habenichtse auf diese Völkerschaften stürzten. Das sofortige Zugeständnis des kleineren und mittleren Eigentums, das Zugeständnis späterer größerer Zuteilungen nach Bewährung hätten durchaus genügt, und vor allen Dingen wäre verhindert worden, daß die Völkerschaften, die uns einmal als Befreier begrüßten, uns jetzt teilnahmslos, ja teilweise feindlich gegenüberstehen. Es ist das ja letztenendes auch eine Glaubensfrage und zeigt nur, wie wenig Teile des deutschen Volkes, gerade der führenden Schichten, von dem Nationalsozialismus als einem neuen Glauben überzeugt sind.

Letzten Endes handelt es sich doch in diesem Kriege darum, festzustellen, welche Nation nun berufen ist, der Welt ihren Stempel aufzudrücken und von dem alten Glauben abzukommen, daß der liebe Herrgott in jedem Land eine andere Nationalität hat und jedes Mal helfen soll, die Leute jenseits der Grenze totzuschlagen. Aber auch das ist ja nur eine Frage der Entwicklung, eine Frage der Zeit. Das Schicksal hat uns hier besonders viel aufgehalst, daß es uns diese Zeit zur Entwicklung eben nicht gelassen hat, sondern uns zum Antreten um die Entscheidung aufrief, bevor wir den besten Teil des deutschen Volkes zu diesen klaren Gedankengängen geführt hatten.

Wir stehen heute vor der großen Entscheidung. Entweder beginnt mit dem Nationalsozialismus eine neue Zeit, hart, schwer und klar, die für Jahrhunderte, vielleicht für Jahrtausende nicht nur der germanischen, sondern auch der übrigen Welt ihr Gepräge gibt, oder aber schließt mit dem Nationalsozialismus endgültig die germanische Zeit ab, mit den Sonnenstrahlen der Abendsonne zu vergleichen, die noch einmal alles in ihrem Glanz aufleuchten läßt.

Ich jedenfalls, Reichsführer, sehe auch diesem ruhig und zielsicher entgegen. Hoffe, damit über der Sache zu stehen und so meinem Reichsführer, der mich geholt hat, am besten dienen zu können. Dabei bin ich mir bewußt, daß in schweren Zeiten es immer einzelne Männer gewesen sind, die das Schicksal eines Volkes so oder so führten, und daß, wenn diese Männer fallen, sie wie hundertjährige Eichen im Walde stürzen müssen.

Daß ich innerlich die tiefste Hoffnung habe, daß auch nach meinen persönlichsten Opfern wir eine neue Zeit begründen, glaube ich nicht besonders betonen zu müssen.

So lange ich aber lebe, werde ich Ihr getreuer Gefolgsmann sein, auf den Sie sich verlassen können, ganz gleichgültig, was Sie befehlen.

(handschriftlich)

Heil Hitler!

Ihr dankbarer

gez. Gottlob Berger

Unter sich

I.

Rosenberg contra Goebbels[1])

A.

An den
Präsidenten der Reichskulturkammer
Herrn Reichsminister Dr. Goebbels
Berlin
Propagandaministerium

30. August 1934

Sehr geehrter Parteigenosse Dr. Goebbels!

Ihr Schreiben in Bezug auf die Veröffentlichung Ihres Briefes an die „Lichtbildbühne" habe ich erhalten und zur Kenntnis genommen, daß Sie einen Verantwortlichen in dieser Angelegenheit fristlos seines Amtes enthoben haben. Immerhin scheint mir, daß der *eigentliche* Verantwortliche für die Veröffentlichung der verantwortliche Schriftleiter der „Lichtbildbühne" ist. Ich stehe nach wie vor auf dem Standpunkt, daß ein derartiges Rundschreiben den nationalsozialistischen Grundsätzen widerspricht, jedenfalls habe *ich* im Laufe der Zeit Abstand genommen, durch Rundschreiben an mir unterstellte Dienststellen eine Kritik an Zuständen etwa der Reichskulturkammer zu üben, trotzdem dazu mehr als einmal Veranlassung bestanden hätte. Ich muß mir unter Umständen vorbehalten, auf derartige Rundschreiben Ihrerseits auch ähnliche Rundschreiben aufklärender Art an die mir unterstehenden Stellen zu versenden. Selbst für den Fall, daß aus meinem Amt Schreiben an die der Reichskulturkammer angegliederten Verbände versandt sein sollten, deren Tendenz sich mit Ihren Befugnissen gekreuzt hätten, so wäre das Natürliche gewesen, wenn die Leitung der Reichskulturkammer sich mit uns in Verbindung gesetzt hätte, und wir von uns aus eine Richtigstellung veranlaßt hätten. Es wäre dabei auch durch eine Aussprache die Abgrenzung der Tätigkeiten zu klären gewesen. Im übrigen betone ich nach wie vor, daß der mir vom *Führer* übertragene Auftrag auch dahin lautet, *sämtliche* gleichgeschaltete Verbände in bezug auf ihre geistige und weltanschauliche Haltung zu überwachen und daß hier eine andere Meinung diese Verfügung des Führers nicht aufzuheben in der Lage ist.

[1]) *Dokumente (A, B) CXLII – 246.*

Was die übrigen Punkte Ihres Schreibens anbelangt, so nehme ich meinerseits dazu folgende Stellung:

1. Wenn Stefan Zweig nicht ein gleicher Emigrant sein sollte, wie Arnold Zweig, so ist das an sich ein Spiel mit Worten, denn Stefan Zweig lebt nicht in Deutschland und wird sich sehr hüten, nach hier zu kommen.

2. Daß Stefan Zweig künstlerischer Mitarbeiter eines jüdischen Emigrantentheaters in Basel sei, war unwidersprochen zu lesen im Organ des Preußischen Ministerpräsidenten, in der „National-Zeitung" zu Essen, die sich diese Betätigung von Zweig aus der Schweiz melden ließ, wo in Basel ein derartiges Unternehmen besteht. Die Richtigkeit dieser Angabe der „National-Zeitung" oder der Ihnen gewordenen Informationen wäre demnach noch einmal zu überprüfen. Wenn Sie Stefan Zweig als eine Persönlichkeit schildern, die sich politisch bisher absolut zurückgehalten hätte, und erklären, daß der Text der Oper[1]) unpolitisch und harmlos sei, so bin ich allerdings der Überzeugung, daß es nur noch gefehlt hätte, daß Stefan Zweig eine *politische* Oper zu bearbeiten hätte; und was seine Zurückgezogenheit anbetrifft, so scheint Ihnen seine Lebensarbeit nicht bekannt zu sein. Stefan Zweig trat besonders im Jahre 1907 mit seinem „Tersites" hervor und stellte große Sympathiebetrachtungen über diesen Verräter am griechischen Heere an. Er stellte ihn dem Helden Achilles gegenüber und es konnte kein Zweifel darüber herrschen, daß Zweig seine Sympathie dem Tersites schenkte, dessen Erlösungsbedürfnisse und dessen Seelen-

---

[1]) *Es handelt sich um „Die schweigsame Frau" von Rich. Strauß. Darüber berichtet Stefan Zweig in „Die Welt von gestern", 1952, S. 341–343 folgendes: „Die Partei drückte sich um die Entschließung herum, solange dies irgendwie zu bewerkstelligen war. Aber Anfang 1934 mußte sie sich endlich entscheiden, ob sie sich gegen ihr eigenes Gesetz oder gegen den größten Musiker der Zeit stellen wollte. Der Termin duldete keinen weiteren Aufschub. Die Partitur, die Klavierauszüge, die Textbücher waren längst gedruckt, im Hoftheater von Dresden die Kostüme bestellt, die Rollen verteilt und sogar schon studiert, und noch immer hatten sich die verschiedenen Instanzen, Göring, Goebbels, Reichsschrifttumskammer und Kulturrat, Unterrichtsministerium und die Streichergarde nicht einigen können. So sehr all das als Narrentraum erscheinen mag, die Affäre der »Schweigsamen Frau« wurde schließlich zu einer aufregenden Staatsangelegenheit. Von all den Instanzen wagte keine die volle Verantwortung für das erlösende »bewilligt« oder »verboten« zu übernehmen; so blieb nichts übrig, als diese Angelegenheit der persönlichen Entscheidung des Herrn Deutschlands und Herrn der Partei, Adolf Hitler, anheimzustellen. Meine Bücher hatten schon vordem die Ehre genossen, reichlich von den Nationalsozialisten gelesen zu werden; insbesondere war es der »Fouché« gewesen, den sie als Vorbild politischer Unbedenklichkeit immer wieder studierten und diskutierten. Aber daß sich, nach Goebbels und Göring, Adolf Hitler persönlich einmal würde bemühen müssen, die drei Akte meines lyrischen Librettos ex officio zu studieren, dessen war ich wahrhaftig nicht gewärtig gewesen. Die Entscheidung fiel ihm nicht leicht. Es gab, wie ich hinterdrein auf allerhand Umwegen berichtet bekam, noch eine endlose Reihe von Konferenzen. Schließlich wurde Richard Strauß vor den Allgewaltigen zitiert, und Hitler teilte ihm in persona mit, daß er die Aufführung, obwohl sie gegen alle Gesetze des neuen deutschen Reiches verstoße, ausnahmsweise gestatte, eine Entscheidung, wahrscheinlich ebenso unwillig und unehrlich gegeben wie die Unterzeichnung des Vertrages mit Stalin und Molotow.*

So brach dieser schwarze Tag für das nationalsozialistische Deutschland heran, daß noch einmal eine Oper aufgeführt wurde, wo der geächtete Name Stefan Zweig auf allen Anschlagzetteln paradierte. Ich wohnte selbstverständlich der Aufführung nicht bei, da kämpfe er ausführlich schilderte, während der Held Achill als ein unnahbarer Herr nicht sympathisch dastand. Es war die ganze bewußte Zersetzungsarbeit, die sich durchaus politisch auswirkte, weil jedermann von Tersites auf die Pazifisten und Landesverräter in Deutschland schloß, ebenso wie von dem Helden Achilles auf das deutsche Offizierstum.

Aus gleichem Instinkt heraus schrieb Stefan Zweig seinen „Amok" und liebte es, pathologische Züge deutscher Größen als für sie *charakteristisch* (siehe Nietzsche, Hölderlin) darzustellen. Stefan Zweig ist bei seiner Zersetzungsarbeit nicht so klobig vorgegangen wie Arnold Zweig, ist aber in keiner Weise ein harmloser Literat, wie Sie ihn in Ihrem Brief darstellen. Als Stefan Zweig seinen „Amokläufer" verfilmen wollte, ist gerade *Ihrerseits* bezw. seitens Ihres Ministeriums diese Verfilmung wegen erheblicher innen- und außenpolitischer Bedenken verboten worden! Ferner befindet sich Zweig auf der sogenannten schwarzen Liste, seine Werke wurden auch auf Anordnung des Ministeriums für Volksaufklärung und Propaganda bezw. der Reichspropagandaleitung der NSDAP in ganz Deutschland öffentlich verbrannt. Offenbar sind Ihnen diese Dinge nicht bekannt oder aber Ihrem Gedächtnis entfallen.

Zweig ist ein ganz besonderer Verehrer des Psychoanalytikers Freud und erklärte triumphierend, dessen Gedanken seien „wie Bazillen eingedrungen in alle Organismen der geistigen Welt". Ferner zählt Stefan Zweig Emil Ludwig-Cohn zu seinen auserlesenen Genossen und hat u. a. in der „Neuen Freien Presse" in Wien Lobeshymnen über diesen Mann gesungen. Der Inselverlag, mit dem Zweig seine Geschäfte machte, mußte dabei wegen unglaublicher Verballhornung der deutschen Sprache deutsche Gelehrte bitten, die Manuskripte Zweigs erst auf ihre Fehler im Deutschen durchzusehen. Aber selbst, wenn das alles nicht wäre und Zweig so harmlos dastünde, wie es sich aus Ihrem Brief entnehmen müßte, so ist es für den Nationalsozialismus doch selbstverständlich, daß in der heutigen

---

ich wußte, daß der Zuschauerraum von braunen Uniformen strotzen würde und sogar Hitler selbst zu einer der Aufführungen erwartet wurde. Die Oper errang einen sehr großen Erfolg, und ich muß zu Ehren der Musikkritiker feststellen, daß 9/10 von ihnen die gute Gelegenheit begeistert nutzten, noch einmal, zum letztenmal, ihren inneren Widerstand gegen den Rassenstandpunkt zeigen zu dürfen, indem sie die denkbar freundlichsten Worte über mein Libretto sagten. Sämtliche deutschen Theater, Berlin, Hamburg, Frankfurt, München, kündigten sofort die Aufführung der Oper für die nächste Spielzeit an.

Plötzlich, nach der zweiten Vorstellung, kam ein Blitz aus den hohen Himmeln. Alles wurde abgesagt, die Oper über Nacht für Dresden und ganz Deutschland verboten. Und noch mehr: man las erstaunt, daß Richard Strauß seine Demission als Präsident der Reichsmusikkammer eingereicht habe. Jeder wußte, daß etwas Besonderes geschehen sein mußte. Aber es dauerte noch einige Zeit, ehe ich die ganze Wahrheit erfuhr. Strauß hatte wieder einmal einen Brief an mich geschrieben, in dem er mich drängte, doch bald an das Libretto einer neuen Oper zu gehen, und in dem er sich mit allzu großer Freimütigkeit über seine persönliche Einstellung äußerte. Dieser Brief war der Gestapo in die Hände gefallen. Er wurde Strauß vorgelegt, der daraufhin sofort seine Demission geben mußte, und die Oper wurde verboten. Sie ist in deutscher Sprache nur in der freien Schweiz und in Prag in Szene gegangen, später noch italienisch in der Mailänder Scala mit dem besonderen Einverständnis Mussolinis, der sich damals dem Rassenstandpunkt noch nicht unterworfen hatte. Das Deutsche Volk aber hat nie mehr einen Ton aus dieser teilweise bezaubernden Altersoper seines größten lebenden Musikers hören dürfen."

Zeit der Präsident einer angeblich nationalsozialistischen Reichsmusikkammer nicht einen jüdischen Mitarbeiter im neuen Reich haben kann.

3. Wenn Sie erklären, es wäre unwahr, daß Strauß die Aufführung seiner Oper verboten sei, er vielmehr in loyalster Weise „auf Vorhalt" seine Oper zurückgehalten hätte, so ist das auch nur ein Spiel mit Worten, denn wenn seitens eines Reichsministers im nationalsozialistischen Staat einem Präsidenten der Reichsmusikkammer ein ernster Vorhalt gemacht wird, so ist das wohl doch gleichbedeutend mit einer Forderung, daß bei Nichterfüllung des Wunsches eben der Präsident der Reichsmusikkammer seine Konsequenzen durch Rücktritt zu ziehen hätte. Daß Strauß bereits drei Jahre an seiner Oper gearbeitet hat, mag persönlich bedauerlich sein, die ganze Haltung aber zeigt, daß Dr. Strauß offenbar alle Ehren im Dritten Reich mitgenießen, dagegen nichts aufgeben wollte, was ihm an Sympathien und sonstigen Einkünften seitens unserer Gegner zugeflossen war.

4. Das Urteil über die Strauß-Propaganda ist natürlich Temperamentsache. Wenn Sie *diese* Herausstellung nicht als besonders eklatant empfunden haben, so haben es eben andere Kreise doch so empfinden müssen, daß Dr. Strauß gleichsam als völkischer Kulturträger des Dritten Reiches gelobt und gefeiert wurde.

Da ich Ihre kommende Antwort bereits voraussah, habe ich ausdrücklich erklärt, daß, um keine Mißverständnisse aufkommen zu lassen, ich es als ganz natürlich empfunden hätte, wenn Strauß als Künstler, also als Einzelpersönlichkeit, in Deutschland entsprechend seiner Bedeutung und seinen Fähigkeiten gewürdigt worden wäre. Sie haben aber charakteristischerweise diese Bemerkung übersehen, und es für zweckmäßig erachtet, einen Ausfall auf den Kampfbund für Deutsche Kultur zu machen. Dieser Ausfall zwingt mich, ausführlicher zu werden:

Der Kampfbund für Deutsche Kultur entstand in der Zeit schwerster politischer Kämpfe aus dem Gedanken heraus, daß auch die kulturelle Seite der Bewegung gepflegt und nach Menschen gesucht werden müßte, die diese kulturelle Pflege später weiter führen könnten. Zu dieser Zeit hat sich so gut wie niemand um die kulturellen Fragen des Nationalsozialismus gekümmert, auch Sie nicht, Dr. Goebbels, denn es war die Zeit, als Sie in Hans Heinz Ewers, dem Verfasser der „Alraune" und des „Vampir", ferner in Arnolt Bronnen, dem Verfasser der „Septembernovelle", sich Ihre Künstlerumgebung wählten. Der Kampfbund für Deutsche Kultur hat keinerlei Unterstützung erhalten und sich trotzdem in beachtenswerter Weise durchsetzen können, trotz zweifellos auch bei ihm bestehender Mängel. Es ist nun sehr bezeichnend, daß Sie Ihren Ausfall gegen den KfdK machen, aber bisher von seiner Arbeit, d. h. auch meiner Arbeit gern Nutzen zogen. Ich erinnere daran, daß ohne Unterstützung des Gaues Berlin, ja sogar angesichts seiner Gegenwirkung, der KfdK mit großer Mühe unter Prof. Havemann ein Orchester aufstellte. Der KfdK hat dadurch guten deutschen Musikern in schwerster Kampfzeit Brot und Arbeit gegeben und nach und nach wurde mit diesem Orchester auch eine beachtenswerte musikalische Leistung erzielt. Bei der Machtübernahme der NSDAP wurde Prof. Havemann Ihrerseits gezwungen, das Kampfbund-Orchester als Landesorchester des Gaues Berlin zu bezeichnen, und so haben Sie an dieser Stelle die Früchte der Arbeit anderer übernommen.

Im übrigen würde ich Ihnen empfehlen, doch die verschiedenen Leitungen Ihrer Kammern mehr zu überprüfen und namentlich die jüdischen Beziehungen der Theaterkammer durchzusehen, da über den Einfluß des jüdischen Herrn Goetz mehr als einmal vergeblich Klage geführt wurde, dieser sich aber immer noch der besonderen Patronage der Theaterkammer erfreut, offenbar, um nicht mit der nationalsozialistischen Deutschen Bühnen-Korrespondenz zu arbeiten. Es ist für Parteigenossen ein außerordentlich unangenehmer Anblick, wenn man diesen Juden Goetz in Berlin mit nationalsozialistischen Intendanten zusammen sitzen sieht, da diese Intendanten offenbar bei dem Einfluß von Goetz nicht anders können, als mit ihm immer wieder zu unterhandeln.

5. Wenn Dr. Strauß seine neue Oper nun nicht nur für Deutschland, sondern für die ganze Welt zurückgezogen hat, so begrüße ich diesen offenbar erst in den letzten Wochen nach verschiedenen öffentlichen Angriffen gefaßten Entschluß durchaus. Die Schweizer Presse, die über den Fortgang der Oper unterrichtete, konnte diese Meldungen aber schließlich nur aus dem Büro von Dr. Strauß erhalten haben, denn daß Strauß unlängst den 2. Akt vollendet hatte, konnte die Presse, die das meldete, doch nur von ihm selbst erfahren haben.

6. In meinem Brief steht nichts davon, daß Strauß die Aufführung seiner *neuen* Oper in Salzburg miterleben wollte, sondern nur, daß er, nachdem ihm gedroht worden war, daß keines seiner Werke mehr in Österreich aufgeführt werden würde, seine persönliche Teilnahme an den Salzburger Festspielen zugesagt hätte.

Wenn Sie erklären, daß diese Reise in Übereinstimmung mit Ihnen vorgenommen wäre, und vom Führer gebilligt worden sei, so weiß ich natürlich nicht, in welcher Form der Führer, sei es von Dr. Strauß oder anderer Stelle, unterrichtet worden ist. Den Präsidenten der Reichsmusikkammer in Salzburg aber neben dem jüdischen Emigranten Bruno Walter zu erblicken, scheint mir nicht erfreulich. Jedenfalls bin ich der Überzeugung, daß Strauß davon selbst hätte absehen müssen, da man nun einmal nicht alle Hasen auf einmal jagen kann. Entweder nimmt man eine große Stellung und die Ehren im Dritten Reich an, dann muß man aber auf Bruno Walter, Hofmannsthal und Zweig verzichten, oder man bleibt bei seinen alten Freundschaften und verzichtet auf repräsentative und kulturbestimmende Stellungen im Dritten Reich. Hierüber zu wachen, würde ich als Pflicht des Präsidenten der Reichskulturkammer empfinden und nicht die menschliche Großherzigkeit des Führers anrufen. Sie dürfen überzeugt sein, daß das Verhalten der Theaterkammer und manches andere auf dem Gebiet, etwa der bildenden Kunst oder des Filmwesens vielfach den Glauben an die Festigkeit nationalsozialistischer Welt- und Kulturanschauung in Deutschland erschüttert hat, was ich außerordentlich bedaure und was zu vermeiden ich meinerseits gern alles getan hätte. Da aber die Ernennungen damals erfolgten, ohne daß ich von ihnen wußte, konnte ich auch keine Ratschläge erteilen ...

... Für eine baldige Antwort wäre ich Ihnen verbunden.

Abschriften Ihrer und meiner Briefe habe ich dem Stellvertreter des Führers zugeleitet.

Heil Hitler!

gez. Rosenberg

B.

Nationalsozialistische Deutsche Arbeiterpartei
Reichsleitung
Der Reichspropagandaminister

Berlin, den 25. September 1934

Sehr geehrter Parteigenosse Rosenberg!

Ich habe mir noch einmal die Mühe gegeben, alle Ausstellungen und Vorwürfe, die Sie in Ihrem Brief vom 30. August ds. Js. gegen mich und meine Arbeit erheben, sorgfältigst nachzuprüfen. Das Ergebnis dieser Nachprüfung finden Sie in beifolgender Anlage. Sie können daraus ersehen, wie wenig stichhaltig ein großer Teil Ihrer Ausführungen ist. So dankbar ich für Ratschläge und Anregungen bin, wenn sie wirklich begründet sind, so energisch muß ich mich gegen haltlose und bei näherer Prüfung als vollkommen unzutreffend erwiesene Behauptungen wehren, die nur dazu geeignet sein können, mich und meine Arbeit herabzuwürdigen bzw. zwischen Ihnen und mir einen Federkrieg heraufzubeschwören, zu dem ich weder Zeit noch Lust habe. Ich muß Sie deshalb ersuchen, in Zukunft nur mit solchen Beschwerden an mich heranzutreten, die auch einer sachlichen und sorgfältigen Prüfung standzuhalten vermögen. Darstellungen wie die in Ihrem letzten Schreiben haben in der diesem Antwortschreiben beigefügten Anlage zum letztenmal ihre Beantwortung gefunden.

Heil Hitler!

gez. Dr. Goebbels

Anlage

1. Es ist unrichtig, daß sich Dr. Goebbels seine Künstlerumgebung in Hans Heinz Ewers und Arnolt Bronnen gewählt hat. Mit A. Bronnen hat Dr. Goebbels vielmehr überhaupt nur ein paarmal, und dann meistens in seinem Dienstzimmer, gesprochen. Es handelte sich dabei um Rundfunkfragen. Herr Bronnen hatte sich damals mit Berichten aus dem Rundfunkhaus zur Verfügung gestellt. Die Beziehungen zu Hans Heinz Ewers beschränkten sich darauf, daß Ewers, der seinerzeit mit Genehmigung des Führers den Roman „Horst Wessel" schrieb, sich bei Dr. Goebbels als dem Gauleiter von Berlin Aufklärungen und Unterlagen dazu holte.

2. Es ist unrichtig, daß der Kampfbund für Deutsche Kultur das sogenannte Kampfbund Orchester aufgestellt hat. Richtig ist, daß das spätere Kampfbund-Orchester von Prof. Havemann als nationalsozialistisches Orchester schon aufgestellt worden war, ehe der Kampfbund in Berlin in Erscheinung trat. Die Gründung erfolgte auf Anregung des damaligen Leiters der kulturpolitischen Abteilung der NSDAP, Hanno von Konopath. Das Orchester hieß zunächst „Deutsches Konzert-Orchester" und wurde erst, nachdem der Kampfbund aufgezogen worden war, auf Verlangen Hinkels in „Kampfbundorchester" umbenannt.

Nach Mitteilung von Prof. Havemann hat der Kampfbund dem Orchester auch keinerlei materielle Unterstützung gewährt. Die ideelle Unterstützung durch Werbung für den Besuch der Konzerte war derart dürftig, daß Prof. Havemann aus eigener Initiative gemeinsam mit Herrn Ihlert die Beziehungen zum Kampfbund löste und im Einverständnis des Stellvertreters des Führers die Umwandlung in das Landesorchester des Gaues Berlin vornahm.

Unwahr ist demnach, daß Dr. Goebbels Prof. Havemann gezwungen hätte, die Umwandlung vorzunehmen. Dr. Goebbels hat sich vielmehr mit der Angelegenheit überhaupt nicht befaßt.

3. Es ist unrichtig, daß Dr. Götz sich der Patronage der Reichstheaterkammer erfreut oder daß ihm irgendwelcher Einfluß auf berufsständische Dinge des Theaters eingeräumt ist. Richtig ist vielmehr, daß MR Laubinger als Präsident der Reichstheaterkammer seinen sämtlichen Mitarbeitern zur Pflicht gemacht hat, jede Auskunft an das „Theater-Tageblatt", das Dr. Götz herausgibt, zu verweigern und ihm keinerlei Informationen zu geben, weil die aufdringliche Betriebsamkeit des Dr. Götz von der Reichstheaterkammer selbst gemißbilligt wird. MR Laubinger hat sogar vor kurzem erst Götz angedroht, er werde das Verbot seines Blattes anregen müssen, wenn Götz seine Haltung nicht ändert.

4. Es ist unrichtig, daß die Mitglieder des Sängerbundes zum Beitritt zur Reichskulturkammer gepreßt worden seien, daß sich die Reichsmusikkammer mit rund 80 000,— RM jährlich durch den Sängerbund finanziere und daß doppelte Beitragszahlungen von den Deutschen Sängern verlangt worden seien. Richtig ist, daß die dem Deutschen Sängerbund angehörenden Sänger nicht Mitglieder der Reichsmusikkammer sind, sondern lediglich die Vereine, deren Aufgabe in der Pflege der Musik besteht. Dies ist gesetzlich festgelegt in § 6 b der Ersten Durchführungsverordnung zum Reichskulturkammergesetz. Wenn die einzelnen Mitglieder der Gesangvereine etwa schon der Arbeitsfront angehören, so spielt dies keine Rolle, da sie ja auch nicht Mitglieder der Reichsmusikkammer werden. Es tritt für sie auch durch die Eingliederung der Vereine in die Reichsmusikkammer keine erhöhte Belastung ein. Der Deutsche Sängerbund zahlt an die Reichsmusikkammer jährlich 48 000,— Reichsmark. Zum Ausgleich dafür hat die Reichsmusikkammer vermittelt, daß der Deutsche Sängerbund an die „Stagma", die ebenfalls der Reichsmusikkammer angehört, statt wie bisher 30 Pf je Sänger, nur noch 25 Pf zahlt. Bei etwa 800 000 dem Deutschen Sängerbund angeschlossenen Sängern ergibt dies Ersparnisse von jährlich 40 000,— RM für den Deutschen Sängerbund. Die tatsächliche Mehrbelastung für ihn durch die Eingliederung beträgt also jährlich 8000,— RM, so daß pro Kopf des Mitgliedes im Jahre etwa 1 Pf abgeführt werden muß. Die Erhebung einer besonderen Umlage wegen dieser geringfügigen Summe ist vom Deutschen Sängerbund nicht für nötig erachtet worden. Dieser Sachverhalt ist Herrn Rosenberg durch ein Schreiben des Reichsministers des Innern bereits im Juni dieses Jahres mitgeteilt worden.

5. Es ist unrichtig, daß die Reichskammer der bildenden Künste eine Konkurrenzausstellung zu der von der NS-Kulturgemeinde geplanten Kunstausstellung zu veranstalten beabsichtigt. Richtig ist vielmehr, daß die Reichskammer der bildenden Künste selbst bisher überhaupt keine Ausstellung veranlaßt oder angeregt hat, daß sie aber ihre Bereitschaft erklärt hat, die Veranstaltungen der NS-Kulturgemeinde im Interesse der bildenden Künstlerschaft zu fördern, und daß deshalb auch schon Verhandlungen eingeleitet sind.

Es ist demnach auch unwahr, daß die Reichskammer der bildenden Künste sich an einen Berliner Kunsthändler gewandt habe, der die angebliche Konkurrenzausstellung ermöglichen sollte. Es ist unerfindlich, wie diese Behauptung aufgestellt werden konnte, da nach Mitteilung der Reichskammer keinerlei Verhandlungen geführt worden sind, die irgendwie Anlaß zur Aufstellung derartiger Behauptungen geben konnten.

Es ist unrichtig, daß Herren in die Reichskammer der bildenden Künste berufen worden seien, die in engsten Beziehungen zum Barlach-Nolde-Kreis stehen. Auch zu diesem Punkt ist nicht festzustellen, wie die Behauptungen aufgestellt werden konnten, da mit Ausnahme der Eingliederung der Reichsgemeinschaft Christliche Kunst in die Kammer, die aber mit dem Barlach-Nolde-Kreis nichts zu tun hat, in letzter Zeit keine Eingliederungen oder Berufungen erfolgt sind.

II.

Rosenberg contra Ley[1])

A.

Hauptschulungsamt

An den
Reichsorganisationsleiter der NSDAP
Reichsleiter Dr. Robert Ley

Berlin W 57
Potsdamer Straße 75

7. Januar 1937

Sehr geehrter Parteigenosse Dr. Ley!

In Bestätigung Ihres Briefes vom 26. November 1936 habe ich Ihnen folgendes mitzuteilen:

Sie belieben in letzter Zeit, sich in Ihren Rundschreiben und Anordnungen stets auf den Namen des Führers zu berufen. Ich habe es als selbstverständlich betrachtet, daß ich Äußerungen, die der Führer mir nach meinen Darlegungen gemacht hat, nicht ohne seine ausdrückliche Genehmigung dazu verwerte, um mich auf sie in Anordnungen und Ausführungen innerhalb der Partei zu berufen. Aus Ihrem Brief kann ich entnehmen, daß Sie wie üblich offenbar auch dieses Mal beim Führer mir Absichten unterschoben haben, die ich niemals hatte, und dann auf Grund dieser falschen Darstellungen Ihre weiteren Dar-

[1]) *Dokument CXLIII – 374, Brief A. Rosenbergs in Auszügen.*

legungen gemacht haben. Wenn sie so falsch gewesen sind wie die Angaben, die Sie in Ihrem Briefe machen, so wäre es nicht verwunderlich, wenn der Führer Ihnen — unter Voraussetzung der Richtigkeit des von Ihnen angeführten — recht gegeben hätte. Ich möchte Ihnen deshalb, wie schon früher ausgeführt, da es Ihnen nicht paßt, davon Notiz zu nehmen, noch einmal mitteilen, daß ich niemals die Absicht gehabt habe und auch heute nicht habe, Ihnen Ihr Schulungsamt abzunehmen. Ich stehe nach wie vor auf dem Standpunkt, daß genau so, wie die politischen Leiter durch den Reichsorganisationsleiter in ihre kommende Tätigkeit eingeführt werden müssen, so auch die Führer der verschiedenen Gliederungen der Partei in gleichem Maße diese Verpflichtung fühlen. Ich habe daher auch nach wie vor nicht die Absicht, die Organisationsarbeit der Schulung innerhalb des Bereiches des Reichsorganisationsleiters zu beanspruchen. Die Dinge liegen einmal wieder genau umgekehrt, als Sie es darzustellen belieben. Nicht *ich* erhebe Anspruch auf organisatorische Bestimmungen und organisatorische Durchführung der Schulung, sondern *Sie* bemühen sich in gesteigertem Maße, den mir vom Führer gewordenen Auftrag — Inhalt und Richtung der weltanschaulichen Schulung zu bestimmen — zu mißachten. Gerade jene Fälle, die sie in Ihrem Brief vom 26. November d. J. nennen und über die der Führer angeblich gesagt haben soll, daß derartige Methoden unmöglich seien, zeigen, wie falsch Sie dem Führer die Situation dargestellt haben. Trotzdem ich Ihnen schon mehr als einmal die Dinge gekennzeichnet habe, tue ich es auch dieses Mal, nicht etwa in dem Glauben, daß Sie sich freiwillig überzeugen würden, sondern bloß deshalb, um urkundlich nachzuweisen, wie falsch Sie intern und offiziell die Dinge darstellen.

Was mein Rundschreiben vom 12. November 1936 anbetrifft, so wissen Sie ganz genau, worum es sich handelt. Es handelt sich darum, daß Ihr Hauptschulungsamt eine Reihe von Schriften herausgeben will oder bereits herausgegeben hat, dieses ankündigt und — in Ihrem Geiste — es nicht für notwendig erachtet, den Beauftragten des Führers für die Überwachung der gesamten geistigen und weltanschaulichen Schulung und Erziehung der NSDAP davon auch nur zu benachrichtigen, geschweige denn, ihm dieses beabsichtigte Schulungsmaterial zur Prüfung und Genehmigung vorzulegen. Da diese Methoden bei Ihnen in letzter Zeit System geworden sind, so habe ich mich veranlaßt gesehen, einmal gegen diese unglaubliche Art der Behandlung erzieherischer Fragen aufzutreten. Es liegt also so, daß die Machenschaften und Einmischungen nicht bei mir vorliegen, sondern in dem Verhalten Ihrerseits und in dem Verhalten Ihres Hauptschulungsamtes, das einen klaren Auftrag des Führers mit allen Mitteln illusorisch zu machen versucht durch Hinweis auf die Tatsache, daß die politischen Leiter disziplinär und organisatorisch dem Reichsorganisationsleiter unterstehen. In unserem, vom Stellvertreter des Führers genehmigten, aber später dank Ihrer Haltung nicht veröffentlichten Abkommen, steht über das von mir als selbstverständlich Beanspruchte hinaus ja noch fest, daß wir gemeinsam übereinkamen, daß auch die Einsetzung des Leiters des Hauptschulungsamtes, der Gauschulungsleiter und der Kommandanten der Ordensburgen nur im Einvernehmen mit mir erfolgen darf. D. h. Sie haben sich auf den durchaus richtigen Standpunkt gestellt, daß ich mich in die einzelnen Fragen der Durchführung der Schulung nicht einmenge, daß ich aber zwecks Sicherung der gesamten Haltung meine Zustimmung zu den *Persönlichkeiten* der entsprechenden Schulungsleiter erteilen muß.

B.

Wehrmacht

Ihre weiteren Bemerkungen von meinem angeblichen Eingriff in Sachen der Luftkriegsakademie in Gatow sind ebenfalls vollkommen abwegig und unrichtig. Tatsache ist, daß das Hauptschulungsamt im Bereich des Reichsorganisationsleiters die Schulung der politischen Leiter durchzuführen hat, daß aber die Schulung schon der Gliederungen der Partei, wie SA, SS usw., von den Führern dieser Gliederungen selbständig durchgeführt wird. Zwecks Überwachung der Einheitlichkeit dieser gesamten Schulung hat der Führer mich beauftragt, und dieser Führerauftrag ist in diesem Punkte so eindeutig wie nur irgendmöglich. Da nun das Hauptschulungsamt weder die Durchführung noch die Überwachung der Schulung der Gliederungen beanspruchen kann, so kann es doch noch sehr viel weniger Leitung und Überwachung der nationalpolitischen Schulung der Wehrmacht beanspruchen. An sich ist die Wehrmacht überhaupt nicht der Schulungsleitung der NSDAP unterstellt, die kameradschaftliche Art aber im gegenseitigen Verhältnis zwischen NSDAP und Wehrmacht ergibt von selbst eine Zusammenarbeit, und ich kann nur mit Freude feststellen, daß diese Zusammenarbeit für die gesamte Durchführung der kommenden nationalpolitischen Erziehung der Wehrmacht in unserem Amte in erfreulichster Weise vorbereitet worden ist und Anfang des Jahres systematisch in Angriff genommen wird. Das Reichskriegsministerium hat in selbstverständlicher Erkenntnis der Lage nach Ernennung des Oberregierungsrates Kayser im RKM mit uns zusammengearbeitet und durch Erlaß darauf hingewiesen, daß für die Auswahl von Themen und Persönlichkeiten für Vorträge der Beauftragte des Führers für die Überwachung der gesamten geistigen und weltanschaulichen Schulung und Erziehung der NSDAP zuständig wäre. Ihr Parteigenosse Festge vom Hauptschulungsamt hat dem Oberregierungsrat Kayser nach einer Rücksprache selbst bestätigt, daß nach Lage der Dinge selbstverständlich der Beauftragte des Führers für die Überwachung der gesamten geistigen und weltanschaulichen Schulung und Erziehung der NSDAP für die Unterhandlungen mit dem Reichskriegsministerium in Frage komme, und daß er sich in den anfallenden Fragen mit dem Amt Rosenberg in Beziehung setzen würde. Diese Tatsache ist Ihrem Hauptschulungsamt vom Reichsminister der Luftfahrt am 30. November 1936 schriftlich bestätigt worden. Es ergibt sich also die sonderbare Situation, daß der in Ihrem Hauptschulungsamt tätige Parteigenosse Festge selbst die Richtigkeit der ganzen Haltung bestätigt und Sie, als der Vorgesetzte vom Parteigenossen Festge, nunmehr plötzlich diese selbstverständliche Haltung von mir als unangebrachte Eingriffe hinzustellen sich bemühen.

C.

Luftkriegsakademie in Gatow

Was nun den Vorfall in Gatow betrifft, so lag hier die Tatsache vor, daß zwecks Schulung in der Luftkriegsakademie in Gatow ein von uns längst als ungenügend und überholt bezeichneter Schulungsentwurf vom Jahre 1934 noch einmal vorgelegt wurde, was dem Ansehen des Hauptschulungsamtes nicht sehr genützt hat. Ferner standen meine Mitarbeiter vor der Tatsache, daß hier ein auf drei oder mehr Wochen berechneter Schulungsplan in ganz wenigen Vorträgen durchgeführt werden sollte. Mein zuständiger Mitarbeiter meinte daher, meiner Ansicht nach mit Recht, daß in einem solchen Falle am besten einige ganz konkrete Themen von genauen Sachkennern vorgetragen werden sollten, an Stelle allgemeiner Vorträge, wie sie in Aussicht genommen waren. Das ist also an sich nicht etwa ein Verbot für Ihr Hauptschulungsamt, sondern eine pflichtgemäße, mit aller Zurückhaltung vorgetragene Anschauung gewesen, zwecks besserer Fruchtbarmachung dessen, was der Nationalsozialismus der Wehrmacht zu sagen hat. Ich möchte Sie gleich hier darauf aufmerksam machen, daß Anfang dieses Jahres schon drei große Kurse für die Wehrmacht ausgearbeitet worden sind und durchgeführt werden, die in peinlichster Vorbereitung in bezug auf die Vortragenden es ermöglichen, daß die Partei und die mir aufs engste zusammenwirkenden weltanschaulichen Kräfte der Wehrmacht und den Lehrern in der Wehrmacht ein klares und zusammenhängendes Bild vom Wollen des Nationalsozialismus geben. Diese erfreuliche Tatsache ist die Folge — wie schon gesagt — des sehr guten und kameradschaftlichen Zusammenarbeitens des vom Reichskriegsministerium mit der Erziehung betrauten Oberregierungsrates Kayser mit unserem Amt. Ich bitte Sie deshalb dringend, weitere Machenschaften und Eingriffe seitens des Hauptschulungsamtes zu unterbinden, damit nicht vor einer außerparteilichen Stelle des Staates der Eindruck von Unklarheiten entsteht. Wenn Sie sich hier auf den Führer berufen, so bin ich der festen Überzeugung, daß, wenn ich wahrheitsgemäß diese Dinge vortrage, er nur seiner Befriedigung gegenüber der Tatsache wird Ausdruck geben können, daß zwischen der Persönlichkeit, die er nun einmal mit der weltanschaulichen Überwachung der Schulung und Erziehung der NSDAP beauftragt hat, und der Wehrmacht ein so gutes Verhältnis und ein so gutes Übereinkommen hergestellt worden ist, das zu den besten Hoffnungen für die Zukunft berechtigt.

D.

Der Fall Walter Kiel

. . . Zum Schluß erwähnen Sie ein Gespräch mit dem Parteigenossen *Amann* und betonen, daß ich mich offenbar für Ihre Mitarbeiter besonders interessiere, mit dem Hinweis, als ob ich durch Verbreiten irgendwelcher Gerüchte glaube, Ihr Ansehen zu schädigen. Was den vorliegenden Fall anbetrifft, so meinen Sie offenbar den Fall Walter Kiel, Hauptstellenleiter der Reichsleitung im Reichsorganisationsamt der NSDAP und den bisher ständigen Begleiter des Reichsorganisationsleiters auf seinen Reisen bei Auswahl der Amtsanwärter für die Ordensburgen. Die Tatsache ist folgende: Ein Gaurichter der NSDAP übersandte mir vor einiger Zeit das gesamte Aktenmaterial über Walter Kiel, mit der inständigen Bitte, auf Grund dieser Akten doch wenigstens den betreffenden Walter Kiel nicht mehr im „V.B." schreiben zu lassen. Ich hatte die ganze Zeit die Absicht, Sie von den Einzelheiten, die, wie ich aber aus den Akten ersehe, Ihnen ja selbst sehr genau bekannt sind, zu unterrichten. Aber angesichts der sonstigen vorliegenden Meinungsverschiedenheiten, die vordringlich waren, bin ich bis jetzt nicht richtig dazu gekommen, Sie um Aufklärung in dieser Frage zu bitten. Da diese Akten über Walter Kiel an mich auch in meiner Eigenschaft als Hauptschriftleiter des „V.B." gerichtet waren, habe ich tatsächlich zunächst untersagt, daß irgendwelche Aufsätze oder Meldungen von ihm aufzunehmen sind, und ich habe von dieser Tatsache Pg. Amann gelegentlich in München Kenntnis gegeben, für den Fall, daß an ihn, als den Direktor des Zentralverlages der Partei, irgendwelche Anfragen gelangen sollten. Das hat also nichts mit Gerüchtemacherei zu tun, sondern mit einer einfachen, klaren Tatsache.

Was nun Ihren Hauptstellenleiter Walter Kiel anbetrifft, so möchte ich, auf Grund der Akten, Ihnen folgendes mitteilen: Walter Kiel war mit einer Jüdin verheiratet, hatte mit ihr mehrere Kinder und beherbergte bei sich seine Mutter. Diese seine Mutter wurde von der Jüdin fortdauernd mißhandelt, so daß die alte Mutter diese jüdische Schwiegertochter schließlich vor Gericht verklagte. Die Jüdin wurde dann auch rechtsgültig vom Gericht verurteilt wegen Mißhandlung ihrer Schwiegermutter mit dem Stiefelabsatz. Trotz dieser Verurteilung setzte sie die Mißhandlungen jedoch fort, wobei Walter Kiel bemüht war, seine Mutter von neuen Klagen abzuhalten. Walter Kiel war Besitzer, Herausgeber und Hauptschriftleiter einer Wochenzeitung in Breslau. Diese Wochenzeitung hat sich nicht nur neutral verhalten, sondern Walter Kiel hat persönlich Aufsätze geschrieben, die buchstäblich all dem ins Gesicht schlagen, was der Nationalsozialismus vertreten hat. So hat er noch im Jahre 1929 einen persönlich von ihm unterzeichneten Aufsatz geschrieben, in dem er den jüdischen Landesverräter und Schriftsteller an der „Weltbühne", Kurt *Tucholsky*, als einen Führer geknechteter Hunderttausende hinstellt, als einen Führer, den man nur still verehren könne! Gegen die „Weltbühne" und gerade gegen Tucholsky hat die NSDAP von Beginn an Tag für Tag einen Kampf geführt. Tucholsky war ein Gleichnis für die gesamte jüdische Schamlosigkeit und Frechheit der Novemberrepublik. Und nun befindet sich der Verherrlicher dieses Juden Tucholsky in der Reichsleitung der NSDAP, und zwar als einer der nächsten Herren des *Reichsorganisationsleiters!* Hinzu kommt, daß derselbe Walter Kiel, zusammen mit einem gewissen Parteigenossen *Krakowitzer*, von Ihnen beauftragt worden war, „Kraft durch Freude" in Amerika zu vertreten. Laut Aussage des Kapitäns der „Hamburg" sind Walter Kiel und Krakowitzer bei ihrem Auftreten auf dem Dampfer „Hamburg" durch übelste Schimpfereien von der ersten Minute an aufgefallen. Sie fluchten und schimpften über schlechte Unterkunft, erklärten sich als Vertreter der Reichsregierung, und sagten dem Kapitän, wenn sie nicht sofort bessere Unterkunft erhielten, würden sie in Cherbourg den deutschen Dampfer verlassen und mit einem französischen weiter nach Amerika fahren. Geld hätten sie genug dafür. Der Kapitän erklärt in einem der A.O. übergebenen Protokoll, daß er so etwas bisher nicht erlebt hätte. Die Mitteilung, daß die beiden Herren mitfahren würden, hätte die Schiffsleitung erst zwölf Tage vor der Abfahrt, als der ganze Dampfer bereits ausverkauft war, erhalten, und es sei ihr beim besten Willen nicht möglich gewesen, sofort erste Kabinen auszuräumen. Um jeder Peinlichkeit im deutschen Interesse zu entgehen, hat darauf der Kapitän der „Hamburg" seine Offiziere ersucht, ihre Kabinen zu räumen und den beiden randalierenden Herren Kiel und Krakowitzer zur Verfügung zu stellen. Im Verlauf der Reise hat sich dann ferner folgendes abgespielt: Herr Krakowitzer betonte während eines Sektgelages gegenüber einem Deutschamerikaner, er sei ein Verwandter von Göring, Teilnehmer an der Sommeschlacht usw. Die Unwahrheit dieser Behauptungen wurde ihm jedoch nachgewiesen und der Deutschamerikaner bezeichnete Krakowitzer als Lumpen und Hochstapler und bot ihm Ohrfeigen an. Das alles haben die beiden Herren sich angehört, ohne mit der Wimper zu zucken, und — um allem die Krone aufzusetzen — baten sie am Schluß der Fahrt den Kapitän inständig, ihnen ein Zeugnis über Wohlverhalten auszustellen. Der Kapitän der „Hamburg" erklärt, er habe kaum darauf hingesehen und vor lauter Widerwillen nur schnell seinen Namen daruntergesetzt, um die Herren loszuwerden. Später stellte sich noch heraus, daß es nur mit Mühe einem in der „New York Times" tätigen Herrn gelungen war, eine Darstellung dieses ganzen Skandals in der amerikanischen Presse zu verhindern.

Dieser — durch die Akten eines Gaurichters also hinreichend gekennzeichnete — Parteigenosse Walter Kiel ist trotz allem ständiger Begleiter des Reichsorganisationsleiters Dr. Ley gewesen, als dieser, um eine besonders gute Auswahl für die Ordensburgen zu treffen, die Gaue bereiste. Derselbe Walter Kiel zeichnet auch mitverantwortlich für die Schrift des Reichsorganisationsleiters „Der Weg zur Ordensburg", die der gesamten Partei als amtliche Schrift zur Verfügung gestellt wurde. Derselbe Walter Kiel schreibt ferner nach den Aufsätzen von Hermann Göring und Walter Buch in dem großen Werk „Adolf Hitler, ein Mann und sein Volk" den Aufsatz „Ordensburg Vogelsang". Derselbe Walter Kiel marschierte ferner zum Entsetzen der Parteigenossenschaft in Breslau auf dem Gauparteitag von Schlesien neben Dr. Ley hinter dem Stellvertreter des Führers.

Das sind die nüchternen Tatsachen, die sich aus einem — wie schon gesagt — mir ohne mein Zutun seitens eines Gaurichters übersandten Aktenmaterial ergeben. Es versteht sich von selbst, daß ich davon nicht — wie Sie annehmen — einen Gebrauch zur Verbreitung von Gerüchten gemacht habe, sondern es ist nur Ihrem bisherigen Verhalten zuzuschreiben, daß ich noch nicht in der Lage war, Sie persönlich in der Angelegenheit zu befragen. Wobei ich aus den Akten ersehe, daß, wenn nicht alles, so doch ein entscheidender Teil der Dinge Ihnen selbst seit langem bekannt ist. Falls Sie glauben, wie Sie andeuten, daß ich in meiner Umgebung Männer hätte, die in ähnlicher Weise den Juden Kurt Tucholsky als ihren Führer anerkannt oder in dieser Weise das deutsche Ansehen im Auslande geschädigt hätten, so wäre ich jederzeit für eine derartige Mitteilung verbunden und würde selbstverständlich einen solchen Mitarbeiter sofort entlassen. Es ist hier also auch meinerseits keine Böswilligkeit nachzuprüfen, sondern es handelt sich hier schon um die entscheidende Tatsache, daß eine Persönlichkeit, die jüdische Landesverräter öffentlich als ihre „Begnadeten" bezeichnet, heute als Hauptstellenleiter in der Reichsleitung der NSDAP tätig sein kann.

. . . In allen diesen Fragen wird der Führer eben endgültig entscheiden müssen.

Heil Hitler!

A. R.
(Rosenberg)

Dr. Friedrich Alfred Beck und Dr. Josef Wagner[1])

Friedrich Alfred Beck. * 29. 6. 1899 — Ministerialrat, Leiter der Hochschule für Politik der NSDAP.
Veröffentlichungen: 1922 „Die Willensfreiheit als psychologisches und erkenntnistheoretisches metaphysisches Problem", 1928 „Rudolf Eucken, ein Geistesbild", 1933 „Deutschlands Wiedergeburt durch den Nationalsozialismus", 1934 „Nationalsozialistische Erziehung", 1935 „Deutsche Vollendung, Grundlinien der völkischen Philosophie als Ideen zur nationalen Lebensform". (K. G. K., 1935.)

Josef Wagner. * 12. 1. 1899 — Lehrer, Gauleiter, ab 1922 für NSDAP im Ruhrgebiet tätig — 1928 in den Reichstag gewählt — 1928 „Wird ihm vom Führer Westfalen als Gau offiziell übergeben". (F. L.)
Veröffentlichungen: 1933 „Leitfaden der Hochschule für Politik der NSDAP" — 1934 „Deutsche Zeitenwende".
Laut Akten des Bundesverwaltungsgerichts in Sachen der Witwe des Josef Wagner (im Herbst 1958) hatte Wagner sich frühzeitig vom Nationalsozialismus abgesetzt und war schon lange vor dem 20. Juli 1944 aus der NSDAP ausgestoßen worden. Er verlor alle seine Ämter und mußte seine Opposition zum Nationalsozialismus nach dem 20. Juli 1944 mit dem Tode büßen. (Fabian von Schlabrendorf in „Die Zeit" vom 10. 4. 1959.)

Die ewige Urform

Nationalsozialismus ist die ewige Urform einer durch die deutsche Philosophie geleiteten Politik. Nationalsozialistische Politik ist weder verstandesmäßig gegründete politische Fertigkeit, noch experimentierende politische Tätigkeit. Nationalsozialismus ist die Mitverwirklichung des deutschen Lebensgedankens mit den Hilfen gemeinschaftlichen Lebens. Die verstandesmäßige und unsittliche Richtung marxistischer und liberalistischer Politik hat die Gemeinschaftslebenskräfte zerstört, hat den biologischen und metaphysischen Sinn der deutschen Gemeinschaftswirklichkeit vernichtet. Jetzt erleben wir einen grundlegenden völligen inneren Umschwung, wir erleben den ewig alten und doch

[1]) *„Hochschule für Politik der NSDAP, Ein Leitfaden", v. Dr. J. Wagner MdR., Polit. Leiter d. Hochschule u. Gauleiter d. NSDAP Westfalen-Süd, u. Dr. Fr. A. Beck, wissenschaftl. Leiter d. Hochschule u. Min.-Rat im Preuß. Ministerium f. Wissenschaft, Kunst u. Volksbildung, J. H. Lehmanns Verlag, München 1933, S. 33.*

ewig neuen politischen Lebensgedanken. Gedanken sind weder geschichtlich noch psychologisch zu erklären. Ideen sind schicksalhafte Erscheinungen, die da sind, welterschütternd und weltaufbauend. Nationalsozialismus ist der geistige Lebensgedanke der Gemeinschaft. Nationalsozialismus ist keine theoretische Idee, sondern eine biologische und geistige Grundlehre, eine Lebenstatsache und Lebensaufgabe von unmittelbarer, nicht weiter erklärbarer, sondern zu verwirklichender unerbittlicher Notwendigkeit. Nationalsozialismus ist keines Beweises fähig und bedarf keines Beweises. Er rechtfertigt sich durch sich selbst, d. h. durch seine das Leben der Gemeinschaft sichernde Betätigung. Wer nur durch lehrmäßige (theoretische) Beweise zum Nationalsozialismus kommen kann, der verkennt den überverstandesmäßigen geistigen Sinn echter, d. h. nationalsozialistischer Politik. Wer aber den Gemeinschaftsgedanken aus dem Gedanken der Ursprünglichkeit, den Gedanken der Politik aus dem Gedanken der Philosophie versteht, der weiß, daß mit lehrmäßiger Rechtfertigung des geistigen Lebens nichts gewirkt ist, daß geistiges Leben – und auch das politische Leben ist nur eine eigentümliche Betätigung des geistigen Lebens – sich nur durch sich selbst, durch sein Geschehen und Wirken rechtfertigt...

... Mystik und Lebenstat, allumfassendes Erleben der geistigen Gemeinschaft und schöpferisches Gestalten dieser Wirklichkeit sind im nationalsozialistischen Seelen- und Geisttum wiedergeboren.

Prof. Dr. Helmut Berve [1])

Helmut Berve. * 22. 1. 1896 — 1924 Privatdozent, München — 1927 o. Prof., Leipzig — 1943 bis 1946 und 1949 (z. Wv.), München — o. Mitglied der Bayrischen Akademie der Wissenschaften — o. Mitglied des Deutschen Archäologischen Instituts — korr. Mitglied der Akademie der Wissenschaft und der Literatur, Mainz. (K. G. K., 1954 und „Wer ist Wer?", 1958).
Veröffentlichungen: 1931 bis 1933 „Griechische Geschichte" (1951/1952 2. Auflage) — 1949 „Gestaltende Kräfte der Antike" — 1953 „Die Herrschaft des Agathokles" — 1957 „Dion".

Der Glaube

Wer könnte heute leugnen, daß es allein die nationalsozialistische Bewegung Adolf Hitlers gewesen ist, die das begriffen, nein, nicht nur begriffen, die es in tiefster Seele durchlebt und ein Jahrzehnt hindurch unermüdlich abgequält hat, den deutschen Menschen wachzurütteln, die verschütteten Kräfte freizulegen. Es war ein bitterhartes Werk, das nur gelingen konnte, wenn der Blick unverrückt aufs Ganze gerichtet blieb und sich durch nichts von diesem Ziel des Ganzen abbringen ließ. Es handelt sich ja nicht um die Ersetzung einer politischen Form durch eine andere und bessere, sondern um eine Erfassung und Umwendung des gesamten Lebens mit der Macht eines starken und unbedingten Glaubens. Dieser Glaube an Deutschland, den eben seine Unbedingtheit, Unerbittlichkeit und der Opfermut, den er erweckt, als einen wirklichen Glauben erweist, ist es, der uns den Umbruch des Jahres 1933 gebracht hat; er ist es auch, in dem alle Zukunft beschlossen liegt. Nicht nur weil er Berge versetzt, sondern weil er dem Leben erst wieder einen Sinn gibt, um dessentwillen es sich zu leben lohnt. Wer den Glauben hat, oder ihn, den verlorengegangenen, aufrichtig, ich betone aufrichtig, wiederfindet, hat Teil an der Größe der Gegenwart und wird Teil an Deutschlands Zukunft haben. Denn der Glaube, nicht geschickte Politik, noch praktische Berechnung, noch wissenschaftliche Schlüsse bauen im Innern das Reich, das kommen soll, — jenes Reich, das nicht mehr

---

[1]) *„Wille und Macht", Heft 5, 1. März 1934, S. 8–9.*

bloß ein politisches Zelt über unsern Häuptern sein wird, sondern der Raum, der Geist, die Luft, in der wir atmen. Fürwahr, eine heilige Sache und ein heiliges Werk. Man soll es daher nicht leichthin Profanierung religiöser Worte schelten, wenn begeisterte Menschen in ihrem Glauben an das Deutsche Reich der Zukunft, der ihnen oft ein ehrlicherer Glaube ist, als das konfessionelle Bekenntnis, in Worten reden, mit denen die Bibel vom Reiche Gottes spricht; man sollte vielmehr empfinden, daß hier aus der Tiefe deutscher Herzen religiöse Kräfte hervorbrechen, die handelnd und leidend mit ihrer Inbrunst die Wende der Zeiten heraufführen. Aber dieser starke Glaube verliert sich nicht in fernen Zonen oder jenseitigen Welten, er ist real und diesseitig, so hart, so sachlich, so unromantisch, wie das Leben im 20. Jahrhundert nun einmal ist und eben darum echt. Er läuft nicht Gefahr, von Sehnsüchtigen fortgetragen, die Erde unter den Füßen zu verlieren, er bleibt sehr handfest in seinem Kampf wie in seinem Ziel. Marschieren ist die sinnfällige Form seines Bekenntnisses, durch eine Propaganda von ungehörter Gewalt überträgt er sich auf die Massen, und alles, was den modernen Menschen bewegt an sportlicher Begeisterung, an technischem Sinn, an Willen zur Jugend, Naturfreude und Lebensbejahung hat in ihm Raum; es schwingt in ihm mit, hin zu einem großen Ziel. Dieses Ziel aber ist der neue Staat, dem mit eiserner Konsequenz, Schritt für Schritt, auf allen Gebieten entgegenmarschiert wird. Ist er doch die einzige Form, die in unseren Tagen überhaupt das auseinandergeborstene Leben zusammenfassen, eine übergreifende Bedeutung beanspruchen kann; ein Blick auf die letzte Entwicklung Europas lehrt es. Aber nur der Staat vermag es jetzt und für die Dauer, in dem die Masse des Volkes ihre Gestalt gewinnt, nicht die dumpfe, seelenlose mißgünstige Masse, die vier Jahre in Schützengräben und Trommelfeuer stand, das Volk der 65 Millionen, das in der nationalsozialistischen Bewegung sich selbst erlöste und jetzt zu seinen Werten und Kräften zurückzufinden beginnt.

Wolfgang Brügge[1])

Wolfgang Brügge. * 12. 11. 1896 — Es ist ein Pseudonym für Franz Alfons Gayda. Ein anderes Pseudonym ist: Sebastian Orb. — Kunstbetrachtungen — Feuilleton — Hauptschriftleiter — Inhaber und Leiter des Presse-Büros Gayda.
Veröffentlichungen: „Stern-Nacht im All". (K. L. K., 1939.)

„Wenn ich diese Stimme höre"

All die letzten Jahre hindurch ist es das gleiche Erlebnis gewesen, wenn ich diese Stimme hörte: ob in dem politischen Kampf vor 1933, ob in der Siemensrede, zum ersten Winterhilfswerk oder zur Befreiung und Heimkehr der Saar — oder jetzt wieder zum Reichsparteitag der Arbeit: immer fühlte ich mich von dieser Stimme unmittelbar angerufen. Zu mir, dem Unbekannten, dem einen unter 66 Millionen, sprach diese Stimme, um mich ging es, um meine Wandlung, um meine Läuterung, um mein Deutschwerden. Und diese Stimme fand immer den geheimen Weg, der wirklich ins Innerste führt, sie fand die Riegel, hinter denen der letzte Glaube verschlossen sich hielt, sie sprengte die letzte Tür, sie schmolz in ihrem Feuer des Herzens alle Zweifel, sie duckte den inneren Schweinehund und rief den Helden ans Werk.

Immer, wenn ich diese Stimme höre, möchte ich hingehen und sagen: hier bin ich, nimm mich und meine Kraft, mein Können, meinen Willen, setze das alles ein für dein großes Ziel. Diese Stimme lehrt aber und weckt Bescheidenheit. Wenn du an deinem Platz mancherlei Nützliches hast schaffen können, wenn viele dir sagen, du hast Werte geschaffen und hast dich verdient gemacht auf einem bestimmten Abschnitt der völkischen Arbeit: was will das alles bedeuten vor dieser Stimme, vor der Leistung dessen, der da zu mir spricht! So wird das Herz mir heiß: leiste mehr, schaffe mehr, folge dieser Stimme, dem Rufe, der gewiß auch und gerade dich meint.

Die Stimme stellt immer wieder vor die einfache klare Entscheidung. Sie zeigt immer wieder die Wirklichkeit und die Wahrheit, sie spricht aber davon mit dem schlichtesten Wort: wie schwer ist es uns Verbildeten, Verschrobenen, Verstiegenen, die Wahrheit in

[1]) *„Nationalsozialistisches Bildungswesen" Jahrgang 1937, S. 577–578.*

so einfachem Äußeren zu erkennen, sie anzuerkennen. Diese Stimme läßt keine Ausflüchte zu, kein Wenn und Aber, ja, sie kann nur gehört und damit auch verstanden oder sie kann nicht gehört werden (weil ein Gehör für sie nicht vorhanden ist) und nicht verstanden werden.

Die Stimme eines großen Staatsmannes, aber auch die Stimme eines ganz einfachen herzlichen Menschen! Und das ist ihr eigentlicher Zauber: Hinter ihrem Klang steht groß die werdende Geschichte, die Zukunft eines ganzen Volkes – eine solche Stimme wurde sonst nur von wenigen verstanden, weil sie sich in ihrem Ausdruck nur an wenige wandte. Diese Stimme aber geht von Mensch zu Mensch, von Herz zu Herz, ihre Wärme spürt der Ärmste und Einfachste.

Immer, wenn ich diese Stimme höre, gehe ich ergriffen heim. Bin ich wie einer, der sich selber sehen durfte, wie er sein könnte, sein sollte – und wie er ist. Diese Stimme weckt das Gewissen und das Gute. Sie zeigt jedem nicht nur das allgemeine Ziel, vor allem zeigt sie jedem, der sehen will und kann, das ihm eigene Ziel. Das wäre noch nicht das Höchste, sie macht Mut zu diesem Ziel, sie stärkt den Willen und das Vertrauen, seine eigene Kraft, sie steigert diese Kraft. Sie ist wie ein Beistand, wie ein Schild, wie ein Magnet, wie ein leuchtender Stern im Dunkel.

Jedesmal, wenn ich diese Stimme höre, sagt sich mein Herz, das alles kann nicht ohne göttlichen Sinn, nicht ohne göttlichen Grund sein. Soviel Glaube, Tat, Leistung! Ein solches Wunder an Menschlichkeit und Wirkung auf den Menschen!

Das ist dieser Stimme tiefste Sendung: uns gläubig zu machen.

Professor Dr. Karl Eschweiler[1])

Karl Eschweiler. * 5. 9. 1886 — Dr. phil. Dr. theol. — o. Prof. der Staatlichen Akademie Ostpreußen — Systematische Theologie — 1922 Privatdozent Bonn — 1928 ao. Universitätsprofessor Bonn und o. Prof. in Braunsberg. (K. G. K., 1935).

Blut und Rasse

Von der völkischen Weltanschauung, wie sie Adolf Hitler zum inneren Halt und Antrieb der deutschen Erneuerung erhoben hat, ist die entscheidende Betonung von Blut und Rasse in der Welt am meisten bekannt. Darin ist sie auch den gröbsten Mißdeutungen ausgesetzt. Es ist nicht sehr schwer, das Unfertige und Hypothesenhafte mancher Rassentheorie zu erkennen; das ist bei einer verhältnismäßig noch sehr jungen Disziplin nicht weiter verwunderlich. Es ist jedoch ein grober Irrtum, die völkische Weltanschauung des Nationalsozialismus mit irgendeinem rassetheoretischen *System* zu verwechseln; dann versetzte man sie in jenes künstliche Weltanschauungschaos, das wir erfahren haben und dessen Wirklichkeit sich in der öffentlichen Meinungsmache erschöpfte. Die weltanschauliche Betonung von Blut und Rasse bedeutet in der Bewegung Adolf Hitlers nicht wissenschaftliche Theorie — die wird sich schon klären —, sondern erbittertster Kampf wider die internationalen Mächte, die ihr Zerstörungswerk am deutschen Volke mit dem Scheingeist einer universalen Humanität rechtfertigen wollen. Gewiß sind viele Wahrheiten der deutschen Weltanschauung schon früher von deutschen Denkern entwickelt und literarisch verbreitet worden. Was wäre aber aus ihnen geworden, wenn nicht der unmittelbar weltanschauliche Glaubenswille des deutschen Arbeiters und Soldaten sie verwirklicht hätte? Sie wären vorläufig wenigstens auf dem großen Friedhof unserer Bibliotheken beigesetzt worden. Hatte doch unsere Universitätswissenschaft vor dem Siege Adolf Hitlers nicht einmal mehr die Kraft, um im liberalen Sinne sichtbar „Schule zu machen".

Die gottgeschaffene natürliche Würde des Menschen kann nicht grundsätzlicher anerkannt sein als in dem weltanschaulichen Glauben, daß nur diejenige Intelligenz in der Welt wahr und gut sein kann, die durch Blut und Rasse hindurch wirksam ist.

[1]) *„Deutsches Volkstum", Jahrgang 1936, S. 181.*

Professor Dr. Walter Frank [1])

Walter Frank. * 12. 2. 1905 — 1927 Dr.-Dissertation: „Hofprediger Adolf Stoecker und die christl.-soziale Bewegung" — 1935 Präsident des Reichsinstituts für die Geschichte des neuen Deutschlands.

„Bis zum Frühling 1941 war Walter Frank besonders prominent, weil er die antijüdische Lehre in Deutschland organisierte und einführte." („Wer ist Wer?", 1935, H. P. S. 45—50.)

„... Vor einigen Jahren ist das Reichsinstitut für die Geschichte des neuen Deutschlands gegründet worden. Ich hatte damals Prof. Frank gefördert als einen der wenigen, der vor der Machtübernahme sich geschichtlicher Probleme in einer neuen Schau angenommen hatte. Sie sind damals über meinen Vorschlag, ihm eine Forschungsaufgabe zu übertragen, noch großzügig hinausgegangen, indem Sie ihn zum Leiter des sogenannten Instituts als Nachfolgerin der »Historischen Kommission« ernannten. Ich habe nun diese Arbeit beobachtet und glaube feststellen zu können, daß Prof. Frank weniger Forschungen betrieben hat als ein entscheidendes Gewicht darauf legte, in der Öffentlichkeit durch große Tagungen den Anspruch zu erheben, gleichsam die ganze Geisteswissenschaft zu repräsentieren ...". (Alfred Rosenberg an den Minister für Wissenschaft, Erziehung und Volksbildung, Dr. Bernhard Rust, am 12. Juni 1940 Dok. CXLIII — 367.)

„Die Griechlein"

Wir wollen uns recht verstehen: Der Intellektuelle ist das genaue Gegenteil des geistig Schaffenden. Der Schaffende produziert Werte. Der Intellektuelle definiert die von anderen produzierten Werte. Der Intellektuelle ist der Kluge, der Gebildete, aber auch der Charakterlose, der Persönlichkeitslose. Der größte Feind des Schöpfers ist nicht der Primitive. Denn sein Instinkt kann mitunter die Größe leichter erfassen, als alle Klugheit des Klugen. Der größte Feind der Schöpfung ist immer der Kluge.

In der antiken Welt nannte man diese Art von Menschen *Graeculi*, die Griechlein. Das waren jene Nachfahren der alten stolzen Hellenen, die sich mit dem Sturz ihres Volkes und Staates abgefunden hatten und nun als Schulmeister und Literaten im Dienste der siegreichen Macht Roms standen. Sie waren die geschmeidigen Höflinge jedes Erfolges.

---

[1]) *In „Kämpfende Wissenschaft", Hanseatische Verlagsanstalt, Hamburg, S. 30–32.*

Und da die Römer harte Krieger waren, fremd den literarischen Künsten und Wissenschaften, so beugten sie sich im Geistigen langsam diesen Besiegten. *Das besiegte Griechenland überwand den wilden Sieger.*

Die nationalsozialistische Bewegung hat in den rauhen Jahren ihres Kampfes die uneingeschränkte Verachtung der in Deutschland behausten Griechlein genossen. Sie war den Griechlein zu ungeistig. Aber das wurde sofort anders, als der Nationalsozialismus siegte; es war, als ob dem Siege eine vergeistigende Macht innewohne. Von allen Seiten kamen nun die Griechlein, klug und gebildet und charakterlos, grüßten bieder „mit deutschem Gruß" und erboten sich, den nationalsozialistischen Sieg „geistig zu unterbauen".

Und es geschah mitunter, daß die Griechlein über den Festungsgraben, der sie vom Nationalsozialismus trennte, eine Brücke warfen. Es war die Eselsbrücke der patriotischen Tendenz. Auf diese Brücke lockten sie die redlichsten der Spartakus-Leute, fesselten sie und drangen in die Festung ein.

Die teutonischen Bärenfellträger, denen also das Fell über die Ohren gezogen wurde, sahen in ihrer Einfalt nur das eine: Daß jene Griechlein geistreich das bewiesen, was sie, die Teutonen, gerade bewiesen haben wollten, aber mangels intellektueller Mittel nicht selbst beweisen konnten.

Sie sahen nicht, daß dieselben Griechlein, die nun mit Geist und Witz den nationalsozialistischen Sieg analysierten und nachträglich geistig ratifizierten, genau so geistreich und witzig den Sieg der Gegner des Nationalsozialismus analysiert hätten und genau so geistreich und witzig einen neuen Sieger analysieren würden, der morgen über den Nationalsozialismus triumphieren könnte.

Die echte „geistige Unterbauung" des Nationalsozialismus kann nur von denen kommen, die um diese Unterbauung schon in den langen Jahren des Kampfes und der Verfolgung gerungen und sich gemüht haben. Jene Unterbauung aber, die uns die Griechlein anpreisen, würde nichts sein als eine Unterminierung. Sie würde dem Rohrstab Egypti gleichen, der dem, der sich darauf stützen wollte, durch die Hand fuhr...

Darum tut es not, in dieser Stunde dem Ansturm der Griechlein ein Halt zu gebieten. Über der Truppe, die diesem Ansturm entgegengestellt werden soll, müssen wir das unversöhnliche Wort des Alten Testaments aufrichten: „Vergiß nicht, was dir Amalek getan!" Vergeßt nicht, mit welch unsagbarer Verachtung die Griechlein euch vor dem Siege Hitlers betrachtet haben. Vergeßt nicht, daß sie euch im Tiefsten auch heute noch verachten und hassen. Vergeßt nicht, daß Rom ertrank unter den Wogen der Griechlein. Und wenn sich deshalb heute die Griechlein in dichten Schwärmen den Laufgräben eurer Festung nähern, wenn sie euch zuwinken: „Kameraden! Freunde! Nicht schießen!", dann antwortet ihnen rechtzeitig mit dem Kommando: „Achtung — Feuer!"

Professor Dr. Friedrich Grimm [1])

Friedrich Grimm. * 17. 6. 1888 — Internationales Privat- und Prozeßrecht, Dozent, nicht beamteter ao. Univ.-Prof. Münster, Ehrensenator der Universität Marburg, Rechtsanwalt. Veröffentlichungen: 1931 „Frankreich am Rhein" — 1932 „Das deutsche Nein" — „Der Feind diktiert" — 1933 „Reichsreform und Außenpolitik" — „Hitlers deutsche Sendung" — 1934 „Frankreich an der Saar" — 1953 „Politische Justiz, die Krankheit unserer Zeit". (K. G. K., 1935 u. 1954) — 1957 „Nun aber Schluß mit Rache und Vergeltung!" (Göttinger Verlagsanstalt, Göttingen.)

Mission und Sendung

Wer im Rheinlande wohnt und dort mit offenen Augen die Entwicklung der letzten fünfzehn Jahre mitgemacht hat, ist eher als der Deutsche aus dem Innern des Reiches geneigt und in der Lage, sich von Zeit zu Zeit die Frage vorzulegen, was denn eigentlich der letzte Sinn der großen Geschehnisse ist, die wir alle mehr oder minder bewußt in unseren bewegten Tagen durchlebt haben.

Der große Aufstieg des Mannes aus der österreichischen Grenzmark, der aus bedrohtem Volkstum hervorging, wird deshalb vielleicht auch gerade bei uns im Westen des Reiches besser als im Herzen Deutschlands verstanden. Grenzlandkämpfe schärfen den Blick für das Gesamtschicksal der Nation. Sie erleichtern das Verständnis für die großen außenpolitischen Zusammenhänge, die wir selbst da sehen, wo der Binnendeutsche nur innerpolitische Auseinandersetzungen erblickt, die seine ganze Aufmerksamkeit beanspruchen.

Wer Adolf Hitler aus der Nähe geschaut hat, wer unter dem Bann seiner hinreißenden Rede stand, kann sich der Erkenntnis nicht verschließen, daß dieser Mann eine Mission hat, eine Sendung, die ihn erfüllt, an die er glaubt, an die alle seine Anhänger glauben mit der Kraft, die da Berge versetzt. Das aber ist das Wesentliche an dieser Erkenntnis, daß die Mission, die Adolf Hitler zuteil wurde, die historische Mission, die ihn über alle anderen Volksgenossen heraushebt, eine deutsche Mission ist, eine Mission, die uns alle angeht, der wir uns nicht entziehen können, wie immer wir uns auch im einzelnen zu der Bewegung und ihren Zielen stellen mögen, eine Mission, die von einer ganz großen, letzten Idee beherrscht wird, vor der alles Kleine und Unwesentliche zurücktreten muß. Diese Idee heißt: Ein Volk, ein Reich, ein Führer; Überwindung des deutschen Partikularismus in jeder Form; ein deutsches Volk, das Reich der Deutschen; die Verwirklichung der jahrhundertealten Sehnsucht; das ist Hitlers deutsche Sendung.

[1]) *„Hitlers deutsche Sendung", Verlag E. S. Mittler u. Sohn, Berlin 1934, S. 5–6.*

Professor Dr. Karl Haushofer [1])

Karl Haushofer. * 27. 8. 1869 — Geopolitiker, Prof. der Geographie, München, Dr. phil., Präsident der deutschen Akademie München. („Wer ist Wer?", 1935.)
„Bald erwies es sich, daß er einer der ersten war, die systematisch und großzügig an einen Neuaufbau der deutschen Machtposition dachten. Er gab eine Zeitschrift für Geopolitik heraus, und wie es so oft geht, verstand ich nicht den tieferen Sinn dieser neuen Bewegung in ihrem Beginn. Ich meinte redlich, daß es sich nur darum handele, das Spiel der Kräfte im Zusammenwirken der Nationen zu belauschen, und selbst das Wort vom »Lebensraum« der Völker, das er, glaube ich, als erster prägte, verstand ich im Sinne Spenglers nur als relative, mit den Epochen wandelbare Energie, die im zeitlichen Zyklus jede Nation einmal auslöst...
Persönlich hat in der Partei Haushofer, soviel ich weiß, nie eine sichtbare Stellung eingenommen, ist vielleicht sogar nie PG gewesen; ich sehe in ihm keineswegs wie fingerfertige Journalisten von heute eine dämonische »graue Eminenz«, die im Hintergrunde versteckt, die gefährlichsten Pläne ausheckt und sie dem Führer souffliert. Aber daß es seine Theorien waren, die mehr als Hitlers rabiateste Berater die aggressive Politik des Nat.-Soz. unbewußt oder bewußt aus dem eng Nationalen ins Universelle getrieben, unterliegt keinem Zweifel; erst die Nachwelt wird mit besserer Dokumentierung, als sie uns Zeitgenossen zur Verfügung steht, seine Gestalt auf das richtige historische Maß bringen...". (Stefan Zweig: „Die Welt von gestern", 1952, S. 174—176).
† 14. 3. 1946 (Selbstmord). (H. P.)
Haushofers Sohn, Dr. Albrecht Haushofer, war Dozent an der Universität Berlin und wurde nach dem 20. Juli 1944 verhaftet und am 24. April 1945 ohne Verfahren erschossen.

Der Janustempel

So hat der nationalsozialistische Gedanke in der Welt, im Lichte der Erdkunde betrachtet, dasselbe uralte und ewigjunge Doppelgesicht wie der mystische Janus: eines, das weithin erdumspannend Weltfernen überschaut, und eines, das nur im eigensten Volksboden jeder Rasse vollkommen verstanden werden kann, darüber hinaus von Einzelnen und Gruppen wohl, von Massen aber nicht. Solange Kampf bewußter Kulturträger um Lebensraum auf der Erde für höchste Werdemöglichkeiten ihres Rassenideals ist, so lange muß der Janustempel notwendig offenstehen. Nur augusteische Zeiten des

[1]) *„Der nationalsozialistische Gedanke in der Welt"*, *Georg D. W. Callwey Verlag, München 1933, S. 46—47.*

„Fellachentums" weiter Landschaften unter einem bald aber erschlaffenden Herrenvolk können ihn vorübergehend schließen. Dann muß wieder eine heroische Lebensanschauung kommen, um ihn aufzureißen — oder ein Kulturkreis stirbt hinter den verschlossenen Toren.

Mit dem nationalen Gedanken an sich aber steht es so, wie Hans Prinzhorn es fein formulierte, daß er zu jenen gestaltenden Grundströmungen der Menschheit gehört, „denen Revolutionen gegen Bestehendes nur Gelegenheit zu Revolutionen für kulturelle Werte bieten und die in diesem Sinne *revolutionäre für ewige Dinge gegen die Überschätzung von Zeitideen* sind, radikal im kleinen und gegen die Kleinen, konservativer als irgendein politisch Konservativer im Großen".

Daher seine Kraft, Erbwerte in Rassen und Völkern zu erhalten und zu erneuen, also im Teilraum bewahrend und erhaltend zu sein, und trotzdem erneutes und kulturell verjüngtes Wertgefühl in der revolutionärsten Weise, mit der ganzen ansteckenden und je nach dem nationalen Schallkörper umformenden Kraft des status nascendi um die Erde zu tragen, mit einer viel größeren übervölkischen dynamischen Wirkung als viele von vornherein international angelegte Lehrmeinungen. Denn Beispiel ist mehr als Lehre!

Dieser Doppelwirkung und der ungeheuren Schwierigkeit, sie im Gleichgewicht zu halten, kann sich aber nach uralten geschichtlichen und geopolitischen Erfahrungen immer nur ein kleiner, oberster Führerkreis, eine von ungeheurer Verantwortung belastete Auswahl bewußt bleiben. Daher die viel strengere Betonung des Führergedankens und Grundsatzes in allen nationalsozialistisch geleiteten Lebensformen und Kulturkreisen, soweit diese von einem Raum- und Rassengedanken aus beherrscht sind. Zuletzt aber trägt ein Einzelner die Verantwortung, wie den Ruhm und die Ehre des Durchbruchs eines Lebenskreises von jeder Überschätzung von Zeitideen zu ewigen Dingen, wozu für gesunde Völker die Erhaltung ihres Blutes und Bodens in seiner Eigenart gehören müssen, sonst sind sie sterbensreif! Sein ist die Tat!

Professor Dr. Paul Herre [1])

Paul Herre. Dr. phil. * 14. 6. 1876 — Neuere und neueste Geschichte — Direktor im Reichsarchiv i. R., Professor, Privatdozent an der Universität Leipzig 1906 — 1912 ao. Universitätsprofessor — 1920 Regierungsrat im Ausw. Amt — 1921 Direktor im Reichsarchiv — 1923 i. e. R.
Veröffentlichungen: 1931 „Fürst Bülow und seine Denkwürdigkeiten" — 1932 „Die geheime Ehe des Erbprinzen Wilh. Gustav v. Anhalt-Dessau" — 1954 „Kronprinz Wilhelm, seine Rolle in der deutschen Politik". (K. G. K., 1935, „Wer ist Wer?", 1958.)

Führung neuer Art

Was Adolf Hitler als Auserwählter der Geschichte mit genialer Schöpferkraft ins Leben rief und was die unentbehrliche Voraussetzung für die ordnenden Funktionen Deutschlands in dem neuen Europa bildet, war der innere Zusammenschluß des ganzen deutschen Volkes unter einer autoritären Führung neuer Art. Unter Beseitigung aller partikularen, parteilichen und klassenmäßigen Spaltungen und Gegensätze und unter Ausscheidung aller westeuropäisch-demokratischen Ideen aus dem politischen Denken und Wollen des deutschen Volkes schuf er auf der Grundlage nationaler Arbeit und sozialer Gerechtigkeit die deutsche Volksgemeinschaft als Trägerin des neuen geschichtlichen Aufstiegs. Diese Volksgemeinschaft war nicht mehr im Sinne der alten staatlichen Anschauungen die Summe der Deutschen, die innerhalb der staatlichen Grenzen wohnhaft sind. Als selbstbewußtes Glied einer Rasse, in engster Verbindung mit dem seit langen Menschenaltern besiedelten Boden und als Repräsentant eines mit seiner geschichtlichen Arbeit erfüllten Lebensraumes trat das deutsche Volk kraftvoll auf den Plan.

---

[1]) *„Deutschland und die europäische Ordnung", herausgegeben von Georg Leibbrandt – Reichsamtsleiter in der Dienststelle Rosenberg – und Egmont Zechlin – o. Professor a. d. Universität Berlin –, Deutscher Verlag, Berlin 1941, S. 156.*

Dr. Johann von Leers [1])

Johann von Leers. * 25. 1. 1902 — Jurist, bis 1928 Attaché im Auswärtigen Amt, ab 1929 NSDAP-Mitglied, Dozent der Hochschule für Politik. Spezialität: Rassenkunde, Slawistik, Japanologie.
Veröffentlichungen: „Deutschlands Stellung in der Welt", „Kurz gefaßte Geschichte des Nationalsozialismus", „Juden sehen dich an" (F. L., „Wer ist Wer?", 1935).
„Kirchhorst, 25. August 1947".
Vormittags ließ sich ein Besucher melden, der unten seinen Namen nicht nennen wollte; es war Dr. von Leers. Er arbeitet jetzt mit falschen Papieren bei den Engländern als Dolmetscher und erzählte, daß er Frau und Tochter vor den „roten Bestien" in Sicherheit gebracht habe, nach Spanien. Dorthin will er ihnen nachfolgen. Ich entsann mich, daß er mir diese Lage bereits 1933 in Steglitz geschildert hatte, freilich als unwahrscheinliche Möglichkeit. Es gibt jetzt eine besondere Abzweigung der Emigration, die ständig ihr Personal wechselt, aber als eine unserer Zeiterscheinungen bestehen bleibt: über Spanien nach Argentinien.
Ich fand ihn unerschüttert in seinen Ansichten und lenkte daher vom politischen Thema ab. Wir unterhielten uns über das Verhältnis von Sprache und Logik — er bezeichnete insbesondere das Türkische als höchst präzises Instrument. So gäbe es dort einen ganzen Fächer von Verbalformen zur Unterscheidung des glaubwürdigen und des unglaubwürdigen Gerüchts.
Leers ist ein Sprachgenie. Solche Geister haben, ähnlich wie Sänger und Pianisten, ein weites Feld. Seine besondere Vorliebe gilt den Japanern, mit deren Geschichte und Sprache er sich gründlich beschäftigt hat..."
(Ernst Jünger: „Jahre der Okkupation", Stuttgart 1958, Seite 287)
Dr. v. Leers ist in Kairo zum Islam übergetreten und nennt sich jetzt Prof. Dr. Omar Manin von Leers. (C. R. P. I., November 1957.)

„Eine mythische Blutsverbundenheit"

... Adolf Hitler hat stets in der Bewegung jede freie Meinung, soweit sie im Rahmen des Nationalsozialismus sich hielt, geduldet — allerdings sofort eingegriffen, sobald die politische Organisation der Partei für innere Auseinandersetzungen mißbraucht wurde. Wenn aber eine wirkliche Streitfrage sich erhob, hat er, wenn einmal seine Entscheidung fiel, diese auch entschlossen durchgesetzt.

---

[1]) *In „Adolf Hitler", Adolf Kittel Verlag, Leipzig 1932, S. 58–62.*

Er ging hierbei von der Auffassung aus, daß wichtiger als alle, später immer noch möglichen geistigen Auseinandersetzungen in der Partei, erst einmal die Niederringung des bestehenden Staatssystems in Deutschland und die Durchsetzung des gemeinsamen Wollens sei. Dieser soldatische Grundsatz, daß im Kampf nach außen innere Auseinandersetzungen, wenn einmal eine Entscheidung getroffen, ein Befehl gegeben ist, unter allen Umständen zu schweigen haben, ist von Adolf Hitler aus einem soldatischen Empfinden heraus der Partei in Fleisch und Blut übergegangen. Es mutet in diesem Zusammenhang beinah komisch an, wenn Gegner auf der einen Seite über „faschistische Geistesvergewaltigung" in der Bewegung sich mokieren, in der kameradschaftlich mitzukämpfen ihnen selbst die innere Disziplin fehlen würde, während auf der anderen Seite behauptet wird, daß Hitler geistige Konflikte der Partei in ihren Reihen vertrage.

In einer überspitzten geistigen Zeit, die kein geschichtliches Werden abwarten kann, äußert sich gerade in einem vorsichtigen Werden- und Wachsenlassen des Inhalts der Bewegung die Erdverbundenheit des niederbayerischen Häuslersenkel, der, volkhaft und glücklich unbelastet von der intellektuellen Hast, Werdendes zu beobachten und zu pflegen versteht.

Immer gibt es in jeder Bewegung eine gewissermaßen an der Spitze vorstürmende radikale Gruppe und den schweren Schwarm der trägeren Mitläufer. Hier liegt Hitlers großes Verdienst um die Bewegung, die Wildheit und Energie der Unbedingten in Verbindung mit der großen Volksbewegung, diese wieder in dem von den Vorstürmenden angegebenen Tempo gehalten zu haben. Ganz abgesehen von rein praktischen Erwägungen lag hier die Klugheit der Verlegung der Reichsleitung nicht in das Getriebe einer Großstadt moderner Industrie, sondern nach München, dessen größere Ruhe stärkere Möglichkeit bot, die Bewegung im Reich zu beobachten, den schweren und wuchtigen Aufmarsch der Millionen zu leiten.

Was aber der Bewegung die unbedingte Hingabe an den Führer in den Reihen der Bewegung schuf, ist das Empfinden, daß die Treue von unten durch die Treue von oben erwidert wird.

Wer einmal die erschütternde Stunde erlebt hat, als Adolf Hitler im Berliner Sportpalast, gerade zurückgekehrt aus dem Oldenburger Wahlkampf, todmüde, zu den Massen sprach — als jeder erkannte, daß der Führer selbst bis zur körperlichen Erschöpfung sich einsetzte für die gemeinsame Idee — der war innerlich gepackt und gelobte sich, nun auch von sich das Letzte herzugeben — für Deutschland!

Dahinter aber steht mehr — es ist wie eine mythische Blutsverbundenheit der Kämpfer mit dem Führer —, so mögen in Urzeiten die Krieger der wandernden nordischen Völker ihren Herzögen zugejubelt haben, so mögen sie mit seinem Namen, den heut ein namenloses Steinzeit-Grab deckt, sich dem Tod entgegengeworfen haben!

Das ist es, was diese Bewegung so eigenartig und für den Fernstehenden fast unverständlich macht — wie sie sich mit dem Namen des Führers grüßen, so sterben sie mit seinem Namen auf den Lippen.

Am schönsten ist dieses Empfinden einmal ausgesprochen worden in der fast einzigen literarischen Sammlung, die der Nationalsozialismus bisher hervorbrachte, im „Unbekannten SA-Mann":

„Ihr seid viel tausend hinter mir
Und Ihr seid ich und ich bin Ihr!
Ich habe keinen Gedanken gelebt,
Der nicht in Euren Herzen gebebt.
Und forme ich Worte, so weiß ich keins,
Das nicht mit Eurem Wollen eins.
Denn ich bin Ihr, und Ihr seid ich,
Und wir alle glauben, Deutschland, an Dich!"

Dr. jur. Gottfried Neesse [1])

Gottfried Neesse. * 1911 — 1929 Eintritt in die NSDAP — 1933 Oberbannführer der HJ und Leiter des Rechtsamtes der HJ in Sachsen.
Veröffentlichungen: 1933 „Brevier eines jungen Nationalsozialisten" — 1936 „Partei und Staat" (mit Staatssekretär Dr. Wilh. Stuckart), — „Die Jugend und das Recht" (mit Reichsminister Dr. Hans Frank und Hans Schwarz van Berk) — 1940 „Führergewalt, Entwicklung und Gestaltung der hoheitlichen Gewalt im Deutschen Reich" — 1957 „Staatsdienst und Schicksal". (C. R. P. I., Juli 1957.)

Führertum

Das größte einheitsbildende Element in unserem Gemeinwesen ist der Führer. Mit dem Worte Führer ist viel Mißbrauch getrieben worden. Man hat es benutzt, um kleine Wichtigkeit zu überhöhen und menschliche Unzulänglichkeit zu tarnen. Nicht jeder, der innerhalb einer Führungshierarchie steht, ist bereits ein Führer. Die wichtigste Voraussetzung zur rechten Erfassung des Führerbegriffs ist die Trennung von Führerwesen und Führergrundsatz, von Persönlichkeit und Prinzip. Der Führergrundsatz bedeutet lediglich, daß innerhalb eines Gemeinwesens Autorität nach unten und Verantwortung noch oben herrscht und daß beides — Autorität und Verantwortung — auf eine einzelne Persönlichkeit und nicht auf ein Kollegium abgestellt ist. Führertum aber bedeutet viel mehr als Träger von Verantwortung und Autorität zu sein. Eine Entwertung des großen Begriffes „Führer" kann nur dann verhütet werden, wenn diese Trennung ganz klar gemacht wird. Führer ist ein ganz besonderer hoher Begriff. Wenn die Folgerungen dieses Begriffes auf alle die im Sinne des Führerprinzips ernannten Volksgenossen angewandt werden, so sind Gefahren von unabsehbarer Tragweite zu befürchten. Wollte man sagen, daß jeder mit der Wahrnehmung gemeinschaftlicher Aufgaben betraute „Führer" auch schon ein Führer in des Wortes eigentlichem und höherem Sinne sei, so könnte beispielsweise eine Verwaltungsgerichtsbarkeit gar nicht mehr erörtert werden, denn eine sich mit Taten echter Führung befassende Justiz ist für eine nationalsozialistische Anschauung eine Ungeheuerlichkeit. Es besteht die Tatsache, daß sich wohl der *Führungsgrundsatz* in dem bereits dargelegten Sinn durch Verfassungnormen erzeugen läßt, aber niemals die Möglichkeit besteht, echtes *Führerwesen* institutionell einzuführen. Der

[1]) *In „Partei und Staat", Hanseatische Verlagsanstalt, Hamburg 1936, S. 57–58.*

Führergrundsatz ist aus der nationalsozialistischen Idee herausgewachsen, ohne ein Erzeugnis abstrakten Denkens zu sein. Er hat sich — das Buch des Führers gibt dafür den stärksten Beweis — aus dem Kampf gegen den Parlamentarismus entwickelt. Nicht mehr bildet eine gleichbewertete Summe von Menschen ein „Kollegium", sondern einer, der beste Mann und erste Kamerad geht den anderen voran. Der Gedanke der unverantwortlichen Mehrheit hat sich innerhalb des Gemeinschaftslebens nicht als gestaltendes Prinzip erwiesen. Große Leistung und große Verantwortung sind nicht voneinander zu trennen, und „das Feuer des Schöpferischen hat nie in einer Summe von Menschen, selten in einer Gemeinschaft, meist aber nur in einer einzigen großen Persönlichkeit gebrannt". Mehrheits- und Persönlichkeitsgrundsatz und Abstimmungs- und Beratungsgrundsatz entsprechen dabei einander. Ob der Führergrundsatz überall im Gemeinwesen so durchgeführt werden kann, daß an jeder maßgebenden Stelle nicht nur Namensführer, sondern Wesensführer stehen, muß dahingestellt bleiben. Die Gefahr ist selbstverständlich vorhanden, daß aus einem gewachsenen, mit Leben erfüllten Führertum ein starres Organisationsschema wird. Aber es besteht *kein* Anlaß, das Prinzip überhaupt allein deshalb aufzugeben, da es *wahrscheinlich* nicht vollendet, nicht in der Weise verwirklicht werden kann, daß an jedem Führungsposten im Gemeinwesen ein Mann steht, der seinem Wesen nach ein wahrhafter Führer ist.

Der Begriff „Führer" kann zweifach — einmal allgemein philosophisch, zum anderen, auf den Führer Adolf Hitler bezogen, konkret staatswissenschaftlich — gedeutet werden.

Im Führer gewinnt eine neue Herrschaftsform Gestalt. Der Führer ist weder vollkommen unabhängig noch vollkommen abhängig von seinen „Untergebenen". Er ist weder Despot noch Vorsitzender. Führer ist ein Begriff, der über den Bereich des Staates und der Partei weit hinausreicht: Er gehört zum Volke. Deshalb ist der Führer mehr als ein „regierender Mann". Führung ist die aus dem Volke gewachsene und es verkörpernde Leitung des aus Volk, Bewegung, Staat bestehenden Gemeinwesens, während Regierung lediglich die oberste Leitung des Staates, zentrale Verwaltung ist. Sie ist ohne die herrschaftlichen Elemente des Befehles, ja sogar vielleicht des Zwanges nicht denkbar.

Friedrich Schmidt [1]

Der neue Freiheitsbegriff

In der Mitte der nationalsozialistischen Weltanschauung steht der deutsche Mensch. Sein innerer und persönlicher Wert bestimmt den *Wert der Gemeinschaft*, der er eingeboren wurde, und somit den Wert unseres Volkes. Dem Menschen selbst gilt heute alle Sorge von Partei und Staat. Er ist die Substanz des Reiches und dazu bestimmt, die Idee in ihrer letzt denkbaren Reinheit und Klarheit darzustellen.

Das Erbe, das der Nationalsozialismus antraf, war in diesem Sinne kein gutes. Der deutsche Mensch lebte in einer fremden Geisteswelt. Er diente fremden Ideen und gehorchte Mächten, die mit andersartigen Mitteln es im Laufe vieler Jahrhunderte verstanden hatten, seine eigenen Wesenskräfte zu verschütten.

Der deutsche Mensch war sich selbst fremd geworden. Er hatte eine scheinbare äußere Freiheit gegen die fast völlige Vergewaltigung seines inneren Menschen eingetauscht. Erst der Nationalsozialismus hat dem deutschen Menschen die Schlacken der fremden Anschauungen, die Bindungen der fremden Dogmen zerschlagen und ihm die eigenen Wertmaßstäbe und damit den eigenen Standort wiedergegeben. Der nationalsozialistische Mensch ist wieder eine Persönlichkeit, in sich ausgeglichen, wurzelnd in den Kräften des eigenen Herkommens und darum frei im Sinne einer natürlichen Gebundenheit.

Der neue Freiheitsbegriff des Nationalsozialisten findet darum seine Voraussetzung in der Anerkennung der Gebundenheit des menschlichen Seins und Wesens an die unantastbaren und ewigen Gesetze der Schöpfung.

Der nationalsozialistische Mensch erkannte, daß sein Dasein und seine Persönlichkeit nicht allein die Angelegenheit eines freien Entschlusses seiner Erziehungsträger, sondern im wesentlichen das Ergebnis einer biologischen Gebundenheit sind. *Es kann darum aus einem Kinde nichts anderes erzogen werden, als kraft seines Blutes und seiner Sippenreihe in diesem Kinde an Werten und Möglichkeiten verborgen ist.* Die so gesehene Gebundenheit des Menschen ist für den Nationalsozialisten die Voraussetzung jeder menschlichen Freiheit. Damit ist der deutsche Mensch im höchsten Maße erst dann frei, wenn er sich den Gebundenheiten einer göttlichen Ordnung zu unterwerfen bereit ist. Diese Freiheit ist für ihn kein Zustand, sondern ein sittlicher Begriff.

---

[1] *In „Odal", Heft 5, Mai 1939, S. 315–318.*

So ist auch nicht etwa der ein freier Mensch, welcher tun kann, was er will, sondern wahrhaftig frei ist nur der Mensch, welcher das tut, was er aus höherer Notwendigkeit heraus tun soll. *Der Mensch, der aus der Erkenntnis der Gebundenheit seines Blutes an die Ewigkeit seiner Ahnen heute bereit ist, für diese ewige Gemeinschaft werktätig zu sein, ist im besten Sinne des Wortes ein freier Mensch.*

Der höchste *Freiheitsbegriff des Mannes* aber liegt in der Bereitwilligkeit, für die Ewigkeit der Nation in den Tod zu gehen. Der höchste *Freiheitsbegriff der Frau* aber wird immer bestehen in ihrer Bereitwilligkeit, für die Ewigkeit des Volkes, als der göttlichen Ordnungszelle der Welt, zu gebären und dem Leben neues Leben zu schenken.

Wenn wir den Freiheitsbegriff nun in der Gebundenheit des Menschen an die göttliche Weltordnung begründet sehen, dann kann ein freier Mensch auch kein Dogma mehr anerkennen, das diesem göttlichen Gesetz widerspricht.

Die Anerkennung der Freiheit, welche in der Bejahung der biologischen Gebundenheit des Menschen ihre Begründung findet, ist darum die erste Voraussetzung zur Überwindung jedes Dogmatismus, auch des Dogmatismus der Konfessionen. Der konfessionelle Dogmatismus ist dabei nichts anderes als der Versuch, eine Konstruktion des menschlichen Verstandes: nämlich die Selbstvergottung des Menschen zum Gesetz zu erheben. Als der Mensch nicht mehr vermochte, Gott zu erkennen, wurde ihm das Dogma eines Gottesbegriffes beigebracht. Dieses Dogma setzte dabei die Überwertung eines Teiles einer weltlichen Ordnung vor die Ganzheit der göttlichen Ordnung.

Der Dogmatiker ist daher ein innerlich unfreier Mensch, der weder die Größe noch die Freiheit besitzt, die Dinge so zu sehen, wie sie der göttlichen Weltordnung entsprechen. Er wird immer bereit sein, die Lebensgesetze der Ganzheit zu verraten. Wir dürfen dabei eines nicht verkennen: Wir Deutschen gehören zu den gründlichsten Menschen. Wenn wir anfangen Dogmatiker zu werden, dann sind wir es nicht nur auf einer Ebene. Die deutsche Geschichte hat uns im letzten Jahrtausend geradezu zum Dogmatismus erzogen. Wir sind zu den bedauerlichsten Kleinbürgern Europas geworden. Ja, wir haben noch nicht einmal den Begriff des Volkes erkannt. Diese innere Aufspaltung des Deutschen zu überwinden, ist die größte Aufgabe, die wir haben. Diese Aufspaltung aber kann nur dann überwunden werden, wenn der Freiheitsbegriff des Nationalsozialisten auch zum persönlichen Bekenntnis jedes Deutschen wird. Freie Menschen sind immer gehorsam, weil sie eben den Befehl des Größeren innerlich anerkennen.

Ein Befehl im Sinne Nietzsches aber ist dann gegeben, wenn der einzelne wieder sich selbst sieht als Glied einer göttlichen Ordnung, und wenn der Befehl nur einem dient, nämlich der Erhaltung dieser Ordnung. Daraus allein kommt der innere Gehorsam und die Fähigkeit zur Disziplin. Deutsche Menschen wurden in der Geschichte nicht aus Dummheit oder Verbrechertum disziplinlos und ungehorsam, sondern sie wurden fast ausschließlich aus Dogmatismus disziplinlos. Dogmatismus ist deshalb die höchstmögliche menschliche Unfreiheit und nichts anderes als Selbstvergottung. Selbstvergottung ist letzten Endes Gottesleugnung. Sie bedingt die Leugnung und Verneinung aller natürlichen Gesetze und damit die Verleugnung jeder göttlichen Ordnung. Dogmatismus ist die letzte Form menschlicher Anmaßung. Er ist Atheismus in höchster Potenz. Die nationalsozialistische Idee hat diesem, dem Deutschen aufgezwungenen, aber innerlich fremden Zustand ein Ende bereitet.

Dr. Wilhelm Stapel[1])

Wilhelm Stapel. * 27. 10. 1882.
Veröffentlichungen: 1916 „Avenarius Buch" — 1927 „Antisemitismus und Antigermanimus" — „Die Fiktion der Weimarer Verfassung" — 1930 „Literatenwäsche" — 1932 „Der christliche Staatsmann" — 1933 „Die Kirche Christi und der Staat Hitlers" — 1934 „Volkskirche oder Sekte" — 1950 „Martin Luthers Lieder und Gedichte". (K. L. K., 1952.)

Über Dr. Stapels Stellung bei den Nazis gibt folgendes Dokument Aufschluß:

„An den
Stellvertreter des Führers,
Herrn Reichsminister Rudolf Hess

München — 9. Januar 1939
Braunes Haus — 5418/Dt.

Sehr verehrter Parteigenosse Hess!

Kurz vor Weihnachten erhielt ich Ihre Abschrift einer von Pg. Sommer unterzeichneten Anordnung, wonach der Schriftsteller Dr. Wilhelm Stapel unbedenklich zur Bearbeitung der Judenfrage im Reichsinstitut für Geschichte des neuen Deutschlands herangezogen werden könnte. Wie ich höre, ist diese Anordnung von Ihnen unmittelbar veranlaßt worden.

Diese Anordnung Ihrerseits stellt eine Desavouierung meiner nach langer sorgfältiger Prüfung erfolgten Stellungnahme Mitte 1937 dar. Ich weiß nicht, wer Ihnen die Unterlagen für Dr. Stapel gegeben hat, und ich bedaure, daß eine solche Verfügung ohne vorhergehende Stellungnahme meinerseits ergangen ist.

Bei Dr. Stapel handelt es sich nicht um einen jüngeren Gelehrten, der vielleicht früher einmal falsche Urteile über die Judenfrage abgegeben hat, sondern um einen durchaus gefestigten und nach allen Richtungen ausgebauten weltanschaulichen Gegner des Nationalsozialismus. Daß er früher auch antisemitisch geschrieben hat, liegt auf der gleichen Ebene mit einigen römisch-katholischen antisemitischen Schriftstellern. Sehr verehrter Parteigenosse Hess, Sie haben mich mehrfach um unsere Stellungnahme zu verschiedenen Persönlichkeiten ersucht, wie etwa im Falle Rudolf STEINER, und ich glaube, daß ich Ihnen bisher stets eine begründete Ansicht habe übermitteln können. Ich bin auch der Überzeugung, daß, wenn Sie eine solche Stellungnahme im Falle Dr. Stapel von mir gefordert hätten, ich Ihnen ein Gutachten auf Grund aller statistischen Schriften hätte übersenden können. Ich bin auch der Überzeugung, daß dann eine solche Anordnung Ihrerseits an das Reichserziehungsministerium nicht ergangen wäre.

Ich bitte deshalb ... um die Mitteilung an das Reichserziehungsministerium, daß auf Grund einer neuen Sachlage die alte Anordnung nicht in Kraft treten solle und eine

[1]) *In „Die Kirche Christi und der Staat Hitlers", Hanseatische Verlagsanstalt Hamburg 1933, S. 14–17.*

weitere Stellungnahme abgewartet werden müsse. Ich bitte Sie deshalb darum, weil ich es nicht für möglich erachte, daß eine amtliche Stellungnahme des Beauftragten des Führers für die Überwachung der gesamten geistigen und weltanschaulichen Schulung und Erziehung der Bewegung durch den Stellvertreter des Führers zugunsten einer gegnerischen Persönlichkeit desavouiert wird.

Heil Hitler!
gez. A. Rosenberg"
(„Wer ist Wer?" 1935, Dok., CXLIII-365)

Grundsätze

Die Grundsätze, auf denen der Hitler-Staat beruht, sind *Totalität* und *Aktivismus* des Staates, *Hierarchie* der Staatsträger, *Artgleichheit* der Staatsbürger, *Volksgemeinschaft*.

Erstens. Wie einst die private Lebenssphäre allmählich den Staat aufzehrte, so greift nun umgekehrt der Staat ohne Hemmung in *alle* privaten Verhältnisse ein und nimmt alles Leben in seinen Dienst: Wirtschaft, Beruf, Familie, Vereine. Die Wirtschaft wird staatlich ausgerichtet, die Berufswahl wird staatlich beeinflußt, die Familie wird von Staats wegen der Rassenhygiene unterworfen, und die Vereine werden gleichgeschaltet. Diese totale Einbeziehung des Lebens in den Staat hat einen aktivistischen Sinn: die Bildung einer deutschen Macht. Recht ist nicht, was dem Einzelmenschen die möglichst freie und weite Bewegung schafft, sondern Recht ist, was die größte Machtbildung des Staates bewirkt. Das Rechtsgefühl ist nicht am Einzelmenschen, sondern am Staat ausgerichtet. Darum ist nichts vor dem Zugriff des Staates „sicher". Der totalen Privatisierung des Staates von einst steht die totale Verstaatlichung des Privatlebens von heute gegenüber: Alles Leben wird in den *Dienst* des Staates gestellt. (Der Begriff des Totalen wurde von Ernst Jünger und Carl Schmitt geprägt: Jener sprach von der totalen Mobilmachung, dieser vom totalen Staat.)

Zweitens. Die Staatsbürgerlichkeit und nun gar die Gleichberechtigung des Staatsbürgers ist durchaus nicht mehr „das natürlichste unter allen Rechten des Menschen", sondern ein sehr unnatürlicher Gedanke. Der Staat geht nicht von einem allgemeinen und gleichen Staatsbürgertum, sondern vom Führer aus. Die Person des Führers ist die Verkörperung des Staates, und vom Führer fließt die Staatlichkeit auf immer sich erweiternde Kreise. So entsteht eine Hierarchie, deren Spitze der Führer bildet. Von ihm geht die Staatlichkeit dreifach aus: auf die Minister, die Statthalter, die Führer der nationalsozialistischen Partei und ihre Einrichtungen. In der Partei haben wir wiederum einen hierarchischen Aufbau von der Parteimitgliedschaft zur SA und SS. Aus dem Ganzen eine einzige, ordensmäßig geschlossene Staatshierarchie zu bilden, liegt in der Tendenz eines solchen Staates. Die allgemeinste Grundlage des Ganzen aber ist „der deutsche Mensch". Wer nicht von Art Deutscher ist, gehört dem Staate nicht einmal als *möglicher* Träger an, sondern kann immer nur Objekt der staatlichen Ordnung und Fürsorge sein, Einwohner und Schutzbefohlener des Staates. Von Gleichheit ist hier nicht mehr die Rede, sondern die Rechte sind hierarchisch abgestuft je nach der Stellung, die der einzelne im Gefüge einnimmt. Was Recht ist, wird nicht vereinbart, sondern vom Führer bestimmt. Recht entsteht nicht aus einem Vertrag, sondern ist eine Satzung.

Drittens. Es besteht kein freier Wettbewerb der Gedanken mehr im Staate, sondern es gibt Gedanken, die gelten, Gedanken, die nicht gelten, und Gedanken, die ausgerottet werden. Eine bestimmte Weltanschauung und ein bestimmtes Staatsdenken hat das Vorrecht auf Geltung. Wer Staatsträger sein will, hat nicht eine beliebige, sondern eine bestimmte Gesinnung zu haben, eben die Gesinnung, die zu diesem Staate wesentlich und innerlich gehört. Hat er sie nicht, so bleibt er besser der Sphäre des Staates fern und versucht nicht, Staatsträger zu werden. Er kann freilich die geltende Staatsgesinnung heucheln, aber dann darf er seine wahre Gesinnung nicht wirksam werden lassen, denn er würde sich alsbald in Gefahr bringen. Ein Staatsträger mit verheimlichter anderer Gesinnung gilt als Verräter. Einst gehörte zum Wesen des Staates die Opposition. Aus dem Wechsel von Regierung und Opposition ergab sich in schwankendem Hin und Her der Weg des Staates durch die Weltgeschichte. In dem neuen Staat kann es keine Opposition mehr geben. Es gibt nur Zustimmung und Ablehnung. Wer gegen die Regierung ist, der ist, weil der Staat führerhaft geworden ist, zugleich gegen den Staat. Opposition ist Staatsfeindschaft. Opposition hat kein moralisches Recht mehr. Wer „gegen die Regierung" und also gegen den Staat ist, dem bleibt kein anderer Weg als der Kampf mit allen Gefahren des Kampfes. Da Geist und Gesinnung nicht frei schwebend, sondern artgebunden sind, da menschliche Art und menschlicher Geist, Rasse und Geistigkeit untrennbar zusammengehören, so erstrebt der Staat, weil er eine bestimmte Gesinnung, eine einheitliche Moral will, die *Artgleichheit* seiner Bürger. (Formulierung nach Carl Schmitt.) Staatsbürger kann nicht jeder beliebige werden, sondern die Staatsbürgerschaft ist an eine bestimmte menschliche *Artung* gebunden. Der Hitler-Staat läßt nur die deutsche Artung zu. Damit ist gesagt, daß er auch in Wissenschaft, Kunst, Kultur, Recht, Sitte usw. nur eine bestimmte Art zuläßt. Die Geistesfreiheit im Sinne von Beliebigkeit und Willkürlichkeit hat ein Ende. Dieser Staat will in allen Äußerungen des Lebens das artgerechte Deutsche und nimmt das Fremdartige nicht in „gleichberechtigte" Pflege. Das Fremdartige hat nur als Anregung sein *Gast*recht, es hat kein *Heimat*recht. Diese Verweigerung der Geistesfreiheit ist das, was den liberalen Menschen am heftigsten erschreckt; aber er wird sich daran gewöhnen müssen, daß es keine Geistesfreiheit im liberalen Sinne mehr gibt.

Viertens. Die Staatsführung ist nicht frei schwebend über dem Volke. Der Führer ist nicht Führer kraft seiner „freien Persönlichkeit". Er ist Führer, weil er das Volk für sich gewonnen hat und weil er sein Führertum durch das Plebiszit vom 5. März bestätigt erhalten hat. Nicht auf Willkür, List, Kraft und Gewalt der einzelnen politischen Persönlichkeit steht der Staat, sondern auf der inneren Entsprechung von Führer und Volk, von Führertum und Volkstum. Der Führer ist deshalb Führer, weil er der ist, den das Volk will, und weil er will, was das Volk erhofft und sehnt.

So wird die Führung zur *Funktion* des Volkes. Das Volk weiß nicht, was es will, es hat nur den Instinkt. Der Führer aber weiß, was das Volk will. Das macht ihn zum Führer.

Vier Geheimverfügungen der Parteikanzlei [1])

I.[2])

V. I. 36/482
vom 19. 5. 1942

Erbbiologische Auslese und politische Bewährung

Das Rassenpolitische Amt der NSDAP nimmt zu dem Problem der erbbiologischen Auslese in ihrem Verhältnis zur Frage der politischen Bewährung folgendermaßen Stellung:

Gelegentlich erbbiologischer Auslesemaßnahmen ist immer wieder festzustellen, daß über die Bedeutung dieser Auslese und ihr Verhältnis zur Frage der politischen Bewährung unklare Vorstellungen bestehen. Insbesondere glauben bisweilen Parteigenossen und Politische Leiter, daß sie auf Grund ihrer politischen Bewährung sich einer erbbiologischen Auslese nicht mehr zu unterziehen brauchten.

Hierzu ist folgendes zu sagen: Die erbbiologische Auslese richtet sich auf das Erbgut des einzelnen Menschen. Sie dient dazu, den Bestand der wertvollen, leistungsfähigen und

---

[1]) *Verfügungen / Anordnungen / Bekanntgaben. II. Band. Herausgegeben von der Partei-Kanzlei. Zentralverlag der NSDAP. Frz. Eher Nachf. G. m. b. H. Am Anfang dieser Veröffentlichung befindet sich folgende Bemerkung:* ***Diese Sammlung ist nur für die interne Parteiarbeit bestimmt und als „geheim" zu behandeln.***

Sie enthält die geltenden Verfügungen, Anordnungen, Bekanntgaben und Rundschreiben der Partei-Kanzlei sowie die von ihr herausgegebenen Informationen.

[2]) *Seite 46.*

erbgesunden Familien zu erfassen und deren Wachstum zu fördern. Mit den Feststellungen über die erbbiologische Beschaffenheit einer Person sind noch keine über ihre politische Bewährung getroffen. Es ist durchaus denkbar, daß ein Mensch, der aus einer erbgesunden Sippe stammt, trotzdem nicht politisch einwandfrei ist. Es kann zwar sein, daß die von dem Betreffenden gezeigte negative politische Haltung nur denkbar ist auf Grund einer entsprechenden minderwertigen Erbanlage; hier ist an die häufige Verbindung von kommunistischer Betätigung und Asozialität zu denken. Das ist aber nicht die Regel. Es darf nicht übersehen werden, daß auch politische Gegner aus erbgesunden Familien stammen können und wir uns dann wenigstens ihre Kinder sichern müssen. Dementsprechend ist es möglich, daß bestimmte Auslesemaßnahmen und Förderungen Familien zuteil werden, bei denen die Eltern politisch nicht als völlig zuverlässig angesehen werden können, von denen wir aber aus erbgesundheitlichen und rassischen Gründen viele Kinder zu haben wünschen. Wir werden die Kinder dann in unserem Sinne erziehen und sie auf Grund ihrer guten Erbmasse entsprechend für den Nationalsozialismus einsetzen können. Diese erblich gut beschaffenen Kinder dürfen wir uns also nicht deshalb entgehen lassen, nur weil der Vater vielleicht noch nicht zum Nationalsozialismus gefunden hat.

Andererseits ist die politische Bewährung noch kein Nachweis der Erbgesundheit. Es ist durchaus möglich, daß bei einem politisch bewährten Parteigenossen eine erbgesundheitliche Belastung in der Sippe festgestellt wird, ohne daß der Parteigenosse selbst erkrankt ist oder von dem vielleicht ganz vereinzelt in der Sippe auftretenden kranken Erbgang etwas wußte. Oft ist er nur Anlageträger, er hat die Anlage zu einer Krankheit in seiner Erbmasse und gibt sie auch an seine Nachkommen weiter, erkrankt aber selbst nicht. Ein solcher Anlageträger kann natürlich politisch vollkommen einwandfrei sein, ja er kann auch in politische Führerstellungen gelangen; denn seine nur im Erbbild vorhandene Anlage beeinflußt sein Erscheinungsbild, also seine in Erscheinung tretende Persönlichkeit, oft in gar keiner Weise. Es bestehen gegen ihn selbst nicht die geringsten Bedenken, im Gegenteil, es ist nur erfreulich, wenn die in ihm steckende persönliche Leistungsfähigkeit voll ausgenutzt wird. Damit ist noch kein Urteil über seine Erbmasse gesprochen. Diese ist und bleibt in solchem Fall krankheitsbelastet. Gerade durch die erbbiologische Auslese und Vorsorge kann aber in den meisten Fällen bei entsprechender Gattenwahl in Zukunft verhindert werden, daß das gesundheitlich belastete Erbgut einer Sippe möglicherweise auf ein gleich krankes Erbgut der angeheirateten Sippe trifft. Schon allein diese Erkenntnis, daß durch die erbbiologische Auslese auch erheblicher Schaden am Erbgut unseres Volkes vermieden werden kann, muß den politisch Denkenden davon abhalten, einer solchen Maßnahme Widerspruch entgegenzusetzen. Es muß daher, auch wenn jemand politisch voll bewährt ist, eine Überprüfung seiner erbbiologischen Verhältnisse erfolgen. Wenn beispielsweise Parteigenossen und Politische Leiter in den „Reichsbund Deutsche Famlie" aufgenommen werden sollen oder wenn sie bestimmte Förderungsmaßnahmen in Anspruch nehmen wollen, wie Kinderbeihilfen, Ehestandsdarlehen, Ausbildungsbeihilfen, Aufnahme der Kinder in eine Napola oder ähnliches, so müssen sie bereit sein, sich einer erbbiologischen Überprüfung ihrer Familien zu unterziehen. Damit wird in keiner Weise ein Urteil über ihre politische Zuverlässigkeit gesprochen. Eine Überprüfung dieser findet selbstverständlich nicht statt. Auch der Nachweis der deutschblütigen Abstammung ist nicht mehr zu erbringen, wenn er bereits gegenüber der Partei geführt wurde.

II[1])

V. I. 45/499
vom 4. 10. 1941

Rassische Beurteilung der Hugenotten

Aus gegebener Veranlassung wird darauf hingewiesen, daß die Abkömmlinge der Hugenottenfamilien, soweit nicht etwa im Einzelfall ein fremdrassiger, insbesondere jüdischer Blutseinschlag, nachzuweisen ist, im Sinne der Nürnberger Gesetze „deutschen oder artverwandten Blutes" sind. Ganz allgemein kann sogar gesagt werden, daß die Hugenotten, die seinerzeit aus Frankreich ins Reich kamen, eine besonders positive Auslese besten germanischen Blutes darstellen. Es ist also sachlich völlig falsch und unangebracht, den Abkömmling einer Hugenottenfamilie seiner Abstammung wegen geringer zu achten als einen sonstigen deutschen Volksgenossen.

III[2])

V. I. 15/168
vom 21. 2. 1942

Eine rassische Betrachtung der Sowjet-Kriegsgefangenen

„Zusammenfassend über die rassische Zusammensetzung der Sowjetmenschen kann etwa folgendes gesagt werden:

Man findet in summa genau so wenig Europäer unter den Sowjetmenschen wie man reine Mongolen unter ihnen findet. Die von den Sowjets betriebenen politischen Ausmusterungen entsprechen etwa genau unseren rassischen Musterungen. Was wir als ordentlich und rassisch brauchbar herausgemustert hätten, haben in den verflossenen 20 Jahren die Sowjets als politisch gefährlich und daher für sie unbrauchbar herausgezogen und ausgerottet. Die Zahl der uns sympatisch berührenden Formen ist daher praktisch gleich Null. Es ist aber auch in dem gleichen Maße zu beobachten, daß reinere mongolische Typen unter den Sowjetmenschen, ausgenommen diejenigen, die aus Asien und damit aus mongolischen Siedlungsgebieten kommen, ebenso selten zu finden sind. Anthropologisch betrachtet sind die zunächst undefinierbaren Rassenelemente sicher sehr alten europäischen wie asiatischen Rassen zuzuschreiben, die nichts oder nur entfernt etwas mit unseren heutigen europäischen Rassen gemein haben. Wir dürfen uns auch durch die gelegentlich auftretenden hellen Haut-, Haar- und Augenfarben nicht irritieren lassen, sie sind bei den Sowjetmenschen in der Regel kein Hinweis auf nordische oder ostbaltische Rasse, sondern dürfen unabhängig von diesen Rassen sich auf einer ganz anderen Rassengrundlage entwickelt haben. Wenn wir an das von unseren Karikaturisten als typisch gezeichnete Bild des Bolschewisten denken — welches man übrigens auch in der deutschen Bevölkerung in einzelnen Exemplaren antrifft —, dann haben wir den Prototyp des Sowjetmenschen. Am betontesten kann man diesen ausgesprochenen negativen Typus

---

[1]) *Seite 64.*
[2]) *Seite 66.*

vermengt mit vorderasiatischen und jüdischen Rassenelementen in den Offizierslagern sehen. Ihrem Erscheinungsbild nach findet man dieselben Typen in Deutschland allenfalls in Zuchthäusern und Konzentrationslagern."

IV[1])

V. I. 50/556
vom 22. 10. 1941

Eindringen fremdvölkischen Kulturgutes durch musikalische Laiendarbietungen

Infolge der durch den Krieg bedingten zahlreichen Einberufungen von Künstlern sowie durch die Herabsetzung der Benzinkontingente mußten verschiedentlich kleinere Theater, Schauspieltruppen usw. vorübergehend ihre Spieltätigkeit einstellen. Diese Maßnahmen brachten naturgemäß einen besonders für die Landbevölkerung fühlbaren Ausfall in der kulturellen Betreuung.

Auf der anderen Seite ist durch die notwendige Heranziehung von fremdvölkischen Arbeitskräften auf dem Lande ein verstärktes Eindringen fremdvölkischen Kulturgutes zu verzeichnen. So veranstalten z. B. die fremdvölkischen Arbeiter auf dem Lande nach Feierabend musikalische Laiendarbietungen usw., die leider auch in der deutschen Landbevölkerung vielfach Anklang finden. Eine solche Entwicklung ist aber durchaus unerwünscht.

Die Gauleitungen werden daher besonders darauf hingewiesen, der Aktivierung der Dorfkulturarbeit noch mehr als bisher ihr Augenmerk zu schenken und Vorsorge zu treffen, daß die kulturellen Darbietungen der fremdvölkischen Arbeitskräfte auf das notwendigste Mindestmaß eingeschränkt bleiben.

[1]) *Seite 216.*

KAPITEL II

An den Universitäten

INHALTSVERZEICHNIS

Vorwort

Weit mehr als jede andere wissenschaftliche Arbeit spiegelt eine Universitäts-These neben der Persönlichkeit des Aufstellenden auch die ganze Atmosphäre wider, die an dieser oder jener Universität herrschte.

So handelt es sich bei den folgenden Auszügen auch hier nicht nur um die Ansicht derjenigen, die diese Thesen im Deutschland der Jahre 1933 bis 1945 aufstellten, sondern sie beleuchten gleichzeitig das ganze Milieu der betreffenden Alma mater.

Wir möchten jedoch gleich hier darauf hinweisen, daß solche Musterbeispiele einer — nennen wir es einmal — Universitäts-Perversion immerhin mehr eine Ausnahme als etwa die Regel darstellten. Derartige Thesen waren möglich, aber nicht üblich. Hunderte von Thesen aus der Nazizeit haben wir daraufhin sorgfältig geprüft und dürfen feststellen, daß nur 10 bis 15 Prozent zu dieser Kategorie gehören. Die weitaus große Mehrheit hingegen hielt sich getreulich an die alten Regeln des akademischen Lebens. An der Universität befaßt sich der Wissenschaftler gewöhnlich mit seiner Wissenschaft und hält sich dem politischen Spiel sowie jeglicher Aufwiegelung der Straße fern.

Viel mehr als in irgendeinem anderen Lande — das ist bekannt — wird aus alter Tradition heraus gerade an deutschen Universitäten jenes Prinzip sorgsam befolgt. Gerade aus dem Grunde führte ja der unwiderstehliche Druck des Hitlerregimes beschleunigt zu Situationen von geradezu schizophrener Art.

Während die einen meinten, die Fiktion des Elfenbeinturms aufrechterhalten zu können, brüllten die anderen ruhigen Herzens mit und dachten nie daran, daß sich daraus vielleicht negative Konsequenzen ergeben könnten, denn wenn sie auch im Interesse der eigenen Karriere handelten, so erfüllten sie doch gleichzeitig eine patriotische Pflicht. Es fehlte an Gesinnung wie an Verständnis für die ganze Lage. Was tatsächlich auf dem Spiel stand, ahnten sie nicht.

Gerade diese besonderen Verhältnisse sowie ein gewisser geistiger Umschwung, der sich im Verlauf der Jahre bemerkbar machte, werden durch den Gegensatz der Dokumente unter der Überschrift „Stimmungsbilder“ und jener anderen Gruppe mit dem Titel „Bekenntnisse der Professoren und Studenten“ offenkundig und eindringlich beleuchtet.

Unter den Lehrern von wirklichem Format waren wohl ganz rabiate Hitlerianer ebenso selten wie die heldenhaften Temperamente vom Schlage eines Professors Huber.

Dissertationen

I

Ernst-Moritz-Arndt-Universität zu Greifswald[1])

Referent: Prof. Dr. Stammler

Korreferent: Prof. Dr. Magon

Der Führer

Der Führer ist derjenige, der etwas in Gang bringt, der etwas leitet. Durch die Zusammensetzung Heerführer tritt dann eine Verengung des Begriffes ein, der bald weitere folgen durch die Übernahme des Wortes auf alle möglichen Gebiete. So sind zum Beispiel die Bezeichnungen „Wirtschaftsführer", „Geschäftsführer" in Deutschland durchaus üblich geworden. Durch den Nationalsozialismus bekommt das Wort Führer einen vollkommen neuen Inhalt. Man kann da weder von einer Begriffserweiterung noch von einer Verengung sprechen, sondern ich möchte einfach von einer Steigerung reden. Der Begriff „Der Führer" ist nicht zu erklären, wenn man ihn von der Person Adolf Hitlers trennt. „Der Führer" verkörpert dem Nationalsozialisten einen Idealmenschen. Es gibt nur einen Führer, an dem alles hängt, der alles aufs Beste ordnet, der das uneingeschränkte Vertrauen des Volkes besitzt. In den schwierigsten Situationen weiß man, „der Führer" wird weiter

---

[1]) *„Nationalsozialismus und deutsche Sprache", Inaugural-Dissertation zur Erlangung der Doktorwürde der Philosophischen Fakultät der Ernst-Moritz-Arndt-Universität zu Greifswald, verlegt von Manfred Pechau aus Halle/Saale 1935, S. 81 u. 91, 92. Bemerkenswert: Im Vorwort verwahrt sich der Autor davor, daß der Verdacht, es handle sich bei diesem Thema um eine Konjunkturauswertung, nicht begründet sei, da es 1932 von Prof. Dr. Wolfg. Stammler als Seminararbeit gestellt wurde.*

wissen, so ist das Vertrauen zum Glauben gesteigert. Es handelt sich hier keineswegs um einen anführenden, befehlenden Vorgesetzten, weshalb es ganz verfehlt wäre, die Erklärung des Wortes aus der Heeressprache herleiten zu wollen. Der Begriff des Führers ist in der nationalsozialistischen Weltanschauung klar herausgearbeitet, aber eine derartige Steigerung des Begriffes wäre ohne die Persönlichkeit Hitlers nicht möglich gewesen. Deshalb wird man bei dem Versuch, den nationalsozialistischen Begriff vom Führer zu klären, niemals an der Persönlichkeit „des Führers" vorübergehen können. So liegt in dem Wort Führer neben der Verantwortlichkeit und der Leistung der Sinn der Verehrung. Begrifflich und auch ideell finden wir eine Parallele zu „dem Führer" in dem italienischen „il duce".

Heil Hitler

Die Art des Grußes der Nationalsozialisten geht auf alte germanische Sitte zurück. Schon im Gotischen gibt es ein hails = heil. Unter englischem Einfluß (to hail = grüßen) wird es im 18. Jahrhundert in die deutsche Sprache wieder aufgenommen. Als Grußformel erscheint es schon vor dem Kriege in Österreich unter der „völkischen Jugend". Bei den Turnern wird es als „Gut Heil" gebraucht, bald folgen weitere Formen: „All Heil", „Ski-Heil". Bei den Nationalsozialisten wird der ursprüngliche Triumph- und Jubelruf, die begeisterte Begrüßung eines siegreichen Führers zum üblichen Tagesgruß, der alle Volksgenossen dauernd in derselben Verpflichtung eint.

Gegenrasse

Rasse heißt Geschlecht, Art, Gezücht. Es ist ein Lehnwort aus dem Französischen. Zunächst war es nur gebräuchlich als Stammesbezeichnung von Tieren. Moritz Heyne schreibt in seinem „Deutschen Wörterbuch" noch 1895 als Erklärung für Rasse: „... von Tieren, *aber auch* von Menschen. Tier-, Menschenrasse ..." Anschließend führt er nur erklärende Beispiele für Tierrassen an. Hieraus ist zu ersehen, daß der Rassebegriff bis in die neueste Zeit in seiner Bedeutung für den Menschen verkannt worden ist. Diese unbedingte Hochschätzung der Menschenrassen ist gewissermaßen eine geniale Erfindung des Nationalsozialismus; denn der Wert wurde zwar schon von einzelnen Gruppen früher erkannt, aber keine dieser Gruppen hätte es vermocht, diesen Lebensgedanken zum Grundgedanken eines Volkes zu erheben. Erfinder aber soll sich immer nur der nennen können, der eine Entdeckung zur praktischen Nutzanwendung für das Wohl der Menschen auszuwerten versteht. Rosenberg nennt es in seiner Rede vom 22. Februar 1934 „Der Kampf um die Weltanschauung" das Erstgeburtsrecht.

Das Wort Gegenrasse ist speziell auf die Juden gemünzt worden. Es bezeichnet eine Rasse, die alle anderen zerstört, die gegen das Blut der anderen Rasse wirkt.

Niederrassig

Sagt fast dasselbe wie Gegenrasse. Es bedeutet eine niedrig stehende Rasse, eine niedere Art, was kurz in diesem Wort zusammengefaßt ist.

II.

Friedrich-Wilhelm-Universität zu Berlin

A.[1]

Referenten: Prof. Dr. Constantin v. Dietze
Prof. Dr. August Müller

Der Kanzlerwechsel am 30. Januar 1933 bedeutete nicht einen Wechsel der Person, sondern mit Hitlers Nationalsozialismus vollzog sich ein weltanschaulicher Umbruch. Das ist das Entscheidende.

An die Stelle des Staates tritt das Volkstum; denn es ist die „Voraussetzung zum Bestehen eines höheren Menschentums nicht der Staat, sondern das Volkstum, das hierzu befähigt ist". Und dieses Volk entwickelt sich auf rassischer Grundlage; es wird ein in sich geschlossener Organismus mit Führertum und Gefolgschaft und setzt an Stelle materialistischer Werte die moralischen: Treue (Hitler), Ehre (Rosenberg), den unbändigen Willen (Hitler), das Heldische, das Soldatische (Soldaten der Arbeit — Dr. Ley), den Wert der Persönlichkeit (bei „Ablehnung des demokratischen Massengedankens").

Mit der Ablösung eines physikalischen Weltbildes durch ein biologisches verlor dann die Formel der Materialisten, daß man die Welt ändern müsse, um den Geist zu ändern, ihre Bedeutung.

Mit dem weltanschaulichen Umbruch durch den Nationalsozialismus vollzog sich nun auch wie in Politik und Kultur eine Umwertung auf dem Gebiet der Wirtschaft. Die Wirtschaft der letzten eineinhalb Jahrhunderte war beeinflußt durch die „Naturgesetze" der Adam Smith und David Ricardo; mit ihren Lehren wuchs das Prinzip des Freihandels und der Arbeitsteilung. Während beide Prinzipien für England als Inselreich und Beherrscher der Meere und bei dem damaligen Stande des englischen Großgewerbes gegenüber dem der anderen europäischen Staaten möglich waren, ja für seinen wirtschaftlichen Aufschwung geboten schienen, mußten diese Prinzipien für Deutschland, wo die konservativ gedachten Stein'schen Reformen durch Hardenberg in liberalem Sinne fortgeführt wurden, zum Verhängnis werden.

Aber selbst diese Tatsache wäre nicht einmal so verhängnisvoll gewesen, wäre nicht die Wirtschaft zu einem seelenlosen Faktor herabgezogen worden und hätte sie nicht vermöge ihrer allumfassenden Herrschaft eine „Verarmung der deutschen Seele" (Gürtner) herbeigeführt, um dann willenlos und widerstandslos vom Volkstum abgetrennt und allein der Wirtschaft dienstbar gemacht zu werden.

Für den Nationalsozialismus wurde die Wirtschaft nun ein Bestandteil des Volkes; darum kann man Weltanschauung und Wirtschaft nicht voneinander trennen; das heißt

---

[1]) *In „Nationalsozialistische städtische Wohnungs- und Siedlungspolitik", Inaugural-Dissertation zur Erlangung der Doktorwürde, genehmigt von der Philosophischen Fakultät der Friedrich-Wilhelm-Universität zu Berlin, von Johannes Büttner aus Berlin-Dahlem. Tag der Promotion: 17. Februar 1937. Tag der mündlichen Prüfung: 12. November 1936. Druck: Triltsch & Huther, Berlin O 27, 1937, S. 16–18.*

nun nicht, daß die nationalsozialistische Weltanschauung eine nationalsozialistische Wirtschaft „vorschreibt", das heißt, daß sie eine Theorie schafft, nach welcher sich die Wirtschaft zu bewegen hätte. Nein, die Wirtschaft ist frei. Der Staat, dessen Zweck in der „Erhaltung und Förderung einer Gemeinschaft physischer und seelisch gleichartiger Lebewesen liegt", hat mit einer bestimmten Wirtschaftsauffassung oder Wirtschaftsentwicklung gar nichts zu tun. Die Wirtschaft bildet nur ein Hilfsmittel, um das Ziel zu erreichen; nämlich: die Forterhaltung der Art dieser physisch und seelisch gleichen Lebewesen und die Erreichung des ihnen von der Vorsehung vorgezeichneten Zieles.

Damit aber, daß die Wirtschaft dem Volke dienstbar gemacht wird, verliert sie ihre liberalistische Freiheit, die nur eine „Entartung des Freiheitsgedankens in einem übersteigerten Individualismus und Materialismus" war, und die die Gesinnung des rücksichtslosen Egoismus und reinen Geschäftssinnes gefördert und über Millionen Volksgenossen empfindungslos härteste Not und im Verfolg ungeheuren Staatshaß und Klassenneid und tödlichen Zwiespalt in unser Volk gebracht hat, und wird „für den Nationalsozialismus praktisch zu gestaltendes Material".

Wirtschaft ist nicht mehr Selbstzweck, sondern Mittel zum Zweck; oder wie es Staatssekretär i. R. Dr. Bang einmal schlicht ausgedrückt hat: „Wir wirtschaften, um zu leben, wir leben aber nicht, um zu wirtschaften. Die Frage aber, warum wir leben, löst alle Probleme: Wir leben, um uns selbst sittlich zu vervollkommnen, unsere eigene Art höher zu bilden. Für diese Zwecke setzt die Wirtschaft die Bedingungen. Wirtschaft hat also Artzweck. In keiner Sprache aber ist der Artgedanke so klar ausgedrückt, als wie in der deutschen: Wirft das Volk seine *Unartigkeit* ab, so wird es wieder *artig*." Und Hitler (Reichstagsrede vom 23. März 1933): „Das Volk lebt nicht für die Wirtschaft und die Wirtschaft existiert nicht für das Kapital, sondern das Kapital dient der Wirtschaft und die Wirtschaft dem Volk."

Indem man so erkennt, daß die wahren Motive der Volkswirtschaft kulturelle sind, entdecken wir auch den Zusammenhang zwischen Wirtschaft und Volkstum. Das formulierte Gottfried Feder: „Erst im Dienste der Allgemeinheit, erst als dienendes Glied im Rahmen des Volksganzen erwacht der einzelne zu höherem Leben ... erst so begriffen, gewinnt der echte Sozialismus, der Gemeinsinn wahres Leben. Nur unter der Herrschaft dieses Grundgedankens wird der einzelne ein Gefühl der Geborgenheit gewinnen und erkennen, daß nur unter dieser beherrschenden Idee aus der heutigen Raubwirtschaft eine reichgegliederte organische Volkswirtschaft wird."

Darum ist Hitler Dynamiker; nicht Statiker. Er lehnt jede Theorie ab, sieht nur die Tatsache und läßt so die Volkswirtschaft aus ihrer primitivsten Grundidee neu erstehen. Er findet die Schlußfolgerung mit den Worten: „Deutschland wird ein Bauernreich oder es wird nicht sein." Denn die echte Volkswirtschaft muß aus dem Boden erwachsen, organisch, und wird damit die „optische Vergrößerung des Bauernhofes", für den drei Kreise bestehen. Im ersten sind die tätig, die den Acker bestellen, im zweiten die, die sich dem Handel und dem Gewerbe zuwenden, und im dritten die, die die Außenwirtschaft betreiben. Dieser Vergleich zeigt überdies deutlich, daß man nicht wie ehedem darauf ausgeht, das landwirtschaftliche Element zu Gunsten des industriellen zurückzudrängen, sondern: daß das Bauerntum das Grundelement ist, auf dem sich alles andere aufbaut.

In solcher Volkswirtschaft hat jeder sein Bestes zu geben, denn „das Maß der Unersetzlichkeit eines Menschen innerhalb des gesamten Volkes bestimmt die Einschätzung des Wertes seiner Arbeit" (Hitler). Damit wird das Ziel gesteckt. Wie die einzelnen Leistungsenergien verwendet werden, wo sie eingesetzt werden, zeigt die Praxis. Eine Theorie hilft hier nicht. Das Ziel der Volkswirtschaft ist so die Bedarfsdeckung, d. h. Erzeugung, die dem Ge- bzw. Verbrauch dient: nicht aber einem möglichst hohen Profit.

B.[1])

Berichterstatter:

Prof. Dr. Eugen Fischer
Prof. Dr. Richard Thurnwald
Dr. Dr. Robert Ritter

Das Zigeunerproblem ist nicht mit dem Judenproblem zu vergleichen. Das lehren gerade auch die Untersuchungen an Mischlingen. Die Zigeuner und die Zigeunermischlingsfrage ist ein Teil des Asozialenproblems. Nie kann die primitive Zigeunerart das deutsche Volk als Ganzes in irgendeiner Weise untergraben oder gefährden, wie dies durch die jüdische Intelligenz geschieht.

Wenn man diesen wenigen, von uns erzogenen und sozial angepaßten Zigeunern und Zigeunermischlingen zweckmäßiger- und gerechterweise ein Verbleiben in ihren bisherigen Wohn- und Arbeitsverhältnissen zubilligen will, so muß man doch vom rassenhygienischen Standpunkt eine Unfruchtbarmachung dieser Menschen fordern. Der Schaden und die Gefahr der Nachkommen von Geisteskranken wurden vom Staate so hoch geschätzt, daß er sich entschloß, auch auf die größere Zahl der Geburten phänotypisch Gesunder eines Erbkranken zu verzichten, wenn nur die Entstehung neuer Geisteskranker eingeschränkt würde.

Hier aber ist es umgekehrt:

Fast durchgehend treten bei den Kindern erhebliche Anpassungsschwierigkeiten auf. Wenn einzelne auf Grund einer seltenen glücklichen Kombination ihrer Anlagen oder mit Hilfe des Fremdhalts unter besonders günstigen Umweltbedingungen unauffällig leben und brauchbare Arbeit leisten, so sind das — erbbiologisch betrachtet — Selbstverständlichkeiten. Die Wahrscheinlichkeit, daß sich derartige Erscheinungen bei den Kindern solcher Zigeuner oder Zigeunermischlinge wiederholen, ist zwar vorhanden aber — aufs ganze gesehen — gering.

Fast alle Zigeuner und Zigeunermischlinge sind durch eine mehr oder weniger große Haltschwäche und ihre Artlosigkeit gefährdet und bedürfen der ständigen Leitung und Unterstützung, wenn sie nicht sozial entgleisen sollen. Das deutsche Volk braucht aber zuverlässige und strebsame Menschen und nicht den zahlreichen Nachwuchs dieser unmündigen Primitiven.

---

[1]) *„Lebensschicksale artfremd erzogener Zigeunerkinder und ihrer Nachkommen", Inaugural-Dissertation zur Erlangung des Doktorgrades, genehmigt von der Mathematisch-Naturwissenschaftlichen Fakultät der Friedrich-Wilhelm-Universität zu Berlin von Eva Justin aus Dresden. Tag der Promotion: 5. November 1943. Tag der mündlichen Prüfung: 24. März 1943. S. 120 u. 121.*

Auf Grund dieser Erfahrungen kommt man zu der Ansicht, deutsch erzogene und sozial angepaßte Zigeuner und Zigeunermischlinge nicht mehr unter rassen- und kriminalpolitischen Gesichtspunkten zu werten, sondern ausschließlich nach rassenhygienischen. Alle deutsch erzogenen Zigeuner und Zigeunermischlinge I. Grades — gleichgültig, ob sozial angepaßt oder asozial und kriminell — sollten daher in der Regel unfruchtbar gemacht werden. Sozial angepaßte Mischlinge II. Grades könnten eingedeutscht werden — falls ihr vorwiegend deutsches Erbgut einwandfrei ist —, während asoziale und auch von deutscher Seite belastete Mischlinge II. Grades ebenfalls sterilisiert werden sollten.

III.

Ludwig-Maximilians-Universität zu München[1])

Referent: Univ.-Prof. Dr. Karl d'Ester
Korreferent: Univ.-Prof. Dr. Karl Alexander von Müller

Wie nun Dietrich Eckart aus seiner Weltanschauung heraus zu einem Nationalismus vorstößt, der das Deutsche als das Arische schlechtweg erfaßt, so bereitet sie ihm auch den Weg zu einem deutschen Sozialismus, der sich aus zwingenden Gründen in notwendigem Gegensatz zum Judentum und zu seinen Trabanten und Wegbereitern befindet.

Das Judentum, als der Träger der schrankenlosen Weltbejahung, zutiefst in Wahn und Schein verstrickt, das ohne die leiseste Ahnung eines Ewigen in sich dahinlebt, ganz dem Stoff verschworen, das deshalb nur das eigene niedere Ich sieht, kann in dieser Welt nichts anderes darleben als die nackteste Selbstsucht, als die gierigste Raffsucht eines Menschentums, das noch in seinen besten Vertretern sich hinieden behaglich einrichten will, günstigstenfalls mit dem Ziel größtmöglicher Glückseligkeit des einzelnen.

Das verbindet den Juden mit dem liberalen Zinskapitalismus so gut wie mit seinem vermeintlichen Gegenspieler, dem Marxismus, aber auch mit den Idealen der Freimaurerei: Weltbejaher sind sie alle, vom Juden, als der reinsten Verkörperung ihres Geistes nur dem Grad, nicht der Art nach verschieden; *alle* nähren sich aus der Selbstsucht der Menschen; *alle* bleiben sie stehen bei dem Ziel, sich an der Spitze der Einen, auf Kosten der Anderen auf dieser Erde ein armseliges „Glück" zu ergattern. *Alle* sind sie gepeitscht vom Willen zur Macht; unbedenklich trachten sie danach, soviel wie möglich von den ihnen so teuren Schätzen dieser Welt in ihre Gewalt zu bringen: So werden Kapitalismus, Marxismus und Freimaurerei als verschiedene Erscheinungsformen des *einen* jüdischen Geistes, der stärksten Verdichtung der Weltbejahung erfaßt.

---

[1]) *„Dietrich Eckart als Publizist." Erster Teil: Einführung. Mit einer Ahnentafel bis 1285 und einer Dietrich-Eckart-Bibliographie von 1868 bis 1938. Inaugural-Dissertation zur Erlangung des Doktorgrades der Philosophischen Fakultät der Ludwig-Maximilians-Universität zu München, vorgelegt von Wilhelm Grün aus Weikersheim in Württemberg. Tag der mündlichen Prüfung: 16. November 1939. Hoheneichen-Verlag, München 1941, S. 72 u. 73.*

Der Kampf aber wird gegen sie alle zugleich auf der tiefstmöglichen Ebene angesetzt: gegen die eine gemeinsame Wurzel dieser Geistesrichtungen, gegen die *Weltbejahung* in jedem einzelnen, gegen das Judentum in ihm. Denn dieses erst macht das Judentum *außer* ihm so gefährlich. Es ermöglicht ihm das Wirken, indem es ihm die habgierigen Mitläufer und den Anhang in den betörten, glückshungrigen Massen sichert.

Das „*Mittendurch*" durch Wahn und Trug ist zugleich ein Aufruf zur Überwindung der Ichsucht eines jeden durch sein moralisches Bewußtsein, durch die sittlichen Kräfte in ihm. Ebenso aber wie er die Selbstsucht in sich bekämpft, so auch dort, wo sie in seinen Mitmenschen von außen an ihn herantritt.

Darum nimmt Dietrich Eckart im Jahre 1918 den Ruf nach Brechung der Zinsknechtschaft auf, als Ausdruck des Willens, jenen entgegenzutreten, die auf Kosten anderer mühelos ihrer Habgier frönen und die mit Recht empörten Massen dem volkszerstörenden Marxismus zutreiben.

Deshalb muß die Losung „Gemeinnutz geht vor Eigennutz" in ihm einen solchen Widerhall finden. Denn der Eigennutz ist ja nichts anderes als ein Ausfluß der Weltbejahung des selbstsüchtigen Einzelwesens, dessen Bändigung durch die sittlichen Kräfte der Gemeinschaft, aus dem moralischen Bewußtsein ihrer klarsten Seelen heraus, im Gemeinnutz die Richtschnur für die Lebensordnung der Gesamtheit findet. Der Staat des wesentlichen Menschen, der, im Seelischen verankert, in fruchtbarer sittlicher Tat das dem Volksganzen Nützliche verwirklicht, der Glücksgier und Machtkitzel der einzelnen unschädlich macht, sie herausführt aus Trug und Wahn zu einer neuen, beseelten Gemeinschaft: das ist das letzte Ziel, das dem Politiker Dietrich Eckart vorschwebt.

So gelangt der an sich so unsystematische Denker Dietrich Eckart, auf dem festen Boden seiner idealistischen Weltanschauung fortschreitend, zu einem kühnen und großartigen, völkischen und sozialistischen Weltbild, in dem auf jede Frage eine Antwort beschlossen liegt, und das mit unwiderstehlicher Gewalt in den Nationalsozialismus einmündet: Es stellt das Höchste dar, was der arische Idealismus dem deutschen Volke im Kampfe der Geister an Waffen zu bieten vermag.

IV.

Georg-August-Universität zu Göttingen[1])

Referent: Prof. Dr. H. O. Wilde
Korreferent: Prof. Dr. A. Hasenclever

Der Manchester Guardian ist heute *der* Hetzer gegen das deutschen Volk. Noch kurz vor 1933 war er sehr deutschfreundlich. Die Freundlichkeit beruhte mehr auf einer Sympathie mit der deutschen Staatsform und der politischen Tendenz als auf einer

---

[1]) *„Der Manchester Guardian"* – Auszug aus *„Die wechselnde Stellung des Manchester Guardian zu Deutschland 1932 und 1933". Inaugural-Dissertation zur Erlangung der Doktorwürde der Hohen Philosophischen Fakultät der Georg-August-Universität zu Göttingen, vorgelegt von Georg Greve im Jahre 1938, S. 13 u. 14.*

Zuneigung zum deutschen Volk. Vor allem gefiel dem Manchester Guardian die zähe Hoffnung der deutschen Regierung auf den Völkerbund und auf das System der Konferenzen. Das entsprach dem Triumph der „Vernunft". Als in Deutschland der Nationalsozialismus die Macht übernahm, mußte sich die Sympathie des Manchester Guardian in Abneigung wandeln. Sie ist, mehr als das, in eine äußerst gehässige Feindschaft übergegangen.

Es waren nicht nur ideenmäßige Gründe, die die Zeitung gegen Deutschland stellten. Der Manchester Guardian hat sich ganz besonders der Juden angenommen. 1933 sind seine Spalten gefüllt mit Lobliedern auf die Juden. In den großen antideutschen Versammlungen des Jahres 1933 in der Free Trade Hall, die zum überwiegenden Teil von Juden besucht waren, war der Manchester Guardian der Paladin der Versammlungen. In einer dieser Versammlungen im Frühjahr 1933 stand er ganz im Vordergrund. Einer der Sprecher des Abends war der Herausgeber W. P. Crozier. In einer anderen Versammlung im Oktober 1933 sprach Lady Marley — die Frau des Lord Marley, der mit Einstein und anderen Juden das berüchtigte „Brown Book of the Hitler Terror" herausgegeben hat, das heute von Engländern als eine Kulturschande empfunden wird. Lady Marley rief vor ihren jüdischen Freunden aus: „Thank God for the Manchester Guardian!" und legte damit die Front eindeutig fest.

Die Gegensätzlichkeit des Manchester Guardian zur nationalsozialistischen Weltanschauung ergibt sich aus der Ideologie des Guardian und darüber hinaus aus einer ganzen Reihe von Mißverständnissen, die z. T. nur auf die verschiedene Auffassung ähnlich lautender Begriffe zurückgehen, die als politische Schlagworte in England und Deutschland ganz verschiedene Werte decken. Viele empörte und haßerfüllte Aufsätze und Zuschriften des Guardian kommen einzig davon her, daß die Engländer, die sie schrieben, nicht wußten, daß „pacifism" nicht gleich Pazifismus, „liberalism" nicht gleich Liberalismus, „democracy" nicht gleich Demokratie und soldatisch nicht gleich „militaristic" ist. Wenn man nicht der Überzeugung ist, daß diese Begriffe absichtlich so mißbraucht werden — und die Vermutung liegt manchmal nicht fern —, so muß man diese Tatsache abziehen, um zu erkennen, warum sich der Manchester Guardian von den Anfängen des Nationalsozialismus an und besonders beim Hitlerprozeß und seit 1932 gegen uns stellt, und so gegen uns stellt, daß wir das Paradox erleben, wie eine Zeitung, die Völkerversöhnung und Toleranz auf ihre Fahne geschrieben hat, heute mit tiefstem Haß und größter Intoleranz die Verständigung zwischen zwei großen Völkern zu hindern sucht. Gewiß hat auch öfters ein Aufsatz aus einer Feder im Guardian Platz gefunden, die mit Völkerversöhnung bestimmt nichts zu tun haben wollte, von Leo Trotzky kann das wohl ohne Zögern gesagt werden er schrieb im Guardian vom 22. 6. 1933 , aber meist haben sich die Mitarbeiter des Guardian nur aus ihrer sturen doktrinären Bindung zu Haßgesängen und Entstellungen hinreißen lassen. Erstaunlich ist dabei nur das primitive Niveau einer Zeitung, von der man sonst andere Maßstäbe gewohnt ist. Ein allgemeiner Abstieg des Manchester Guardian in den letzten Jahren wird auch von Engländern indessen klar empfunden. Seine Auflageziffer geht zurück und man hört häufig: „The Manchester Guardian is no longer what it used to be."

Um seine Lehre retten zu können, glaubte der Guardian 1933 zwischen der deutschen Regierung und dem deutschen Volke einen Unterschied machen zu können, und er prophezeite immer wieder das baldige Ende der nationalsozialistischen Regierung. Auf die Dauer war dieser Weg jedoch nicht gangbar, auch der Umweg über angebliche religiöse Differenzen zwischen der Regierung und dem deutschen Volke war schließlich falsch. So wandte sich die Zeitung immer mehr gegen das ganze deutsche Volk, gegen Deutschland als nicht „demokratisches" Land. Man gewinnt daraus den Eindruck, als sei in Wirklichkeit gar nicht Deutschland gemeint, sondern als sollten die Gegner des „Liberalism" im eigenen Lande getroffen werden, als sei das Ganze nur ein Ausschnitt aus dem großen Todeskampf der englischen Fassung dessen, was als deutsche Fassung Liberalismus heißt.

V.

Friedrich-Schiller-Universität Jena

A.[1])

Angenommen auf Grund des Gutachtens der Professoren Dr. Grundmann und D. Dr. Heussi

Bisher ist oft genug darüber geschrieben worden, daß sich im Leben Chamberlains Germanentum und Christentum zu einer Einheit verbunden haben und daß darum auch bei uns kein Gegensatz zwischen Nationalsozialismus und Christentum zu bestehen brauche. Es müssen nun endlich einmal die Gründe erkannt werden, warum bei Chamberlain kein Spalt zwischen Weltanschauung und Religion klaffte. Es ist unfruchtbar, immer wieder über das Thema „Chamberlain und das Christentum" zu schreiben. Gerade heute ist das Christentum keine einheitliche Größe. Um in diesem Punkt kein Mißverständnis aufkommen zu lassen, führen wir folgende Worte Georg Schotts an: „Die eigentliche Schwierigkeit, in der wir uns heute befinden, ist geschaffen durch den schillernden Doppelbegriff des Wortes ‚Christentum'." „Christentum" ist der schlimmste Betrug, der je ausgedacht worden ist, solange die Erde steht. So gut hat sich, solange die Erde steht, noch kein Geschäft rentiert, wie die christliche Handelsgesellschaft. Es muß einmal offen herausgesagt werden. Und „Christentum" ist die göttliche Wahrheit selber; das „ewige Licht", das in unser irdisches Dunkel hereinleuchtet und Welt und Leben, Großes und Kleines in der „Einstellung auf Unendlich" zeigt, wenn dem Menschen erst einmal der Sinn dafür aufgegangen ist.

---

[1]) *„H. St. Chamberlains Darstellung des Urchristentums", Inaugural-Dissertation zur Erlangung der Doktorwürde der Theologischen Fakultät der Friedrich-Schiller-Universität Jena. Vorgelegt von Herbert von Hintzenstern aus Gr. Ottersleben bei Magdeburg, Jena 1941, S. 13–15.*

Es gibt wirklich ein Christentum, das die Grundlagen eines gesunden Staates gefährdet; es gibt wirklich ein Christentum, an dem die Völker sterben! Das wird uns in unseren Tagen am Schicksal Englands erschreckend deutlich vor Augen geführt. Das englische Christentum, das ganz von jüdischen Ideen durchsetzt ist, bedeutet eine Gefahr für die Welt! „Die Geschichte des englischen Protestantismus ist ein geradezu klassisches Beispiel, wie über das Alte Testament der Judaismus zum Siege im englischen Christentum kommt, wie ein ganzes Volk an Geist und Seele und Leib, das heißt politisch, kulturell und religiös verjudet. Das englische Christentum, die englische Kirche, die Empirekirche, ist wirklich der verlängerte Arm des Judentums geworden!" Es ist nun nicht zufällig, daß sich Chamberlain nicht nur von dem Weltausbeutungsgedanken des britischen Empires lossagte, sondern auch von dem englischen Christentum, das mit dem Empiregedanken eng verbunden ist! So schreibt Chamberlain im Blick auf die Behandlung der Buren durch die Engländer in klarer Erkenntnis der Zusammenhänge folgende Sätze an Cosima Wagner: „Macht ist Recht. Und was mich empört, ist nicht die Tatsache, daß dieser Grundsatz anerkannt wird, sondern beständig mit dem Mantel des Christentums, der Ehrlichkeit, des Mitleids und anderer schöner Gefühle zugedeckt wird... Wir (Engländer) sind just die heidnische Nation par excellence: Krieg, Eroberung, Handel, Geld, Sport und vor allem eine beständige Bereitschaft, jeden Mann niederzuschlagen, der uns im Wege steht. Und das eine, was mich in England völlig anwidert, an den Engländern im allgemeinen und an der Politik im besonderen, ist dieses ewige Kokettieren mit einer Religion, die im direkten Gegensatz zu jedem ihrer Gefühle, Ansichten und Handlungen steht. Die Engländer gleichen den römischen Soldaten am Fuße des Kreuzes, die umherstehen und den Mann verspotten, der mit seinem Tode die Göttlichkeit bezeugte. Ich halte das nicht eines stolzen Volkes würdig. Laßt uns doch das Neue Testament kaltblütig verbrennen und nur Jehova, dem Gott der Schlachten, untertan sein, der stets der wirkliche Gott nach unserem Herzen gewesen ist... Es ist Christi Lehre, daß man nicht Gott und dem Mammon dienen kann — und niemand wird leugnen, daß wir seit langem den Dienst Mammons erwählt haben."

Als Chamberlain seine Wendung zum Deutschtum vollzog, da verspürte er deutlich, daß sich das Christentum Martin Luthers ganz anders in der Geschichte auswirkte als das englische Judenchristentum. Aber bei allem Dank und aller Anerkennung für Luthers deutsche Tat konnte sich Chamberlain in keiner Weise zur protestantischen Kirche bekennen, die vorgab, Luthers Erbe in rechter Weise zu verwalten. Denn er sah in seiner Zeit auch in Deutschland die Kräfte am Werk, die unter dem Deckmantel der christlichen Religion jüdische Ideen verbreiteten. Weil er die verheerenden Folgen eines konsequent entwickelten Judenchristentums aus seiner Heimat kannte, wies er die Deutschen unablässig auf die auch ihnen drohende Gefahr hin. Denn mit großem Bedauern mußte er feststellen, daß sich gerade die lutherischen Theologen den immer klarer werdenden Erkenntnissen der Rassenkunde verschlossen. Auf Grund vielseitiger Erfahrung erkannte Chamberlain: „Die besten Bundesgenossen findet die semitische Geistesrichtung an manchen echt germanischen Orthodoxen, die Gott nie gefälliger zu sein glauben, als wenn sie in die semitische Posaune stoßen, — ein Wahngedanke, der aus anerzogenen Vorurteilen hervorgeht und manchmal auch durch kirchliche Rücksichten genährt wird."

B.[1])

Gutachter: Prof. Dr. Peter Petersen

Das Ringen um Deutschlands Freiheit ist mit dem 30. Januar 1933 nicht beendet, sondern findet seinen Fortgang in unseren Tagen. Je größer und wirklicher eine Idee, desto schwerer und ernster tobt der Kampf um ihren Sieg. Scharf müssen die Fronten aufgerissen werden, heute mehr denn je: hie Bürger und Proletarier, dort Soldat und Arbeiter. Zwischen beiden gibt es keine Verbindung, keine Verbrüderung und keine falsch verstandene Kameradschaft, sondern nur Kampf bis zur Entscheidung. Man sage nicht, das bedeute wiederum eine Zerstörung der mühsam gewonnenen Volksgemeinschaft; nur die Dummen und Interessierten vermögen so zu reden. Wenn der Fuchs mit der Taube einen Frieden schließt, dann, weil er sie umbringen will. Wenn der Soldat in die bürgerliche Gesellschaft hineingeht, wenn er sich mit bürgerlichen Sitten und Gebräuchen ziert, dann ist das Desertation und Verrat, dann bedeutet das Gefahr und Verfälschung.

Die inneren Spannungen und Reibungen in unseren Tagen beweisen, daß wieder einmal ein echt revolutionäres Geschehen das deutsche Leben von unterst her aufgewühlt hat. Revolutionen sind ein lebenzeugendes, heiliges Geschenk des Schicksals. Immer, wenn Völker auf den Lorbeeren vergangener Zeiten eingeschlafen sind, dann stürzt sie eine geheimnisvolle Macht von ihrem Thron in den Abgrund, um sie dort jämmerlich verenden oder zu neuem Leben erwachen zu lassen. Bisher sind dem Deutschen sämtliche Revolutionen irgendwie verlorengegangen. Sorgen wir dafür, daß das Geschehen unserer Gegenwart nicht erneut nutzlos irgendwo versandet.

Kampf ist ein unausrottbarer Charakterzug deutschen Wesens, bestimmt seine Größe und Tragik zugleich: groß im Beginn, tragisch am Ende. Nirgends ist jemals mehr gekämpft und gestritten, mehr geblutet und geopfert worden als gerade in Deutschland. Die Welt um uns haßt alles Deutsche, weil sie seine dauernde Gärung fürchtet. Es scheint ein Schicksal zu sein, daß der deutsche Mensch immer von neuem die Welt angreifen muß, daß er immer wieder zu den letzten und tiefsten Geheimnissen alles Seins vorzudringen hat. Nichts ist ihm fest und sicher gegeben, aber alles aufgegeben und möglich. Er will

---

[1]) *„Der SA-Student im Kampf um die Hochschule" (1925—1935). Ein Beitrag zur Geschichte der deutschen Universität im 20. Jahrhundert. Inaugural-Dissertation zur Erlangung der Doktorwürde einer Hohen Philosophischen Fakultät der Friedrich-Schiller-Universität Jena, vorgelegt von Hans Joachim Düning, Ahnsen (Schaumburg-Lippe), Verlag Hermann Böhlaus Nachfolger, Weimar 1936, S. 27—29.*

Im Geleitwort schreibt Prof. Dr. Wolf Meyer-Erlach u. a. folgendes:

„Horst Wessel ist für alle Zeiten das Urbild der SA-Studenten der Kampfzeit, die verachtet und verlacht von den anderen, mißverstanden und bekämpft von ihren Professoren, den Kampf aufnahmen um die deutsche Hochschule. Als Kampfgenosse von Bauern und Arbeitern, als Soldaten des Führers haben sie im Sturme gegen eine volksfremde und lebensferne Gelehrtenschaft, gegen eine Studentenschaft, die schon in der Jugend vergreist nur noch das Vergangene hüten wollte, die Pforten der Universität von innen gesprengt. Sie haben unter Einsatz ihrer ganzen Existenz dem Strom des Lebens, der durch unser Volk schon jahrelang hindurchflutete, auch im Bereich der Hochschulen freie Bahn gebrochen.

Von diesem Kampf um die deutsche Hochschule berichtet der SA-Kamerad Düning."

nichts übernehmen, mißtraut allem bereits Gestalteten und glaubt nur an das, was er selbst im mühsamen, entsagungsreichen Ringen gewonnen hat. Die Deutschen sind zu sehr Anfang, aber wenig Fortsetzung, zu stark einzelne, aber zu wenig Glieder. Unsere Großen sind meistens Individualisten, Querköpfe, Männer, stolze und aufrechte, aber im tiefsten Grunde doch einsame Herrennaturen. Deutsche Geschichte lehrt, daß das ewige Ringen, Grübeln und Zweifeln in vielen Fällen zum tragischen Konflikt, zum nutzlosen Verströmen, zum Kampf der Deutschen gegen Deutsche führte. Wir sind ein Volk von beinah 100 Millionen Menschen. Davon sind fast 30 Millionen über den ganzen Erdball verstreut, schaffen, arbeiten und bauen in fremden Landen, um nach getaner Arbeit von anderen Nationen unterjocht zu werden. Das Ausland nennt uns das Volk der Dichter und Denker, deren Taten und Werke es sich gern bedient. Man schätzt jedoch nur das unpolitische Deutschland; jede nationalpolitische Regung wird sofort mit Haß oder Krieg verfolgt.

Die Welt um uns versteht es nicht, wenn sich im Deutschland der Gegenwart die Menschen zu uniformierten Kolonnen zusammenscharen und im Gleichschritt durch die Straßen marschieren. Sie nennen das Eroberungssucht, Militarismus und Imperialismus, sie reden von Friedensstörern, Raubnation und Barbarentum, ohne jedoch mit solchen Auswüchsen eines ängstlich-kranken Phantasiegehirns den eigentlichen Kern des Geschehens zu berühren, geschweige denn zu treffen. Wenn unsere Gegenwart in den großen Marschrhythmus der deutschen Vergangenheit einfällt, wenn ein straffes Netz von Organisationen und Formen über dem deutschen Lebensraum ausgebreitet wird, dann, weil wir endlich aufhören wollen, Vorspanndienste zu leisten, weil wir keine Lust mehr haben, Spielball fremder Nationen zu sein, weil wir endlich leben, d. h. „selbst sein" wollen, und weil endlich die Revolution durch einen gesunden Konservativismus gesichert und bewahrt werden soll. Die Völker da draußen müssen einsehen, daß Deutschland seine Aufgabe im Kranz der Nationen nur dann zu erfüllen vermag, wenn das „uferlose" Deutschtum in ein festes Bett eingefangen wird. Aberkennt man uns diese Formen, dann verweigert man uns das Recht auf Leben, dann verursacht man den Krieg. Deutschland gebar einen Schiller und einen Goethe. In Deutschland steht aber auch der „Kyffhäuser", lebt die Sehnsucht nach dem großen und einigen Reich. In Deutschland entstand ein „Faust", aber zugleich der Marsch und der Gleichschritt. Wir haben ein Weimar, wir haben daneben ein Potsdam. Mögen beide in Zukunft zusammengehen, damit endlich das Deutschland erstehe, wofür Millionen ausgezogen und ihr Letztes gegeben haben. Wir waren immer ein starkes Volk, aber selten eine ebenso starke Nation, d. h. bewußt gewordene Volkheit. Volk und Reich, Gehalt und Gestalt, Deutschtum und Soldatentum gehören unlöslich zusammen.

Deutschland braucht um seine Zukunft nicht besorgt zu sein. Vier Jahre lang haben unsere Väter einer Welt von Feinden getrotzt, vierzehn Jahre haben ausgereicht, um das wesensfremde Joch von Weimar abzuschütteln. Wir haben „Soldaten" genug. Überall brechen sie heraus aus dem Urgrund des Volkes, aus dem „Elementaren" (Jünger), Menschen mit der ewigen deutschen Seele, um im hartnäckigen Kampfe die bürgerlich-proletarische Welt zu zerbrechen, damit endlich der volkhafte und religiöse Mensch, der Soldat, seine Herrschaft antreten kann; denn „metaphysisch gegründet" (Gerrit Engelke), nicht wirtschaftlich, kapitalistisch und rationalistisch wird das kommende Zeitalter sein.

VI.

Rheinische Friedrich-Wilhelms-Universität in Bonn[1])

Berichterstatter: Prof. Dr. Hans Naumann

Mit dem Leben des kämpfenden Menschen ist notwendig Tragik verbunden. Aber diese Tragik braucht nicht zum Untergang zu führen, wie dies in der germanischen Zeit noch meistens der Fall war. Im Laufe der Zeit bemerken wir eine fortschreitende Umbiegung und Überwindung der Tragik. Man lernte es, sich geistig und körperlich gegen die widrigen Mächte zu wappnen und sie zu meistern, wozu ritterlich-höfische Lebensauffassung mit ihrer Betonung des „hohen muotes" nicht wenig beigetragen hat. Gudrun ging nicht zugrunde, sondern trug mit Hilfe ihrer germanischen Treue und Beständigkeit den Sieg über die widrigen Lebensverhältnisse davon.

Die Tragik kann man denn auch nicht, wie dies bisher oft geschehen ist, als Grundlage und Grundgefühl germanischer Kunst bezeichnen. Die Germanen vertreten vielmehr eine bejahende Weltanschauung, wie dies bei einem Volke mit so starkem bäuerischem Einschlag ja gar nicht anders möglich ist. Immer wieder sahen sie in der Natur den Sieg des Frühlings über den Winter und sie glaubten, daß, wenn einstmals ihre Götter besiegt und untergehen würden, die Welt danach doch wieder verjüngt und in schönerer Gestalt auferstehen würde, in einem Wort, sie glaubten an den Sieg des Aufgangs über den Untergang.

Allerdings ist das Leben der Bauern ein steter Kampf gegen die Naturmächte und da die Germanen nicht nur Bauern, sondern vor allem auch Krieger waren, so bildete die Grundlage ihrer Kunst die Überwindung der Tragik im heldenhaften Kampfe, vor allem die Verherrlichung der Heldengröße.

Das Ideal des deutschen Volkes und somit auch der deutschen Literatur und auch vielfach der bildenden Kunst blieb im Laufe der Jahrhunderte stets der nämliche, heroische Kampf des geistig und körperlich gegen ein schweres Geschick ringenden und kämpfenden Menschen, er sei literarisch Gudrun oder Parzival oder Faust, er sei real und geschichtlich Luther oder Friedrich der Große oder Bismarck, und ich bin mir dabei bewußt, nur einige wenige Namen herauszugreifen aus der besonders erheblichen Anzahl der fast übermenschlich großen führenden Persönlichkeiten, die gerade das deutsche Volk schon in germanischer Zeit und in allen späteren Epochen immer wieder auf allen Gebieten aufzuweisen hatte. Beim Anblick des oft so heldenmütigen Kampfes dieser Führer und Forscher könnten eigentlich alle irdischen Namen versinken, denn der Kampf richtet sich nicht immer nur auf Erlangung materieller Güter, sondern im Gegensatz zu vielen anderen Nationen meistens auch — vielleicht darf man sagen in erster Linie — auf immaterielle Güter, auf Hingabe und Opfer zur Erreichung eines geistigen Zieles, und vielfach war dieses Ziel im Laufe der Jahrhunderte wie auch in unseren Tagen wieder

---

[1]) *„Die Bausteine des Gudrunepos", Inaugural-Dissertation zur Erlangung der Doktorwürde. Genehmigt von der Philosophischen Fakultät der Rheinischen Friedrich-Wilhelms-Universität in Bonn von Jkvr. Maria Jacoba Hartsen aus Baarn bei Utrecht (Niederlande), 1941, S. 163–165.*

heroischer Kampf und heroisches Opfer zur Verteidigung des Vaterlandes, zur Behauptung des eigenen geistigen und irdischen Lebensraumes.

In der germanisch-deutschen Dichtung mit ihrem stark bodenständigen Einschlag reichen also Vergangenes und Gegenwärtiges einander die Hand und bilden eine ununterbrochene Kette, allerdings nicht ganz eine fortlaufende Einheit. Der deutsche Bauer braucht wegen der vielen Hilfsmittel, die ihm zur Verfügung stehen, jetzt nicht mehr so verzweifelt mit den Naturmächten zu ringen wie sein germanischer Vorfahre, der deutsche Krieger kämpft mit ganz anderen Waffen als der germanische Held. Nach wie vor ist das Leben besonders für den Deutschen ein dauernder Kampf, aber ein Kampf, der nicht notwendig, wie dies früher so oft geschah, zum Untergang führt. Im Laufe der Zeit wurde deshalb der tragische Einschlag der germanischen Dichtung in stets stärkerem Maße umgebogen. Allerdings wird das wirkliche Leben und damit auch die hohe Dichtkunst – im Gegensatz zum Traumleben, zum phantastischen Leben, das die niedere Dichtkunst uns zeigt – stets einen tragischen Einschlag behalten, es wird immer ein Lächeln unter Tränen sein.

Heute brauchen wir aber nicht mehr über den „Untergang des Abendlandes" zu philosophieren, denn wir erleben den Aufstieg des Dritten Reiches. Heute ist der germanische Gedanke, insbesondere der des Führertums und der Gefolgschaft, auf neuer Grundlage wieder zu Ehren gekommen. Gerade dieser Gedanke begleitet übrigens den Lauf der ganzen deutschen Geschichte, worauf *Hans Naumann* schon hingewiesen hat.

Was in germanischer und ritterlich-höfischer Zeit geistiger Besitz einer kleinen Oberschicht war, ist jetzt geistiger Besitz einer ganzen Nation geworden; wofür früher einzelne sich einsetzten und kämpften, dafür setzt sich jetzt das ganze Volk geschlossen ein, und wir sehen, wie auf diese Weise Hindernisse und Schwierigkeiten, die übermenschlich schienen, überwunden werden konnten, und wie das germanische Fundament, auf dem das Gudrunepos steht, auch das feste Fundament ist, das ein Volk trotz Opfer und heroischer Tragik zum heroischen Sieg führen kann.

Die Bausteine der Gudrun, sie sind auch die Bausteine der Nibelungen, sie sind auch die Bausteine aller deutschen Wissensgebiete: der Politik, der Kunst, der Literatur und wie sie alle heißen mögen, sie sind letzten Endes die Bausteine, aus denen sich das ganze Gebäude des Deutschen Reiches zusammensetzt. Denn diese Bausteine, die zusammen das Gudrunepos bilden, sind hauptsächlich die vielen Bestandteile der germanischen Weltanschauung in ihren mannigfachen Wandlungen auf ihrer weiten und oft so mühsamen Wanderung durch die Jahrhunderte, mit dem stetigen Wechsel von Sommer und Winter, mit stetigem Auf- und Abstieg, mit stetigem Sieg des Aufgangs über den Untergang.

Stimmungsbilder

I.

Im Jahre 1933

Eduard Spranger. * 27. 6. 1882 — Dr. phil., Dr. h. c., o. Prof. der Philosophie — Vizepräsident der Deutschen Forschungsgemeinschaft, Bad Godesberg, und der Goethe-Gesellschaft, Weimar — 1911 ao. Prof. — 1912 o. Prof., Leipzig — 1920 o. Prof., Berlin (1945 Rektor) — 1946 o. Prof., Tübingen.
Veröffentlichungen: „Die Grundlehre der Geschichtswissenschaft", „Wilh. v. Humboldt und die Humanitätsidee", „25 Jahre deutsche Erziehungspolitik", „Kultur und Erziehung", „Humanität und Jugendpsychologie", „Das Wesen der deutschen Universität", „Weltfrömmigkeit", „Goethes Weltanschauung", „Lebenserfahrung", „Geschichte der deutschen Volksschule" usw. 1952 Ritter des Ordens pour le mérite (Friedensklasse) u. a. („Wer ist Wer?", 1955.)

A.[1])

Seit dem Sommer 1932 machte sich unter der Studentenschaft der deutschen Hochschulen zunehmende Unruhe bemerkbar. Insbesondere die nationalsozialistische Gruppe forderte ein neues Studentenrecht, hetzte gegen jüdische Dozenten und unternahm Aktionen gegen einzelne mißliebige Persönlichkeiten. Diese Bewegung ist nur lokalgeschichtlich festzuhalten. Mir wurde sie besonders bekannt aus den Erfahrungen meines Freundes Litt, der in Leipzig das Rektorat bekleidete. Er regte auf dem Hochschulverbandstag in Danzig im Oktober 1932 eine Erklärung der Hochschullehrer an, in der gegen die Unzuverlässigkeit und Lügenhaftigkeit der genannten Gruppe Stellung genommen werden sollte. Diesem Plan widersprach ich in der Diskussion, weil ich die Bewegung der nationalen Studenten noch im Kern für echt, nur in der Form für undiszipliniert hielt. Auch hätte es eine sehr schädliche Wirkung für die Hochschule gehabt, wenn sie sich zu der nationalen Welle, die damals noch viel Gesundes mit sich führte und mit heißen Erwartungen begrüßt wurde, nur schulmeisterlich geäußert hätte. Der Schritt unterblieb also.

Anfang 1933 jedoch häuften sich die Besorgnisse für Bestand und Geist der deutschen Hochschulen auch in Berlin. Die lokalen Übergriffe mehrten sich. Die Studenten warfen

---

[1]) *Eduard Spranger: „Mein Konflikt mit der Hitler-Regierung 1933", als Manuskript gedruckt im März 1955, aber geschrieben bereits 1945, S. 2–6.*

sich zu Richtern ihrer Lehrer auf und übten eine Gesinnungsschnüffelei, die eines Metternich würdig gewesen wäre. Dadurch erschienen Lehrfreiheit und Unabsetzbarkeit der Dozenten bereits erheblich gefährdet. Das immer deutlicher sich enthüllende Dogma der nationalsozialistischen Bewegung mußte diese Befürchtungen verstärken, zumal die Parallele zu den Vorgängen in Italien unverkennbar war. Der Staatsrechtslehrer Rudolf Smend regte an, daß eine Abordnung von Berliner Professoren den Vizekanzler v. Papen um eine Unterredung bitten und ihm ihre Besorgnisse zur Verwertung in einer Kabinettssitzung vortragen sollte.

Am 26. Februar 1933 fand die nachgesuchte Audienz im Preußischen Staatsministerium statt. Zu den Empfangenen gehörten Erich Seeberg, der zunächst das Wort führte, ferner Rudolf Smend, Heinrich von Ficker und ich. Obwohl die Begegnung sehr früh abgebrochen wurde, fand ich Gelegenheit, Herrn v. Papen eindringlich die Gefahren darzustellen, die für die ganze Nation aus Denunziantentum, Disziplinlosigkeit und Gesinnungsknechtschaft an den Hochschulen entstehen mußten. Er hörte alles mit Liebenswürdigkeit an, äußerte auch verständnisvolle Zustimmung. Jedoch ist mir von einer praktischen Wirkung, abgesehen von der Vermittlerrolle, die er bei der weiteren Entwicklung meines Falles übernahm, nichts bekanntgeworden. In seiner späteren, viel beachteten Rede an der Marburger Universität mag zum Ausdruck gekommen sein, daß er inzwischen unseren Standpunkt voll begriffen hatte.

Ich habe niemals ein Archiv über Universitätsvorgänge geführt und kann heute (1945) die beunruhigenden Einzelvorgänge, die auch nur teilweise in die Zeitungen kamen, nicht mehr rekonstruieren. Im folgenden stütze ich mich ausschließlich auf die Dokumente, die ich zu meinem Fall gesammelt habe. Ein anderer wird einmal den Hintergrund zeichnen müssen, den man kennen müßte, um die sehr aufgeregte Stimmung zu begreifen, mit der die Vorstandssitzung des deutschen Hochschulverbandes unmittelbar vor Ostern 1933 in Rhöndorf im Siebengebirge begann. Der Verband war keine eigentlich verfassungsmäßige Einrichtung des deutschen Hochschulwesens. Ursprünglich eine Organisation zur Wahrnehmung von Standesinteressen, hatte er sich zu einem beachtlichen Kulturverband entwickelt, der den Geist der deutschen Hochschulen, insbesondere die Lehrfreiheit, verteidigte und hochschulpädagogische Reformarbeit betrieb. Das Preußische Ministerium für Wissenschaft, Kunst und Volksbildung erkannte ihn an und bediente sich seiner als einer förderlichen Institution. Seit 1933 aber erscholl vernehmlich der Ruf nach der „politischen Hochschule", und diese Parole mußte Übergriffe der lokalen Studentenschaften wie einzelner Persönlichkeiten decken. Es war zugleich die Ära der bekannten „Gleichschaltung", die nun auch an die Universitäten immer näher heranrückte.

Der Vorsitzende des Verbandes, Prof. N. N., ein aufrechter Mann von großer Energie und Geschäftsgewandtheit, empfing mich mit den in seinem Munde überraschenden Worten: „Ich weiß gar nicht mehr, was ich machen soll." An die maßgebenden Stellen kam er kaum noch heran; jede Hochschule ging ihren eigenen Weg. In der Sitzung wurde erwogen, ob man mit einer grundsätzlichen Erklärung über die Stellungnahme der Hochschulen zur nationalsozialistischen Revolution an die Öffentlichkeit treten sollte. Es kam aber zu keiner Einigung darüber. Einige Mitglieder verbargen ihre Sympathie mit der nationalen Bewegung, wie sie sie verstanden, nicht. Ich äußerte in diesem Zusammenhang, daß mich religiöse Gründe an der Zustimmung zu den neuen Maßnahmen hinderten: ich sähe in ihnen eine Vergottung des Volkes, die ich nicht mitmachen könnte. Von Rhöndorf reiste der Vorsitzende zu der Rektorenkonferenz nach Wiesbaden. Ich blieb in Rhöndorf und erfuhr bei seiner Rückkehr von den dort geführten Verhandlungen, die auf eine allgemeine Neuwahl von parteigemäßen Rektoren und Dekanen (nach dem Führerprinzip) hinausliefen. In der Beurteilung der Vorgänge waren wir damals noch einig.

Sehr bald nach der ergebnislosen Vorstandssitzung wurde eine neue nach Würzburg einberufen, die wohl am 21. April begann. Als man auch dort keine Neigung zu einer öffentlichen Erklärung zeigte, ging ich in ein Nebenzimmer und entwarf meinerseits einen Text zu einer solchen. Dieser fand sogleich lebhaften Beifall. Natürlich drückte er nicht ganz meine persönliche Einstellung aus, sondern war als kollektive Meinungsäußerung gedacht; auch wurde in der Beratung, wie üblich, über einzelne Stellen diskutiert und die endgültige Fassung auf Grund von Mehrheitsbeschlüssen hergestellt. Zum Schluß gaben alle ohne irgendwelche Zeichen von Bedenken ihre Unterschrift. Ich hebe aus dem Text einen Satz hervor, der bei den folgenden Konflikten die Hauptrolle gespielt hat, weil ihn teils die nationalsozialistische Regierung, teils die offizielle Studentenschaft auf sich bezog: „Aus den inneren Kräften unserer Volksverbundenheit heraus werden wir um unseres Volkes und Reiches willen den Kampf aufnehmen nicht nur gegen Bedrückung von außen, sondern auch gegen die Schädigung des Volkes durch Lügen, Gewissensdruck und ungeistige Art."

Die Erklärung wurde mit dem Datum vom 22. April 1933 sofort in Würzburg gedruckt. Durch einen Zufall blieben zunächst zwei Namen der Unterzeichner fort, so daß ein Neudruck notwendig wurde. Dieser scheint bereits am 24. April fertig geworden zu sein; jedoch gelangte er merkwürdigerweise erst dann in die Hand des Ministers Rust und in die Öffentlichkeit, als ich auf einer ganz anderen Linie in Konflikt mit dem Ministerium gekommen war. Er wirkte verschärfend und zog eine erneute Stellungnahme des Hochschulverbandes nach sich, von der später die Rede sein wird.

Die vielen Einzeleindrücke, die mich über die Zukunft der Hochschulen mit Sorge und Empörung erfüllten, sind mir nicht mehr gegenwärtig. Ich habe nur deutlich in Erinnerung, daß ich das Gefühl hatte, mir sei die Basis für meine ganze weitere Lehrtätigkeit weggezogen, und zwar nicht nur durch eine vorgeschriebene neue Weltanschauung, sondern ebensosehr durch das diktatorische Regiment, das die offizielle Studentenschaft innerhalb der Universität übte. Das Faß lief bei mir über, als ich in den Räumen der Universität einen Anschlag sah, der den Titel „12 Thesen wider den undeutschen Geist" trug und unterzeichnet war „Die Deutsche Studentenschaft". Hier hieß es u. a. in Nr. 5: „Der Jude kann nur jüdisch denken. Schreibt er deutsch, dann lügt er." Dieser Aushang erschien mir als eine Entwürdigung des wissenschaftlichen Geistes, für den die Hochschule einzutreten hat. Auch wenn ich beklagenswerter Vorfälle gedachte, deren sich kurz zuvor einzelne jüdische Dozenten schuldig gemacht hatten und die ich scharf mißbilligte, konnte ich nicht anders urteilen.

Durch studentische Verbindungsmänner, die mir Nachrichten übermittelten, gelangte ich ferner zur inhaltlichen Kenntnis des sog. „Spionageerlasses" der Deutschen Studentenschaft, der in der „Vossischen Zeitung" allerdings erst am 28. April abends veröffentlicht wurde. Aus ihm teile ich nur folgende charakteristische Stellen mit:

„Zur Beschleunigung der von der Reichsregierung beschlossenen Maßnahmen zur Säuberung des Berufsbeamtentums sind von den Studentenschaften an den Führer der DST möglichst umgehend folgende Angaben zu machen:

a) Aufzählung der Hochschullehrer, die unter das Gesetz vom 7. April 1933 fallen, d. h. Hochschullehrer, die Juden sind oder kommunistischen Organisationen bzw. dem Reichsbanner u. a. angehört haben; ebenso die Hochschullehrer, die nationale Führer, die Bewegung der nationalen Erhebung oder das Frontsoldatentum beschimpft haben...

b) Aufstellung sämtlicher Hochschullehrer, deren wissenschaftliche Methode ihrer liberalen, d. h. insbesondere pazifistischen Einstellung entspricht, die daher für die Erziehung des deutschen Studenten im nationalen Staat nicht in Frage kommen . . ."

Im Sinne dieser Aufforderung hatte man in Kiel unter turbulenten Vorgängen schon 24 Dozenten entfernt (vgl. „DAZ", 25. 4., Morgenausgabe). In Halle soll sich Ähnliches ereignet haben.

Man hat es an Goethes „Werther" getadelt, daß zu dem Hauptmotiv des kritischen Ausganges ein scheinbar überflüssiges Nebenmotiv — Kränkung im Amte — hinzugefügt wird. Mir scheint es psychologisch verständlich, daß der Mensch zu wichtigen Entscheidungen, die in ihm schon reif sind, durch ein letztes, affektauslösendes Accedens hingedrängt wird. In meinem Falle geschah dies durch die plötzliche Ernennung des Professors XY zum Professor für politische Pädagogik und durch die Begründung eines Institutes für politische Pädagogik an der Universität Berlin, zwei Maßnahmen, von denen mir vorher keinerlei Andeutung gemacht wurde. Ich selbst glaubte, dem wichtigen Zusammenhang zwischen Staat und Erziehung in meinen Schriften und Vorlesungen auf eine wissenschaftliche Weise erhebliche Aufmerksamkeit gewidmet zu haben, und ich durfte für mich in Anspruch nehmen, daß ich zugleich für deutsche Gesinnung, also für das Nationale im Geiste eines gesunden Nationalismus, nämlich der Pflege der besten einheimischen Tradition, eingetreten war. Solange es noch möglich war, Hitlers Absichten mit einer sittlichen Wiedergeburt des deutschen Volkes zu verwechseln, konnte also von „nationaler" Seite gegen mich kein Vorwurf erhoben werden. Im Gegenteil: ich erhoffte eine Befreiung von bloßer Parteipädagogik, die sich in letzter Zeit an den Universitäten breitgemacht hatte. Soviel aber war sofort zu erkennen, daß der neue Minister Rust und seine Mitarbeiter von meinen Bestrebungen überhaupt nicht Kenntnis genommen hatten.

Ich muß zugeben, daß XY mich in den letzten Apriltagen zweimal in meiner Wohnung aufgesucht hat, ohne mich jedoch anzutreffen. Als ich am 24. April nachmittags mit dem Sinologen Otto Franke allgemeine hochschulpolitische Sorgen besprochen hatte, fand ich bei meiner Heimkehr ein Schreiben von XY, das vom gleichen Tage datiert war: „Es ist mir leider nicht gelungen, Sie in diesen entscheidenden Tagen zu erreichen. Die beabsichtigte Gründung eines Lehrstuhls für politische Pädagogik an der Universität Berlin ist inzwischen erfolgt; ich bin von Herrn Rust mit der Verwaltung dieses Lehrstuhls und der Aufgabe, ein Institut für politische Pädagogik aufzubauen, betraut worden."

In meinen Aufzeichnungen aus jenen Tagen selbst finde ich hierzu folgende Notiz: „Blitzartig das Bewußtsein: Das ist die Grenze! Hier beginnt die schablonisierte (alias politisierte) Universität." Noch am gleichen Abend suchte ich Franke ein zweites Mal auf und teilte ihm meine Absicht mit, mein Rücktrittsgesuch einzureichen. Er nahm sie anfangs mit Zurückhaltung, dann mit wachsender Zustimmung auf. Bei der Bekanntheit meines

Namens erhoffte auch er von dem Schritt eine günstige Wirkung für die Gesamtlage der Hochschulen. In jenen Notizen heißt es weiter: „Abschied: gemeinsame Überzeugung, mein Entschluß sei recht; er könne — als ein Opfer — anderen Kollegen nützen; andere würden folgen."

Die näheren, von mir ebenfalls aufgezeichneten Erwägungen der unmittelbar folgenden Stunden und Tage haben nur autobiographischen Wert. Ich beschränke mich darauf, das Wichtigste wiederzugeben.

B.[1])

Am 31. Mai wurde mir vom Ministerialdirektor Gerullis brieflich mitgeteilt, daß der Minister Rust bereit sei, mich zu empfangen. In den verflossenen mehr als fünf Wochen waren natürlich die akuten Dinge, aus denen der Streit entstanden war, so abgekühlt, daß nun schon eine ganz andere Situation gegeben war. Meinerseits hatte ich aus den eigenen und fremden Erfahrungen gelernt, daß der einzelne gegen die Welle der Revolution nichts vermochte. Ein mir sehr wohlgesinnter Staatsrechtslehrer nannte das Vorgehen eines einzelnen „geradezu Selbstmord". Mir wurde vor der Begegnung mit Rust durch den Dekan (wohl auftragsgemäß) angedeutet, das Gespräch werde nicht den Verlauf nehmen, daß der Minister mich bitten würde, auf meinen Platz zurückzukehren. In der Form des Kampfes war also nichts mehr zu erreichen. Ich mußte versuchen, der Idee von Wissenschaft und Hochschulerziehung zu dienen, indem ich an der Universität blieb. Soviel wenigstens durfte ich nach Ansicht meiner Freunde erwarten, daß man sich fürs erste nicht wieder an mich heranwagen würde. Mein Fall hatte doch im Auslande einiges Aufsehen erregt, und damals, ja noch für ziemlich lange Zeit, legte man auf eine gute Note bei den ausländischen Gelehrten und Hochschulen Gewicht.

Die Begegnung fand am ? Juni im Kultusministerium statt. Der Minister ließ mich ziemlich lange warten. Er erschien schließlich mit Gerullis, der bei der ganzen Sache eine versöhnliche Rolle gespielt hat, wohl auf Grund von Informationen, die er inzwischen über meine Person erhalten hatte. Der Minister hörte der Begründung meiner Beschwerden mit sehr nervösem Mienenspiel zu, das sich aber milderte, als er meinen Entschluß, das Abschiedsgesuch zurückzuziehen, vernahm. Sichtlich erleichtert, begann er mit den Worten: „Herr Professor, ich begrüße Sie." Dann setzte er mit Bezug auf den ersten Punkt, die Haltung der Studentenschaft, auseinander, er sei im Begriff gewesen, die Disziplin wiederherzustellen; da habe ich seine Aktion durchkreuzt. Mit Bezug auf die Ernennung von XY, das zweite Stück, behauptete er, es sei keine Kränkung beabsichtigt gewesen. An mich habe man überhaupt dabei nicht gedacht. XY hätte eine politische Professur erhalten sollen; man sei zunächst in Verlegenheit gewesen, wie man das Kind habe nennen sollen; schließlich sei die Bezeichnung „Politische Pädagogik" als eine glückliche Lösung aufgetaucht. — Der Minister äußerte den Wunsch, daß ich mit einer öffentlichen Erklärung die Zurücknahme meines Gesuches motivierte.

Der Wortlaut dieser Erklärung wurde wenige Tage später mit Gerullis vereinbart. Ich stelle fest, daß er mir die Demütigung, die in dem Rückzug lag, von sich aus erleichtert

---

[1]) *ebendort auf S. 14–16.*

hat. Sie lautete (vgl. „Vossische Zeitung" vom 13. Juni 1933): „Bei der Einreichung meines Rücktrittsgesuches vom 25. April d. J. kannte ich die Maßnahmen des Herrn Ministers zur Wiederherstellung des Vertrauensverhältnisses zwischen Studentenschaft und Professorenschaft nicht in vollem Umfange. Die Besorgnisse, die mich damals erfüllt haben, darf ich als nicht mehr begründet ansehen. In dem lebhaften Wunsch, meine Arbeit wie bisher in naher Verbundenheit mit der akademischen Jugend dem deutschen Volk und Staat widmen zu können, habe ich im Einverständnis mit Herrn Minister Rust mein Gesuch um Versetzung in den Ruhestand zurückgezogen."

Ich erhielt wieder eine Fülle von Sympathieerklärungen; es schien mir, als ob man ein bekanntes Wort so umkehren dürfte: „Wie man's macht, ist es recht." Mein Einfluß in der Universität und Fakultät war natürlich zu Ende; auch ich selbst zog mich von Geschäften, die über meine Lehrtätigkeit hinausgingen, für die Dauer der ganzen Epoche zurück. Anfang 1934 sah es so aus, als ob ich einen Ruf in die Schweiz erhalten würde. Woran die sehr weit gediehene Aktion gescheitert ist, blieb dunkel. Von dem Plan aber sickerte etwas in Deutschland durch. Im Zusammenhang damit habe ich im Sommersemester 1934 in meinem Seminar noch einmal ernstliche Konflikte mit Aktivisten aus der nationalsozialistischen Studentenschaft gehabt. Auch sonst fehlte es an kleinen Anfeindungen bei besonderen Gelegenheiten nicht. Jedoch ließ man mich vom Winter 1934/35 an in Ruhe, und ich konnte meine Lehrtätigkeit fortsetzen, wobei ich allerdings einen Teil meiner Hauptgebiete dauernd ausschalten mußte. Mit dem Beginn des Krieges kam eine neue Generation von Studenten empor, die mit mir im stillen Einverständnis war, und die Hörerzahl erreichte, gemessen an Kriegsverhältnissen, relativ die alte Höhe, obwohl jeder Student und Kandidat wissen mußte, daß es für ihn offiziell nicht vorteilhaft war, wenn man ihn mit mir in Verbindung fand.

II.

Im Jahre 1938

(Der Kampf um die Wahrheit laut Prof. Dr. Erich Jaensch)[1])

Erich Jaensch. * 26. 2. 1883 — o. Prof. der Philosophie, Direktor des Psychologischen Instituts und des Philosophischen Seminars — 1912 bis 1913 Ordinarius für Philosophie, Halle — 1913 o. Prof., Marburg — † 1940.
Psychologische Arbeitsrichtung der Philosophie; erstrebt Wiederannäherung der Philosophie an die Psychologie. („Wer ist Wer?", 1935.)

Damit haben wir schon die Einwände verlassen, die aus unseren eigenen Reihen stammen, und die Anklage gestreift, die die Gegner des nationalsozialistischen Deutschlands gegen die deutsche Psychologie erheben, den Vorwurf der „Gleichschaltung". Von Gleich-

[1]) *Eröffnungsrede zur 16. Tagung der Deutschen Gesellschaft für Psychologie in Bayreuth (1.–4. Juli 1938), gehalten in der Weihehalle des Hauses der Deutschen Erziehung, in „Der Deutsche Erzieher", Heft 10. 18. August 1938, S. 213–220.*

schaltung wird im gegnerischen Ausland gesprochen, wo immer man eine Gleichläufigkeit und Übereinstimmung zwischen Wissenschaft und Politik bei uns wahrnimmt. Nein, diese Gleichläufigkeit und Übereinstimmung beruht ganz gewiß nicht auf Gleichschaltung, sondern darauf, daß Politik und Wissenschaft auch in den grundlegenden Daseinsfragen, in denen bisher Dunkel oder Irrtum geherrscht hat, nun erstmals zur Wahrheit hinstreben. „Es geht um die Wahrheit." „Er (d. h. Hitler) ist hierin gleich einem Naturforscher, der auch nach Wahrheit, nach Wirklichkeitserkenntnis sucht." Diese für alle Zeit denkwürdigen Worte sprach der Naturforscher Philipp Lenard in den harten Novembertagen von 1932, und sie haben damals in vielen von uns die Kraft zum Kampfe gestärkt. Er gab uns Leuten der Wissenschaft damit ein Panier in die Hand, das wir nun hochhalten und in dem jetzigen Geisteskampf zum Siege tragen müssen. Die Gleichläufigkeit unserer Wissenschaft und Politik beruht nicht darauf, daß die Wissenschaft vor der Politik sich *beugt* und, treulos gegen ihre Wahrheitspflicht, die Wahrheit *biegt*. Diese Gleichläufigkeit hat vielmehr darin ihren Grund, daß Politik und Wissenschaft hier erstmals in den grundlegenden Fragen des menschlichen Daseins die Wahrheit suchen, achten und aus ihr die Folgerungen ziehen. Unser Vertrauen zu der Politik des Führers ist eben darum so unerschütterlich, weil sie die Achtung vor der Wahrheit zur Grundlage hat. Wer gegenüber den Inhalten der Wirklichkeit blind ist oder sie sich vernebelt und verschleiert, der ist jeden Augenblick in Gefahr, mit übersehenen Tatsachen zusammenzustoßen und daran zu scheitern. Mit voller Sicherheit kann nur der seinen Weg gehen, der der gesamten Wirklichkeit Rechnung trägt. „Dies ist die Macht der Wahrheit." Die Achtung vor der Wahrheit ist aber auch die Grundlage der Wissenschaft. Die Politik und Bewegung des Nationalsozialismus will in den grundlegenden menschlichen Dingen nicht weniger, sondern mehr Wahrheit; Wahrheit auch in den Gebieten, wo bisher Irrtum, Klarheit, wo früher Dunkel herrschte.

Irregeleitete Hochschule

Bei Hochschule, Hochschulerziehung, höherer Schule und Wissenschaft ist es nicht anders. Sie hatten für ein Jahrhundert ihr Gepräge erhalten in der Periode des *Neuhumanismus*. Hier war schon dieselbe Wesensart am Werke gewesen, das gleiche Menschentum wie dann später bei dem eben skizzierten Ausbau der Volksschulpädagogik. Vor allem derselbe Intellektualismus. Biologisch-psychologisch betrachtet, ist es schon eine Ungeheuerlichkeit, wenn die Neuhumanisten den modernen Menschen zum verlorengegangenen Vollmenschentum, zur sogenannten „Totalität", der Griechen wieder zurückführen wollten rein vom *Intellekt* her durch das Studium griechischer Sprache und Literatur. Neuhumanismus war aber gar nicht an einen bestimmten Gegenstand gebunden, insbesondere nicht an die Erneuerung des klassischen Altertums. Es war vielmehr eine ganz bestimmte Form des Menschentums, eine Wesensart, die seit den Reformen Wilhelm v. Humboldts unserer Hochschule, Hochschulerziehung und Wissenschaft das Gepräge gab. Neuhumanistische Art ist rein kontemplativ-schauend, „museal", ausschließlich im Bereich des reinen Vorstellens und Denkens sich bewegend. Was irgendwie nach *Tat und Handlung*, praktischem Zugriff und praktischer Bewährung oder Anwendung aussah, erschien zu rauh in diesem Bereich der reinen „*Theoria*", was im Griechischen bezeichnenderweise Schau, festliche Schau und Fest bedeutet. Die praktischen Psychologen unter uns werden mir zugestehen, daß auch die Psychologie einen starken Einschlag solchen „neuhumanistischen" Geistes hatte.

Der Neuhumanismus, der der Hochschule und Wissenschaft der verklingenden Epoche das Gepräge gab, war Selbstkultur des menschlichen Geistes, der hier auf die Verwirklichung realer Ziele verzichtete, virtuose Hochzüchtung der in den einzelnen Wissenschaften sich betätigenden Geisteskräfte; selbstverständlich der vermeintlich ganz *reinen* Geisteskräfte, weshalb in der Erziehung die Vernachlässigung des Körpers damit Hand in Hand ging. Der jüdische Mathematiker Jacobi, den Felix Klein als einen charakteristischen Vertreter des „naturwissenschaftlichen Neuhumanismus" bezeichnet, lehnte es ab, daß die Mathematik hauptsächlich der Erklärung der Naturerscheinungen und dem Gemeinnutzen zu dienen habe. Das *einzige Ziel* der Wissenschaft sei die *Ehre des menschlichen Geistes.* — Sich selbst als geistiges Wesen vollenden, ehren und sich selbst *genießen.* So sagt auch Wilhelm v. Humboldt: „Ich habe mich für das ganze Leben in dem Hange bestärkt, in tiefer Stille, was ich liebe, die Natur und mich selbst zu genießen." Das ist äußerster Individualismus und damit das Gegenteil von den Zielen, die wir heute der Wissenschaft stellen. Aber diese sich selbst abschließende, in sich selbst versenkte Haltung des Geistes führt nicht einmal zur Erkenntnis der Wirklichkeit und objektiven Wahrheit, außer in gewissen Einzelgebieten. Dürfen wir uns also, nachdem diese Geistesart unseren Wirtschaftsbetrieb so lange bestimmt hat, noch darüber wundern, daß wir von den entscheidendsten Dingen des Lebens, insbesondere auch vom Menschen und seiner Seele, noch so wenig wissen, und daß wir eben erst jetzt, gleichläufig mit der Politik unseres Führers, wenngleich nach einer langen Vorbereitungszeit, in diesen Fragen den Weg zur Wahrheit antreten?

Die Wissenschaft. Ihr Cartesianismus und ihr Warten auf den deutschen Geist

Im vorigen Jahre wurde in Paris unter Anteilnahme der ganzen Welt das Jubiläum Descartes' gefeiert, mit der Begründung, daß sein „Discours de la méthode" zur Grundlage der modernen Wissenschaft geworden sei. Das ist auch zutreffend, und zwar in solchem Maße, daß ein großer Teil der bisherigen Wissenschaft geradezu eine Fortbildung der cartesianischen Schule, daß sie bis zu einem gewissen Grade latenter Cartesianismus ist. Descartes selbst schildert in den „Meditationes" die Haltung, aus der heraus er die Begründung der modernen Wissenschaft vollzogen hat: „Ich will jetzt meine Augen schließen, meine Ohren verstopfen und alle meine Sinne ablenken, auch die Bilder der körperlichen Dinge sämtlich aus meinem Bewußtsein tilgen, oder doch, da sich dies wohl nicht tun läßt, sie als eitel und falsch gleich nichts achten; ich will mich nur mit mir selbst unterreden, tiefer in mich hineinblicken und so versuchen, mich mir selbst nach und nach bekannter und vertrauter zu machen."

So wird nach Descartes' Ansicht nicht nur die sicherste und darum vollendetste Erkenntnis gewonnen. Auf diese Weise gelangt der Mensch auch „au plus haut degré de sa nature", zur höchsten Stufe seiner Vollendung. Der jüdische Mathematiker Jacobi, den wir als Verfechter des naturwissenschaftlichen Neuhumanismus nannten, sagte von dieser Denkweise: „In ihrem Lichte wandeln wir noch heute."

Selbstkultur des reinen, abstrakten, in sich eingesponnenen Geistes, das ist auch ein Grundzug dieser cartesianischen Wesensart. Die Augen verschließen, die Ohren verstopfen, in das eigene Innere hineinblicken, wo die mathematischen und logischen Grundwahrheiten aufleuchten — so kann man Mathematik und allenfalls mathematische Naturwissenschaften aufbauen oder auch eine reine Ideen- und Geistesphilosophie, aber man kann auf diese Art nicht die Wahrheit erkennen über das konkrete Wirkliche, namentlich nicht die Wahrheit im Bereiche des Lebendigen, des Menschen und seiner Seele. Die Wissenschaft, die bisher nach einem cartesianischen, also französischen Grundriß angelegt war, wartet, um sich zu vollenden, auf die deutsche Bewegung und auf den deutschen Geist, damit er der Wissenschaft nicht nur, wie bisher, einen deutschen *Einschlag* erteile, *sondern ihren Grundriß im Sinne deutscher Wesensart neu bestimme*. Alles, was den Menschen betrifft, wird in der neu werdenden deutschen Wissenschaft einen sehr großen Raum einnehmen. Dieser Bereich soll in Zukunft niemals mehr — *dafür wird die deutsche Psychologie Sorge tragen* — ein Tummelfeld sein für Mythenbildungen und Märchenerzählungen, für Fehlhandlungen im Bereiche der Erziehung und Menschenformung, wie wir sie oben kennenlernten!

Drohende Gefahren

... Was würde denn eintreten, wenn wir die Pflege der Psychologie jetzt preisgäben, wie manche in Deutschland zu wünschen scheinen? Das feindliche Ausland würde den Gewinn daraus ziehen — und nicht etwa nur den wissenschaftlichen, sondern auch den kulturpolitischen und politischen Gewinn. Es würde nun die von großen Deutschen durch die Begründung der Psychologie geschmiedeten Waffen *gegen* Deutschland kehren — *auch politisch*. Es würde sich in ein durch unsere Lahmlegung geschaffenes Vakuum hohnlachend hineinsetzen, die internationale und die deutsche Wissenschaft, aber auch die gebildete Schicht sowie die breite Öffentlichkeit der Welt und Deutschlands mit seinen Erzeugnissen überschwemmen. Es kennt die ungeheure geistige Macht eines Weltanschauungsfaches, das sich auf die objektive Erforschung wirklicher Tatsachen stützen kann. Ein kleines Beispiel dafür, wie es im weitesten Umfang werden würde! Die im Haag in Holland unter jüdischer Leitung erscheinende Fachzeitschrift „Acta Psychologica", an der so gut wie alle unsere emigrierten Psychologen mitarbeiten, erklärte neulich, daß zu ihrer Mitarbeiterschaft die psychologischen Institute sämtlicher nordeuropäischer Länder gehören, diejenigen von Schweden, Norwegen, Holland, Dänemark, Finnland und teilweise auch von England. Aber wollen wir nicht, gestützt auf innere Wesensverwandtschaft, unsererseits nach den nordeuropäischen Ländern Brücken schlagen? Sollen wir das in unserem Fache, das in allen Fragen der Gestaltung menschlicher Dinge und darum in Weltanschauungsfragen so wichtig ist, Juden und Emigranten überlassen? Das wäre die unausbleibliche Folge unserer Lahmlegung.

An die Arbeit

... Und nun an die Arbeit! Der Satz unseres Rundschreibens, daß wir vor der Erzieherschaft im Gegensatz zur Vergangenheit die echte deutsche Psychologie herausstellen wollten, hat gelegentlich das Bedenken erweckt, daß wir vielleicht die Erzieher auf eine bestimmte Richtung der Psychologie verpflichten möchten. Nichts liegt unserer Gesellschaft ferner. Und was den Vorsitzenden betrifft, so gehört es m. E. zu seinen Hauptaufgaben, seine Anschauungen niemanden aufzudrängen, sondern alle gesunden Richtungen zu Worte kommen zu lassen und nur darauf zu halten, daß diese Fairneß durchweg gewahrt wird.

Ich müßte es darum zurückweisen, wenn mir der Vorwurf gemacht würde, daß ich versäumt hätte, dieser Tagung eine einheitliche inhaltliche Ausrichtung zu geben. In *einem* Hauptpunkte ist sie vorhanden. Richard Wagner, dessen Manen ja auch unsere Tagung umschweben, wie diese durch ihn geweihte Stadt, hat das einmal in einem weisen Wort ausgedrückt, das auch Alfred Rosenberg zustimmend anführte. Er sagte: „Was der Mensch in seinem schaffenden Leben positiv wolle, das wisse er nicht immer genau, was er aber nicht wolle, das erkenne er fast immer; und wenn er nun alles von sich abschüttele, was ihm zutiefst widerstrebe, dann werde ihn sein Instinkt zu dem führen, was seinem Wesen gemäß sei." Wir sind einig in der Abwehr von vielem, was die Vergangenheit gerade unserem Fache gebracht hat. Die positive Aufbauarbeit muß notwendig in den verschiedensten Richtungen gehen, und es besteht hierin seit der nationalsozialistischen Herrschaft in unserem Fache erstmals volle Freiheit. Alle Richtungen der Psychologie, so verschiedenartig sie auch sind, müssen zugelassen werden, wofern sie ehrlich nach Wahrheit streben. Auf diesem Wege und nicht durch Einengung oder Diktat, wird auch unserer nationalsozialistischen Bewegung am besten gedient, die eine Bewegung zur *Wahrheit* ist. Wir grüßen den Mann, der unseren Staat auf diesem unerschütterlichen Grunde neu errichtet hat. Wir grüßen den Führer!

Unserem Führer Sieg Heil!

III.

Im Jahre 1944

A.[1]

(Professor Bäumlers Notiz für A. Rosenberg)

Alfred Bäumler. * 19. 11. 1887 — Dr. phil., em. Prof. — 1924 Privatdozent an der Technischen Hochschule Dresden — 1928 ao. Prof., Dresden — 1933 Prof., Universität Berlin — Hauptarbeitsgebiet: Philosophie und Pädagogik.
Veröffentlichungen: „Kants Kritik und Urteilskraft", „Bachofen, die Mythologie der Romantik", „Hegels Philosophie des Geistes und Rechtsphilosophie", „Nietzsche, der Philosoph und Politiker", „Ästhetik, Handbuch der Philosophie", „Studien zur deutschen Geistesgeschichte". (F. L., K. G. K., 1954.)
Amtsleiter des Amtes Wissenschaft des Beauftragten des Führers für die Überwachung der geistigen Schulung und Erziehung der NSDAP, also Verbindungsmann A. Rosenbergs zur deutschen Universitäts- und Geisteswelt.
„Ursprünglich den Bündischen und den Jungkonservativen nahestehend, später zum Nationalsozialismus übergegangen ... Alfred Bäumler und Ernst Krieck, die späteren maßgebenden Philosophen des Nationalsozialismus ..." (Kons. Rev., S. 242 u. 83.)
„... Es ist immer der Wunsch gewesen, eine deutsche Geschichte neu zu schreiben. Doch die Versuche, hier eine Arbeitsgemeinschaft verschiedener Forscher herbeizuführen, sind gescheitert, da sich herausgestellt hat, daß sehr viele Sondergebiete entweder von

---

[1]) *Dokument CXXXIX – 48.*

Grund auf neu erforscht werden müssen oder daß die Temperamente nicht zusammenstimmten. Darum habe ich zunächst auf eine nur auftragsmäßig herzustellende deutsche Geschichtsschreibung verzichtet und habe seit Jahren einen Mitarbeiter gebeten, die entscheidenden Geisteskämpfe und Persönlichkeiten des deutschen Geschehens zu behandeln. Die Arbeit führt eben Prof. Dr. Bäumler, mein Amtsleiter des Amtes Wissenschaft, durch, den ich auch von der Universität Berlin habe beurlauben lassen. Sein Werk »Der Weg zum Reich« wird zwei starke Bände umfassen. Ich werde sie nach Fertigstellung dem Führer und Ihnen vorlegen ..." (Rosenberg an den Stellvertreter des Führers am 3. 5. 1940.) (CXLIII — 366.)

Aktennotiz für den Reichsleiter

Der Kampf für den Sieg der nationalsozialistischen Weltanschauung ist die Auseinandersetzung der Idee des Führers mit den Mächten der Vergangenheit. Er bedeutet im Gebiet des Geistigen nicht die Durchsetzung einer vorgegebenen Lehre mit allen Mitteln, sondern einen lebendigen geschichtlichen Vorgang, in welchem der Nationalsozialismus sich selber als „Gestaltung der Idee" erst verwirklicht. Wäre er nur die Anwendung einer gegebenen Vorschrift, dann würde die geschichtliche Entwicklung von nun an gleichsam verabschiedet sein, und die weitere Verwirklichung des Nationalsozialismus wäre (ausschließlich oder wenigstens hauptsächlich) eine Sache der Organisation der Partei.

Daraus folgt, daß es zwar parteiamtliche Lehrmittel für die Schulung der NSDAP, aber nicht eine parteiamtliche Weltanschauung oder eine parteiamtliche Wissenschaft geben kann, denn das hieße die Idee parteiamtlich machen und die Weltanschauung in eine Doktrin verwandeln. Die Forschung kann nur in der Luft der Freiheit wirkliche Fortschritte machen; jedes andere Prinzip führt zu einem scholastischen Betrieb, der immer wieder die gleichen Formeln wiederholt. Auf wissenschaftlichem Gebiet gibt es nur einen Weg, die Entstehung von Werken aus nationalsozialistischer Haltung zu fördern: *Die Aufrichtung vorbildlicher Leistungen,* d. h. von Leistungen, die die Forschung in ihren Bann zwingen, und die jungen Kräfte von innen her veranlassen, in der aufgezeigten Richtung schöpferisch weiter zu arbeiten. Alle Versuche anderer Art können leicht dazu führen, schwächeren Kräften Gelegenheit zu geben, sich mit der Autorität des Nationalsozialismus zu bekleiden, und durch ihr privilegiertes Auftreten die vorhandenen wertvollen Kräfte, die noch in der Tradition verharren, zu einem durchaus nicht immer böswillig gemeinten Widerstand zusammenzuschließen.

Das Hauptamt Wissenschaft hat seine Vertrauensmänner zum 15. 4. 1944 zu einer Tagung nach Erfurt zusammengerufen. Als Ihr Beauftragter für den Aufbau der Hohen Schule erkläre ich hierzu folgendes:

Eine solche Tagung im Kriege einzuberufen heißt die gegenwärtige Lage in der Wissenschaft gänzlich zu verkennen. Alle Beurteiler dieser Lage sind sich über folgendes einig: die fortgesetzte Überwachung und Zensurierung und die immer erneute Herausstellung von weniger hervorragenden Kräften durch die Partei hat dazu geführt, daß sich die besten Vertreter jedes Faches von Max Planck angefangen fast ausschließlich heute auf der Seite derer befinden, die mit der Wissenschaftspolitik der Partei nichts zu tun haben oder nichts zu tun haben wollen. Man macht es sich zu leicht, wenn man erklärt, daß diese Männer eben Reaktionäre oder Übelwollende seien. Mit einer solchen Feststellung ist nichts gewonnen. Es kommt darauf an, die Ursachen zu erkennen, die zu der heutigen Situation geführt haben.

Die Hauptursache liegt darin, daß aus dem Kreise derer, die in den letzten Jahren durch die Wissenschaftspolitik der Partei offiziell gefördert wurden, Werke, die den Stand der Forschung hätten verändern können, nicht hervorgegangen sind. Was kann also durch eine Zusammenberufung der Vertrauensmänner der Partei (d. h. der dem NS-Dozentenbund und dem Hauptamt Wissenschaft nahestehenden, mehr oder minder zufällig zusammengeführten Fachvertreter) erreicht werden? Eine Demonstration für die nationalsozialistische Weltanschauung erscheint mir im 5. Kriegsjahr, in dem das deutsche Volk geschlossen wie noch nie hinter dem Führer steht, nicht nötig. Eine Förderung der wissenschaftlichen Arbeit selbst ist von einer solchen Tagung nicht zu erwarten und wird wohl auch nicht erwartet. Die Tagung kann also nur dazu dienen, die bestehende Situation sichtbar zu machen und die Erfolgslosigkeit der bisherigen Bemühungen herausstellen. Unter diesem Gesichtspunkt halte ich die Tagung nicht nur für überflüssig, sondern für schädlich.

Sie haben, Reichsleiter, der Hohen Schule die Aufgabe gestellt, durch Vorangehen in der Forschung auf die Entwicklung in der deutschen Wissenschaft positiv einzuwirken. Es ist meine Überzeugung, daß die Erfüllung dieser Aufgabe durch eine immer weitergehende organisatorische Zusammenfassung der „offiziell anerkannten" Wissenschaftler nicht gefördert wird. Nach meiner festen Überzeugung ist es die Aufgabe unserer Wissenschaftspolitik, die hervorragendsten Kräfte der Forschung um Ihre Person zu sammeln. Ich schätze die Anregungen, die von Ihrer Persönlichkeit ausgehen, auf diesem Gebiet für wichtiger ein als alle organisatorischen Veranstaltungen, die den eben dargestellten Bedenken unterliegen. Da Ihr unmittelbares Verhältnis zu den führenden Kräften der deutschen Wissenschaft durch Veranstaltungen wie die geplante in Erfurt nicht gefördert wird — es ist ja wohl nicht unangebracht, auch einmal an diejenigen zu denken, die nicht eingeladen sind —, bitte ich Sie, der geplanten Tagung Ihre Zustimmung nicht zu geben.

Berlin, den 3. April 1944

gez. A. Bäumler

Ergänzung der Aktennotiz vom 3. April 1944

Es handelt sich nicht darum, auf die Empfindlichkeit von Professoren Rücksicht zu nehmen, sondern auf die Ursachen zurückzugehen, welche die heutige Situation geschaffen haben. Das Ziel, die deutsche Wissenschaft nationalsozialistisch zu machen, ist auf dem Wege der Bildung kleiner, sich im besonderen Sinne nationalsozialistisch nennender Professorenkreise nach meiner Überzeugung nicht zu erreichen. Das bisherige Verfahren hat eine Frontbildung hervorgerufen, die die Forschung in unserem Sinne nicht zu beleben, sondern zu hemmen droht. Es darf dabei nicht übersehen werden, daß die heute von der Partei herausgestellten Forscher keineswegs alte Kämpfer sind. Von ganz wenigen Ausnahmen abgesehen, gibt es überhaupt keine alten Kämpfer in der Professorenschaft. Es wäre verfehlt, in alten Akten zu wühlen, aber für die Beurteilung der heutigen Lage ist es wichtig, nicht aus dem Auge zu verlieren, daß sich die meisten der heute von uns herausgestellten Wissenschaftler von ihren Kollegen *früher* nicht im geringsten unterschieden. Die heutige Gruppierung ist *nicht* entstanden durch die Anwendung des sonst von der Partei angewandten Prinzips, nach welchem die Betätigung in der Kampfzeit entscheidend ist. Kennzeichen dieser Entwicklung ist, daß durch sie eine große Anzahl deutscher Wissenschaftler gegen ihren Willen in eine Ausnahmestellung hineingedrängt worden sind. Während sich im Laufe der Zeit auf allen Gebieten des öffentlichen Lebens Männer von hervorragender Leistungsfähigkeit in hohen Stellungen unangefochten behaupteten, obwohl sie dem alten System manchmal viel näher gestanden haben als viele Professoren, wurde der Forscher, dessen Arbeit sich meistens nicht mit derselben Geschwindigkeit neuen Forderungen anpassen läßt wie die Tätigkeit z. B. eines Verwaltungsbeamten, von vornhinein der passiven Resistenz oder der Böswilligkeit für verdächtig gehalten. Den Offizieren der Wehrmacht und der Polizei, den Wirtschaftlern, Staatsbeamten und Künstlern gab man reichlich Gelegenheit, ihren guten Willen unter Beweis zu stellen. Der Wissenschaftler dagegen sah sich (was psychologisch wohl begreiflich, aber sachlich durchaus nicht immer zu rechtfertigen war) sehr rasch der Behauptung gegenüber, daß er nicht in die neue politische Ordnung hineinpasse.

Es geschieht nicht aus Rücksicht auf irgendwelche Empfindlichkeiten, sondern aus Rücksicht auf die besonderen Bedingungen der wissenschaftlichen Leistung, wenn ich den Vorschlag mache, die Ausnahmestellung, in die der deutsche Wissenschaftler gedrängt worden ist, aufzuheben, die Klassifizierung in verschiedene Gruppen langsam zurücktreten zu lassen, und unsere Wissenschaftspolitik auf die Gewinnung der besten Fachvertreter einzustellen. Eine Fehlentwicklung einsehen und korrigieren erscheint mir nicht als Ausdruck der Schwäche. Die von mir vorgeschlagene Kursänderung entspringt nicht einer Stimmung des Verzichts, sondern im Gegenteil der Voraussetzung, daß die Größe der Nachkriegsaufgaben uns zu einer großzügigen Planung auf allen Gebieten veranlassen wird. Der Zusammenschluß in kleine Gruppen muß nicht unbedingt ein Ausdruck des Selbstbewußtseins sein. Es entspringt vielmehr dem Selbstbewußtsein der mit ihren Aufgaben wachsenden Partei, wenn sie sich die Eingliederung der deutschen Wissenschaft in ihren besten Fachvertretern rücksichtslos zum Ziel setzt.

(gez.: A. Bäumler)

B.[1])

(Aktenvermerk für den Reichsleiter)[2])

(handschriftl.:
Hat dem RL vorgelegen. gez. W.)

Betrifft: Gegenwärtige Lage in der Physik

Unter den Physikern gibt es gegenwärtig zwei Lager. Sie unterscheiden sich in der Auffassung der sogenannten modernen Physik, d. i. der Physik, die mit Plancks Ent-

---

1) *Dokument CXXXIX – 47.*
2) *Alfred Rosenberg.*

deckung des Wirkungsquantums beginnt und heute in der Quantenmechanik einen gewissen Abschluß gefunden hat.

Im Aufbau der modernen Physik spielen die Formeln der sogenannten speziellen Relativitätstheorie eine Rolle, die der Jude Einstein 1905 aufstellte. Mit ihr verknüpfen sich die Namen anderer Juden wie Michelson (1881), Minkowski (1908). Die Propaganda, die mit ihr getrieben wurde, war sachlich nicht gerechtfertigt; denn es ist kein Zweifel, daß Einstein nur formulierte, was Fitzgerald (1892) und Lorentz (1893) u. a. bereits gefunden hatten. Hätte Einstein die mathematische Formulierung nicht vorgenommen, wäre sie von einem anderen nicht wesentlich später genau so aufgestellt worden. Im übrigen stammen die mathematischen Prinzipien schon von Gauß. Für die moderne Physik als Ganzes sind die Leistungen der Deutschen Planck, Lenard, v. Laue, Weyl, Schrödinger, Heisenberg u. a. mindestens ebenso wichtig.

Dennoch hat die Verknüpfung mit dem Namen Einstein genügt, eine Anzahl Naturwissenschaftler (zunächst nicht eigentliche Physiker) zur Ablehnung der ganzen modernen Physik zu veranlassen. Die Auseinandersetzung nahm gehässige Formen an, als die Opposition sah, daß die Entwicklung der Theorie und der Arbeit in den Instituten über sie hinwegging. Es entstand, wie auch anderswo, das Geschrei, daß eine Cliquenwirtschaft in der Besetzung der Lehrstühle herrschte usw.

Politisch erheblich wurde der Zwiespalt erst nach 1933, als die Mißvergnügten ihre Opposition weltanschaulich begründeten und Anschluß an Männer und Einrichtungen der Bewegung suchten. Bis 1937 hatten bis dahin unbekannte Leute wie Thüring, A. Müller u. a. unter Mißbrauch des Namens Lenard über SD, Schwarzes Korps, V.B., Dozentenbund, Studentenbund es so weit geschafft, daß die Verwendung der relativistischen Mathematik als Verbrechen gegen den Nationalsozialismus hingestellt werden konnte. Physiker, die diesem Wahnsinn gegenüber darauf hinwiesen, daß nicht irgendwelche von außen an die Physik herangetragenen jüdischen Prinzipien (obwohl es das am Rande natürlich gab), sondern die konsequente Verfolgung des von der klassischen Physik vorgezeichneten Weges die mit der Quanten- und Relativitätstheorie eingetretenen Veränderungen erzwungen hatten, wurden in ihren Hörsälen und in den Zeitungen als „weiße Juden" beleidigt und in ihren Arbeitsmöglichkeiten beschränkt. Die Früchte zeigten sich sehr bald: Die wenigen ernsthaften theoretischen Physiker, bis dahin überall anerkannte Pioniere der Forschung, wurden vom Nachwuchs abgeschnitten. Heute gibt es an den deutschen Hochschulen keine nennenswerten Institute; *die Folgen zeigten sich bereits in der Kriegsführung*; die Partei erkannte den Terror nicht genügend; wo sie ihn sah, tat sie nichts dagegen; die einzige Äußerung, mit der man wenigstens der parteiamtlich auftretenden wissenschaftlichen Reaktion entgegentreten konnte, war der Erlaß des Beauftragten des Führers vom November 1937.

Zusammenfassung und Lage: Die Theorien der neuen Physik sind nicht von außen in die exakten Wissenschaften hineingebracht worden, sie sind der Forschung in dem Versuch, das Programm der klassischen Physik konsequent zu Ende zu führen, durch ihre eigenen Methoden aufgezwungen worden. Gewisse Kreise wollen das nicht zugeben und bemühen sich demgegenüber, alte – schon Ende des 19. Jahrhunderts erledigte Modelle (Äther) wieder zu beleben. Dem könnte man zusehen, wenn diese Kreise nicht mit Berufung auf die nationalsozialistische Weltanschauung und unter Ausnutzung von

Wissenschaftsführungsoffizieren ihre unfruchtbare Physik als die in Deutschland allein erlaubte hingestellt hätten und in Reden, Veröffentlichungen, bei Beratungen und dergleichen als alleinige Repräsentanten der deutschen Physik erschienen. Die meisten Vertreter der modernen Physik haben bei dieser Lage resigniert; ein paar aktivere versuchen die Stellung der exakten Naturwissenschaften im Reiche zu halten. Wenn sie dabei von der Bedeutung der Relativitätstheorie sprechen, so muß gesehen werden, daß solche öffentliche Wiedererinnerungen an Einstein längst verstummt wären, wenn nicht offiziell erscheinende Kreise solche Demonstrationen herausforderten. Sieht man von den sehr persönlichen Vorstellungen ab, die Planck wie auch früher schon alt gewordene Naturwissenschaftler über Gott und Welt gelegentlich äußert, und die auch überall als persönliche Bekenntnisse gewertet werden, so müßten solche Äußerungen als (verständliche) Reaktionen auf die Angriffe des Mittelmaßes, das jetzt die Macht in den Händen hat, gegen die exakte Forschung verstanden werden. Die voreilige Indentifizierung von Parteistellen mit *einer* wissenschaftlichen Richtung hat jedenfalls dazu geführt, daß seit Jahren die wenigen leistungsfähigen theoretischen Physiker den wissenschaftspolitischen Bemühungen der Partei ganz allgemein skeptisch gegenüberstehen. Da sich ihre Anschauungen bis in die Rüstungsphysik hinein als fruchtbar erwiesen haben, haben sie mit Grund die Überzeugung, dabei im Rechte zu sein.

Berlin, den 15. April 1944

gez. Wagner

Im Jahre 1934 [1])

A.

Prof. Dr. Eugen Fischer, Berlin [2])

Eugen Fischer. * 5. 6. 1874 — Dr. med., o. Prof. für Anthropologie — 1900 habilitiert für Anatomie und Anthropologie — 1908 Forschungsreise zum Studium von Rassenkreuzungen in Deutsch-Südwestafrika — 1918 o. Prof. der Anatomie, Freiburg/Br. — 1925 Forschungsreise nach den Kanarischen Inseln — 1927 o. Prof., Berlin, und Direktor des Kaiser-Wilhelm-Instituts für Anthropologie, menschliche Erblehre und Eugenik — 1934 Rektor in Berlin — Ehrenmitglied der italienischen anthropologischen Gesellschaft, Florenz, der österreichischen in Wien und der wissenschaftlichen Gesellschaft „La Laguna" der Kanarischen Inseln — 1937 Mitglied der Preußischen Akademie der Wissenschaften, Berlin — 1951 Mitglied der Gesellschaft für Konstitutionswissen, Tübingen — 1952 Ehrenmitglied der Deutschen Anthropologischen Gesellschaft. (F. L. u. „Wer ist Wer?", 1955.)
Veröffentlichungen: „Die Rehobother Bastarde und das Bastardisierungsproblem beim Menschen", Menschliche Erblehre und Rassenhygiene, „Deutsche Rassenköpfe".
Dieser weltbekannte Wissenschaftler wurde mit Vorliebe im Ausland zitiert als respektabler Typus des Nazi-Gelehrten. „Dschingis-Khans und Eugen Fischers haften im Gedächtnis der Menschheit, niemals früher jedoch hätten ein Dschingis-Khan und ein Eugen Fischer sich die Hand gereicht ..." (Justice Robert Jackson, I. M. T., Eröffnungsrede in H. P., S. 240.)

... Einen nationalen Staat haben wir aufgerichtet, und wir sind dabei, ihn auszubauen, einen Staat aus Blut und Boden, einen Staat aus der deutschen Volksverbundenheit heraus aufgebaut auf Volkstum, Rasse und deutscher Seele ...

... Der Führer hat die Größe gehabt zu sagen: Ich frage das ganze deutsche Volk, ob es mit seinem Willen hinter mir steht; und morgen wird das ganze deutsche Volk sagen: *Ja! Ja!*

---

[1]) *Aus dem Buche: „Bekenntnis der Professoren an den deutschen Universitäten und Hochschulen zu Adolf Hitler und dem nationalsozialistischen Staat", überreicht vom Nationalsozialistischen Lehrerbund Deutschland/Sachsen, Dresden N 1, Zinzendorfer Straße 2, 1934.*

[2]) S. 9 u. 10.

B.

Prof. Dr. Richard Golf, Leipzig[1])

Richard Golf. * 21. 7. 1877 — 1907 bis 1912 Privatdozent, Landwirtschaftliche Universität, Halle — 1912 Prof., Landwirtschaftliche Universität Leipzig — 1933 Rektor in Leipzig — 1935 Prorektor in Leipzig. („Wer ist Wer?", 1935.)

... Mit Adolf Hitler für des deutschen Volkes *Ehre, Freiheit* und *Recht!*

C.

Prof. Dr. Martin Heidegger, Freiburg i. Br.[2])

Martin Heidegger. * 26. 11. 1889 — entstammt alemanisch-schwäbischem Bauerngeschlecht — 1913 promoviert zum Dr. phil. — 1915 habilitiert als Privatdozent der Philosophie, Freiburg/Br. — 1923 o. Prof., Marburg/Lahn — 1928 o. Prof. Freiburg/Br. — emer. u. Prof. (F. L. u. K. G. K., 1954.)

Der Fall Martin Heidegger ist von seinen in- und ausländischen Kollegen stark umstritten. Als kennzeichnend können folgende Zeilen gelten, entnommen der Besprechung seines jüngsten Werkes „Einführung in die Metaphysik": „... Nachdem man sie kurz erwähnt hat — und sie zu erwähnen, ist absolute Pflicht — sollten wir vielleicht gewisse Fragen beiseite lassen, die Heideggers Nazi-Haltung oder seinen Germanismus betreffen. Der ließ ihn glauben, letzten Endes hinge alles vom metaphysisch ausgezeichneten Volk ab, das gleichzeitig das Volk in Europas Mitte ist, und das er (Heidegger) das Volk der Mitte nennt; und seinen Antisemitismus, der ihn im christlichen Logos wunderlicherweise den überlebenden Gesetzen des hebräischen Dekalogs folgen heißt. All das ist nicht sehr schön. Aber es wäre weder unserer selbst, noch eines so wichtigen Werkes würdig, das zeitweilig herrlich ist, selbst wenn es manchmal in der Interpretation griechischer Texte recht schwach erscheint. Wir wollen nicht dabei verweilen." (Jean Wahl: „Critique", Paris, April 1956, S. 354.)

Auch die folgenden Zeilen von Ludwig Marcuse, erschienen im „Aufbau", New York, 11. 11. 1949, sind erwähnenswert: „Mir — einem alten, nicht einzuschüchternden Bewunderer Heideggers — scheint: man dürfe ihn selbst dann nicht lehren lassen, wenn man die Garantie hätte, daß er nicht mehr einen einzigen Tropfen nazistischer Propaganda verspritzen würde.

Er darf nicht lehren, weil er ein berüchtigtes, unvergessenes Exempel ist für die moralische Misere der deutschen Intellektuellen.

Im November 1933 sagte er, Rektor einer der berühmtesten deutschen Universitäten, zu seinen Studenten: »Nicht Lehrsätze und Ideen seien die Regeln eures Seins! Der

---

[1]) S. 12.
[2]) S. 14.

Führer selbst und allein ist die heutige und künftige deutsche Wirklichkeit und ihr Gesetz.«
Das kann nicht ausradiert werden. Ein solcher Mann als Lehrer würde nur noch den allgemeinen Zynismus vermehren."

...Die nationalsozialistische Revolution ist nicht bloß die Übernahme einer vorhandenen Macht im Staat durch eine andere dazu hinreichend angewachsene Partei, sondern diese Revolution bringt die *völlige Umwälzung unseres deutschen Daseins.*

...Keiner kann fernbleiben am Tage der Bekundung dieses Willens. Heil Hitler!

D.

Prof. Dr. Emanuel Hirsch, Göttingen[1])

Emanuel Hirsch. * 14. 6. 1888 — o. Prof. der Theologie, D. Universität Göttingen — 1914 promoviert, Göttingen — jetzt im Ruhestand.
Veröffentlichungen: „Fichtes religiöse Philosophie", „Initium theolog. Lutheri — Deutschlands Schicksal", „Der Sinn des Gebets", „Die Liebe zum Vaterland", „Jesus Christus, der Herr", „Hilfsbuch zum Studium der Dogmatik, Frühgeschichte des Evangeliums", „Geschichte der neueren evangelischen Theologie", Bd. I—V. („Wer ist Wer?", 1935, u. K. G. K., 1954.)

Weit draußen im germanischen Norden fragte mich jüngst ein Fachgenosse: „Wenn sich nun der Ring der Isolierung kulturell und politisch um Deutschland schließen sollte, wenn Sie ganz allein stehen müssen um Hitlers, um der nationalsozialistischen Herrschaft über Deutschland willen, — bricht dann nicht das neue Regiment zusammen, weil ja doch heimlich noch viele Widerstände da sind?"

Ich erwiderte: „Jeder Druck von außen, jeder Versuch dieser Art wird die wenigen, die vielleicht beiseite stehen, ganz dicht im Ring der Treue um Adolf Hitler sich schließen lassen. Probiert es nur, Ihr werdet damit Deutschland und den Nationalsozialismus nur um so innerlicher einigen."

...Aus dem allen nun das Letzte, das ich zu sagen habe: Wir haben einen Führer, der immer und allezeit dies bekannt hat, daß er als nichts denn ein Werkzeug des Schöpfers aller Dinge sich weiß. Er weiß, die Vorsehung läßt ihn den Dienst tun, sie steht über ihm und lenkt ihn. Indem dies Bekenntnis aus seinem Munde kommt, indem er auch ein Gebetswort zu sagen wagt, was wir von keinem europäischen Staatsmann seit langem gehört haben: „Herr, wir tun, was wir können, nun segne Du unser Werk," — hat er unserm Volk ein Zeichen gegeben, das wir alle verstanden haben...

[1]) *S. 15 u. 17.*

E.

Prof. Dr. Wilhelm Pinder, München[1])

Wilhelm Pinder. * 25. 6. 1878 — Geheimrat, Prof. Dr. phil. und o. Prof. der Kunstgeschichte — 1920 Prof., Göttingen und Leipzig — 1927 Prof., München — 1935 Prof., Berlin — o. Mitglied der Sächsischen und Bayerischen Akademien der Wissenschaften. Veröffentlichungen: „Rhythmus romanischer Innenräume der Normandie", „Deutsche Dome", „Mittelalterliche Plastik", „Naumburger Dom", „Deutsches Barock", „Bamberger Dom", „Probleme der Generation", „Deutsche Barockplastik", „Reden aus der Zeit". („Wer ist Wer?", 1935.)

16. 3. 1941: Bezeichnend für die ganze Lage ist die letzte Rede Hitlers in München am Parteigründungstage wegen ihres unerhört niedrigen Niveaus. Der Chauffeur von Professor Sauerbruch sagte: „Es fällt ihm nischt mehr ein", und der von Popitz meinte: „Immer detselbe." Aber gewisse Schichten, vor allem die Halbgebildeten und zum Teil auch die gebildeten Spießer, lassen sich doch rühren, zum Beispiel Pinder meinte, „die Rede habe die Zuversicht im Volke sehr gestärkt". (Vom andern Deutschland, S. 150.)

———

... Ich persönlich möchte bekennen dürfen: Ich habe die ganzen Jahre hindurch, seit dem Eintritt in den Völkerbund, auf den Augenblick gewartet, der Gott sei Dank jetzt da ist, wo das empörte Rechtsgefühl eines gutherzigen, starken, gequälten, geschmähten Volkes endlich, endlich die einzige Möglichkeit schafft, — und auf was für eine Weise: so friedliebend, so unsäglich anständig, so rein und ehrenhaft, wie es die unvergeßlich ergreifenden Reden unseres großen Führers immer und immer getan haben! Das ist geschehen aus einer Politik, die höher ist als das, was man bisher Politik nannte. Das ist Politik aus Sittlichkeit, das ist Politik aus dem Herzen, aus einem geradezu religiösen Untergrund her. Das ist etwas Neues in der Geschichte ...!

F.

Prof. D. Dr. Friedrich Schumann, Halle[2])

Friedrich Schumann. * 15. 6. 1886 — Dr. phil. — 1924 Privatdozent, Tübingen — 1928 ao. Prof., Tübingen — 1929 oö. Prof. Gießen — 1932 oö. Prof., Halle — 1933 Mitglied in der einstweiligen Leitung der Deutschen Evangelischen Kirche im Reichsministerium des Innern — ab 1933 Mitglied der National. Synode der Deutschen Evangelischen Kirche — seit 1948 Leiter der Evangelischen Forschungs-Akademie, Münster (Westf.) — seit 1953 Mitglied der Abendländischen Akademie, München — seit 1954

---

[1]) *S. 18.*
[2]) *S. 25 u. 26.*

Mitglied des Kuratoriums der geisteswissenschaftlichen Abteilung der Arbeitsgemeinschaft für Forschung des Landes Nordrhein-Westfalen.
Veröffentlichungen: „Religion und Wirklichkeit", „Die Christusfrage in der modernen Zeit", „Der Gottesgedanke und der Zerfall der Moderne", „Volk und Geschichte", „Europa in evangelischer Sicht", „Christliche Hoffnung und die Probleme der Entmythologisierung". („Wer ist Wer?", 1935 und 1955.)

... Nationalsozialistische Erziehung des deutschen Volkes bedeutet Erziehung zu der Überzeugung, daß ein Volk *nur aus seiner Ehre heraus leben kann.* Volk ist nicht nur eine geschichtliche Größe, sondern indem es das ist, eine sittliche Größe. Diese Erkenntnis ist die Grundlage des nationalsozialistischen Staates, die er freilich selbst erst von neuem legen mußte...

... Der Führer des deutschen Volkes ist zu solcher Erneuerung nicht nur bereit, er hat zu solchem Bau einer neuen Völkerwelt den ersten, wesentlichsten Hammerschlag *getan;* und in solchem Werk steht sein Volk zu ihm, das geloben wir!

Heil Hitler!

Göttinger Universitätsprofessoren im Jahre 1937 [1])

A.

Artur Schürmann[2])

Artur Schürmann. * 7. 3. 1903 — Prof. Dr. — Agrarwesen und Agrarpolitik, Deutsches Bauerntum, völkische Staats- und Wirtschaftspolitik — Direktor des Landwirtschaftlichen Seminars Wolfsanger bei Kassel — o. Prof., Göttingen — 1932 Privatdozent, Bonn-Poppelsdorf — 1934 Lehrauftrag Universität und dann o. Prof., Göttingen. Veröffentlichungen: „Westdeutschland als Markt für Milch und Milcherzeugnisse". (K. G. K., 1935.)

In der Verbindung von Forschung und weltanschaulicher Vertiefung, von Lehre und Erziehung liegt das Wesen der deutschen Universität; in dieser Einheit und ihren Beziehungen liegen die Wurzeln ihrer Kraft und die Quellen ihrer schöpferischen Leistung. In diesem Bereich darf sie ihre Totalität niemals zerbrechen und auseinanderreißen lassen; und alles, was darauf hinausläuft, ihr die Forschung oder auch die weltanschauliche Grundlage zu nehmen — was sie vielleicht einzig und allein auf eine fachliche Berufsausbildung hinweisen möchte, ist gleichbedeutend mit der Auflösung einer fruchtbaren geistigen Einheit. Niemals darf die Universität die Ausbildung ihrer Studenten nur nach der fachlichen Seite hin betreiben, niemals darf sie die körperliche, charakterliche und weltanschauliche Erziehung vernachlässigen. Dabei ist selbstverständlich, daß die praktische Erziehung ihr festes Fundament und zugleich ihren Rahmen durch die nationalsozialistische Bewegung erhält; denn die Partei ist die Gestalterin und Hüterin der Totalität und politischen Einheit des Dritten Reiches.

---

[1]) *„Volk und Hochschule im Umbruch", herausgegeben von Prof. Dr. Artur Schürmann, Gerhard Stalling-Verlag, Oldenburg i. O./Berlin 1937.*

[2]) *S. 27 u. 28.*

B.

Hans Heyse[1])

Hans Heyse. * 8. 3. 1891 — 1925 Privatdozent, Breslau — 1932 o. ö. Prof., Königsberg/Pr. — 1933 Rektor, Universität Königsberg — Mitglied der NSDAP — 1953 emer. Prof.
Veröffentlichungen: „Die Idee der Wissenschaft und der deutschen Universität", „Über Geschichte und Wesen der Idee des Reichs", „Idee und Existenz — Grundfragen unserer Zeit".
Spezialgebiet: Griechische Philosophie, diejenige Kants und die Geschichte der Philosophie. (F. L., „Wer ist Wer?", 1935, und K. G. K., 1954.)

Indem Philosophie und Wissenschaft um die wahren Seins- und Lebensordnungen ringen, gewinnen sie, nicht von außen bestimmt, sondern zu ihrem wahren Wesensgesetz freiwerdend, ihren höchsten Rang, ihr eigentliches Ziel in der Einheit von Geist und Leben, Idee und Existenz. Das aber bedeutet: die neue deutsche Universität, um deren Gründung und Aufbau es uns geht, hat nur ein Gesetz: aus dem Urgrund unserer germanisch-deutschen Wirklichkeit heraus, soweit unsere Kräfte reichen, den tiefsten Absichten und Zielen des Führers des deutschen Volkes zu dienen — der Idee und Wirklichkeit des neuen Reiches.

C.

Friedrich Neumann[2])

Friedrich Neumann. * 2. 3. 1889 — 1919 Studienassessor, Kassel — 1920 Scherer-Kreis — 1921 Habil., Göttingen, deutsche Philosophie — 1922 o. Prof., Leipzig — 1927 o. Prof., Göttingen — 1933 Rektor, Göttingen — Prof. i. Res. — Mitglied: Wissenschaftliche Abteilung der Deutschen Akademie, Führer der Gesellschaft für deutsche Bildung und der Deutschen Philosophischen Gesellschaft.
Spezialgebiet: Geschichte der deutschen Sprache und Literatur, Geschichte des Germanentums.
Veröffentlichungen: „Geschichte der neuhochdeutschen Reimer v. Opitz bis Wieland", „Der Altonaer Josef und der junge Goethe", „Walther von der Vogelweide", „Germanische Art", „Deutsche Dichtung und deutsche Wirklichkeit", „Der Streit um das ritterliche Tugendsystem". (F.L. und K. G. K., 1954.)

Das deutsche Volk entfaltet sich in der nationalsozialistischen Bewegung als eine politische Tatsache aus den germanisch-deutschen Grundkräften des deutschen Lebens heraus. Diese germanisch-deutschen Grundkräfte erzeugen den Rassenstil, der dem deutschen Volke die innere Einheit gibt und damit die deutsche Volksgemeinschaft zu einer Gestaltungsform des deutschen Lebens macht. So ist in der Zusammengehörigkeit von Führer und Gefolgschaft eine politisch gestaltende Kraft germanisch-deutscher Art wirksam, durch die deutsches Volk geschaffen wird.

---

[1]) S. 52.
[2]) S. 77.

D.

Reinhard Wittram[1])

Reinhard Wittram. * 9. 8. 1902 — Prof., Dr. — 1935 a.o. Prof., Riga — 1941 o. Prof., Posen — 1955 Vertreter einer Dozentur, Göttingen.
Veröffentlichungen: „Zum Verständnis der geschichtlichen Voraussetzungen auslandsdeutschen Volkstums", „Geschichte der baltischen Deutschen", „Nationalismus und Säkularisation", „Zur Geschichte Rigas", „Patkul und der Ausbruch des Nordischen Krieges". (K. G. K., 1954.)

Wir haben mit eindringender Kraft zu fragen, was für Folgerungen aus der Wendung zur Volksgeschichte zu ziehen sind, und mit unbestechlicher Strenge zu prüfen, wie sich unser Geschichtsbild zu gestalten hat.

Wo ein Gefühl für Zucht und Rasse die liberale Auflösung unverbildet überdauert hat oder neu erwacht ist, wird die Wiederbesinnung unseres Volkes auf die rassischen Erbwerte als ein Gesundungsvorgang begriffen werden.

E.

Karl Siegert[2])

Karl Siegert. * 2. 7. 1901 — o. Prof. zur Wiederverwendung, Göttingen — Strafrecht, Prozeßrecht, Zivilprozeßrecht.
Veröffentlichungen: „Grundlinien der Reform des Zivilprozeßrechts im Nachkriegseuropa", „Repressalie, Requisition und Höherer Befehl". (K. G. K., 1954.)
1936, 3. und 4. Oktober, Teilnehmer an der Konferenz „Das Judentum in der Rechtswissenschaft". Sein Vortrag: „Das Judentum im Strafprozeßrecht". (H. P., S. 39 u. 40.)

Nicht der Geist, nicht die Idee, nicht die Vernunft an sich beherrscht unser Rechtsleben. Vielmehr ist das Blut als unzerstörbare Einheit von Körper und Geist, von Leib und Seele zugleich Ausgangspunkt und Ziel des Rechts. Wir lehnen daher ebenso eine einseitig biologische wie eine einseitig psychologische Auffassung ab und bekennen uns zur Einheit von Rassenkörper und Rassenseele.

. . . Die Stellung des Rechts läßt sich noch weiter erklären, wenn wir dem Einbruch des fremdrassigen jüdischen Denkens in unser Recht einen kurzen Blick zuwenden. Für den europäischen Menschen bildet der Geist mit dem Leib eine untrennbare Einheit. Sein Handeln ist von jeher nicht durch Erwägungen des Verstandes, sondern auch durch solche des Gefühls bestimmt. So standen die ethisch betonten Werte der Ehre und der Treue im Mittelpunkt des germanischen Rechts. Sie kommen heute bei uns wieder zur vollen Geltung, etwa schon im Bauernrecht, Arbeitsrecht und Wehrrecht.

Der vorderasiatische Geist dagegen, der im Judentum besonders stark ist, sucht alle anderen Werte zu vernichten und „reiner Geist" zu werden.

---

1) S. 107.
2) S. 119–121.

F.

Emil Wehefritz[1])

Emil Johannes Andreas Wehefritz * 3. 6. 1892, Nürnberg — Dr. med. Prof. — Veteran des ersten Weltkriegs, Medizinstudium in Erlangen — 1927 Oberarzt, Universitätsklinik Göttingen, Leiter der Polyklinik — 1933 Prof., Vorsitzender der Gesellschaft für Rassenhygiene, Ortsgruppe Göttingen — 8. 9. 1937 Hochschulgruppe NS-Dozentenbund Göttingen.
Spezialgebiet: Pathologische Anatomie.

Erst der nationalsozialistische Staat hat in dieser Beziehung Wandel geschaffen. Er fordert von seinen Ärzten letzte und völlige Absage von dem materialistisch-mechanistischen Denken, er fordert eine Behandlungsweise, die naturnah ist und dem Denken und Fühlen des Volkes entgegenkommt, er fordert die praktische Auswertung der Vererbungserkenntnisse für die Erhaltung und Ertüchtigung des ganzen Volkes (Sterilisationsgesetze). Wie auf allen anderen Gebieten unseres Lebens, auf denen der Nationalsozialismus die Gesamtschau wieder in den Mittelpunkt der Erkenntnis gestellt hat, verlangt der heutige Staat bei restloser Erfassung des Einzelindividuums die Einstellung auf die große Gemeinschaft, das deutsche Volk.

Wohl kein Staat ist in solchem Maße auf tiefste biologische Einsicht aufgebaut wie gerade der nationalsozialistische.

[1]) S. 229 u. 230.

Der Fall Karl Barth [1])

Karl Barth. * 10. 5. 1886 — 1921 bis 1925 Prof. der reformierten Theologie, Göttingen — 1925 bis 1935 Prof. für systematische Theologie, Bonn — o. Prof. in Basel. („Wer ist Wer?", 1935, u. K. G. K., 1954.)
Auf Anfrage erklärte Prof. Dr. Barth am 10. 4. 1958 u. a. folgendes: „Meine, wenn ich mich recht erinnere, 1938 vollzogene Entdoktorierung durch die ev.-theologische Fakultät Münster wurde mir damals nur durch die Zeitung bekannt. Verantwortlich war wohl nach der damaligen Praxis nur der allgewaltig amtende Gleichschaltungsdekan, seither längst verstorben, R. I. P. Gründe habe ich niemals erfahren. Vermutlich stand die Sache im Zusammenhang mit der Tschechenkrise, während der ich mich unfreundlich über das deutsche Regime geäußert hatte. 1945 ist mir der abhanden gekommene Titel übrigens in aller Form wieder zugesprochen worden."

Die evangelisch-theologische Fakultät der *Universität in Münster* hat dem Theologieprofessor Karl Barth den 1922 verliehenen Grad eines „Doktors der Theologie e. h." wieder entzogen, und zwar mit der Begründung: „Weil er sich durch sein Verhalten des Tragens einer deutschen akademischen Würde unwürdig erwiesen hat."

---

[1]) *„Nationalsozialistische Monatshefte", Heft 113, August 1939, S. 741.*

Rektor und Senat der Martin-Luther-Universität Halle-Wittenberg [1])

Rektor und Senat der Martin-Luther-Universität Halle-Wittenberg bitten den Beauftragten des Führers für die gesamte geistige und weltanschauliche Erziehung der NSDAP

Reichsleiter Alfred Rosenberg

seine besondere Förderung dieser altehrwürdigen, gegenwartsnahen und zukunftsstarken Hochschule zu gewähren und an ihr der akademischen Jugend des deutschen Volkes das Gedankengut der nationalsozialistischen Weltanschauung persönlich zu vermitteln.

Halle, am 12. Januar 1938.

Der Rektor: Weigelt
Der Prorektor: Schulz

Der Dekan der Philosophischen Fakultät: Max Schneider
Der Dekan der Theologischen Fakultät: Paul Schmidt
Der Dekan der Rechts- und Staatswissenschaftlichen Fakultät: Muhs
Der Dekan der Medizinischen Fakultät: Gessner
Der Dekan der Naturwissenschaftlichen Fakultät: Jung
Der Leiter der Dozentenschaft: Wagner
Der Leiter der Studentenschaft: Grimm
Das Mitglied der Dozentenschaft: Frommolt
Das Mitglied der Dozentenschaft: Fehlmann

---

[1]) *„Nationalsozialistische Monatshefte", Heft 110, Juli 1938, S. 656.*

Professor Dr. Ernst Storm [1])

Ernst Storm. * 12. 1. 1894 — o. Prof. für Stoffwirtschaft, Technische Hochschule Berlin — 1938 bis 1942 Rektor der Techn. Hochschule Berlin. („Wer ist Wer?", 1935 u. 1955.)

Das Ausleseprinzip wird nunmehr beim Dozentennachwuchs zum ersten Male in der deutschen Hochschulgeschichte zweckmäßig gestaltet. Die Unterrichtsminister im neuen Deutschland werden keine krassen Materialisten oder blutleere Papierseelen als Privatdozenten zulassen. Man verlangt seit kurzem als Vorbedingung für die Habilitierung — neben der selbstverständlichen fachlichen Eignung — eine praktische Betätigung der Habilitanden im Sinne der Volksgemeinschaft.

Dem Hochschullehrerstand ist zu wünschen, daß sich im neuen Jahr der Dozent neben dem Arbeiter und Studenten in die SA einreiht. Das darf aber nicht auf Einzelfälle beschränkt bleiben. In die SA gehört jeder rüstige Dozent. Er als berufenster Jugendführer findet dort mit das beste Wirkungsfeld für den Ausbau des Dritten Reiches. In der SA wird auch er sehen, wie man die Pflichten vor seine Rechte zu stellen hat. Alles Kleinliche fällt von uns ab, wenn uns die Pflichterfüllung nicht nur im Beruf, sondern auch in dem großen Schmelztiegel der Nation, das ist die SA, über das bequeme Eigenleben geht.

Für jeden deutschen Dozenten sollten der oberste SA-Führer und sein Stabschef die Vorbilder sein, damit der volksfremde deutsche Gelehrte bald der Vergangenheit angehört.

---

[1]) *„Nationalsozialistische Erziehung", Jahrgang 1934, S. 32.*

Professor Dr. Walter Schultze [1])

Walter Schultze. * 1. 1. 1894 — Dr. med. — 1934 Hon.-Prof. — seit Gründung in der SA — 1933 bis 1945 Direktor und Leiter der Gesundheitsabteilung im Bayerischen Staatsministerium des Innern — 1935 bis 1943 Reichsdozentenführer.
Veröffentlichungen über medizinische und Rassenhygiene. („Wer ist Wer?", 1935.)
Nicht zu verwechseln mit Prof. Dr. Walter Schultze, geb. 15. 12. 1903, der heute Prof. an der Hochschule für Internationale Pädagogische Forschung in Frankfurt/M. ist.

... Wenn ich von Kampfgemeinschaft spreche, so meine ich den Kampf gegen alle Zersplitterung der Kräfte, gegen alle liberale Vereinzelung der Denker, gegen alle bolschewistische Mechanisierung der geistigen Kräfte, gegen alle jüdische Aufspaltung und Verflachung des Wissens, kurz, gegen jegliche Beeinflussung durch eine uns artfremde Weltanschauung, auch wenn sie jahrhundertelang in und an unserem Volke gewirkt hat, den Kampf eben für die Einheit von Hochschule und Wissenschaft, die aus der rassisch-völkischen Einheit des Deutschtums entspringt und sich der größeren Ganzheit des Reiches lebendig einfügt ...

... Möglich aber ist das alles nur durch eine Neugeburt des deutschen Geistesgebäudes, in dem alle Wissenschaften ihren Platz haben, aus dem Glauben an den Führer und seine Sendung, aus der Kraft der nationalsozialistischen Idee und der aus ihr entspringenden Weltanschauung. Wir sind zutiefst überzeugt davon, daß nur die völlige Abkehr von den uns artfremden Ideen des internationalen Liberalismus und des jüdischen Denkens und der völlige Neubau der deutschen Gesamtwissenschaft auf der Grundlage der Weltanschauung Adolf Hitlers die Fortsetzung der wahren deutschen Tradition in die kommende Zeit hinein ist. Was undeutsch war in der Gedankenwelt unseres Volkes muß ausgemerzt werden; rein und klar soll wieder deutsches Wissen dem ganzen Volke bewußt und den kommenden Generationen überliefert werden. Das ist die Hauptaufgabe auch des deutschen Dozenten.

---

[1]) *„Reden und Ansprachen bei der Eröffnung der Reichsuniversität Straßburg am 23. November 1941", Hünenburg-Verlag, Straßburg, 1942, S. 29–31.*

Zwölf Sätze der Studentenschaft [1])

Die *Deutsche Studentenschaft* (Hauptamt für Presse und Propaganda) veranstaltet vom 12. April bis 10. Mai 1933 einen Aufklärungsfeldzug „Wider den undeutschen Geist".

Der jüdische Geist, wie er sich in der Welthetze in seiner ganzen Hemmungslosigkeit offenbart und wie er bereits im deutschen Schrifttum seinen Niederschlag gefunden hat, muß ebenso wie der gesamte Liberalismus ausgemerzt werden. Die deutschen Studenten wollen aber *nicht allein leeren Protest* erheben, sie wollen bewußte *Besinnung auf die volkseigenen Werte.* Das kommt in den 12 Sätzen der Deutschen Studentenschaft, die ab 13. April zum öffentlichen Anschlag gelangen, klar zum Ausdruck:

1. *Sprache und Schrifttum wurzeln im Volke. Das deutsche Volk trägt die Verantwortung dafür, daß seine Sprache und sein Schrifttum reiner und unverfälschter Ausdruck seines Volkstums sind.*

2. *Es klafft heute ein Widerspruch zwischen Schrifttum und deutschem Volkstum. Dieser Zustand ist eine Schmach.*

3. *Reinheit von Sprache und Schrifttum liegt an Dir! Dein Volk hat Dir die Sprache zur treuen Bewahrung übergeben.*

4. *Unser gefährlichster Widersacher ist der Jude und der, der ihm hörig ist.*

5. *Der Jude kann nur jüdisch denken. Schreibt er deutsch, dann lügt er. Der Deutsche, der deutsch schreibt aber undeutsch denkt, ist ein Verräter. Der Student, der undeutsch spricht und schreibt, ist außerdem gedankenlos und wird seiner Aufgabe untreu.*

6. *Wir wollen die Lüge ausmerzen, wir wollen den Verrat brandmarken, wir wollen für den Studenten nicht Stätten der Gedankenlosigkeit, sondern der Zucht und der politischen Erziehung.*

---

[1]) „Deutsche Kultur-Wacht", *Jahrgang 1933, Heft 9,* S. 15.

7. *Wir wollen den Juden als Fremdling achten, und wir wollen das Volkstum ernst nehmen.*
Wir fordern deshalb von der Zensur:
Jüdische Werke erscheinen in hebräischer Sprache. Erscheinen sie in deutsch, sind sie als Übersetzung zu kennzeichnen. Schärfstes Einschreiten gegen den Mißbrauch der deutschen Schrift. Deutsche Schrift steht nur Deutschen zur Verfügung. Der undeutsche Geist wird aus öffentlichen Büchereien ausgemerzt.

8. *Wir fordern vom deutschen Studenten Wille und Fähigkeit zur selbständigen Erkenntnis und Entscheidung.*

9. *Wir fordern vom deutschen Studenten den Willen und die Fähigkeit zur Reinerhaltung der deutschen Sprache.*

10. *Wir fordern vom deutschen Studenten den Willen und die Fähigkeit zur Überwindung des jüdischen Intellektualismus und der damit verbundenen liberalen Verfallserscheinungen im deutschen Geistesleben.*

11. *Wir fordern die Auslese von Studenten und Professoren nach der Sicherheit des Denkens im deutschen Geiste.*

12. *Wir fordern die deutsche Hochschule als Hort des deutschen Volkstums und als Kampfstätte aus der Kraft des deutschen Geistes.*

Zu Beginn der dritten Woche der vierwöchigen Gesamtaktion wird eine öffentliche Sammlung zersetzenden Schrifttums, gegen das sich der Kampf der Studentenschaft *zunächst* richtet, einsetzen. Jeder Student wird seine eigene Bücherei von allem Undeutschen, das durch Gedankenlosigkeit hineingelangt ist, säubern; jeder Student wird die Büchereien seiner Bekannten sichten, die Studentenschaften werden sich für die Reinigung öffentlicher Büchereien, die nicht lediglich der Sammlung jeglichen Schrifttums dienen, einsetzen.

An allen Hochschulorten wird am 10. Mai 1933 *das zersetzende Schrifttum den Flammen überantwortet.* Die öffentliche Bekanntgabe von Sammelstellen, die sich an allen größeren Orten befinden, wird zu Beginn der Sammlung erfolgen.

Verbrennung undeutschen Schrifttums [1])

I.

Der Auftakt

Als Auftakt der öffentlichen Verbrennung der undeutschen Bücher auf dem Opernplatz hielt Prof. Dr. Alfred Bäumler, der neue Ordinarius für Politische Pädagogik in Berlin, im Hörsaal 38 der Universität die erste Vorlesung seines Kollegs „Wissenschaft, Hochschule, Staat". Der große Saal war vollkommen überfüllt. Der größte Teil der Studenten nahm in SA-Uniform an der Vorlesung teil. Vor Beginn der Vorlesung marschierte eine studentische Fahnenabordnung mit dem Hakenkreuzbanner ein.

Professor Bäumler beschäftigte sich mit der nationalsozialistischen Revolution und ihren geistigen und philosophischen Grundbedingungen.

Die Revolution, die durch den Tag von Potsdam und durch den Tag der Nationalen Arbeit festlich gekrönt worden sei, werde sich in zwei Bezirken nur langsam durchsetzen. Der eine sei derjenige des Geistes, der andere der der Wirtschaft.

Die politische Revolution im engeren Sinne sei fast vollendet, die geistige und soziale Revolution dagegen noch im Beginn.

Die geistige Revolution werde aber durch die Jugend vollendet werden. Die Vollstrecker der sozialen Revolution seien Bauern und Arbeiter. Neben den Bauern und Arbeitern stehe aber der Student als revolutionäres Element.

Nach Beendigung der von den Studenten begeistert aufgenommenen ersten Vorlesung von Professor Bäumler in der Universität sammelten sich die Studenten, zum größten Teil

---

[1]) *„Neuköllner Tageblatt", Freitag, den 12. Mai 1933, Nr. 111.*

im Braunhemd, auf dem Hegelplatz, von wo aus sie in geschlossenem Zuge mit klingendem Spiel über den Kupfergraben, am Kaiser-Friedrich-Museum vorbei nach dem Studentenhaus in der Oranienburger Straße marschierten. Hier herrschte schon in den Stunden vor Eintreffen des Zuges fieberhafte Tätigkeit. Fackeln wurden verteilt, letzte Anordnungen getroffen. Um 9.30 Uhr abends traf der Zug, den eine große Menschenmenge begleitete und in dem uniformierte Studenten, Chargierte der Verbindungen, Couleur-Studenten und Freistudenten in großer Zahl vereinigt waren, vor dem Studentenhaus ein. In der Oranienburger Straße hatte sich außerdem eine große Menschenmenge eingefunden, um Zeuge dieses großen Aufmarsches zu sein.

Cand. phil. Fritz Hippler, der Leiter des NSDStB., Kreis 10 (Brandenburg), hielt an die vor dem Studentenhaus versammelten Kommilitonen eine kurze Ansprache, in der er betonte, daß der Kampf, der in diesen Stunden auf dem Höhepunkt angelangt sei, unter dem Geleitwort stehe: Wider den undeutschen Geist! In kurzer Zeit sei der Kampf gegen schlechte Bücher und den undeutschen Geist durchgeführt worden. Jetzt sei es Zeit, daß die akademische Jugend bei sich selbst zuerst alle Widerstände beseitigen müsse, zum Kampf für die deutsche Freiheit. Es gelte jetzt, aus den Herzen und Hirnen alles Krankhafte auszurotten.

II.

Prof. Dr. Alfred Bäumler an der Spitze

Danach formierten sich die einzelnen Züge und marschierten mit Gesang und unter den Klängen einer Kapelle mit den mitgeführten Wagen im Licht der Fackeln durch die Oranienburger Straße, Hannoversche, Hessische, Invalidenstraße, vorbei an der Landwirtschaftlichen Hochschule, wo sich noch drei Bücherwagen zu den fünf anderen hinzugesellten, über den Königsplatz und durch das Brandenburger Tor, die Linden entlang nach dem Opernplatz.

Der Opernplatz war in weitem Umfange abgesperrt und von einer dichten Kette von Zuschauern umsäumt. Um 11 Uhr trafen die ersten des Zuges in Braunhemd und Couleur, an deren Spitze der neue Ordinarius für politische Pädagogik in Berlin, Professor Dr. Alfred Bäumler marschierte, auf dem Opernplatz ein. Sie marschierten auf dem weiten Platz auf und warfen ihre Fackeln in den in der Mitte errichteten Scheiterhaufen, auf dem die Flammen in wabernder Lohe emporschlugen. Von der Seite der Behrenstraße her beleuchteten riesige Scheinwerfer den ganzen Platz. Von den Wagen, die das undeutsche Schriftmaterial bis zum Opernplatz in die Nähe des Scheiterhaufens gebracht hatten, bildete sich eine lange Kette von Studenten, und von Hand zu Hand gingen die Bücher, die dann dem Feuer überantwortet wurden. Unter dem Jubel der Menge wurden um 11.20 Uhr die ersten Bücher der mehr als zwanzigtausend, die heute auf diesem Scheiterhaufen als symbolischer Akt verbrannt werden, in die Flammen geworfen.

Cand. jur. Herbert Gutjahr ergriff das Wort zu einer kurzen Ansprache an die deutschen Studenten und Volksgenossen.

III.

Die Rufer

Während der Verbrennung der Bücher spielten SA- und SS-Kapellen vaterländische Weisen und Marschlieder, bis neun Vertreter der Studentenschaft, denen die Werke nach einzelnen Gebieten zugeteilt waren, mit markanten Worten die Bücher des undeutschen Geistes dem Feuer übergaben.

1. *Rufer:* Gegen Klassenkampf und Materialismus, für Volksgemeinschaft und idealistische Lebenshaltung! Ich übergebe der Flamme die Schriften von Marx und Kautsky.

2. *Rufer:* Gegen Dekadenz und moralischen Verfall! Für Zucht und Sitte in Familie und Staat! Ich übergebe der Flamme die Schriften von Heinrich Mann, Ernst Glaeser und Erich Kästner.

3. *Rufer:* Gegen Gesinnungslumperei und politischen Verrat, für Hingabe an Volk und Staat! Ich übergebe der Flamme die Schriften von Friedrich Wilhelm Förster.

4. *Rufer:* Gegen seelenzerfasernde Überschätzung des Trieblebens, für den Adel der menschlichen Seele! Ich übergebe der Flamme die Schriften des Siegmund Freud.

5. *Rufer:* Gegen Verfälschung unserer Geschichte und Herabwürdigung ihrer großen Gestalten, für Ehrfurcht vor unserer Vergangenheit! Ich übergebe der Flamme die Schriften von Emil Ludwig und Werner Hegemann.

6. *Rufer:* Gegen volksfremden Journalismus demokratisch-jüdischer Prägung, für verantwortungsbewußte Mitarbeit am Werk des nationalen Aufbaus! Ich übergebe der Flamme die Schriften von Theodor Wolff und Georg Bernhard.

7. *Rufer:* Gegen literarischen Verrat am Soldaten des Weltkrieges, für Erziehung des Volkes im Geist der Wahrhaftigkeit! Ich übergebe der Flamme die Schriften von Erich Maria Remarque.

8. *Rufer:* Gegen dünkelhafte Verhunzung der deutschen Sprache, für Pflege des kostbarsten Gutes unseres Volkes! Ich übergebe der Flamme die Schriften von Alfred Kerr.

9. *Rufer:* Gegen Frechheit und Anmaßung, für Achtung und Ehrfurcht vor dem unsterblichen deutschen Volksgeist! Verschlinge, Flamme, auch die Schriften der Tucholsky und Ossietzki!

IV.

Kundgebungen im Reich

Wie in Berlin, wurden auch im Reich Kundgebungen der Studentenschaft gegen den undeutschen Geist veranstaltet. In München fand im Lichthof der Universität eine Feier statt, bei der der Rektor der Universität, Geheimrat von Zumbusch, das neue Studentenrecht übergab. Die Festrede hielt der bayerische Kultusminister Schemm, der über die nationale Revolution und die Aufgaben der Universitäten sprach. Den Abschluß der Kundgebung bildete ein Fackelzug zum Königsplatz, wo die Verbrennung undeutscher Bücher stattfand. In Dresden sprach auf der Kundgebung der Studentenschaft der Dichter Wilhelm Vesper. Auch dort bildete sich nach dem Festakt ein großer Fackelzug, der zur Bismarck-Säule führte, wo nach einer Ansprache des Ältesten der Dresdener Studentenschaft die gesammelte Schmutz- und Schundliteratur verbrannt wurde. In Nürnberg verkündete der Rektor der Hochschule für Wirtschaft und Sozialwissenschaften (Handelshochschule), daß der Reichspräsident die Genehmigung erteilt hat, die Nürnberger Handelshochschule von jetzt ab als erste deutsche Hochschule „Hindenburg-Hochschule" zu nennen. In Breslau fand die Kundgebung der Studentenschaft auf dem Schloßplatz statt. Nach der Festrede des Universitätsprofessors Bornhausen wurden etwa 40 Zentner Schund- und Schmutzliteratur verbrannt.

Prof. Kurt Hubers Schlußwort vor dem „Volksgericht“ [1]

Kurt Huber. * 24. 10. 1893 — Prof. für Psychologie und Philosophie, München — † (hingerichtet) 13. 7. 1943. Verfasser der Aufrufe der Geschwister Scholl.

In Notizen von Prof. Huber, der auch in Haft, vor und nach der Verurteilung, unermüdlich an seinem wissenschaftlichen Werk arbeitete, fand sich der folgende Entwurf für das „Schlußwort des Angeklagten“. Es sind Worte, die, wie berichtet wird, mindestens ihrem Sinn nach, vor dem „Volksgericht“ wiederholt wurden:

„Als deutscher Staatsbürger, als deutscher Hochschullehrer und als politischer Mensch erachte ich es als Recht nicht nur, sondern als sittliche Pflicht, an der Gestaltung der deutschen Geschicke mitzuarbeiten, offenkundige Schäden aufzudecken und zu bekämpfen ...

Was ich bezweckte, war die Weckung der studentischen Kreise, nicht durch eine Organisation, sondern durch das schlichte Wort, nicht zu einem Akt der Gewalt, sondern zur sittlichen Einsicht in bestehende schwere Schäden des politischen Lebens. Rückkehr zu klaren, sittlichen Grundsätzen, zum Rechtsstaat, zu gegenseitigem Vertrauen von Mensch zu Mensch, das ist nicht illegal, sondern umgekehrt die Wiederherstellung der Legalität. Ich habe mich im Sinne von Kants kategorischem Imperativ gefragt, was geschähe, wenn diese subjektive Maxime meines Handelns ein allgemeines Gesetz würde. Darauf kann es nur eine Antwort geben: Dann würden Ordnung, Sicherheit, Vertrauen in unser Staatswesen, in unser politisches Leben zurückkehren. Jeder sittlich Verantwortliche würde mit uns seine Stimme erheben gegen die drohende Herrschaft der bloßen Macht über das Recht, der bloßen Willkür über den Willen des sittlich Guten. Die Forderung der freien Selbstbestimmung auch des kleinsten Volksteils ist in ganz Europa vergewaltigt, nicht minder die Forderung der Wahrung der rassischen und völkischen Eigenart. Die grundlegende Forderung wahrer Volksgemeinschaft ist durch die systematische Untergrabung des Vertrauens von Mensch zu Mensch zunichte gemacht. Es gibt kein furcht-

[1] *Prof. Huber, Mitglied der Widerstandsgruppe „Weiße Rose“ (am 13. Juli 1943 hingerichtet). In „Die weiße Rose“, Verlag Frankfurter Hefte, Frankfurt/Main, 1952, S. 81–83.*

bareres Urteil über eine Volksgemeinschaft als das Eingeständnis, das wir alle machen müssen, daß keiner sich vor seinem Nachbarn, der Vater nicht mehr vor seinen Söhnen sicher fühlt.

Das war es, was ich wollte, mußte.

Es gibt für alle äußere Legalität eine letzte Grenze, wo sie unwahrhaftig und unsittlich wird. Dann nämlich, wenn sie zum Deckmantel einer Feigheit wird, die sich nicht getraut, gegen offenkundige Rechtsverletzung aufzutreten. Ein Staat, der jegliche freie Meinungsäußerung unterbindet und jede, aber auch jede sittlich berechtigte Kritik, jeden Verbesserungsvorschlag als „Vorbereitung zum Hochverrat" unter die furchtbarsten Strafen stellt, bricht ein ungeschriebenes Recht, das „im gesunden Volksempfinden" noch immer lebendig war und lebendig bleiben muß."

So ungefähr müssen die Ausführungen geendet haben:

„Ich habe das eine Ziel erreicht, diese Warnung und Mahnung nicht in einem privaten, kleinen Diskutierklub, sondern an verantwortlicher, an höchst richterlicher Stelle vorzubringen. Ich setze für diese Mahnung, für diese beschwörende Bitte zur Rückkehr, mein Leben ein. Ich fordere die Freiheit für unser deutsches Volk zurück. Wir wollen nicht an Sklavenketten unser kurzes Leben dahinfristen, und wären es goldene Ketten eines materiellen Überflusses.

Sie haben mir den Rang und die Rechte des Professors und den „summa cum laude" erarbeiteten Doktorhut genommen und mit dem niedrigsten Verbrecher gleichgestellt. Die innere Würde des Hochschullehrers, des offenen, mutigen Bekenners seiner Welt- und Staatsanschauung, kann mir kein Hochverratsverfahren rauben. Mein Handeln und Wollen wird der eherne Gang der Geschichte rechtfertigen; darauf vertraue ich felsenfest. Ich hoffe zu Gott, daß die geistigen Kräfte, die es rechtfertigen, rechtzeitig aus meinem eigenen Volke sich entbinden mögen. Ich habe gehandelt, wie ich aus einer inneren Stimme heraus handeln mußte. Ich nehme die Folgen auf mich nach den schönen Worten Johann Gottlieb Fichtes:

Und handeln sollst du so,
Als hinge von dir und deinem Tun allein
Das Schicksal ab der deutschen Dinge,
Und die Verantwortung wär' dein."

Studenten rufen zum Widerstand auf[1])

Kommilitonen! Kommilitoninnen!

Erschüttert steht unser Volk vor dem Untergang der Männer von Stalingrad. Dreihundertdreißigtausend deutsche Männer hat die geniale Strategie des Weltkriegsgefreiten sinn- und verantwortungslos in Tod und Verderben gehetzt. Führer, wir danken dir!

Es gärt im deutschen Volk: Wollen wir weiter einem Dilettanten das Schicksal unserer Armeen anvertrauen? Wollen wir den niederen Machtinstinkten einer Parteiclique den Rest der deutschen Jugend opfern? Nimmermehr! Der Tag der Abrechnung ist gekommen, der Abrechnung der deutschen Jugend mit der verabscheuungswürdigsten Tyrannis, die unser Volk je erduldet hat. Im Namen der deutschen Jugend fordern wir vom Staat Adolf Hitlers die persönliche Freiheit, das kostbarste Gut des Deutschen, zurück. um das er uns in der erbärmlichsten Weise betrogen.

In einem Staat rücksichtsloser Knebelung jeder freien Meinungsäußerung sind wir aufgewachsen. HJ, SA, SS haben uns in den fruchtbarsten Bildungsjahren unseres Lebens zu uniformieren, zu revolutionieren, zu narkotisieren versucht. „Weltanschauliche Schulung" hieß die verächtliche Methode, das aufkeimende Selbstdenken in einem Nebel leerer Phrasen zu ersticken. Eine Führerauslese, wie sie teuflischer und bornierter zugleich nicht gedacht werden kann, zieht ihre künftigen Parteibonzen auf Ordensburgen zu gottlosen, schamlosen und gewissenlosen Ausbeutern und Mordbuben heran, zur blinden, stupiden Führergefolgschaft. Wir „Arbeiter des Geistes" wären gerade recht, dieser neuen Herrenschicht den Knüppel zu machen. Frontkämpfer werden von Studentenführern und Gauleiteraspiranten wie Schuljungen gemaßregelt, Gauleiter greifen mit geilen Späßen den Studentinnen an die Ehre. Deutsche Studentinnen haben an der Münchener Hochschule auf die Besudelung ihrer Ehre eine würdige Antwort gegeben, deutsche Studenten haben sich für ihre Kameradinnen eingesetzt und standgehalten... Das ist ein Anfang zur Erkämpfung unserer freien Selbstbestimmung, ohne die geistige Werte nicht geschaffen werden können. Unser Dank gilt den tapferen Kameradinnen und Kameraden, die mit leuchtendem Beispiel vorangegangen sind!

Es gibt für uns nur eine Parole: Kampf gegen die Partei! Heraus aus den Parteigliederungen, in denen man uns weiter politisch mundtot halten will! Heraus aus den Hörsälen der SS-Unter- und -Oberführer und Parteikriecher! Es geht uns um wahre

---

[1]) *Inge Scholl in „Die weiße Rose", Verlag Frankfurter Hefte, Frankfurt/Main, 1952, S. 108–110.*

Wissenschaft und echte Geistesfreiheit! Kein Drohmittel kann uns schrecken, auch nicht die Schließung unserer Hochschulen. Es gilt den Kampf jedes einzelnen von uns um unsere Zukunft, unsere Freiheit und Ehre in einem seiner sittlichen Verantwortung bewußten Staatswesen.

Freiheit und Ehre! Zehn lange Jahre haben Hitler und seine Genossen die beiden herrlichen deutschen Worte bis zum Ekel ausgequetscht, abgedroschen, verdreht, wie es nur Dilettanten vermögen, die die höchsten Werte einer Nation vor die Säue werfen. Was ihnen Freiheit und Ehre gilt, haben sie in zehn Jahren der Zerstörung aller materiellen und geistigen Freiheit, aller sittlichen Substanzen im deutschen Volk genugsam gezeigt. Auch dem dümmsten Deutschen hat das furchtbare Blutbad die Augen geöffnet, das sie im Namen von Freiheit und Ehre der deutschen Nation in ganz Europa angerichtet haben und täglich neu anrichten. Der deutsche Name bleibt für immer geschändet, wenn nicht die deutsche Jugend endlich aufsteht, rächt und sühnt, zugleich ihre Peiniger zerschmettert und ein neues geistiges Europa aufrichtet. Studentinnen! Studenten! Auf uns sieht das deutsche Volk! Von uns erwartet es wie 1813 die Brechung des napoleonischen, so 1943 die Brechung des nationalsozialistischen Terrors aus der Macht des Geistes. Beresina und Stalingrad flammen im Osten auf, die Toten von Stalingrad beschwören uns!

„Frisch auf mein Volk, die Flammenzeichen rauchen!"

Unser Volk steht im Aufbruch gegen die Verknechtung Europas durch den Nationalsozialismus, im neuen gläubigen Durchbruch von Freiheit und Ehre.

KAPITEL III

Die Hohe Schule

INHALTSVERZEICHNIS

Vorwort[1])

Ursprünglich stammte die Idee einer Hohen Schule der Bewegung von Robert Ley. In seiner Eigenschaft als „Beauftragter des Führers für die Überwachung der gesamten geistigen und weltanschaulichen Schulung und Erziehung der NSDAP" aber nahm Alfred Rosenberg die Sache in die Hand. Seinen großen Plänen entsprechend sollten die wichtigsten Wissenschaften, nach Gesichtspunkten nationalsozialistischer Weltanschauung korrigiert, an der Hohen Schule gelehrt werden. „Angesichts des Absinkens der gesamt-palästinensischen Tradition" (siehe darüber das Dokument „Forschungsaufgaben der Hohen Schule") wollte man sich jedoch auch mit Gebieten befassen, die bis dahin unerforscht geblieben waren.

Im Januar 1940 erteilte der Führer dem Projekt seine Zustimmung, verfügte aber gleichzeitig, daß die eigentliche Durchführung erst nach Kriegsende beginnen sollte. Lediglich die „Vorbereitungsarbeiten" — besser ausgedrückt: das Zusammenplündern von Arbeitsmaterial in den besetzten Gebieten — konnten „im Gefolge politisch-polizeilicher Arbeit" (siehe „Sitten und Gebräuche") — wie es hieß — sofort in Angriff genommen werden.

Trotz dieser Einschränkung und obwohl Martin Bormann Widerstand leistete, gelang es Alfred Rosenberg, das ihm offenbar am meisten am Herzen liegende Forschungsinstitut gegen jede Opposition durchzusetzen. Das „Institut zur Erforschung der Judenfrage" nämlich nahm seine Arbeit auf und wurde im März 1941 feierlich eingeweiht. Größtenteils stammte der Mitarbeiterstab aus der Dienststelle Alfred Rosenbergs.

Wenn die Hohe Schule auch nur kurze Zeit bestand, so wurde sie doch zum Schauplatz zahlreicher Streitigkeiten. Persönliche Konflikte der „Reformatoren" mit der Strafjustiz kamen hinzu, denn der Lebensstil dieser Träger „neugermanischer Tradition" entsprach der Kühnheit ihres Denkens und lag jedenfalls jenseits der bürgerlichen Moral.

Monatelang fuhr man mit den Vorbereitungsarbeiten zur Inbetriebnahme anderer Forschungsinstitute noch fort, doch zu Beginn des Jahres 1943 stellte man jede Betriebsamkeit in dieser Richtung endgültig ein.

---

[1]) Wir danken den Herren M. Mazor und U. Hessel vom Centre de Documentation Juive Contemporaine in Paris für die Hilfe bei der Zusammenstellung dieses Kapitels. Beide stellten uns dazu eine Anzahl Dokumente aus den Archiven des Reichsleiters Rosenberg zur Verfügung.

Die Hohe Schule

I.

Zur Kenntnisnahme der Dienststellen von Partei und Staat[1])

Die „Hohe Schule" soll einst die zentrale Stätte der nationalsozialistischen Forschung, Lehre und Erziehung werden. Ihre Errichtung wird nach dem Kriege stattfinden. Um jedoch die begonnenen Vorarbeiten zu fördern, ordne ich an, daß Reichsleiter Alfred Rosenberg diese Vorbereitungsarbeiten — vor allem auf dem Gebiet der Forschung und Errichtung der Bibliothek weiterführt. Die Dienststellen von Partei und Staat sind gehalten, ihm in dieser Arbeit jede Unterstützung angedeihen zu lassen.

gez. Adolf Hitler

Berlin, den 29. Januar 1940

Für die richtige Abschrift:

Berlin, 15. Dezember 1943

gez. Dr. Zeiß
(Dr. Zeiß)
Stabseinsatzführer

---

[1]) *Dokument PS — 136.*

II.

Forschungsaufgaben der Hohen Schule[1])

Unter vorläufiger Zurückstellung jener Arbeiten, welche die Fertigstellung des Baues der Hohen Schule am Chiemsee zur Voraussetzung haben, sind nachstehend die *Forschungsaufgaben* der Institute, persönliche Aufträge und Aufgaben von Arbeitsgemeinschaften zusammengefaßt.

Hohe Schule — Außenstelle München:

Institut für arische Geistesgeschichte

Gegenstand einer „Arischen Geistesgeschichte" ist die sich im Geistesleben ausdrückende einmalige Wesensart des Indogermanentums. Das indogermanische „Urvolk" ist nicht mehr auf unmittelbarem Wege zu erfassen. Aber das Leben des arischen Geistes ist mit der Auflösung dieses Grundvolkes in einzelne Stämme und mit deren Zerstreuung nicht zu Ende; sondern die indogermanischen Einzelvölker haben jene einmalige Wesensart in verschiedener Weise und mannigfacher Abwandlung doch als *Grundhaltung* bewahrt. An diesen Einzelvölkern allein können wir sie konkret beobachten und im lebendigen Zusammenhang des Gesamtlebens erfassen.

Arische Geistesgeschichte ist also Geistesgeschichte der Einzelvölker, mobilisiert und innerlich verknüpft durch den steten Hinblick auf ihren indogermanischen Kern und dessen arische Substanz.

Die Völker, welche die geschichtlichen Träger des arischen Geistes sind, treten uns in keinem Falle mehr in rassisch reiner Gestalt entgegen, sondern in irgendwelcher Verbindung mit nicht-indogermanischen Elementen. Ihre Kulturen sind also das Ergebnis einer ständigen Auseinandersetzung mit dem Fremden.

Denn als die indogermanischen Stämme im dritten Jahrtausend v. Chr. aus den Ursitzen aufbrechen und in einem gewaltigen, Jahrhunderte erfüllenden Prozeß wichtigste Räume

---

[1]) *Dokument CXLII — 204 (Auszüge). Dieses von Alfred Rosenberg stammende Projekt datiert vom 6. 11. 1940. Dem Datum nach scheint es sich um das letzte Projekt überhaupt zu handeln. Allerdings gibt es andere Varianten: ein undatiertes umfaßt 21 Schreibmaschinenseiten (LXX — 44); ein anderes trägt die Überschrift: „Die vorläufigen Aufgaben der Forschungsinstitute der Hohen Schule" und zeigt das Datum 1. 7. 1940 (LXII — 2); ein drittes hat nur sieben Seiten und trägt den Titel „Idee und Aufgabe der Hohen Schule". Es ist dem Erlaß vom 29. 1. 1940, demzufolge die Hohe Schule überhaupt ins Leben gerufen wurde, angeheftet und enthält folgende Bestimmungen: „Über die Verfassung und Rechte der wissenschaftlichen Gruppe der Hohen Schule sowie ihre Stellung zu den Universitäten wird später zu bestimmen sein. Sie wird akademische Grade verleihen können und für das Erziehertum der Bewegung Leistungs- und Bewertungsnormen schaffen und danach Erziehungsberechtigungen verleihen.*

... In diesen Instituten werden Forschungen in großzügiger Planung in Angriff genommen und der geeignete wissenschaftliche Nachwuchs herangebildet; ihnen obliegt weiterhin die Herausgabe grundlegender Handbücher sowie die Betreuung von Tagungen und Zeitschriften ihres wissenschaftlichen Zweiges." (CXLVI — 11.)

zwischen Indien und der Nordsee besetzen, finden sie überall eine *Vorbevölkerung* mit eigener z. T. hochentwickelter Kultur. Die „Misch"-kultur entsteht nun nicht einfach dadurch, daß Mitgebrachtes und Vorgefundenes sich „mischen", so daß man in einer einfachen Subtraktionsoperation das Fremde nur abzuziehen brauchte, um das Indogermanische in der Hand zu behalten. Es handelt sich nicht um einen mechanischen Prozeß, sondern um einen Vitalvorgang erster Ordnung, ein wechselseitiges Ringen, Befruchten, Hemmen, Umbiegen und Hervorlocken.

Diese Auseinandersetzung ergibt sich als *erstes Grundthema* der gesamten Arbeit...

...Weitere fruchtbare Ansatzpunkte liegen in der *Ausbreitung* des indogermanischen Geistes über fremde Gebiete (Orient) und in den Begegnungen der indogermanischen Völker *untereinander* (z. B. Iraner – Griechen, Römer – Griechen, Germanen – Römer).

Das 19. Jahrhundert hat eine sehr ausgedehnte Forschungsarbeit über die Geschichte der Inder, Iraner und Griechen und ihre geistigen Schöpfungen hinterlassen. Mit Ausnahme der griechischen Literatur sind jedoch die Gedanken Indiens und Irans nicht tiefer in das europäische Bewußtsein aufgegangen. Dieses Bewußtsein zu stärken, angesichts des Absinkens der gesamtpalästinesischen Tradition eine noch ältere und viel ehrwürdigere aus der Verschüttung zu befreien, das ist eine entscheidende weltanschauliche Aufgabe des Münchener Instituts. Darum wird es auch noch eine Aufgabe sein, neben der Bearbeitung wichtiger Quellen und der zusammenfassenden Darstellung auch jene Werke neu herauszugeben, die für die nationalsozialistische Weltanschauung und für die geistige Traditionsbildung wesentlich sind (z. B. L. v. Schröder: „Indiens Literatur und Kultur" Böthlingk: „Indische Sprüche", Schacks Gedichtübersetzungen usw.).

Hohe Schule – Außenstelle Stuttgart:

Institut für Biologie und Rassenlehre

Die Entdeckung der Rasse und der Vererbung, die Erkenntnis der Einheit zwischen Blut, Schicksalshaltung, kultureller Schöpfung und staatsbildender Tat bedeutet die größte Revolution unserer Forschung. Damit zugleich eine tiefgreifende Neubewertung aller geschichtsmächtigen Kräfte und Erziehungsmittel der deutschen, der europäischen Zukunft.

Der Mensch als Subjekt und Objekt des Lebens muß deshalb der nationalsozialistischen Forschung eingefügt werden. Dabei wird das Stuttgarter Institut jedoch nicht eine neue Zentrale für die *exakte* naturwissenschaftliche Forschung darstellen, wohl aber im Zusammenwirken mit bestehenden Stellen der exakten Lebensforschung die zugrundeliegenden Probleme und bisherigen Erkenntnisse verarbeiten, neue sich aus dem Leben ergebende Aufträge anregen und das biologische Wissen unserer Zeit für die nationalsozialistische Lehre und Erziehung bereitstellen.

Die erste Aufgabe des Stuttgarter Instituts besteht in der Herausgabe eines *Handbuches der Rassenlehre,* die zweite Aufgabe in der Zusammenstellung gleichsam eines *Katechismus' der Rassenerkenntnis,* in dem in knappen Sätzen und jeweils kurzen Begründungen eine allgemeine Sicherung der Schulungsgrundlage geschaffen wird. Diese knappe Darstellung ist vor allem gerade als Mittel der Beantwortung jener Fragen, die das Ausland in kommender Zeit in gesteigertem Maße stellen wird, gedacht. Da sich hier eine Reihe Sonderfragen ergibt, wird unter Berücksichtigung außenpolitischer Gesichtspunkte auch hier eine für den internen Parteigebrauch notwendige Anweisung auszuarbeiten sein.

Weitere Aufgaben bestehen in der Darstellung einer *Bibliographie* der gesamten Literatur über die Rassenkunde. Ferner wird das Stuttgarter Institut sich einen *wissenschaftlichen Beirat* wählen, der sich zusammensetzt aus den führenden Persönlichkeiten des deutschen wissenschaftlichen Lebens, die die Fragen der Rasse als Leiter exakter Forschungsinstitute bearbeiten. Dadurch soll für die kommenden Mitarbeiter des Stuttgarter Instituts die Möglichkeiten einer dauernden Verbindung durch Reisen zu diesen Arbeitsstätten die theoretische Arbeit durch unmittelbare Anschauung stets lebendig erhalten werden.

(Als erste praktische Arbeit wird die Aufnahme des Rassenbestandes in Nordfrankreich vom Institut durchgeführt.)

Hohe Schule – Außenstelle Frankfurt a. Main:

1. Institut zur Erforschung der Judenfrage
2. Institut zur Erforschung der Freimaurerei

1. Für die Entwicklung namentlich der letzten Jahrhunderte hat das jüdische Volk in schicksalhafter Form auf die Geschichte der europäischen Nationen eingewirkt. Die restlose Ausscheidung dieses Volkes aus dem Deutschen Reiche war eine Schicksalsfrage für die deutsche Nation; die restlose Ausscheidung der Juden aus Europa ist eine Schicksalsaufgabe für alle Europäer. Die Lösung der Judenfrage in Deutschland war nur möglich durch einen revolutionären Kampf und dann, nach Erringung der Macht, durch die harte Durchsetzung staatlicher Gesetze. Kommende Generationen müssen erzogen werden in dem Bewußtsein der Notwendigkeit dieser Schritte und in dem Willen, niemals mehr diese Maßnahmen, symbolisiert durch die Nürnberger Gesetze, wieder rückgängig zu machen. Das erfordert eine bis ins einzelne gehende Darstellung der *Geschichte des Judentums* in Deutschland, in ganz Europa, die Untersuchung der rassischen Eigenschaften des jüdischen Volkes und die Herausgabe wissenschaftlich gesicherter Werke für Schulen und Universitäten, um die Möglichkeit eines Wiederauftretens des Judentums in Europa aller Völker auszuschalten.

Somit hat das Institut zur Erforschung der Judenfrage diese Probleme von Grund auf in umfassendster Weise zu bearbeiten und die bisherige Literatur, die zum großen Teil aus Kampfschriften besteht, zu überprüfen und entsprechend neu herauszugeben...

2. ... Die Freimaurerei war die politische Trägerin der philosophischen Ideen des 18. Jahrhunderts. Sie hat wesentlichen, ja oft entscheidenden Anteil an den Revolutionen des 19., an Verschwörungen des 20. Jahrhunderts gehabt. Weltanschaulich war sie der mißglückte Versuch einer liberalistisch-universalistischen Gegenkirche. Wirtschaftlich die Vertreterin eines Finanzimperialismus. Die in Paris, Brüssel und Amsterdam beschlagnahmten wissenschaftlichen Bestände ermöglichen es zum erstenmal, aus unmittelbaren Quellen den Geist der Freimaurerei in den verschiedenen Staaten darzustellen und ihre politische

Entwicklung auf Grund authentischer Nachweise zu schildern. Mit dieser Forschung wird es erst jetzt möglich sein, die Geschichte der letzten 200 Jahre neu zu schreiben. Das Institut hat die Aufgabe, im Laufe der nächsten Jahre vor allen Dingen die Quellen für diese kommende historische Darstellung zu veröffentlichen.

Das Institut soll ferner eine *Bibliographie* und am Ende ein Handbuch der Freimaurerei erarbeiten, um somit eine allseitig gesicherte Grundlage und zugleich für die Schulung praktische Handhabe sicherzustellen.

Hand in Hand mit dieser Forschungsarbeit wird dann eine kritische Überarbeitung und *Neuherausgabe* des bisherigen Schrifttums über die Freimaurerei zu verbinden sein.

Hohe Schule – Außenstelle Hamburg:

Überseeinstitut

Dieses Institut hat die Aufgabe, die großen völkischen und sozialen Lebensräume in Übersee zu erforschen und dem deutschen Volke auf Grund eingehender Quellenstudien und der Reisen beauftragter Forscher darzustellen. Es fallen in diese Untersuchung vor allem der afrikanische Kontinent als Kolonialland Europas, das Problem des Indischen Ozeans, des groß-asiatischen Raumes, die beiden amerikanischen Kontinente und die weltwirtschaftlichen Beziehungen zwischen diesen Lebensräumen und dem europäischen Festlande.

Ein besonders wichtiges Kapitel dieser Forschung besteht in der *Darstellung der Kolonialgeschichte* und der nationalsozialistischen Haltung zu ihr. Es ist zu schildern die unterschiedliche Handhabung der Kolonialpolitik durch Engländer, Franzosen, Portugiesen und Belgier, die Geschichte der deutschen Kolonien und die Forderungen nationalsozialistischer Rassenpolitik angesichts der bisherigen Kolonialerfahrung und der heutigen Erkenntnisse rassischer Gesetze.

Zu schreiben ist ferner die *Geschichte der Christlichen Missionen innerhalb der Kulturstaaten Ostasiens, vor allem aber gegenüber den Rassen Afrikas.* Auszugehen ist von der entscheidenden Tatsache, daß die Aufgabe einer kommenden Kolonialpolitik darin besteht, gegenüber den farbigen Rassen eine christliche und sonstige weltanschauliche Mission abzulehnen. Der Nationalsozialismus vertritt den Grundsatz, politisch und wirtschaftlich Afrika an die europäischen Völker anzuschließen, jedoch den schwarzen Rassen ihre ihnen eigentümlichen Sitten, Gebräuche und Vorstellungen zu belassen, soweit sie sich nicht asozial auswirken. Die Haltung gegenüber der Christlichen Mission kann durchaus getragen werden von der Achtung gegenüber dem persönlich aufopferungsbereiten Verhalten der einzelnen Missionen und einzelner Persönlichkeiten. Die Forschung wird wohl auch stellenweise erweisen, daß die Christlichen Missionen vielfach die Vorläufer der Sicherung nationaler Eroberungen gewesen sind. Da nunmehr das Volkstum selbst und der völkische Staat zum Träger dieser Sicherung der Lebensinteressen der weißen Rasse geworden sind, so ist damit auch die positive Arbeit der Christlichen Missionen als beendet zu betrachten, die negativen Ergebnisse (Lösung der Schwarzen aus ihren Bindungen, Züchtung eines schwarzen Proletariats usw.) zu überwinden, wird die Aufgabe einer späteren europäischen Kolonialpolitik sein.

Aufgabe des Hamburger Instituts ist es ferner, wissenschaftliche Beziehungen zu den *Kolonialinstituten der anderen Völker* zu pflegen, um auch die Wissenschaftler dieser Länder von der Notwendigkeit der deutschen nationalsozialistischen Haltung zu überzeugen. Zu diesem Zwecke sind von vornherein Übersetzungen deutscher Schriften über diese Fragen in Aussicht genommen.

Die Dienststelle des Beauftragten des Führers hat bereits zur Aufklärung des deutschen Volkes über das zuerst genannte Gebiet die Herausgabe einer Weltpolitischen Bücherei durchgeführt. Die hier vorgelegten Gedanken bedürfen aber für die kommende Lehre noch einer eingehenden Darstellung und Begründung.

Die Fragen der Kolonialwissenschaft werden im engsten Einvernehmen mit dem Kolonialpolitischen Amt der NSDAP und seinem Schulungshaus durchgeführt. Zugleich unterhält das Hamburger Institut engste Beziehung zu sonstigen Kolonialforschern und unterrichtet sich über koloniale Wissenschaften, die nicht in sein Gebiet fallen, die aber zu *kennen* ebenfalls zu den Notwendigkeiten des Außeninstitutes Hamburg gehören (Technik, Hygienefragen usw.).

Hohe Schule — Außenstelle Halle:

Institut für Religionswissenschaft

Die Fragen der Religionsbeziehungen sind durch die Forschungen des 19. Jahrhunderts in das Stadium der kritischen Wissenschaft getreten. Das 19. Jahrhundert hat ein großes Material zur Erforschung der Religionsgeschichte hinterlassen, das weltanschaulich heute noch lange nicht als ausgewertet und als in seinen Konsequenzen dargestellt betrachtet werden kann. Darüber hinaus hat die rassische Geschichtserkenntnis viele Probleme der Religionsgeschichte durchaus neu sehen lassen und hat manches Bekannte heute schon neu gedeutet. Für die weltanschauliche Erziehung und Haltung zu den verschiedenen Konfessionen entstehen somit entscheidende Probleme und Aufgaben. Die erste Aufgabe ist die *Darstellung des hellenistischen Zeitalters und die Entstehung des Christentums* inmitten des Rassenchaos der antiken Welt. Es ist dabei notwendig, daß diese für unser ganzes Geistesleben entscheidende Darstellung eingeleitet werden muß von einer ganzen Anzahl von Sonderforschungen und Quellenstudien, so daß mit der Niederlegung der Ergebnisse eine längere Zeit gewartet werden muß.

Die zweite Aufgabe des Instituts ist die *Darstellung der deutschen Frömmigkeit und ihrer Geschichte.* Durch alle zeitbedingten konfessionellen und weltanschaulichen Formen hindurch ist doch eine Stetigkeit des deutschen Wesens vorhanden, das nicht nur aus den unmittelbaren religiösen Denkern und Reformern hervorblickt, sondern auch in den Dichtern, ja auch in den Schriften deutscher Feldherren und Staatsmänner zum Ausdruck kommt. Denn deutsche Frömmigkeit besteht wesentlich nicht in der Bejahung konfessioneller Dogmatik, sondern vor allem in der seelischen Haltung dem Schicksal gegenüber.

Auch die Klärung dieser Fragen bedarf neuer Forschungen und verschiedener Arbeitsgemeinschaften.

Zur Unterstützung dieser gesamten Arbeit wird das Institut eine Zeitschrift unter dem Titel „Die Religionswissenschaft“ herausgeben als ein Diskussionsforum verschiedener ernster Wissenschaftler dieses Gebietes.

(Anliegend eine Denkschrift, die über das einzelne der Forschungsarbeiten Auskunft gibt als Beispiel für die Ausgestaltung der in dieser Denkschrift kurz niedergelegten Gedanken und Anweisungen auch für andere Gebiete.)

Hohe Schule – Außenstelle Prag:

Institut für Ostforschung

Der europäische Osten hat im Laufe der Geschichte oft in das Leben Zentraleuropas eingegriffen. Die Überflutungen des Ostens durch Hunnen, Mongolen, durch das Auftreten der bolschewistischen Bewegung, haben viele rassische, weltanschauliche und politische Probleme gezeitigt. Diesen Osten in seinen Kräften zu kennen, ist die Voraussetzung eines deutschen psychologisch und völkisch richtig angesetzten allgemeinen Verhaltens. Im großen und ganzen ist die Geschichte dieses europäischen Ostens mit den Augen des bisher stärksten Stammes, des Groß-Russentums, unterrichtet worden. Erst die Revolution von 1917 hat den Aufbruch vieler zentrifugaler Kräfte gezeigt, die früher zwar vorhanden, in den letzten Jahrhunderten unterdrückt, nunmehr ihr Erscheinen wieder angemeldet haben.

Abgesehen von einzelnen Sonderforschungen hat das Prager Institut die entscheidende Aufgabe, die *Geschichte der Völkerschaften des europäischen Ostens* von Grund auf zu erforschen und neu zu schreiben. Hierher gehören die rassischen Unterscheidungen in diesen Osträumen, die Darstellung der Macht der orthodoxen Konfession über das gesamte Gebiet, die Unterscheidung des Kiewer Staates von der Gründung und Entwicklung des Moskauer Zarentums, die gewaltsame Europäisierung durch Peter den Großen, die Bildung einer europäischen Herrscherschicht durch Deutsche, Holländer und Franzosen, der entscheidende Einfluß dieser deutschen Einflüsse in der russischen Wirtschaft, Forschung und Staatsführung und das Aufbrechen der zurückgedrängten kollektivistischen Kräfte im Großrussentum in der bolschewistischen Revolution, Hand in Hand damit eine eingehende *Geschichte des ukrainischen Volkes*, der kaukasischen Völker und der Selbständigkeitsbewegungen der slawischen Völkergruppen.

Die zweite Aufgabe dieses Instituts ist die *Darstellung der panslawistischen Bewegung* im 19. Jahrhundert unter besonderer Berücksichtigung des tschechischen führenden Elementes, damit verbunden die Schilderung des Versuchs, den westlichen demokratischen Gedanken mit dieser panslawistischen Idee im tschechischen Raum zu verbinden. Die Darstellung des Kontinentaleuropäischen Forschungskreises (darüber später) mit dem Prager Institut wird sich folgemäßig von selbst ergeben.

Durch die Beschlagnahme großer Bibliotheken im besetzten westlichen Gebiet über die polnische Geschichte, über die slawische Literatur und Geschichte wird sich eine Anzahl Sonderforschungen ergeben.

Da auch verschiedene Universitäten und sonstige Institute sich mit den Ostfragen beschäftigen, wird es nötig sein, hier eine Gliederung dieser Forschungen durchzuführen, um keine unnütze Doppelarbeit zu leisten, damit eine Gemeinsamkeit als Ergebnis entsteht. Hier kommen vor allen Dingen in Frage: das Breslauer Institut, das Königsberger Ost-Institut, ein sicher einmal entstehendes Institut für Ostfragen an der Reichsuniversität Posen und schließlich das Institut für Ostarbeit in Krakau.

Hohe Schule — Außenstelle Kiel:

Institut für germanische Forschung

Das politische Schicksal hat den gesamten Raum, aus dem einmal die Indogermanen ausgezogen, die Germanen selbst erwachsen sind, unter deutsche Hut gestellt. Es ist deshalb für die kommende Schulung und Erziehung Deutschlands und aller skandinavischen Staaten entscheidend, hier eine gemeinsame Geschichtsauffassung zu finden als Voraussetzung für eine künftige Gemeinsamkeitsarbeit. Die bisherigen Forschungen haben schon einen beträchtlichen Umfang und können vielfach als Grundlagen für diese Forschungsarbeit verwandt werden.

Als erste Aufgabe würde das Kieler Institut deshalb eine *Geschichte des Germanentums* unter besonderer Berücksichtigung Skandinaviens zu verfassen haben, als zweite die Darstellung *der deutsch-skandinavischen Beziehungen in der Neuzeit*, beginnend vom Eingriff Gustav Adolfs in die Geschichte des deutschen Volkes.

Eine Sonderaufgabe wäre die Darstellung des Verhältnisses der skandinavischen und deutschen Literatur.

Sonderforschungen hätte dieses Institut durchzuführen über die deutsch-skandinavische Vorgeschichte, über die Beziehungen der Baukunst, über den Einfluß deutscher bildender Kunst in Skandinavien und ähnliches mehr.

Aufgabe des Instituts in Kiel wäre dann vor allem die Aufnahme persönlicher Beziehungen zu allen Gelehrten und Schriftstellern des skandinavischen Raums (vielleicht einschließlich Finnlands), dessen Geschichte ebenfalls im Sinne der neuen Geschichtsbetrachtung neu zu verfassen wäre.

Diese Forschungen sollen das erstrebte politische Ergebnis des heutigen Kampfes mit ermöglichen helfen: die skandinavischen Völker innerlich mit dem neuen Schicksal abzufinden, sie von innen für den Neuaufbau Europas zu gewinnen und für die Zukunft unzertrennlich an Deutschland und den deutschen Lebensraum anzuschließen.

Hohe Schule — Außenstelle Straßburg:

Germanisch-Gallikanisches Institut

Die Schicksalskämpfe des Jahres 1940 haben das Problem der deutsch-französischen und deutsch-niederländischen Beziehungen erneut und in entscheidender Weise aufgeworfen. Der Kampf zwischen Deutschen und Franzosen ist durch den Sieg und durch das für immer bestehende biologische Übergewicht Deutschlands entschieden, und deshalb muß das historische Verhältnis neu gesehen und auf die Zukunft ausgerichtet werden.

Die große Aufgabe dieses Instituts würde darin bestehen, die *Geschichte der Franzosen einmal rassenkundlich gesehen neu zu schreiben*, beginnend von der Ur- und Frühgeschichte über die Katastrophen der Albigenser-, später der Hugenottenkriege, der Französischen Revolution bis zu unserer Zeit, Hand in Hand damit die Darstellung der Eigenart der französischen Philosophie und Staatsauffassung, in vielem verwandt und in vielem unterscheidend gegenüber der ganzen germanischen Gedankenwelt und Charakteranlage.

Die Probleme, die sich in dieser Darstellung ergeben, werden viele Fragen der Rechtsauffassungen formal-gesellschaftlicher Haltung usw. aufwerfen und eine Anzahl

Sonderforschungen notwendig machen. Ausgerichtet soll diese Arbeit aber werden auf eine friedliche Zusammenarbeit verschiedener Völkercharaktere für den Fall, daß die Franzosen sich in das neue Gesetz Europas einzufügen gedenken.

Hand in Hand mit diesen Forschungen ist darzustellen der Einfluß des französischen Denkens auf das niederländische Leben und der forschungsmäßig zu begründende Versuch der Ausscheidung dieses französischen Einflusses auf die germanischen Bestandteile Belgiens und der Niederlande.

Hohe Schule — Außenstelle Detmold-Münster:

Institut für deutsche Volkskunde

Rassenkunde und Vorgeschichte ermöglichen eine neue Schau der Entwicklung aller arischen Völker, überhaupt der weltbewegenden Kräfte. Zu diesen zwei Disziplinen tritt die deutsche Volkskunde als das Symbol einer ununterbrochenen seelischen Entwicklung namentlich des deutschen Bauerntums durch alle konfessionellen und politischen Formen hindurch. Die *Erforschung dieses Brauchtums* darf als eine der schönsten Betätigungen der neuen nationalsozialistischen Forschung gelten. Ein großes Werk über die deutsche Volkskunde zu schreiben, soll am Ende des Wirkens dieses Instituts stehen. Bis dahin sind die vielen eingeleiteten Sonderforschungen weiterzuführen, deren Aufzählung hier zu weit führen würde. Neben das in Detmold vorgesehene Institut sollen die Bestände des Volkskundeinstituts der Universität Münster treten. Aus diesen wissenschaftlichen Bestandteilen wird sich eine Anzahl neuer kritischer Forschungen gleichsam von selbst ergeben.

Aus dem Vorstehenden ergibt sich, daß die Forschungsgebiete mancher Institute ähnliche Probleme behandeln. So werden z. B. das Münchener und das Hallische Institut viele Berührungspunkte finden, während das Stuttgarter Institut sowohl zu ihnen als auch zu Hamburg und zu Detmold in engste Beziehung treten muß. Daraus ergibt sich die Notwendigkeit, öfters kameradschaftliche Zusammenkünfte zwischen den Leitern der verschiedenen Institute und Austausch der Planungen durchzuführen ...

... Diese ersten Arbeitsentwürfe zeigen bereits die gesamte innerdeutsche Planung. An sie wird sich anschließen die Entsendung von Mitarbeitern für Forschungen der weltanschaulichen und erzieherischen Maßnahmen der Deutschland nahestehenden Bewegungen, um das deutsche Volk authentisch über diese Arbeit zu unterrichten und für die aus Tradition und Schicksal verschiedenen Maßnahmen das nötige Verständnis zu sichern. Hier kämen in erster Linie in Frage die Faschistische Partei, die Falangistische Bewegung, die Legionäre Bewegung.

Ferner wird es notwendig sein, zu Studien auch Forscher ins Ausland zu entsenden und somit einen umfangreichen Stipendienfonds zu errichten.

Schließlich erscheint es für die Ausrichtung der Forschung notwendig, mit den großen Forschungsgemeinschaften im Deutschen Reiche selbst eine forschungsmäßige und dienstliche Beziehung aufzunehmen. Hier kämen in erster Linie in Frage: die Kaiser-Wilhelm-Gesellschaft, die Deutsche Akademie und die Reichsakademie als Spitze der jetzt erfolgten Vereinigung der früheren Akademien in den deutschen Ländern.

Die erste Außenstelle der Hohen Schule

I.

Programm der Eröffnung[1])

A.

Am 26. März 1941

Bürgersaal im Römer

10.00 Uhr Musik: „Feierliches Vorspiel" von Albert Jung.
Begrüßungsansprache des Gauleiters und Reichsstatthalters *Sprenger*.
Ansprache von Oberbürgermeister Staatsrat Dr. *Krebs*.
Musik: Ouvertüre zu „Coriolan" von L. van Beethoven.
Ansprache von Reichsleiter Alfred *Rosenberg*: „NSDAP und Wissenschaft".
Vortrag von Dr. Wilhelm *Grau*: „Die geschichtlichen Lösungsversuche der Judenfrage".
Führerehrung durch den Gauleiter.
Lieder der Nation.
Es spielt das Städtische Opernhaus- und Museumsorchester unter Leitung von Generalmusikdirektor Dr. Konsitschny.
Ende gegen 11.45 Uhr.

12.30 Uhr Frankfurter Hof
Empfang der in- und ausländischen Ehrengäste durch den Oberbürgermeister der Stadt Frankfurt/Main, Staatsrat Dr. *Krebs*, mit anschließendem Essen.

15.00 Uhr Führung der in- und ausländischen Ehrengäste durch die Stadt Frankfurt/Main.

20.00 Uhr Empfang der Ehrengäste beim Gauleiter und Reichsstatthalter *Sprenger* im Frankfurter Hof.

---

[1]) *Dokument CXLIII – 305. Eröffnung der Außenstelle der Hohen Schule Frankfurt/Main – Institut zur Erforschung der Judenfrage mit anschließender Arbeitstagung. Die Dokumente CXLIII – 306 enthalten weitere Angaben über die Eröffnungsfeier, insbesondere die Liste von ein paar hundert Ehrengästen (SS-Führer, Parteigrößen, einige Generäle und Universitätsdekane) nach vier „Prominenzgraden" geordnet.*

B.

Am 27. März 1941

Arbeitstagung

9.00–10.00 Uhr	Dr. Wilhelm *Grau:* „Das Institut zur Erforschung der Judenfrage".
10.00–11.00 Uhr	Giselher *Wirsing:* „Die Judenfrage im Vorderen Orient".
11.00–12.00 Uhr	Dr. Klaus *Schickert:* „Die Judenemanzipation in Südosteuropa und ihr Ende".
12.30 Uhr	Gemeinsames Mittagessen in den einzelnen Hotels.
15.00–16.00 Uhr	Universitätsprofessor Dr. Heinz *Seraphim:* „Die bevölkerungs- und wirtschaftspolitischen Probleme einer europäischen Gesamtlösung der Judenfrage".
16.00–17.00 Uhr	Universitätsprofessor Oberdienstleiter Dr. Walter *Gross:* „Die rassenpolitischen Voraussetzungen einer europäischen Gesamtlösung der Judenfrage".
18.00 Uhr	Festaufführung im Schauspielhaus Goethe: „Egmont".

C.

Am 28. März 1941

Bürgersaal im Römer

9.00–9.20 Uhr	Oberreichsleiter Dipl.-Ing. *Schirmer:* „Die Entwicklung der Judenfrage seit der Machtübernahme durch den Nationalsozialismus". Ansprachen der ausländischen Vertreter. Ende gegen 12.00 Uhr

Nachmittags Vorführung des Films „Der Ewige Jude".

18.00 Uhr	Große öffentliche Kundgebung im Saalhaus Eröffnung durch Gauleiter *Sprenger* Reichsleiter Alfred *Rosenberg* spricht: „Die Judenfrage als Weltproblem". Es spielt das Rhein-Mainsche Landesorchester unter der Leitung von Gaumusikinspizient Cujé.

II.

Ein Bericht über die Eröffnung[1])

A.

Rosenbergs Rede

Als erste Außenstelle der im Aufbau begriffenen *Hohen Schule* eröffnete Reichsleiter Alfred Rosenberg in *Frankfurt a. M.* das „Institut zur Erforschung der Judenfrage". Bei der Eröffnungskundgebung umriß Alfred Rosenberg die Aufgaben der Hohen Schule und kennzeichnete die Stellung der Wissenschaft im Nationalsozialismus. Reichsleiter Rosenberg führte u. a. aus:

Inmitten jener Probleme, die das Leben uns unmittelbar gestellt hat, steht die *Judenfrage*. Seit dem Auftreten der Juden in der abendländischen oder sonstigen Geschichte hat dies Problem die Völker beschäftigt. „Es scheint so, als ob das Schicksal in diesen letzten Jahrzehnten alle Nationen Europas geradezu zwingen wollte, dieses *Weltproblem* in seiner ganzen Größe zu erfassen. Das Wort Richard Wagners: ‚Der Jude ist der plastische Dämon des Verfalls der Menschheit', zeigt über alles Zufällige hinaus die Symbolik der geschichtlichen Lage."

Wenn unsere Generation durch Instinkt und letzte Einsicht diesen Dämon des Verfalls in Deutschland ausgeschaltet hat, so erwächst ihr nunmehr die Pflicht, sich ein Gesamtbild des jüdischen Wirkens in Zusammenhang mit den anderen Völkern zu bilden und allen irgendwie faßbaren Urkunden über die jüdische Wirksamkeit, namentlich in den letzten 200 Jahren, nachzugehen. „Es ist durch den Sieg der nationalsozialistischen Revolution und durch den Sieg der deutschen Wehrmacht im Jahre 1939/40 möglich geworden, auch früher nicht bekannte Urkunden sicherzustellen und einer kommenden Forschung zuzuführen. Die Bibliothek des heute zu eröffnenden Frankfurter Instituts zur Erforschung der Judenfrage ist heute schon die größte der Welt, die sich mit dem Judentum befaßt. Sie wird in den kommenden Jahren noch in ganz entscheidender Weise vergrößert werden. Zahlreiche Forscher werden hier die Möglichkeit erhalten, in planvoller Weise und an Hand unbestechlicher Urkunden und genauester Äußerungen alle Unterlagen durchzuarbeiten, die ein unbestechliches Bild von der Wirksamkeit des Judentums in Europa und namentlich in Deutschland ergeben. Erst damit wird auch den Generationen, die nach uns kommen, das nötige Rüstzeug gegeben, damit sie niemals mehr schwärmerischen Ideen verfallen und die Wirksamkeit des jüdischen Volkes inmitten der Europäer nicht mehr so einschätzen, wie wir es heute tun müssen. Das Gedächtnis der Menschen ist sehr kurz, oft genügen 30 oder 50 Jahre, um auch die schwersten Schicksale nicht mehr im völkischen Bewußtsein zu tragen. Darum können wir uns nicht mit den Erlebnissen der letzten Jahrzehnte begnügen, nicht nur mit den Büchern und Reden, die aus dem unmittelbaren Kampfe entstanden sind, sondern wir müssen die erlebten

---

[1]) *„Das Archiv", März 1941, S. 1150–1153.*

Erkenntnisse, die ja auch schon zum Teil von tiefen Einsichten begründet waren, durch eine umfangreiche Forschungsarbeit ergänzen.

Wenn unsere Gegner betonen, daß eine Forschung im wahren Sinne ja nicht geführt werden könne, da das politische Urteil und die staatlichen Gesetze die Unabhängigkeit der Prüfung schon unmöglich gemacht hätten, so äußert sich gerade hier nur die eigentliche weltanschauliche, wissenschaftliche und charakterliche Schwäche des Liberalismus. Die Völkergeschichte ist eben auch ein riesiges Experiment der Natur. Wir haben im Unterschied zu den Demokratien die Ergebnisse der Auswirkung des jüdischen Wesens und seiner letzten Periode besonders wirklich beobachtet, die Giftigkeit des jüdischen Blutes im Verlauf einer langen Geschichte streng erfahrungsgemäß festgestellt, wie man auch Gift in gewissen Pflanzen feststellt, und nun nach diesen schmerzhaften Experimenten an ganzen Volkstümern die Konsequenzen zum Schutze des arteigenen Blutes gezogen. Was wir heute untersuchen und mit strenger Wissenschaftlichkeit untersuchen wollen, ist die Zusammensetzung der Kräfte dieses schädlichen Einflusses, die geistigen Vorbedingungen, durch die das fremde Blut und der fremde Geist Einfluß erhalten konnten. Die Art und Weise ihrer Bekämpfung und andere Umstände dieses großen Schicksals, die nunmehr vor aller Augen liegen. Und gerade hier findet eben die jüdisch verseuchte demokratische Wissenschaft nicht den Mut, diese Erscheinung des Lebens unabhängig zu prüfen, geschweige denn, daß sie den Mut aufbringen könnte, eine Operation vorzubereiten, die für Deutschland lebensnotwendig war und auch noch für andere Staaten lebensnotwendig werden wird. Der Vorwurf gegen uns wäre, um ein Bild zu gebrauchen, genau der gleiche, den man einem Chirurgen machen wollte, der nach langer Erforschung einer inneren Erkrankung durch einen operativen Eingriff eine lebensgefährdende Geschwulst entfernt. So ist auch nach dieser Richtung hin jeder Vorwurf gegenüber der neuen Forschung seitens der demokratisch bestimmten „Wissenschaft" hinfällig, ja gerade er zeigt, daß die vom jüdischen Gelde abhängigen Politiker und Wissenschaftler schon so weit gebrochen sind, daß sie sich außerstande sehen, die Geschichte und die Gegenwart überhaupt mit sicherem Instinkt und freiem Willen zu ergründen.

... Ich ernenne zu ihrem wissenschaftlichen Leiter einen jungen Forscher, Parteigenossen Dr. Wilhelm *Grau*, und vertraue darauf, daß er und alle seine kommenden Mitarbeiter in dem von mir dargelegten Sinne ihre Arbeiten führen werden zu Ehren einer neuen deutschen geschichtlichen Forschung und zum Besten des Lebenswillens des deutschen Volkes, ja, aller europäischen Nationen."

B.

Die anderen Redner

Im Anschluß an die Eröffnung des Instituts fand eine zweitägige Arbeitstagung statt, auf der eine Reihe von wissenschaftlichen Vorträgen zur geschichtlichen Lösung und über den heutigen Stand der Judenfrage gehalten wurde.

Der Leiter des Instituts, Dr. Wilhelm *Grau*, behandelte im einzelnen die Aufgaben des Instituts und betonte, daß für die wissenschaftliche Arbeit in Frankfurt nicht nur die größten Bibliotheken, sondern auch das bedeutendste Archiv zur Judenfrage, das es überhaupt gebe, zur Verfügung stehe, darunter eine beträchtliche Anzahl von Archiven des Hauses Rothschild. — Über die Judenfrage im Vorderen Orient ließ sich Dr. Giselher *Wirsing*-München aus. Er beleuchtete u. a. die große internationale Bindung zwischen der Entwicklung des Zionismus und der Politik des Finanzjudentums in London und New York. Dr. Klaus *Schickert* hielt einen Vortrag über die Judenemanzipation in Südosteuropa und ihr Ende. Universitätsprofessor Dr. *Seraphim*-Greifswald behandelte die bevölkerungs- und wirtschaftspolitischen Probleme einer europäischen Gesamtlösung zur Judenfrage. Anschließend referierte Universitätsprofessor Oberdienstleiter Dr. Walter *Gross* über die rassenpolitischen Voraussetzungen einer europäischen Gesamtlösung der Judenfrage. Er bezeichnete es dabei als wünschenswert, daß die antijüdischen Kräfte der europäischen Völker und Staaten sich möglichst bald über die einheitliche Festlegung des Judenbegriffs verständigen.

Über die Judenfrage in ihren Ländern sprachen folgende Vertreter auswärtiger Nationen: der Führer des Nasjonal Samling Norwegen, Staatsrat *Quisling*, der Schulungsleiter der nationalsozialistischen Bewegung in den Niederlanden (Mussert), *van Genechten*, Prof. Dr. Georg *Cuza* (Rumänien), Staatssekretär a. D. *Kovacs* und Sektionschef *v. Kultsar* (Ungarn), der bulgarische Reichstagsabgeordnete Dr. *Schischkoff*, Staatsgruppenleiter *Hallas* (Dänemark) und Rechtsanwalt *Lambrichts* (Belgien).

Kämpfe um die Hohe Schule

I.

Ley contra Rosenberg[1])

A b s c h r i f t / Bt.

Die Deutsche Arbeitsfront
Der Reichsleiter

Berlin W 35, Tiergartenstr. 28
3. Juni 1941

An den
Beauftragten des Führers für die Überwachung der gesamten geistigen und weltanschaulichen Schulung und Erziehung der NSDAP.,
Herrn Reichsleiter Alfred Rosenberg

Berlin W 35
Margaretenstr. 17

Betrifft: Antwort auf die Briefe des Reichsleiters Rosenberg

Sehr geehrter Parteigenosse Rosenberg!

Es kostet mich Überwindung, Ihnen, lieber Parteigenosse Rosenberg, auf Ihr Schreiben vom 5. Mai d. Js. zu antworten und Sie mögen an der Tatsache, daß ich mir fast vier Wochen Zeit ließ, ermessen, mit welcher Gründlichkeit und Gewissenhaftigkeit ich mir die Antwort überlegt habe. Eingedenk der Auffassung des Führers, daß nationalsozialistische Führer niemals dem Grundsatz huldigen sollten, auf einen Schelmen anderthalben zu setzen, wollte ich es gerade jetzt im Kriege vermeiden, Ihnen schriftlich zu antworten, um vielleicht einmal gelegentlich mündlich die Meinungsverschiedenheiten auszutragen. Deshalb haben Sie recht, wenn Sie sich beklagen, auf Ihre beiden vorigen Schreiben keine Antwort erhalten zu haben. Das war der Grund.

Nun greifen Sie mich aber in Ihrem letzten Brief auf Seite (3) in dem Satz an: „Ich weiß nicht, was Sie nach diesem Brief getan haben, ich möchte aber nicht hoffen, daß Sie diese Anregung von mir benutzt haben, um Planungen durchzuführen, die zwar die

---

[1]) *Dokument CXLIII – 374.*

Gründung einer solchen Forschungs- und Lehrstelle mit einbeziehen aber unter Ausschaltung des mir gewordenen Forschungsauftrages (Betriebs-»Akademie?«). Ich wäre Ihnen verbunden, wenn Sie mir möglichst bald Nachricht über diese Sachlage zukommen ließen, möchte aber nicht verhehlen, daß falls Sie so vorgegangen sein sollten, wie ich nicht hoffe, ich dies als einen außerordentlich unkameradschaftlichen Akt empfinden würde."

In diesen Sätzen sind soviel beleidigende Unterstellungen, gemischt mit Drohungen und Angriffen, daß ich Ihnen, Parteigenosse Rosenberg, unbedingt antworten muß, oder ich werde mich einer Unterlassung schuldig machen, die mir später teuer zu stehen käme. Ich bin auch froh, Ihnen auf Ihre früheren Briefe nicht eher geantwortet zu haben, denn jetzt sehe ich erst klar, was Sie wollen.

Sie schlagen mir vor, mit Ihnen gemeinsam eine Akademie für Sozialfragen zu gründen, die Sie der „Hohen Schule" angliedern wollen und deren praktische Durchführung bei mir und deren forschungsmäßige und weltanschauliche Haltung (sprich Aufsicht) bei Ihnen liegt. Dann kommen die oben wörtlich aufgeführten Unterstellungen und Drohungen.

Sie wissen, Parteigenosse Rosenberg, daß ich eine solche Akademie, das „Arbeitswissenschaftliche Institut der DAF", schon seit dem 10. 4. 1935 besitze. Es dürfte Ihnen bekannt sein, daß sich dieses Institut einen wissenschaftlichen Namen bei der Partei, dem Staate und Behörden, der Wirtschaft und bereits überall im Ausland gemacht hat. Sie selber bedienen sich dieses Institutes und es dürfte Ihnen ebenso bekannt sein, daß in diesem Institut die großen Sozialwerke wie „Die Altersversorgung des Deutschen Volkes", „Das Deutsche Gesundheitswerk" u. a. federführend untersucht, erforscht und verfaßt werden.

Im Jahre 1937 ist an Parteigenossen Professor S p e e r der Auftrag ergangen, für dieses Forschungsinstitut und Akademie auf sozialem Gebiet im Rahmen der Neugestaltung der Reichshauptstadt ein würdiges Heim zu erstellen. Das Modell hat bereits dem FÜHRER vorgelegen und ist von ihm genehmigt.

Sie sehen, Parteigenosse Rosenberg, was Sie vorschlagen, ist bereits seit sechs Jahren vorhanden und ich bin nicht gewillt, es mir zerschlagen zu lassen oder unter Ihre Aufsicht zu stellen und ich muß es „als einen außerordentlich unkameradschaftlichen Akt empfinden", ein solches Ansinnen an mich zu stellen.

Ich begreife aber eben so wenig, wie Sie aus dem Führerauftrag für die „Hohe Schule" und damit für Sie eine derartige Forderung ableiten. Das bedeutet ja, daß Sie sich alle Forschungs- und Lehrinstitute Deutschlands unterstellen. Ist das etwa die Aufgabe der „Hohen Schule" der NSDAP?

Damit komme ich nun zu den Äußerungen Ihres letzten Briefes über die Zusammenarbeit zwischen Ihnen und mir, betr. „Hohe Schule der NSDAP". Jawohl, lieber Parteigenosse Rosenberg, ich nehme mir das Recht, über die „Hohe Schule" der NSDAP, ihre Aufgaben und ihren Aufbau mitzureden, auch wenn Sie mir dieses Recht in Ihrem letzten Brief bestreiten. Denn ich war es, der als Erster den Gedanken der „Hohen Schule" (siehe meine Veröffentlichungen: „Der Weg zur Ordensburg" und über die Adolf-Hitler-Schulen) propagierte und, wie Sie sich entsinnen, gegen Ihren Willen beim

Führer durchsetzte. Namen, Wesen, Ziel und Aufgaben stammen von mir, der FÜHRER hat sie genehmigt und habe sie Ihnen, Parteigenosse Rosenberg, in einer Denkschrift schriftlich niedergelegt. Den Architekten, Parteigenossen Professor Gießler und Parteigenossen Professor Klotz, habe ich den Auftrag zu den Entwürfen erteilt, von denen dann der eine des Pg. Gießler vom FÜHRER gebilligt wurde. Beim Herrn Reichsschatzmeister, Parteigenossen Schwarz, wurde alsdann zwischen Ihnen, Parteigenosse Rosenberg, dem Reichsschatzmeister und mir ein Abkommen getroffen, daß die gegenseitigen Abgrenzungen beim Bau und Aufbau der „Hohen Schule" und der ihr angeschlossenen Ordensburg und Adolf-Hitler-Schule festlegte. Deshalb verstand ich es um so weniger, daß Sie sich — ohne mich zu beteiligen — nachträglich vom FÜHRER, die „Hohe Schule" betreffend, einen Sonderauftrag geben ließen, auf den Sie nun — auch in Ihrem letzten Brief — pochen und sich berufen. Das nenne ich nun wirklich „unkameradschaftlich". Wie dem auch sei, ich habe mich beim FÜHRER nicht beklagt und ich werde es auch nicht tun, ich weiß, wie groß und schwer in der gegenwärtigen Zeit die Verantwortung auf dem Führer lastet. Aber Ihnen, lieber Parteigenosse Rosenberg, sage ich, wenn Sie glauben, mich damit — wie es Ihr letzter Brief andeutet — aus der Planung der „Hohen Schule" ausgeschaltet zu haben, daß die vorgesehene Ordensburg (Erziehungslager und Akademie für Lehrer und Erzieher) und die Adolf-Hitler-Schule für den Gau München-Oberbayern der „Hohen Schule" nicht angegliedert werden, denn diese beiden Institutionen unterstehen ja wohl eindeutig mir und die Adolf-Hitler-Schule Reichsleiter von Schirach und mir.

Was nun den Fall Dr. Grau angeht, so versichere ich Ihnen, daß ich vor meinem Brief an Sie das Rundschreiben Frank nicht gelesen habe, sondern daß ich meine Bedenken, diesen Mann zum Leiter einer Forschungsstelle der „Hohen Schule" zu machen, allein auf den Bericht des Parteigenossen Claus Selzner stützte, der die Antrittsrede des Parteigenossen Dr. Grau in Frankfurt gehört hatte und sie als geradezu verheerend bezeichnete. Als ich dann hörte, daß Sie einem anderen Parteigenossen, den ich ebenso für völlig unfähig halte, einen ähnlichen Auftrag geben wollten, habe ich aus tiefer Sorge an Sie geschrieben. Ich wollte Ihnen helfen und Sie antworten mir mit Angriffen und beleidigenden Unterstellungen und Drohungen. Was hat zum Beispiel der von Ihnen angeführte Vergleich mit dem Parteigenossen Kiehl zu tun. Kiehl ist bei mir ein Pressereferent und kein Lehrer und Leiter an der „Hohen Schule" der NSDAP. Kiehl ist immerhin sechs Jahre früher in die Partei gekommen als Dr. Grau und vor allem, er hat früher nie eine führende Rolle bei unseren Gegnern gespielt wie Herr Dr. Grau.

Aber lassen wir das. Mich interessiert der Fall Grau nicht mehr. Mich interessiert vielmehr, wie Sie zu mir stehen und da hat mir Ihr Brief vom 5. Mai 1941 doch einige bemerkenswerte Aufschlüsse gegeben, die ich tief bedauere.

Heil Hitler!

gez. Dr. R. Ley

II.

Rosenberg contra Bormann

A.[1])

Nationalsozialistische Deutsche Arbeiterpartei
Der Stellvertreter des Führers
Stabsleiter

An den
Beauftragten des Führers
für die Überwachung der
gesamten geistigen u.
weltanschaul. Schulung
u. Erziehung d. NSDAP.,
Reichsleiter A. Rosenberg

München, den 12. Dezember 1939
Braunes Haus
III — So./Eis.
3230/O

Berlin W 35
Margaretenstraße 17.

Ministerialdirektor Mentzel hat neulich mündlich mitgeteilt, daß Sie beabsichtigen, die sieben an der Universität München noch vorhandenen Lehrstühle der ehemaligen katholisch-theologischen Fakultät als Grundlage für die zukünftige Hohe Schule des Nationalsozialismus zu übernehmen. Gauleiter Adolf Wagner soll damit einverstanden sein.

Ich wäre Ihnen dankbar, wenn Sie mir bestätigen würden, ob die Mitteilung von Ministerialdirektor Mentzel zutrifft.

Heil Hitler!

M. Bormann

B.[2])

Nationalsozialistische Deutsche Arbeiterpartei
Parteikanzlei

Der Leiter der Partei-Kanzlei

Führerhauptquartier, 9. 10. 1941
Bo/Fu.

Herrn
Reichsleiter Alfred Rosenberg

Berlin-Charlottenburg
Bismarckstraße 1

Betrifft: Hohe Schule der NSDAP.

Sehr geehrter Parteigenosse Rosenberg!

Parteigenosse Reichsschatzmeister Schwarz befragte den Führer, wie er sich bezüglich der Finanzierung und verwaltungsmäßigen Betreuung der Hohen Schule und der von Ihnen geplanten Außenstellen verhalten solle.

---

[1]) *Dokument PS – 131.*
[2]) *Dokumente B, C und D CXLII – 209.*

Der Führer hat daraufhin entschieden, während des Krieges könne er sich mit den Plänen über die Hohe Schule und ihre Außenstellen nicht befassen; auch Sie seien in Anbetracht Ihrer neuen großen Aufgabe dazu sicherlich nicht in der Lage. Die Erörterung dieser Pläne solle daher zurückgestellt werden, bis nach dem Kriege dem Führer von Ihnen und den übrigen Beteiligten die Pläne vorgetragen werden könnten.

Heil Hitler! Ihr
gez.: M. Bormann

C.

An den
Leiter der Parteikanzlei
Reichsleiter Martin Bormann

den 14. Okt. 41
6395/R/H.

München 33 ·

Sehr geehrter Parteigenosse Bormann!

Ihr Schreiben in der Angelegenheit der Hohen Schule habe ich erhalten. Ich bitte Sie künftig, wenn Anfragen an Sie in einer mich betreffenden Angelegenheit ergehen, erst einmal Rückfrage bei mir zu halten; denn es kann sonst eintreten, wie in diesem Fall, daß Sie ja über die Vorbereitungen zur Hohen Schule im einzelnen gar nicht unterrichtet sind. Dadurch entsteht die Möglichkeit, daß der Führer in der gleichen Angelegenheit zweimal angegangen wird, wie es sich in diesem Fall ergeben hat. Neue Planungen habe ich jetzt gar nicht mehr eingeleitet. Die laufenden Angelegenheiten können aber unmöglich abgestoppt werden und bedürfen meinerseits keiner steigenden Beanspruchung. Ich werde es dem Führer sagen, denn sonst könnte Parteigenosse Schwarz hier Schlüsse daraus ziehen und vieles von jener vorbereitenden Arbeit müßte hinfällig werden, die ich auf Grund des Erlasses des Führers vom 29. 1. 40 durchgeführt habe.

Heil Hitler!
gez. Rosenberg

D.

rltg rosenbg bln den 30. 1. 1943 15.05 uhr fs. nr. 2153

an den
leiter der partei-kanzlei
reichsleiter martin bormann

muenchen 33
fuehrerhauptquartier

sehr geehrter parteigenosse bormann

ich habe ihre beiden fernschreiben wegen der stillegung verschiedener aemter meines hauses bekommen, wie sie sich erinnern, habe ich frueher schon einmal ausgefuehrt, daß ich das außenpolitische amt schließen moechte. ebenso habe ich keine bedenken unter den heutigen umstaenden den mit den vorbereitungen der hohen schule befassten kleinen mitarbeiterstab, das sogenannte aufbau-amt stillzulegen. der leiter ist ordentlicher professor, der sowieso nicht betroffen wird.... ich hoffe, sie in posen noch sprechen zu können.

heil hitler! gez. rosenberg

III.

Frank contra Grau[1])

A.

Der Reichsschatzmeister
der NSDAP

Verwaltungsbau der NSDAP
München 33, den 21. Juli 1941

(handschriftlich: 5673 Ma
RW vorgelegt Sch

7)

An den

Beauftragten des Führers für die
Überwachung der gesamten geistigen
und weltanschaulichen Schulung
und Erziehung der NSDAP,
Herrn Reichsleiter Alfred Rosenberg

Berlin W 35
Margaretenstr. 17

Betrifft: Personal der Außenstelle
Frankfurt a. Main

Sehr geehrter Parteigenosse Rosenberg!

Mein Sonderbeauftragter für die Verwaltung der Außenstelle der Hohen Schule Frankfurt am Main, Parteigenosse Eck, übersandte mir mit zwei Listen Personal-Fragebogen für 22 bereits bei der Außenstelle Frankfurt tätigen Mitarbeiter und Mitarbeiterinnen (Gehalts- und Lohnempfänger) und für 7 z. Zt. noch von der Stadt Frankfurt bezahlte Mitarbeiter.

---

[1]) *Dokumente A und B CXLIII – 266. Zur Person des Dr. Wilhelm Grau schreibt Frau Dr. Eleonore Sterling in „Congress Weekly", New York, 9. Januar 1956 u. a. wie folgt:*

„1933 hatte der Mann, der da vor uns saß, unter dem Historiker Karl Alexander von Müller an der Universität München studiert und seinen Doktor mit einer Dissertation über »Antisemitismus im späten Mittelalter« – Das Ende der Jüdischen Gemeinde in Regensburg 1450–1519 – gemacht.

Kurz darauf gab es einen Skandal, denn es schien so, als habe der junge Doktor das unveröffentlichte Manuskript und Material verwandt, das vom jüdischen Historiker Rafael Strauß gesammelt worden war. Strauß machte auf das Plagiat aufmerksam, aber die Sache schlief schnell wieder ein. Ein Jude vermochte damals wenig gegen einen Schriftsteller auszurichten, der der nationalsozialistischen Partei angehörte. Außerdem wies Dr. Grau ausdrücklich darauf hin, daß die Einführung seines Buches einen Hinweis auf das betreffende Material enthalte. Das Material selbst aber sei von ihm auf seine Weise, nämlich auf eine antisemitische ausgelegt worden."

Bezüglich der 22 Erstgenannten habe ich die unmittelbare Anstellung durch die Reichsleitung veranlaßt. Die Übernahme der in der zweiten Liste genannten 7 Mitarbeiter, von der ich Abschrift beifüge, habe ich zunächst zurückgestellt. Hierzu veranlaßt mich die Tatsache, daß der in dieser Liste unter Ziffer 2 aufgeführte Leiter der Außenstelle, Dr. Wilhelm Grau, noch unterm 20. 5. 1934 in der Zeitschrift „Die junge Front" sich ausführlich, und zwar im positiven Sinne mit dem „Bruder Konrad von Altötting" beschäftigte. Nachdem hier außerdem bekannt ist, daß gegen Dr. Wilhelm Grau von Professor Dr. Walter Frank schwerwiegende Vorwürfe dahingehend erhoben werden, daß Dr. Grau ausübender Katholik und konfessionell ganz besonders stark gebunden sei, erscheint mir unerläßlich, daß eine eingehende politische Überprüfung der Person Dr. Graus erfolgt, bevor die Frage seiner hauptamtlichen Anstellung bei der Reichsleitung der NSDAP nähergetreten wird. Außerdem ist zu erwägen, daß Dr. Grau möglicherweise die in der erwähnten Liste enthaltenen Mitarbeiter nach Gesichtspunkten, die seiner weltanschaulichen Einstellung entsprechen, ausgewählt hat. Ich bitte deshalb, die Nachprüfung auch auf diese Personen auszudehnen. Im gleichen Sinne muß ich auch bezüglich des unterm 8. Juli 1941 von Parteigenossen Eck weitergeleiteten Antrages des Dr. Grau auf Anstellung eines Archivdirektors und eines Archivrates verfahren.

Ich wäre Ihnen dankbar, wenn Sie mir hierzu baldigst Ihre Auffassung und das Ergebnis Ihrer Nachprüfung mitteilen würden.

Heil Hitler!

Anlage

Ihr Sch.

(Schwarz)

Anlage

Die Hohe Schule
Außenstelle Frankfurt a. Main
Institut der NSDAP zur
Erforschung der Judenfrage

Mitarbeiter, die z. Zt. von der Stadt Frankfurt/M. bezahlt werden.

1.	Arning, Hildegard	RM	217,—	Bibliothekarin
2.	Grau, Dr. Wilhelm	„	661,08	Leiter d. Außenstelle
3.	Heidensohn, Erna	„	236,—	Stenotypistin
4.	Hohlfeld, Elfriede	„	267,—	Bibliothekarin
5.	Paul, Dr. Otto	„	630,—	Bibliothekar
6.	Pohl, Dr. Joh.	„	565,20	Bibliothekar
7.	Schmitt, Dr. Kuno	„	476,58	Bibliothekar
		RM	3052,86	

Frankfurt a. Main, den 1. Juli 1941

B.

An den den 26. 7. 1941

Reichsschatzmeister der NSDAP 5673/R/Ma.

Reichsleiter S c h w a r z, (handschriftl.: Sch.)

München 33

Lieber Parteigenosse Schwarz!

Besten Dank für Ihren Brief vom 21. d. Mts. betreffend Personal der Außenstelle Frankfurt/Main.

Die Aktion des Professors Frank ist ein unverfrorenes Querulantentum eines Menschen, von dem wir einst hofften, daß er wirklich arbeiten würde. Er hat leider seine Tätigkeit hauptsächlich darin gesehen, Menschen, die ihm irgendwie im Wege standen oder die sich inmitten seines Arbeitskreises ihm nicht sklavisch unterordnen wollten, zu verdächtigen oder den Richter über sie zu spielen, wozu gerade er nicht das geringste Recht hat. Ich lege Ihnen über diese Angelegenheit einen Absatz aus den Grünen Mitteilungen zur weltanschaulichen Lage bei, aus dem Sie das einzelne entnehmen können.

Was Dr. G r a u anbetrifft, so entstammt er einer kleinen katholischen Familie in Niederbayern. Er stand unter dem dort natürlichen Einfluß seiner gänzlich kirchlich-katholischen Umgebung und Verwandtschaft. Trotzdem hat sich Grau in seiner Jugend so etwas vorgestellt wie einen nationalen Katholizismus und eine kleine Jugendgruppe in diesem Sinne gegründet, die besonderer Förderung des einzigen Lehrers teilhaftig war. Als junger Student kam er dann nach München und trat Parteigenossen Schemm näher. Wie Sie vielleicht wissen, war kurz nach der Machtübernahme überall ein Versuch gestartet worden, eine national-protestantische Kirche zu fördern ebenso wie eine nationale Bewegung außerhalb des römischen Einflusses. Zweifellos hat Grau in diesen ersten Jahren seiner Studentenzeit noch bestimmte national-katholische Vorstellungen gehabt und ist auch innerlich mit der Anordnung von Schemm mitgegangen, der ihm empfahl, nach dieser Richtung hin zu wirken. Grau hat sich dann bei Älterwerden doch von dieser Tendenz fortentwickelt und sich speziell für die Judenfrage als junger Forscher eingesetzt, so daß Frank ihn zur Mitarbeit berief. Das einzige, was dieses ganze Frank'sche Institut in diesen Jahren geleistet hat, ist eben die Arbeit von Dr. Grau gewesen. Diese Tatsache hat Frank offenbar in Wut versetzt, und als Grau sich seinen Anmaßungen entziehen wollte, hat er ihn mit allen Mitteln der Drohung eingeängstigt. Schließlich ist Grau fortgegangen und hat seit Jahren in meinem Umkreise gearbeitet. Ich habe ihn erst lange beobachtet und kann nach allem nur sagen, daß er ein sehr ehrlicher und kluger Mensch ist, der die ganze Frage wirklich ernst und gut zu bearbeiten verspricht. Vielleicht interessiert es Sie, auch ein Zeugnis von General Haselmayr anzuhören, der mit Grau in seiner Münchener Tätigkeit dauernd verkehrt hat. Er ist geradezu von der anständigen und netten Art von Grau begeistert gewesen, und ich habe bisher keinerlei Ursache gehabt, diesen jungen Forscher jetzt abzuschütteln, weil er vielleicht auch eine gewisse Entwicklung hinter sich bringen mußte, die schließlich auch andere Menschen durchzumachen gehabt haben. Ich sehe meinerseits nach Prüfung der ganzen Lage keine Bedenken und halte es für viel wertvoller und wichtiger, einen anständigen Menschen, der sich aus einer jahrhundertelangen Tradition gelöst hat, zu fördern, als ihn wieder verbittert zurückzustoßen.

Was die anderen Persönlichkeiten anbetrifft, so werde ich mir ihre Personalien noch einmal kurz kommen lassen, um vielleicht auch jede Bedenken, die noch aufkommen könnten, möglichst zu zerstreuen.

Heil Hitler!

Rosenberg

C.[1])

Herrn

Dr. Grau

Feldpost-Nr. . . .

den 28. 10. 1942
R/K. 1734/42

Sehr geehrter Parteigenosse Dr. Grau!

Wie ich Ihnen bei unserer letzten persönlichen Unterredung schon mitteilte, bin ich bei Ihrer Berufung zum Leiter der Außenstelle Frankfurt am Main der Hohen Schule von der Voraussetzung ausgegangen, daß ich auch über Ihre frühere weltanschauliche Einstellung und Tätigkeit erschöpfend unterrichtet worden sei; es hat sich dann jedoch herausgestellt, und Sie haben mir das auch ausdrücklich bestätigt, daß dies nicht der Fall gewesen ist, mir vielleicht wesentliche Einzelheiten nicht gemeldet worden sind. Ich habe Sie daraufhin, wie ich Ihnen auch schon mitteilte, nicht weiter als Leiter der Außenstelle Frankfurt am Main belassen können. Um Ihnen aber die Möglichkeit, wissenschaftlich zu arbeiten, zu erhalten, bin ich bereit, Ihnen nach Abschluß Ihrer Wehrdienstzeit einen selbständig zu erledigenden Auftrag auf Ihrem Forschungsgebiet zu übergeben. Näheres kann zu gegebener Zeit besprochen werden.

Dem Leiter der Partei-Kanzlei habe ich davon Mitteilung gemacht, daß Sie zum Wehrdienst eingezogen sind und daß Sie nach Beendigung Ihrer Wehrdienstzeit nicht wieder die Leitung des Frankfurter Instituts übernehmen werden. Ebenso habe ich angeordnet, daß das Impressum des „Weltkampf" nur noch den Namen des Schriftleiters anführt. Zu Ihrer Unterrichtung gebe ich Ihnen hierdurch davon Kenntnis.

Heil Hitler!

gez. A. Rosenberg

---

[1]) *Dokument CXLVI – 36.*

D.[1])

11. 12. 1942

Stempel:

Kanzlei Rosenberg

Eing. Nr. 1833 Ho. vom 13. Nov. 42

Hochverehrter Reichsleiter!

Ich bestätige hiermit den Empfang Ihres Schreibens vom 28. 10. 1942. Ich bitte, hierzu folgendes mitteilen zu dürfen.

Es ist richtig, daß die systematisch betriebene Erforschung meiner weltanschaulichen Entwicklung von seiten haßerfüllter persönlicher Gegner konkrete Einzelheiten zutage gefördert hat, die ich in meinen Berichten nicht erwähnt hatte. Ich glaube aber nach wie vor, meine frühere weltanschauliche Grundhaltung völlig offen im Grundsätzlichen gekennzeichnet zu haben, wenngleich manche Einzelheiten der Vergangenheit mir aus dem Gedächtnis entschwunden war.

Ich danke für das Vertrauen, daß Sie mir während meiner Tätigkeit als Institutsleiter entgegengebracht haben und das mich in die Lage versetzt hat, in einer kurzen Spanne Zeit für die Fortentwicklung der deutschen Judenforschung nachdrücklichst mich einzusetzen.

Ebenfalls danke ich Ihnen, Reichsleiter, für Ihre Absicht, nach Abschluß meiner Wehrdienstzeit mir einen selbständig zu erledigen Auftrag übergeben zu wollen.

Wie ich soeben erfahre, wird augenblicklich die Überführung der städtischen Bibliotheksangestellten des Instituts in die Parteiverwaltung durchgeführt. Ich bitte, Sie davon in Kenntnis setzen zu dürfen, daß es mein Wunsch ist, im allgemeinen städtischen Bibliotheksdienst zu bleiben. Ich habe die bibliothekarische Arbeit liebgewonnen und glaube, in ihr auch die erforderliche Existenzsicherung für meine Familie gefunden zu haben. Ich wäre Ihnen, Reichsleiter, dankbar, wenn Sie dazu Ihr Einverständnis und gegebenenfalls (bei der Parteikanzlei) Ihre Unterstützung geben könnten, unbeschadet der späteren Regelung meiner wissenschaftlichen Mitarbeit.

Heil Hitler!

Ihr sehr ergebener

gez. Wilhelm G r a u

[1]) *Dokument CXLIII – 291.*

Sitten und Gebräuche

I.

Im Gefolge politisch-polizeilicher Arbeit[1])

Nationalsozialistische Deutsche Arbeiterpartei
Der Stellvertreter des Führers
Stabsleiter

Führerhauptquartier, 19. 4. 1941
Bo/Fu.

Herrn
Reichsleiter Alfred Rosenberg

Berlin W 35
Margaretenstraße 17

Lieber Parteigenosse Rosenberg!

Zu dem mir übergebenen Erlaß Entwurf habe ich anordnungsgemäß SS-Gruppenführer Heydrich gehört. Dieser machte darauf aufmerksam, daß mit dem Satz „Im Zuge der im Reichsgebiet vorgenommenen bzw. vorzunehmenden Beschlagnahmung des Gutes weltanschaulicher Gegner gelten die gleichen Bestimmungen" eine Regelung vorweggenommen würde, die bisher noch nicht eingeführt sei und erstmalig durch diesen Erlaß-Entwurf präjudiziert würde; im übrigen dürften die Gauleitungen niemals selbst Beschlagnahmen durchführen.

Gruppenführer Heydrich machte weiter darauf aufmerksam, daß die im Schlußsatz Ihres Erlaß-Entwurfes angestrebte Regelung keinesfalls von ihm anerkannt werden könne, da ihr grundsätzliche Bedenken entgegenstünden. *Die wissenschaftliche Bearbeitung des weltanschaulichen Gegnertums könne immer nur im Gefolge der politisch-polizeilichen Arbeit geschehen.* Nur das Material, das die Sicherheitspolizei für ihre politisch-polizeiliche

1) *Dokument PS – 072.*

Aufgabe nicht mehr benötige, könne Ihnen bzw. der Hohen Schule überlassen werden; soweit eine schnellere Bearbeitung durch Ihr Amt erforderlich sei, würden Zweitschriften und Fotokopien zur Verfügung gestellt werden.

Der Führer betonte, *auf dem Balkan* sei die Einschaltung Ihrer Sachbearbeiter nicht notwendig, denn irgendwelche *Kunstgegenstände* seien dort nicht zu beschlagnahmen; in Belgrad existiere lediglich die Sammlung des Prinzen Paul, die dieser vollständig zurückerhalten würde. Das sonstige *Material der Logen* etc. *würde durch die Organe des Gruppenführers Heydrich sichergestellt werden.*

Die Büchereien und die Kunstgegenstände der im Reich beschlagnahmten Klöster sollten zunächst in diesen Klöstern verbleiben, soweit die Gauleiter nichts anderes bestimmten; nach dem Kriege könne in aller Ruhe eine sorgfältige Überprüfung der Bestände vorgenommen werden. Keinesfalls solle aber eine Zentralisierung der gesamten Bibliotheken, die der Führer schon wiederholt abgelehnt habe, vorgenommen werden.

Heil Hitler!

Ihr

M. Bormann

II.

Wie die Bibliothek der „Hohen Schule" organisiert wurde[1])

Bericht

über die Tätigkeit des Einsatzstabes der Dienststelle des Reichsleiters Rosenberg in den westlichen besetzten Gebieten und den Niederlanden
Arbeitsgruppe Niederlande

Die Arbeitsgruppe Niederlande des Einsatzstabes Reichsleiter Rosenberg begann die Arbeiten in Verbindung mit dem zuständigen Referenten des Herrn Reichskommissars in den ersten Tagen des September 1940. Die Durchführung des Auftrages gemäß den Befehlen des Führers, wie sie in den Schreiben des Oberkommandos der Wehrmacht (Az. Nr. 2850/40 g. Adj. Chef OKW) vom 5. Juli 1940 und des Chefs des Oberkommandos der Wehrmacht an den Wehrmachtsbefehlshaber in Frankreich (2 f 28.14 WZ Nr. 3812/40 g) vom 17. September 1940, sowie an den Wehrmachtsbefehlshaber in den Niederlanden (Az. 2 f 28 J (IA) Nr. 1838/40 g) vom 30. Oktober 1940 niedergelegt sind, lehnte sich an die zivilrechtliche Abwicklung der Auflösung bzw. Beschlagnahme der verschiedenen staatsfeindlichen Einrichtungen an. So wurde in erster Linie die Überprüfung des Schriftmaterials

---

[1]) *Dokument PS – 176.*

der Freimaurerlogen vorgenommen, von denen die Büchereien und Archive folgender Logen gesichtet und das brauchbare Material verpackt wurde:[1])

Insgesamt wurden 470 Kisten mit dem Material der obenstehenden Logen und logenähnlichen Organisationen gepackt und nach Deutschland abtransportiert. Ferner wurde die gesamte Inneneinrichtung des Logentempels in Nijmegen und des Tempels des I.O.O.F., Haarlem, verpackt und nach Deutschland zum Versand gebracht. Auch Stahlregale für rund 30 000 Bücher wurden aus dem Gebäude des Grooten Oosten in Den Haag entnommen, wo sie bis dahin die Bibliotheka Klossiana und die Bücherei des Grooten Oosten aufgenommen hatten. Von den genannten Bibliotheken sind besonders wertvoll die Bibliotheka Klossiana, die einen Teil der Bücherei des Grooten Oosten darstellt, und die Bibliothek der Vrijmetselar-Stichting, Amsterdam. Außerdem das Sammelarchiv des Grooten Oosten in Den Haag, das alle historische Akten der dem Grooten Oosten angeschlossenen Logen enthält.

Um den materiellen Wert der Bibliotheka Klossiana, die sehr viele einmalige Stücke enthält, ungefähr zu umreißen, sei erwähnt, daß dem Grooten Oosten der Niederlande im Jahre 1930 von amerikanischen Freimaurern ein Betrag von 5 000 000,– Dollar für die Bibliotheka Klossiana geboten wurde.

Einen besonders wertvollen Fund machte die Arbeitsgruppe im Gebäude des Grooten Oosten, Den Haag, beim Durchsuchen der Kellerräume. Es fiel uns der aus massivem Gold hergestellte Meisterhammer des Grooten Oosten in die Hand, der zum 60jährigen Bestehen des Grooten Oosten von einigen Brüdern gestiftet war. Er stellt ein kunsthandwerkliches Erzeugnis von hoher Qualität dar. Der reine Materialwert ist auf etwa 3000,– Reichsmark zu schätzen.

Eine Bibliothek mit Archiv von einzigartigem Wert wurde von der Arbeitsgruppe mit dem Internationalen Institut für Soziale Geschichte in Amsterdam übernommen. Dieses Institut wurde 1934 offenbar zu dem Zweck gegründet, ein Zentrum der geistigen Gegenwirkung gegen den Nationalismus zu schaffen. Es beschäftigte überwiegend jüdische Emigranten aus Deutschland. Die Bestände seiner Bibliothek und seines Archives, das sehr wertvolle Einzelstücke enthält, wurden aus der ganzen Welt zusammengetragen. Die Bibliothek umfaßt rund 160 000 Bände, die allerdings zum größten Teil noch eingeordnet werden müssen. Besonders wertvoll sind die deutsche, die französische und die russische Abteilung. Durch eine Entscheidung des Reichsleiters Rosenberg wurde das Institut in seiner Gesamtheit übernommen. Es wurde ein Mitarbeiter der Dienststelle als Leiter des Instituts eingesetzt, der mit mehreren Mitarbeitern die Bestände ordnet, eine Übersicht über den wissenschaftlichen Wert herstellt und das Institut für die Partei arbeitsfähig macht. Es kann heute schon gesagt werden, daß der wissenschaftliche Wert der Bibliothek und des Archivs dieses Instituts vor allem darin besteht, daß sie für bestimmte Länder lückenlose Sammlungen des Schrifttums über die sozialen und sozialistischen Bewegungen dieser Länder enthalten.

---

[1]) *Hier folgt eine Liste von 92 Logen in Amsterdam, Den Haag, Arnhem, Bossum, Delft, Groningen, Haarlem, Den Helder, Hilversum, Leiden, Nijmegen, Rotterdam, Utrecht, Zaandam, Alkmaar und Amersfoort.*

Danach wurden die Bibliotheken der Societas Spinozana in Den Haag und des Spinozahauses in Rijnsburg verpackt. Auch diese Bibliotheken, die in 18 Kisten verpackt wurden, enthalten außerordentlich wertvolle frühe Werke, die zur Erforschung des Spinozaproblems von besonderer Bedeutung sind. Nicht ohne Grund versuchte der frühere Leiter der Societas Spinozana unter einer Tarnung, die wir entlarven konnten, uns die Bibliothek zu entziehen.

Anschließend wurden die Bücherei der Alliance Française, Den Haag, verpackt (6 Kisten), die Werke in deutscher Sprache der Emigrantenverlage Albert de Lange, Querido, Fischer-Beermann, Forum-Zeek, die Kultura-Buchhandlung und die Bücher des Pegasus-Verlages, alle in Amsterdam, insgesamt 17 Kisten. Darauf konnte die Arbeit der Arbeitsgruppe auf das Verpacken der Zeitungs- und Zeitschriftenbestände des Internationalen Instituts für Soziale Geschichte konzentriert werden. Die außerordentlich umfangreichen Bestände, die aus der ganzen Welt im Institut zusammengetragen sind, und dort zum weitaus größten Teil völlig ungeordnet und der Selbstvernichtung ausgesetzt gelagert waren, wurden sachgemäß verpackt und zunächst in den Lagerräumen der Arbeitsgruppe untergebracht. Es handelt sich dabei um 776 Kisten. Es muß eindringlich darauf hingewiesen werden, daß schnellstens Möglichkeiten geschaffen werden müssen, diese Zeitungen und Zeitschriften zu binden und in guten Bibliotheksräumen zu lagern, da sie sonst rettungslos der Selbstvernichtung verfallen. Dadurch würde ein kaum zu ersetzender Verlust entstehen, da es sich um Zeitungen und Zeitschriften aus der ganzen Welt handelt.

Weiteres, in seiner Menge noch nicht zu übersehendes Material fällt laufend an beim Auspacken der als Feindgut behandelten, sogenannten Übersee-Lifts, die überwiegend jüdisches Emigranten-Umzugsgut enthalten. Diese Lifts wurden im sogenannten „Heim in Holland" verwaltet. Bisher wurden dort 43 Kisten verpackt, darunter die Privatbibliothek des früheren Ministers der Eisner-Regierung Neurath.

Durch eine Vereinbarung mit dem Wehrmachtsbefehlshaber in den Niederlanden werden den Arbeitsgruppen laufend alle Bibliotheken übergeben, die sich in den von der Wehrmacht beschlagnahmten Gebäuden jüdischer Emigranten befinden. Bisher wurde die Bücherei des Juden De Cat in Haarlem in 4 Kisten verpackt.

Eine sehr wertvolle Bibliothek, die vor allem unschätzbare Werke über den Sanskrit enthält, wurde bei der Auflösung der Theosophischen Vereinigung in Amsterdam übernommen und in 96 Kisten verpackt.

Ferner wurden kleinere Bibliotheken der Spiritisten, der Esperanto-Bewegung, der Bellamy-Bewegung, der Internationalen Bibelforscher und anderer kleiner internationaler Organisationen in 7 Kisten, das Schrifttum einiger kleiner jüdischer Organisationen in 4 Kisten und eine Bücherei der Anthroposophischen Vereinigung in Amsterdam in 3 Kisten verpackt.

Es kann ohne weiteres gesagt werden, daß die bisher von der Arbeitsgruppe sichergestellten, verpackten und zum großen Teil bereits nach Deutschland abtransportierten Büchereibestände einen außerordentlichen wirtschaftlichen Wert verkörpern und einen sehr wichtigen Teil der Bibliothek der Hohen Schule darstellen werden. Der Materialwert dieser Büchereien ist, wie das vorher angeführte Beispiel der Bibliotheka Klossiana zeigt, nur ungefähr zu schätzen. Er beläuft sich aber sicher auf 30—40 Millionen Reichsmark.

III.

Der Fall Illich[1])

Nationalsozialistische Deutsche Arbeiterpartei — Reichsleitung

Der Beauftragte des Führers
für die Überwachung der gesamten geistigen
und weltanschaulichen Schulung und Erziehung
der NSDAP

Die Hohe Schule
— Außenstelle Frankfurt a. M. —
Institut zur Erforschung der Judenfrage

Frankfurt a. M.,
den 30. 4. 1941
Bockenheimer Landstr. 68
Fernruf 7 93 55
Dr. Gr/Gm. ·1258/41

An

Reichsleiter
Alfred Rosenberg

Berlin W 35
Margaretenstr. 17

Sehr geehrter Reichsleiter!

In der Anlage übersende ich Ihnen Feststellungen über Dr. Hans Illich, bisher Sachbearbeiter für Geschichte im Institut zur Erforschung der Judenfrage, Außenstelle Frankfurt a. M. der Hohen Schule. Dr. Illich ist am Freitag, dem 25. April 1941, nachdem er seit Ostern spurlos verschwunden war, plötzlich in Frankfurt a. M. aufgetaucht, jedoch nicht im Institut oder in seiner Wohnung, sondern am Einwohnermeldeamt. Auf Grund der durch das Verschwinden Dr. Illichs bekanntgewordenen kriminellen Vergehen habe ich Dr. Illich fristlos entlassen und ihn der Polizei übergeben. Ein anderes Verhalten meinerseits war nicht mehr möglich, wenn nicht das Ansehen der Außenstelle der Hohen Schule in Frankfurt a. M. gleich zu Beginn seiner Wirksamkeit schwer beeinträchtigt werden sollte.

Dr. Illich ist von der Kriminalpolizei in Haft genommen worden und hat die wesentlichen Vergehen bereits zugegeben. Aufzuklären bleibt noch, ob die inzwischen aus seiner Wohnung in die Bibliothek zurückgeführten 98 Bücher alle Werke sind oder ob er bereits in den wenigen Wochen, die ihm Zugang zu unseren Beständen verschafft haben, Verbindung mit Antiquariaten aufgenommen und dort irgendwelche Werke abgesetzt hat. In seiner Wohnung fand die Kriminalpolizei einen Betrag von RM 800,—, über dessen Herkunft noch nicht Klarheit geschaffen ist.

Außer der strafgerichtlichen Aburteilung vor einem Zivilgericht wird, wie uns die zuständige Wehrersatzdienststelle wissen läßt, auch ein Kriegsgericht den Fall behandeln.

Ich bitte Sie, Reichsleiter, prüfen zu lassen, auf Grund welcher Vorgänge Dr. Illich vom Amt Weltanschauliche Information bzw. vom Amt Wissenschaft als Mitarbeiter angenommen wurde und die Verwendung bei uns veranlaßt werden konnte. Pg. Schirmer und ich haben seinerzeit über die Art der Zuteilung von Dr. Illich an das Institut Vorsprache bei Professor Bäumler erhoben. Den Aktenvorgang hierüber lege ich in Abschrift bei.

---

[1]) *Dokument CXLIII — 301.*

Dr. Illich hat hier angegeben, daß seine Personalakten im Amt in Berlin sich befänden. Deshalb habe ich bei ihm als einzigen Mitarbeiter keinerlei Unterlagen hier zur Hand gehabt. Erst als ich vor einigen Monaten zufällig von Ihnen die Bemerkung hörte, daß Sie Dr. Illich nicht kennen und seine Anstellung hier nicht veranlaßt haben, habe ich von Illich Personalunterlagen gefordert. Im Zuge der Bearbeitung dieser Personalunterlagen mußten an Illich mehrere Rückfragen gerichtet werden. Diese Fragen haben ihm offensichtlich gezeigt, daß er den künstlichen Nebel, den er über seine Personalien bisher mit Geschick aufrechtzuerhalten verstand, nicht mehr weiterhin aufrechterhalten könne. Aus diesem Grunde ist er wohl spurlos von der Dienststelle verschwunden. Sein plötzliches Wiederauftauchen gerade am Einwohnermeldeamt deutet darauf hin, daß er durch polizeiliche Abmeldung von Frankfurt a. M. den Versuch machen wollte, sich erneut für die vielen Dienststellen, die ihn bereits suchen, unsichtbar zu machen.

Dr. Illich gehört als Oberscharführer dem persönlichen Stab des Reichsführers SS an, sollte aber von dort, wie uns der Burgkommandant der Reichsführerschule SS Wewelsburg mitteilte, schon längst entlassen werden.

Über die gegen Dr. Illich erfolgenden Gerichtsurteile gebe ich zum gegebenen Zeitpunkt Bericht.

Heil Hitler!

Anlagen gez. Grau

IV.

Der Fall Schattenberg[1])

Aktennotiz für Reichsleiter Alfred Rosenberg

Betr.: Archivrat Dr. Friedrich Schattenberg – Seit dem 1. 4. 41 Archivrat im Institut zur Erforschung der Judenfrage.

Zum 1. 4. 41 wurde auf Grund ausgezeichneter Personalunterlagen und im besonderen einer Befürwortung der Gauleitung Süd-Hannover-Braunschweig der Archivrat Dr. Friedrich Schattenberg als Archivar des Instituts bestellt. Dr. Schattenberg ist geboren am 26. 6. 92 in Braunschweig, kommt aus dem staatlichen Archivdienst und verfügt über ausgezeichnete Zeugnisse. Vor 1933 hat er dem Kampfbund der Deutschen Kultur angehört, seit 1933 gehört er der NSDAP an und war als politischer Leiter zuletzt als Kreishauptstellenleiter in Wolfenbüttel aktiv für die Bewegung tätig. Er ist Weltkriegsteilnehmer, wurde wegen Auszeichnung vor dem Feind zum Unteroffizier befördert, ist Inhaber des EK II und des Braunschweigischen Kriegsverdienstkreuzes.

Im Dienst hat Schattenberg den besten Eindruck hinterlassen. Mit großer Umsicht und Sachkenntnis begann er das Archiv aufzubauen und schien in seiner persönlichen Haltung der Typ des besten Beamten und Verwaltungsmannes zu sein.

Am 25. 6. 41 wurde Dr. Schattenberg wegen Diebstahls in einer Wohnung eines amerikanischen Juden in Frankfurt a. M. von der Geheimen Staatspolizei verhaftet. Schattenberg

[1]) *Dokument CXLIII – 297.*

hat in einer privaten Aktion zusammen mit einem vom Kreisleiter ihm benannten politischen Leiter namens Fenchel, die Wohnung des Juden geräumt, angeblich in der Meinung, der genannte politische Leiter besäße hierzu die erforderliche behördliche Vollmacht.

Es stellte sich jedoch heraus, daß Fenchel trotz seines politischen Ranges ein 12mal vorbestraftes Subjekt ist, das sich bei der Ausräumung der Wohnung in unvorstellbarer Weise bereichert hat.

Schattenberg hat dabei ebenfalls 7 Handtücher, 1 Opernglas und ähnliche kleinere Gegenstände mitgenommen.

Da die Aussage Schattenbergs, er wäre das Opfer einer Verbrechernatur geworden, anfänglich glaubhaft erschien, habe ich zusammen mit der Gauleitung die Frage geprüft, ob das gerichtliche Verfahren gegen Schattenberg durch ein parteigerichtliches abgelöst werden könnte. Zu diesem Zweck wurde die in Händen Schattenbergs befindliche Verwaltung mehrerer institutseigener Wertgegenstände, die mitunter aus den beschlagnahmten Kisten zum Vorschein kommen, einer eingehenden Untersuchung unterzogen mit dem Zweck, hieraus gegebenenfalls eine moralische Entlastung für Schattenberg folgern zu können. Diese Ermittlungen ergaben, daß Schattenberg auch institutseigene Gegenstände widerrechtlich und zum Zwecke der persönlichen Bereicherung an sich genommen hat. Zur selben Zeit teilte mir die Gestapo mündlich mit, daß Schattenberg in die Angelegenheit Fenchel tiefer verwickelt ist, als es ursprünglich den Anschein hatte.

Da jedes Mitglied des Instituts bei seinem Eintritt eine Erklärung unterzeichnet, wonach eine widerrechtliche Aneignung von institutseigenen Gegenständen, Büchern, Akten und dgl., die fristlose Entlassung und die gerichtliche Bestrafung zur Folge hat, ist der Fall der fristlosen Entlassung gegeben.

Der Sonderbeauftragte des Reichsschatzmeisters für die Verwaltung der Außenstelle der Hohen Schule, Gauschatzmeister Eck, spricht auf Grund dieses Tatbestandes nunmehr die Kündigung des Anstellungsverhältnisses Dr. Schattenberg aus.

Zu den Veruntreuungen, die sich Schattenberg im Dienst hat zuschulden kommen lassen, gehört u. a., daß er aus den Briefmarkenalben, die aus den Kisten zum Vorschein kamen, Seiten heraustrennte und sie bei einem Frankfurter Briefmarkenhändler verkaufte.

Während einer Dienstreise von mir nach Berlin am 21. 6. 41, bereits nach dem oben geschilderten Vorfall in der Wohnung des amerikanischen Juden und wenige Tage vor seiner Verhaftung, hat Dr. Schattenberg 2 Briefmarkenalben — vermutlich jene, aus denen er selbst Bestände entnommen hat —, Pg. Schirmer gegeben. Obwohl ich von Dr. Schattenberg über das Vorhandensein von Briefmarkenalben nie Bericht erhalten habe, hat er diese Übergabe von Alben an Pg. Schirmer, obwohl in meiner Abwesenheit, dennoch in dem Sinne korrekt vollzogen, indem er von Pg. Schirmer eine Empfangsbestätigung verlangte und meine nachträgliche Zustimmung zu dieser Übergabe voraussetzte. Da Pg. Schirmer die Briefmarkenalben laut Angabe für Gratifikationen an ehrenamtliche Mitarbeiter des Weltdienstes zu verwenden beabsichtigte, habe ich Pg. Schirmer gegenüber erklärt, ich könnte mich nachträglich mit dieser Übergabe der Briefmarkenalben durch Dr. Schattenberg an ihn einverstanden erklären, falls der Reichsleiter die Zustimmung zu dieser beabsichtigten Verwendung geben würde.

Das Interesse, das Dr. Schattenberg an der Wohnung des Juden Strauss nahm, ist umso befremdlicher, als er wußte, daß die Gauleitung für neu anzustellende Mitarbeiter des Instituts von sich aus ehemalige Judenwohnungen durch die Gestapo freimachen läßt.

Die Vorfälle spielten sich in der Woche vor dem 22. 6. 41 ab, in welcher ich mich in Berlin befand. Schattenberg wurde jedoch nicht im Institut, sondern in seiner Pension verhaftet. Ich habe erst nachträglich davon Kenntnis erhalten und den angeforderten Bericht der Gestapo erst nach meiner Rückkehr aus Paris vorgefunden.

Ich bitte, diesen Bericht als vorläufige Information zu werten, da mir die Gestapo, Leitstelle Frankfurt a. M., einen eingehenden Bericht in Aussicht gestellt hat.

Frankfurt a. M., den 10. Juli 1941
Dr. Gr./Wz.

Grau

V.

Der Fall Schirmer[1])

Der Reichsschatzmeister der NSDAP

München 33, den 1. Juli 1943
Verwaltungsbau der NSDAP

An den
Beauftragten des Führers
für die Überwachung der
gesamten geistigen und
weltanschaulichen Schulung
und Erziehung der NSDAP,
Herrn Reichsleiter Alfred Rosenberg

Berlin W 35
Margaretenstr. 17

Betreff: Hohe Schule der NSDAP, Außenstelle Frankfurt/Main,
Dienststelle „Weltdienst";
hier: Oberbereichsleiter August Schirmer,
wegen Verdachts der unberechtigten Aneignung von Wertgegenständen.

Sehr geehrter Parteigenosse Rosenberg!

Unter Bezugnahme auf den in vorstehend bezeichneter Angelegenheit im vorigen Jahre mit Ihnen geführten Schriftwechsel und auf die dem Verwaltungsleiter Ihrer Dienststelle, Pg. Bauer, durch meinen Beauftragten für die Reichshauptstadt Ende 1942 gegebenen Mitteilung über den Stand der gegen Oberbereichsleiter Pg. Schirmer durchgeführten Untersuchungen teile ich mit, daß die Ermittlungen nunmehr zu einem gewissen Abschluß gelangt sind. Zu den gegen den Genannten erhobenen Vorwürfen wurde hierbei folgendes festgestellt:

Bezüglich der in Paris beschlagnahmten Briefmarkensammlung hat Pg. Schirmer angegeben, daß er diese Sammlung für Propagandazwecke des „Weltdienstes" übernommen hat.

---

[1]) *Dokument CXLII – 198.*

Er behauptet, daß über die Zahl und Art der übernommenen Marken keine Aufzeichnungen gemacht wurden. Der bei der Dienststelle als Mitarbeiter der Schriftleitung des „Weltdienstes" beschäftigte Vg. Rolf Hesse, durch den Pg. Schirmer die Marken reinigen ließ, hat Aussage dahin gemacht, daß er für die angegebenen Zwecke drei oder vier Alben mit französischen und belgischen Marken aus dem Ende des vorigen und Anfang dieses Jahrhunderts erhielt, daß er entsprechend der ihm erteilten Anweisung die beschädigten Marken, die höchstens den vierten Teil der Gesamtzahl ausmachten, aussortierte und vernichtete, und daß er etwa 1500 bis 2000 unbeschädigte Marken nach Vornahme der Reinigung an Schirmer zurückgab. Hesse hatte nach seinen Angaben seinerzeit ausdrücklich Auftrag erhalten, die Angelegenheit streng vertraulich zu behandeln.

Pg. Schirmer hat sich dahin geäußert, daß er auf Grund einer ihm von Ihnen erteilten Genehmigung diese Marken als „Gratifikation" an Freunde des „Weltdienstes" im Ausland versandt hat. Er bestreitet, Marken aus dieser Sammlung für sich behalten oder veräußert zu haben. Ebenso wie über den Bestand an übernommenen Marken behauptet Schirmer, auch über die Empfänger der Briefmarken keinerlei Aufzeichnungen gemacht zu haben.

. . . . .

In diesem Zusammenhang fühle ich mich verpflichtet, Ihnen davon Kenntnis zu geben, daß, wie ich vertraulich erfahren habe, Pg. Schirmer vom Gauleiter der Gauleitung Hessen-Nassau, Pg. Sprenger, ungünstig beurteilt wurde und daß gegen ihn wegen der nach allen Richtungen in Erscheinung tretenden Unzulänglichkeiten von verschiedenen Seiten Klage geführt wurde. Zum Beispiel haben sich auch Mitarbeiter seiner Dienststelle bei durchgeführten Vernehmungen, ohne daß diese Fragen bei den Verhandlungen irgendwie berührt wurden und sogar gegen den Willen meiner Revisionsorgane, über die charakterlichen Mängel und den Mangel an jedem Format des Genannten lebhaft ausgelassen. Ich bitte, diese Angelegenheit auch Ihrerseits vertraulich zu behandeln.

Heil Hitler! Ihr
gez. Schwarz

VI.

Der Fall Lauber[1])

Einsatzstab Reichsleiter Rosenberg
Stabsführung
Der Leiter des Referates Südosten 2. Mai 1942

Bericht

Betrifft: Führung der Dienststelle in Agram durch Pg. Dr. Lauber.

Ich habe die Dienststelle in Agram gemäß Auftrag des Reichsleiters vom 27. 3. 1942 K 598/42 am 1. 4. 42 übernommen und erstatte darüber folgenden Bericht:

1. Allgemeines

Zunächst ist festzustellen, daß eine ordentliche Übernahme der Dienststelle nicht möglich war, weil Pg. Dr. Lauber bereits vor meiner Ankunft am 28. 3. mittags mit seinem

---

[1]) Dokument R – 89.

Kraftfahrzeug nach Wien abreiste und einen Vertreter nicht bestellte, obwohl er telefonisch und mit Fernschreiben vom 26. 3. 42 von meinem Eintreffen und meinen Vollmachten des Reichsleiters unterrichtet wurde. In der Dienststelle war zwar Oberleutnant Christ anwesend, der jedoch erklärte, daß er nur „traditionsgemäß" als Vertreter des Pg. Dr. Lauber gelte, jedoch weder angewiesen noch sonst in der Lage sei, mir irgendwelche Geschäftsvorgänge ordnungsgemäß zu übergeben. Er verwies mich an die Sekretärin, Frau Bade, die aber ebenfalls ohne Anweisungen durch Pg. Lauber war.

Dieses Verhalten des Pg. Lauber muß als unkorrekt bezeichnet werden, zumal er wußte, daß es sich nicht um eine vorübergehende Abwesenheit seinerseits, sondern um eine Einberufung zur Wehrdienstleistung mit unbestimmter, auf alle Fälle aber längerer Dauer handelte.

— — —

Zusammenfassend ist festzustellen, daß die Dienststelle in Agram durch Dr. Lauber in einer Weise geführt wurde, die nicht nur dem Ansehen der Dienststelle des Reichsleiters Rosenberg, sondern darüber hinaus der NSDAP schweren Schaden zugefügt hat. Die von der Stabsführung des Einsatzstabes im September 1941 verfügte Auflösung der Dienststelle Agram und die Abberufung des Dr. Lauber war in jeder Hinsicht begründet und hätte dieser bedauerlichen Entwicklung ein Ende bereitet. Dr. Lauber gelang es jedoch, sich mit Hilfe der Hohen Schule in Agram zu halten. Während das Organisationsamt Hohe Schule, die Stabsführung des Einsatzstabes und das Verwaltungsamt sich nun um die Verantwortung und um die Zuständigkeit der leider nicht ausgeübten Dienstaufsichtspflicht stritten, verwirtschaftete Dr. Lauber nicht nur Parteigelder, sondern in unverantwortlicher Weise auch das politische Kapital und das Ansehen seiner Dienststelle. Die Ausstellung falscher Personalausweise, die korrupte Wirtschaft mit Parteigeldern, der erpresserische Kraftwagenankauf, die anmaßende Behandlung der Volksdeutschen und Kroaten, die Durchführung widerrechtlicher Verhaftungsaktionen machen es leider verständlich, wenn selbst in Kreisen der Deutschen Gesandtschaft für die Abkürzung „Sonderkommando RR" in Agram die Bezeichnung „Sonderkommando *Räuber* Rosenberg" gebraucht wird und geläufig ist.

Auf jeden Fall dürfte aus den Einzelheiten des Berichtes hervorgehen, daß Dr. Lauber für die Leitung einer Parteidienststelle unfähig und untragbar ist und es darf wohl erwartet werden, daß Dr. Lauber auch den ihm im Rahmen der Hohen Schule in Aussicht gestellten Forschungsauftrag für Agram nicht zugewiesen erhält.

Ich kann mich der Ansicht nicht anschließen, daß zur Entschuldigung Dr. Laubers die „Verwickeltheit in den Befehlsverhältnissen" geltend gemacht werden muß. Vielmehr liegen m. E. schwere charakterliche Mängel vor, die es notwendig machen, die ganze Angelegenheit dem Parteigericht zur Nachprüfung und Entscheidung vorzulegen, wieweit Dr. Lauber als Politischer Leiter, SA-Führer und Parteimitglied überhaupt noch tragbar ist.

von Ingram

(v. Ingram)

Leiter des Referates Südosten

KAPITEL IV

Theologie

INHALTSVERZEICHNIS

Vorwort

Naturgemäß ist dieses Kapitel besonders umfangreich, denn die darin zusammengetragenen Texte behandeln die „letzten Dinge" und auch die Antwort, welche Nazi-Denker und deren Geistesverwandte darauf zu geben wußten.

Um die kompakte Masse der Dokumente jedoch ein wenig aufzulockern, entschlossen wir uns dazu, die „Theologie" in zwei Teile zu scheiden.

Die erste Abteilung behandelt den Kampf gegen die alten Auffassungen, während der zweite Teil gewissermaßen der Formulierung dessen vorbehalten ist, was das Alte ersetzen sollte.

Der Leser wird aber zweifelsohne feststellen können, daß auch die Texte jener zweiten Kategorie im Grunde genommen lediglich ebenfalls eine Auseinandersetzung mit dem Alten darstellen.

Daraus wiederum ergibt sich nur eine Schlußfolgerung: beweist es nicht, wie ohne jedes Eigenleben diese neuen Auffassungen waren? Diese waren weder in der Lage, das Christentum zu überwinden, noch vermochten sie es zu übertreffen. Sie existierten vielmehr nur bis zu einem gewissen Grade, nämlich soweit sie das Christentum bekämpften.

Dennoch gilt es, einen Unterschied zu machen zwischen den gefühlvollen Ergüssen der Professoren, die da nach einer neuen Mystik suchten, und der soviel einfacheren Heilslehre eines Martin Bormann, der die göttliche Allmacht „wissenschaftlich" zu untermauern versuchte, denn darin bestand der eigentliche Kern des Ideenguts jener Veterinärphilosophie.

Mathilde Ludendorff

Mathilde Ludendorff, geb. Spiess, geschiedene von Kemnitz. * 4. 10. 1877 — Dr. med. Veröffentlichungen: „Das Weib und seine Bestimmung", „Triumph des Unsterblichkeitswillens", „Deutscher Gottglaube", „Der ungesühnte Frevel an Luther, Lessing, Mozart und Schiller", „Das Geheimnis der Jesuitenmacht" (zusammen mit Erich Ludendorff), „Erlösung von Jesu Christo", „Lehrplan für deutsch-gottgläubige Jugend", „Statt Heiligenschein und Hexenzeichen — mein Leben" — 1933 „Die Volksseele und ihre Machtgestalter" u. a. („Wer ist Wer?", 1935.)

„Erlösung von Jesu Christo"[1])

Wahrheit und Fälschung:

Der ganze Turmbau der Irrlehren, daß die Juden das älteste Kulturvolk seien und das Alte Testament das älteste Schriftwerk wäre, ist längst zusammengebrochen. Alle Feuerbrände, alle Vernichtungsmittel alter Kulturwerke, die die hohe Kultur der Vorzeit tilgen sollten, so auch die Vernichtung der wertvollen Bibliothek in Alexandria und der Werke unserer Ahnen, haben nicht verhindern können, die Lügen als solche kenntlich zu machen. Das Entstehen der Bücher Mose, das von den Juden fast 4000 Jahre vor unserer Zeitrechnung angegeben war, ist nach den sichersten Beweisen der heutigen Forschung frühesten auf etwa 450 v. Chr. festgestellt. Die fünf Bücher Mose sollen von Esra nach mündlicher Überlieferung geschrieben sein. Die Legenden von Mose sind großenteils verstümmeltes indisches Geistesgut, seine Gesetze zum guten Teil den Jahrtausende älteren Gesetzen des Inders Manu entnommen, dabei freilich verzerrt und verstümmelt worden. Der Zeitpunkt der Niederschrift des Alten Testaments ist also unter den Lichtstrahlen der wissenschaftlichen Forschung erheblich verjüngt, während andererseits die neuesten Vedenforschungen ergeben, daß die indische Kultur weit älter ist, als man annahm. Da die Inder die einfachste und genaueste Art der Zeitangabe, nämlich astronomische Angaben pflegten, so läßt sich heute mit Genauigkeit errechnen, daß sie z. B. ihren ersten Brahman vertretenden Oberpriester Yati-Richi etwa 12 000 vor unserer Zeitrechnung ernannten,

---

[1]) *Ludendorffs Verlags GmbH, München 1931.*

denn sie geben an, daß damals die Sonne bei der Herbst-Tag- und Nachtgleiche in das Zeichen des Widders trat. Nach ähnlicher Errechnung geben die Forscher an, daß um das Jahr 3200 vor unserer Zeitrechnung eine der größten Städte Indiens, Pratichtana, erbaut wurde, deren Ruinen noch heute gegenüber Allahabad am Ufer des Ganges zu sehen sind.

Mindestens ebensoviel verzerrtes indisches Geistesgut birgt auch das Neue Testament, und zwar vor allem aus der indischen Verfallszeit, also aus den Zeiten Krischnas 4000 und Buddhas 600 vor dem Jahre 1.

Von dem Neuen Testament hat die christliche, kritische Bibelforschung mit Bezug auf die vier Evangelien schon selbst festgestellt, daß bestenfalls ein Teil des Markus-Evangeliums, im ganzen etwa neun Druckseiten, einen gewissen Quellenwert besitzt, und daß die Apostelgeschichte einigermaßen zuverlässig über die Lehren und Geschichte der ersten Christengemeinden berichtet. Daß die kritische Forschung der Wissenschaft noch erheblich weiter geht und das Leben Jesu von Nazareth überhaupt bestreitet (s. u. a. d. Nachweise Artur Drews), sei hier erwähnt. Uns kann es, wie schon gesagt, bei unserer Betrachtung, die keine historische ist, ganz gleichgültig sein, ob Jesus von Nazareth eine erdichtete oder historische Persönlichkeit ist, und ebenso gleichgültig, welcher Bruchteil der Evangelien im historischen Sinne weniger unzuverlässig ist als der andere. Wir wollen ja untersuchen, und ganz gründlich untersuchen, wie die Lehre und das Vorbild beschaffen sind, die sich seit 1000 Jahren bis zur Stunde an Millionen in unserem Volke auswirken. Da nun die vier Evangelien und die Apostelgeschichte und die Apostelbriefe für diese Millionen als unantastbares, von dem heiligen Geist eingegebenes Gotteswort gelten, wenn auch heute Theologen listreich anderes behaupten, so müßten wir alle Evangelien, Apostelgeschichte und Apostelbriefe zu unserer Betrachtung als gleich wichtig heranziehen. Nun ist aber glücklicherweise das letztere deshalb nicht notwendig, weil die Apostelgeschichte weder das Leben noch die Lehre des Jesus von Nazareth bringt und andererseits alles das, was Paulus als Weltanschauung lehrt, in allen wesentlichen Bestandteilen in die Evangelien gewandert ist, die, wie die Wissenschaft erwiesen hat, ja auch später niedergeschrieben wurden als die Apostelgeschichte. Die paulinische Erbsündenlehre und Erlöserlehre, die vor allem Grundlage der Evangelien wurde, werden eingehend behandelt werden. Ebenso unwichtig für uns wie die Frage, ob Jesus gelebt hat, ist auch die andere, ob Jesus ein ganz anderer war, als die Evangelisten ihn schildern. Nur der geschilderte Jesus und jedes der in der Bibel stehenden Worte seiner Lehre haben sich auf die Christen ausgewirkt. Alle Worte der Evangelisten sind also in dieser unserer Betrachtung wichtige und einzige Grundlage, unbekümmert um ihr unterschiedliches Alter.

Wir werden zum erstenmal die unheimliche Wirkung des Christentums auf die Völker und alle die unüberbrückbaren Widersprüche in Leben und Lehre des Jesus von Nazareth begreifen und begreiflich machen dadurch, daß wir die Berichte über Jesum als Gottsohn und Christos, die nachweislich von den indischen Krischna- und Buddha-Legenden nachgeschrieben sind, völlig sondern von dem jüdischen eigenen Geistesgut der Evangelisten in ihrem Lebensbericht über Jesum von Nazareth, den jüdischen Messias, und den ebenso jüdischen „Knecht Gottes", der durch seinen Tod das „Sühneopfer" der Menschheit ist. Bei der Betrachtung der Lehre Christi werden wir, um Wiederholungen zu vermeiden, bei jedem Einzelgebiet der Lehre das abgeschriebene indische Geistesgut von den rein jüdischen Lehren trennen und dem allem unsere Gotteserkenntnis gegenüberstellen. Dann erklärt sich uns einmal der unüberbrückbare Widerspruch zwischen dem Mythos des Christos, einer verstümmelten Wiedergabe des Krischna- und Buddha-Mythos, und dem Leben des Juden Jesus von Nazareth. Es erklären sich uns auch die unüberbrückbaren Widersprüche in der Weltanschauung, in den Heilslehren und in der Morallehre, die im Neuen Testament niedergelegt sind. Wir erkennen klar das tollkühne Zusammenflicken verzerrter indischer und jüdischer Bestandteile, das jüdische Evangelisten getrost wagten....

...Es kommt uns manchmal so vor, als herrsche bei den Verfassern der Evangelien fast eine Freude am Widerspruchsvollen, zum mindesten aber eine gänzlich andere Gewissenswertung in bezug auf zuverlässige Wahrheit, Klarheit und Eindeutigkeit, wie sie in uns Deutschen wohnt. Dies ist auch der Fall. Das Rätsel löst sich durch die Tatsache, daß die Verfasser der Evangelien Juden sind. Wer jüdische Schriften überhaupt in ihrem Zustandekommen begreifen will, der darf keinen Augenblick die jüdischen Gewissenswertungen vergessen. Für den Juden sind jede Wahrheit und jede Lüge ein großes Unrecht, sofern sie dem von Jahweh verheißenen Ziele: der jüdischen Weltherrschaft, abträglich sind. Für den Juden aber sind jede Wahrheit und jede Lüge lobenswerte Pflichterfüllung, wenn sie das jüdische Weltherrschaftsziel fördern. Daraus ergibt sich ohne weiteres, daß der Jude die Forderung der eindeutigen Klarheit der Lehre weder für sein Volk noch für die anderen Völker stellen wird, sofern es sich herausstellt, daß das Widerspruchsvolle dieser Lehren dem jüdischen Weltherrschaftsziel förderlicher ist. Es ist ein unendlich weiter Weg gewesen von jener Stunde, in der die Evangelisten ihre Evangelien schrieben, bis zur jüdischen Weltherrschaft. Und so konnte z. B. Matthäus nicht ahnen, ob es Zeiten geben werde, in der nur ein Judenchristentum, und Zeiten, in der nur ein Heidenchristentum möglich sein wird, und was jeweils förderlicher für die jüdische Weltherrschaft sein werde. Wenn nun Matthäus 10, 5 und 6 Jesum das Gegenteil von Matthäus 28, 19 in bezug auf die Mission des Christentums unter den Völkern anordnen läßt, so hat das den ungeheuren Vorteil, daß auf jeden Fall jederzeit ein für den Fortschritt der jüdischen Weltherrschaft günstiges Wort des Jesus von Nazareth herausgegriffen und maßgebend genannt werden kann. Die jüdische Gewissenswertung, die die sittliche Forderung an eine Lehre nicht aufstellt, daß sie ehrlich, einheitlich, klar und eindeutig sein muß, vor allem dann, wenn sie sich auf das Religiöse bezieht, ist selbstverständlich auf die Christenvölker übergegangen; denn das „auserwählte Volk" wurde durch die Bibel in Glaubensfragen maßgebend für die Christenvölker.

Es ist im Sinne der jüdischen Gewissenswertungen auch ohne weiteres klar, daß sich der Jude im Neuen Testament ebensowenig wie in seinen heiligen Schriften allein mit den Widersprüchen begnügt, die er als bedeutende Erleichterung der Anpassung an verschiedene Zeiten und Geistesströmungen schätzen lernte, sondern daß er noch außerdem für Vieldeutigkeit der Lehre sorgte, einmal durch eine besonders rabulistische Deutungskunst, die natürlich auch völlig frei ist von unseren sittlichen Forderungen der Wahrheit, und zum anderen durch eine ganz besondere jüdische „Zitierungskunst". Die rabulistische Deutungskunst finden wir auch bei den meisten christlichen Theologen sehr ausgeprägt; das gehört sich so. Wir werden im Kommenden genügend Erfahrungen darüber machen, daß der Jesus der Evangelisten auf dem Höhepunkt seines Lebens, als „seine Stunde gekommen" war, zum erstenmal seine Lehre im Tempel zu vertreten, diese jüdische Deutungskunst alttestamentarischer Stellen selbst anwendet und somit allen Christen dieses Vorbild gibt.

Prof. Emanuel Hirsch

„Entartung der christlichen Religion"[1])

Seit einigen Jahrhunderten haben kühne Geister zu ahnen begonnen, daß die ganze kirchliche Betrachtung des Alten Testaments geschichtlich unwahr ist. Und heute, nach einem Jahrhundert vor allem deutscher evangelischer alttestamentlicher Wissenschaft – Luther hat sie, ahnungslos über die Folgen, zu grammatisch-historischer Auslegung verpflichtet, und sie ist dabei Schritt um Schritt weitergetrieben worden –, steht es so, daß das Wissen von dieser Unwahrheit Gemeingut zu werden im Begriffe ist. Jeder kann heute sich leicht selbst davon überführen, daß der Weissagungsbeweis des Neuen Testaments aus dem Alten für Jesus einfach nicht stimmt, und daß es vollends lächerlich ist, die christlichen Hauptlehren aus dem Alten Testament belegen zu wollen. Ebenso ist klar, daß die paulinische Entgegensetzung von Verheißung und Gesetz, Abraham und Moses der alttestamentlichen Religion schlechterdings fremd ist, und daß der christliche Glaube die alttestamentliche Religion in den Grundvoraussetzungen *jeder* ihrer Gestalten zerbrochen hat. Endlich dämmert auch die Erkenntnis in vielen, daß bestimmte Entartungen christlicher Religion, z. B. das die Weltherrschaft beanspruchende Papsttum und die Neigung, Andersgläubige zu schänden und zu vernichten, mit einem illegitimen Einflusse des Alten Testaments auf den christlichen Glauben zusammenhängen: der christliche Glaube hat von dem Buche, das er sich gewaltsam aneignete und zurechtbog, selber eine Rückwirkung erfahren. Das heißt, es ist eine ebenso unwiderrufliche Tatsache europäischer Kulturgeschichte, wie der Sturz des ptolomäischen Weltsystems es ist, daß die kirchliche Deutung des Alten Testaments bis auf den Grund, bis in die aus der Urgemeinde und aus Paulus stammenden Voraussetzungen hinein, zerstört worden ist. Es gehört jahrelange Übung in religiöser Selbsthypnose und theologischer Reflektierkunst dazu, ehe kundige und unterrichtete Leute heute so weit sind, daß sie die kirchliche Lehre noch mit gutem Gewissen wiederholen können.

---

[1]) *In „Deutsches Volkstum", Jahrgang 1937, S. 837 u. 838, Biographie in „An den Universitäten".*

Ernst Krieck

Ernst Krieck. * 6. 7. 1882 — 1924 bis 1928 freier Schriftsteller — 1928 bis 1933 Prof. an der Pädagogischen Akademie Frankfurt/Main — 1934 Rektor der Johann-Wolfgang-Goethe-Universität in Frankfurt/Main. (F. L.) — † 1947 im Internierungslager Moosburg. (K. G. K., 1954.)
Veröffentlichungen: „Deutsche Staatsidee", „Revolution der Wissenschaft", „Philosophie und Erziehung", „Staat und Kirche", „Nationalpolitische Erziehung".
„. . . der revolutionäre Vorfechter des Nationalsozialismus im Felde der Wissenschaft . . ." (A. Hohlfeld, „Auseinandersetzung mit dem Westen", Straßburg, 1942, S. 166.)

I.

Über Religion im allgemeinen[1])

Jede Art von Religion stammt aus Asien; Religion ist uns art- und sinnfremd. Sie gehört allemal ins Gebiet des Selbstvergottungs-Illusionismus.

Artgemäß und zielgerecht ist uns Germanen der lebendige Gott- und Schicksalsglaube, der den Willen gebiert und als schöpferische Kraft lebende Weltwirklichkeit gestaltet, indem er Geschichte macht und das Naturbild bestimmt. Glaube gebiert den Willen und die Kraft, Religion zerstört den Willen und die Kraft; Religion ist unserer Rasse lebensfeindlich. Glaube, Wille und Kraft sind die Mächte der Gesundheit; Religion mit Zauber, Hinterwelt und Erlösung ist die Ursache der Krankheit. Glaube, Kraft und Wille stammen aus dem gottgesandten Heil, aus Berufung, Begabung, Begnadung und wirken Gesundheit des Lebens.

Vom Willen gehen Wirken und Werk aus, die zusammen die Geschichte ausmachen, darin sich der Sinn unseres Lebens, die Bestimmung der germanischen Rasse erfüllt. Die Existenzform des Willens heißt Charakter: der Wille ist Verrichtung, das Wirken ist Vollziehung des mit Kraft geladenen Charakters. Der Charakter aber ist aus Rasse und Heil bestimmt.

---

[1]) *In „Heil und Kraft". Ein Buch germanischer Weltweisheit. Armanen-Verlag, Leipzig, 1943, S. 200 u. 201.*

Indem der Wille die Geschichte macht, im höchsten Grad aus schöpferischer Berufung und Kraft, führt er zum Geschichtsbild; dem Geschichtsbild aber antwortet das Naturbild. Beide hängen zuletzt am Glauben. Die aus Asien stammende Religion dagegen kreist mit ihren zauberischen Bewirkungen um Seele und Geist, verweist darum jedesmal in ein lebensfeindliches Jenseits, das auch dann nihilistisch ist, wenn es sich wahres und ewiges Leben nennt und den Übermenschen verheißt.

Die Religion gehört dem Priester, dem Zauberer, dem Seelentechniker, dem Zauberarzt. Das Geschichtsbild dagegen gehört zuerst zum Politiker, zum Führer und Feldherrn, zum Erzieher.

II.

Auseinandersetzung zwischen dem Alten und dem Neuen Testament[1])

Kirche beansprucht, ein selbständiges Ganzes für sich zu sein; sie will autonom, autark und souverän sein, sprengt damit den einheitlichen und ganzheitlichen Lebensraum des Volkes, unterdrückt das aufsteigende Leben: sie ist zum Feind der Schöpfung und Offenbarung geworden. An deren Stelle bietet sie eine im Buchstaben erstarrte, in Priesterhänden monopolisierte Tradition, das Erzeugnis eines inzwischen abgestorbenen Lebens, einer fernen Vergangenheit.

Religion bedarf im ganzen der Lebensgemeinschaft notwendig des eigenen Ausdrucks, der eigenen Form, damit sie lebensrichtende, durchwirkende, menschenformende und erzieherische Kraft entfalte. Die Glaubens- und Kultgemeinde ist aber nicht eine Ganzheit für sich, sondern Glied am Volksganzen, Daseins- und Erscheinungsweise des gesamten völkischen Gemeinwesens, das aus ihr zusammen mit der politischen Gemeinde, der Rechts-, Wirtschafts- und Kulturgemeinde konstituiert und in diese Daseinsformen (Lebensordnungen) ausgegliedert ist. An Stelle der Kirche als eines abgesonderten Raumes der Religion tritt mit der lebendigen Glaubens- und Kulturgemeinde als eines Gliedes des völkischen Lebensganzen die wahrhafte Durchdringung und Gestaltung deutschen Menschentums von der uns auferlegten religiösen Entscheidung her.

Zum abgesonderten Raum der Kirche gehört eine besondere, absolute Offenbarung, als deren Trägerin sie ihre Existenz rechtfertigt. Der orthodoxe Protestantismus hat sich auf den Kanon der Bibel als solche Offenbarung, damit auf Text und Buchstaben festgelegt. Bei der katholischen Kirche ist der Sachverhalt nicht so einfach: hier ist der Offenbarungsgehalt der dogmatischen Lehre der Kirche selbst zugeordnet. Nicht schafft das Dogma und der Text die Kirche, sondern die Kirche schafft Dogma, Tradition, Offenbarung, Auslegung. Beide Kirchen anerkennen zwar die weitergehende Offenbarung, der Protestantismus im inneren Licht, in Inspiration, in Ergriffenheit und Gewissensentscheid, davon der Bibeltext stets neu belebt wird (durch Aus- und Einlegen). Auch die katholische Kirche

[1]) *In „Völkisch-politische Anthropologie", I. Teil (Die Wirklichkeit), Armanen-Verlag, Leipzig 1938, S. 61–63.*

kennt die weitergehende Offenbarung, die aber nicht an die Gläubigen freigegeben, sondern der päpstlichen Lehrautorität unterstellt ist, und die sich eigentlich nur dann voll kundgeben kann, wenn der Papst kraft seiner Unfehlbarkeit aus dem schon vorhandenen Offenbarungsbestand einen Satz neu definiert. Dabei ist das Neue also eigentlich das Alte, das Alte selbst ist aber keineswegs dem kanonischen Bibeltext einfach gleichgesetzt. Fällt nun bei solcher Offenbarungslehre der Schwerpunkt in die lebendig weitergehende Offenbarung, in die Gegenwart, wie es bei einigen radikalen Sekten des Protestantismus der Fall gewesen ist, so findet eine lebendig fortgehende, freie Auseinandersetzung mit Kanon, Kirche, Tradition und Dogma statt.

Eine solche Auseinandersetzung liegt auch schon zwischen dem Neuen und Alten Testament, wie sie notwendig überall zwischen jenen Epochen der Offenbarung stattfindet, die in geschichtlicher Berührung miteinander stehen. Das Neue Testament erkennt das Alte Testament als Offenbarung an, als solche nämlich, die ihm als Vorstufe dient. Es setzt sich dabei frei genug, gemäß dem eigenen Sinn und der eigenen Richtung seiner Offenbarung, mit dem Alten Testament auseinander, nimmt herüber oder bildet um, was ihm gemäß ist, und schiebt das andere als überholt und ungültig einfach beiseite. Der Römerbrief geht bis zu einer gründlichen Abstoßung des Alten Testaments vor.

Anerkennen wir das Alte Testament als Offenbarung, so ist sie doch für uns nicht verpflichtend, weil in sehr ferner Zeit an ein sehr fremdes Volk und durch dieses an die damalige Menschheit gerichtet. Wie sich das Neue Testament mit dem Alten Testament lebendig auseinandergesetzt hat, so setzen wir uns von einem andern Volkstum, von einer andern Epoche der Schöpfung und Offenbarung aus mit dem Christentum, mit dem Neuen Testament auseinander. Maßgebend dabei ist die für uns gegenwärtige, lebendige Offenbarung, der Anruf Gottes an uns. Zwar werden wir die christliche Epoche aus der Geschichte des deutschen Volkes nie herausschneiden können. Indessen sind wir auch auf keinem Punkt der christlichen Geschichte und Tradition festgefahren, ebensowenig wie wir zu einer germanisch-vorchristlichen Zeit zurückkehren könnten. Unser Kompaß steht auf eine neue Zukunft – ins Dritte Reich.

Prof. Dr. Ernst Bergmann

Ernst Bergmann. * 7. 8. 1881 — 1905 Dr. phil. — 1916 ao. Prof., Leipzig — Führer der Deutschen Glaubensbewegung.
Veröffentlichungen: „Die Begründung der deutschen Ästhetik" (Dissertation), „Die klassische deutsche Bildungswelt", „Der Geist des 19. Jahrhunderts", „Geschichte der deutschen Philosophie", „Die deutsche Mystik", „Die deutsche Nationalkirche", „Deutschland, das Bildungsland der neuen Menschheit". — Hauptarbeitsgebiet: Geschichte der neuen Philosophie. („Wer ist Wer?", 1935.)

„Die menschenfeindlichste aller Religionen"[1]

Der Seelenstil des römischen Christen konnte nur in einem zertretenen Germanien blühen. Und daß wir mehr als die Trümmer Germaniens durch eine tausendjährige Geschichte hindurch gerettet haben, wird wohl niemand zu behaupten wagen. Hinter dem zertretenen Germanien aber, über das so viel südliche Renaissancen gegangen sind, steht der Seelenstil des nordischen Menschen, der sich kämpferisch hindurchgetrotzt hat durch so viele lutherische Zeiten bis heute. Der oft genug des ewigen Neinsagens müde wurde und erlahmte. Der aber immer wieder gegen die fremde Geisteskultur protestieren mußte, weil er dastand und nicht anders konnte.

Der nordische Mensch ist der *Leistungsmensch*. Der Körper bedeutet ihm nicht ein Grabmal der *Seele* wie für Platon und das Christentum. Er bedeutet ihm *Ausdrucksfeld des Geistes*, dessen er bedarf zum Kulturschaffen. Wie kann eine Menschheitskultur gesund und glücklich gebaut sein, der das Körperprinzip hinderlich ist bei der Erreichung ihrer Zwecke, die ganz aufs Jenseits gehen? Die das Fleisch abtötet oder kreuzigt, Leib und Seele trennt und das eine Glied dieser biologischen Einheit verneint und verflucht? Während der nordische Leistungsmensch, der die moderne Kultur geschaffen hat, seinen Körper pflegt und hütet als ein kostbares Instrument, höchste Leistungen aus ihm herauszuholen?

[1] *„Deutschland, das Bildungsland der neuen Menschheit" – Eine nationalsozialistische Kulturphilosophie – Ferdinand Hirt, Breslau, 1933, S. 87–89.*

Das schaulinische (nach Rabbi Schaul aus Tarsos in Cilicien, der seinen Namen in Saulus und später in Paulus latinisierte. Paulus bzw. Rabbi Schaul ist der eigentliche Organisator der christlichen Lehre.) Christentum war ja nicht nur Bolschewismus am Eigentumsbegriff, am Volks- und Vaterlandsgedanken, an der Wirklichkeitswelt in jeder Form. Diese menschheitsfeindlichste unter allen Religionen bolschewisierte ja vor allem den Körper, den der asketische christliche Geist auf jede nur mögliche Weise gequält hat, um sich seiner als eines wertlosen Gutes so rasch wie möglich zu entledigen. Der Weg zum Heil ging über die Zerstörung des Körpers, seine Kasteiung, Peinigung, Nagelung, Kreuzigung, Verfluchung. Eben dieses Körpers, den wir Heutigen trainieren, kultivieren, studieren durch zahlreiche Spezialwissenschaften, eugenisieren, aristogenisieren.

Wie können wir noch Christen sein, wenn uns der Körper kein Unwert mehr ist?

Mit der Rassenhygiene, mit der Erbgesundheitslehre, mit der Heilgymnastik und Körperpflege, mit dieser Ehrfurcht und Achtung, die wir dem Körper als einem heiligen, ja göttlichen Naturgeschenk entgegenbringen, ist das Ende des Christentums da. Das ist der Grund, warum eure Kirchen leer stehen. Wer seinen Körper nicht mehr haßt und verachtet, ist nicht mehr Christ. Wer ihn gar ertüchtigt, tötet den christlichen Seelenstil. Wer ihn dem Wind und der Sonne hingibt, um ihn zu bräunen, wer ihn edel und kräftig machen will, damit der Geist edel und kräftig in ihm sich rege, der bekennt sich wieder zur nordischen Licht- und Naturreligion und kehrt sich ab vom Geist eines düsteren und fluchwürdigen Aberglaubens, den eine längst versunkene, eine kranke, büßende, verzweifelnde Menschheit, die an das nahe Weltende glaubte, geschaffen.

Der nordische Mensch büßt nicht. Er schafft und bildet. Er kennt wohl die Norne, die Bestimmung. Er kennt das Stirb und Werde in der Natur und verehrt es, als wäre es ein — nein, nicht ein Gott, sondern ein göttlicher Mensch. Er kennt aber nicht die Schuld, die im bloßen Leben und Dasein bestehen soll.

Und wir Heutigen: Wenn *wir* eine Schuld kennen, so ist es die große, gewaltige und niemals mehr abzutragende Schuld des Christentums an der Menschheit, die die deutsche Jugend, die in der nordischen Glaubensbewegung steht, mit Recht wie eine brennende Schmach empfindet.

Manchmal, wenn man mit dieser Jugend spricht, so erschrickt man vor der Gewalt des Hasses gegen das Christentum, die uns aus diesen jungen Seelen entgegenbricht.

Wahrhaftig: es schaun aufs Hakenkreuz voll Hoffnung schon Millionen.

Dr. Gustav Bub

Gustav Bub. * 24. 2. 1889 in Nürnberg — 1915 bis 1938 Religionslehrer Volkshauptschule Nürnberg — 1925 bis 1935 Lehrer für Geschichte und Heimatgeschichte in Nürnberg — Schulungsleiter und Redner für den Stahlhelm, nach dessen Eingliederung in NSDAP ununterbrochen politischer Leiter und SA-Führer — seit 1933 weltanschaulicher Schulungsleiter der NSDAP — Kreisamtsleiter — Kreisredner in Nürnberg-Stadt — ab 1939 mit dem nationalpolitischen Unterricht an den Höheren Schulen der Stadt Nürnberg beauftragt.

„Der Ausstoß der Artfremden"[1])

Aus der seelischen Haltung des nordischen Menschen heraus ist letzten Endes auch seine Art des Erlebens Gottes zu erklären. Denn während der nicht nordische Mensch seine Beziehungen zu Gott den dafür zuständigen Stellen, der Kirche und dem Priestertum überließ, entscheidet der nordische Mensch in eigener Verantwortung sein Verhältnis zu Gott. Der nordische Mensch steht in dauernder Spannung zum Ewigen. Es ist das für ihn bezeichnende immerwährende faustische Sehnen und Suchen, das in ihm sich aufreckt. Es bäumt sich stets von neuem gegen das Bemühen auf, es in durch „sachverständige Priester wohlabgesteckte, wohlgeordnete und wohlbehütete Kirchlichkeit" einzuzwängen.

Aus dieser seelischen Bedingtheit heraus sind im ganzen Verlauf der Geschichte die großen Ketzer nordischen Blutes geworden, waren nordische Völker in erster Reihe die Träger neuer religiöser Erlebnisse und Erkenntnisse. Und gerade das religiöse Schicksal des deutschen Volkes ist es, das Volk der „Ketzer" zu sein.

Die Geschichte des Ketzertums in der Kirche ist zugleich eine Geschichte religiösen Ringens des nordischen Menschen, besonders des deutschen Menschen. Der Arianismus, die deutschen Mystiker, die Ketzer der Reformationszeit, der deutsche Idealismus, Nietzsche, Lagarde, Chamberlain, Rosenberg, sind Meilensteine des Weges, den der nordische Mensch in seinem Suchen nach Gott und in seinem Ringen mit Gott geht. Freilich dem, der sich hinter dem Wall dogmatisch-theologischer Bollwerke deckt, der die Sorge um sein Verhältnis zu Gott nicht selbst tragt, sondern sie den Sachverständigen, den Wahrern und Dolmetschen der Geheimnisse Gottes, den Männern der Kirche, Kirchenführern und Theologen, den „Wächtern, die auf Zions Mauern stehen", überläßt, der sieht diesen Weg nicht.

Der sieht auch nicht, daß mit christlicher Theologie und Kirche Artfremdes in die nordische Rassenseele und damit auch in das deutsche Volkstum hineingetragen wurde. Die

[1]) *„Der deutsche Erzieher", Heft 10, 18. 8. 1938, S. 226–228.*

dauernde Rebellion nordischer Menschen in der Kirche ist nicht etwa teuflische Bosheit und Gottesferne, sondern sie ist Notwehr gegen die Vergewaltigung der eigenen Art und der Versuch, Artfremdes auszustoßen. Denn dieses Artfremde, die Fassung der Beziehungen zwischen Gott und Mensch in orientalisch-mittelländischer Formung, wie sie die Kirche auch für den nordischen Menschen verbindlich herausstellte, mußte unbedingt zu Krankheitserscheinungen in der nordischen Seele und in den nordisch bedingten Völkern führen. Was den nordischen Menschen zu allen Zeiten in Spannungen geworfen hat, ist nicht so sehr die Gestalt Jesu als solche, sondern im eigentlichsten Grunde die Übermalung des Jesubildes mit dem nordischen Wesen unverständlichen artfremden Zügen. Er mühte sich, artverwandte Züge aus dem Artfremden herauszuarbeiten und suchte die Persönlichkeit und das Bild Jesu in sich zu verankern nicht in morgenländischer, sondern in nordischer Gestaltung. So empfand Ulfila Jesus und dessen Botschaft, so der Dichter des Heliand, so Ottfried, so all die anderen, die sich um einen Ausgleich zwischen Christentum und ihre blutgebundene Art bemühten. So empfinden ihn durch die Jahrhunderte und alle Kunstepochen hindurch nordisch bedingte Künstler und Gestalter. Sie können sich den Heiland nur in nordischer Gestalt denken, und so stellen sie ihn dar. Seinen Gegnern aber geben sie nicht-nordische, vor allem vorderasiatische und negroide Züge. Vom Guten Hirten im Cömeterium der heiligen Agnes zu Rom über die mittelalterlichen Maler und Bildhauer bis zu den modernen Darstellungen des Heilands ist das Erscheinungsbild Jesu immer nordisch bedingt. Erst eine jüngst vergangene, nun überwundene Zeit, die bewußt das Artfremde, Krankhafte und Verzerrte in den Vordergrund schob, versuchte auch eine grundlegende Änderung im künstlerischen Darstellungsbild Jesu. Das Nordisch-Heldische wurde abgelöst durch ein anderes Rassenbild und dieses überdies noch häufig bis ins Psychopathische gesteigert. Diese Darstellungsform diente ganz bestimmten Zielen. Sie muß als ein Teilabschnitt aus dem Großangriff gewertet werden, der unter jüdischer Führung gegen alles Artgemäße, alles nordisch Bedingte im deutschen Volk und im deutschen Menschen angesetzt wurde.

Die Kirchen und ihre Theologie glauben in überwiegender Mehrzahl auch heute noch, sie seien zur Darbietung der Botschaft Jesu in einem dem deutschen Menschen artfremden Gewand verpflichtet. Dieses Gewand ist dazu gar nicht aus einem Stück gemeistert, sondern es ist zusammengesetzt aus Flicken jüdischen Rabbinismus, aus Fetzen der Sophistik des hellenistischen Rassenbreies und zusammengehalten mit den derben Nähten vorreformatorischer und nachreformatorischer Dogmatik. Je weniger aber dieses Gewand dem nordischen Menschen passen will, je weniger vor allem sich der deutsche Mensch darinnen wohl fühlt, mit um so größerer Hartnäckigkeit versucht die Kirche, es ihm anzupassen. Das kann jedoch letzten Endes nur dazu führen, daß mit dem aufgezwungenen Artfremden auch das Erscheinungsbild Jesu und seine Botschaft als etwas Artfremdes abgelehnt wird.

Der nordisch bedingte Mensch sieht in der schöpferischen Gestaltung und in der Tat, also im Werden, die Erfüllung seines Lebens. Die orientalisch-mittelländische Kirche erkennt in der Beharrung und in der Lehre die Grundlage ihres Wesens. Sie kann infolgedessen auch gar nicht anders als auf das „Wort“ in irgendeiner Form den Hauptnachdruck ihrer Verkündigung zu legen. Es steht also letzten Endes ein negatives Christentum der Lehre, vertreten in der Kirche, gegen ein positives Christentum der Tat, ausgestaltet von dem seiner nordischen Art bewußten deutschen Menschen.

Dr. Wilhelm Kinkelin

Wilhelm (Martin) Kinkelin. * 25. 8. 1896 in Pfullingen — Dr. med. — Reichssicherheits- und Siedlungshauptamt — 1930 bis 1936 in der SA — Ortsgruppenleiter — 1937 Rassen- und Siedlungshauptamt im RSHA — 1941 im Stab des RSHA (1940 Oberführer) — 1943 auf A. Rosenbergs Vorschlag hin Ministerialdirigent — Im „Ahnenerbe" tätig im Forschungswerk „Wald und Baum" — ᛋᛋ-Brigadeführer und ᛋᛋ-Standartenführer — Seit 1939 Hauptamtsleiter im Stabsamt des Reichsbauernführers, Leiter des Amts „Blutpflege und Rassenkultur" im Reichsamt für Agrarpolitik der NSDAP, stellvertretender Schirmherr in „Ahnenverantwortung".

„Europäisches Blutserwachen"[1])

Daß es verschiedene Rassen gibt, ist eine uralte Weisheit der Menschen. Der Augenschein lehrte es ja jeden Tag. Diese Weisheit leitet sich her aus dem Wissen des Menschen um das Göttliche in der Welt. Gottes Wunderwirken in der Welt zu sehen, zu erkennen, anzuerkennen, ist eine der Grundtatsachen in einem lebensgebundenen Glauben, den man heidnisch nennt. Eine solche Weltanschauung nimmt die Tatsache der durch Gott gesetzten Menschenverschiedenheit als selbstverständlich hin. Sie mäkelt nicht als Besserwisserin daran herum, so wenig, als am Sonnenaufgang und Sonnenuntergang. Wie diese urewige Ordnung von Tag und Nacht, so gehört auch die *Blutsordnung*, also auch die Rassenverschiedenheit, *zu den Grundordnungen der göttlichen Welt.* Eine solche Weltanschauung vermißt sich nicht, Gott zu hofmeistern, ihn als Stümper und Nichtskönner hinzustellen.

Da wurde vor bald zweitausend Jahren eine Lehre in der Welt wirksam, deren Vertreter diese göttliche Ordnung anmaßend in ihrem winzigen „Geist" nicht genug bemäkeln konnten. Sie nahmen Gott aus der Welt und aus den Herzen der Menschen, bannten ihn in ein Buch und verbannten ihn zugleich auf einen fernen Stern. Seitdem ist die schöne, die göttliche Welt entgöttlicht, entweiht; in ihr herrsche der Teufel, die Sünde, ja, die Erbsünde. Erlösung von „dieser" Welt zu „jener" Welt, das war die Losung. Unsere

[1]) *In „Odal", Heft 10, April 1937, S. 842–844.*

schöne Welt, die Heimat des Lichts, der Sonne, die Gebärerin ewigen Lebens, die Erde als Mutter der Menschen, die Heimat unserer Väter, unseres Volkes, die Heimat unserer Kinder und Enkel, dies alles wurde verfemt zum Jammertal, zum Teufelsreich: *„Mein Reich ist nicht von dieser Welt!“*

Kein Wunder, daß eine solche lebensfeindliche Lehre — Weltanschauung kann man sie gar nicht nennen, denn sie kommt nicht aus der Anschauung der göttlichen Welt! — die gottgesetzte Blutsordnung unter den Menschen nicht anerkennt. Nein, nicht nur, daß sie sie nicht anerkennt, sie bekämpft sie als Teufelswahn. Sie leugnet lästernd diese göttliche Offenbarung. Der Glaube an die göttliche Blutsordnung erscheint dieser lebenshasserischen Lehre als das Grundübel, als die Ur- und Erzsünde, als die erste und wichtigste der Todsünden: denn wo der Glaube an die göttliche Blutsordnung herrscht, faßt jene Lehre vom „Geist“ nicht Fuß. Wie Feuer und Wasser stehen sich hier der Glaube vom Blut und die Lehre vom Geist unversöhnlich und feindlich gegenüber. Der Sieg des Blutsglaubens ist der Untergang der Geisteslehre und umgekehrt.

Auch in unserem Volke hat jene Lehre in einer gewaltigen machtvollen Organisation tausend Jahre lang gegen das Blutsdenken gekämpft und in einem solchen Maße gesiegt, daß wir einerseits allgemein nicht mehr an eine Blutsbindung über den Großvater hinaus dachten, das Volk nicht mehr als Blutsverband erkannten, sondern daß es andererseits Millionen von Volksgenossen gab, die im Ernst glaubten, die jüdischen Erzväter seien unsere Stammväter, daß wir nicht nur blutlich, sondern vor allem geistig Erben und Nachkommen der Juden seien. Indem man so jenen feindlichen Blutsverband als „auserwähltes Volk“ anerkannte, verfiel man selbst in Schmähung und Verachtung unserer eigenen, tatsächlichen Ahnen, von denen wir doch mit ihrem Blut all ihr Erbe und Gesittung überkommen haben. So fiel mit der Verachtung der Ahnen und der Aufrichtung der Idee „Auserwähltes Volk“ als Judenvolk und als „geistige Gemeinde“ die uralte *Ahnenverehrung* in unserem Volke. Ahnenverehrung und Blutsgenossenschaft aber schließt ein „Auserwähltes Volk Juda“ und eine „geistige Gemeinde“ von „Gotteskindern“ ebenso aus, wie der oben gekennzeichnete Blutsglaube die Lehre vom Geist ausschließt. Gemäß diesem heidnisch genannten Glauben nehmen wir über unsere fernsten, gottentsprossenen Ahnen teil an dem Göttlichen. So ist *unsere* „Gotteskindschaft“ eine blutsbedingte, in der nicht vermessen vom Blut ein „Geist“ abdestilliert wird, dem das Blut nur noch Schlacke ist. Indem wir in unserem fernsten blutlichen Ahnen den Träger des göttlichen Lebensfunkens sehen, der bis auf uns kam und in uns wirksam wird, erkennen wir den letzten Wesensgehalt des Glaubens an die göttliche Blutsordnung.

In unserem Volke wurde die aus einem fernen Lande in anfänglich fremden Zungen gepredigte Lehre vom Geist und von der Blutsverachtung in einem solchen Maße wirksam, daß es nahe daran war, an diesem „Geist“ blutlich zu Grunde zu gehen. Da kam der Führer und Retter des Volkes, *Adolf Hitler*. In ihm war das Wissen um die urewigen Werte des Blutes noch lebendig, vielmehr wieder lebendig. Seit seiner Wirksamkeit ist der Kampf um den Blutsglauben voll entbrannt. Im eigenen Volke ist er schon in einer solchen Weise durchgedrungen, wie wir es vor Jahren noch nicht erwartet hätten. Wissen um die Blutsordnung, Ahnenkenntnis, Ahnenverehrung schreiten machtvoll voran. Und bald ist es so weit, daß sich ein Volksgenosse schämen würde, von diesen Dingen nichts zu wissen oder gar sie zu leugnen und zu schmähen.

Doch, wenn auch der Führer die Rassenlehre nur für sein Volk brachte, so kümmert sich ein Gedanke noch nicht um Grenzen. Der neue Glaube ist aufgerichtet wie ein Leuchtturm, der Licht bringt in die ganze Welt. Ohne daß wir es gewollt hätten, ist der Blutsgedanke in allen Völkern begierig im Für und Wider aufgenommen worden. Wenn auch in der Welt jahrhundertelang die Waage eindeutig zu ungunsten des Blutgedankens stille stand, so sehen wir doch heute, daß die Waagschale „Blut" sich schon vom Grund gehoben hat und langsam mit der Gesetzmäßigkeit eines unerbittlichen Naturgeschehens unaufhaltsam sich weiter hebt.

Wenn auch viele Völker mit offenen Augen am Abgrund taumeln, so erhebt sich da und dort ein einsamer Rufer in der Not, sei es in Indien oder Iran, wo man sich seines indogermanischen Erbes besinnt, sei es, daß ein Forscher beispielsweise in Bulgarien seinem Volke den Blick zum Norden hinwendet als dem Geburtslande des arisch-germanischen Menschen, so auch seines bulgarischen Volkes.

Ernst Klein

Ernst Klein. * 18. 4. 1863 — Pfarrer i. R. — Verlagsleiter.
Veröffentlichungen: „Der Heldengang der ersten Christen", „Der große König und sein Glaube", „Jeremias, der Prophet". (K. L. K., 1934 und 1939.)

„Paulus — ein jüdischer Nationalist"[1])

Zunächst schienen die Machtträume der jüdischen Priesterschaft der Erfüllung weiter denn je entrückt. Da erhob sich aus ihren Reihen der Pharisäer *Saul von Tarsos*. Er erkannte die ungeheuren Möglichkeiten, die dem in die Hand gegeben waren, der den Lehren Jeschus als dem höchsten Sittengesetz, diesen Lehren von der alles verzeihenden Liebe und Demut, zum Durchbruch verhalf, *ohne sie für sich selbst als bindend anzuerkennen*.

Er dachte dabei nur an Roms Fall. Er war jüdischer Nationalist. Er hatte gesehen, daß römische Legionäre, die sich zu der neuen Lehre und ihren Geboten der Nächsten- und der Feindesliebe bekannten, die Waffen niederlegten und den *Gehorsam verweigerten*. Welch ein Triumph, wenn es gelang, den Römern die noch weiter auszubauende und zweckentsprechend zu verfälschende Lehre aufzureden! Man würde die verhaßten und durch Waffengewalt nicht zu besiegenden Unterdrücker ohne einen einzigen Schwertstreich, ohne eigenes Blutvergießen, ohne das geringste Opfer, einzig und allein durch eine willen- und kraftlähmende Ideologie überwinden! Und welch berauschender Gedanke, statt eines Priestersiegs über das jüdische Volk einen *jüdischen Sieg über die Römerwelt* zu erringen!

Mit einem Schlage wurde aus dem fanatischen Jesus-*Feind* Saulus der fanatische Jesus-Freund Paulus! Er behielt den alten, erprobten Jahve, den „Vater der Lüge", wie ihn Jesus genannt hatte, bei, den rachesdinaubenden, mit seinem furchtbaren Strafgericht drohenden Schrecklichen. Jesus aber ernannte er zu seinem allmächtigen Sohn, ohne dessen rettende Fürsprache es keine Seligkeit gab. So wurde der wehrlose, vom Priestertum beseitigte Nazarener, der glühende Pfaffenhasser, wider alle Vernunft und Wahrheit zum Namenspatron der größten Pfaffenorganisation der Welt. Es ist der infamste Rufmord der letzten zwei Jahrtausende. Paulus aber gewann durch diesen tückischen Kniff mit einem Schlag sämtliche Nazarener-Sekten für seine Zwecke.

[1]) *„Der Tor von Nazareth", Volkschaftsverlag, Dortmund, S. 92–97.*

Mit seinem primitiven Lehrgebäude begab er sich zu den jüdischen Diasporagemeinden in Kleinasien, Griechenland und Italien und klärte seine Rassegenossen über seine gigantischen Pläne auf. Ein Teil von ihnen hielt ihn für verrückt, ein anderer für einen Abtrünnigen, der Rest verstand ihn. Mit diesem Rest veranstaltete Paulus unter den nichtjüdischen Völkern des Römischen Reiches eine ausgedehnte *Furcht*-Propaganda. Anfangs waren *jüdische* Rabbiner die Wortführer, später nur noch die geheimen Drahtzieher.

Vor allem die Massen des niederen Volkes strömten in Scharen der neuen Sekte zu. Die Intelligentesten unter ihnen wurden sofort zu Propagandisten ausgebildet und auf den Weg geschickt. Einflußreiche Juden traten öffentlich dem neuen Kreis bei und zogen einflußreiche Nichtjuden nach sich. Als sich die neue Bewegung selbst zu tragen begann, zogen sich die Juden vorsichtig aus ihr zurück, aber nur aus der Leitung. Wohin sich auch die Lehre ausbreitete, die Juden folgten ihr auf dem Fuß und begannen unter dem Schutz der von ihr als gottgewollten gepredigten Gleichmacherei ihren Saugrüssel anzusetzen.

Im eigenen Volk hat man Paulus anfangs nicht verstanden. Die Masse und der größte Teil der Priesterschaft fuhren fort, das Andenken Jeschus mit Schmähungen zu überhäufen, statt ihn, wie es den Absichten des weitschauenden Paulus entsprochen hätte, laut als Erlöser nicht nur des Volks Israel, sondern der gesamten Menschheit auszuposaunen. Würden die Juden so verfahren haben, so hätte sich ihre Aufwärtsentwicklung um ein paar Jahrhunderte schneller vollzogen. Aber sie verfuhren nicht so, sie standen sich selbst im Weg. Als Vatervolk des „Erlösers" hätten sie schon damals ihre Auserwähltheit in neuer, strahlender Gloriole über die Welt leuchten lassen können, und sie hätten nicht die Kontrolle der Entwicklung der paulinischen Jenseitslehre im Abendland für ein paar Jahrhunderte aus der Hand zu verlieren brauchen.

Aber die blindglaubenden, *nichtjüdischen* Bekenner der neuen Lehre machten viel „gut". Sie warfen sich mit blutigem Ernst auf die Botschaft vom Armeleutehimmel und verfochten ihre Wahrheit mit dem Eifer der Verzweiflung. Sie waren aber dadurch nicht, wie sie dachten, Diener Gottes. Sie waren auch nicht verfolgte Unschuldige, die man, nach den verlogenen Darstellungen kirchlicher „Geschichtsschreibung", um ihres Glaubens willen zur Beleuchtung der kaiserlichen Gärten und zur Fütterung der Raubtiere verwandte. In Wirklichkeit warfen sie, wie es Paulus vorausgesehen hatte, die alte, festgefügte Sozialordnung über den Haufen, sie richteten heillose Verwirrung an in den dumpfen Köpfen einer subalternen Schicht, die bislang auf ihre Art glücklich dahingelebt hatte. Sie stellten den Niederen um den Preis ihrer Niedrigkeit eine Erhöhung in Aussicht, sofern sie nur „im Glauben" starben.

Es war die wohlfeilste Seligkeit, die jemals verheißen wurde, und sie fand reißend Absatz. Die Arenen vermochten den Andrang der Todbereiten nicht zu fassen, den Andrang der *Freiwilligen*.

Aber die Niedrigen wurden durch diese Lehre nicht erhöht, sondern die Hohen erniedrigten sich: Erst standen sie verständnislos vor dem Neuen, Unbegreiflichen, das Tausende zwang, stumm und dumpf den Tod zu *suchen*. Dann wurden sie selbst erfaßt, und es trat ein, was einst nur ein wahnwitziger Gedanke im Hirn des Pharisäers Paulus gewesen zu sein schien: *Rom fiel!* Aber es trat noch etwas ein, was er nicht vorausgesehen und in seinen hitzigsten Träumen nicht zu ahnen gewagt hätte: *die gesamte abendländische Welt wurde in den Strudel hineingerissen!!*

Heute wird der paulinische Weltrevolutionsgedanke fast von der gesamten Judenheit in seiner Bedeutung richtig erkannt, und auf den früher so geschmähten Jeschu erheben die Kinder Israel als auf einen der Ihren heftig Anspruch. Er ist auf einmal wieder, nachdem sie eingesehen haben, daß die Verwirklichung des jüdischen Weltherrschaftstraums nicht durch den Sieg der Waffen, sondern durch die rasse- und artverneinende, kraftlähmende paulinisch-christliche Aberglaubenslehre herbeigeführt werden kann, der durch die Propheten geweissagte Messias, der Befreier der Kinder Israel, der den Auserwählten die Heiden in die Hand gibt, damit sie sie „wie Töpfe zerschmeißen", das heißt, mit ihnen nach Gutdünken umspringen und sie bis aufs Blut aussaugen.

Heute ist Jeschu wieder einer von „unsere Lait", denn — so spekuliert man — die Welt, die ihn liebt und verehrt, wird auch das Volk verehren, dem er entstammt, das Volk, „von dem das Heil auf uns gekommen ist", wie uns „deutsche" Theologen über die „frohe Botschaft", diese freche Zwecklüge streunender Kosmopoliten, aufzuklären belieben ...

Ohne das Falschmünzergenie des Paulus würden sie, die im Zeitalter des unglücklichen Ketzers von Nazareth als Volk auf dem Aussterbeetat standen, untergegangen sein. Paulus, ihr wahrer Befreier, zeigte ihnen den Weg, der sie noch einmal aus Ägypten ins Gelobte Land, in die Welt führen konnte. Es bedurfte nur ein wenig Taufwassers und Heuchelei. Und sie lösten das „Entreebillet zur europäischen Kultur" (Heine) und gingen ein zu den Segnungen der messianischen Botschaft, die für sie wirklich und einzig eine *frohe* Botschaft darstellt und ihnen Heil, das heißt Geld und Macht, gebracht hat, der abendländischen Welt hingegen die Sünde, die Hölle und — die Pfaffen.

Dr. Hans Maier

Hans Maier. * 4. 9. 1897 — Dr. phil. — Vorgeschichte — Geographie — Auslandsdeutschtum — Wissenschaftlicher Mitarbeiter der Dienststelle der Beauftragten des Führers für die weltanschauliche Schulung der NSDAP. (K. G. K., 1935.)

„Die christliche Verhöhnung germanischer Kulturgeschichte“[1])

Jedermann kennt die Schilderungen von germanischer Kultur in Wort und Bild, die einer verflossenen geschichtlichen Betrachtungsweise entstammen und in so krassem Widerspruch zu den uns heute bekannten vorgeschichtlichen Tatsachen stehen. In historischen Gemälden, in Werken der plastischen und architektonischen Kunst, treten sie uns häufig entgegen.

... Ein solcher Fall liegt vor in dem *Lesebuch für höhere Knabenanstalten „Deutsches Erbe“*, 4. Teil, das im Frühjahr 1936 in 10. Auflage von namhaften Schulmännern in einem führenden Schulbücherverlag herausgegeben worden ist. Was in diesem Lesebuch über germanische Geschichte enthalten ist, bezieht sich ausschließlich auf die spätgermanische Zeit und die Einführung des Christentums in Germanien. Die Hochblüte der germanischen Kultur in vorchristlicher Zeit ist nicht einmal angedeutet. Die bildhafte Schilderung des Germanentums besteht in der Wiedergabe der drei bekannten Gemälde „Sturz der Irmensäule“, „Die Predigt des heiligen Bonifatius“, beide von Rethel, und „Die Einführung des Christentums in die deutschen Urwälder“ von Führich. Durch die einseitige Auswahl wird unmißverständlich der Eindruck erweckt, als ob erst durch die christlichen Bekehrer höhere Gesittung zu den vorher reichlich kulturlosen Germanen gelangt sei. Diese falsche Auffassung tritt in dem letztgenannten Gemälde am stärksten in Erscheinung. Die linke Bildhälfte zeigt, wie die wilden heidnischen Germanen hausen. Wir sehen einen dürftig bekleideten Mann, der einen grimmigen Urstier jagt, eine Frau, die im dunklen Urwald im Freien ohne Dach und Herd — Häuser gab es wohl nicht — zu ebener Erde am Kochtopf kauert. Auf dem unvermeidlichen Bärenfell daneben liegt ein schnarchender Mann, der, wie das Methorn verrät, seinen Rausch ausschläft. Im Gegensatz zu dieser in düsteren

---

[1]) *„Nationalsozialistisches Bildungswesen“, Jahrgang 1937, S. 122–124.*

Farben gehaltenen Szene erscheinen rechts, in hellen Tönen gemalt, die frommen Mönche, die mit Klostergründung, Roden des Urwalds und Ackerbau die ersten Segnungen höherer Kultur ins Germanenland bringen. Ein von den rohen heidnischen „Barbaren" grausam ausgesetztes Kind, das auf einem Schild den Wildbach hinabtreibt, wird von einem hilfsbereiten Mönch gerettet.

Es sei hier nichts gegen den Maler Josef Ritter von Führich gesagt, der als einer der bedeutendsten Künstler Österreichs um die Mitte des 19. Jahrhunderts gilt und einer der Hauptvertreter der nazarenischen Schule war. Daß er ein Maler von hohem Können ist, steht ebenso außer Zweifel wie sein tiefedles Wollen, das in seinen religiösen Bildern zum Ausdruck kommt. Für uns erhebt sich aber angesichts dieses künstlerisch guten, *in seinem historischen Inhalt jedoch maßlos unwahren* Werkes die Frage: Wer ist schuld daran, daß dieser große Künstler so grauenhaft falsche Vorstellungen von der Kultur seiner germanischen Vorfahren hatte, die er als rohe, grausame Halbwilde, als bar jeder höheren Gesittung darstellte? Das Gemälde entstammt einer Zeit, da die namhaftesten Vertreter der deutschen und nordischen Altertumsforschung bereits mit Entschiedenheit gegen das Märchen von der Unkultur der vorgeschichtlichen Germanen auftraten, gegen jene Irrlehre, die ihre Entstehung lediglich einer im Dienste Roms stehenden, kirchlich ausgerichteten Wissenschaft verdankt.

Es bestände in unserer Zeit kein Grund, das in der Münchener Schackgalerie hängende Bild Josef v. Führichs zum Gegenstand einer germanenkundlichen Auseinandersetzung zu machen. Den Anlaß bildet lediglich der Umstand, daß dieses Bild *heute noch* in einem Lesebuch für die deutsche Jugend dazu dienen soll, *germanische Kulturgeschichte* zu erläutern. In diesem Sinne wirkt die Wiedergabe des Bildes in einem Schulbuch heute nicht anders denn als Verhöhnung und Verächtlichmachung unserer germanischen Vorfahren, die nicht mehr geduldet werden kann.

Dr. Karl Kaiser

Karl Kaiser. * 23. 9. 1906 — Dr. — Deutsche Volkskunde, Nordische Sprachwissenschaft — Privatdozent Universität Greifswald, Leiter des volkskundlichen Archivs für Pommern.
Veröffentlichungen: „Mundart und Schriftsprache", „Die deutsche Volkskunde in Pommern". (K. G. K., 1935.)

„Nomina sunt omina"[1])

Unsere Vornamen sind eines der anschaulichsten und eindrucksvollsten Beispiele dafür, wie sich das Auftreten der Kirche in Deutschland ausgewirkt hat und was dies für die Lebensbedingungen des heimischen deutschen Volksgutes bedeutet. Da in geschichtlichen Quellen verschiedenster Art viele Namen deutscher Männer und Frauen aus dem Mittelalter und aus der Folgezeit überliefert sind, ist es leicht, die Entwicklung nicht nur in großen Zügen zu zeichnen, sondern sie auch mit genauen Zahlen aus vielen Teilen Deutschlands und aus allen Zeiten zu verfolgen. Das macht die Geschichte unserer Vornamen zu einer einzigartigen Quelle der Einsicht in das Verhältnis von deutschem Volkstum und Kirche.

Vier Merkmale kennzeichnen die Geschichte der Vornamen in Deutschland seit dem Auftreten der Kirche:

1. Die lebendige Kraft der freien germanischen Namengebung erlischt mehr und mehr. Die Namen heimischer Herkunft werden seltener, werden weniger oft gebraucht und werden stark in den Hintergrund geschoben. Die alten Namen verlieren ihren ursprünglichen Sinn, der Boden wird ihnen unter den Füßen weggezogen.

2. Heimische Namen werden von der Kirche zum größten Teil zu Heiligennamen gemacht. Es wird ihnen dadurch ein fremder kirchlicher Sinn unterlegt. Sie werden zu Werkzeugen der Kirche.

---

[1]) *Nationalsozialistische Monatshefte, Heft 95, Februar 1938, S. 113.*

3. Eine Hochflut von fremden Namen geht über das deutsche Volk dahin. Mindestens bis ins 18. Jahrhundert ist die Kirche fast allein Trägerin dieses fremden Namensgutes. Fast alle fremden Namen, die in Deutschland Aufnahme finden, stammen aus der Bibel oder sind Namen von katholischen Heiligen. Erst sehr spät wirken auch andere Kräfte an der Überfremdung und Entdeutschung des heimischen Namengutes mit.

4. Der Namenschatz, der dem deutschen Volke zur Verfügung steht, verarmt mehr und mehr. An die Stelle einstiger Namenvielfalt treten Eintönigkeit und Gleichmacherei.

Diese Erscheinungen und die Befestigung der Kirchenmacht fallen weithin geradezu zusammen. Jahrhundertelang ist das Namengut des deutschen Volkes unter dem Einfluß der Kirche ein einziges großes Trümmerfeld. Verfall des einstigen Namenreichtums, Verkümmerung des alten Namensinnes, Zerstörung der alten Namensitte und deren Verdrängung durch zeitgebundene Namenmoden sowie eine erschütternde Überfremdung des Namenvorrates kennzeichnen die Jahrhunderte seit der Einführung des Christentums in Deutschland.

1940: Eine Stellungnahme Hitlers [1])

Auf den Hinweis, die Nachwelt werde die religiöse Stellungnahme des Führers nicht kennen, da er sich nicht äußere, sagte er: Nun, das könne man doch. Nie habe er einer Parteiversammlung oder Beerdigung von Pg.s einen Geistlichen zugelassen. Die christlich-jüdische Pest gehe jetzt wohl ihrem Ende entgegen. Es sei geradezu furchtbar, daß eine Religion einmal möglich gewesen sei, die im Abendmahl buchstäblich ihren Gott auffresse . . .

[1]) *„Das politische Tagebuch von Alfred Rosenberg", herausgegeben von Dr. H. G. Seraphim, Musterschmidt-Verlag, Göttingen 1956, S. 97 – Eintragungen vom 19. 1. 1940.*

Reinhard Heydrich

Reinhard Heydrich * 7. 4. 1904 — Sohn des Konservatoriumdirektors Bruno Heydrich — Abitur — 1922 Seeoffizier bei der Reichsmarine — 1928 Oberleutnant zur See — 1931 Eintritt NSDAP und ϟϟ-Sturmbann — 1932 ϟϟ-Standartenführer — 1933 Chef des Sicherheitsamtes des Reichsführers-ϟϟ — Preußischer Staatsrat — Chef der Sicherheitspolizei u. d. SD. 1942 am 29. 5. von tschechischen Widerstandskämpfern tödlich verwundet. † 5. 6. 1942. (F. L.)
Amtlich beauftragter Organisator der Judenausrottung. Am 3. 7. 1941 beauftragte ihn Reichsmarschall Hermann Göring, „alle erforderlichen Vorbereitungen in organisatorischer, sachlicher und materieller Hinsicht zu treffen für eine Gesamtlösung der Judenfrage im deutschen Einflußgebiet in Europa".
Am 20. 1. 1942 verkündete Heydrich den Vertretern anderer Reichsministerien u. Ämter in kaum verschleierten Worten seinen „Endlösungsplan".
„Unter entsprechender Leitung sollen im Zuge der Endlösung die Juden in geeigneter Weise im Osten zum Arbeitseinsatz kommen. In großen Arbeitskolonnen, unter Trennung der Geschlechter, werden die arbeitsfähigen Juden straßenbauend in diese Gebiete geführt, wobei zweifellos ein Großteil durch natürliche Verminderung ausfallen wird. Der allmählich endlich verbleibende Restbestand wird, da es sich bei diesem zweifellos um den widerstandsfähigsten Teil handelt, entsprechend behandelt werden müssen, da dieser, eine natürliche Auslese darstellend, bei Freilassung als Keimzelle eines neuen jüdischen Aufbaus anzusprechen ist (siehe »Erfahrung der Geschichte«) . . ." (P. W. I., S. 116 u. 119.)

Die Godesberger Erklärung[1])

Betr.: Aktion der deutschen Christen und des Reichskirchenministeriums

Sehr verehrter Herr Reichsleiter!

Wie mir von gutunterrichteter Seite mitgeteilt wurde, fand in der Zeit vom 24.–26. März 1939 in Godesberg/Rhein eine Kirchenführerbesprechung statt, an der teilnahmen:

Bischof *Oberheid* und Kirchenrat *Leuthäuser* von den Thüringer Deutschen Christen,
Prof. *Ellwein* und *Schomerus-Wittenberg* von der kirchlichen Mitte,
Landgerichtsrat *Dr. Albrecht* vom Reichskirchenministerium und Präsident *Dr. Werner* von der Deutschen Evgl. Kirchenkanzlei.

---

[1]) *Dokument CXXIXa–63, Brief an A. Rosenberg.*

Die beiden Letztgenannten nahmen im Auftrage des Reichsministers Kerrl an dieser Konferenz teil.

Es wurde hier eine „Erklärung an die evangelische Öffentlichkeit“ verfaßt und diese umgehend dem Minister Kerrl mitgeteilt.[1]) Der Minister bedankte sich persönlich bei Bischof Oberheid für diese Erklärung und sprach seinen Glückwunsch dazu aus.

Die anliegend beigefügte Erklärung enthält folgende Punkte:

1. Es dürfe kein Mißbrauch der Religion für politische Zwecke mehr getrieben werden.
2. Religion und Weltanschauung sind streng zu scheiden.
3. Das Christentum ist keine jüdische Angelegenheit, sondern Christus ist der größte Judenfeind der Geschichte.
4. Das Christentum ist keine internationale Größe, sondern das Fundament des Deutschtums.

Diese Erklärung wird am 29. März 1939 allen Kirchenführern zur Unterschrift vorgelegt werden. Es ist zu erwarten, daß alle Kirchenführer ihre Unterschrift leisten, abgesehen von den Führern der kleinen Landeskirchen Bremen und Lübeck.

Nach der Äußerung eines Referenten des Reichsministeriums für Volksaufklärung und Propaganda hat Reichsminister Kerrl an Dr. Goebbels die Bitte gerichtet, diese Erklärung gewissermaßen als Antwort auf die letzte Oberhausrede des Erzbischofs von Canterbury in der Presse veröffentlichen zu können.

Da eine solche Erklärung größte Verwirrung in die weitesten Kreise des Volkes bringen würde, halte ich es für unbedingt erforderlich, daß ihre Veröffentlichung verhindert wird.

Ich darf bitten, von der Quelle dieser Mitteilung keinen Gebrauch zu machen.

gez. Heydrich
SS-Gruppenführer

---

[1]) *Der Text der Godesberger Erklärung folgt unter „Anlage I“. Darüber wird im Werk „Kirche im Kampf“ – Dokumente des Widerstandes (Tübingen 1950) folgendes berichtet:*

„Es folgte die Godesberger Erklärung (vom 4. April 1939), zu der sich die »Thüringer Nationalkirchliche Einigung« (Siegfried Leffler) mit Pfarrern und Laien aus den Bünden der Mitte (unter Führung von Ellwein und Freiherrn von Ledebur, die Unterschrift Prof. Dr. Helmut Kittels unter die Godesberger Erklärung ist nie erfolgt und gefälscht, wie Kittel einwandfrei nachweisen kann), zusammenfand, und der sich am 6. April in Berlin die Kirchenleiter der Altpreußischen Union sowie der Landeskirchen von Sachsen, Nassau-Hessen, Schleswig-Holstein, Thüringen, Mecklenburg, Pfalz, Anhalt, Oldenburg, Lübeck und Österreich anschlossen ...

Die ersten Taten dieses Godesberg–Berliner Gremiums waren eine Protesterklärung gegen den Aufruf des Erzbischofs von Canterbury zu einer gemeinsamen Friedenskundgebung sämtlicher christlicher Kirchen . . . und die gleichzeitige Forderung einer »kirchlichen Zentralstelle zur Bekämpfung des Mißbrauchs der Religion zu politischen Zwecken«. Von anderen Plänen wurde am frühesten verwirklicht die Gründung eines »Instituts zur Erforschung und Beseitigung des jüdischen Einflusses auf das kirchliche Leben des deutschen Volkes«, das am 1. Mai 1939 in Eisenach im Beisein des Präsidenten Dr. Werner eröffnet worden ist ...“ Führende Vertreter des Reichsbundes der Deutschen Pfarrvereine und der Bekennenden Kirche nahmen gegen die Godesberger Erklärung feierlich Stellung in einer Erklärung vom 9. 5. 1939. (S. H. Hermelink: „Kirche im Kampf“, S. 475 bis 480.

Anlage 1

Mit dem unbeugsamen Willen, den Kirchenstreit einer positiv christlichen Entscheidung entgegenzuführen, haben sich Vertreter der Nationalkirchlichen Einigung Deutsche Christen und Männer aus verschiedenen Kreisen evangelischer Pfarrer und Laien zu Beratungen zusammengefunden. Es wurde beschlossen, eine lose kameradschaftliche Zusammenarbeit aufzunehmen.

Als Grundlage gelten folgende Sätze:

Mit allen Kräften des Glaubens und des tätigen Lebens dienen wir dem Manne, der unser Volk aus Knechtschaft und Not zur Freiheit und herrlicher Größe geführt hat.

Wir bekämpfen alle Elemente, die politische Feindschaft religiös tarnen.

Im Kirchenstreit wird sichtbar ein Stück des großen religiösen und religionspolitischen Ringens, das in unserer Zeit durch unser Volk geht. Die Formen des Kirchenstreits sind unwürdig, die Machtkämpfe verwerflich, das Ringen selbst aber bejahen wir als Zeichen neuwachsenden religiösen Lebens.

Die Kernfrage der religiösen Auseinandersetzungen sind folgende:

a) Wie verhalten sich Religionen und Politik, wie verhalten sich nationalsozialistische Weltanschauung und christliche Religion zueinander?

Auf diese Fragen antworten wir:

Indem der Nationalsozialismus jeden politischen Machtanspruch der Kirchen bekämpft und seine Weltanschauung für alle deutschen Menschen verbindlich macht, führt er das Werk Martin Luthers fort und hilft dem deutschen Volke wieder zu einem wahren Verständnis des christlichen Glaubens.

b) Wie ist das Verhältnis von Judentum und Christentum? Ist das Christentum aus dem Judentum hervorgegangen und also seine Weiterführung und Vollendung oder steht das Christentum im Gegensatz zum Judentum?

Auf diese Frage antworten wir:

Der christliche Glaube ist der unüberbrückbare religiöse Gegensatz zum Judentum.

c) Ist das Christentum wesenmäßig überstaatlich und international?

Auf diese Frage antworten wir:

Internationales Kirchentum römischer oder Genfer Prägung ist politische Entartung des Christentums. Echter christlicher Glaube entfaltet sich fruchtbar nur innerhalb der gegebenen Schöpfungsordnungen.

Aus unserer Grunderkenntnis vom Sinn der religiösen Auseinandersetzungen ergibt sich von selbst, daß nicht neue kirchliche Konstruktionen, Verfassungen oder Gesetzgebungen weiterhelfen. Der Kampf muß vielmehr innerlich ausgetragen werden.

Voraussetzung für eine echte religiöse Auseinandersetzung sind Toleranz und Ordnung in der Kirche. Die soeben erschienenen Verordnungen der evangelischen Kirche der Altpreußischen Union begrüßen wir deshalb als einen wesentlichen Beitrag dazu.

In der durch diese Sätze bestimmten Haltung werden wir eine gemeinsame Arbeit beginnen.

Die Kirchenpolitik des Reichssicherheitshauptamts [1])

Der Chef der Sicherheitspolizei
und des SD

(handschrtl.: K. 12. 10.)
GG (handschrtl.: unleserl. 21. 10.)

II 113
II ———
D 222

Berlin, den 20. Oktober 1939

An den
Herrn Reichsminister und
Chef der Reichskanzlei
Dr. Lammers

Berlin W 8
Voßstraße 6

Betr.: Die Einstellung der politischen Kirchen und Sekten zur gegenwärtigen Lage.
Anl.: 1

Sehr verehrter Herr Reichsminister!

Anliegend übersende ich eine kurze Übersicht über die Einstellung der politischen Kirchen und Sekten zur gegenwärtigen Lage.

Da der Widerstand gegen Führer und Reich in erster Linie bei bekannten *Hetzpastoren* liegt, erscheint eine Gewinnung des breiten Kirchenvolkes zur positiven Mitarbeit am deutschen Verteidigungswerk ohne größere Schwierigkeiten möglich. Voraussetzung ist dabei ein ganz klares und energisches Vorgehen gegen jede staatsfeindliche Tätigkeit oder Sabotagearbeit, wofür Vorschläge unterbreitet werden.

gez. Heydrich
SS-Gruppenführer

Handschriftlich:

1.) Herrn Reichsminister
gehorsamst vorgelegt. Auf die angestrichenen Stellen darf besonders verwiesen werden.

2.) Zu den Akten.
(handschriftlich:) Kritzinger 25. 10.
" " Lammers 26. 10.

---

[1]) *Dokument CXXVI a – 116.*

Bericht

über die gegenwärtige politische Haltung der Kirchen und Sekten.

I. *Die allgemeine politische Lage der Kirchen und Sekten*

In der Septemberkrise 1938 hatten die Konfessionen, vor allem maßgebliche Kreise des Katholizismus, der Bekenntnisfront und zahlreicher Sekten ihre gegnerische Einstellung zum nationalsozialistischen Staat offen zum Ausdruck gebracht. Mit mannigfaltigen Mitteln, z. B. Hirtenbriefen, Hetzpredigten, Hetzgottesdiensten, Verängstigung des Volkes bei der religiösen Betreuung, Verbreitung von Prophezeiungen einer baldigen Vernichtung Deutschlands, Flugblättern, Klebezetteln usw. hatten sie versucht, die geschlossene Front des deutschen Volkes zu zerspalten und die Bevölkerung unsicher und ängstlich zu machen.

Nach der glücklichen Überwindung der Septemberkrise mußten diese konfessionellen Kirchenführer sich bemühen, ihr erfolgloses, staatsfeindliches Verhalten möglichst zu vertuschen. Sie hielten sich deshalb in der Folgezeit von der äußeren politischen Arbeit zurück und verwandten ihre Energien darauf, unter ihren Gläubigen eine möglichst geschlossene Kernmannschaft sich zu sichern und diese intensiv zu schulen, auszubilden und innerlich zu festigen.

Gleichzeitig mußten die Kirchen darangehen, die ihnen noch verbliebenen Restpositionen im öffentlich-politischen Leben zu festigen und zu sichern. Die Massenarbeit der Kirchen in den konfessionellen Vereinen war fast restlos zerfallen. Das Schwergewicht der Menschenbeeinflussung mußte deshalb auf die Pfarrei, auf Predigtgottesdienste und Pfarrseelsorgestunden verlegt werden. An die Stelle der Konfessionsschulen

(es fehlen einige Zeilen)

liegt in den astrologischen Zirkeln und Sekten, die ähnlich wie im Weltkrieg unter dem Einfluß Englands auch jetzt bereits wieder sich daranmachen, das Volk mit üblen Prophezeiungen und Sterndeutungen zu beunruhigen und zu verängstigen. Andere Sekten wie die „Christliche Wissenschaft", die „Christengemeinschaft", die „Quäker" und die „Baptisten" usw. stellen wegen ihrer internationalen Bindungen und wegen ihrer pazifistischen Einstellung wertvolle Hilfstruppen der außenpolitischen Gegner Deutschlands dar.

Zu offener Sabotage und offenem Widerstand schreiten die Anhänger radikaler Sekten wie der „Bibelforscher". So wurde z. B. vom Feldkriegsgericht des Kommandeurs im Luftgau V am 29. August 1939 der Funker Berthold Mewes aus Paderborn wegen Verweigerung des Gehorsams im Feld zu zwölf Jahren Gefängnis verurteilt. Mewes, der fanatischer Bibelforscher ist, hatte seinem Abteilungskommandeur gegenüber erklärt, daß sein Gewissen ihm verbiete, Dienst in der Wehrmacht zu tun. Er begründete sein Verhalten mit Bibelstellen wie: „Du sollst nicht töten" und „Wer das Schwert nimmt, wird durch das Schwert umkommen". In ähnlicher Weise haben bereits mehrfach Sektenangehörige den Fahneneid verweigert.

II. Vorschläge

Die Erfahrungen haben gezeigt, daß es nicht möglich ist, den Gegensatz zwischen den konfessionellen Kräften und der nationalsozialistischen Staatsführung oberflächlich zu verdecken oder nach außen hin in der Propaganda wegzuleugnen.

Es ist aber sehr leicht möglich, das Volk zur positiven Mitarbeit am Verteidigungswerk des Führers aufzurufen und zu begeistern und von den politischen Machenschaften der fanatisch-staatsfeindlichen Klerikerschaft zu isolieren.

Die Hetztätigkeit der staatsfeindlichen Priesterschaft kann aber nur durch ganz klare energische Maßnahmen zum Schweigen gebracht werden. Dazu ist vor allem notwendig, daß den streitbaren Priestern jede äußere politische Betätigungsmöglichkeit und alle äußeren politischen Machtmittel genommen werden und daß es der Kirche nicht ermöglicht wird, in der gegenwärtigen Lage ihre verlorenen politischen Machtpositionen zurückzuerobern. Soweit nötig, kann das Kirchenvolk durch geschickte Aufklärung über die jeweils notwendigen Maßnahmen leicht orientiert werden.

Im einzelnen erscheinen folgende grundsätzliche Maßnahmen erforderlich:

a) staatspolizeilicher Art

1. In allen Fällen, in denen irgendwelche bewußte Sabotage, klare Verhetzung des Volkes oder offener Widerstand in Erscheinung tritt, muß ohne Rücksicht der Person, des Standes und des kirchlichen Ranges sofort und schärfstens durchgegriffen werden.

   Die betreffenden Persönlichkeiten sind nach Möglichkeit sofort einem Konzentrationslager zuzuführen. Bei der Durchführung einiger solcher energischer Maßnahmen ist zu erwarten, daß der übrige Klerus sofort zurückhaltend wird.

2. Es muß verhindert werden, daß die Kirche ihre alten Machtpositionen zurückerobert. Eine Aufhebung bestehender Verbote für konfessionelle Veranstaltungen, konfessionelle Vereine, Konfessionsschulen usw. darf nicht in Erwägung gezogen werden. Sobald von seiten konfessioneller Vereine irgendwelche staatsfeindlichen Schritte bekannt werden, ist wie bisher sofort mit entsprechenden Auflösungen und Verboten vorzugehen.

3. Die Ausreisesperre ist für sämtliche geistlichen Ordensangehörigen und Sektenfunktionäre strengstens durchzuführen.

4. Während des Weltkrieges hatten verschiedene kirchliche Würdenträger, die nicht in der Heeresseelsorge beschäftigt waren, durch den Generalstab Sondergenehmigungen bekommen, alle Orte der besetzten Gebiete zu besuchen, an den verschiedensten Veranstaltungen des Großen Hauptquartiers und der zuständigen Militärbehörden teilzunehmen, alle Transportmittel der Heeresverwaltung frei zu benutzen usw. Durch diese im Dienst des Vatikan stehenden Würdenträger war die Gefahr gegeben, daß wichtigste politische und militärische Nachrichten über den Vatikan zur Kenntnis der Feindmächte gelangten. Von solchen Sondergenehmigungen ist im gegenwärtigen Krieg abzusehen.

5. Da die finanziellen Machtmittel der Kirchen teilweise noch außerordentlich groß sind und die Priesterschaft mit Hilfe dieser finanziellen Mittel noch in der Lage ist, ihren Machtapparat wesentlich auszubauen, sind die Staatszuschüsse an die Kirchen weiterhin planmäßig zurückzuschrauben, die Kirchen weiterhin in verstärktem Maße zu besteuern und die dadurch für den Staat anfallenden Gelder für lebenswichtige Aufgaben zu verwenden.

6. Das im Besitz der Feindmächte sich befindliche deutsche Kirchenvermögen innerhalb des Reiches ist sicherzustellen.

7. Jeder Zwang zur Teilnahme an Feldgottesdiensten oder konfessionellen Veranstaltungen innerhalb der Wehrmacht hat zu unterbleiben.
Es muß dafür Sorge getragen werden, daß die Heeres- und Verwundetenseelsorge nicht zu politischen Zwecken ausgenützt wird.

8. Die Ausländer- und Gefangenenseelsorge ist besonders sorgfältig zu überwachen.

9. Internationale pazifistische Sekten sind zu verbieten.

10. Konfessionelle Großveranstaltungen, Wallfahrten und große Kundgebungen sind mit Rücksicht auf die Einschränkung der Transportmöglichkeiten zu untersagen.

11. Das bestehende Sammelverbot ist für alle konfessionellen Organisationen strengstens durchzuführen.

12. Da unter Ausnutzung der Zeitlage eine starke Ausbreitung der konfessionellen Kindergärten, Kinderhorte usw. zu erwarten ist, müssen alle diese Kindergärten usw. der Oberleitung und Kontrolle der NSV unterstellt werden. Ebenso wäre für den gegenwärtigen Augenblick eine Gesamtkontrolle der Wohlfahrtstätigkeit durch die NSV wünschenswert.

13. Die Zulassung von Kraftfahrzeugen und Überlassung von Tankausweisscheinen an Angehörige der Religionsgemeinschaften darf nur in einem ganz beschränkten Ausmaß erfolgen.

b) propagandistischer Art

1. In der Tagespresse sollen die konfessionellen Gegensätze möglichst stillschweigend übergangen werden. Lediglich ganz kurze Notizen für den Fall notwendig gewordener scharfer Maßnahmen gegen einzelne konfessionelle Persönlichkeiten können gebracht werden.

2. Die nahezu 3000 konfessionellen Zeitschriften, Wochenblätter usw. können mit Rücksicht auf die Papierkontingentierung auf ein Minimum eingeschränkt und damit die Gefahren staatsfeindlicher Propaganda wesentlich verringert werden. Es genügen für die größeren konfessionellen Gruppen, Katholizismus, Bekenntnisfront, Deutsche Christen, jeweils drei bis vier und für die bedeutenderen Sekten jeweils eine Zeitschrift. Diese können auch in ihrer Auflagenzahl noch einer beträchtlichen Einschränkung unterworfen und in ihrem Inhalt einer Zensur unterstellt werden.

3. Soweit für weitere Kreise des Volkes eine Notwendigkeit zur Aufklärung über das staatsfeindliche Verhalten konfessioneller Kreise besteht, können einige nichtkonfessionelle Wochenblätter dazu benutzt und kann den konfessionellen Blättern evtl. eine bestimmte Auflagenachricht zudiktiert werden.

4. Über besonders wichtige Fragen und Probleme können kurze Flugschriften oder Broschüren ohne amtlichen Charakter in größerer Auflage unter das Volk gebracht werden. Doch muß dabei mit großer Vorsicht vorgegangen werden, damit keine unnötigen Beunruhigungen entstehen.

5. In vielen Fällen gilt jedoch, daß das beste Abwehrmittel der konfessionellen Tätigkeit das absolute Totschweigen der konfessionellen Kräfte ist.

6. Alles irgendwie staatsfeindliche oder für die gegenwärtige Lage unerwünschte Schrifttum, z. B. die astrologischen Kalender, konfessionelle Flugschriften mit zweifelhaften Bemerkungen usw., sind energisch zu verbieten. Ebenso sind konfessionelle Kundgebungen und Verlautbarungen, Hirtenbriefe und Kanzelabkündigungen, die sich, wenn auch in versteckter Form, irgendwie gegen den Staat wenden, sofort unnachsichtig einzuziehen und evtl. die zur Herstellung und Vervielfältigung benutzten Druckereien und Apparate sicherzustellen.

Wenn diese Maßnahmen möglichst ohne Aufsehen und in aller Stille durchgeführt werden, ist die Gewähr gegeben, daß es den konfessionellen Gegnern nicht mehr wie im Weltkrieg gelingt, die Widerstandskraft des deutschen Volkes zu zersetzen und zu schwächen. Da ein restloser Einsatz der konfessionellen Führung für die deutschen Volksinteressen auf Grund der konfessionellen Lehre und der inneren überstaatlichen Verpflichtungen dieses Kreises unmöglich ist, geben die vorstehenden Maßnahmen die einzige Möglichkeit, das Kirchenvolk zum positiven Einsatz für die Lebensnotwendigkeiten Deutschlands zu bringen und die politische Tätigkeit des Klerus zu lähmen.

Der Vertrieb von religiösen Druckschriften wird verboten [1])

Polizeipräsidium
Dienststelle 512

München, 29. Februar 1936

An den
Bernreuther-Verlag
und Kunsthandlung
in München
Goethestraße 64

Betreff: Vertrieb religiöser Druckschriften, Bilder und Bildwerke.

Auf Grund des § 1 der VO des Reichspräsidenten zum Schutze von Volk und Staat vom 28. Februar 1933 (RGBl. 1933, I, S. 83) ist der Vertrieb *religiöser* Druckschriften, Bilder und Bildwerke (z. B. Figuren, Kreuze usw.) von Haus zu Haus oder durch Aufsuchen von Bestellungen mit sofortiger Wirksamkeit verboten. Zuwiderhandlungen werden nach § 4 a. a. O. mit Gefängnis nicht unter einem Monat und mit Geldstrafen von RM 150,– bis zu RM 15 000,– bestraft.

I. A.

Mayr

---

[1]) *Johann Neuhäusler: „Kreuz und Hakenkreuz", 2. Auflage, 1946, I. Teil, S. 215.*

Pfaffen und Geistliche [1])

SS-Wirtschafts-Verwaltungshauptamt

Amtsgruppenchef D
— Konzentrationslager —
DI/1/Az.: 14 c 9/Ot./U. —
Geheim Tgb.-Nr. 243/42

Oranienburg, den 21. April 1942

Betreff: Arbeitseinsatz der Geistlichen.

Bezug: SS-Wirtschafts-Verwaltungshauptamt Ch.Po/IIa.

Anlagen: keine.

Geheim

An die
Lagerkommandanten
der Konzentrationslager

Da., Sah., Bu., Mau., Flo., Neu., Au., Gr.-Ro., Natz., Nie., Stu., Arb., Rav., *Kriegsgef.-Lager Lublin.*

Abdruck an: Chef des Amtes D II im Hause.

Der Reichsführer-SS und Chef der Deutschen Polizei hat angeordnet, daß die polnischen und litauischen Pfaffen richtig arbeiten sollen, d. h. also zu allen Arbeiten herangezogen werden dürfen. Die deutschen, holländischen, norwegischen Geistlichen usw. sollen jedoch nach wie vor nur in den Heilkräutergärten beschäftigt werden.

Der Vollzug dieser Anordnung ist hierher zu melden.

I. V.
Unterschrift (unl.)
SS-Obersturmbannführer

---

[1]) *Dokument PS – 1164.*

Zur Frage des Religionsunterrichts in den Schulen

I.

Martin Bormann[1])

Martin Bormann. * 17. 6. 1900 — 1927 bis 1928 Gaupresseobmann in Thüringen — 1933 Leiter der Hilfsaktion der NSDAP, später Stabsleiter von Rudolf Heß — Reichsleiter und MdR — 1943 bis 1945 Stellvertreter des Führers. („Wer ist Wer?", 1935.) Nach Hitlers Selbstmord, Anfang Mai 1945, in Berlin verschollen.

Nationalsozialistische Deutsche Arbeiterpartei

Der Stellvertreter des Führers
Stabsleiter

München 33, den
Braunes Haus
z. Zt. Berlin, den 22. Februar 1940

Herrn
Reichsleiter Alfred Rosenberg
Berlin W 35
Margaretenstraße 17

Betrifft: Richtlinien für die Erteilung des Religionsunterrichtes.

Lieber Parteigenosse Rosenberg!

Von verschiedenen Seiten wurde dem Stellvertreter des Führers mitgeteilt, der Reichsbischof Müller erzähle allenthalben, er habe von Ihnen den Auftrag erhalten, Richtlinien für die Gestaltung des Religionsunterrichtes in den Schulen auszuarbeiten.

Ich habe keine Möglichkeit gehabt, die Richtigkeit dieser Erklärungen des Reichsbischofs Müller nachzuprüfen. Die durch die Äußerungen des Reichsbischofs erneut zur Debatte gestellte Frage ist aber m. E. für die künftige weltanschauliche Haltung der Partei von so grundsätzlicher Bedeutung, daß ich es für notwendig halte, Sie schon jetzt auf die ernsten Bedenken hinzuweisen, die ich gegen eine solche Beauftragung zu erheben habe.

---

[1]) *Dokument PS — 098. Vergleiche auch die Betrachtungen M. Bormanns über das Verhältnis von Nationalsozialismus und Christentum, S. 259.*

Das Reichserziehungsministerium hat ja in den letzten Jahren zu wiederholten Malen den Wunsch geäußert, es möchten neue Richtlinien für die Ausgestaltung des Religionsunterrichtes ausgearbeitet werden, die auch die Billigung der NSDAP finden sollten.

Im Einvernehmen mit Ihnen wurde dieser Wunsch vom Stellvertreter des Führers immer wieder abgelehnt. Ebenso wie Ihr Amt ging der Stellvertreter des Führers bei dieser Stellungnahme von der Auffassung aus, es könne nicht Aufgabe der Partei sein, Richtlinien für die Unterweisung in den Lehren christlicher Konfessionen zu geben.

Christentum und Nationalsozialismus sind Erscheinungen, die aus ganz verschiedenen Grundursachen entstanden sind. Beide unterscheiden sich im Grundsätzlichen so stark voneinander, daß es nicht möglich sein wird, eine christliche Lehre zu konstruieren, die von der Ebene der nationalsozialistischen Weltanschauung aus voll bejaht werden könnte, ebenso wie sich die christlichen Glaubensgemeinschaften niemals dazu verstehen können, die Weltanschauung des Nationalsozialismus in vollem Umfange als richtig anzuerkennen. Die Herausgabe nationalsozialistischer Richtlinien für die Erteilung des konfessionellen Unterrichtes würde aber eine Synthese von Nationalsozialismus und Christentum zur Voraussetzung haben. Eine solche halte ich für unmöglich.

Wenn die Richtlinien wirklich von nationalsozialistischem Geiste getragen sein sollen, würden in ihnen ganz wesentliche Glaubenssätze der christlichen Lehre nicht anerkannt werden können. Ich erwähne hier nur die Stellungnahme der christlichen Kirchen zur Rassenfrage, zur Frage der Verhinderung oder Vernichtung unwerten Lebens, ihre Stellungnahme zur Ehe, die sich im Zölibat der Priester sowie in der Duldung und Förderung der Mönchs- und Nonnenorden kundtut, die germanischem Gefühl widersprechende Lehre von der unbefleckten Empfängnis Mariä usw.

Wie diese Richtlinien also auch gestaltet sein mögen, sie werden in keinem Fall gleichzeitig die Billigung der Kirchen und der Partei finden können.

Es kommt hinzu, daß die Konfessionen ja selbst über den Inhalt der christlichen Lehre keineswegs einig sind; allein was die Protestanten anlangt, gibt es im Reich nicht nur die Anhänger der bekennenden Kirche und Deutsche Christen, sondern auch Anhänger einer Lehre, die ein lutherisches Christentum besonderer Prägung neu schaffen will, etwa in der Form, wie es dem Reichskirchenminister Pg. Kerrl erstrebenswert erscheint. Die Partei müßte also zunächst entscheiden, welcher dieser Glaubensrichtungen sie den Vorzug geben möchte, oder ob sie sich sogar für eine vierte entscheiden will. Daß der Reichsbischof diesen letzten Weg einschlagen könnte, halte ich nicht für ganz ausgeschlossen, da er sich nach seinen letzten Veröffentlichungen ja selbst schon stark von Vorstellungen gelöst hat, die bisher zu dem Glaubensgut auch der Deutschen Christen gehörten.

Wenn aber schon Richtlinien für den Religionsunterricht aufgestellt werden sollen, kann man sich m. E. nicht damit begnügen, solche für die Protestanten zu schaffen; man müßte entsprechende Richtlinien auch für die Katholiken ausarbeiten. Für den katholischen Konfessionsunterricht Richtlinien aufzustellen, dürfte der Reichsbischof aber wohl kaum die geeignete Persönlichkeit sein, man müßte also hierfür wohl einen Katholiken wählen. Naturgemäß würden sich die für beide Konfessionen gegebenen Richtlinien in ganz grundlegenden Fragen voneinander unterscheiden, jede von ihnen würde aber für sich den Anspruch erheben, sie enthalte die wirklich authentische Interpretation des Artikels 24 des Parteiprogramms.

Durch die Herausgabe der Richtlinien würde also an dem gegenwärtigen Zustand auf kirchlichem Gebiet nichts gebessert werden. Der Streit der Konfessionen untereinander würde in der alten Form fortgeführt und in die Reihen der Partei hineingetragen werden. Ja, alle Konfessionen und christlichen Gruppen würden Staat und Partei angreifen, weil sie sich angemaßt hätten, in ihr eigentliches Gebiet, das der christlichen Glaubenslehre, eingreifen und dort reformieren zu wollen.

Nicht durch einen Kompromiß zwischen Nationalsozialismus und christlicher Lehre werden die Kirchen überwunden, sondern nur durch eine neue Weltanschauung, deren Kommen Sie ja selbst in Ihren Werken angekündigt haben.

Aus dieser Erkenntnis heraus haben wir uns ja immer gehütet, in irgendeiner Form auf die christlichen Glaubenslehren reformierend einzuwirken, oder auch auf die von den Kirchen aufgestellten Richtlinien für den Religionsunterricht irgendeinen Einfluß auszuüben. In völliger gegenseitiger Übereinstimmung haben wir das Vorhaben des Reichskirchenministers abgelehnt, der gegen den Einspruch der Partei immer wieder von neuem den Versuch gemacht hat, das kirchliche Leben in nationalsozialistischem Geiste zu erneuern, indem er einen Kompromiß zwischen der christlichen Lehre und der Weltanschauung des Nationalsozialismus suchte.

Sollte jetzt aber irgendeine, aus dem kirchlichen Leben hervorgegangene Persönlichkeit beauftragt werden, Richtlinien für den christlichen Religionsunterricht auszuarbeiten, würde damit die Partei die bisher von ihr bekämpfte Haltung des Reichskirchenministers im Grundsatz billigen und für sich selbst akzeptieren, denn es besteht kein grundsätzlicher Unterschied mehr zwischen einer Haltung, die das kirchliche Leben in seiner Gesamtheit reformieren und neuordnen will und einer solchen, die dieses Ziel allein im Bereich der Erziehung der Jugend erstrebt.

Wir waren uns bisher immer darin einig, daß die Partei durch einen solchen Schritt den Boden, auf dem sie fest gegründet steht, verlassen und den schwankenden Boden der umstrittenen christlichen Glaubensdogmen betreten würde. Sie würde sich in das Gebiet der Auslegung der Lehre Jesu begeben und dort ohne Zweifel denen unterlegen sein, die seit Jahrhunderten nichts anderes getrieben haben, als die in den alten Schriften, über deren wirklichen Wortlaut die Wissenschaftler ja noch heute streiten, niedergelegten Worte und Taten des Jesus aus Nazareth auszulegen und umzudeuten. Wenn in späteren Jahrzehnten und Jahrhunderten die durch den Nationalsozialismus befreite deutsche Volksseele wieder einmal in christlichen Dogmen verkümmern und ersticken sollte, so könnte hierfür einmal ein heute unternommener Versuch, eine Synthese zwischen Nationalsozialismus und Christentum herbeizuführen, der Anlaß gewesen sein.

Andererseits bin freilich auch ich der Auffassung, daß es nicht möglich ist, den Religionsunterricht in den Schulen zu streichen, ohne für die sittliche Erziehung der Jugend etwas besseres an seine Stelle zu setzen.

Der Religionsunterricht, so wie er heute in den Schulen erteilt wird, umfaßt ja nicht nur die Unterweisung in den christlichen Glaubensdogmen, die Lehre von der Erschaffung der Welt und von dem Fortleben nach dem Tode, daneben erhalten die Kinder im Religionsunterricht auch eine Unterweisung in den 10 Geboten, die für die meisten Volksgenossen heute noch überhaupt die einzige Richtschnur für ihr sittliches Verhalten und für ein geordnetes Zusammenleben in der Volksgemeinschaft darstellen. Wenn den Kindern diese Unterweisung genommen wird, ohne daß man etwas besseres an seine Stelle setzt, kann man m. E. nicht ohne allen Grund den Vorwurf erheben, die heute von vielen festgestellte Verwahrlosung der Jugend sei u. a. auch darauf zurückzuführen, daß der Religionsunterricht an den Schulen nicht mehr stattfinde.

Was daher m. E. not tut, ist die Ausarbeitung eines kurzen Leitfadens über eine nationalsozialistische Lebensgestaltung. Wir brauchen für die Erziehungsarbeit in der Partei, insbesondere auch in der HJ, eine kurze Zusammenfassung, in der die sittlichen Grundsätze niedergelegt sind, zu deren Achtung jeder deutsche Junge und jedes deutsche Mädel, die einmal Repräsentanten des nationalsozialistischen Deutschlands sein sollen, erzogen sein müssen. In einen solchen Leitfaden gehört etwa das Gebot der Tapferkeit, das Verbot der Feigheit, ein Gebot der Liebe zur allbeseelten Natur, in der sich Gott auch im Tier und in der Pflanze offenbart, ein Gebot der Reinerhaltung des Blutes; es gehören auch Grundsätze hinein, wie sie z. T. auch in den alttestamentlichen Dekalog aufgenommen sind, soweit sie als sittliche Grundsätze jeglichen Völkerlebens angesehen werden können.

Die Herausgabe eines solchen Leitfadens kann und darf allein aus unserer nationalsozialistischen Lebenshaltung heraus entstehen.

Seine Sittengebote brauchen nicht begründet zu werden durch den Hinweis auf irgendwelche Glaubensdogmen über die Erschaffung des Lebens und über das Fortleben der Seelen nach dem Tode; sie können und müssen entstehen jenseits jeglicher konfessioneller Auseinandersetzungen.

Ich halte die Herausgabe eines solchen Leitfadens für dringend notwendig, weil den deutschen Jungen und Mädeln irgendeinmal gesagt werden muß, was sie tun dürfen und sollen, und was zu tun ihnen verboten ist. Ich halte es gar nicht einmal für notwendig, diesen Leitfaden sofort als Lehrbuch in den Schulen einzuführen, für ausreichend würde ich es halten, wenn er zunächst einmal in der Partei und ihren Gliederungen Eingang fände. Später kann er auch von den Schulen übernommen werden, ähnlich wie ja auch der kleine Katechismus nicht von Schulräten geschaffen, sondern zunächst in der Kirche gelehrt und später von den Schulen übernommen wurde.

Was die Erteilung des Religionsunterrichtes in den Schulen anlangt, so braucht m. E. an dem jetzt bestehenden Zustand nichts geändert zu werden. Keinem nationalsozialistischen Lehrer darf nach den eindeutigen Weisungen des Stellvertreters des Führers irgendein Vorwurf gemacht werden, wenn er sich bereit findet, in den Schulen christlichen Religionsunterricht zu erteilen. Für den Inhalt des Religionsunterrichtes aber mögen weiterhin die Richtlinien maßgebend sein, die in früheren Jahren von den Kirchen selbst aufgestellt worden sind. In dem Rundschreiben des Stellvertreters des Führers Nr. 3/39 vom 4. Januar 1939 ist ausdrücklich gesagt, daß die mit dem Religionsunterricht betrauten Lehrer nicht etwa eine Auswahl aus dem biblischen Unterrichtsstoff nach eigenem Ermessen zu treffen haben, sondern verpflichtet sind, den gesamten biblischen Unterrichtsstoff zu lehren. Umdeutungen, Auslegungen und Auseinandertrennungen im Sinne der mehrfachen Versuche einzelner kirchlicher Richtungen haben sie zu unterlassen. Den Schülern soll ein Gesamtbild des biblischen Unterrichtsstoffes gegeben werden. Allerdings sollen die Lehrer berechtigt sein, diesen Unterrichtsstoff als biblisches Gedankengut und nicht etwa als deutsches oder nationalsozialistisches darzustellen. Wenn dabei auf einigen Gebieten Vergleiche gezogen werden, so entspricht dies nach dem Inhalt des genannten Rundschreibens nur den Pflichten des Erziehers. Gegen einen solchen Religionsunterricht können von den Kirchen keinerlei Bedenken geltend gemacht werden.

Wenn später der zunächst für die eigene Erziehungsarbeit in der Partei zu schaffende Leitfaden für eine deutsche Lebensgestaltung auch in den Schulen Eingang findet, so soll dieser den Religionsunterricht keineswegs verdrängen. Er kann vielleicht zur Grundlage einiger Unterrichtsstunden im Deutschunterricht genommen werden und muß für alle Schüler Gültigkeit haben, ohne Rücksicht darauf, welcher Konfession sie angehören. Auch gegen eine derartige Erziehungsarbeit würden die Kirchen keine Einwände erheben können, denn es würde sich ja um eine zusätzliche Erziehung handeln, die neben dem Religionsunterricht auch ohne Zusammenhang mit ihm stattfinden würde. Im Gegenteil, die Kirchen würden allen Anlaß haben, dem Staat dafür dankbar zu sein, daß er sich mit der im Religionsunterricht nach Maßgabe der überaus mangelhaften 10 Gebote stattfindenden sittlichen Erziehung nicht begnügen, sondern der Jugend eine zusätzliche, an ihr sittliches Verhalten viel höhere Anforderungen stellende Erziehung zuteil werden lassen würde.

Daneben mag also getrost nach dem Wunsch der Eltern die Unterweisung in den Glaubensdogmen der Konfessionen weiter erfolgen. Je stärker und fruchtbarer unsere *positive* Erziehungsarbeit in den Schulen aber gestaltet wird, um so sicherer wird dieser Konfessionsunterricht mehr und mehr an Bedeutung verlieren.

Wenn die heute nach unseren Sittengesetzen erzogene Jugend später einmal darüber entscheiden soll, ob sie noch gewillt ist, ihre Kinder in den weit minderwertigeren christlichen Glaubensdogmen erziehen zu lassen, wird diese Entscheidung in den meisten Fällen negativ ausfallen.

Ich möchte meinen, daß es jetzt, sieben Jahre nach der Machtübernahme, auch möglich sein müßte, Grundsätze für eine nationalsozialistische Lebensgestaltung aufzustellen. Sie sind ja längst von zahlreichen Vorkämpfern der nationalsozialistischen Idee dem Volke sichtbar vorgelebt worden.

Solange wir diese Aufgabe aber nicht meistern, wird immer wieder mit Recht von den verschiedensten Seiten darauf hingewiesen werden, den Kindern, die am Religionsunterricht nicht teilnehmen, würden nicht einmal mehr die einfachsten Sittengesetze, die für das Zusammenleben aller Völkergemeinschaften maßgebend sind, beigebracht.

Der Stellvertreter des Führers hält es für notwendig, daß über diese Fragen in allerkürzester Zeit im Beisein der Reichsleiter, die durch sie in besonderem Maße berührt werden, eingehend gesprochen wird. Ich wäre Ihnen sehr dankbar, wenn Sie mir schon vor dieser Aussprache Ihre Stellungnahme hierzu mitteilen würden.

Heil Hitler!

M. Bormann

(M. Bormann)

II.

Rudolf Heß[1])

Der Stellvertreter des Führers München, 18. April 1940

An den

Beauftragten des Führers für den Vierjahresplan,
Herrn Ministerpräsidenten Generalfeldmarschall
Hermann Göring

Berlin W 8
Leipziger Straße 3

Im Zusammenhang mit Fragen betreffend die Betreuung der deutschen Jugend wurde in einer unter Ihrem Vorsitz im Februar d. J. durchgeführten Besprechung im Ministerrat für die Reichsverteidigung auch die Frage der Erteilung des Religionsunterrichtes in den Schulen erörtert. Im Anschluß an diese Sitzung haben Sie den Herrn Reichserziehungsminister ersucht, Vollzugsmeldung darüber zu erstatten, daß die geordnete Durchführung des staatlich beaufsichtigten Religionsunterrichtes wieder gesichert sei.

Da durch dieses Ersuchen die Partei in besonderem Maße interessierende Fragen weltanschaulicher Art berührt werden, wandte sich der Herr Reichserziehungsminister an mich. Mit ihm, sowie mit mehreren Reichs- und Gauleitern habe ich den Fragenkreis eingehend erörtert. Nach Prüfung aller für sowie gegen die Einleitung besonderer Maßnahmen sprechenden Gründe, bin ich zu der Überzeugung gelangt, daß es unzweckmäßig wäre, in der Frage der Erteilung des Religionsunterrichtes im gegenwärtigen Zeitpunkt, Änderungen grundlegender Art eintreten zu lassen.

Zunächst muß ich immer wieder darauf hinweisen, daß trotz der weitgehenden Tätigkeit der Pfarrer während des Weltkrieges die Revolution keineswegs verhindert wurde. Gegen Zentrum und Christlichen Volksdienst, die weitgehenden Einfluß auf die Regierung hatten, mußte die Macht errungen werden.

Die Behandlung des Religionsunterrichtes in den Schulen, die alsbald nach der Machtübernahme von verschiedenen Seiten angeschnitten wurde, ist zunächst grundsätzlich bestimmt durch die im Auftrag des Führers erlassene Anordnung über die Gewissensfreiheit. Nach der Ermordung des Pg. von Rath im November 1938 wandten sich zahlreiche Lehrer an den Leiter des Hauptamtes für Erzieher, Gauleiter Pg. Wächtler, indem sie erklärten, sie könnten es mit ihrem Gewissen nicht mehr in Einklang bringen, deutschen Kindern auch hinfort noch den zum Teil auf alttestamentlichen, jüdischen Lehren beruhenden Religionsunterricht zu erteilen. Ein Mitarbeiter des Pg. Wächtler erließ hierauf ohne mein Wissen eine Verlautbarung, die von einem Teil der Lehrer als Anregung aufgefaßt wurde, den Religionsunterricht niederzulegen. Um die bei den Parteigenossen entstandenen Unklarheiten über die Haltung der Partei in dieser Frage zu beseitigen, erließ mein Stabsleiter unter dem 4. Januar 1939 in meinem Auftrage ein Rundschreiben, in dem die Stellungnahme der Partei zum Religionsunterricht noch einmal grundlegend dargelegt wurde . . .

---

[1]) *Dokument CXLIII – 370 (Auszüge).*

. . . Nach dem Kriege wird zu überlegen sein, welche Änderungen hier einzutreten haben. Unter allen Umständen würde ich es aber für verfehlt halten, wollte man jetzt im Augenblick die auch — abgesehen von den Beschwerden der Geistlichkeit — in Württemberg zur Ruhe gekommenen Fragen erneut aufgreifen und zur Debatte stellen.

Nach dem Kriege wird es an der Zeit sein, den Württemberger Fall zugleich mit der grundsätzlichen Frage der Erteilung eines christlich-konfessionellen Religionsunterrichtes an den Schulen sowie getrennt davon die Frage einer Erziehung der Jugend zu einer nationalsozialistischen sauberen Lebenshaltung aufzugreifen und ungestört durch irgendwelche politischen Einmischungsversuche kirchlicher Gruppen zu einer Lösung zu bringen. Die Vorarbeiten hierfür werden von Reichsleiter Rosenberg bereits durchgeführt.

Ich würde es für bedenklich halten, diese, meines Erachtens zu einer klaren Lösung führende Entwicklung dadurch zu stören, daß in der Frage der Erteilung des Religionsunterrichtes an den Schulen jetzt während des Krieges grundlegende Entscheidungen gefällt werden, die mit der bisher von Partei und Staat in diesen Fragen eingenommenen Haltung nicht in Einklang stehen würde.

F. d. R. d. A.

Puff

Heil Hitler!

gez.: R. Hess

1 Anlage

Nationalsozialistische Morgenfeier [1])

Nationalsozialistische Deutsche Arbeiterpartei

Der Stellvertreter des Führers
Stab

München 33, den 25. April 1941
Braunes Haus
III D – Schw –
1180/0

An den
Beauftragten des Führers
für die Überwachung der
gesamten geistigen und
weltanschaulichen Schulung
und Erziehung der NSDAP,

Berlin W 35
Margarethenstraße 17

Betrifft: Nationalsozialistische Schulfeiern.

Die konfessionellen Morgenandachten in den Schulen werden auf unsere Veranlassung immer stärker abgebaut und beseitigt. In ähnlicher Weise sind auch in verschiedenen Teilen des Reiches bereits sowohl die konfessionellen als auch die überkonfessionellen Gebete in den Schulen durch nationalsozialistische Sinnsprüche ersetzt worden. Ich wäre Ihnen für Stellungnahme dankbar, ob statt der bisherigen meist konfessionellen Morgenandacht in der Schule, die meistens wöchentlich einmal stattfand, künftig eine nationalsozialistische Morgenfeier durchgeführt werden soll. Soll diese ebenfalls zu bestimmten Zeitpunkten, also etwa jede Woche oder alle zwei Wochen einmal, durchgeführt werden oder soll sie nur aus besonderem Anlaß erfolgen? Ferner bitte ich um Mitteilung, ob von Ihnen konkrete Vorschläge für die Ausgestaltung derartiger nationalsozialistischer Schulfeiern ausgearbeitet worden sind. Gegebenenfalls wäre ich Ihnen für Übersendung derselben dankbar.

Heil Hitler!
Krüger

---

[1]) *Dokument PS – 070.*

Kirchendienst oder Gottesdienst[1])

I.

Oberkommando der Kriegsmarine
AMA/M Wehr II b B. Nr. 896

Berlin W 35, den 9. Februar 1940
Tirpitzufer 72/76

An

die Dienststelle
des Stellvertreters des Führers

Unter Bezugnahme auf den Brief des Oberbefehlshabers der Kriegsmarine vom 24. Oktober 1939 und das Antwortschreiben des Stellvertreters des Führers vom 3. November 1939 teile ich mit, daß in den Wilhelmshavener Zeitungen noch immer das Wort „Gottesdienst" in „Kirchendienst" abgeändert wird.

Das Oberkommando der Kriegsmarine bittet, diese Anordnung, die anscheinend irrtümlich vom Hauptpresseverlag Bremen für sämtliche Hauptzeitungen getroffen war, aufheben zu lassen.

Heil Hitler!

Im Auftrage
gez. Unterschrift (Unles.)
Konteradmiral und Hauptamtschef
im Oberkommando der Kriegsmarine

F. d. R. d. A.

gez. Puff

---

[1]) *Dokumente PS – 068.*

II.

Nationalsozialistische Deutsche Arbeiterpartei

Berlin — Wilhelmstr. 64

Der Stellvertreter
des Führers

München — Braunes Haus
III/Dr.Kl–Pu.
den 5. April 1940

An das

Oberkommando der
Kriegsmarine

Berlin W 35
Tirpitzufer 72/76

Betrifft: „Kirchendienst"
Ihr Schreiben vom 9. Februar 1940 — AMA/M Wehr II b
B.Nr. 896

Die Bezeichnung „Kirchendienst" kann nach Auffassung der Partei nicht beanstandet werden. Ich halte sie für zutreffend, da es sich, wie das Wort richtig zum Ausdruck bringt, um Veranstaltungen handelt, die von den *Kirchen* eingerichtet sind und ausgestaltet werden.

Von den Volksgenossen, die einer christlichen Kirche nicht angehören, kann es als verletzend empfunden werden, wenn in einer Tageszeitung verkündet wird, daß nur die Angehörigen der christlichen Konfessionen einen „Gottesdienst" haben. Nachdem im nationalsozialistischen Staat der Begriff „gottgläubig" gerade für solche Volksgenossen geprägt worden ist, die sich zum Glauben an Gott bekennen und ihr Leben „in den Dienst Gottes" gestellt haben, ohne einer der christlichen Konfessionen anzugehören, läßt es sich m. E. nicht mehr rechtfertigen, auch in der nationalsozialistischen Tagespresse ausschließlich die von den christlichen Konfessionen durchgeführten Veranstaltungen als „Gottesdienst" zu bezeichnen.

Heil Hitler!
i. V.
M. Bormann
(M. Bormann)

Nationalsozialisten protestieren gegen Edda Görings Taufe [1])

I.

Frau Käthe Wildt
T r i e r / Mosel

Trier, den 30. November 1938
Güterstraße 63
Stempel: Kanzlei Rosenberg
Eing.Nr. 5049 ng am 1. Dez. 38

Herr Reichsleiter!

„O' Ihr Genossen meiner Zeit!
Fragt eure Ärzte nicht und
nicht die Priester, wenn ihr
innerlich vergeht." (Hölderlin)

Ein Geschehnis der letzten Tage veranlaßt mich, Sie in Anspruch zu nehmen. Zum besseren Verständnis muß ich Ihnen sagen, daß ich einmal r.katholisch war. Bereits 1929 befaßten wir uns mit dem Kampf der NSDAP und Ende 1931 meldete mein Mann sich als Mitglied in die Partei. Der Kampf war hier im schwarzen Trier nicht leicht, zumal mein Mann Beamter war. Der weltanschauliche Kampf nach der Machtübernahme bis heute, ist jedoch der schwerste. Gott sei Dank bin ich früh genug innerlich frei geworden und ich trat mit meinem Mann und beiden Kindern (damals 10 und 17 Jahre alt) 1935 aus der kath. Kirche aus.

Das Buch des Führers und Ihr Mythus gaben mir die innere Kraft, daß ich heute als gottgläubige deutsche Frau frei leben kann. Ich habe erkannt, daß Katholizismus, Protestantismus, Judentum und Naturalismus der nat.soz. Weltanschauung das Feld räumen müssen, sodaß ihrer nicht mehr gedacht werden, wie der Nachtlampen nicht mehr gedacht wird, wenn die Morgensonne über die Berge scheint (Mythus P. de Lagarde). Das ist meine Erkenntnis, daß das 3. Reich nur ewig sein wird, wenn es die fremden Weltanschauungen überwindet.

Ich führe als einfache Frau den weltanschaulichen Kampf mit meinem Mann, der Redner der NSDAP ist, so gut ich es kann. Eines kann ich jedoch nicht verstehen, und zwar, daß der Generalfeldmarschall Hermann Göring sein Kind taufen ließ und wie ich es im Film sah, im Zeichen des Kreuzes. Einige Tage später feierte der Stellv. des Führers, Rudolf Heß, die feierliche Namensgebung seines Kindes, was ich als deutsche Mutter gut verstehe.

[1]) *Sämtliche Briefe stammen aus dem Archiv des YAD VASHEM in Jerusalem und sind an Alfred Rosenberg gerichtet.*

Mir liegt es fern, über den Kämpfer Göring, den ich verehre und dessen Bild in unserm Heim neben dem des Führers und Ihrem Bild hängt, zu nahe zu treten!

Ich schreibe diese Zeilen der innern Besorgnis für die Bewegung, da diese Angelegenheit in den letzten Tagen in Trier allerlei Gespräche aufwarf.

Die höchsten kirchlichen Stellen haben in den letzten Septembertagen bewiesen, daß sie Feinde des deutschen Volkes und Staates sind und der Schuß in Paris auf Pg. vom Rath ist für uns das Fanal, daß das gesamte Weltjudentum zum letzten entscheidenden Kampf angetreten ist.

Ich wende mich mit den wenigen Zeilen an Sie, den Beauftragten des Führers für die Überwachung der gesamten geistigen und weltanschaulichen Erziehung der NSDAP in der Hoffnung, daß ich verstanden werde.

Heil Hitler!
Frau Käthe Wildt

II.

Stempel: Kanzlei Rosenberg
Eing.Nr. 4705 N. am 18. Nov. 38
Bad Soden a/O, den 14. Nov. 1938

Sehr verehrter Herr Rosenberg!

Bitte entschuldigen Sie, wenn ich Ihre so bemessene Zeit für wenige Minuten in Anspruch nehme. Was geschehen ist, ist ja nicht mehr zu ändern, aber ich finde es wichtig genug, Sie und dadurch vielleicht auch Herrn Göring davon in Kenntnis zu setzen, daß die Taufe der kleinen Edda in weiten Kreisen und besonders natürlich bei denen, die sich nach langem und vielleicht auch schwerem Kampf von der Kirche losgesagt haben, grenzenlose Enttäuschung hervorgerufen hat. Wie wunderbar wäre es gewesen, wenn unser geliebter Führer der Kleinen den Namen gegeben hätte, denn er ist wirklich ein Mensch von Gott gesandt und gesegnet, was ich von einem Pfarrer oder Bischof nicht behaupten möchte. Der liebe Gott hat uns durch unseren Führer so sichtbar gesegnet, daß wir außer ihm keine Vermittler mehr brauchen. Und unsere Feierstunden geben uns Sie, lieber Herr Rosenberg, und alle die andern prachtvollen Mitarbeiter, die unser lb. Führer das große Glück hat zu besitzen. Wie schön und beglückend sind die Morgenfeiern der HJ und SA, die auch nicht von Pfarrern oder Bischöfen geleitet werden und unsere Herzen doch viel höher schlagen lassen, als es je in einer Kirche der Fall war. Mir persönlich hat diese Taufe nichts gesagt und kann mich auch auf dem schon lange Jahre beschrittenen Weg nicht irre machen, aber sehr viele Menschen sind wieder wankend geworden, die sich endlich nach langer Zeit innerlich frei gemacht hatten. Dies war mir ein Bedürfnis, Ihnen das gesagt zu haben, damit Sie die Wirkungen wissen, die diese Taufe hervorgerufen hat. Sollte es Ihnen lb. Herr Rosenberg bedeutungslos erscheinen, dann entschuldigen Sie bitte mein Schreiben.

Ich grüße Sie recht herzlich mit dem alten und doch immer neuen Kampfruf

Sieg Heil!
Frau Berte Beerle, Bad Soden a/O
Königsteiner Straße 45

III.

Stempel: Kanzlei Rosenberg
Eing.Nr. 4682 am 17. Nov. 38

Berlin, den 14. 11.

Sehr geehrter Herr Rosenberg!

Sie sind der Beauftragte des Führers in weltanschaul. Sachen. Wie ist es heute noch möglich, daß einmal die Juden entlarvt und verfolgt werden und ein andermal Prominente in der Führung sich nicht freimachen von den christl.-jüd. Religionslehren, ja daß sogar Bilder von Taufen in die Zeitung kommen, während die Namengeb. im Hause Heß ganz hinten im V.B. erscheint? Soll das Propaganda sein für die Christen? Deutsch und Christ sein ist doch nicht dasselbe. Es wird diese Propaganda voll benutzt. Für die Kinder — unsere Kinder — sollen jugendliche Vereinigungen geschaffen werden, um sie im christl. Glauben zu unterrichten. Und das wird heute noch geduldet? Das ist die Folge der Taufe bei Göring. Und ausgerechnet dieser engherzige „Christ" Müller! Da stimmt doch etwas nicht. Nationalsoz. und Christentum ist doch wie Tag und Nacht. Und der Völk. Beobachter gibt sich dazu her. Und auf der andern Seite die Verfolgungen. Man wird ja an euch irre. Es wäre gut, wenn Sie darüber mal im Völk. B. Auskunft geben u. Herm. Göring erzählten, was er angerichtet hat. Das Vertrauen ist hin. Rex ist doch auch nicht der richtige, sonst würde er seinen Bruder nicht son Unsinn schreiben lassen. Was soll denn werden, wenn die Kirche alles dies Reaktionäre zum Siege bringt? Ich verstehe das alles nicht mehr. Warum greift ihr nicht ein, ehe es zu spät ist?

In Sorge
Max Friederich

IV.

Kirchzarten, 13. 11. 38

Sehr verehrter Pg. Rosenberg!

In einer Ausgabe unseres Kampfblattes „Alemanne" erschien ein Bild von der Taufe der Tochter des Generalfeldmarschall H. Göring durch den konfessionellen Geistlichen Reichsbischof Müller. Man kämpft dauernd um Menschen für unsere Weltanschauung zu gewinnen, nun kommt diese Aufnahme in unserer Zeitung. Von allen Seiten bekommt man zu hören: „Was wollt ihr denn von uns Volksgenossen, wenn in diesen Kreisen das noch vorkommt." Mein Mann und ich wissen wirklich nicht was wir antworten sollen.

Wäre Ihnen zu großem Dank verpflichtet durch irgendeine Stelle Aufklärung zu erhalten.

Kirchzarten
Bahnhofstraße 38

Heil Hitler!
Pg. Hedwig Kiefer

Stempel:
Kanzlei Rosenberg
Eing.Nr. 4683
am 17. Nov. 38

V.

Hamburg-Wandsbeck, den 13. November 1938
Mansteinstraße 36

Betrifft: Taufe.

Ich bin seit Mai 1937 verheiratet. In diesem Jahr am 1. März habe ich einen Sohn geboren.

Mein Mann hatte nun den Wunsch, das Kind nicht kirchlich taufen zu lassen. Obwohl ich erst dagegen war, hat mein Mann mich doch überzeugt, daß eine kirchliche Taufe nicht mehr am Platze sei.

Seit 1930 gehört mein Mann der NSDAP an und hatte über die kirchlichen Machenschaften während der Kampfzeit im Ruhrgebiet sehr viel trübe Erfahrungen gesammelt. Im Frühjahr ds. Jhrs., nach einem Kursus in Lobeda, lag für meinen Mann die Entscheidung fest, auch aus der Kirche auszutreten. Somithin war es nun Selbstverständlichkeit, daß mein Kind nicht kirchlich getauft werden konnte. Dadurch, daß die Tochter des Herrn Generalfeldmarschall Göring durch Reichsbischof Müller getauft worden ist, bin ich im Zweifel, ob die Handlung einer nicht kirchlichen Taufe nicht in Frage gestellt werden kann.

Ich bitte die Kanzlei um eine Aufklärung, wie ich mich im Wiederholungsfalle einer Taufe zu verhalten habe.

Stempel:
Kanzlei Rosenberg
Eing.Nr. 4681 am 17. Nov. 38

Heil Hitler!
Hella Frese

VI.

Stempel: Kanzlei Rosenberg
Eing.Nr. 4610 N am 12. Nov. 38

Pretzschendorf, den 8. 11. 38

In Freiheitskampf Verlag Gau Sachsen vom Sonntag 6. 11. 38 II 306 Hauptblatt sowie auch im V.B. befindet sich ein Bild von Familie Göring mit folgendem Wortlaut: In Karinhall fand die Taufe Edda Görings statt: Das Elternpaar mit dem Täufling und dem Führer, der als Taufpate an der Feier teilnahm.

Nun berührt es uns eigenartig, daß des Töchterchens Name Edda, welcher doch rein nordischen Ursprungs ist, im Zusammenhang gebracht wird mit einer Handlung und Aussprüchen, die im ev.luth. Sinne gebräuchlich sind, wie Taufe, Täufling & Taufpate. Und unser Führer als Taufpate bezeichnet wird.

Als Eheleute beide aktiv in der Bewegung stehend — Zellenleiter, Träger des gold. Ehrenzeichens und meine Frau als Frauenschaftsleiterin — sind wir als einfache Menschen durch Schulung der Partei und Bücher des NS-Schrifttums zu dem Erkennen gekommen, daß wir der falschen und undeutschen Lehre der Bibel usw. den Rücken gekehrt haben und unsern im Jan. geborenen Jungen im gottgläubigen Sinne am 10. Maien durch eine würdige Feier seinen Namen, beziehentlich in die Deutsche Gemeinschaft aufnehmen ließen. Die Feierstunde hat uns noch fester in unserem Erkennen werden lassen, denn Pgn. Palmedo (Abteilungsleiterin für Schulung im Gau Sachsen NS-Frauenschaft) gab dieser Feier durch ihre Worte den rechten und wahren Inhalt. Die Urkunde dazu wurde uns durch Kreis beziehtl. Ortsgruppe der NSDAP zugestellt.

Es ist uns unfaßbar, daß wir durch Schulungen usw. aufgeklärt werden und des Führers getreuer Paladin führt eine Tauffeier seines Töchterchens mit Namen Edda durch. Mit solchen Handlungen, die durch Rundfunk und Zeitungen ihre Verbreitung finden, wird es immer schwerer die Land- und auch wohl Stadtbevölkerung, die Weltanschauung des Nationalsozialismus nahe zu bringen, und die Gegner triumpfieren.

Wir erleben es mit unsern Angehörigen, denen dadurch wieder die größte Handhabe gegeben wurde aufs neue Schmutz auf uns zu werfen.

Was soll man darauf antworten?, wenn denen solches Tatsachen Material in die Hand gegeben wird. Was nutzen dann Schulungen und Aufklärungen?

Wir bitten Sie herzlich als Beauftragten und Verantwortlichen Leiter auf diesem Gebiet, uns Antwort zu geben wie hier die Zusammenhänge liegen. Damit die Uneinigkeit und Verachtung die wir ertragen müssen aufhört.

Unser Kampf und Wille, unser Glaube an das ewige Deutschland ist dennoch unerschütterlich und daran werden unsere Gegner doch eines Tages zerschellen, wenn auch heute das lachen auf ihrer Seite ist.

Heil Hitler!
Franz Hegewald und Frau

Ortsgruppe Pretzschendorf
Kreis Dippoldiswalde
Gau Sachsen

VII.

Stempel:
Kanzlei Rosenberg
Eing.Nr. 4591 Dr. am 11. Nov. 38

Zingst, den 7. Nov. 1938

Werter Herr Reichsleiter Pg. Rosenberg.

Wenn ich mich heute an Sie Herr Reichsleiter mit einer Bitte wende, so ist dies nicht eine Neugierde, sondern es sind Fragen, die mir eine innere Unruhe, eine Leere bereiten und die mich daher zu diesem Schritt veranlassen, verbunden mit der höflichen Bitte, mir doch diese Fragen zu beantworten.

Ich bin seit einigen Monaten aus der evangelischen Kirche ausgetreten und bezeichne mich als „deutsch gottgläubig", ohne jedoch in diese Kirchengemeinschaft, sofern es überhaupt eine gibt, eingetreten zu sein. Meine Frau hat diesen Austritt still geduldet in der Annahme, ich werde schon wissen was ich als Nationalsozialist zu tun habe. Erst gestern, nachdem sie über die Taufe in Karinhall las, kamen ihr Bedenken an der Richtigkeit meines Handelns und ich muß zugeben, daß auch ich an der Richtigkeit meines Schrittes anfange zu zweifeln, zumal ich selbst drei Kinder habe, von denen der Älteste Ostern konfirmiert werden soll. Darum bitte ich höflichst Herr Reichsleiter um folgende Auskunft:

1. Besteht eine Kirchengemeinschaft Dtsch. gottgläubig und wo?
2. gehört Herr Reichsbischof Müller diese Gemeinschaft an?

3. oder gehört er der Bekenntniskirche
4. oder einer anderen Kirche, die im Nationalsozialmus wurzelt an?
5. War es recht als guter Nationalsoz. aus der Kirche auszutreten,
6. oder ist es besser wieder zurück zu kehren?

Schon im Voraus danke ich Ihnen Herr Reichsleiter Pg. Rosenberg für Ihre Antwort

Abs. R. Zeitz
Friseur
Zingst a/Darss
Luftwaffenübungsplatz

Heil Hitler!
Reinhold Zeitz

VIII.

Stempel:
Kanzlei Rosenberg
Eing.Nr. 4542 Dr. am 10. Nov. 38

Berlin-Treptow, d. 5. 11. 38
Leiblstraße 19/21
Aufg. 6

Reichsleiter!

Große Kämpfe habe ich innerhalb der Familie wegen meines Kirchenaustritts ausfechten müssen. Mein Junge wurde selbstverständlich auch nicht getauft. Meine gläubige Ausrichtung erfolgte gemäß Ihren Anschauungen und Lehren. Nach der heutigen Veröffentlichung aber fühle ich mich nicht mehr in der Lage, in dieser Richtung weiterzukämpfen.

Die Waffen werden uns damit direkt aus den Händen genommen.

Heil Hitler!
Bruno Koenig
SA-Sturmbannführer

IX.

Stempel:
Kanzlei Rosenberg
Eing.Nr. 4521 am 7. Nov. 38

Weissenburg i. Bay.,
4. November 1938

In der Tagung der Hauptämter Organisation, Schulung und Personal am diesjährigen Reichsparteitag haben Sie uns das Recht zugesprochen an Sie persönlich schreiben zu dürfen.

Ich nehme hiervon Gebrauch, weil ich mir keinen anderen Ausweg mehr weiß in der ersten, aber ungemein großen Enttäuschung meiner nunmehr 9jährigen Parteitätigkeit. Ich habe stets auf Sie als den Bannerträger der Weltanschauung geblickt und war so überglücklich, als Sie der Führer als solchen amtlich bestellte. Ich habe mich seit Jahren als offener Kämpfer Ihrer weltanschaulichen Zielsetzung betätigt. Aus diesen Gründen nehme ich in dieser Stunde meiner großen Enttäuschung meine Zuflucht zu Ihnen.

Auf der Tagung der Gau- und Kreisschulungsleiter in Krössinsee haben Sie uns die Richtung für das kommende Schulungsjahr gewiesen. Wir haben Sie verstanden und Ihre Treue zur alten Idee hat uns stärkste Begeisterung mit auf den Weg gegeben. Pg. Dr. Ley und Pg. Schmidt haben klar und eindeutig in Ihrem Sinn auf uns gewirkt. Ich kehrte zur Arbeit zurück mit dem heißen Schwur noch mehr als bisher für die totale Durchsetzung unserer Weltanschauung zu kämpfen. Meinem Kreisleiter habe ich über die Tagung Bericht erstattet und ihm gesagt, daß der Zeitpunkt gekommen ist, wo erwartet wird, daß der überzeugte Nationalsozialist Konsequenzen weltanschaulicher Art auch der Form nach vollzieht, was er innerhalb einer Stunde auch tat. Auf weitere pol. Leiter habe ich mit demselben Erfolg eingewirkt.

Und nun meldet der Radio, daß Ministerpräsident Generalfeldmarschall Göring seine Tochter Edda durch Reichsbischof Müller taufen ließ und der Führer Taufpate war. Ich sage es offen heraus: Mit dieser Radiomeldung hört unser Kampf auf, einen Sinn zu haben und den Erfolg zu bringen, der notwendig ist um weiter zu kommen. Wir kleinen Kreisschulungsleiter machen uns in Zukunft lächerlich, wenn wir von dem einfachen pol. Leiter eine karakterliche Stärke in weltanschaulicher Hinsicht verlangen. Wenn das deutsche Volk erbadelig und nicht erbsündig ist, brauchen auch einer Edda Göring die Erbsünden nicht abgewaschen werden. Wenn die Bewegung nicht nur die politische, sondern auch die geistige und seelische Heimat der Nationalsozialisten ist, dann dürfen unsere besten Führer nicht ihre Kinder der Kirche anvertrauen. Wenn endlich die Kirchen eine Gefahr für unsere Weltanschauung sind, dann dürfen überzeugte Pg. dieser Kirche doch keine Seelen mehr zuführen. Mag sein, daß höhere Gründe für diese unverständliche Tat maßgebend waren — wir wissen diese nicht und die Masse der pol. Leiter und Pg. auch nicht. Und warum dann die Meldung durch Radio? Bis zum heutigen Tage kämpfte ich mit Begeisterung für unsere Weltanschauung — ich weiß nicht, woher ich diese Kraft für die Zukunft nehmen soll? Diese Meldung hat mir das Wertvollste aus dem Herzen gerissen — den Glauben an den endgiltigen Sieg — die Überzeugung, daß der Sturmtrupp der NSDAP sich heute schon außer der „biblischen Tradition" befindet. Ja noch mehr, woher sollen wir nun die Gewißheit nehmen, daß es erwünscht ist, weltanschaulich sich bis zuletzt treu zu sein? Ist doch zu erwarten, daß dieses Beispiel den Gegenmächten ungeahnten Aufschwung gibt — und uns sind damit alle Waffen aus den Händen geschlagen. Mein Reichsleiter, was sollen wir Prediger der Weltanschauung, die wir diese Ehrenaufgabe so ernst nehmen, nun tun? Bitte geben Sie mir kurzen Bescheid — dürfen wir im alten Sinn und altem Geist trotzdem weiterkämpfen? Bitte, lassen Sie mich nicht in dieser Ungewißheit und Hoffnungslosigkeit. Unser Leben hat den Sinn verloren, wenn alles umsonst sein soll.

Ich habe meiner Überzeugung als Kämpfer der Idee Ausdruck gegeben. Würdigen Sie bitte diese Offenheit eines alten Kämpfers.

Heil Hitler!

Weissenburg i. Bay. — Schwarz Fritz

Mühlweg Nr. 6 — Kreisschulungsleiter

Rudolf Pechel

Rudolf Pechel. * 30. 10. 1882 — Dr. phil., Herausgeber und Chefredakteur „Deutsche Rundschau" — 1942 bis 1945 im KZ Sachsenhausen — Ehrenpräsident der Deutschen Akademie für Sprache und Dichtung in Darmstadt.
Veröffentlichungen: „Christian Wernickes Epigramme", „Rokoko", „Französische Rheinpolitik im germanischen Licht", „Goethe und Goethestätten", „Deutschlandspiegel", „Deutscher Widerstand", „Zwischen den Zeilen", „Deutsche Gegenwart". („Wer ist Wer?", 1955.)
„... Abgesehen von meinem Ärger über die nationalsozialistische Bosheit, war mir der Anlaß willkommen, vor den Lesern die ganze Dummheit dieser Brüder wieder einmal an einem hübschen Beispiel zu demonstrieren. Ein mir befreundeter jüdischer Anwalt mit seiner Frau unterlagen auch dieser albernen Namensgebung, und das war der äußere Anlaß, daß ich die Glosse schrieb ..." (Aus einem Schreiben Dr. Pechels an die Herausgeber vom 20. 6. 1958.)

Im September 1940: „Nomina non omina"[1])

Als das Wort seinen Sinn noch nicht verloren hatte und der Glaube an die bannende, unheimliche Kraft des richtigen Namens noch lebendig war, bedeutete die Namengebung an ein Neugeborenes eine verantwortungs- und sinnvolle Handlung, weil durch die Kraft des Wortes die Eigenschaften seines Inhaltes an seinen Träger gebannt wurden. Damals war der Name kein angeheftetes Etikett, sondern er drang wie eine magische Salbe, außen aufgestrichen, bis zum Kern ein, wurde Seele und bestimmte den Charakter und damit den Lebenslauf, unausweichlich wie das Sternengesetz. Das war zu den Zeiten als auch der Dümmste noch fühlte, daß die intuitive Schau magischer Einstellung jedem nur intellektuellen Wissen überlegen war. Man ging vorsichtig um mit den Namen, weil die Kenntnis des wahren Namens in Urzeiten Gewalt über den Träger des Namens gab, wie es im Märchen von Rumpelstilzchen so wundervoll festgehalten ist. Die Wilden fraßen ihren getöteten Feind, um die in ihm lebendig gewesenen Kräfte auf sich zu übertragen. Da gesittete Leute den Mann nicht fressen können, nimmt man ihm wenigstens

1) *In „Zwischen den Zeilen", der Kampf einer Zeitschrift für Freiheit und Recht, 1932–1942, Aufsätze von Rudolf Pechel mit einer Einführung von Werner Bergengruen, Droemersche Verlagsanstalt, Wiesentheid (Ofr.), 1948, S. 202–204.*

den Namen. So gab man Kindern den Namen großer Männer und von Freunden, wie noch heute in angelsächsischen Ländern die Eigennamen anderer als Vornamen gebraucht werden zum Zeichen der Verbundenheit, aber auch als anspornende Verpflichtung und Kraftquelle.

Freilich, manche Namen wurden durch ihren Träger ein für allemal ausgetilgt: es gibt nur *einen* Kain, nur *einen Judas*, nur *einen* Ephialtes, nur *einen* Herostratos. Wir kennen Namensseuchen, so in der Wagnerzeit die vielen Siegfrieds, Isoldes und andere Namen, die zu ihren Trägern paßten wie der Igel zum Taschentuch, oder die aus Zusammenziehung zweier verhunzter Vornamen bestehenden Gebilde, die nicht nur beim Film üblich sind, oder die sinnlose Verstümmelung volltönender Namen. Es gibt Vornamen-Moden, die wechseln wie die Kleidermoden, aber selten findet sich noch ein schöpferischer Zug in der Namengebung. Dazu wollen wir den Hauptmann rechnen, der im Großen Krieg 1914—1918 seiner Tochter den Namen „Terstille" gab, weil er die Nachricht von ihrer Geburt erhielt, als gerade seine Kompanie wieder einmal die so häufig ihren Besitzer wechselnde Terstille Ferme in Flandern genommen hatte. Die scheußlichste Mode ist jedenfalls die, wenn Neuschöpfungen von Vornamen auftreten, die auf den Hauptnamen großer Männer abgeleitet werden, da solches nur aus barer Speichelleckerei und ohne jedes alte Wissen um die magische Kraft geschieht. Auf einem ganz anderen Brett steht die Vornamengebung nach Fürstennamen, und die vielen preußischen Friedrich Wilhelme und die Mecklenburger Friedrich Franze wurden nicht aus Byzantinismus so genannt, sondern aus echter Treue und zu fester Bindung an das angestammte Fürstenhaus.

Kein Name sollte schlechthin als unschön angesehen werden, aber irgendeine Beziehung muß schon vorhanden sein. Ein Emil Goethe ist nicht denkbar, ebensowenig ein Albert Schiller. Töricht ist es, wenn auch auf die Namengebung die Deutschtümelei sich erstreckt und man alte Namen, wie die aus der Bibel, als undeutsch verpönen soll, da sie doch längst vom Lehnwort zum lebendigen Sprachbesitz wurden. Es wäre schön, wenn die Eltern bei der Namengebung sich wieder auf den tieferen Sinn solcher Handlung besinnen würden und, wenn nicht die Gewißheit eines besonderen Lebens gegeben ist, sich lieber mit bescheidenen Namen begnügten. Es läuft schon genug zwiespältig Benamstes herum, so wenn eine Irene ein wahrer Zankteufel ist oder Brunhilde ein dicker Pummel, wenn ein Theophil, der von Gott Geliebte, ein rechter Teufelsbraten ist, ein edel geborener Eugen von bemerkenswert schlechter Rasse sich erweist, oder ein Konrad = kühn im Rat, ein intriganter, waschlappiger Schleicher ist. Oder wenn man eine Monika, die Einsame, im Freudenhause trifft, oder ein Hildebert, der Kampfglänzende, nur eine halbe Mannsbreite ist. Schön hingegen ist es, wenn zum Beispiel ein Blücher den Namen Leberecht = im Volke glänzend, trug, und nicht nur in diesem Falle haben die Vornamen magische Kraft und Wirkung bewiesen.

Immer ist es gut, sich auf die ursprüngliche Bedeutung der Namen zu besinnen, so heißt zum Beispiel Israel auf Hebräisch Gotteskämpfer und Sara Fürstin. Es gäbe ein Radikalmittel, in Zeiten, da das Wort jeden Sinn und jede Beziehung zu seinem Ursprung verlor, jedem Mißbrauch vorzubeugen. Warum soll denn in Zeiten hoffnungsloser Vermassung nicht der Vorname abgeschafft und einfach die laufende Numerierung durchgeführt werden.

Der Fall des Grafen Franz von Galen [1])

I.

Nationalsozialistische Deutsche Arbeiterpartei

Der Stellvertreter des Führers — Stab

Stempel:
Kanzlei Rosenberg
Eing.Nr. 768 M/vom 15. Mrz. 40
(handschrtl.: A III I aMr
erl. Ma.) St.

München 33, den 13. März 1940
Braunes Haus
III/Dr. Kl.-Pu.

Geheim

An den
Beauftragten des Führers für die gesamte geistige und weltanschauliche Erziehung der NSDAP., Pg. Alfred Rosenberg

Berlin W 35
Margaretenstraße 17

Betrifft: Major a. D. Graf Franz von Galen
Caritas—NSV

Im Auftrage von Herrn Reichsleiter Bormann übersende ich Ihnen anliegend die Fotokopie von fünf Anlagen, die Parteigenosse Hauptamtsleiter Hilgenfeldt Herrn Reichsleiter Bormann zugeleitet hat.

Heil Hitler!
Klopfer
(Klopfer)

---

[1]) *Dokumente CXLIII—371.*

Zu dieser Korrespondenz teilte Graf Galen uns freundlicherweise noch u. a. folgendes mit:

„... Geboren als 12. Kind meiner Eltern auf der Burg Dinklage in Südoldenburg im Dezember 1879 ...“

„... Ende 1918 als kgl. preußischer Major verabschiedet ...“

„1926 bis Ende 1930 Wohnsitz in Münster, Stadtverordneter in der Zentrumsfraktion ... später Zentrumsabgeordneter im Preußischen Landtag. Nach Beschluß der Frak-

II.

Amt für Volkswohlfahrt — Kreis Ahaus-Coesfeld — Ortsgruppe: Dülmen-Land

Amt für Volkswohlfahrt
Ortsgruppe Dülmen-Land

Dülmen, den 14. 11. 1939

An die
NSDAP. — Kreisleitung Ahaus-Coesfeld
Ahaus

Betr.: Schlechte Spender für Eintopf- und Haussammlung

Der Major a. D. Franz von Galen in Merfeld — Merode 1 hat zum 1. Eintopfsonntag RM 0,50 und zum 2. Eintopfsonntag DM 0,25 gespendet. Am 1. Plakettensonntag wurde eine Plakette gekauft, am 2. keine, aber dafür 10 RPfg. zur Haussammlung gegeben.

Der Vorgenannte bezieht als ehemaliger Offizier eine Pension vom Staat und lebt auch sonst in guten wirtschaftlichen Verhältnissen, sodaß es ihm ohne weiteres zuzumuten ist, sich mit einem höheren Betrag an den für das Kriegswinterhilfswerk bestimmten Sammlungen zu beteiligen. Sein Verhalten führt dazu, daß auch die übrigen Volksgenossen in diesem Sammelbezirk entsprechend weniger geben. Ebenso ist der Vorgenannte nicht Mitglied der NSV.

Ferner bemerke ich, daß der Vorgenannte im Besitze eines Jahresjagdscheines ist.

Das weitere bitte ich von dort aus zu veranlassen.

Heil Hitler!

gez.: Unterschrift
Ortsgruppenorganisationswalter

---

tion, das Hitlersche Ermächtigungsgesetz anzunehmen, legte ich am 8. Mai 1933 das Mandat nieder. August 1944 bis Ende April 1945 Häftling der Gestapo in Coesfeld, dann im KZ Sachsenhausen (Oranienburg) ..."

„.... Seit meiner Korrespondenz mit dem Gauleiter des Kreises Coesfeld-Ahaus wurde bei mir nicht mehr für die NSDAP und für das Winterhilfswerk gesammelt. Als ich gelegentlich einem Merfelder Bauern gegenüber meine Befriedigung darüber äußerte, nicht mehr von den Nazis belästigt zu werden, erwiderte dieser ganz erstaunt, ob ich denn nicht wisse, was geschehen sei: Der Ortsgruppenführer habe in einer Vertrauensmännerversammlung offiziell mitgeteilt, daß der Graf Galen auf ausdrückliche Weisung aus Berlin »aus der Spendengemeinschaft des Deutschen Volkes ausgeschlossen« worden sei. Ich glaube, daß dieser »Ausschluß« — um mit Hitler zu sprechen — eine »einmalige« Maßregel gewesen ist, welche ich als besondere Auszeichnung empfunden habe."

III.

N.S.D.A.P. – Amt für Volkswohlfahrt – Gau Westfalen-Nord

Amt für Volkswohlfahrt
Kreis Ahaus-Coesfeld
1/Mä.

Ahaus i. W., den 16. November 1939
Marktstraße 14

An den
Kreisleiter der NSDAP
Pg. Tewes

Ahaus i. W.

Betr.: Major a. D. Graf Franz von Galen, Merfeld
Ortsgruppe Dülmen-Land

In der Anlage überreiche ich Ihnen ein Schreiben der Ortsgruppe Dülmen-Land, über den Obengenannten.

Major a. D. Graf Franz von Galen ist bis heute noch nicht Mitglied der NSV. In den vergangenen Jahren ist er ebenfalls ein hartnäckiger Spender gewesen, und ich bitte Sie, doch in diesem Kriegswinterhilfswerk entsprechendes zu veranlassen.

Heil Hitler!

gez. Sasse
Kreisbeauftragter f. d. KWHW.

IV.

Der Kreisleiter

Herrn
Major a. D. Graf Franz von Galen

Meerfeld

Te/Ho. 2. Dez. 1939

Sehr geehrter Herr Graf!

Seitens der Kreisamtsleitung des Amtes für Volkswohlfahrt wird mir mitgeteilt, daß Sie bis heute noch nicht Mitglied der NSV sind. Ich kann nicht annehmen, daß Ihrerseits hier eine Böswilligkeit vorliegt, zumal Sie Ihre Pension als Major a. D. doch letzten Endes nur dem nationalsozialistischen Staat zu verdanken haben. Sie wollen daher bitte die beigefügte Aufnahmeerklärung für die NSV vollziehen und unter Benutzung des Freiumschlages diese hier zurücksenden.

Weiter wird mitgeteilt, daß Ihre Spenden zum Opfersonntag und dergleichen nicht Ihren wirtschaftlichen Verhältnissen entsprechen. Wenn diese Einzelspende auch unabhängig von ihrer Höhe in jedem Falle ein wertloser Baustein für das Kriegswinterhilfswerk des Führers ist, so ist die Gesamthöhe des aufgebrachten Betrages des Kriegswinterhilfswerkes doch von ausschlaggebender Bedeutung für den Sieg unseres Volkes.

Es wird Sie nicht überraschen, wenn ich Ihnen mitteile, daß ein wesentlicher Teil der übrigen Volksgenossen Merfelds sich stark von der Höhe Ihrer Spende beim Opfern beeinflussen läßt und wird ein Ihren tatsächlichen wirtschaftlichen Verhältnissen entsprechendes Opfer auch das gesamte Ergebnis von Merfeld wesentlich beeinflussen.

Ich darf Sie also auch hier bitten, Ihrer finanziellen Lage entsprechend zu opfern und erinnere Sie an die Worte des Führers, mit denen er uns eindeutig sagt, daß ein Opfer heute mehr denn je nichts anderes als Pflichterfüllung bedeutet.

Heil Hitler!

gez. Unterschrift
Kreisleiter

V.

Franz Graf von Galen
Major a. D.

Haus Merfeld über Dülmen
d. 8. Dezember 1939

An die
Kreisleitung Ahaus-Coesfeld
der NSDAP. Gau Westfalen-Nord

Ahaus i. W.

Zum Schreiben vom 2. 12. 1939
Te/Ho.

Sehr geehrter Herr Kreisleiter!

Es wird Ihnen nicht unbekannt geblieben sein, daß in der deutschfeindlichen Auslandspresse schon seit Jahren behauptet wird, die Leistungen der NSV und des WHW bezeugten gar keine freiwillige volksgemeinschaftliche Errungenschaft, sondern seien das Ergebnis eines systematischen Druckes moralischer und materieller Art, bezw. eine getarnte Steuer. Ich nehme nicht an, daß Sie mit Ihrem Schreiben vom 2. ds. Mts., dessen Empfang ich dankend bestätige, bewußt die Gefahr in Kauf haben nehmen wollen, ein Argument für diese Auffassung zu liefern. Meine Antwort wird jedenfalls von der Tatsache beherrscht sein, daß ich obige Ansicht der Auslandspresse nicht teile.

Ausgehens also von dem Grundsatz der absoluten Freiwilligkeit des Beitritts zur NSV und der Bemessung der WHW-Spenden, bemerke ich vorweg, daß auch meine nachfolgende Stellungnahme eine ganz ungezwungene und freiwillige ist, die ich Ihnen, wenn überhaupt, nur aus Gründen der Höflichkeit schulde.

Ein Beitritt *zur NSV kommt für mich aus grundsätzlichen Erwägungen nicht in Frage.* Ich gehöre seit Jahrzehnten dem *Deutschen Caritas*-Verband an, dem ich alljährlich mehr wie den durchschnittlichen NSV-Beitrag zukommen lasse. Der Deutsche Caritas-Verband ist mit Erlaß des Reichsarbeitsministers (II b Nr. 7136/33) und des Reichsministers des Innern (II B 5400) vom 25. Juli 1933 und zuletzt noch im Juli ds. Js. durch Erlasse des Reichsministers des Innern, bezw. der Finanzen neben der NSV, dem Zentralausschuß für die innere Mission und dem Deutschen Roten Kreuz als gleichberechtigter Spitzenverband der freien Wohlfahrtspflege anerkannt worden. Ich habe keine Veranlassung, jetzt durch Übertritt in die später gegründete NSV einen Schritt zu tun, der mich sehr leicht in den üblen Geruch eines politischen Konjunktur-Ritters bringen könnte. Eine Doppelmitgliedschaft aber lassen meine wirtschaftlichen Verhältnisse als kinderreicher Familienvater leider nicht zu.

Damit komme ich zu der Kritik, die Sie an meiner Haltung gegenüber dem WHW glauben üben zu müssen. Hier sind Sie offenbar falschen — vielleicht gar böswillig falschen — Informationen zum Opfer gefallen. Meine wirtschaftlichen Verhältnisse sind außer mir selbst nur den Steuerbehörden genau bekannt. Da letztere durch das Steuergeheimnis gebunden sind, können die Ihnen zugegangenen Nachrichten wohl kaum auf zuverlässigen Unterlagen beruhen. Damit ist aber auch Ihrer Kritik der Boden entzogen.

Zum Schluß noch ein Wort über meine Pension, die Sie besonders erwähnen zu sollen glauben. Diese wurde mir auf mein Abschiedsgesuch vom Dezember 1918 — ich war zuletzt erster Generalstabsoffizier beim Generalkommando des XIV. A.-K. — im Mai 1919 bewilligt und seither anstandslos gezahlt. Ich habe in den auf die Bewilligung folgenden 14 Jahren niemals das Gefühl gehabt, daß ich die Pension etwa „letzten Endes nur der Weimarer Republik zu verdanken" gehabt hätte, obwohl es damals genug einflußreiche Leute gab, die eine solche Geisteshaltung von uns alten Königlich Preußischen Offizieren erwarteten, ja sogar forderten. Ich habe vielmehr stets das Bewußtsein gehegt, mir die gesetzliche Pension in jahrzehntelanger ehrenvoller Laufbahn im Dienst von König und Vaterland verdient zu haben. Dieses Bewußtsein habe ich unverändert auch jetzt, nachdem der nationalsozialistische Staat an Stelle der *Weimarer Republik die Rechtsnachfolge des Königlich Preußischen Militärfiskus angetreten hat.*

Den Aufnahmevordruck für die NSV reiche ich anbei zurück.

Heil Hitler!

gez. Franz Graf von Galen

Kg. Pr. Major a. D.

VI.

Alfred Meyer
Gauleiter und Reichsstatthalter
Oberpräsident der Provinz Westfalen

Dr. M. / Bo. K. 2488/39

Münster (Westf.), den 22. 12. 1939
Schloßplatz 2

Stempel:
Sekretariat d. Hauptamtsleiters
— 3. Jan. 1940 003 531 —

An

Reichshauptamtsleiter Pg. Hilgenfeldt

Berlin SO 36
Maybachufer 48—51

Sehr geehrter, lieber Parteigenosse Hilgenfeldt!

In der Anlage gebe ich Ihnen Kenntnis von dem Schreiben des Majors a. D. Franz Graf von Galen, eines Bruders des hiesigen Bischofs Clemens August Graf von Galen. Die geistige Haltung dieses Majors ist so unmöglich, daß ich sie Ihnen nicht vorenthalten möchte. Ich bitte Sie, da es sich um die grundsätzliche Auffassung eines deutschen Katholiken und pensionierten Offiziers handelt, diesen Fall auch grundsätzlich zu behandeln, vielleicht diesen sogar bei sich bietender Gelegenheit dem Führer persönlich vorzutragen.

Heil Hitler!

Ihr
Alfred M e y e r

Anlage.

Stempel:

Bekenntnis-Synode der Deutschen Evangelischen Kirche am 19./20. x. 1934, Berlin-Dahlem [1]

Mit Polizeigewalt hat die Reichskirchenregierung nach der Kurhessischen auch die Württembergische und Bayrische Kirchenleitung beseitigt. Damit hat die schon längst in der Evangelischen Kirche bestehende und seit dem Sommer 1933 offenbar gewordene Zerrüttung einen Höhepunkt erreicht, angesichts dessen wir uns zu folgender Erklärung gezwungen sehen:

I.

1. Der erste und grundlegende Artikel der Verfassung der Deutschen Evangelischen Kirche vom 11. 7. 1933 lautet:

„Die unantastbare Grundlage der Deutschen Evangelischen Kirche ist das Evangelium von Jesus Christus, wie es uns in der Heiligen Schrift bezeugt und in den Bekenntnissen der Reformation neu ans Licht getreten ist. Hierdurch werden die Vollmachten, deren die Kirche für ihre Sendung bedarf, bestimmt und begrenzt."

Dieser Artikel ist durch die Lehren, Gesetze und Maßnahmen der Reichskirchenregierung tatsächlich beseitigt. Damit ist die christliche Grundlage der Deutschen Evangelischen Kirche aufgehoben.

2. Die unter Parole „Ein Staat — ein Volk — eine Kirche" vom Reichsbischof erstrebte Nationalkirche bedeutet, daß das Evangelium für die Deutsche Evangelische Kirche außer Kraft gesetzt und die Botschaft der Kirche an die Mächte dieser Welt ausgeliefert wird.

3. Die angemaßte Alleinherrschaft des Reichsbischofs und seines Rechtswalters hat ein in der Evangelischen Kirche unmögliches Papsttum aufgerichtet.

4. Getrieben von dem Geist einer falschen, unbiblischen Offenbarung hat das Kirchenregiment den Gehorsam gegen Schrift und Bekenntnis als Disziplinwidrigkeit bestraft.

5. Die schriftwidrige Einführung des weltlichen Führerprinzips in die Kirche und die darauf begründete Forderung eines bedingungslosen Gehorsams hat die Amtsträger der Kirche an das Kirchenregiment statt an Christus gebunden.

6. Die Ausschaltung der Synoden hat die Gemeinden im Widerspruch zur biblischen und reformatorischen Lehre vom Priestertum aller Gläubigen mundtot gemacht und entrechtet.

---

[1]) *Joachim Beckmann in „Kirchliches Jahrbuch für die Evangelische Kirche in Deutschland 1933–1944", 1948, S. 76.*

II.

1. Alle unsere von Schrift und Bekenntnis her erhobenen Proteste, Warnungen und Mahnungen sind umsonst geblieben. Im Gegenteil, die Reichskirchenregierung hat unter Berufung auf den Führer und unter Heranziehung und Mitwirkung politischer Gewalten rücksichtslos ihr kirchenzerstörendes Werk fortgesetzt.

2. Durch die Vergewaltigung der süddeutschen Kirchen ist uns die letzte Möglichkeit einer an den bisherigen Zustand anknüpfenden Erneuerung der kirchlichen Ordnung genommen worden.

3. Damit tritt das kirchliche *Notrecht* ein, zu dessen Verkündigung wir heute gezwungen sind.

III.

1. Wir stellen fest: Die Verfassung der Deutschen Evangelischen Kirche ist zerschlagen. Ihre rechtmäßigen Organe bestehen nicht mehr. Die Männer, die sich der Kirchenleitung im Reich und in den Ländern bemächtigten, haben sich durch ihr Handeln von der christlichen Kirche geschieden.

2. Auf Grund des kirchlichen Notrechts der an Schrift und Bekenntnis gebundenen Kirchen, Gemeinden und Träger des geistlichen Amtes schafft die Bekenntnissynode der Deutschen Evangelischen Kirche neue Organe der Leitung. Sie beruft zur Leitung und Vertretung der Deutschen Evangelischen Kirche als eines Bundes bekenntnisbestimmter Kirchen den Bruderrat der Deutschen Evangelischen Kirche und aus seiner Mitte den Rat der Deutschen Evangelischen Kirche zur Führung der Geschäfte. Beide Organe sind den Bekenntnissen entsprechend zusammengesetzt und gegliedert.

3. Wir fordern die christlichen Gemeinden, ihre Pfarrer und Ältesten auf, von der bisherigen Reichskirchenregierung und ihren Behörden keine Weisungen entgegenzunehmen und sich von der Zusammenarbeit mit denen zurückzuziehen, die diesem Kirchenregiment weiterhin gehorsam sein wollen. Wir fordern sie auf, sich an die Anordnungen der Bekenntnissynode der Deutschen Evangelischen Kirche und der von ihr anerkannten Organe zu halten.

IV.

Wir übergeben diese unsere Erklärung der Reichsregierung, bitten sie, von der damit vollzogenen Entscheidung Kenntnis zu nehmen, und fordern von ihr die Anerkennung, daß in Sachen der Kirche, ihrer Lehre und Ordnung die Kirche unbeschadet des staatlichen Aufsichtsrechtes allein zu urteilen und zu entscheiden berufen ist...

...Die Bekenntnissynode der Deutschen Evangelischen Kirche erklärt, daß sie in der Anerkennung dieser Wahrheiten und in der Verwerfung dieser Irrtümer die unumgängliche theologische Grundlage der Deutschen Evangelischen Kirche als eines Bundes der Bekenntniskirchen sieht. Sie fordert alle, die sich ihrer Erklärung anschließen können, auf, bei ihren kirchenpolitischen Entscheidungen dieser theologischen Erkenntnisse eingedenk zu sein. Sie bittet alle, die es angeht, in die Einheit des Glaubens, der Liebe und der Hoffnung zurückzukehren.

Verbum Dei manet in aeternum.

ANHANG

Eine ominöse Umwandlung [1])

I.

Institut zur Erforschung des jüdischen Einflusses auf das deutsche kirchliche Leben

Walter Grundmann. * 21. 10. 1906 in Chemnitz — Theologische Fakultät der Universität Jena — Neutestamentliche Theologie (1. 9. 1938).
Veröffentlichung: „Germanentum, Christentum und Judentum" (mit Prof. Schmidt), 2 Bände.

Der Wissenschaftliche Leiter — Jena, den 15. 4. 41
Adolf-Hitler-Str. 12a — Fernruf 2912

Herrn
Pfarrer Dungs,
Weimar
Postf. 86

Sehr geehrter Herr Pfarrer!

Sie haben auf meinen Wunsch hin in das „Deutsche Christentum" die Mitteilung eingerückt, nach der das „Deutsche Christentum" dem Institut für Bekanntmachungen, Berichte sowie für grundsätzliche Erörterungen aus der Arbeit des Institutes offensteht. Ich danke Ihnen und dem Verlag für das damit bewiesene Entgegenkommen. Umfaßende Erwägungen, die in der Leitung des Institutes auf Grund der Arbeitsnotwendigkeit, wie sie sich in den letzten Wochen herausgestellt hat, haben ergeben, daß wir über diese getroffene Vereinbarung hinausgehen müssen. Ich bitte Sie, dieser Notwendigkeit Rechnung

[1]) *Archiv des YIVO (Institute of Jewish Research, New York). Dokument C – 135*

zu tragen und das „Deutsche Christentum" ganz dem Institut als Fachorgan für seine Tätigkeit zur Verfügung zu stellen. Der Umfang der Arbeit des Institutes, wie Ihnen bekannt, und trotz Ihrer verschiedenen Bemühungen in dieser Richtung, keine Planung einer neuen fachwissenschaftlichen Zeitschrift unter den gegenwärtigen Verhältnissen möglich ist, muß dieser Weg beschritten werden, daß ihm eine bestehende Zeitschrift als Organ zur Verfügung gestellt wird. Die Leitung des Institutes hält dafür das „Deutsche Christentum" am geeignetsten.

Heil Hitler!

gez. Grundmann

II.

Deutsche Christen

Nationalkirchliche Einigung e. V.

Die Leitung der Reichsgemeinde
Fachleitung
Abt. IV Presse
Pastor Heinz Dungs
WEIMAR, Postfach 86
Fernruf 2771

Herrn
Prof. D. Hinderer,
i. Reichsministerium für Volksaufklärung
und Propaganda
Berlin-Steglitz.
Beymestr. 8

Ihr Zeichen: Ihr Schreiben vom Unser Zeichen: DK
Betrifft: Tag: 23. 4. 41

Sehr verehrter Herr Professor!

In der Anlage übersende ich Ihnen einen Antrag auf Genehmigung der Umwandlung unserer Zeitung „Deutsches Christentum" in ein Fachorgan des „Institutes zur Erforschung des jüdischen Einflusses auf das deutsche kirchliche Leben" mit der Bitte um befürwortende Weitergabe an den Herrn Präsidenten der Reichspressekammer.

Heil Hitler!

gez. H. Dungs

III.

Der neue Dom

Verlag für deutsch-christliches Schrifttum
Schneider & Co., Weimar

Weimar, Postschließfach 443
Schröterstraße 8
Fernruf 5387
Bankkonto: Thür. Staatsbank Weimar Nr. 8797
Postscheckkonto: Leipzig Nr. 28859
RSK. Le. A. 7876
Leu. 22919
Schn. VI 13428

An den
Wissenschaftlichen Leiter des
Institutes zur Erforschung
des jüdischen Einflusses auf
das deutsche kirchliche Leben,
Herrn Prof. Dr. Grundmann,
Jena.
Adolf-Hitler-Str. 12a

Ihr Zeichen | Ihr Schreiben vom | Unser Zeichen: DK

Tag: 22. 4. 41

Sehr geehrter Herr Professor!

Mehrtägige Reisen machen es mir erst heute möglich, Ihnen den Eingang Ihres Schreibens vom 15. 4. betr. Schaffung eines Fachorgans für das „Institut zur Erforschung des jüdischen Einflusses auf das deutsche kirchliche Leben" zu bestätigen. Ihr darin geäußerter Wunsch überrascht mich insofern nicht, als ich mich ja seit Begründung des Institutes, — leider ohne Erfolg — bemüht habe, dem Institut die Genehmigung zur Begründung eines Fachorgane für seinen Aufgabenkreis bei den zuständigen Stellen zu erwirken, bezw. eine bestehende Zeitschrift für das Institut zu erwerben. Ich bringe zudem als Pressereferent des Institutes dem von Ihnen vertretenen Bedürfnis der Institutsarbeit gerade auch in dieser Beziehung größtes Verständnis entgegen. Es ist mir daher eine Freude, Ihnen als Ergebnis längerer Besprechungen in der Verlagsleitung mitteilen zu können, daß der Verlag seinerseits bereit ist, Ihrem Wunsche zu entsprechen und unsere Zeitung „Deutsches Christentum" als Fachorgan des Institutes künftig auszugestalten.

Ich werde schon morgen die dafür notwendigen Schritte bei dem Herrn Präsidenten der Reichspressekammer und dem Reichsverband der Evangelischen Presse unternehmen.

Auch mit der von Ihnen vorgeschlagenen Titeländerung erklärt sich der Verlag einverstanden.

Heil Hitler!
gez. Heinz Dungs.

IV.

Deutsche Christen

Nationalkirchliche Einung e. V.

Die Leitung der Reichsgemeinde
Fachleitung
Abt. IV Presse
Pastor Heinz Dungs
WEIMAR, Postfach 86
Fernruf 2771

An den
Präsidenten der Reichspressekammer
Herrn Reichsleiter Amann

Berlin W 35
v. d. Heydtstr. 10

Ihr Zeichen | Ihr Schreiben vom | Unser Zeichen: DK
Betrifft:

Tag: 23. 4. 41

Hierdurch bitte ich den Herrn Präsidenten der Reichspressekammer um die Erteilung der Genehmigung zur Umwandlung unserer Zeitung „Deutsches Christentum" in ein Fachorgan des „Institutes zur Erforschung des jüdischen Einflusses auf das deutsche kirchliche Leben".

Zur Begründung verweise ich auf das als Anlage 1 beigefügte Schreiben des Wissenschaftlichen Leiters des Institutes, Prof. Dr. Grundmann, Jena, vom 15. April sowie auf meine als Anlage 2 gleichfalls beigefügte, unter dem 22. April 1941 an das Institut erteilte Antwort. Danach hat sich der Verlag nach reiflicher Erwägung entschlossen, dem Wunsch des Institutes zu entsprechen und — vorbehaltlich der Genehmigung des Herrn Präsidenten der Reichspressekammer —, seine bisherige Zeitung „Deutsches Christentum" dem Institut als Fachorgan für seine besondere Aufgabe zur Verfügung zu stellen.

Ich bitte daher, der notwendigen Umwandlung des bisherigen Charakters des „Deutschen Christentums" die Zustimmung zu erteilen und den von seiten der Institutsleitung vorgeschlagenen Namen

„Deutsche Religionswissenschaft",
Organ des Institutes zur Erforschung des
jüdischen Einflusses auf das deutsche
kirchliche Leben

zu genehmigen.

Heil Hitler!

gez. Heinz Dungs.

V.

Institut zur Erforschung des jüdischen Einflusses auf das deutsche kirchliche Leben

Der Wissenschaftliche Leiter

An Herrn Referenten Gielen
Reichsministerium für Volksaufklärung und Propaganda
Berlin
Kanonierstraße 40

Jena, den 31. Mai 1941
Richardstieg 8, Fernruf 2912

Unter Bezugnahme auf unsere Unterredung am 29. d. M. überreichen wir Ihnen in der Anlage 1 unseren der Reichspressekammer am 23. April 1941 übersandten Antrag auf Umwandlung der Zeitung „Deutsches Christentum" in ein Fachorgan des „Institutes zur Erforschung des jüdischen Einflusses auf das deutsche kirchliche Leben".

Der Antrag ist inzwischen ohne nähere Begründung abschlägig beschieden worden.

Sie hatten sich freundlicherweise bereit erklärt, diesen Antrag noch einmal zu prüfen und zu erwägen, in welcher Weise unserem Institut die Möglichkeit zur literarischen Festlegung seiner Arbeitsergebnisse gegeben werden kann. Entsprechend Ihrem Wunsch fassen wir unsere vorgetragenen Gesichtspunkte nachfolgend noch einmal zusammen.

1. Bei der Tätigkeit des Institutes handelt es sich um die Herausarbeitung der wissenschaftlichen Folgerungen aus den rassisch-völkischen Erkenntnissen der nationalsozialistischen Weltanschauung für den religiösen Sektor des deutschen Lebens. Die im Institut zusammengeschlossenen Männer haben sich als Nationalsozialisten von vornherein auf diesen Boden gestellt im Unterschied zu der bisherigen Theologie und Religionswissenschaft, die sich diesen Erkenntnissen verschließt und darum für die religiöse Zukunft des deutschen Volkes unfruchtbar ist. Es soll also das religiöse Überlieferungsgut des deutschen Volkes von den neuen Voraussetzungen aller deutschen Wissenschaft her erforscht werden.

   Die Arbeit des Institutes, das von den Vertretern des Konfessionalismus weithin bekämpft wird, wird ohne Rücksicht auf die konfessionelle Zugehörigkeit der Mitarbeiter von Religionswissenschaftlern getragen, zu denen in den letzten Monaten auch Philosophen, Germanisten und Mediziner gestoßen sind. Der Tätigkeit des Institutes ist auf der Tagung der Außenstelle der Hohen Schule der Partei (Institut zur Erforschung der Judenfrage) in Frankfurt am Main am 27. März d. J. laut in Tagespresse erschienenen Berichten ausdrücklich Anerkennung zuteil geworden und darüber hinaus Beratung und Förderung von dieser Stelle zugesagt worden. Die Arbeit findet weiter steigende Beachtung in allen kulturell schöpferischen Kreisen des deutschen Volkes, wie die anliegende Besprechung der Zeitschrift „Die Neue Literatur", die auf Seite 3 der beigefügten Nr. 15 des „Deutschen Christentums" wiedergegeben ist, erweist (Anlage 2).

2. Die literarische Auswertung der Arbeitsergebnisse des Institutes stößt gegenwärtig auf besondere Schwierigkeiten infolge der bekannten Lage im graphischen Gewerbe. In Anbetracht der Kriegsverhältnisse könnte die durch die Erschwerung der Buchproduktion eintretende Hemmung unserer Arbeit eine Zeitlang sicherlich getragen werden, wenn uns für die Veröffentlichungen über die Tätigkeit des Institutes und ihre Ergebnisse ein Organ zur Verfügung stände. Da die Gründung des Institutes erst wenige Monate vor Kriegsausbruch erfolgte, konnte leider die Genehmigung für die Begründung eines Fachorgans des Institutes nicht mehr erreicht werden. Auch unsere durch die Reichspressekammer angeregten Bemühungen, eine eingehende Zeitschrift zu erwerben und entsprechend umzuwandeln, führten nicht zum Ziel.

   Die Leitung des Institutes hat daher Verlag und Schriftleitung des „Deutschen Christentums" gebeten, sich dem Institut für Bekanntmachungen, Berichte sowie für grundsätzliche Erörterungen laufend offen zu halten, bzw. da auch die zu diesem Zweck in der Osternummer des Blattes veröffentlichte Vereinbarung (Anlage 3) sich als nicht ausreichend erwies, den Charakter des „Deutschen Christentums" in ein Fachorgan des Institutes umzuwandeln. Die näheren Einzelheiten sind aus den Anlagen zu unserem Antrag an die Reichspressekammer ersichtlich. Im Zusammenhang mit der Stillegung der Publikumsblätter der konfessionellen Presse wurde auch dieser Antrag abgelehnt.

3. Damit ist nun folgender Tatbestand eingetreten. Die altkirchlichen Konfessionen und Richtungen verfügen nach wie vor über eine Reihe von Fachzeitschriften, so auch theologisch-wissenschaftlicher Art. Dagegen verfügt unsere, von neuen Erkenntnissen aus getriebene Forschungsarbeit für ihre Ergebnisse und die daraus zu ziehenden Folgerungen über keine Möglichkeit der Publikation. Wir lehnen es unsereseits um der Sauberkeit unserer Arbeit willen ab, die Verbindung mit altkirchlichen Fachorganen zu suchen, ganz abgesehen davon, daß diese wohl auch unerwünscht wäre. Es wird kaum verstanden werden können, daß ausgerechnet ein Arbeitskreis von zum großen Teil alten Nationalsozialisten mit seiner besonderen Beitragsleistung zum religiösen Umbruch der Gegenwart kein Sprechorgan hat, mit dem er seine Mitarbeiter sowie seine fördernden Mitglieder erreichen kann.

Wir erlauben uns daher die Bitte, der vorstehend geschilderten Lage Rechnung zu tragen und uns die Genehmigung für die Weiterführung des „Deutschen Christentums" in der umgewandelten Form eines Fachorgans des Institutes zu ermöglichen bzw. zu erwirken. In Anbetracht der Kriegsverhältnisse würden wir unsererseits bereit sein, statt der vor

Kriegsausbruch üblichen wöchentlichen, nach Kriegsausbruch dreimal monatlichen Form der Erscheinung nötigenfalls eine zweimal monatliche Erscheinungsweise zu wählen, um Papier- und Druckersparnisse zu erzielen. Wie aus anliegendem Antrag an die Reichspressekammer ersichtlich, haben wir damals schon für diesen Fall eine Namensänderung von uns aus vorgesehen. Wir wären nötigenfalls bereit, auch darüber hinaus einen anderen Namen zu wählen, z. B. „Das neue Ziel", „Neuer Geist", „Glaubensdurchbruch", „Volk und Gott" u. ä. mehr, jeweils mit dem Untertitel: „Organ des Institutes zur Erforschung des jüdischen Einflusses auf das deutsche kirchliche Leben". Wir sehen darüber gegebenenfalls Ihren weiteren Richtlinien entgegen.

Heil Hitler!

Der wissenschaftliche Leiter:
gez. Dr. Grundmann,
Universitätsprofessor.

Der Pressereferent:
gez. Heinz Dungs

Prof. Dr. Wilhelm Hauer

Wilhelm Hauer. * 4. 4. 1881 — Indologe, Prof. der Religionswissenschaft — Führer der Deutschen Glaubensbewegung in ihren Anfängen — zurückgetreten, als sie radikalen Kurs einschlugen — Herausgeber der Zeitschrift „Deutscher Glaube" — o. Prof. i. R. in Tübingen für Indologie und Religionswissenschaft. (Kons. Rev., S. 251.)
Veröffentlichungen: „Die Krise der Religion und ihre Überwindung", „Von den Anfängen der Religion und ihren unteren Stufen", „Glauben und Wissen". (K. G. K., 1955.)

I.

Der deutsche Glauben[1])

Aus dem Vorausgehenden ist deutlich genug geworden, daß wir vom deutschen Glauben her gegen den Anspruch des Christentums, die Religion des deutschen Volkes zu sein, uns aufs entschiedenste wenden müssen, wenn dieses Christentum von einer Wesensform bestimmt ist, die wir so sehr als fremd und darum als uns widerstrebend und uns hemmend empfinden. An den Punkten, die wir als typisch für jene fremde Wesensform genannt haben, setzen ja die Grundwahrheiten des Christentums an. Es handelt sich hier also nicht um unwesentliche Dinge im Umkreis dieses Glaubens, sondern um Überzeugungen, die den *Kern* ausmachen.

An diesem Punkt müssen wir unseren Blick noch einmal auf *Jesus* richten. Ist auch er bestimmt von jenem vorderasiatisch-semitischen Seelentum oder hat er sich aus der rassischen Bindung gelöst und stellt einen ganz andern Glauben dar als den von jener Wesensform beherrschten? Steht er sozusagen für sich und über aller rassischen Bestimmtheit? Hier ist dies zu sagen. Jeder Große, der über die Jahrtausende hinwegragt, und Jesus gehört zu diesen ohne Zweifel, ist ein Versuch des ewigen Werdewillens, letzte Wirklichkeit in unendlicher Weite darzustellen. Trotzdem aber ist jeder von dem Seelentum des Volkes und der Rasse bestimmt, zu der er gehört.

Dabei ist allerdings daran zu erinnern, daß kaum eine der großen Gestalten der religiösen Geschichte der Menschheit mit Beziehung auf ihre rassische Herkunft so umstritten ist, wie Jesus. Die *Möglichkeit*, daß er arisches Blut in sich trägt, kann auf

[1]) *„Deutsche Gottesschau – Grundzüge eines Deutschen Glaubens", Karl Gutbrod Verlag, Stuttgart 1935, S. 251–253.*

Grund der rassischen Verschiebungen im Raume Vorderasiens nicht bestritten werden. Der Beweis arischer Herkunft für ihn wird nie gelingen. Wir werden uns nicht in das Gestrüpp dieser Streitfragen begeben, sondern uns vor die Gestalt Jesu, wie sie sich uns im Neuen Testament darbietet, selbst stellen. Keiner kann vor ihn treten, sofern er nicht durch Voreingenommenheit den Blick sich trüben läßt, ohne von Ehrfurcht ergriffen zu werden vor dieser menschlichen Größe, vor der unerhörten Liebesmacht und der Bereitschaft, sich für seine Aufgabe dranzugeben. Wir vom Deutschen Glauben denken nicht daran, uns gegen einen solchen Eindruck abzuschließen, denn wir haben keinen Grund dazu. Deutscher Glaube schafft gegenüber allem Großen wirklich Herzoffenheit und Ehrfurcht. Und manch ein Wort, das Jesus sprach, und viele seiner Taten berühren uns im Tiefsten. Jedoch, wenn er uns zum Vorbild und Führer gesetzt werden soll, so wehren wir uns gegen diesen Anspruch und Versuch als gegen die Gefahr, unser eigenes, unmittelbar aus unserer Art erwachsendes religiöses Leben abbiegen zu lassen in fremde Bahnen.

Es hat hier nicht viel Zweck, einzelne Züge aufzuzählen, die wir an Jesus, an seinen Worten und an seinem Tun, an seinem Leben und Sterben als vorderasiatisch-semitisch empfinden. So seinen ausgeprägten Teufelsglauben, nach dem der „Fürst dieser Welt" der Satan ist, seine Reden vom Jüngsten Gericht und der ewigen Verdammnis, seine Erwartung des Reiches Gottes, in das nur die erlösten Sünder eingehen, seinen Glauben, daß er wiederkommen würde in den Wolken des Himmels, zu richten die Lebendigen und die Toten, daß er allein der Weg sei und die Wahrheit und das Leben (wenn wir dieses Wort des Johannes in der landläufigen Auslegung als ein Wort Jesu fassen dürfen). Dies alles ist nicht das Entscheidende, sondern das andere, daß seine Gesamtgestalt nicht unserer Art entspricht, daß sie uns trotz alles Tiefen und Hohen, das sie in sich birgt, fremd geblieben ist und fremd bleibt, daß es also offenbar für den deutschgläubigen Menschen keinen anderen Führer geben kann als den religiösen Urwillen des deutschen Volkes. In andern Worten: daß er in keinem andern Grunde wurzeln kann als in dem religiös schaffenden Grunde der germanisch-deutschen Seele, die auch in ihm wirksam ist und die allein ihn bestimmen kann, die letzte Wirklichkeit, das Leben, Volk und Geschichte, die Natur und der eigenen Seele Tiefe, Schuld und Schicksal so zu erleben und zu gestalten, wie es seiner eigenen Art gemäß ist. Und wir haben die Erfahrung gemacht, daß uns dies genügt zur Meisterung des Lebens, und daß wir keinen andern Weg brauchen zu den letzten Tiefen allen Seins, zu Gott.

So wird letzten Endes unsere Haltung Jesus gegenüber einfach davon bestimmt, daß wir ihn nicht als einzig maßgebenden Führer brauchen. Dies mag Vielen kühn und allzu kühn, vielleicht sogar gottlos erscheinen. Wir müßten uns anklagen, der Wahrheit und der Wirklichkeit nicht Genüge getan zu haben, wenn wir es anders sagten. Dieses Wort, daß wir ihn nicht brauchen als Führer, kommt aus keiner falschen Überhebung gegenüber Gottes Offenbarung, sondern einfach aus dem lebenschaffenden Geschehen in uns selber. Wir haben uns daran gewöhnt, auch solchen Erkenntnissen tapfer ins Angesicht zu sehen, die uns zunächst erschrecken wollten, weil wir die Erfahrung machen durften, daß es keinen besseren Weg zum Heil gibt als unbedingte Anerkennung der Wirklichkeit und unerschrockenes Jasagen zum Leben, so wie es mit uns umgeht. Und so ist es mit uns umgegangen. Das war der Wille des ewig Schaffenden für uns, daß wir des Seins ewig tragenden Grund und den unerschütterlichen Halt des Lebens fanden — nicht durch Jesus.

Wir glauben auch, daß gerade an diesem wesentlichen Punkte ein tiefgreifender Unterschied besteht zwischen einer älteren Generation von Kämpfern um ein verdeutschtes Christentum und der Jugend, die heute einem Deutschen Glauben zustrebt, daß jene alten Kämpfer irgendwie noch Jesus brauchen oder zu brauchen meinen, daß aber diese Jugend die Frage nach Jesus nicht mehr im Innersten bewegt, daß er, so hart das Vielen klingen mag, für sie nicht Herzensproblem ist. Alle Warnungen und Ermahnungen, doch ja an seiner Gestalt nicht vorbeizugehen, werden an dieser Tatsache jetzt nichts ändern. Ob die religiöse Geschichte unseres Volkes in Zukunft an ihm vorbeigehen wird oder nicht, wird von anderen Gewalten bestimmt als von dem guten Willen derer, die fürchten, daß ohne Jesus das deutsche Volk den Halt und die rechte Richtung verliere.

Die Entscheidungsfrage ist hier: Kann Jesus überhaupt von der Verstrickung mit vorderasiatisch-semitischem Wesen befreit werden? Kann seine lebendige Gewalt wirksam werden, ohne daß uns immer wieder die Gefahr der Verfremdung unseres religiösen Lebens bedroht? Wer aus echter religiöser und deutscher Ergriffenheit heraus seinem Volke damit dienen muß, daß er Jesus aus jener Verstrickung befreien hilft, soll es tun. *Unsere* Aufgabe ist dies nicht. Wir haben jene vorderasiatisch-semitische Verfremdung als das Unheil unseres Volkes erkannt. Darum führen wir gegen sie einen unerbittlichen Kampf. Wir sind überzeugt, daß es keine andere Gewalt gibt, dieses Unheil zu beschwören, als die des Deutschen Glaubens. Er wird unserem Volk den Weg zum Heile weisen.

II.

Nordisches Erleben[1])

Der Wirklichkeitssinn, verknüpft mit dem Willen und der Kraft zur Leistung und der Freude an Welt und Leib führt dann in bestimmten Epochen der indogermanischen Entwicklung dazu, Wissenschaft, Technik, Sport religiös zu erleben. Abgesehen von den Japanern besteigen nur die Indogermanen, in großen geschichtlichen Zügen gesehen, die Berge, einfach aus Lust an den Bergen, ihrer Majestät und Unendlichkeit. Ihr ewiges Schweigen kündet dem tiefer Erlebenden den Gott. Und ein Bengt Berg, der in den einsamen Klüften und Höhen des Himalaya den Lämmergeier und den Wolf belauscht und beobachtet, stellt diese Erfahrung religiös über alle Tempel, heiligen Lieder und Gebete. So kann nur ein nordischer Leistungs- und Wirklichkeitsmensch den Gott erleben. Einer andern Art von Menschen muß dies als Blasphemie erscheinen.

Selbst merkwürdige Einzelbegabungen greifen sehr tief ein in religiöse Erfahrung und Gestaltwelt. Es steht fest, daß z. B. der nordisch-fälische Mensch mit dem „zweiten Gesicht" begabt ist. Er sieht Dinge voraus, die kommen werden. Mit dieser Begabung vereinigt sich die andere des nordisch-fälischen Menschen, nämlich das Spüren einer unverbrüchlichen Ordnung im Weltall und im Geschehen, das wiederum zusammenhängt mit seiner Fähigkeit, die Gesetze der Welt zu erfassen. Der Komplex dieser Begabungen zusammen muß mit Notwendigkeit den Schicksalsglauben als wesentliches Element der Religiösität dieses

[1]) *In „Religion und Rasse", J. C. B. Mohr (Paul Siebeck), Tübingen 1941, S. 213 u. 214.*

Menschen schaffen. Da sich mit diesem Komplex der Begabung das weitere Element der Selbstzuversicht verknüpft, ist ihm dieser Schicksalsglaube zugleich Geborgenheit in einer ewig unverbrüchlichen Ordnung. Einem anders begabten Menschen, z. B. dem orientalischen, ist dieselbe Erkenntnis eher Last und Ursache zu immerwährender Furcht. Ihn beschattet die Wolke des Fatalismus. Dabei ist sein Verlangen nach der Lust so beherrschend, daß er keinen höheren Wunsch hat, als der Tragik zu entfliehen. So sucht er z. B. im stark orientalisch bestimmten Hellenismus Mittel und Wege, vom Zwang des Schicksals erlöst zu werden. Der nordisch-fälische Mensch begegnet seinem Schicksal mit dem Bewußtsein, daß dem Schicksal zwar alles untertan ist, nicht aber sein eigenes innerstes, sich selbst behauptendes Ich. An diesem unerschütterlichen Felsen branden die Wogen des Schicksals vergeblich empor, auch dann, wenn das empirische Ich vom Schicksal zerbrochen wird. Und die Tragik ist ihm Selbstverständlichkeit. Er weiß, daß Leben und Geschichte ohne sie nicht sein kann. Aus diesen ähnlichen und doch wieder so verschiedenen Begabungen entstehen dann so ähnliche, aber im tiefen Grunde doch sehr verschiedene, ja gegensätzliche religiöse Formungen wie der nordische Schicksalsglaube und der orientalische Fatalismus.

Diese Beispiele als Versuch, aufzuzeigen, daß seelisch-geistige „Begabung" und „Art" unmittelbar bis tief hinein in das Erlebnis des Göttlichen die Religion bestimmen, müssen genügen. Eines hoffe ich, ist hier klar geworden: daß es sich bei diesem Versuch, *nicht* darum handelt, *die Religion psychologisch aufzulösen* und in einen unverbindlichen Relativismus zu verflachen, sondern darum, aufzuzeigen, wie durch die psychologischen Gegebenheiten hindurch die „religiöse Wirklichkeit" selbst mit Notwendigkeit einen der Begabung der seelisch-geistigen Art entsprechenden Zugang zum Wesenskern des Menschen, der schaffend berührt werden soll, sucht und findet.

Prof. Dr. Ernst Bergmann:

„Thesen der Deutschreligion"[1])

Die Christusgestalt ist, wie wir Heutigen wissen, viele Jahrtausende älter als der palästinensische Christus. In der altnordischen Urreligion entsteht diese Gestalt als der Jahreslichtgott, der Heilbringer, Kämpfer, Liberator (Befreier), Tröster und Entkümmerer des Menschen und ist von dort in fast alle großen Religionen des Mittelmeerkulturkreises eingedrungen, seine Gestalt mannigfach verändernd. Am vollständigsten ist er in der jüdisch-christlichen Religion umgebildet worden. Dort überwiegen die uns Heutigen fremd und ungesund anmutenden Leidenszüge in der Christusgestalt, und der heldische Charakter tritt zurück, wenn er auch keineswegs fehlt. Die Dogmatik der judenchristlichen Erbsündenlehre, die aus dem Bußzusammenbruch einer kranken antiken Großstadtmenschheit erwuchs, machte aus ihm den Erlöser einer angeblich schuldverfallenen Welt und Menschheit.

Im ursprünglichen, altnordisch-germanischen Lichtgottmythos findet sich noch nichts von der späteren, spezifisch jüdischen Sünden- und Sühnopferidee. Der altnordische Lichtheld (Urchristus) war lediglich die natürliche und gesunde Versinnbildlichung des ewig kämpfenden, siegenden und wiederauferstehenden Lebens, dessen Anblick den Menschen erhob, tröstete, befreite und entkümmerte und dessen Wiedergeburt in der heiligen Nacht der Wintersonnenwende als höchstes religiöses Fest gefeiert wurde. Insbesondere liegt im altnordisch-indogermanischen Lichtheldentum der Gedanke von dem aus dem Weltmutterschoß sich emporkämpfenden hohen Geistwesen, ausgedrückt in der Gottmenschrune, dem Tyrzeichen. Darin kommt die gesunde lebensgesetzliche Grundlage der indogermanischen Geist- und Gottlehre zur Geltung, die wir in der artgemäßen Deutschreligion wiederherstellen müssen.

Wir heutigen Deutschreligiösen orientieren uns lediglich an dieser altnordisch-indogermanischen Lichtheldengestalt und überwinden damit ein falsches und krankes Christusbild, wie es die christliche Papst- und Konzilienkirche geschaffen hat zum Unsegen für die Menschheit. Unser „Christusbild" ist also nicht einfach identisch mit der mythischen Geist- und Lichtheldengestalt der altnordischen Kultsymbolik, denn wir verlangen ja in allem und jedem eine zeitgemäße Religion. Wir entnehmen aber aus der vorgeschichtlichen Mythen-

[1]) *„Die 25 Thesen der Deutschreligion – Ein Katechismus". Ferdinand Hirt Verlag in Breslau, 1934, S. 79–81. Biographie S. 176.*

welt das uns Deutschen artgemäße Bild des kämpfenden und siegenden männlichen Lichthelden, dessen Anblick unser Herz mit einem frohen und jubelnden Glauben an den ewigen und göttlichen Sieg des Lebens erfüllt.

Darüber hinaus fügen wir unserem Lichtheldentum diejenigen Züge hinzu, die uns Heutigen teuer sind, gemäß dem Satz der Deutschreligion: Wir wollen nicht mehr an Christus nur glauben, wir wollen „Christus" *sein*. Das bedeutet: Wir wollen, daß jeder Deutsche selbst die Opfertat vollbringt, nicht aber sie durch einen fremden Gottchristus an seiner Stelle verrichten läßt. Und es bedeutet ferner: Wir wollen unserm Volk lichtheldisch kämpfend voranschreiten, ihm aus seiner Not helfen durch unsern Glauben an die gesunde und unverwüstliche deutsche Volkskraft und durch die reinen Waffen des Geistes und der Wissenschaft, wollen es heilen von all seinen Wunden des Leibes und der Seele, auch von seinen falschen und unseligen Religionen, es erbgesund und erbtüchtig machen, tapfer, freudig und siegbewußt, ihm einen stolzen und lichten Glauben bringen an sich selbst und an den Menschen und es dadurch entkümmern und freimachen von der Not seiner dunklen und traurigen Vergangenheit.

Prof. Dr. Hermann Schwarz

Hermann Schwarz. * 22. 12. 1864 — Dr. phil., Dr. theol. h. c., Geheimer Regierungsrat — 1910 o. Prof., Greifswald — 1933 Prof. i. R. — Lehrauftrag für Ethik und Religionsphilosophie an der Universität Frankfurt/Main — † Dezember 1951.
Veröffentlichungen: „Grundzüge der Ethik", „Der Gottesgedanke in der Geschichte der Philosophie", „Gottestum und Volkstum", „NS-Weltanschauung". („Wer ist Wer?", 1935.)
„Schöpfer einer eigenen, neugermanischen Religion." (Kons. Rev., S. 266.)

„Das Blutserlebnis"[1])

Ist solche Wandlung innerhalb eines Volkes möglich, kann die heilige Flamme universalen Bundeslebens, das alle Einzelnen umfaßt, eine Menge von Millionen durchdringen? Gibt es eine Weise, daß sich überpersönliche Gotteswirklichkeit mächtigster Art in den Seelen entsiegelt? Hier zeigt sich das Wunder der nationalsozialistischen Bewegung. Im heutigen Deutschland hat sich die Wandlung möglich erwiesen, indem sie wirklich geworden ist. Wie ist sie wirklich geworden? Der deutschen Mystik gilt alles unpersönliche Gotteserleben als das Sichselbersprechen göttlichen Worts in die Seele. Luther wußte, daß zuvor menschlicher Mund das geschriebene Wort verkünden mußte, ehe das unpersönliche Wort des Rechtfertigungsglaubens in der Seele laut wurde. Uns ist beschieden worden, daß das gesprochene Wort des Führers die mystische Kraft gehabt hat. Adolf Hitler hat uns zum Bewußtsein des gemeinsamen Blutes und der schicksalhaften Zusammengehörigkeit in der Gemeinschaft des Blutes aufgerüttelt. Damit hat uns sein Wort zur Willensverkettung gerissen. Sie ist die Seelenhaltung, in der sich die letzten Schächte der Tiefe öffnen, daß sich das göttliche Wort lebendiger Einheitsgeistigkeit in uns spricht. So hat sich das Gottestum unserer Volkheit in uns geboren; wir empfinden, daß es allen Zwiespalt, alle friedlose Sehnsucht der deutschen Seele in sich auflöst und alle ihre Begeisterungen in sich verdichtet. Das ist Gottesleben, es ist überpersönliches Gottesleben, und zwar übergipfelt und krönt es alles überpersönliche Gottesleben.

Die allzu mittelalterliche Bedingung, unter der sich nach Ekkehart Gott in die Seele gebiert, war, daß der Mensch in Abgeschiedenheit stehe. Die Bedingung, unter der sich nach Luther Jesus in die Seele gebiert, ist das Sündenbewußtsein verzweifelter und gebrochener Menschen. Adolf Hitler (und Fichte) haben uns unter eine andere Bedingung

---

[1]) *„Christentum, Nationalsozialismus und Deutsche Glaubensbewegung", Junker und Dünnhaupt Verlag, Berlin 1934, S. 42–44.*

gestellt, das Blutserlebnis. Wir völkisch Lebendigen wissen nichts von göttlichen Strömen, die sich auf dem mönchischen Wege ins Unlebendige einstellen. Wir wissen auch nichts von göttlichen Strömen, die sich auf dem Wege ins Knechtische einstellen. In uns klopft eine göttliche Wirklichkeit an, die sich selbst erzeugend und bezeugend durch die Weltgeschichte geht, indem sie als Volkheit im Volks- und Vaterlandserlebnis existiert. Sie ist das alte und doch ewig neue Zentrum Gottes in der Seele, der Strom, der alle anderen Gottesbewegtheiten als Wellen in sich aufzunehmen vermag. Nicht daß Wahrheit und Schönheit, Vaterland und Staat, der Liebesblick der Karitas jedes für sich ein Leben in unserm Leben bleiben sollen, das uns das eine so, das andere so verwesentlicht. Nein, das ist das Geheimnis des Nationalsozialismus, daß jede dieser geistigen Bewegtheiten auch ihrerseits noch der Verwesentlichung bedarf, daß sie im Leben der Volkheit die göttlichere Mitte in sich empfangen müssen. Dann von jenem Zentrum aus belebt, werden sie erst recht zu Reife und Vollgehalt gedeihen. Sie werden, statt die Seelen in verschiedene Richtungen zu ziehen, ihren Reichtum ineinander schenken.

Das nationale, karitative, ideelle Gotteserlebnis also solche gleichen Töne, die jeder für sich schwingen. Wenn sich ihre Wellen kreuzen, so stören sie sich gegenseitig und vernichten sich. Sie ersterben in mißtönigem Geräusche. Anders, wenn ein Grundton aufwallt, dessen Obertöne sie werden. Dann treten sie zu einem Einheitsklange zusammen, in dessen musikalischer Fülle die Schönheit jedes einzelnen nicht nur erhalten bleibt, sondern sich satter belebt. So geht es, wenn über die geistigen Einzelbewegtheiten der Atem der Volkheit kommt. Das Staatsleben verwandelt sich dann aus einem demokratisch-volklosen Staate in einen volklichen Führerstaat. Ebenso wird alle schaffende Bewegtheit in Kunst und Wissenschaft erst vollwertig, wenn sie sich mit Gemeinschaftsgeistigkeit erfüllt. Dann werden aus Kulturtätigkeiten „schenkende Berufe"; sie verbreitern sich nicht mehr ins Uferlose, sondern wirken am geistigen Kleide der Nation. Auch die christliche Karitas gehorcht dann der verwesentlichenden Kraft lebendiger Volkheit. Sich selbst überlassen ist die Nächstenliebe richtungslos und zerstreut, wie sie denn keinen Halt in sich hat, sondern ihn in transzendenten Fernen sucht. Nun wird ihr von innen her Richtung gegeben. Indem sie im völkischen Tiefenerlebnis gliedhaft wird, verwandelt sie sich in volklich beseelte Bruderliebe, das ist in dem Willen des deutschen Sozialismus, und erlangt erst so ihren eigenen Vollgehalt.

Alles in allem: Nationalsozialismus bedeutet ein tiefes Wissen um Blutsgemeinschaft. Das Erlebnis der schicksalhaften Blutsgemeinschaft erzeugt brüderliche Willensverkettung der Volksgenossen, die sich in Gefolgschaftswillen unter die Sendung des politischen Führers verdichtet. In der Kraft solcher Willensverkettung gebiert sich überpersönliches Gottestum, das allem anderen Gottesatem in uns Halt und Richtung gibt. Wir Deutschen sind keine Ganzheit. Aber nun schafft sich, immer neu sich erzeugend, in jeder deutschen Seele das Leben unserer Ganzheit, Volkheit wird als ein dynamischer Gottesstrom in jedem von uns existent. Seine substanzhafte Einheit wird alldurchwesende Mitte und ergreift das ganze Geistesleben des Volkes. Alle staatlichen kulturellen, karitativen Hingaben werden gliedhaft in der deutschen Ewigkeit, die unter uns aufgebrochen ist. Sie sättigen sich mit dem Sinn dieser Ewigkeit, indem sie ihren gegenständlichen Gehalt unter die Schicksalhaftigkeit der Gemeinschaft ordnen, und erhöhen dabei ihr eigenes geistiges Wesen, das das unsrige nun doppelt durchkraftet.

Prof. Hermann Wirth

Hermann Wirth. * 6. 5. 1885 — Universitätsprofessor, Leiter des „Deutsches Ahnenerbe" — Studium der Germanistik und Niederländischen Geschichte in Utrecht, Leipzig — 1925 Eintritt in NSDAP — 1926 Austritt aus NSDAP — 1933 Gründung der Forschungsanstalt für Geistesgeschichte in Doberan (Mecklbg.) — ao. Prof., Berlin — Leiter der Sammlung für Volksbrauch und Urglauben — 1934 auf Befehl des Stellvertreters des Führers erhielt alte NSDAP-Parteinummer 20 151 zurück — 1935 von Reichsführer-SS ins Amt der Studiengesellschaft f. Geistesgeschichte berufen — SS-Nr. 258 776
Hauptarbeitsgebiet: Urgeschichte.
Veröffentlichungen: „Symbolik der atlantisch-nordischen Rasse" u. a. („Wer ist Wer?", 1935.)
Bormann bat Schwarz am 8. 3. 1934 schriftlich, Wirth seine alte Parteinummer zurückzugeben, und sagte u. a.: „Der Stellvertreter des Führers kann dies bestätigen und befürwortet daher Genehmigung des Antrags, den ich beiliegend überreiche."
Die Kreisleitung der NSDAP, Marburg, schrieb am 24. 8. 1934 über Wirth wie folgt: „Da er meinte, als Parteiloser besser unter den marxistischen Arbeitermassen wirken zu können, trat er wahrscheinlich 1926 wieder aus der Partei aus ..." „... Es wird darauf hingewiesen, daß Wirth seinerzeit aus besonderen Gründen zur Verwirklichung seiner Studienarbeit mit Einverständnis des Führers aus der NSDAP ausgeschieden ist."
Wirth selbst schreibt darüber: „Nachdem ich 1919 die von mir in den Niederlanden ins Leben gerufene NS-Bewegung hatte aufgeben müssen und 1924 nach Deutschland übergesiedelt war, trat ich der Bewegung Adolf Hitlers bei, schied jedoch 1926 wieder aus ihr aus, um als Unparteiischer wirken zu können (siehe meine Aufrufe im V. B. und meine Schrift »Was heißt deutsch?«, 1930), und zwar besonders in marxistischen Kreisen wie in den Niederlanden. Dieser zeitweilige Austritt erfolgte mit Billigung des Führers." (November 1928 in Marburg.)
„Prof. Wirth war schon vor Kriegsausbruch nicht mehr Leiter des Deutschen Ahnenerbes ... Offenbar wurde er von der SS-Leitung nicht sonderlich hochgeschätzt. Ein Briefwechsel des Ahnenerbes aus den Jahren 1939 und 1940 ergibt, daß Prof. Wirth damals angeboten hat, in den Niederlanden Vorträge über Urgeschichte vermischt mit etwas Propaganda zu halten. Die Ahnenerbe-Leitung lehnte den Vorschlag aber ab, da sie ihn nicht für den geeigneten Mann solcher Aktion hielt. Ebenso wurde ihm eine ordentliche Professur (er war ao. Prof.) verweigert. Am 6. März 1942 schrieb Wirth an Karl Wolff, er möchte zu Forschungszwecken gern pensioniert werden. Wenn also im »Wer ist Wer?, 1955« behauptet wird, Prof. Wirth sei 1938 wegen Gewissensopposition seines Amtes enthoben, so stimmt das nicht ganz. »Wer ist Wer?, 1955« zufolge ist er an der Universität Lund/Schweden als wissenschaftlicher Mitarbeiter tätig." (Aus einem Brief an die Herausgeber von D. W. Kok, Rijksinstituut voor Oorlogsdocumentatie, Amsterdam.)

... der nationalsozialistische Rassenforscher Prof. Dr. Hermann Wirth, Marburg, veröffentlichte in einem Wiener Verlag ein Buch mit dem Titel „Was ist deutsch?“... (C. R. P. I., September 1956.)

„Was ist deutsch?“[1])

Nun sind wir zum Abschluß gelangt. Und damit wollen wir das Gesamtergebnis zusammenfassen. „Deutsch“-sein heißt „aus Gott“, „Leben Gottes“ sein. – Das Leben ist aus Gott, ist aus der Zeit Gottes, dem „Jahr“ Gottes; es ist das „Stirb und Werde“, die ewige Wiederkehr, welche die Offenbarung Gottes in Zeit und Raum ist, die sittliche Weltordnung, das altvedische ṛta.

Das Leben ist geboren vom Lichte, das von Gott ist. Wer „deutsch“ ist, ist aus Gott, trägt Gottes Licht in sich als die Offenbarung der Ewigkeit, die von Geschlecht zu Geschlecht weitergegeben wird. Das ist der Sinn der Sippe und der Vererbung: die hohe Verantwortung den Vor- und Nachfahren gegenüber, als Glied einer Kette.

Der Tod ist kein Ende, keine Strafe, wie die junge, orientalisch-römische Kirche lehrt: er ist die Wandlung, die Erneuerung, die Umkehr. Daher kommt es, daß in dem alt-„deutschen“ Glauben der großen Steingräberzeit das Grabhaus, das Mutterhaus der Erde das Sinnbild der wintersonnenwendlichen Stelle des menschlichen Lebens, des „Jahres“ seines Lebens ist, wo sich das „Stirb und Werde“ erfüllt, vollzieht. Es ist die *Wiedergeburtsstätte;* an ihr wurde die hohe Messe des Jahres, die Julfeier, das Fest der Toten und Lebenden begangen, die Ehe von der weißen Frau, der Priesterin der Allmutter Erde eingesegnet und um die Wiederverkörperung der Abgeschiedenen gebetet.

Das Grabhaus, das Mutterhaus ᛜ, die 22. Rune, *ing* „geboren von“, ist da, wo das *od-al,* das *od-il* ᛟ, die 23. Rune, das „Leben Gottes“ verliehen wird. Die Erde ist Gottes. Wer also das „odil“, das „odal“ hat, die Gott geweihte Erde, der hat das Leben, die ewige Wiedergeburt, die ewige Wiederkehr des Lebens in seinem Geschlecht, in seinem körperlichen und geistig-seelischen Erbgute. Wer „deutsch“ ist, wer das „od-al“ hat, ist „adlig“, ist „edel“. Er ist „geboren vom Leben Gottes“, aus der Heimat, dem Odal, in der Lebenskette der Sippe.

Wer aber kein „odal“ mehr hat, kann nicht mehr „edel“, nicht mehr „adlig“ bleiben: er hat nicht mehr das Leben Gottes, er hat den *Tod,* den inneren und äußeren Tod, den körperlichen wie den geistig-seelischen für sich und seine Nachkommen.

Das ist in kurzen Worten der Inhalt der letzten zwei Jahrtausende „deutscher“ Geschichte, der sogenannten „geschichtlichen“ Zeit der Deutschen. „Deutsch“ hieß in seiner so folgerichtig übertragenen Bedeutung „Volk“ und „Land“, wie wir sie im Sumerischen als Sinn des Mutter Erde-Zeichens mit dem Gotteszeichen gleichermaßen wiederfanden.

Der Abschluß dieser „geschichtlichen“ Zeit bis zu jener Wende, welche Adolf Hitler als Aufbruch Deutschlands herbeiführte, war ein Volk ohne Land und ohne Gotteserleben, mit einem siechenden Körper.

---

[1]) *„Was heißt deutsch?“, Eugen Diederichs Verlag Jena 1939, S. 45 u. 46.*

Heinrich Garbe

Studienrat — Geistesgeschichte, Rassenkunde. Mit seiner Frau Ulrike Garbe Verfasser von „Frauenschicksal — Frauengröße" (Lebens- und Charakterbilder), 1936. (K. L. K., 1939.)

„Nordische Frömmigkeit"[1])

Die *Gottschau* des nordischen Menschen erwächst wie seine Sittlichkeit aus tiefster Verbundenheit mit der Erde, die ihn trägt und ernährt. Es ist die Frömmigkeit des Adelsbauern, der seines Gottes Größe erlebt, seines Gottes Liebe fühlt, wenn die Frucht des Bodens gedeiht, wenn die Herde wächst, wenn die Sippe rein und stark bleibt. So durchdringt sein Gottgefühl alle Dinge der Heimaterde und des Menschenlebens mit hochgesinnter Ergriffenheit, er fühlt sich geborgen in dieser Welt, getragen von dem Bewußtsein seiner leiblich-seelischen Gesundheit, die alle seine Kräfte, die der Faust wie des Herzens, in kraftspendendem Gleichgewicht eint zu schaffender Tat im Dienste der Gottheit. Dieser Dienst aber verpflichtet ihn vor allem zu blutsbewußter Ordnung der Zeugungen, denn er fühlt sein Geschlecht unmittelbar verbunden mit dem Göttlichen. Die Pflege des edlen Blutes wird so zum unmittelbarsten Ausdruck nordischer Frömmigkeit. Aus diesem Grunderlebnis erwächst die Verehrung der Frau, der Mutter, die Hüterin der rassischen Zukunft und damit Trägerin des Göttlichen ist. Wenn wir heute in den endlosen Steppen Innerasiens Stämme finden, die den Boden pflegen und die Frau ehren, so erhellt schon aus diesen Tatsachen die Erkenntnis, daß hier einst edles nordisches Blut versickert ist, das wenigstens diese beiden Züge seiner Gottschau bewahrte als das Wertvollste seiner Wesensart. Die Hochzucht der Geschlechter ist edelster Dienst am Göttlichen. Daraus folgt aber auch die Verpflichtung, die Sippe zu reinigen von Neidigen und Entarteten, ja schwächliche und mißgebildete Kinder zu beseitigen, denn die Pflege der Erbgesundheit ist wahrhaft höchste Betätigung frommer Gesinnung.

---

[1]) *„Deutsches Bildungswesen", Jahrgang 1936, S. 251.*

Friedrich Freiherr von der Goltz und Theodor Stiefenhofer

Friedrich Freiherr v. d. Goltz. * 25. 10. 1873 — Oberst a. D. — Kriegsgeschichte, Geschichte, Heereswesen, Politik — Übersetzer aus dem Französischen, Englischen, Spanischen. (K. L. K., 1934.)

Theodor Stiefenhofer. * 13. 3. 1885 — Deutsche Dichtung — Geschichte — Weltanschauung — Referent am Deutschen Kurzwellensender.
Veröffentlichungen: „Unsterbliches Deutschland", „Völkischer Durchbruch in der Geschichte", „Stefan George". (K. L. K., 1939.)

„Die hehre Botschaft"[1])

Man kann heute nicht von deutscher Geschichte sprechen, ohne von der Wende Adolf Hitlers auszugehen. Erst sie stellt alle rückläufige Betrachtung in das rechte Licht.

Es gilt also, zuerst den tiefen Sinn dieser Wende zu erfassen, die ein geschichtlicher Beginn von unübersehbarer Tragweite ist.

Das deutsche Volk ist aus dumpfem Dämmerzustand in das helle Licht der Erkenntnis getreten. Ihm ging das Bewußtsein seiner geschichtlichen Sendung auf. Das aber bedeutet Wiedergeburt, erwachtes Lebensgefühl.

Darum ist das Blut des deutschen Menschen in Aufruhr, sein Geist ist geläutert, seine Seele geweitet, sein Wille gestrafft.

Deutschland ist heute wieder ein Land wirklichen Geschehens, ein Kraftfeld der Geschichte geworden. Der Niedergangsstaat von Weimar hat sich in eine Macht des Aufstiegs verwandelt. Ein solcher Vorgang kann nur durch sittliche Kräfte bewirkt werden, die aus dem Ewigen kommen. Ein Volk, dem sie zuteil werden, hat Schutzmächte über sich, die es unwiderstehlich machen. Ihm schenkt die kosmische Güte Siege des Glaubens, Siege aus Gemüt und Geblüt, dauernder und wirksamer als Waffensiege.

Die nationalsozialistische Erhebung und Volkserneuerung vollzieht sich in einer metaphysischen Schicht. Sie kann daher rein verstandesmäßig weder begriffen noch erklärt

---

[1]) *„Unsterbliches Deutschland", Völkischer Durchbruch in der Geschichte, Verlag Georg Westermann, Braunschweig, 1936, S. 9 u. 10.*

werden. In ihr wirkt die Macht einer Idee. Und diese Idee kündigt das Ende einer brüchig gewordenen Weltordnung an. Allenthalben flammt heute das Wetterleuchten kommender wesentlicher Entscheidungen am politischen Horizont der Völker auf. Denn immer war und ist im deutschen Geist und Seelentum fernwirkende Geschichtskraft.

In den Charakter des deutschen Volkes ist ein ewiges „Stirb und Werde" eingeschrieben. Nachdem das Wilhelminische Zeitalter an seiner inneren Hohlheit zugrunde gegangen war, wurde es abgelöst durch die „deutsche Demokratie". Während wir unter deren Herrschaft immer tiefer und tiefer sanken, so daß das Ende von Volk und Staat fast schicksalhaft besiegelt schien, trieb das Verhängnis aus seinem dunklen Schoße schon die Keime einer neuen Zeit empor. Mitten in den Fieberschauern schwerster Krankheit schenkte die Vorsehung dem deutschen Volke den Retter!

Adolf Hitler brachte aus dem Weltkriege den felsenfesten Glauben an die unversiegliche Verjüngungskraft des deutschen Volkes heim. Mit diesem Glauben erhellte er das Dunkel der Hoffnungslosigkeit, brach er die Versteinerung der Geister, schmolz er die Vereisung der Herzen. So ballte der unbekannte Soldat wie ein Magnet die zersprengten Volksteile der Klassen, Parteien und Interessentengruppen zu einem ausdrucksvollen Körper von großartiger Rhythmik zusammen. Diese wirbelnde, wimmelnde, entgötterte Masse von Menschen, die besessen war vom Taumel des Nutzbarkeitssinnes, geschoben und gegängelt von Raffgier und Ichsucht, durchzuckte zu geschichtlicher Stunde ein Blitz, der ihre Atome in der Weißglut einer neuen hehren Botschaft verschweißte — der Botschaft von der Gemeinschaft des deutschen Volkes. Das war die Geburtsstunde des Dritten Reiches!

In solchem Führertum entschleiert sich uns Menschen das tiefste Geheimnis geschichtlichen Lebens.

Prof. Dr. Georg Weippert

Georg Weippert. * 10. 2. 1899 — Dr. rer. techn., o. Prof. für Volkswirtschaft und Statistik, Erlangen — 1931 Privatdozent an der Technischen Hochschule München — 1938 ao. Prof. Königsberg — 1945 ao. Prof. Göttingen — 1947 ao. Prof. Erlangen. Veröffentlichungen: „Das Prinzip der Hierarchie", „Sündenfall und Freiheit — Umriß der neuen Volksordnung", „Das Reich als deutscher Auftrag", „Daseinsgestaltung", „Das Jahrhundert zwischen Idealismus und Kollektivismus", „Die Bildung sozialer Gruppen" u. a. m. („Wer ist Wer?", 1958.)

„Die Offenbarung von der Ungleichheit der Menschen"[1])

Im deutschen Sozialismus werden Seinsunterschiede anerkannt. Dem liberalen Satz von der Gleichheit der Menschen wird radikal abgeschworen; der Satz, daß die Menschen von Natur ungleich seien, kommt wieder zur Geltung; und auf diesen Satz gründet sich ja letztlich der Anspruch auf Herrschaft. Aber der Satz von der Ungleichheit der Menschen, der ein Satz aus der *natürlichen Offenbarung* ist, erfährt im deutschen Sozialismus eine christliche Wendung. Auch am deutschen Sozialismus zeigt es sich wieder, daß das deutsche Volk zutiefst christlich ist. Im deutschen Sozialismus wird die Einsicht von der natürlichen Ungleichheit der Menschen mit dem christlichen Satz von der Gleichheit vor Gott in Beziehung gebracht.

Der weltliche, diesseitige Ausdruck für die Gleichheit vor Gott ist nun mit der Gleichheit der Würde gegeben. Trotz der Seinsunterschiede die Gleichheit der Würde! Das eben ist die christliche Wendung. So nun jeder auf seiner Seinsebene — ob hoch oder gering — das ihm Letztmögliche erstrebt, erringt er das Höchstmaß an Würde. Die Ungleichen sind also trotz der Unterschiede des Seins, trotz der Unterschiede des Amtes in der Würde einander gleich, und somit gleich achtenswert. Der Geringste steht dem Höchsten an Würde gleich, falls er nur auf seiner Ebene den ganzen Einsatz wagt. Um der höchsten und doch gleichen Würde teilhaftig zu werden, kommt es nicht — wie die antike und die heidnische Welt vermeinte — auf das Was an, sondern allein auf das Wie.

Die Ungleichheit des Seins wird in der nachliberalen Epoche nicht geleugnet und sie kommt zu ihrem Recht, aber die Gleichheit vor Gott muß im christlichen Reich auch ihren Ausdruck hier unten erfahren. Sie erfährt ihn in der Gleichheit der Würde. Ohne sie keinen deutschen Sozialismus und ohne sie nicht das Reich, für das wir leben.

---

1) *„Das Reich als deutscher Auftrag."* J. C. B. Mohr Verlag, Tübingen 1934, S. 28 u. 29.

Dr. Kinder

Dr. Kinder. * 29. 5. 1897 — Dr. jur. — 1924 Rechtsanwalt in Altona — 1925 Konsistorialrat im Landeskirchenamt Kiel — 1933 Staatskommissar für die Schleswig-Holsteinische Landeskirche — 1934 Vizepräsident des Landeskirchenamts Kiel — Von Anfang an führend bei den Deutschen Christen — Ab Dezember 1933 Reichsleiter der Deutschen Christen und Scharführer im Sturm 7/187. (F. L.)

„Der Vorstoß gegen Gottes Willen"[1])

Die Volkskirche bekennt sich zu Blut und Rasse, weil das Volk eine Bluts- und Wesensgemeinschaft ist. Mitglied der Volkskirche kann daher nur sein, wer nach dem Rechte des Staates Volksgenosse ist. Amtsträger der Volkskirche kann nur sein, wer nach dem Rechte des Staates Beamter sein kann (sogenannter Arierparagraph).

Volkskirche bedeutet nicht Ausschluß von Christen anderer Rasse von Wort und Sakrament und von der großen christlichen Glaubensgemeinschaft. Der Christ anderer Rasse ist nicht ein Christ minderen Ranges, sondern ein Christ anderer Art. So macht die Volkskirche Ernst damit, daß die christliche Kirche noch nicht in der Vollendung göttlicher Ewigkeit lebt, sondern an die Ordnung gebunden ist, die Gott diesem Leben gegeben hat.

Weil die deutsche Volkskirche die Rasse als Schöpfung Gottes achtet, erkennt sie die Forderung, die Rasse rein und gesund zu halten, als Gottes Gebot. Sie empfindet die Ehe zwischen Angehörigen verschiedener Rassen als Verstoß gegen Gottes Willen.

---

[1]) *„A bis Z", Taschenwörterbuch des Nationalsozialismus von Hans Wagner, Verlag Quelle & Meyer, Leipzig, S. 44–46.*

Eine Kurzgeschichte des deutschen Glaubens[1])

Durch die nationalsozialistische Welle emporgehoben, kam in kurzer Zeit die Glaubensbewegung „Deutsche Christen", die im Jahre 1932 gegründet war, hoch. In sie strömte in Massen alles, was sich als „deutsch" fühlte und „christlich" sein wollte. Die Unklarheit, die dieser Massenstrom zur Folge haben mußte, zeigte sich in der kurz aufeinanderfolgenden Änderung der „Richtlinien" dieser Bewegung. Hatte deren erste Fassung unter dem Einfluß des damaligen Reichsleiters, Bischof Hossenfelder (Berlin), noch ein bemerkenswertes Maß von völkischem Geist gezeigt (Ablehnung der A.T., Anwendung des Arierparagraphen in der Kirche u.a.m.), so verschwand dieser in der bald darauf folgenden Fassung völlig, und an seine Stelle trat die starke Bindung an die Bibel (Altes und Neues Testament) und das Bekenntnis, bis in der dritten, 28 Leitsätze umfassenden Neubearbeitung derselben durch den damaligen Leiter der Deutschen Christen, Dr. Kinder (Kiel), die Entwicklung ihren vorläufigen Abschluß fand. Neuerdings macht sich unter den „Deutschen Christen" eine Schwenkung hin zu den alten völkischen Forderungen bemerkbar. Nachdem Reichsbischof Müller seine Schirmherrschaft über diese Bewegung niedergelegt hatte, wurde Dr. Kinder der alleinige Leiter der Deutschen Christen. Gegenwärtiger Leiter ist Stud.-Rat Rehn. Die beiden Bundesblätter sind: „Evangelium im Dritten Reich", das eine Zeitlang Bischof Hossenfelder besaß, und „Positives Christentum" . . .

Aus der Glaubensbewegung „Deutsche Christen" wiederum ist hervorgegangen die „Deutsche Glaubensbewegung" (früher: „Volkskirchliche deutsche Glaubensbewegung"). Der damalige Berliner Gauobmann der „Deutschen Christen", Dr. R. Krause, hielt im Winter 1933 seine bekannte Anklagerede gegen das Kirchenchristentum der Gegenwart, infolge deren er vom Reichsbischof Müller seiner sämtlichen kirchlichen Ehrenämter entsetzt und als „Irrlehrer" bezeichnet wurde . . .

Der jüngste Zweig am großen Baum der deutsch-religiösen Bestrebungen, die „Deutsche Glaubensbewegung", hat innerhalb kurzer Zeit am üppigsten Blätter und Blüten getrieben. Bald nach dem Durchbruch des Nationalsozialismus im Jahre 1933 hat sich eine Reihe von Bünden und Gemeinschaften gebildet, die die Gestaltung eines aus deutschem Wesen heraus geborenen Glaubens erstrebten. Sie gaben sich auf der Tagung in Eisenach (29. und

---

[1]) *„Die deutsch-religiösen Bestrebungen der neueren Zeit" von H. Falck in „Handbuch der Judenfrage" von Theodor Fritsch, Hammer-Verlag, Leipzig 1938, S. 552–555 (Auszüge).*

30. Heuer 1933) als „Arbeitsgemeinschaft der deutschen Glaubensbewegung" festere Gestalt und übertrugen die Führung an Professor W. Hauer (Tübingen). In der damaligen Erklärung heißt es u. a.: „Wir stehen in einem Deutschen Glauben, der seine Richtkräfte aus dem religiösen Erbgut des deutschen Volkes nimmt, dessen schöpferische religiöse Kraft durch mehr als ein Jahrtausend hindurch bis heute lebendig geblieben ist. Wir alle bekennen uns dazu, daß wir, in göttlicher Wirklichkeit wurzelnd, mit unserem deutschen Ursprung vor ihr und unserem Volk Pflicht und Verantwortung tragen für einen deutschgeborenen Glauben." Bald bildeten sich Ortsgruppen dieser Bewegung in allen Teilen des Reiches. Ihr Ziel ist die „Befreiung der deutschen Seele zu sich selbst, zum Vertrauen auf ihre eigenen unerschütterlichen Werte und Kräfte", ihr Zeichen das goldene Sonnenrad auf blauem Grunde.

Auf der „Scharzfelder Tagung" (Mai 1934) lösten sich die einzelnen Gemeinschaften innerhalb der Arbeitsgemeinschaft auf und schlossen sich zur „Deutschen Glaubensbewegung" zusammen. Die hier angenommenen Leitsätze fordern von jedem Mitglied die eidesstattliche Versicherung, daß es 1. frei ist von jüdischem und farbigem Bluteinschlag, daß es 2. keinem Geheimbund, keiner Freimaurerloge, noch dem Jesuitenorden angehörte, daß es 3. keiner anderen Glaubensgemeinschaft angehöre. Die „Deutsche Glaubensbewegung" fordert vom Staat die Beteiligung an der religiösen Betreuung der Jugend, Ersetzung des Bekenntniszwanges in der deutschen Schule durch eine freie religiöse Führung, die zur Grundlage deutsche Glaubenskunde hat, Errichtung von Lehrstühlen für germanisch-deutsche Glaubenskunde an den deutschen Hochschulen, Einführung in die gesamte indogermanische Glaubenswelt und das Recht zur Bildung von Gemeinden mit einem Kult, mit Weihen, Feiern und Festen.

Im Jahre 1936 schieden Prof. Hauer und Graf zu Reventlow aus. An Hauers Stelle trat Rechtsanwalt B. Wiedenhöft (Berlin).

Schrifttum: „Durchbruch", Kampfblatt für deutschen Glauben, Rasse und Volkstum, Verlag Fr. Bühler, Stuttgart. W. Schloz „Kampf und Ziel der deutschen Glaubensbewegung", ebenda.

Landesbischof Fr. Otto Coch

Fr. Otto Coch. * 11. 12. 1887 — Führend bei den Deutschen Christen — 1933 kommissarischer Landesbischof von Sachsen — Herausgeber der Zeitschrift „Christenkreuz und Hakenkreuz". („Wer ist Wer?", 1935.)

„Der Sinn der Weltgeschichte"[1])

Am 12. September 1933 sprach Landesbischof Coch am Sarge Theodor Fritschs folgende Worte:

In Gottes Hause und im Rahmen einer kirchlichen Feier sei es mir gestattet, daß ich als der Landesbischof unserer evangelisch-lutherischen Landeskirche zuerst noch ein Wort des Dankes sage am Sarge des Mannes, dessen kampferprobtes, unerschrockenes und nun auch noch sieggekröntes Leben hier auf dieser Erde abgeschlossen vor uns liegt. Es ist zunächst ein ganz persönliches Wort des Dankes, das ich dem Heimgegangenen schuldig bin. Habe ich doch aus seinen Schriften sehr viel selbst gelernt für den Kampf um ein neues Deutschland und auch um eine neue Deutsche Volkskirche. Dabei habe ich wohl gemerkt, daß dieser unerschrockene Kämpfer auch Kritik geübt hat an der Kirche. Aber auch für diese Kritik, und gerade für diese Kritik, sind wir ihm in dieser Stunde noch von Herzen dankbar. Wieviel hat er behauptet und verfochten, und was er durchgefochten hat, ist inzwischen klar und damit auch wahr geworden. Ich habe aber auch gemerkt, wie dieser Mann das *Wesen des Christentums gerade im Kampf gegen das Judentum erkannt hat,* den wesentlichen Unterschied zwischen Christentum und Judentum. *Goethe* hat das bekannte Wort geprägt: Der eigentliche Sinn der Weltgeschichte sei der Kampf zwischen Glaube und Unglaube. Es ist im Grunde dasselbe, wenn wir aus der Erfahrung des letzten Jahrhunderts heraus das Wort noch etwas näher bestimmen und sagen: Der eigentliche Sinn der Weltgeschichte ist der Kampf zwischen Christentum und Judentum. Seit jener Stunde auf Golgatha ist und bleibt es so.

---

[1]) *Aus seinem Vorwort zum Buch von Theodor Fritsch (1852–1933), dem Herausgeber des „Handbuch zur Judenfrage" sowie seit 1902 der „Hammerblätter für deutschen Sinn": „Der falsche Gott", Hammer-Verlag, Leipzig 1933, S. 5.*

Nun aber noch ein ganz großes Wort des Dankes, das wir dem Manne, um den wir hier trauern, schuldig sind.

An seinem Sarge bekenne ich es: Wenn wir jetzt im neuen Deutschland auch eine neue Deutsche Volkskirche bauen dürfen, so verdanken wir das auch in erster Linie dem Manne, der Jahrzehnte hindurch auch dafür die Bahn mit freigemacht und mit seinem „Hammer" auch an die Türen der Kirchen geschlagen hat. Wir danken es dem Manne, daß er hier an Ort und Stelle seiner Kirchengemeinde die Treue gehalten hat, und wir freuen uns darüber, daß er in so guten Beziehungen gestanden hat zu seinem Pfarrer und auch zum Vorgänger des Pfarrers, zu Herrn Pfarrer Wangemann. Wir freuen uns aus vollem Herzen und sind besonders auch dafür dankbar, daß der Mann, der so tapfer und unerschrocken gekämpft und jede Verfolgung und jede Peinigung auf sich genommen hat, nun doch auch noch die herrlichen Ereignisse dieses wunderbaren Jahres 1933 hat miterleben dürfen. Wir wünschen ihm nun, dem ehrlichen Kämpfer, nicht nur die ewige Ruhe, sondern auch den ewigen Frieden, der nicht von dieser Welt ist, den Gott allein geben kann aus lauter Gnade; denn alles Drängen, alles Ringen ist ewige Ruhe in Gott dem Herrn. Amen!

Kreuzritter fürs Hakenkreuzbanner

I.[1]

Reichsbischof Dr. Müller war ein tapferer Soldat des großen Krieges und ist seit langem mutiger Bekenner des Nationalsozialismus. Er ist hochgewachsen und hat ein hellhäutiges, helläugiges und edelstirniges Gesicht. Ein Mann, der aussieht wie er, verkörpert das, was wir nordische Rasse heißen. Ein Reichsbischof, der selbst rassisch gut geartet ist, muß zwangsläufig auch das Gute für die Kirche wollen, die er zu betreuen hat. Daß Reichsbischof Müller das Gute für die Kirche des Protestantismus will, hat er bereits in der Tat bewiesen durch die Einführung des Arierparagraphen.

II.[2]

So suchen wir nach Propheten, die uns Vorbilder solch heiligen Glaubens- und Kämpferlebens sind. Da steht der deutscheste Deutsche, unser Führer Adolf Hitler, unter uns. Seine Siegeskrone mußte er sich erkämpfen, nicht erschieben und ergaunern! Er führte uns zusammen zu jener Todesgemeinschaft über alles Menschliche — auch die Konfessionen — und Allzumenschliche hinweg, weil er Gott als den Schöpfer des deutschen Blutes und der deutschen Erde erlebt hatte. Viele, die vom Kreuz redeten, halfen nur mit, das Kreuztragen Adolf Hitlers nicht zu erleichtern.

Kameraden! Wer nicht an Adolf Hitler glaubt, der kann auch nicht an einen Herrgott glauben! Für dich, du heilige Fahne unseres Führers, wollen wir nicht nur leben, nein, wir wollen bereit sein, auch für dich sterben zu können! Das gibt uns die Gewißheit, daß Deutschland ewig lebt. Du, Fahne des Führers, geh uns voran! Im Glauben folgen wir! Wir wollen die Ehrenträger des deutschen Ehrenbanners, *wir wollen die Kreuzritter fürs Hakenkreuzbanner sein.*

---

[1] *„Der Stürmer", Oktober 1934, S. 5.*

[2] *„Eine Predigt der Deutschreligion" („Rheinisch-Westfälischer Gemeindetag", S. 4).*

Alfred Rosenberg und Reichsbischof Müller[1])

Ludwig Müller. * 23. 6. 1883 — Reichsbischof — Während des ersten Weltkrieges Marinepfarrer — 1918 bis 1926 Stationspfarrer in Wilhelmshaven, später Wehrkreispfarrer in Königsberg. (F. L.)

19. 8. (1934)

Es sind nun wieder ein paar Wochen verflossen: Hindenburgs Begräbnis, Urlaubstage, Reden zur Volksabstimmung in Bremen u. Hamb.(urg). Das Tannenberg-Denkmal ist jetzt *eines* jener Zentren geworden, von denen ich im „Mythus" als Notwendigkeit, als Ablösung von Kruzifixen u. Mariensäulen gesprochen habe. Hitlers letzter Ausruf: „Toter Feldherr, geh' nun ein in *Walhall!*" ist überall verstanden worden, namentlich auch von der Kirche, die sich durch die Rede ihres Feldbischofs[2]) unsterblich blamierte. Der Mann glaubte uns so schön beisammen u. überschüttete uns mit Bibelzitaten, behauptete, der alte *Soldaten*spruch lautete „Bete u. arbeite", u. hupfte wie ein Floh von einem armen Gedanken zum anderen ohne jeden Zusammenhang. In unseren Reihen allgemeines Kopfschütteln, aber auch alle anderen waren entsetzt. Der Rei-Bi[3]) ging herum u. murmelte überall Entschuldigungen. Die Kirche hat wieder gezeigt, daß sie in deutschen Worten eine chinesische Sprache spricht. Die Nation *will* dieses Kauderwelsch aus Psalmen, „Propheten" usw. nicht mehr hören... Als ich einige Tage später in Warnemünde war, treffe ich zufällig auch den Rei-Bi. Er kommt auf mich zu: „Ich wollte Sie schon lange sprechen, Herr R.(osenberg)." Und fängt dann auch gleich an, seinen Feldprobst herunterzumachen. Dann fügt er hinzu: „Ich glaube, wir stehen uns gar nicht so fern. Ich fühle mich erst frei, seit ich den ganzen Dogmatismus abgeworfen habe u. zu einfachen Grundsätzen zurück-

---

1) *„Das politische Tagebuch Alfred Rosenbergs" aus den Jahren* 1934/35 *und* 1939/40. *Herausgegeben und erläutert von Dr. Hans-Günther Seraphim, Musterschmidt-Verlag, Göttingen, Berlin, Frankfurt,* 1956, *S.* 42—44. *Die Fußnoten in diesem Aufsatz stammen von Dr. H.-G. Seraphim.*

2) *D. Dohrmann.*

3) *„Rei-Bi", allgemein übliche Abkürzung für den Reichsbischof Ludwig Müller, früher Wehrkreispfarrer in Königsberg/Pr. Vgl. über ihn: H. Buchheim, „Glaubenskrise im Dritten Reich", Stuttgart* 1953, *S.* 92 *ff.*

gekehrt bin." Ich traue meinen Ohren nicht! Noch vor wenigen Monaten hat Müller den Dr. Krause[4]) als „Irrlehrer" aus den „Deutschen Christen" davongejagt, der nur wiederholt hatte, was in meinem „Mythus" steht... Ich antworte, daß ich ihm gern zur Verfügung stehe u. füge hinzu: „Der Geist unserer Zeit hat seine Richtung genommen u. wird sie nicht ändern. Es wäre klug, um jede Bilderstürmerei zu vermeiden, dies zu erkennen u. die Folgerungen daraus zu ziehen." Er bejahte heftig u. verspricht, mich in Berlin anzurufen, damit wir irgendwo in der Stille ein längeres „Religionsgespräch" veranstalten.

Das Nikäische „Bekenntnis" geht also immer mehr in die Brüche, es ist wahrhaft hohe Zeit geworden, mit diesen Albernheiten einmal ein Ende zu machen, um wieder frische europäische Luft atmen zu können.

Der Rei-Bi ist jedenfalls am Ende seines Hebräischen angelangt, die gesamte Jugend der Bewegung schwört auf mich, die ϟϟ erzieht mit der Bauernführung ihre Männer offen germanisch, d. h. antichristlich, die Schulen der PO werden auch klar auf dem „Mythus" aufwachsen, die Kirchen trocknen aus. Nur die Lebensgestaltung selbst hat noch keine feste Prägung erfahren, aus der H.-J. wächst diese aber organisch hervor. Nach 10 Jahren wird die Zeit vielleicht reif für einen Reformator, der die Kirchengebäude neu besetzt und ihnen den heroischen Zug unserer Zeit gibt. D. h. ich stelle mir vor, daß die oft schrecklichen, verzerrten spätgotischen Schnitzereien als *Andachtssymbole* aus dem Kircheninnern verschwinden u. ins Museum wandern. Die widerlichen barocken Embleme sind herunterzutun, Kanzeln u. Altäre fest u. schlicht *neu* zu entwickeln im Stil und im Sinn des Gedenkmals an der Feldherrnhalle. Wer *selbst* gestalten will, darf nicht aus lauter „Pietät" allen Kram mitschleppen. Die Marienkirchen in Danzig, Lübeck usw. derartig gestaltet, würden erst das *Burgartige* des Baues wieder hervortreten lassen u. die Stelle manches zerquälten „Heiligen" könnten die Statuen der *deutschen* Großen einnehmen, während in den Räumen keine jüdischen „Prophetenworte" mehr widerhallen werden u. keine Jehovalieder.

---

[4]) Dr. Reinhold Krause wurde nach der Großkundgebung der Glaubensbewegung „Deutsche Christen" im Sportpalast am 13. November 1933 vom Reichsbischof aller kirchlichen Ämter enthoben und seine Angriffe auf die Bibel verurteilt. Vgl. Buchheim, a. a. O. S. 124 ff.

In Reih und Glied [1])

Oberwiesenthal, 27. 6. 33
Karlsbaderstr. 123

Sehr verehrter Pg. Rosenberg!

Auch mir hat Ihr „Mythus“ das gegeben, was Sie in der Vorrede zum Ausdruck brachten. Nicht zum geringsten Teil habe ich es Ihnen zu verdanken, daß ich Nationalsozialist „bis auf die Knochen“ geworden bin und brauche Ihnen wohl nicht zu versichern, daß ich mit Vorliebe gerade Ihre Schriften studiere.

Heute nur ein paar Worte über Heldenverehrung.

Die Beseitigung des Judenpapstes Rathenau durch drei junge Deutsche scheint heute in Vergessenheit geraten zu sein, nach meiner Auffassung mit Unrecht. Wenn ein Schlageter mit Einsatz seines Lebens Feinde seines Volkes unschädlich gemacht hat, wenn ein Wilhelm Tell dasselbe getan hat, so werden sie als Helden gefeiert, wie es sich gebührt.

Haben die drei jungen Deutschen nicht auch ihr Leben für ihr Volk eingesetzt? Haben sie nicht einen der dreihundert, die die Welt regieren wollten und der vielleicht der größte Feind deutschen Geistes war, zur rechten Zeit vernichtet?

Nach meiner Ansicht haben sie Anspruch auf den Heldennamen.

Meine Auffassung wird Ihnen reichlich „heidnisch“ erscheinen, erklärt sich jedoch daraus, daß ich das „christliche“ Wesen als dem nordischen Blute im deutschen Volke als artfremd, ja als artfeindlich schon seit jeher ablehne. Da Sie in vielen Dingen des Denkens für mich richtunggebend sind, wäre ich Ihnen für eine Rückäußerung über diesen „Fall“ sehr dankbar.

Heil Hitler!

Niemann

---

[1]) Dokument CXLV – 599.

Professor Tögels Germanenglauben [1])

Paul Hermann Tögel. * 24. 2. 1869 — Dr. phil. und Dr. theol. h. c. Universität Jena — Prof. — Hauptarbeitsgebiet: Methode des evangelischen Religionsunterrichts. („Wer ist wer?", 1935.)

Germanisches Gottgefühl

im christlichen Religionsunterricht

Zwölf Unterrichtsentwürfe von Hermann Tögel u. E. H. Wohlrab

176 S. Geh. RM 3,—, gebd. RM 4,20

Prof. Tögel gibt in seiner „Einführung" die gedankenmäßige Grundlegung für die unterrichtliche Behandlung des Germanenglaubens in der Volksschule.

E. H. Wohlrab gibt in Teil II die schulpraktische „Ausführung" in Gestalt von zwölf Unterrichtsentwürfen: 1. Naturglaube, 2. Wald- und Baumglaube, 3. Deutscher Frühlingsglaube, 4. Semnonenheim (Zin), 5. Donar, 6. Wodan-Odin, 7. Freia, 8. Nordische Frömmigkeit, 9. Altsächsische Frömmigkeit, 10. Der Götter Untergang — Sieg des Christentums, 11. Die deutsche Weihnacht, 12. An den Externsteinen. Die zwölf Einheiten sind bereits schulpraktisch erprobt; denn Wohlrab hat sie mit ministerieller und bezirksschulrätlicher Genehmigung im Winterhalbjahr 1933/34 mit 28 Knaben eines 7. Schuljahres an der Volksschule zu Bad Brambach in über 40 *Religionsstunden* durchgearbeitet und die hierbei gemachten Erfahrungen in sorgfältiger Nachbearbeitung endgültig ausgebaut.

---

[1]) *Anzeige im „Börsenblatt für den deutschen Buchhandel", 19. Februar 1935.*

Verhältnis von Nationalsozialismus und Christentum [1])

Nationalsozialistische und christliche Auffassungen sind unvereinbar. Die christlichen Kirchen bauen auf der Unwissenheit der Menschen auf und sind bemüht, die Unwissenheit möglichst weiter Teile der Bevölkerung zu erhalten, denn nur so können die christlichen Kirchen ihre Macht bewahren. Dem gegenüber beruht der N. auf *wissenschaftlichen* Fundamenten. Das Christentum hat unveränderliche Grundsätze, die vor fast 2000 Jahren gesetzt und immer mehr zu wirklichkeitsfremden Dogmen erstarrt sind. Der N. dagegen muß, wenn er seine Aufgabe auch weiterhin erfüllen soll, stets nach den neuesten Erkenntnissen der wissenschaftlichen Forschungen ausgerichtet werden.

Die christlichen Kirchen haben die Gefahren, die ihrem Bestand durch die exakten wissenschaftlichen Erkenntnisse drohen, seit jeher erkannt und sich daher bemüht, durch

---

[1]) *Dokument D – 075. Aufsatz von Martin Bormann. Dies Schriftstück wurde Ende 1941 von der Sicherheitspolizei beim evangelischen Pfarrer Eichholz in Aachen beschlagnahmt. Der Inspektor der Sipo und des SD, Düsseldorf, berichtet darüber folgendes: „Unter den bei dem evangelischen Pfarrer Eichholz in Aachen vorgefundenen Schriftstücken befindet sich auch die Abschrift eines Schreibens über das Thema: »Verhältnis vom Nationalsozialismus zum Christentum«... Wie ich festgestellt habe, handelt es sich bei diesem Schriftstück tatsächlich um einen von Reichsleiter Bormann unterzeichneten Geheim-Erlaß der Partei-Kanzlei, in dem Reichsleiter Bormann eindeutig darlegt, daß Nationalsozialismus und Christentum miteinander unvereinbar sind und daß die Einflüsse der Kirchen in Deutschland – auch der protestantischen Kirche – ausgeschaltet werden müßten. Der Erlaß ist am 6. 6. 1941 unter dem Aktenzeichen III D-Es. 3320/2/F – 5050 g – an Gauleiter Dr. Meyer in Münster gerichtet.*

Soweit mir bekannt ist, handelt es sich um einen Vorschlag von seiten der Deutschen Christen über die Errichtung einer evangelischen Reichskirche...

Offenbar ist bei einer noch nicht bekannten Stelle eine Abschrift des Geheim-Erlasses angefertigt worden, woraufhin dann von protestantisch-kirchlicher Seite eine Vervielfältigung in der bei Pfarrer Eichholz vorgefundenen Art erfolgt ist.

Nach den bisher im hiesigen Bereich gemachten Erfahrungen muß mit der Möglichkeit gerechnet werden, daß die Darlegungen des Reichsleiters Bormann, nachdem sie in Händen bekenntniskirchlicher Kreise sind, auf Grund der vielfachen Verbindungen auch an katholische Stellen gelangen und sodann wiederum dem feindlichen Ausland bekannt werden. Der Vorgang bestätigt z. B. eindeutig die in dem Erlaß zum Ausdruck gebrachte Gefährlichkeit auch der protestantischen Kirche und derartiger Bindungen von Persönlichkeiten innerhalb der Partei.

Ich habe veranlaßt, daß Pfarrer Eichholz vorläufig festgenommen wird. Seine bisherige Erklärung, er habe alle bei ihm vorgefundenen Schriften anonym zugesandt erhalten, ist nicht glaubhaft... gez.: Bierkamp."

eine Scheinwissenschaft, wie es die Theologie ist, die wissenschaftliche Forschung durch ihr Dogma zu unterdrücken oder zu verfälschen. Unser N.-Bild steht weit höher als die Auffassungen des Christentums, die in ihren wesentlichen Punkten vom Judentum übernommen worden sind. Auch aus diesem Grunde bedürfen wir des Christentums nicht.

Kein Mensch würde etwas vom Christentum wissen, wenn es ihm nicht in seiner Kindheit von den Pfarrern eingetrichtert worden wäre. Der sog. liebe Gott gibt das Wissen von seinem Dasein den jungen Menschen keineswegs von vornherein mit auf den Weg, sondern überläßt dies trotz seiner Allmacht erstaunlicherweise den Bemühungen der Pfarrer. Wenn also unsere Jugend künftig einmal von diesem Christentum, dessen Lehren weit unter den unseren stehen, nichts mehr erfährt, wird das Christentum von selbst verschwinden.

Verwunderlich ist auch, daß den Menschen vor Beginn der heutigen Zeitrechnung nichts von diesem Christengott bekannt war und daß auch seit diesem Zeitpunkt der bei weitem größte Teil der Erdbewohner nie etwas von diesem Christentum erfahren hat und daher nach der recht anmaßenden, aber christlichen Auffassung von vornherein verdammt ist.

Wenn wir N. von einer Gottgläubigkeit sprechen, dann verstehen wir unter Gott nicht, wie die naiven Christen und ihre geistlichen Nutznießer, ein menschenähnliches Wesen, das irgendwo in der Sphäre herumsitzt. Wir müssen vielmehr den Menschen die Augen öffnen, daß es neben unserer kleinen, im großen Weltall höchst unbedeutenden Erde noch eine unvorstellbar große Zahl weiterer Körper im Weltall gibt, noch unzählige Körper, die wie die Sonne von Planeten und diese wieder von kleineren Körpern, den Monden umgeben werden. Die naturgesetzliche Kraft, mit der sich alle diese unzähligen Planeten im Weltall bewegen, nennen wir die Allmacht oder Gott. Die Behauptung, diese Weltkraft könne sich um das Schicksal jedes einzelnen Wesens, jeder kleinsten Erdenbazille kümmern, könne durch sog. Gebete oder andere erstaunliche Dinge beeinflußt werden, beruht auf einer gehörigen Dosis Naivität oder aber auf einer geschäftlichen Unverschämtheit.

Demgegenüber stellen wir N. uns die Forderung, möglichst natürlich, d. h. lebensgesetzlich zu leben. Je genauer wir die Gesetze der Natur und des Lebens erkennen und beachten, jemehr wir uns an sie halten, destomehr entsprechen wir dem Willen der Allmacht. Jemehr wir den Willen der Allmacht einsehen, desto größer werden unsere Erfolge sein.

Aus der Unvereinbarkeit n. und chr. Auffassungen folgt, daß eine Stärkung bestehender und jede Förderung entstehender christlicher Konfessionen von uns abzulehnen ist. Ein Unterschied zwischen den verschiedenen christlichen Konfessionen ist hier nicht zu machen. Aus diesem Grunde ist daher auch der Gedanke einer Errichtung einer ev. Reichskirche unter Zusammenschluß der verschiedenen ev. Kirchen endgültig aufgegeben worden, weil die ev. Kirche uns genau so feindlich gegenübersteht wie die kath. Kirche. Jede Stärkung der ev. Kirche würde sich lediglich gegen uns auswirken.

Es ist ein geschichtlicher Fehler der deutschen Kaiser im Mittelalter gewesen, daß sie immer wieder beim Vatikan in Rom Ordnung schufen. Es ist überhaupt ein Fehler, in den wir Deutsche leider allzuoft verfallen, daß wir bestrebt sind, Ordnung zu schaffen, wo wir ein Interesse an der Zersplitterung und Uneinigkeit haben müßten. Die Hohenstaufen hätten das größte Interesse an der Zersplitterung der kirchlichen Machtverhältnisse haben müssen. Vom Standpunkt des Reiches wäre es das günstigste gewesen, wenn nicht ein

Papst, sondern mindestens zwei, wenn möglich sogar noch mehr Päpste bestanden und sich gegenseitig bekämpft hätten. Stattdessen haben die deutschen Kaiser und insbesondere auch die Hohenstaufen bei der Kirche immer wieder für Ordnung gesorgt, einem Papst zur Macht über alle übrigen Konkurrenten verholfen, mit dem Erfolg, daß die Kaiser, sobald der Papst wieder stark genug dazu war, von „ihrem" Papst sofort die ersten Nackenschläge erhielten. Die Kirche aber hat zur Stärkung ihrer eigenen Machtposition immer wieder den Partikularismus der Fürsten und später der Parteien ausgenutzt und nach Kräften geschürt.

In früheren Generationen lag die Volksführung ausschließlich in den Händen der Kirche. Der Staat beschränkte sich darauf, Gesetze und Verordnungen zu erlassen und vor allem zu verwalten. Die eigentliche Volksführung lag nicht beim Staat, sondern bei den Kirchen. Diese übten über den Pfarrer stärksten Einfluß aus auf das Leben des einzelnen Menschen, der Familien und auf die Gesamtheit. Alles, was den Kirchen nicht paßte, wurde mit beispielloser Rücksichtslosigkeit unterdrückt. Jahrhundertelang lieh sich der Staat durch die verschiedensten Zuwendungen die kirchl. Einflußmöglichkeit. Es hing von der Kirche ab, ob sie dem Staat helfen oder sich gegen ihn stellen wollte. Der Staat war auf die Hilfe der Kirche angewiesen, er war von ihr abhängig. Der Kampf der deutschen Kaiser gegen den Papst mußte im Mittelalter und in der Neuzeit immer wieder scheitern, weil nicht der Kaiser, sondern die Kirche die Volksführung in der Hand hatte.

Diese weltanschauliche Abhängigkeit des Staates von der Kirche, die Überlassung der Volksführung an die Kirche, waren zur Selbstverständlichkeit geworden, sodaß niemand wagte, ernstlich hiergegen anzugehen. Dies nicht als unumstößliche Tatsache von vornherein in Rechnung zu ziehen, galt noch bis unmittelbar vor der Machtübernahme als absurde Dummheit.

Zum ersten Male in der deutschen Geschichte hat der Führer bewußt und vollständig die Volksführung selbst in der Hand. Mit der Partei, ihren Gliederungen und angeschlossenen Verbänden hat der Führer sich und damit der deutschen Reichsführung ein Instrument geschaffen, das ihn von der Kirche unabhängig macht. Alle Einflüsse, die die durch den Führer mit Hilfe der NSDAP ausgeübte Volksführung beeinträchtigen oder gar schädigen könnten, müssen ausgeschaltet werden. Immer mehr muß das Volk den Kirchen und ihren Organen den Pfarrern, entwunden werden. Selbstverständlich werden und müssen die Kirchen, von ihrem Standpunkt betrachtet, sich gegen diese Machteinbuße wehren. Niemals aber darf den Kirchen wieder ein Einfluß auf die Volksführung eingeräumt werden. Dieser muß restlos und endgültig gebrochen werden.

Nur die Reichsführung und in ihrem Auftrage die Partei, ihre Gliederungen und angeschlossenen Verbände haben ein Recht zur Volksführung. Ebenso wie die schädlichen Einflüsse der Astrologen, Wahrsager und sonstigen Schwindler ausgeschaltet und durch den Staat unterdrückt werden, muß auch die Einflußmöglichkeit der Kirche restlos beseitigt werden. Erst, wenn dieses geschehen ist, hat die Staatsführung den vollen Einfluß auf die einzelnen Volksgenossen. Erst dann sind Volk und Reich für alle Zukunft in ihrem Bestande gesichert.

Wir würden die Fehler, die in den vergangenen Jahrhunderten dem Reich zum Verhängnis wurden, wiederholen, wenn wir nach dem Erkennen der weltanschaulichen

Gegnerschaft der christlichen Konfessionen jetzt noch irgendwie zur Stärkung einer der verschiedenen Kirchen beitragen würden. Das Interesse des Reiches liegt nicht in der Überwindung, sondern in der Erhaltung und Verstärkung des kirchlichen Partikularismus.

(gez.)

M. Bormann

Reichsleiter

Glaube Anno 1940 [1])

Theodor Eicke. * 17. 10. 1892.
„Werk und Heimat Theodor Eickes war seine ᛋᛋ-Totenkopfdivision. Schon im Frieden war er Führer der ᛋᛋ-Totenkopfverbände, die er seit 1933 aufgebaut hatte und die, wie die ᛋᛋ-Verfügungstruppe, zu den ersten Einheiten der Waffen-ᛋᛋ gehörte. In harter Ausbildung hatte er seine Männer der ᛋᛋ-Totenkopfstandarten geformt..." (E. G. Krätschmer: „Die Ritterkreuzträger der Waffen-ᛋᛋ", Göttingen 1955, S. 55.)
„1934 wurde die Wachtruppe Oberbayern als Teil der allgemeinen ᛋᛋ unter Eicke gegründet. Wachtruppe Oberbayern hatte die Bewachung des KZ Dachau zu übernehmen. — 1935 oder 1936 entwickelten sich daraus die Totenkopfstandarten, die nicht mehr zur allgemeinen ᛋᛋ gehörten, aber nach wie vor unter dem Kommando von Eicke waren. — 1939 wurde aus den Totenkopfstandarten die Totenkopfdivision gebildet, wurde Teil der Waffen-ᛋᛋ und ging unter dem Kommando von Eicke hinaus an die Front..." (Eidesstattliche Erklärung von Max Schobert, 27. Februar 1947, Dok. CXXXIV — 5.)
„Obergruppenführer Eicke war Inspekteur der Konzentrationslager von 1936 bis 1940. Er war in dieser Hinsicht vollkommen unabhängig und verhandelte mit Himmler direkt..." (Eidesstattliche Erklärung von Oswald Pohl, 3. April 1947, Dok. CXXXV — 14.)

Gebetbücher sind Dinge für Weiber, auch für solche, die Hosen tragen. Wir hassen den Gestank des Weihrauchs, er verdirbt die deutsche Seele wie der Jude die Rasse. Wir glauben an Gott, aber nicht an seine Stellvertreter, das wäre Götzendienst und heidnisch. Wir glauben an unseren Führer und an die Größe unseres Vaterlandes. Für diese wollen wir kämpfen, für keinen anderen. Wenn wir daher sterben müssen, dann nicht mit: Maria bitt für uns. So frei wir lebten, so frei wollen wir abtreten. Unser letzter Hauch: Adolf Hitler!

Eicke

ᛋᛋ-Gruppenführer 30. 4. 1940

---

[1]) *Diesen Text fand Prof. Dr. Jan Sehn aus Krakau 1945 auf dem Gelände des Konzentrationslagers Auschwitz. Er war in zierlicher Gotik auf pergamentähnliches Papier gedruckt und diente offenbar als Wandspruch. Prof. Dr. Sehn fand auf dem gleichen Gelände auch Steinmatritzen mit demselben Text, mit denen lithographische Abzüge hergestellt werden konnten. Das Original befindet sich im Archiv des „Glowna Komisja Badania Zbrodni Niemieckich w Polsce" in Warschau.*

KAPITEL V

Philosophie

INHALTSVERZEICHNIS

Vorwort

So alt wie die Philosophie, ist auch das Problem, in welchem Verhältnis der Philosoph zur Staatsgewalt steht. Der auf diesem Gebiet gewiß nicht unerfahrene Plato sagt in seiner Staatslehre:

„Die nun kosten und gekostet haben, was für eine süße und herrliche Sache die Philosophie ist, und auf der anderen Seite die Torheit der Menge deutlich genug einsehen, und daß, gerade herausgesagt, nicht einer unter den Staatslenkern etwas Heilbringendes erwirkt noch Mitkämpfer sein kann, um der guten Sache den Sieg zu erringen, sondern daß er wie einer, der unter die wilden Tiere gefallen ist und nicht Unrecht mittun will, und, da er doch nicht imstande ist, einer allein allen Wilden Widerstand zu leisten, ehe er für den Staat oder seine Freunde etwas ausrichten könnte, ohne Nutzen für sich und die anderen zugrundegehen würde — dies alles wohl zu Herzen nehmend, wird ein solcher sich ruhig verhalten und, sich nur um das Seinige bekümmernd, wie man im Winter, wenn der Staub und Schlagregen herumtreibt, hinter einer Mauer untertritt, froh sein, wenn er die anderen voll Frevel sieht, nur selbst von Ungerechtigkeit und unheiligen Werken frei dieses Leben hinbringen und beim Abschied daraus in guter Hoffnung ruhig und zuversichtlich zu scheiden . . ." (Staatslehre VI, 1)

Prof. Dr. Alfred Bäumler

„Die verwirklichte Idee"[1])

Die systematische Kritik an der idealistischen Überlieferung gehört mit zu unserer künftigen Arbeit. Heute hebe ich nur einen Punkt hervor. Diejenigen, die in diesen Tagen die Freiheit des Geistes gegen uns glauben verteidigen zu müssen, berufen sich wohl manchmal auf die Philosophie des deutschen Idealismus, die ja eine Philosophie des *Geistes* gewesen ist. Aber wenn Fichte und Hegel Freiheit forderten, so forderten sie nicht Freiheit für jede Meinung, auch nicht für jede gut begründete Meinung. Sie forderten Freiheit für *ihre* Philosophie, für ihren Gedanken, der ihnen der absolute Gedanke war. Fichtes Universitätsplan sah vor, daß jeder Student in die Philosophie Fichtes eingeweiht werden mußte. Der Philosoph bestimmte also praktisch, wer Staatsdiener wurde und in welchem Geiste er als Staatsdiener zu denken hatte. Nach Fichtes Plan war, wie es Max Lenz hier in seiner Rede zum Antritt des Rektorats im Jahre 1911 ausgedrückt hat, die Macht in die Hand der Freiheit, der Staat in die Hand des Philosophen gelegt. Genau das Gegenteil von dem, was man heute für idealistisch oder wohl gar fichtisch ausgibt, hat der imperiale Denker Fichte gewollt. – Nicht sein Plan, sondern der Plan Schleiermachers ist von Wilhelm von Humboldt verwirklicht worden. Schleiermacher will von dem philosophischen Absolutismus Fichtes nichts wissen. Sein Plan setzt zwei Pole: die Wissenschaft und den Staat, das Lehrwesen und den Staatswillen, den Geist und die Macht. Zwischen ihnen ist Kampf, aber die Überwindung der Macht ist die Aufgabe, der Friede ist das Ziel, ein Ziel freilich in unendlicher Ferne. – Man kann diese Schleiermachersche Lösung gegenüber der Fichteschen realistisch nennen, weil sie die Macht anerkennt. Aber es ist doch nur ein Scheinrealismus, denn die Anerkennung der Macht wird ja sogleich wieder zurückgezogen, die „Überwindung" der Macht als Ziel gesetzt.

Das Wort für ein solches fernes Ziel, wie es die Überwindung der Macht bedeutet, ist *Idee*. Bis in Hegels Philosophie des absoluten Geistes hinein erhält sich die Vorstellung, daß der Idee niemals eine Wirklichkeit angemessen sein kann. Nur der Prozeß,

---

[1]) *„Männerbund und Wissenschaft", Junker und Dünnhaupt Verlag, Berlin 1937, S. 125–127. (Aus der Antrittsvorlesung an der Universität Berlin.) Biographie siehe „Weltanschauung".*

das Werden, eine logische Folge von Erscheinungen, ist der Idee angemessen. Selbst der Philosophie des konkreten Idealismus fehlt die Vorstellung des Symbols als der jeweils erschöpfenden Darstellung einer Idee. In einer Kundgebung von hervorragender akademischer Seite war kürzlich die Rede von der „Führung durch Geist und Idee". Die Männer, die diese Kundgebung verfaßt und unterzeichnet haben, haben die Hochschule der Vergangenheit als „politisch" bezeichnet. Aber eine Hochschule, die selbst im Jahre der Revolution nur von der Führung und durch Geist und Idee, nicht von der Führung durch Adolf Hitler und Horst Wessel redet, ist unpolitisch. Es handelt sich hier nicht um ein persönliches Versagen; hier stößt ein Denksystem an seine Grenze. In zahlreichen Fällen sind wir nicht auf unfähige oder böswillige Menschen gestoßen in dem Kampf der letzten Jahre, sondern auf das Denksystem des bildlosen Idealismus. Die Gefolgschaft Adolf Hitlers kennt das Symbol, die Darstellung der Idee in einem Menschen, in einer Fahne. Das Führerprinzip und die Symbole des Nationalsozialismus haben den Begriff der Idee neu geprägt. Hier handelt es sich nicht um einen Wortstreit. Es ist durchaus nicht gleichgültig, ob man sagt: *Hitler* oder: *die Idee.* Überall, wo man „Geist" und „Idee" sagt schlechthin, dürfen wir auf die Philosophie des bildlosen Idealismus schließen, auf jene Philosophie, die da meint, die Idee an sich sei mehr als ein Mensch, mehr als eine Verwirklichung. Bis vor kurzem konnte man noch hören: es heißt *Heil Deutschland,* nicht Heil Hitler. Der allgemeine Begriff: Deutschland bedeutet mehr als der individuelle Begriff Hitler, und es sei parteiisch und engstirnig, wenn man nicht „Heil Deutschland" sage. Als ob wir nicht, wenn wir Heil Hitler sagen, Heil Deutschland meinten! Aber wir meinen es konkret, wir meinen es eindeutig, wir meinen es politisch. Hitler ist nicht *weniger* als die Idee — er ist mehr als die Idee, denn er ist wirklich.

Prof. Dr. Ernst Krieck

„Der Wandel der Weltanschauung"[1])

In Weltanschauung und Weltbild geschieht heute eine Verlagerung des Schwerpunktes, womit Richtung und Aspekt völlig umgestellt werden. Die Weltanschauung der letzten Geschlechter (seit dem großen Rationalismus, dem Naturrecht und der Aufklärung) war bestimmt durch folgende Grundsätze (Dogmen, Glaubenssätze):

1. Jeder einzelne Mensch trägt alles Menschenwürdige als Anlage in sich. Der Mensch ist gut.

2. Vermöge seiner Vernunft kann sich jeder Einzelne über alles Niedrige (Nicht-Vernünftige) erheben.

3. Im Raume möglichster Ungehemmtheit und Widerstandslosigkeit, der Individualfreiheiten, entfaltet Vernunft die einwohnenden Anlagen gemäß ihren Ideen des Wahren, Guten und Schönen zur Reife der reinen Menschlichkeit, zur Humanität, in der alles Persönliche seine Erfüllung findet, alles Menschliche in Harmonie übereintrifft und sich vollendet.

4. Aus Vernunft kommt usprünglich vereinzelt lebendes Menschentum zur Gründung von Gemeinschaft (Staat usw.) und zur Erfindung der Gemeinschaftsbande (Sprache, Religion usw.). Das alles ist Mittel für Leben und Werden der einzelnen Menschen.

5. Der einzelne Mensch findet seine letzte Bestimmung und Vollendung im Bereich des reinen Geistes (der Humanität) oberhalb der Lebenswirklichkeiten.

6. Was einzelne Menschen und aufeinanderfolgende Geschlechter dergestalt auf dem Wege zur Vollendung erringen, kann durch Erziehung und Bildung auf die jeweils nachfolgenden Geschlechter als fester Besitz übertragen werden, wobei durch solche ständige Mehrung der Fortschritt der Menschheit auf dem Wege zu ihrer letzten Vollkommenheit erreicht wird.

Dieses Weltbild hat unter mannigfachen Wandlungen, doch in den Grundzügen stetig, durch einige Jahrhunderte gegolten: eine Ideologie, die den Schwerpunkt in den auf Grund der Vernunft als autonom und autark erklärten Einzelmenschen legt. Dieses Weltbild spannt sich zwischen den Polen des Einzelmenschen und einer abstrakten Menschheit und findet sein Grundgesetz in der reinen Vernunft, seine Bestimmung im reinen, humanen Geist. Was zwischen Einzelmensch und Allmenschheit liegt, ist notwendiges Übel, allenfalls zweckmäßiges Mittel, vorübergehendes Zwischenglied.

---

[1]) „Süddeutsche Monatshefte", Jahrg. 1933–1934, S. 638–639. Biogr. s. „Theologie II".

Kein Weltbild vermag das Wirkliche in seiner Totalität zu erfassen oder gar zu erschöpfen. Das individualistische Weltbild hat die Grundvoraussetzungen seines Daseins nicht gekannt, sondern über ihnen in den reinen Äther hinaufgebaut. Der revolutionäre Umbruch bekundet sich in einer Verlagerung des Schwerpunktes. Statt des Einzelmenschen tritt für uns die völkische Lebensganzheit in den Mittelpunkt, womit grundlegende Wirklichkeit des Lebens ins Blickfeld tritt. Der Unterschied bekundet sich in folgenden Punkten:

1. Nicht formt sich der Einzelne seine Weltanschauung durch seine Vernunft gemäß seiner individuellen Anlage und Neigung nach Willkür und Wahl. Sondern wir sind in der Bewegung von Mächten über uns und unter uns ergriffen, gemeinsam ausgerichtet. Aus gemeinsamer Not erwächst uns schicksalhaft gemeinsame Aufgabe. Wir wählen nicht, sondern wir sind gewählt und berufen. Wir ergreifen nicht, sondern wir sind ergriffen und getrieben. Auf dieser Grundlage entsteht unser Weltbild im Zusammenhang der uns auferlegten völkisch-politischen Gestaltungsaufgabe.

2. Unsere Aufgabe ist Wirklichkeitsgestaltung im völkisch-politischen Gemeinwesen. Darum rückt Weltanschauung als gestaltete und gestaltende Macht nahe hin an unsere Lebenswirklichkeiten: an Politik und Staat, an Wirtschaft, Recht, Volksordnung. Sie lebt nicht mehr in einem abgetrennten Raum oberhalb der Wirklichkeit. Politik, Recht, Wirtschaft usw. sind künftig nicht mehr Probleme rein rationaler Zweckmäßigkeit, sondern erhalten Sinn und Richtung durch die Weltanschauung.

3. Das Gemeinwesen, die Ganzheit völkisch-politischen Lebens, kommt nicht aus Zweckdenken und Vernunftgründung einzelner Menschen zustande, sondern die Ganzheit ist urgegeben als Mutterschoß und Mutterboden, daraus alles einzelne Leben herkommt, wächst, zur Gemeinschaft gebunden ist, und sich in seiner persönlichen Eigengesetzlichkeit vollendet. Das Gesetz der Ganzheit steht über dem persönlichen Eigengesetz.

4. Das völkisch-politische Gemeinwesen wurzelt samt allen Einzelleben in den naturhaft-seelischen Untergründen des Blutes und der Rasse. Der Blutstrom bindet nicht nur gleichzeitig lebendes Menschentum zur Ganzheit des Volkstums, sondern auch die wechselnden Generationen, deren jede nur zeitliches Glied am Ganzen ist, zur geschlossenen Kette.

5. Aus den Untergründen kommt Schicksal, geschichtsbildender Auftrieb, rassischer Charakter und Lebensrichtung, wodurch die geschichtliche Schicksalslinie, Politik, Staat, Wertordnung, Recht, Lebensordnung, Erziehung, Kunst, Wissenschaft ihre Art, Sinnrichtung und Grenze empfangen.

6. Das Lebensganze, das Volk im Werden, ist nie in Ruhelage und Vollendung, sondern in schicksalhafter Bewegung mit der Aufgabe steter Selbsterneuerung und im Suchen nach einem Ziel in der Unendlichkeit, woraus Gestalt um Gestalt, Aufgabe um Aufgabe, Sinn um Sinn heraufkommt. Ihr aller Gestaltwandel in der Stetigkeit von Rasse- und Volkscharakter macht die Geschichte des Volkes aus.

7. Mit jedem neuen Stoß des Schicksals, mit jeder Wendung der Geschichte steht das Volk neu im Angesicht Gottes und damit vor der Aufgabe neuer Schöpfung, daraus die Wahrheit, die Schönheit, das Gute, die Gerechtigkeit, die Liebe, die Ehre neuen Sinn und Gehalt empfangen. Gemäß der rassisch-völkischen Wertordnung ist das Gemeinwesen zu gestalten und das Menschentum zu formen.

Prof. Dr. Erich Rothacker

Erich Rothacker. * 12. 3. 1888 — 1920—1928 Privatdozent und a.o. Prof. — 1924 Heidelberg, seither Bonn.
Veröffentlichungen: 1920 „Einleitung in die Geisteswissenschaft"; 1926 „Logik und Systematik der Geisteswissenschaft"; 1934 „Geschichtsphilosophie" (5. Auflage 1953); 1942 „Probleme der Kulturanthropologie" (2. Auflage 1948); 1948 „Mensch und Geschichte".
Mitherausgeber „Deutsche Vierteljahreshefte für Literatur, Wissenschaft und Geistesgeschichte" — Mitglied der Akademie der Wissenschaft und der Literatur, Mainz („Wer ist Wer?", 1955).
„Erich Rothacker behandelte im letzten Kapitel einer wissenschaftlichen Arbeit („Geschichtsphilosophie" 1934) todernst die Beiträge von Hitler, Rosenberg und Darré zur Geschichtsphilosophie . . ." (H. P., S. 16.)

„Die Aufgabe des Geschichtsphilosophen"[1])

Inzwischen hat der Sieg der nationalen Revolution mit der Aufrichtung des dritten Reiches zugleich ein neues Bild des Menschen aufgerichtet. Die Vollendung und Verwirklichung dieses Bildes ist die weltgeschichtliche Aufgabe des deutschen Volkes. — Was dem Mitlebenden aber einen Ruf zur Tat bedeutet, muß dem Geschichtsphilosophen zur Probe auf Exempel dienen. Die Grundbegriffe müssen am jüngsten Geschehen dieselbe Bestätigung finden, wie am vergangenen: eine neue Haltung zur Welt als der tragende Kern eines neuen Geschehens; aus dem Blickpunkt der neuen Haltung neu sich erschließende Bedeutsamkeiten; gerundet zu einer neuen „Welt" und ihrem Korrelat, einem neuen Lebensideal; dies Ideal, lebensgeboren als Ausdruck einer Stellungnahme zur Welt, lebensbezogen; solche neue Haltung, nicht „von selbst" entstanden, verwirklicht wie durch Naturereignisse, kein „organisches" Geschehen und keine utopische Konstruktion, sondern aus einer bestimmten, geschichtlichen Lage geboren und unter Opfern errungen und erkämpft, innerlich und äußerlich; durchgesetzt gegen Widerstände, feindliche Haltungen und absterbende Welten; und nun durchzuhalten, zu bewähren, zu entfalten zu einer neuen geistigen und moralischen Durchdringung des Alls.

---

[1]) *„Geschichtsphilosophie", Verlag von R. Oldenbourg, München/Berlin 1934, S. 145–148.*

Die Aufgabe der Geschichtsphilosophie war es, das Gefüge dieses großen Geschehens neuer Gestalt-, Form- und Stilfindungen sichtbar und verständlich zu machen, den zugleich geistigen, seelischen und leiblichen Charakter solcher Haltungen zur Welt zu erkennen, die Grundgesetze des Aus- und Durchprägens derselben, die Zweiseitigkeit des Prozesses als einer Gestaltung des Lebens und zugleich der Aufschließung einer neuen Welt, die Wurzeln des Gesamtphänomens in sittlichen Entscheidungen und nicht nur in logischen und praktischen Erkenntnissen und damit die Grundformen menschlichen Handelns, seine „Einseitigkeit", sein Eingespanntsein zwischen polaren Richtungen, seine Geschichtlichkeit zu entdecken.

Liegt in dieser Sammlung alles Geschehens in der Mitte eines neuen Lebensstils und Lebensideals die Bestätigung unserer geschichtsphilosophischen Grundauffassung, so mögen zuletzt noch die hauptsächlichsten, im Rahmen dieses Lebensstils um Rang und Anteil ringenden Leitgedanken unserer Staat und Volk erneuernden Bewegung nach ihrem Beitrag zur theoretischen Auffassung des geschichtlichen Lebens befragt werden . . .

. . . Neben Staatsgedanke, Deutschtumsgedanke, Volksgedanke steht als wesentlicher Bestandteil aller zugleich der *Rassegedanke*. Freilich ist gerade er, rein für sich betrachtet, nicht ohne innere Spannungen zu den übrigen Leitideen. Wie er überhaupt in seiner vollen kulturpolitischen Tiefe und Tragweite noch längst nicht bis ins Letzte durchdacht ist. Gerade für seine Pflege gilt wissenschaftspolitisch die unerbittliche Alternative, entweder die Wissenschaft durch Einfriedung sich totlaufen zu lassen und damit auf eine der stärksten Kräfte alles historischen Werdens zu verzichten oder sie zielbewußt mitten ins Leben zu ziehen und auf die Pflege *zeitgemäßer* Aufgaben zu lenken.

Zunächst fällt die Spannung der Rasseidee zur Idee des Staats ins Auge, dessen Rahmen durch eine Normierung des Handelns an einem Gemeinschaftsbewußtsein, das noch über die Volks-, Sprach-, Sitte- und Geschichtsgemeinschaft hinausreicht, vollends gesprengt zu werden droht. Das eigentliche Gewicht der übrigen politischen Konsequenzen des Rassegedankens liegt aber vor allem in seinem unzerstörbar aristokratischen Charakter.

Daß dieser Zug zunächst mit dem *Führer*gedanken in besonders glücklichem Einklang steht, bedarf kaum näherer Begründung. Und ebenso zu dem von A. Rosenberg besonders verdienstlich betonten und mit dem Rassebewußtsein verknüpften Prinzip der *Ehre*. In tiefgreifenden Spannungen aber befinden sich beide im Rassegedanken vereinten Ideen reinrassiger Abstammung (Gobineau) wie „guter Rasse" im Sinne der hochqualifizierten Zuchtrasse (H. St. Chamberlain) mit allen Verkleidungsformen der Demokratie und Massenherrschaft, als unvermeidlicher Begünstigung eines rassischen Erbgutes, dessen Durchschnittsniveau mit der Zunahme der Zahl stetig sinken muß. Nach den streng biologischen Kriterien der Rassenlehre selbst ist eben im Mittel das nordisch-fälische Blut einerseits, das ostische andererseits sozial ebenso ungleich verteilt wie die Ergebnisse sozial wertvoller Züchtungen erblicher Begabungen.

In diesem Sinne beseitigt die von Adolf Hitler in Nürnberg *stark* unterstrichene Verlegung des Edelrassigen aus dem ausschließlich somatischen in die dem nordischen Erbanteil entsprechende *„heroische Gesinnung"* und Weltanschauung ebenso eine gewisse *politische* Verlegenheit wie das baltische Pathos des *„Charakters"* und der *„Persönlichkeit"* in A. Rosenbergs „Mythus des 20. Jahrhunderts". Hier wären zugleich Beispiele dafür zu finden, wie divergierende Ideen als solche in praktisch ergriffenen neuen Idealbildern einen fruchtbaren Ausgleich zu finden vermögen. Wobei allerdings vor allem der ganze Inbegriff aller Maßnahmen und Ideen zur *„Nationalpolitischen Erziehung"* mit Bewußtsein in das denkbar engste Ergänzungsverhältnis zur Rasseidee gebracht werden müssen. Ein rassisch befriedigender Bevölkerungsdurchschnitt ist in dem Rassengemisch einzelner deutscher Stämme erreichbar nur durch die energischste Unterstützung aller eugenischen Maßnahmen durch Formung und Zucht des im äußeren und inneren noch knetbaren jugendlichen Menschenmaterials im Geiste der rassisch besten Bestandteile seiner Erbmasse. Man kann den ererbten Prozentsatz nordischen und fälischen Blutes durch bewußte erzieherische Zucht im nordisch-fälischen Geiste in seiner phänotypischen Auswirkung ganz offensichtlich fördern. Zumal in der Haltung des *Soldaten*, die aller Erfahrung entsprechend, ganz vornehmlich ein rassisch sehr verschieden stark fundiertes Erziehungsprodukt ist, besitzen wir vielleicht das großartigste Beispiel einer Synthese zugleich aristokratischer und zugleich volkstümlicher Haltungen.

Soweit solche Ziele auf lange Sicht erstrebt werden, wird neben dem ganzen Komplex des Rassehygienischen und Eugenischen kaum irgendeine Maßnahme eine tiefere Wirkung erzielen können als die Verwirklichung der hohen Ideale Walter Darrés, in dessen Idealbild eines „Neuadels aus Blut und Boden" wir einer *dritten* Synthese zugleich volkstümlicher und rassisch-aristokratischer Lebensformen begegnen.

Prof. Dr. Hans Heyse

„Das neue Weltalter"[1])

Ein Tieferes und Gewaltigeres kündigt sich an.

Denn wir wissen, daß aus den Opfern und Opfernden des Weltkrieges eine neue Begeisterung, ein neuer Geist — eine neue Bewegung entstanden ist, die das ganze deutsche Volk erfaßt und mitreißt.

Hier gilt das Wort Goethes: Am Anfang war die Tat. So versteht Goethe, im tiefsten deutschen Sinne, jenes Wort, an das wir vorhin rührten: Am Anfang war der Logos.

Am Anfang war die Tat: das ist nicht eine Tat der Willkür, sondern die Tat, die entsprungen ist aus der Wesensgesetzlichkeit des deutschen Menschen, aus seinem Logos, aus seiner Idee, vollstreckt durch den Führer des deutschen Volkes . . .

In der Vermählung von Logos und Leben, Idee und Existenz entsteht das Neue Reich, das „Germanische Reich Deutscher Nation", das berufen ist, ein neues Weltalter heraufzuführen.

Wie haben wir diese neue Einheit von Geist und Leben, Idee und Existenz tiefer zu verstehen?

Wenn wir das Wesen der Idee in letzter Ursprünglichkeit erfassen wollen, müssen wir dessen wieder inne werden, daß die Idee kein theoretisches Prinzip, sondern eine ursprüngliche Daseins- und Werthaltung ist, die von den Griechen entdeckt und verwirklicht ist, und um die in unserer ganzen Geschichte immer wieder gerungen wird. Das Urgesetz der Idee, das sich in der ursprünglichsten Daseins- und Werthaltung des griechischen wie des germanisch-deutschen Volkes ausspricht, ist mit einem einzigen Ausdruck zu umschreiben: es ist Ganzheit. Die Idee ist die Form, in der und kraft der das Sein als Ganzheit, als allwaltende Ordnung erfahren und gelebt wird. Die Idee ist das ewige Urgesetz, die Seins- und Lebensordnung selbst. Aus dieser Idee leben, das bedeutet: aus der Wahrheit des Seins und Lebens existieren. Nicht zufolge einer Theorie, sondern als Ausdruck jener einzigartigen Daseinshaltung, jener heroischen Lebensform, die das „Sein als Sein", das Sein in allen seinen Bezügen, den rätselvollen und offenbaren, den dunklen und den lichten bejaht und vollzieht und darin das Sein heiligt. Das ist der letzte Sinn der Einheit von Philosophie und Leben, Idee und Existenz.

---

[1]) *„Idee und Existenz", Hanseatische Verlagsanstalt, Hamburg 1935, S. 349–351. Biographie siehe „An den Universitäten".*

Diese Einheit von Idee und Existenz als Ausdruck einer ursprünglichen Daseins- und Werthaltung ist keineswegs selbstverständlich. Sie ist geschichtlich daran gebunden, daß das Griechentum in den höchsten Akten seines heroisch-tragischen Existierens die Idee, die Idee des Seins als Sein, das ist die Idee der Seins- und Lebensordnung entdeckt und als sein Schicksal zu vollziehen sucht. Aus eben dieser Grundhaltung wird das Urgesetz der Idee in unserer Geschichte in immer neuen Ansätzen verwirklicht — wenn auch allzu oft durch andere Mächte gebrochen.

In dieser Daseins- und Werthaltung spricht sich also kein „allgemeines Menschentum" aus, sondern — so haben wir gesehen — offenbart sich das höchst konkrete, metaphysische Grundwesen der nordisch bestimmten Völker, zumal des griechischen und des germanisch-deutschen Volkes. Dieses metaphysische Grundwesen ist unauflöslich verbunden mit dem durch Erbe, Geburt und Schicksal, Zucht und Züchtung geformten Leben dieser Völker, ihrer „Naturanlage". Aber die Naturanlage als solche ist nur Möglichkeit, in diesem Sinn Verpflichtung. Denn nicht in der Naturanlage als solcher, sondern in der Naturanlage, insofern sie den höchsten Menschen fähig macht, in Einsatz und Opfer das Urgesetz der Idee, das Weltgesetz zu vollziehen: darin besteht die Größe, die Sendung, das Schicksal jener Völker, zutiefst des deutschen Volkes.

Dies ist die letzte und tiefste Bindung des Lebens jener Völker, des deutschen Volkes, an das Urgesetz der Idee. Diese Bindung (religio) ist verschieden von der Form anderer Religionen, auch von jener Form, nach der über das Wesen der Welt der Spruch eines schaffenden und aufhebenden, eifrigen und zürnenden, liebenden und heimsuchenden Gottes verhängt ist. Beides bleibt verschieden: auch dann, wenn die abendländische Geschichte, fast zwei Jahrtausende lang, in dem unaufhörlichen Versuch der Vereinigung des nicht zu Vereinenden, in Philosophie und Theologie, Geschichte und Leben den Inbegriff ihrer Ideen und Ideologien zu gestalten unternahm...

Wir stehen an dem entscheidenden Wendepunkt, an dem wir uns herauslösen aus dem abendländischen Aion, an dem ein neues Weltalter entspringt. Er verwirklicht sich in den Urwerten und Grundwerten, kraft deren die Idee, das Weltgesetz, unter neuen Opfern, unter stellvertretendem Wissen eines höchsten Menschentums in das Leben der Völker hineingerissen wird. Das bedeutet: es baut sich auf in der Idee und Wirklichkeit des Neuen, des Dritten Reichs. Denn das ist das Reich: daß ein bestimmtes Menschentum seine Existenz an die Idee, an die Seins- und Lebensordnung selbst bindet, daß es sein Leben aus der Idee der Ganzheit und Totalität vollzieht... Darum ist das Reich die totale Lebensordnung, sich darstellend als echte Volksordnung, wahre politische, wirtschaftliche und kulturelle Ordnung — die totale Lebensordnung, die im Einklang steht mit der kosmischen Gesamtordnung, und die Ausdruck ist des „Seins als Sein". Darum ist die Idee und Wirklichkeit des Reichs der geheime Mittelpunkt, das Herz der Geschichte...

In der ursprünglichen Idee und Wirklichkeit des Reichs geht das durch Geburt und Schicksal bestimmte Wesen des germanisch-deutschen Volkes eine unauflösliche Verknüpfung, einen ewigen Bund ein mit dem im Weltgesetz sich manifestierendem Göttlichen. Das ist das Reich. So beantworten wir die Frage: Was ist deutsch?

Wenn wir dieses Urwesen und diese Urverheißungen des deutschen Lebens im Neuen Reich wahrhaft vernehmen, so erschrecken wir vielleicht vor der Größe und Gewalt der Verpflichtung, die uns auferlegt ist — und uns bleibt nichts als Hingabe und Dienst.

Dr. Otto Dietrich

Otto Dietrich. * 31. 8. 1897 — Dr. rer. pol. — Reichspressechef der NSDAP — Staatssekretär im Propagandaministerium („Wer ist Wer?", 1935) — 20. 1. 1934 ᛋᛋ-Brigadeführer (Taschenwörterbuch des Nationalsozialismus).
Veröffentlichungen: „Mit Hitler an die Macht" (1935), „12 Jahre mit Hitler" (1955).
„Dr. Dietrich fing an, plötzlich »philosophische Grundlagen der Bewegung« legen zu wollen. Ausgerechnet mit der Aufnahme der universellen Idee, die wir seit Jahren bekämpfen ... Wo waren die neuen Philosophen vor 10 bis 15 Jahren ..." (Das politische Tagebuch Alfred Rosenbergs, herausgegeben von Dr. Hans-Günther Seraphim, Göttingen 1957, S. 50.)

„Das Mysterium des Schöpferischen"[1])

In der Sphäre der privaten Forschung, insbesondere der Naturwissenschaften, mag die Wissenschaft Selbstzweck sein, soweit aber ihre Ergebnisse der Öffentlichkeit überantwortet und mit einem Werturteil versehen der Gemeinschaft als allgemeingültig angeboten werden, können sie unmöglich im Widerspruch stehen zu den Lebensgesetzen dieser Gemeinschaft. Tun sie es, dann beweisen sie damit, daß sie falsch sind. Der durch den Nationalsozialismus neu gewonnene erkenntnistheoretische Ausgangspunkt aber enthebt uns aller dieser Irrwege des Denkens, weil er sie von innen heraus überwindet und sie unmöglich macht. Und deshalb ist in der Tat der Nationalsozialismus die Macht, die auch die Wissenschaft befreit, denn sie kann der Wissenschaft volle Freiheit geben, weil sie in einer Ebene liegt mit dem Leben der Nation und den Grundlagen ihres Seins.

Von dieser universalistischen oder organischen Grundlegung des Denkens muß daher auch jene neue philosophische Besinnung ausgehen, die sich zu den höchsten Höhen des Geistes erheben kann, ohne Gefahr zu laufen, die tiefe Verbundenheit mit dem Leben und seinen praktischen Inhalten zu verlieren. In dieser Sphäre des praktischen Lebens hat die

---

[1]) *„Die philosophischen Grundlagen des Nationalsozialismus", mit einem Nachwort von Alfred-Ingemar Berndt, Ferdinand Hirt, Breslau 1935, S. 34–38.*

nationalsozialistische Weltanschauung, so wie sie uns unser Führer lehrt, in einzigartiger Weise den Beweis ihrer Richtigkeit und gestaltenden Kraft erbracht.

Aus dem schöpferischen Genius eines Einzelnen, eines Unbekannten, ist diese Weltanschauung erwachsen, in Millionen deutscher Herzen ging ihre Saat auf, wurde die Volkswerdung der deutschen Nation Wirklichkeit. Ich möchte hier die Worte wiederholen, die ich in meinem Buch „Mit Hitler an die Macht" schrieb:

„Wenn es Wunder gäbe im Leben der Völker, dann könnte das deutsche Volk mit Recht die glückhafte Wende seines Schicksals als übernatürliche Fügung für sich in Anspruch nehmen. Das Dritte Reich ist Wirklichkeit geworden. Es steht in seinen Fundamenten. Ruhend auf den unvergänglichen Werten der nordischen Rasse und in der Tiefe der deutschen Seele. Gefügt in die naturgewachsenen Wurzeln deutscher Art und deutschen Wesens, gemauert und gestaltet von den lebendigen Kräften der Persönlichkeit, die unser Volk als Inkarnation seines eigenen Willens und Geistes geboren und hervorgebracht hat." Und wenn Sie fragen, wie war dieses Wunder möglich, dann möchte ich antworten: Weil die nationalsozialistische Weltanschauung eine jener großen wirklichkeitsnahen und einfachen Ideen ist, die Geschichte machen, weil sie die Gesetze des Lebens selbst wieder in das Bewußtsein der Völker zurückführen und damit ihre Kräfte auf natürlichem Wege zur Entfaltung bringen! Aus solchen Grunderkenntnissen hat der Führer geschöpft, hat seine mitreißende Willenskraft in 14jährigem unendlich schwerem Ringen das Gemeinschaftsbewußtsein im Volke wieder zum Durchbruch gebracht. Und damit hat er ein Wunder am deutschen Volke vollbracht.

Deshalb kann auch die Macht seiner Persönlichkeit, seiner einzigartigen lebendigen Beziehung zum Volk, nur so begriffen werden, daß das deutsche Volk sich selbst in der Persönlichkeit des Führers wiederfindet, daß es tatsächlich sein eigenstes Wesen in ihm verkörpert sieht. Es empfindet dankbar, daß sein schöpferischer Geist ihm wieder ein weitreichendes Blickfeld mit weltanschaulicher Tiefenwirkung gegeben hat, so wie es deutschem Denken und Fühlen entspricht. In der nationalsozialistischen Weltanschauung hat die deutsche Seele den Weg zu sich selbst zurückgefunden. In der Persönlichkeit des Führers aber verbindet sich das weltanschauliche und künstlerische Element dieses deutschen Wesens zur vollendeten Einheit, zu dem, was wir das Mysterium des Schöpferischen nennen. Wenn die neuere Philosophie sagt, daß die intuitive Wesensschau die unmittelbare Anschauung des Gesetzmäßigen ist, dann findet diese Eigenschaft in der Persönlichkeit Adolf Hitlers ihre stärkste Ausprägung. Ein solches Urteil kann ich, der ich das Glück habe, tagtäglich dem Führer bei seiner Arbeit und seinem Schaffen nahe zu sein, mir wohl erlauben. Der Führer besitzt nicht nur die so unendlich wertvolle Fähigkeit, das Wesentliche in den Dingen zu sehen, sondern auch in hohem Maße den Instinkt und die Intuition zu kühnem, zeitlich richtigem Handeln. Hier in unserem Führer hat jenes herrliche Wort Platos lebendige Gestalt gewonnen: „Von den Göttern ein Geschenk an das Geschlecht der Menschen, so schätze ich die Gabe, in Vielem das Eine zu erschauen."

So sehen wir in der nationalsozialistischen Weltanschauung jenen wahrhaft philosophischen Geist lebendig, der nicht nur denkt um des Denkens willen, sondern auch seinen Erkenntnissen gemäß handelt und nach ihnen das Leben gestaltet. Ich glaube, daß gerade in dieser Befähigung einer Weltanschauung, das praktische Leben zu meistern und zu formen, letzten Endes auch der Prüfstein ihrer zeitlosen Gültigkeit und Wahrheit liegt. Und diese Befähigung zu praktischer Lebensgestaltung hat die nationalsozialistische Weltanschauung wie kaum jemals eine andere unter Beweis gestellt. Und wenn am Ende der bisherigen philosophischen Systeme eine Philosophie des Lebens Raum gewonnen hat, die in der Erkenntnis gipfelt, daß das Leben nur durch das Leben verstanden werden kann, dann finden wir auch hier die tiefe Verbundenheit echter philosophischer Besinnung mit dem Geist des Nationalsozialismus. Goethes Wort, „Was fruchtbar ist, allein ist wahr", gewinnt aus dem Blickfeld der nationalsozialistischen Weltanschauung einen Sinn, der bis in die tiefsten Schichten deutschen Geistes und nationalsozialistischen Denkens, in ihren gemeinsamen Wurzelboden hinunterreicht. Auf diesem einheitlichen und geschlossenen Fundament, das ich im Verlauf meiner Ausführungen erkenntnistheoretisch zu umreißen versucht habe, kann sich ein nationalsozialistisches Weltbild erheben, das nicht nur den geistigen Bedürfnissen, sondern auch der Größe unserer Epoche entspricht.

Der Nationalsozialismus neigt nicht zu abstraktem, trockenem Denken. Seine volksverbundene Weltanschauung wird die Wissenschaft wieder dem flutenden Leben und die unendliche Fülle des Lebens wieder der Wissenschaft erschließen.

Prof. Dr. Karl Astel

Karl Astel. *26. 2. 1898 – Dr. med. – War Präsident des Thüringischen Landesamtes für Rassewesen – o. Universitätsprof. – 1934 Lehrauftrag für menschliche Züchtungslehre und Vererbungsforschung, Universität Jena. („Wer ist Wer?", 1935.)

„Abschaffung der Metaphysik"[1])

Die Universität der Vergangenheit ist hervorgewachsen einerseits aus der mittelalterlichen römischen Klosterschule, mit der dogmatischen Trennung von bösem Fleisch und alleingültigem Geist. Andererseits aus dem Ideenkreis der Französischen Revolution und der Judenemanzipation, deren begeisterter Vorkämpfer Wilhelm von Humboldt war. Während aus der ersten Zeit die unsinnige Trennung in Geistes- und Naturwissenschaft herrührt, stammt aus der zweiten Periode die Begeisterung für die Ideen der Internationale von Freiheit, Gleichheit und Brüderlichkeit!

So standen an der Wiege der alten Universität als Paten die Theologie und das Weltbürgertum.

An der Wiege der nationalsozialistischen, lebensgesetzlichen Universität steht die Befreiung der arischen Naturwissenschaft von Scholastik, Dogma und Spekulation, *steht das Eingliedern des Menschen mit Leib, Geist und Seele in die Gesetze der Natur.*

An der Wiege der nationalsozialistischen Universtät *steht endlich und am bedeutungsvollsten die exakte, d. h. durch experimentelles Tatsachenmaterial genau und sorgfältig belegte Erblichkeitslehre* und die auf ihr aufbauende Rassenkunde und Bevölkerungspolitik.

Alle diese Wissenschaften: die Naturforschung, die Lebensforschung, die Erblichkeitslehre und Rassenkunde, die Bevölkerungspolitik, sind vor allem deshalb von solcher Bedeutung für den Aufbau einer lebensnahen nationalsozialistischen Hochschule, weil es Wissenschaften sind, die sich an die Tatsachen der Wirklichkeit halten.

---

[1]) *„Nationalsozialistische Monatshefte", Heft 8, Dez. 1936, S. 1118–1119.*

Die Universität und Wissenschaft der Vergangenheit hatte eine geradezu verhängnisvolle Sucht nach immer neuen Theorien, Dogmen, Spekulationen und eine geradezu krankhafte oder verdächtige Abneigung vor der exakten, d. h. gediegenen Naturwissenschaft und exakten, d. h. gediegenen Biologie, eine geradezu peinliche Scheu vor den Tatsachen der Wirklichkeit, den Forderungen des gesunden Lebens, den Notwendigkeiten der Erhaltung von Volk und Rasse.

Nur durch Absage an die Theorien, Dogmen und Spekulationen kann die so dringend erforderliche Harmonie von Leben und Wissenschaft erreicht werden, wie sie der Nationalsozialismus auf allen Gebieten anstrebt. Niemals aber, wie das unklare Denker, phantastische Köpfe und okkulte, getarnte Gegner aus den Reihen der Katholischen Aktion, der verschiedenen Internationalen mit großer, oft als nationalsozialistisch ausgegebener Geschäftigkeit versuchen, niemals aber durch das Heraufführen von neuen, nicht weniger lebensfernen, wirren und fremdwortgespickten Theorien, Dogmen und Spekulationen.

Nein, *wir müssen endlich wieder erreichen* — das ist das Wichtigste vor allem —, *daß der menschliche Geist* — dieses einmalige Ergebnis menschlicher Züchtung — *wieder ausschließlich in den Dienst der Lebenserhaltung und Lebensverbesserung gestellt wird und nicht in den Dienst irgendeines das Leben zerstörenden, mit Krankheit und Irrsinn anfüllenden „Meta“.*

Warum soll man die Weltanschauungslehre, die sich bei Ariern nur auf einem der Wirklichkeit entsprechenden Weltbild aufbauen kann, warum soll man das Wissen und die Weisheitslehre, die sich aus den lebenswichtigen Grundsätzen aller wesentlichen Wissenschaften ergibt, mit dem irreführenden Fremdwort „Metaphysik“ belegen. Physik heißt Natur, wir sind Glieder der Natur und Ergebnisse der Naturgesetzlichkeit. Warum soll unsere Weisheit statt in der Erkenntnis der Naturgesetze eine „Methaphysik“, eine „Über-Natur“ sein, die bisher immer automatisch zur Unnatur und Widernatur ausgeartet ist?

Wir wollen vielmehr in Zukunft den Wert jeder Wissenschaft, auch solcher, die sich als „neu“ und „nationalsozialistisch erwünscht“ ausgibt, nicht mehr an der ihr innewohnenden Spekulation, Fremdworthäufigkeit und Belesenheit messen — wie bisher —, sondern ausschließlich nach ihrem Sinn und Zweck für das gesunde Leben und dessen Erhaltung und Vervollkommnung. Damit legen wir der neuen deutschen Universität, der Hochschule des Dritten Reiches, erst das rassische und lebensgesetzliche Denken zugrunde.

Prof. Dr. Hans Pichler

Hans Pichler. * 26. 2. 1882 — 1913 o. ö. Prof., Universität Greifswald.
Veröffentlichungen: 1906 „Über die Arten des Seins"; 1912 „Möglichkeiten und Widerspruchslosigkeiten"; 1914 „Die Entwicklung des Rationalismus von Descartes bis Kant"; 1919 „Grundzüge der Ethik"; 1937 „Einführung in die Kategorienlehre"; 1939 „Das Geistvolle in der Natur"; 1946 „Persönlichkeit — Glück — Schicksal". („Wer ist Wer?", 1935 und 1955.)

„Aufhebung des Gegensatzes"[1])

Harte Entschlossenheit ist kein blindes Draufgängertum. Besonnenheit ist weder Verblendung noch Schwäche. Eine Politik der vollkommenen Objektivität würde möglich sein, wenn alle Beteiligten objektiv wären: nicht in der Art des ratlosen Relativismus, sondern derart, daß übereinstimmend alle das jeweils Beste der Gemeinschaft erkennen, wählen, befolgen. Bis dahin bleibt es dabei, daß man nur mit Objektivität, Weisheit, Vernunft ebensowenig Politik machen kann wie ohne sie.

Gedenken wir, zum Ausgang zurückkehrend, des gegenwärtigen politischen Umschwungs in Deutschland, so ist darüber, daß der aggressive Angriff im Entscheidungskampf und schon bei der langjährigen Werbung geboten war, kein Wort mehr zu sagen. Paradox erscheint nur die Tatsache, daß der Führer, der im Kampf die „objektiv Denkenden" vor den Kopf stieß, Ziele von solcher Werthöhe erstrebt, daß sich jede Gegenbewegung objektiv ins Unrecht versetzt sieht. Paradox erscheint weiter die Tatsache, daß eine Bewegung, die so ganz ein rücksichtsloses, intolerantes, „fanatisches" Vorgehen, Vorstürmen war, eine Weisheit der Führung offenbart, die in der schroffen Antithese nur das Mittel, in der Synthese den Zweck sieht; auch im Kampf nur das Mittel, in der nationalen Befriedung den Zweck; auch in der Partei nur das Mittel, in der Volksgemeinschaft das Ziel. Man möchte diese Entwicklung, die ganz Tatkraft war, zu Zielen, deren Weisheit einleuchtet, den Versuch einer politischen Synthese von Weisheit und Tat nennen. So sehr die Objektivität in Gegensatz steht zur Einseitigkeit alles Tendenzhaften, ist es dennoch nicht paradox, sondern selbstverständlich, daß im Geiste des zur *Führung* Berufenen dieser Gegensatz *„aufgehoben"* wird.

---

1) *„Blätter für Deutsche Philosophie", Heft 3/4, 1939, S. 265.*

Dr. Christoph Steding

Christoph Steding. * 11. 2. 1903. † 1938.
„... er hat Philosophie, Germanistik und Geographie studiert, dazu Völkerkunde und Indologie. Zuerst in Freiburg i. Br. (1922 bis 1923), dann in Marburg/Lahn (1923 bis 1924), später in München (1924) und zuletzt wieder in Marburg (1924 bis 1927). Von den Hochschullehrern, die er hörte, muß nur einer genannt werden: der Philosoph Martin Heidegger ..." (Aus Prof. Walter Franks Vorwort, S. XVII.)
Veröffentlichung: „Das Reich und die Krankheit der europäischen Kultur".
Der persönliche Stab des Reichsführers-SS schickte das Buch am 16. 12. 1938 mit einem Schreiben der Hanseatischen Verlagsanstalt vom 9. 12. 1938 über den unlängst verstorbenen Historiker an das RSHA und bat um eine Beurteilung.
Am 1. 2. 1939 schrieb dann Heinrich Himmler an Reinhard Heydrich:

> „Von Ihrer Stellungnahme zu dem Werk Stedings habe ich Kenntnis genommen. Dieses Buch als Schulungsmaterial herauszugeben, halte ich für verfrüht. Ich gebe jedoch dem Sicherheitshauptamt den Auftrag, den Frieden von 1648 einmal wissenschaftlich genau zu studieren, sowie persönlich um Empfehlung eines kurzgefaßten Buches, in dem der Text dieses Vertrags mit kurzen Erklärungen und Karten enthalten ist. Sollte es dieses Buch nicht geben, bitte ich um Vorlage einer entsprechenden Denkschrift des Sicherheitshauptamts mit Karten und dergl."

Der Chef des RSHA — Heydrich — hatte nämlich am 19. 1. 1939 Himmler einen langen Brief geschrieben, in dem er darauf hinwies, daß der 1903 in Waltringhausen/Hessen geborene Steding von 1922 bis 1927 an verschiedenen Universitäten Geschichte studiert habe und im Jahr 1931 in Marburg mit einer Arbeit über „Politik und Wissenschaft" bei Max Weber promovierte. Im gleichen Jahre habe er dann beim deutschen Komitee der Rockefeller-Foundation um eine Studium-Unterstützung nachgesucht, weil er die Haltung der Neutralen zum Reich Bismarcks studieren wollte. Steding erhielt das Stipendium und fuhr 1932 in die Schweiz, 1933 nach Leyden/Holland und Den Haag. 1934 besuchte er Kopenhagen, Oslo und Stockholm.
Nach seiner Heimkehr kam er dann mit dem Reichsinstitut für die Geschichte des neuen Deutschland in Berührung, dessen Präsident, Professor Walter Frank, sich für seine Studien interessierte.

„Das Reich und die Relativitätstheorie"[1])

Die Niederländer haben nicht zufällig in der Vermittlung der Einsteinschen Relativitätstheorie nach dem Westen Europas eine besondere Rolle gespielt, weil mit dieser Theorie die vorhin als für alle reichsfeindliche „Kultur" charakteristische Auflockerung und Verflüssigung, d. h. „Liquidierung" der Substanz und aller festen Position zugunsten der

[1]) *„Das Reich und die Krankheit der europäischen Kultur", Hanseatische Verlagsanstalt, Hamburg 1943, S. 388—390.*

schlechthinnigen Unverbindlichkeit eine Vollendung erreicht wurde, die nicht mehr überboten werden kann, schon deswegen nicht, weil die Liquidation dieser Theorie bereits unaufhaltsam fortschreitet. Bei Einstein tritt der Haß der neutralen Kultur gegen das Gesetz auf als Haß gegen die Substanz, die er daher schon konsequent fortdenkt und wegdemonstriert, um nun in ganz virtuoser Sicherheit das geisterhafte, irreale Spiel der Relationen zu ermöglichen, bei denen die Relativitätstheorie selbst einen unaufhörlichen Tanz außer-, über- und unterhalb eben seines ja wegdemonstrierten Selbstes vollführt, um so die Verflüssigung, und das heißt Entsubstanzialisierung, Entwirklichung, „wirklich" durchzuführen. Es kann gar keinem Zweifel unterliegen, daß der in Holland am ehesten begriffene, verbesserte, teilweise schon vorweggenommene Einstein politisch sich zugunsten einer inter-nationalen Organisation, zugunsten eines über die Völker geworfenen Netzes von ganz formal gehaltenen Institutionen entscheiden und damit ganz folgerichtig auch in Gegensatz zu jeder Reichsgründung treten muß. Das Reich ruht sowohl bei Bismarck als auch in der Gegenwart auf derjenigen der Bevölkerungsschichten des deutschen Volkes, die, aus ländlichen Bezirken kommend, noch am wenigsten von der in den großen Städten sich vollziehenden Verschleuderung und Liquidation der Substanz der Nation angegriffen ist. Das Reich ist daher als solches nichts als Substanz, so wie das kulturelle wilhelminische Zwischenreich nichts als Entsubstanzialisierung zugunsten der Schaffung eines unbegrenzten Spielraumes war. Wenn das Dritte Reich daher den übermäßig angewachsenen Einfluß des bodenlosen entwurzelten, freischwebenden und auch substanzlosen Judentums, das eben nicht zufällig die Relativitätstheorie entdecken mußte, zurückdämmte, so ergibt sich das ebenso selbstverständlich aus dem ihm innewohnenden Gesetz wie der Austritt aus dem Völkerbund; wie die Beseitigung der Getreidebörse, die nichts anderes bezweckte als die einheitliche Substanz einer Nation, das Bauerntum, zu entwurzeln und für das Spiel der „Kultur" reif zu machen; wie die Zerschlagung der Großstädte als der eigentlichsten „Kultur"-Herde und -Stätten der Verflüchtigung der Nation; wie die Clearingtauschwirtschaft und die dadurch bewirkte Entthronung des Geldes — das auch in der Form der letzten liberalen Menschenalter nur noch eine Beziehung bedeutet und speziell sich gegen das zum Reich berufene Deutschland wenden mußte, um es zu entsubstanzialisieren und zu dem Spielball der bürgerlichen Kultur in Amsterdam, wie Neu-Amsterdam, Basel wie Kopenhagen und Stockholm zu machen.

Hier muß noch besonders erwähnt werden, wie diese „Kultur" eigen ist, daß sie sich nur als *Stadtkultur* fühlt und das Land als außerhalb der Kultur stehend ansieht. Es ist daher kein Zufall, daß in den neutralen Zwischengebieten der hohen „Kultur" die Urbanisierung so ganz auffällige Fortschritte machen konnte; besonders in den Niederlanden, die in ihrem Kern, der Provinz Holland, von Amsterdam bis Rotterdam eine einzige Stadt sind, deren Ausstrahlungen das ganze Land durchdringen. Ebenso ist ganz Dänemark nur Umgebung von Kopenhagen, das sogar für Skandinavien überhaupt vorbildlich wird. Norwegen ist Oslo und vielleicht noch Bergen. Schweden ist Stockholm und Göteborg. Die Schweiz ist Basel, Zürich und Genf, während das Land überall sich unterworfen hat und so auch das Bauerntum gerade in diesen Ländern einer erstaunlichen Urbanisierung und Industrialisierung verfallen ist, gegen die wiederum das Dritte Reich innerhalb seines Hoheitsbereiches bewußt angeht. Eben deshalb sind diese neutralen Kulturzentren vorwiegend auf Veredelungswirtschaft eingestellt, weil das ja sowohl eine

„Kultivierung" im besonderen Sinne bedeutet als auch „Verflüssigung" der sogenannten Rohstoffe, die bezeichnenderweise nicht erzeugt, sondern nur von außen eingeführt, „nuanciert" und wieder ausgeführt werden, so daß sogar das Wirtschaftsleben dieser Länder ihrer „Kultur" entsprechende Züge aufweist.

Es ist bekannt, daß die deutsche Wirtschaft, besonders die Landwirtschaft des wilhelminischen Zeitalters, dieselben Züge anzunehmen drohte wie die der neutralen Kulturstaaten, und daß in dem Weimarer-Locarneser Abschnitt dieser Epoche von den „liberalen", daher neutralen und am meisten kultivierten Richtungen das deutsche Bauerntum aufgefordert wurde, es den Niederlanden nachzumachen und sich der allgemeinen Kultivierung und Entsubstanzialisierung im Sinne der hohen Kultur zu überantworten.

So wie Einstein also notwendig für internationale Organisationen stritt und sich mit dem ihm verwandten Freud zusammenfand, der in derselben Weise an der Auflockerung und Auflösung des Daseins arbeitete, so mußte das Reich auch sich gegen Einstein, Freud, van de Velde wenden. Nicht nur weil Einstein beispielsweise sich direkt gegen das Reich wendet, sondern weil der Geist der alles in Relation auflösenden und jede Position negierenden Theorie da nicht denkbar ist, wo wieder Gesetz, Substanz, Position und Festigkeit geschaffen werden, wo ein Staat als permanent identische, in sich beharrende Persönlichkeit sich aufrichtet. Entweder hat die Einsteinsche Relativitätstheorie recht, dann hat das Reich unrecht und es vermag sich nicht zu halten. Das war nach dem Zusammenbruch 1919 der Fall, wo sich daher viele Deutsche mit einer Gier ohnegleichen auf diese Theorie stürzten. Oder aber, wenn das Reich zu Recht bestehen will, muß es die Relativitätstheorie als zu Unrecht bestehend enthüllen, so wie es auch die spielerische „Kultur" zur Überzeugung ihrer Unwahrheit und Nichtigkeit bringen muß. Sofern das Reich sich innerhalb seiner Hoheitsgrenzen „verwirklicht" hat, ist dort auch die Relativitätstheorie „überwunden", ja, widerlegt. Wenn man Einstein hinauswarf, so soll das also so sein wie nur irgendeine Tat in der Weltgeschichte, weil auch er als Existenz durch das Reich widerlegt ist und es unerwünscht ist, die negative faule Existenz ständig vor Augen zu haben.

Es unterliegt auch keinem Zweifel, daß mit dem Augenblick einer aktiven deutschen Außenpolitik und mit dem Siege der vom Reich inaugurierten neuen europäischen Politik auch außerhalb der Reichsgrenzen die Relativitätstheorie ungültig wird.

Karl Schmitt

„Die nordische Sehnsucht"[1])

Auch in diesem Fragengebiet offenbart sich der Mut zur Wahrheit, die Tiefe des Erlebnisses des Wertes Wahrheit, und zeigt sich, ob sich eine Rasse mit dem Satze „die Wahrheit ist gegeben" und dementsprechend fertig vorgesetzten Thesen begnügt oder ob sie den Kampf um die Wahrheit höher schätzt und es als ehrenvoller erachtet, mit eigenen Kräften die Probleme zu meistern. Nur eine unter den vielen Rassen der Erde brachte den Mut auf, die Möglichkeit der Schöpfung von der Idee Gott zu trennen, in Rosenbergs Sprache Naturmechanistik und Freiheit der Seele zu unterscheiden — die geistesgeschichtlich wahrhaft einzigartige Tat Kants. Und keine Rasse hat sich stärker gewehrt gegen die Versuche, in diesen Fragen Fertiges ungeprüft hinzunehmen als die nordische. Kein Mystiker hat so unerbittlich und erfolgreich die Bedingungen des Daseins Gottes umsonnen als Meister Eckehardt. Der Heroismus der deutschen Mystik kann nur aus dem deutschen Gemüte erklärt werden. *Nur der nordische Mensch besitzt jenes lebensbejahende Gemüt, das notwendig die unerschöpfliche Kraftquelle heroischer Willenhaftigkeit und todesverachtender Begeisterung ist.* Der Intellektualist kann sich nicht begeistern, er ist seelisch verarmt, sein Gemüt ist entweder erstorben oder fehlt von Geburt aus. Die großen Denker des arischen Abendlandes waren seelenvoll-gemütreich, auch Kant, der „Alleszermalmer", den man in völliger und böswilliger Verkennung als „Nur"-Denker dem Deutschen vorstellte. Man denke nur über seine Worte über Erziehung, an das Echo, das in ihm das Wort Rasse hervorrief, seine „Beobachtungen über das Gefühl des Schönen und Erhabenen" (1764).

Wer nicht fähig ist, hierin zu erleben, kann nicht wie Kant darüber schreiben. Ohne reiches Gemütsleben hätte er niemals die Unsterblichkeit der Seele postulieren können. Den blutlosen, volksfremden Intellektuellen trennt vom großen Denker nordischen Formates eine tiefe Sehnsucht nach Ganzheit des Weltbildes, nach der unendlich fernen Welt

---

[1]) *„Deutsches Bildungswesen", Jahrgang 1935, S. 144–145.*

des Seins aus der Gewißheit, daß nur wirklich ist ein immerwährendes Werden. Auch in dieser Sehnsucht unterscheiden sich die Rassenseelen der Völker. Nur *einer* Rasse ist willenhafte Sehnsucht eigen. Selbst Männer wie Prinz Heinrich der Seefahrer mit einem gewiß sehr kleinen Rest nordischen Rassegutes, trieb diese Sehnsucht zur Erkundung des Kontinents und der Sternenwelt lebenslang an. Die Sehnsucht ist keine pathologische Erscheinung! An ihr ist nichts krankhaft Melancholisches, aus dem Tatenlosigkeit oder gar Weltverneinung quillt, sie ist kerngesund; nur Weltüberwindung vermag sie zu stillen. Wenn der große Nordmann wehmütig in die ferne Jugendzeit zurückschaut, so umfängt ihn Sehnsucht nach jener Zeit der steten Tatbereitschaft, nach der Möglichkeit der Taten. Und den Knaben mit nordischem Blute erfüllt die Sehnsucht nach den Jahren des Endlich-Taten-Vollbringens, wenn er seufzt: „Wann werde ich endlich groß sein?" Es ist die Sehnsucht, endlich den heroischen Lebenslauf beginnen zu dürfen (als ob er nicht schon mit dem ersten Schultage begänne) – Sehnsucht nach „Willensentladung", um mit Rosenberg zu sprechen, mag der Knabe einst am Schraubstock stehen oder ins Reich der Forschung eintreten oder jener einzige sein, in dessen Herz die Not des ganzen Volkes sich unauslöschlich eingeschrieben und der zu höchst dieses Volkes einstens stehen wird, die Bahn des Schicksals segensreich zu formen, oder mag er kraft seiner Anlagen in die Welt der Kunst hineingestellt worden sein (Rosenberg, „*Mythus*"); denn es gibt nur *eine* Rasse, deren Kunst „geformter Wille" und deren seelisch willenhafter Hintergrund die Sehnsucht ist: die nordische!

Dr. Erika Emmerich

Erika Emmerich. * 2. 1. 1901 — Elversberg.

„Die Philosophie des Blutes"[1])

Im Einzelmenschen stoßen jeweils die Gewesenheit und die Zukunft des Geschlechtes zusammen, in seinem Blutstrom sind die vergangenen und die kommenden Jahrtausende lebendig. Der Mensch ist nur insofern unsterblich, als er Ausdruck dieses nie versiegenden Blutstroms ist.

Damit ist Blut nicht mehr der Träger der Summe der Vererbungsmerkmale. Es ist vielmehr jene rational unfaßbare Macht, die die Einheit bei Menschen gleichen Wesens erzwingt. Blut tritt an die Stelle des Nietzsche'schen Wachsens, trägt in sich aber sofort den Anspruch auf die „vertikale Gliederung". Der „Begriff" Blut ist zwar für alles Menschliche derselbe, aber auch nur der „Begriff", das heißt, das rationale „In Worte Fassen" jenes irrationalen metaphysischen Wesens, dem es eigentümlich ist, nur in seinen Wandlungen zu existieren. Die Philosophie des Blutes wird also, wenn sie mehr sein will als ein bloß rational erklügeltes Wissenschaftssystem, ganz rigoros den Finger auf die Verschiedenheit der Menschen legen müssen. Sie wird sich dann wohl auch bescheiden müssen, wird niemals ein allgemein, d. h. für alle Menschen gültiges Schema darstellen können. Es wird nicht mehr möglich sein, eine Philosophie vom Dasein *des* Menschen zu schreiben.

Denn wenn auch irgendein Gemeinsames allen Menschen zugrundeliegen sollte, das sie als Menschen von der übrigen Natur unterscheidet — sagen wir das allgemeine Menschsein! — so frage es sich doch sehr, ob dieses allgemeine Menschsein tatsächlich das Wesentliche im Menschen ist — wesentlich — das heißt hier: seine letzte metaphysische Bestimmung darstellt. Denn die letzte methaphysische Bestimmung des Menschen liegt in seiner Gebundenheit an *seine* Gemeinschaft (vgl. Krieck: Anthropologie!), in seiner Verpflichtung an sein Blut. Die Verpflichtung aber ist bei den verschiedenen Menschenrassen verschieden.

Daher wird die Philosophie der Zukunft, wenn Philosophie überhaupt sein soll, ganz konsequent eine Philosophie des Blutes sein müssen. Jede Philosophie wird ihren Wert und ihren Sinn nur erhalten können vor Menschen derselben blutsmäßigen Gemeinschaft. Da aber die Idee des Blutes nur existiert in ihren Verkörperungen, wird die Philosophie des Blutes, wenn sie nicht wieder in der bloßen Begrifflichkeit eines letzten Seins verschwinden soll, für uns notwendig die Philosophie des *nordischen* Blutes sein. Das heißt also, daß uns die Philosophie des Blutes nur in ihrer Sonderform des nordischen Blutes zugänglich ist.

---

[1]) *„Nationalsozialistisches Bildungswesen", Jahrgang 1937, S. 389–390.*

Die Philosophische Fakultät [1])

Philosophische Fakultät
der Rheinischen
Friedrich-Wilhelm-Universität
J.-Nr. 58

Bonn, den 19. Dezember 1936

Herrn Schriftsteller Thomas Mann!

Im Einverständnis mit dem Herrn Rektor der Universität Bonn muß ich Ihnen mitteilen, daß die Philosophische Fakultät sich nach Ihrer Ausbürgerung genötigt gesehen hat, Sie aus der Liste der Ehrendoktoren zu streichen. Ihr Recht, diesen Titel zu führen, ist gemäß Art. VIII unserer Promotionsordnung erloschen.

gez. (unleserlich)

Dekan[2])

---

[1]) *„Der lautlose Aufstand", herausgegeben von Günter Weisenborn, Rowohlt Verlag, Hamburg 1953.*

[2]) *Auf Anfrage bei der Philosophischen Fakultät der Rheinischen Friedrich-Wilhelm-Universität, Bonn, kam am 28. März 1958 folgende Auskunft: „... Im Wintersemester 1936/37 war Herr Prof. Dr. Friedrich Oertel Dekan der Philos. Fakultät Bonn."*

KAPITEL VI

Naturwissenschaften

INHALTSVERZEICHNIS

Vorwort

Obwohl dieses Kapitel peinliche Extravaganzen von zwei Nobelpreisträgern enthüllt, vermittelt die aufmerksame Lektüre jedoch auch tröstliche Tatsachen. Man darf nämlich feststellen, daß ein großer Teil der deutschen Naturwissenschaftler — wie immer ihre Neigung oder politische Überzeugung auch gewesen sein mag — die Türen ihrer Laboratorien vor dem Rassenwahn fest geschlossen hielten.

Vielleicht waren sie durch ihre Forschungsergebnisse, die Gewohnheit wissenschaftlicher Genauigkeit, besser vor der Verseuchung durch diesen Wahn gefeit als andere, obwohl gerade auf ihrem Gebiet seiner Ausbreitung ein besonders weites Feld gegeben war. Zu allen Zeiten wurde bekanntlich im Dienst patriotischer Eigenliebe und zugunsten des nationalen Ruhms große Betriebsamkeit entwickelt. Das ist ebenso alt wie der Ehrgeiz selbst. Bereits in der Politik des Aristoteles spürt man davon etwas. Goethe und Schiller, Bacon und Shakespeare, Descartes und Pasteur, sie alle wurden dazu benutzt, die hervorragenden Eigenschaften jeweils der deutschen, englischen oder französischen Nation unter Beweis zu stellen.

In diesen Reigen der Überschätzung des eigenen Landes und Regimes haben sich neuerdings auch die Russen gemischt. Wer die letzte Ausgabe der großen sowjetischen Enzyklopädie durchliest, wird dort erfahren, daß sowohl die Dampfmaschine wie auch das Flugzeug oder der Dynamo in Wahrheit von braven russischen Arbeitern erfunden wurden, die jedoch durch verwerfliche Machenschaften ausländischer Kapitalisten um ihre Erfindung gebracht worden sind. Weshalb Mütterchen Rußland auch Euler und Bernouilli als Erfinder für sich in Anspruch nimmt, enthüllt sich dem Leser ebenfalls, denn waren nicht beide korrespondierende Mitglieder der zaristischen Akademie?

Die Siegespalme auf diesem Gebiet gebührt aber unbestreitbar allein den nazistischen Patrioten. Ihr Germanismus nahm nicht nur Dante Alighieri und Galilei für sich in Anspruch, sondern sie stellten auch die These auf, daß allein der germanische Geist dazu befähigt sei, die Wissenschaft zu fördern und die Wahrheit zu erkennen.

Die einzig wahre Physik oder die allein richtige Mathematik war also — so schien es — Alleinbesitz Deutschlands und der nordischen Länder. Im Widerspruch dazu aber standen die Pseudoentdeckungen und falschen Berechnungen der Welschen oder Juden.

An die intellektuellen Fähigkeiten jener letzteren zu appellieren, verschmähte indessen selbst Heinrich Himmler gelegentlich nicht, wie man sehen wird; in den Konzentrationslagern nämlich.

Nobelpreisträger Philipp Lenard

Philipp Lenard. * 7. 8. 1862 — Geheimrat, Prof. Dr. phil., Dr. med., Dr. ing. h. c. — Prof. für theoretische Physik in Heidelberg.
„... Lenard war Assistent von Heinrich Hertz und gab aus dem Nachlaß von Hertz dessen „Prinzipien der Mechanik" heraus. Die grundlegenden Untersuchungen über die Kathodenstrahlen brachten ihm 1905 den Nobelpreis." („Wer ist Wer?", 1935, und „Die Nobelpreisträger", Wien—Leipzig 1930, von Viktor Junk.)
Er war der erste namhafte deutsche Wissenschaftler der für die NSDAP Partei ergriff und am 8. Mai 1924 veröffentlichte er gemeinsam mit Prof. Joh. Stark in der „Großdeutschen Zeitung" eine Erklärung, aus der hervorging, daß sie beide (Stark und Lenard) es als bekannte Naturwissenschaftler aus tiefstem Empfinden heraus für ihre Pflicht hielten, öffentlich kundzutun, wie doch in Hitler und seinen Kameraden der Geist zu spüren sei, nach dem sie immer Ausschau gehalten hätten. Jener Geist nämlich, den die großen Gelehrten der Vergangenheit besessen, den sie an Galilei, Newton, Kepler oder Faraday so bewunderten. Deshalb achteten und schätzten sie auch Hitler, Ludendorff, Pöhne und deren Kameraden ebenso und sähen in ihnen Brüder ihres Geistes. (H. P., S. 12 referiert.)

I.

„Wie soll man Wissenschaft treiben?"[1])

„Im Dritten Reich wird Wissenschaft nicht um ihrer selbst willen, sondern um des Deutschen Volkes willen gepflegt." So und ähnlich ruft es jetzt die nationalsozialistische Führung den Hochschulen zu. Ich stimme damit vollkommen überein, obgleich ich einst zu meiner Jugendzeit gerne die um ihrer selbst willen errungene Erkenntnis preisen hörte und obgleich ich Richard Wagners Wort kenne: „Deutsch sein heißt eine Sache um ihrer selbst willen treiben." Die Lösung dieses Widerspruches zwischen einst und jetzt liegt darin, daß Wissenschaft, im besonderen Naturforschung, einst Sache deutsch gearteter Menschen war und daß sie in den letzten 50 Jahren unvermerkt Judensache geworden ist.

[1]) *„Volk und Rasse", Jahrgang 1934, S. 131.*

Wenn deutsche Menschen Wissenschaft pflegen, so können sie das ruhig um der Wissenschaft selbst willen tun; es wird doch fürs deutsche Volk sein. Denn was deutscher Geist entdeckt, ersinnt, erforscht, und wie er es tut, das wird für immer Nahrung und Förderung deutschen Geistes, Erbauung für deutsches Volk und damit von selber eine um des deutschen Volkes willen getane Sache sein. Wenn aber ein fremdes Volk in Deutschland die „Wissenschaft" in seinen „Betrieb" nimmt, und das deutsche Volk es gar nicht merkt, wie ihm geschieht, so wird der Ruf berechtigt: Weg von solcher „Wissenschaft um deren selbst willen" und zurück zum deutschen Volk, damit es auch in der Wissenschaft erwache und vor allem wieder sich selbst finde!

II.

„Der Leidensweg der Mathematik"[1])

Messen beruht, wie wir sehen werden, auf Zählen, und das Letztere ist überall möglich, wo getrennt erkennbare Dinge irgendwelcher Art vorliegen. Die Wissenschaft vom Zählen und von allem, was darauf und auf die Eigenschaft der Zahlen allein sich gründet, heißt Mathematik. Da der Menschengeist (wohl aller Rassen) des Zählens fähig ist, und insofern er alles, was darauf allein sich baut, aus sich selbst, ohne Hinzuziehung äußerer Erfahrung entwickeln kann, ist die Mathematik eine *Geisteswissenschaft*. Die Anregung zu ihrer Entwicklung und mindestens eine starke Stütze dazu hat sie aber durch die Naturforschung erhalten, wovon die Erfindung der Infinitesimalrechnung wohl das hervorragendste Beispiel ist, und insofern war Mathematik im *Anfang fast ein Teil der Naturwissenschaft*, und jedenfalls war sie wegen des quantitativen Bedürfnisses der Letzteren eine Hilfswissenschaft derselben. Wegen ihres festen und klaren inneren Baues, der jederzeit die Sicherheit gibt, daß sie nur mit den Denknotwendigkeiten des arischen Menschengeistes arbeitet und bei richtiger und ehrlicher Anwendung jede Willkürlichkeit ausschaltet, so daß verwickeltste Schlüsse ohne jede Gefährdung der Sicherheit bewältigt werden können, war sie mit Recht auch die „königliche Hilfe" der Naturforschung zu nennen. Arier haben sie zu diesen hohen Leistungen entwickelt, von Pythagoras, Euklid und Archimedes an bis Newton, Leibniz und Gauß. Allmählich, wohl etwa von Gauß' Zeit an und verbunden mit dem Eindringen der Juden in maßgebende wissenschaftliche Stellungen, hat sie aber in dauernd gesteigertem Maße die Fühlung mit der Naturforschung verloren zugunsten einer von der Außenwelt abgetrennten, nur in den Köpfen der Mathematiker sich abspielenden Entwicklung, und so ist diese Wissenschaft vom Quantitativen *ganz Geisteswissenschaft* geworden.

---

[1]) *„Deutsche Physik", Erster Band, J. F. Lehmanns Verlag, München 1936, S. 7.*

III.

Philipp Lenard belehrt Alfred Rosenberg[1])

X/ mit Anlage
Prof. Dr. Lenard

9. Januar 1936
Heidelberg, Neuenheimer Landstr. 2

Sehr verehrter Herr Minister!

Für die Aufforderung zur Nennung einer Persönlichkeit, die geeignet ist, den „V. B." in Bezug auf Naturwissen (Physik) zu bedienen, bin ich sehr dankbar. Ich habe jetzt wieder Hoffnung, daß der gar nicht mehr zu verbergende üble Zustand des „V. B." in der gennannten Hinsicht gebessert werden kann um des armen Deutschen Volkes willen, das — wie ich aus zahllosen Zuschriften weiß — auch nach Naturkenntnis verlangt und nicht Steine statt Brot in seinem lieben „V. B." finden darf. Wo die große Politik aufs beste besorgt ist, sollte auch das gar nicht so unwichtige Wissen von der Natur eine dem Geist des Deutschen Volkes angemessene Pflege finden.

Ich will auf besonderem Blatt Beispiele der Verfehlungen im „V. B." geben, die Irreführungen des Deutschen Volkes bedeuten und die zeigen dürften, daß eine gründliche Umstellung in dem betreffenden Teile der Schriftleitung erforderlich ist. Die Umstellung würde m. E. am besten so erfolgen, daß Berichte und Beiträge über Naturwissenschaftliches lieber ganz unterbleiben, bis die betreffende Abteilung neu eingerichtet ist.

Nun zur Erfüllung des Wunsches nach Nennung einer Persönlichkeit: Ich nenne *Professor Dr. Aug. Becker*, Direktor des Physikalischen Instituts („Philipp Lenard-Institut") der Universität hierselbst. Er weiß, um was es sich handelt — um Pflege Deutschen Geistes in Bezug auf Natur-Kenntnisse und er würde ganz nach Ihren Wünschen helfen, sei es im Großen oder Kleinen, wie Sie es anordnen.

Da die Aufgabe im Ganzen sehr groß ist, wie bemerkt, und da der „V. B." auch vielseitig bedient werden sollte, habe ich mit Professor Becker die Zuziehung mehrerer allerbester Hilfskräfte — außer den im Institut zur Verfügung stehenden — besprochen, nämlich: Prof. Tomaschek (Direktor des Physikal. Instituts der Techn. H. in Dresden), Dr. A. Brühl (erster Vertreter der Physik an der Techn. H. in Karlsruhe) und Prof. Vogt (Direktor der Königsstuhl-Sternwarte in Heidelberg).

Nun meine *große Bitte:* Bestellen Sie, verehrter Herr Minister, die 4 genannten Herren zu einer zu bestimmenden Zeit zu sich nach Berlin, damit eine Aussprache stattfindet. Die Herren würden Ihnen Vortrag halten und Ihre Anweisungen als Richtschnur empfangen. Alle Vier verdienen Ihr vollkommenes Vertrauen und ich bitte, daß Sie ihnen dasselbe schenken möchten. Alle Vier sind lange schon überzeugte NS und haben in diesem Sinne auch schon kräftig gewirkt.

Daß ich selber auch zu Allem bereit bin, was ich in meinem Alter außer der Fertigstellung meiner „Deutschen Physik" noch leisten kann, ist selbstverständlich. Möchte ich doch vor Allem nicht vergeblich gebeten haben um Erlösung meines lieben „V. B." aus dem für ihn unwürdigen Zustande.

Heil Hitler!
Stets Ihr ergebener P. Lenard

---

[1]) *Dokumente CXLV – 594.*

X/Anlage zum Brief an Rosenberg (s. S. 295)

Prof. Dr. Lenard

9. Januar 1936

Heidelberg,

Neuenheimer Landstr. 2

Beispiele für unpassend zu haltende Beiträge im „V. B." seit Dezember 1933 (südd. Ausgabe):

10. Dez. 33: Bild des typisch jüdischen Professors Fritz Haber („Berühmter Chemiker") zu seinem 65. Geburtstag. (Haber ist auch in seiner „Wissenschaft" typisch jüdisch gewesen; seine „Berühmtheit" ist größtenteils Judenmache.)

15. Dez. 33: Artikel „Naturwissenschaft und NS" von einem Frankfurter (Schul?) Professor, worin vieles sehr Judenmäßige gepriesen und empfohlen wird, darunter auch ein Büchlein: Bavink „Naturwissenschaft auf dem Wege zur Religion".

12. Jan. 34: Nochmals gesonderter Bericht über das besagte Büchlein, genau wie er in die „Frankfurter Z." passen würde. (Das Bavink-Büchlein ist eine geschickt versteckte Anpreisung von Einsteins und dessen Nachfolgern „Wissenschaft" und will das arme Deutsche Volk auf dem Wege über diese „Wissenschaft" und ihre unsicheren Spekulationen zur „Religion" führen. *Dazu* bietet der „V. B." — amtliches Organ aller Behörden — seine Hilfe!)

22. Sept. 35: Bericht über eine Schrift des Dresdner Dozenten Teichmann (in auffallender Aufmachung).

Die Schrift ist, wie schon ihr Titel, ganz ungeeignet zur Besprechung in einer allgemeinverständlich sein wollenden führenden Zeitung. Der Dresdner Dozent ist ein fürs 3. Reich unpassendes, unliebsames Überbleibsel aus der argen System-Herrschaft in Sachsen; er ist von dem jetzt nach Ankara oder Jerusalem ausgewanderten Juden Dember, o. Professor, als Dozent an der Techn. H. Dresden etabliert worden.

In diesen Beispielen scheint es, als hätte der unvermeidlicherweise im 3. Reich zugelassene, noch ganz unnationalsoz. Geist der Hochfinanz und Großindustrie seine Hand (wohl durch M. Planck mit der K. Wilh. Ges.) so auf den „V. B." gelegt, daß dadurch der ohnehin noch herrschende undeutsche Geist in den Naturwissenschaften noch weiter gepflegt werden soll.

Andere Beispiele — über die Professor Vogt gesondert berichten will, da sie meist Astronomisches betreffen — bringen nicht die Pflege der unsicheren judengeistigen Spekulationen, sondern sie fehlen durch Ignorierung gut gesicherten Wissens, was sicherlich auch von Übel ist, wenn auch m. E. ein geringeres Übel.

P. L.

IV.

„Über einen Trugschluß"[1])

„Deutsche Physik"? wird man fragen. — Ich hätte auch arische Physik oder Physik der nordisch gearteten Menschen sagen können, Physik der Wirklichkeits-Ergründer, der Wahrheit-Suchenden, Physik derjenigen, die Naturforschung begründet haben. — „Die Wissenschaft ist und bleibt international!" wird man mir einwenden wollen. Dem liegt aber ein Irrtum zugrunde. In Wirklichkeit ist die Wissenschaft, wie alles, was Menschen hervorbringen, rassisch, blutmäßig bedingt. Ein Anschein von Internationalität kann entstehen, wenn aus der Allgemeingültigkeit der Ergebnisse der Naturwissenschaft zu Unrecht auf allgemeinen Ursprung geschlossen wird oder wenn übersehen wird, daß die Völker verschiedener Länder, die Wissenschaft gleicher oder verwandter Art geliefert haben wie das deutsche Volk, dies nur deshalb und insofern konnten, weil sie ebenfalls vorwiegend nordischer Rassenmischung sind oder waren.

V.

„Der arische und der jüdische Geist"[2])

Der Unterschied zwischen arischer und jüdischer Naturauffassung ist groß. Der Arier wünscht mit Ernst wahres Wissen von der Natur; der Judengeist spielt „Naturwissenschaft". Wissen von der Natur hat weltanschaulichen und zugleich praktischen Wert; was heute als Naturwissenschaft gilt, hat meist nur verblüffenden Wert. Dem noch Unerforschten steht der Arier demütig gegenüber, zögernd, ein mögliches Fehlgehen im Erraten fürchtend. Der jüdische Geist verfährt dagegen hochmütig, gewalttätig, dabei in Wirklichkeit unbeholfen, und er rechnet auf ebensolche Einstellung der durch seine eigenen Werke schon verwirrten großen Mehrheit der Empfänger seiner Geistesprodukte. Er will nicht Einsicht in Naturgeheimnisse erringen, sondern er will Menschengeltung durch Massensuggestion mittels unverständlicher Dinge, die möglichst bis in alle Schulen kommen sollen. Der arische Geist bekennt bei Dingen, zu deren Durchschauung das vorhandene Wissen nicht ausreicht: hier stehe ich begrenzter Menschengeist vielleicht tatsächlich Menschen-Unbegreiflichem gegenüber; der jüdische Geist schafft in solchem Falle die „Kausalität" ab, so wie er vor Jahren schon die Abschaffung des „Äthers" in Versammlungen und Broschüren verkündete, wobei die meisten gar nicht wissen, was Kausalität oder was Äther eigentlich sei.

---

[1]) *„Volk im Werden", Heft 7, 1936, Sonderheft der Heidelberger Studentenschaft zum 550jährigen Universitätsjubiläum, S. 414.*

[2]) *„Forschungen zur Judenfrage", Band I, Hanseatische Verlagsanstalt, Hamburg 1943, S. 32.*

Nobelpreisträger Johannes Stark

Johannes Stark. * 15. 4. 1874 – Prof. der Physik, Präsident der Physikalisch-Technischen Reichsanstalt — 1920 bis 1922 Universität Würzburg. (Im Kampf gegen Einstein hat er die akademische Tätigkeit in Würzburg dann aufgegeben und trat in den Ruhestand.) Liebhaberei: Obstbaum- und Waldpflanzung.
Verfasser der NS-Schriften: „Nationalsozialismus und Katholische Kirche", „Nationale Erziehung, Zentrumsherrschaft und Jesuitenpolitik", „Hitlers Ziele und Persönlichkeit". („Wer ist Wer?", 1935 und 1955, F. L.)
1919 erhielt er den Nobelpreis „für seine Entdeckung des Doppelreflekts an Kanalstrahlen und der Zerlegung der Spektrallinien im elektrischen Feld". (Viktor Junk, „Die Nobelpreisträger", Wien—Leipzig 1930.)

I.

„Der germanische Galilei"[1])

Der Vortragende wählte seine Beispiele ausschließlich aus dem Gebiete der Physik. Es kann nicht Zufall sein, daß die großen Entdecker fast ausschließlich der germanischen Rasse angehören (Galilei, Newton, Faraday, Rutherford, Lenard). Sie stimmen alle darin überein, daß sie ihr Augenmerk auf die Wirklichkeit der Natur richten, die daraus abgeleiteten Vorstellungen in harter und ausdauernder Arbeit durch Versuche nachprüfen, bis die Natur ihnen eine Antwort erteilt hat, die ihre Vorstellungen bestätigt oder durch neue, bessere ersetzt. — Das ist germanische Wirklichkeitstreue.

Dieser geistigen Einstellung steht die einflußreiche *jüdisch-dogmatische* gegenüber, die nicht von der Beobachtung der Wirklichkeit, sondern von der Meinung des Einzelmenschen ausgeht, nicht mit Versuchen, sondern mit dem Verstand, mit Begriffen und Formeln arbeitet und als Ergebnis ein Lehrgebäude erstrebt. Aus der rassischen Veranlagung der Juden hat sich diese Forschungsarbeit entwickelt, und sie bedient sich im Gegensatz zur germanischen Wirklichkeitstreue der stärksten Propaganda. Durch die christliche Kirche kam dieser Geist in die germanische Welt und setzte sich bald durch. Er brachte große Scholastiker, aber nicht Naturforscher hervor.

Der germanische Geist ließ sich nicht ständig niederhalten (Galilei, Reformation). Drei Jahrhunderte erfolgreicher Forschung folgen. Aber angelockt von den Erfolgen dieser Forschung und leider unterstützt durch Nichtjuden in hervorragenden Stellungen stürzen sich jüdische Menschen auf die Physik. Bahnbrecher des jüdischen Geistes ist Einstein.

---

[1]) *„Nationalsozialistische Erziehung", Jahrgang 1937, S. 105.*

Die Herrschaft des jüdischen Geistes befestigt sich durch die Gunst der Zeit. Eine weitgehende Lähmung der experimentellen Forschung besonders seit 1920 ist die Folge. Dem Umbruch im politischen Leben ist nicht ein ebenso tiefer Umbruch in der Naturforschung gefolgt. Die jüdische wissenschaftliche Literatur drängt sich wieder hervor. Der weltanschauliche Kampf muß verschärft aufgenommen werden. Nicht nur der Forscher hat zu kämpfen, um der germanischen Wirklichkeitstreue zum endgültigen Siege zu verhelfen; — jeder Erzieher kann zur Umstellung der geistigen Haltung des deutschen Menschen beitragen.

II.

„Die weißen Juden"[1])

Allgemein ist bekannt, daß die überwiegende Mehrzahl der Professoren an den deutschen Universitäten und Hochschulen in der Kampfzeit des Nationalsozialismus *national schmählich versagt* hat. Sie standen Hitler und seiner Bewegung verständnislos und zum Teil sogar ablehnend gegenüber; an mehreren Universitäten kam es zu scharfen Konflikten zwischen der nationalsozialistisch gesinnten Studentenschaft und der mit dem schwarzroten System verbundenen Professorenschaft. Mit Recht hat Reichsminister Rust im Jahre 1933 in dieser Hinsicht der Berliner Professorenschaft bittere Worte gesagt. Der entscheidende Grund für das politische Versagen der Mehrheit der deutschen Professoren in dem nationalsozialistischen Ringen um die deutsche Freiheit war der beherrschende jüdische Einfluß an den deutschen Universitäten.

Er hatte nicht allein darin seine Stärke, daß in zahlreichen Fakultäten 10 bis 30 vH. der Dozenten jüdisch oder jüdisch versippt waren, sondern vor allem auch darin, daß die Juden die Unterstützung von arischen Judengenossen und Judenzöglingen hatten.

Der politische Einfluß des jüdischen Geistes an den Universitäten war offenkundig; weniger offenkundig aber ebenso schädlich war sein Einfluß in wissenschaftlicher Hinsicht, indem er die auf die Wirklichkeit eingestellte germanische Forschung durch den jüdischen Intellektualismus, dogmatischen Formalismus und propagandistischen Geschäftsbetrieb lähmte und die Studentenschaft sowie vor allem den akademischen Nachwuchs zu jüdischer Denkweise zu erziehen suchte.

Nun mußten zwar die rassejüdischen Dozenten und Assistenten im Jahre 1933 aus ihren Stellungen ausscheiden; auch werden gegenwärtig die arischen Professoren, die mit Jüdinnen verheiratet sind, abgebaut; aber die große Zahl der arischen Judengenossen und Judenzöglinge, welche früher offen oder versteckt die jüdische Macht in der deutschen Wissenschaft stützten, sind in ihren Stellungen geblieben und halten den Einfluß des jüdischen Geistes an den deutschen Universitäten aufrecht.

Während sie noch bis zur Wahl des Führers zum Reichspräsidenten in ihrer Weltfremdheit mit einem baldigen Ende der nationalsozialistischen Regierung rechneten und sich darum einer öffentlichen Kundgebung für den Führer versagten, haben sie seit zwei Jahren ihre Taktik geändert; sie gebärden sich nämlich nunmehr äußerlich als national, frühere Pazifisten drängen sich zum Militärdienst, Judenzöglinge, die zahlreiche wissenschaftliche

---

[1]) *„Das Schwarze Korps", 15. Juli 1937, S. 6.*

Arbeiten zusammen mit in- und ausländischen Juden veröffentlicht und noch 1929 an Kongressen von Sowjetjuden teilgenommen haben, suchen Verbindung mit Dienststellen von Partei und Staat.

Außer mit ihrer nationalen oder sogar nationalsozialistischen Betätigung suchen sie noch mit folgenden Argumenten Einfluß auf maßgebende Stellen zu gewinnen: Als wissenschaftliche Fachleute seien sie und ihre Kandidaten für die Durchführung des Vierjahresplanes unentbehrlich; zudem seien sie von dem Ausland als große deutsche Wissenschaftler anerkannt und müßten darum im Interesse des Ansehens der deutschen Wissenschaft den maßgebenden Einfluß in dieser haben. Bei diesem Bluff glauben sie damit rechnen zu können, daß die maßgebenden Stellen nicht darüber unterrichtet sind, daß ihre „Berühmtheit" im Ausland eine aufgeblasene Folgeerscheinung der Zusammenarbeit mit ausländischen Juden und Judengenossen ist.

Bezeichnend für die Fortdauer des jüdischen Einflusses in den deutschen akademischen Kreisen sind folgende Tatsachen: Vor noch nicht langer Zeit hat mir ein einflußreicher deutscher Mediziner erklärt: „Eine medizinische Wissenschaft ohne Juden kann ich mir überhaupt nicht denken."

Die naturwissenschaftliche Fakultät einer großen Universität hat kürzlich für einen Lehrstuhl drei Judenzöglinge in Vorschlag gebracht, von denen zwei zahlreiche wissenschaftliche Arbeiten *zusammen mit in- und ausländischen Juden* veröffentlicht haben. Der wissenschaftliche Büchermarkt in Deutschland wird neuerdings wieder, vor allem in der Physik, mit Büchern aus der Feder in- und ausländischer Juden und Judenzöglinge überschwemmt unter besonderer Beteiligung der früher volljüdischen, heute angeblich zu 50 vH. arischen Verlagsfirma Julius Springer in Berlin und Wien.

Während der Einfluß des jüdischen Geistes auf die deutsche Presse, Literatur und Kunst sowie auf das deutsche Rechtsleben ausgeschaltet worden ist, hat er in der deutschen Wissenschaft an den Universitäten seine Verteidiger und Fortsetzer in den arischen Judengenossen und Judenzöglingen gefunden; hinter der Kulisse der wissenschaftlichen Sachlichkeit und unter Berufung auf die internationale Anerkennung wirkt er ungeschwächt weiter und sucht seine Herrschaft sogar durch eine taktische Einflußnahme auf maßgebende Stellen zu sichern und zu stärken.

Bei dieser Lage ist es ein großes Verdienst des „Schwarzen Korps", daß es durch seine mutigen, grundsätzlich wichtigen Ausführungen die öffentliche Aufmerksamkeit auf die Schädigung lenkt, von welcher ein Teil des deutschen Geisteslebens und die Erziehung der akademischen Jugend von seiten der „Weißen Juden" bedroht ist.

III.

Einstein, Heisenberg und Schrödinger[1])

Wohl alle Naturwissenschaftler stimmen in dem Wunsche überein, neue Erkenntnisse zu gewinnen oder gar große Entdeckungen zu machen. Aber in der Wahl der Wege zur Erreichung dieses Zieles gehen sie weit auseinander und heutigentages zumeist in die

---

[1]) *„Nationalsozialistische Monatshefte", Heft 71, Februar 1936, S. 106–107.*

Irre. Da ist eine große Gruppe von Leuten vor allem in der Physik, die glauben, zur Gewinnung von Resultaten, zumindesten zu eindrucksvollen Abhandlungen oder sogar sensationellen Formulierungen gelangen zu können, wenn sie eine mathematisch prunkvoll eingekleidete Theorie machen oder von den Formeln solcher Theorien ausgehen. Es entspricht diese Art des Vorgehens der jüdischen Eigenart, die eigene Meinung, den eigenen Willen und Vorteil zum Maß aller Dinge und so auch der Naturerkenntnis zu machen. Die jüdische Physik, die so in den letzten drei Jahrzehnten entstanden ist und sowohl von Juden wie von ihren nicht-jüdischen Schülern und Nachahmern gemacht und propagiert wurde, hat folgerichtig auch in einem Juden ihren Hohenpriester gefunden, in Einstein. Aus ihm hat jüdische Reklame den größten Naturforscher aller Zeiten machen wollen. Einsteins Relativitätstheorien waren aber im Grunde nichts weiter als eine Häufung von gekünstelten Formeln auf Grund von willkürlichen Definitionen und Transformationen der Raum- und Zeitkoordinaten. Auf die Sensationen und die Reklame der Einsteinschen Relativitätstheorie folgte die Matrizentheorie Heisenbergs und die sogenannte Wellenmechanik Schrödingers, die eine so undurchsichtig und formalistisch wie die andere. Trotz der Häufung derartiger theoretischer Literatur zu Bergen, hat sie aber keine bedeutende neue Erkenntnis von Wirklichkeiten in der Physik gebracht. Dies konnte nicht anders sein; denn ihr Ausgangspunkt, die formalistische menschliche Meinung, war falsch.

IV.

Adolf Hitler[1])

Wir deutschen Forscher bewundern die Genialität, mit der unser großer Führer *Adolf Hitler* die Bedeutung sowohl der naturwissenschaftlichen wie der geisteswissenschaftlichen Forschung erkannt hat. Wir folgen freudig seinem Aufruf zur Mitarbeit an den großen Aufgaben der Gegenwart und der Zukunft im Dienst des deutschen Volkes. Wenn auch die Zahl der deutschen Forscher verglichen mit der Zahl der deutschen Arbeiter und Bauern klein ist, so ist doch unsere Forscherarbeit für sie alle von großer Bedeutung. Wir deutschen Forscher stellen uns nicht abseits vom nationalsozialistischen Dienst am Volk. Wie die anderen deutschen Stände verehren auch wir deutsche Forscher in *Adolf Hitler* unsern großen, richtungweisenden Führer. Gemeinsam mit der Nationalsozialistischen Deutschen Arbeiterpartei huldigen wir heute öffentlich dem Gönner und Förderer der deutschen Forschung *Adolf Hitler.*

[1]) *Auszug aus einer Ansprache Prof. Dr. J. Starks anläßlich der Kundgebung der Deutschen Forschungsgemeinschaft in Hannover am 11. November 1934 in „Adolf Hitler und die Deutsche Forschung" von Dr. Johannes Stark, Präsident der Deutschen Forschungsgemeinschaft, S. 10–11.*

Prof. Dr. Wilhelm Müller

Inflationsphysik[1])

Wenn man beobachtet, daß eine Gruppe von Männern, die ernstlich bemüht sind, die Grundlagen der Physik zu durchforschen und den ängstlich verschlossen gehaltenen Vorhang zu lüften, in der absoluten Minderheit bleibt und mit allen Mitteln verfolgt wird, so kann man nicht im Zweifel darüber sein, daß gerade auf diesem Gebiete alle üblen Gewohnheiten geistiger Vergewaltigung und priesterlicher Willkür in die Wissenschaft eingeschleppt wurden, die man mit den Phrasen der Aufklärung und der Freiheit der Forschung glaube bekämpft und aus der Welt geschafft zu haben. Das kann nur von denen bestritten werden, die niemals aus dem Dunstkreise ihres Spezialistentums herausgetreten sind und die Dinge unbefangen zu beurteilen gelernt haben. Was wir heute vor uns sehen, kommt kaum über die ersten Ansätze zu einer völkischen Erneuerung der Wissenschaft und zur Überwindung jenes unerträglichen Dogmatismus hinaus, der heute der gesamten theoretischen Physik das Gepräge gibt. Wie wäre es sonst möglich, daß die Einsteinsche Lehre, dieser große jüdische Weltbluff, der dem deutschen Volke in den Tagen seiner größten Schmach als die erlösende Weltformel präsentiert wurde, heute noch als ernst zu nehmende Grundlage der Physik zugelassen wird! Nichts zeigt deutlicher die Instinktlosigkeit und Urteilslosigkeit der maßgebenden Physiker aus der Systemzeit, daß fast alle auf diesen Schwindel hereingefallen sind und wie auf Kommando aufstanden, um Einstein gegen deutsche Proteste zu verteidigen. Ich würde erst eine Erneuerung von dem Zeitpunkte ableiten, wo die Physiker eine ihrer Tagungen dazu benutzten, um geschlossen von dieser Art theoretischer Magie abzurücken. Stattdessen erleben wir, daß die relativistische Massensuggestion noch dauernd in den Gehirnen fortwirkt und daß in der Theorie immer wieder neue Ableger jener Inflationsphysik hervortreten, die in mannigfacher Form die Tradition der Systemzeit wieder herstellen sollen. Es handelt sich dabei immer um das gleiche Verfahren, dessen Sinnwidrigkeit jedem erkenntniskritisch nur einigermaßen Vorgebildeten klar sein müßte. Gewisse Widersprüche zwischen Theorie und Erfahrung werden in absolut falscher Beurteilung der physikalischen Methode meist dahin gelöst, daß man nicht nach neuen Theorien sucht, sondern lieber die Grundprinzipien der klassischen, d. h. der von unten nach oben aufbauenden Physik u. a., z. B.

---

[1]) *„Jüdische und deutsche Physik", Helingsche Verlagsanstalt, Leipzig 1941, S. 11–20.*

das Energieprinzip aufgibt, um rein formal-mathematische Theorien mit dogmatischen Voraussetzungen (man denke etwa an die hypothetische Konstanz der Lichtgeschwindigkeit) aufrechtzuerhalten. Dadurch entsteht dann eine vollständige Umkehr des Abhängigkeitsverhältnisses zwischen Grund und Folge, Ursache und Wirkung, physikalischer Erkenntnis und mathematischer Formulierung, die die ärgste Verwirrung im Grundsätzlichen zur Folge haben muß.

Es ist nicht weiter verwunderlich, daß im Zuge dieser Begriffsverdrehungen und -verrenkungen neue künstlerische Ersatzbegriffe auftauchen, z. B. an Stelle der brüchig gewordenen Kausalbeziehung Begriffe wie „exakt verboten", denen man es deutlich anmerkt, daß sie aus der Verlegenheit geboren sind, aus der man sich nur möglichst exakt herausreden möchte. Es wäre wirklich an der Zeit, daß hier an der Universität München eine aus begreiflichen Gründen lange Zeit verhinderte Vorlesung über Geschichte und Methodik der exakten Naturwissenschaft etwa im Sinne *Huga Dinglers* eingeführt wird, damit Entgleisungen dieser Art endlich als das entlarvt werden, was sie wirklich sind.

Eine weitergehende Kritik der Widersprüche in der theoretischen Physik soll an anderer Stelle gegeben werden. Wohl aber möchte ich diese Gelegenheit benutzen, um einem neuen Geist in der Physik und einer neuen Kampfparole das Wort zu reden, die unmittelbar anknüpft an die große und klare Idee des Führers, die auch für die theoretische Wissenschaft zum unbedingten Vorbild werden muß.

Meine Hörer! Wir leben mitten in einer neuen Kampfzeit, und wer das noch nicht wissen sollte, den möchte ich darauf vorbereiten. Der Lebenskampf, in dem wir stehen und dessen siegreicher Abschluß sich bereits deutlich am Horizont abhebt, findet nicht etwa seine Grenze im Politischen, sondern hat ebenso seine kulturelle Auswirkung wie die großdeutsche Bewegung, aus der schließlich die gesamte Durchsetzung unserer Weltgeltung hervorgegangen ist. Schon jetzt, mitten im Zusammenbruch der kapitalistischen jüdisch-englischen Welt müssen wir gerüstet sein zu dem anderen Kampf um die vollständige und restlose Einsetzung des deutschen Geistes in Wissenschaft und Kultur, der auf vielen Gebieten noch kaum begonnen hat, sich aus der jahrzehntelangen Überfremdung herauszulösen. Wir dürfen dabei nicht bloß abwarten und uns überrumpeln lassen von den sicher einmal auf uns einstürmenden neuen Ereignissen und Entscheidungen, wie seinerzeit die Mehrzahl der Gelehrten, die weder geistig vorbereitet waren auf die Wende der Zeit, noch auch nach dem entscheidenden Jahre 1933 viel mehr tun konnten, als sich notgedrungen aus der Verlegenheit und Bestürzung herauszuretten. Es gilt jetzt die Phasenverschiebung, um die die Wissenschaft gegenüber dem sonst überall sich durchsetzenden Geist der deutschen Bewegung zurückgeblieben ist, wieder einzuholen und mit beschleunigtem Einsatz den Kampf gegen die kompromißbereite Haltung der heutigen Wissenschaft aufzunehmen, die noch immer von internationalen Überlieferungen und Anweisungen zehrt. Dazu soll der heutige Abend eine gewisse Anregung geben. Deshalb begrüße ich es ganz besonders, daß ein alter Vorkämpfer für Adolf Hitler, der schon zu einer Zeit für die Erneuerung der Wissenschaft eintrat, als unsere geistige Kultur noch ganz in jüdischen Händen lag, heute das Wort ergreift, um an dem Beispiel seiner eigenen verdienstvollen und noch lange nicht genug gewürdigten Arbeit aufzuzeigen, worauf es ankommt und was uns not tut. Möge der Vortrag zu unserem Ansporn und zur Herzensstärkung für die Zukunft beitragen!

Gerhard Hennemann

Gerhard Hennemann — Dr. phil., Dozent, Werdohl/Westfalen — 1952 Außeninstitut der Bergakademie Clausthal-Zellerfeld mit philosophischen Vorlesungen beauftragt — Spezialgebiet: Philosophie, Erkenntnistheorie der Naturwissenschaften.
Veröffentlichungen: „Das Bild der Welt und des Menschen in ontologischer Sicht", 1943 „Das religiöse Erlebnis als seelisches Problem mit Berücksichtigung der Lehre C. G. Jungs", Aufsätze in Zeitschriften, 1952 „Philosophie, Religion und moderne Physik", 1953 „Die Bedeutung der Erkenntnistheorie für die Physik." (K. G. K. 1954.)

„Rehabilitierung der theoretischen Physik"[1])

Es ist gewiß kein Zufall, daß in der Physik der Hauptanteil der Juden auf dem theoretischen Zweige dieser Wissenschaft, der (wie wir hörten) von weltanschaulichen, rassischen usw. Voraussetzungen ganz entleert ist, zu finden ist, sich nun eifrig bemühend, die experimentelle, auf Anschauung gegründete Forschungsweise davon vollständig abzutrennen. Während der „primär-fassende" Geist des besonders in Goethe verkörperten faustischen, deutschen Menschen (um einen Ausdruck von *A. Trebitsch* zu gebrauchen) ein wirkliches und echtes Verhältnis zur Natur hat und ihr ehrfürchtig, stolz und ergeben zugleich, gegenübersteht, ist sie für den jüdischen analysierenden Geist sofort und immer schon etwas Verwandlungsfähiges, wobei die an sich guten und gesunden mathematischen Formulierungen eine willkommene Stütze sein können und von dem Juden (s. Einstein) jedenfalls häufig mißbraucht werden. So ist er denn gleich mit einer zerfasernden Theorie zur Hand, welche die betreffende Naturerscheinung aus ihren ursprünglichen und gottgewollten Zusammenhängen herauslöst und gleichsam so umrechnet, wie sie für bestimmte und absichtsvolle Zwecke benötigt wird. Damit soll natürlich nichts gegen die Berechtigung und Notwendigkeit der gesunden theoretischen Physik gesagt sein, worin gerade auch deutsche Forscher (erinnert sei nur an die Namen *Planck* und *Heisenberg*) Hervorragendes geleistet haben.

---

[1]) *„Volk und Rasse", Jahrgang 1941, S. 142.*

Bericht der Arbeitsgemeinschaft der Fachschaft Naturwissenschafter der Heidelberger Studentenschaft[1])

In einer Gruppe von fünfzehn Kameraden, Studenten der Mathematik und Physik, fanden wir uns zusammen, um die Probleme der Objektivität der Naturwissenschaft einerseits und ihre völkisch-nationale Bedingtheit andererseits zu bearbeiten. An Hand der Lektüre der Werke Joh. Keplers, seiner Briefe sowohl wie seiner wissenschaftlichen Schriften „Astronomia nova" und „Harmonices mundi", suchten wir in die seelisch-geistige Vorstellungswelt dieses tiefsten aller deutschen Naturforscher einzudringen und überzeugten uns von der bei Kepler so klar hervortretenden Wesensverwandtschaft, ja fast Identität seines ganz im Religiösen verankerten Weltgefühls und seiner naturwissenschaftlichen Grundideen, welche in seinem Suchen nach der göttlichen Weltharmonie zu so ergreifendem Ausdruck kommt.

Eine ganz ähnliche Seelenstruktur trat uns in Isaac Newton entgegen, und der Abschnitt seines Hauptwerkes „Principia mathematica etc.", der von der Gottheit und ihrem Verhältnis zu Natur und Naturwissenschaft handelt, ließ das Weltumspannende des Naturdenkens dieses germanischen Forschers erkennen und zeigte, daß naturwissenschaftliches Denken und religiöses Fühlen letzten Endes aus derselben Wurzel, aus derselben seelischen Substanz entspringen.

Als lehrreiches Gegenbeispiel diente uns Einstein und sein naturwissenschaftliches System, dessen Versuch, Raum und Zeit als Attribute der Materie zu proklamieren und die Welt einem unanschaulichen mathematischen Formalismus zu unterwerfen, nicht, wie es oft hingestellt worden ist, die konsequente Weiterverfolgung des von Kepler und Newton eingeschlagenen Weges darstellt, sondern das gerade Gegenteil: eine Kampfansage mit dem Ziele der Vernichtung dessen, was dem Werke Keplers und Newtons zugrunde liegt, des nordisch-germanischen Naturgefühls. In der Einsteinschen Theorie handelt es sich um eine *seelische Haltung* und nicht um Behauptungen, welche experimentell oder durch astronomische Beobachtung prüfbar wären. Am deutlichsten kommt dies zum Ausdruck in der Ausmerzung des der nordisch-germanischen Mechanik eigenen Begriffes: der „Kraft".

In solchen Betrachtungen wurde uns deutlich, daß es eine deutsche Physik, eine deutsche Naturwissenschaft gibt, Begriffe, die der liberalistischen Wissenschaftsauffassung des vorigen Jahrhunderts absolut fremd gewesen sind.

---

[1]) *B. Thüring, Heidelberg, in „Deutsche Mathematik", Januar 1936, S. 10–11.*

Mutige Gelehrte

I.

Prof. Dr. Max Bodensteins Gedächtnisrede auf Prof. Dr. Fritz Haber im Jahre 1934[1])

Max Bodenstein. * 15. 7. 1871 — Spezialgebiet: Physik/Chemie — † 3. 9. 1942. (K. G. K. 1954.)

„Habers Bedeutung für die Wissenschaft und ihre Pflege ist mit seinen eigenen wissenschaftlichen Arbeiten und mit den seiner Schule durchaus nicht erschöpft. Er war nicht nur Wissenschaftler und Techniker, er war ausgesprochenermaßen Organisator und Wirtschaftler. Ich habe zwei Beispiele seiner Tätigkeit in dieser Richtung aus nächster Nähe miterlebt. Das eine war sein Präsidium der Deutschen Chemischen Gesellschaft, das er ganz und gar nicht in der üblichen repräsentativen Art führte, sondern, der Not der Inflationszeit folgend, durchaus als kluger und verantwortlicher Geschäftsmann, der es der Gesellschaft ermöglichte, ihre literarischen Unternehmungen durchzuhalten und damit ihre große Bedeutung für die gesamte Chemie, nicht nur für die Deutschlands, zu bewahren.

Die andere Gelegenheit boten die Verhandlungen mit den internationalen Organisationen der Chemiker, die nach dem am Kriegsende beschlossenen Boykott der deutschen Wissenschaft allmählich zur Einsicht gelangt waren, daß im Interesse nützlicher Arbeit dieser Boykott nicht aufrechtzuerhalten war, und die deutschen Chemiker zum Beitritt aufgefordert hatten. Hier waren es natürlich nicht wirtschaftliche Fragen, sondern solche von Prestige und Takt — und solche der Bedingungen für künftige nützliche gemeinsame Arbeit, die er ebenso geschickt behandelte wie die der ersten Art.

Kaiser Wilhelm Gesellschaft, Notgemeinschaft der Deutschen Wissenschaft und sicherlich noch viele Organisationen ähnlicher Art haben sich Habers Rat und Tatkraft — und

[1]) Öffentliche Sitzung am 28. Juni 1934 in „Sitzungsberichte der Preußischen Akademie der Wissenschaften", Jahrgang 1934, Physikalisch-Mathematische Klasse, Verlag der Akademie der Wissenschaften in Kommission bei Walter de Gruyter & Co., Berlin 1934, S. CXXVIII–CXXIX.

seiner Geschicklichkeit im Verhandeln in schwierigen Lagen bedient; an der Schöpfung der Notgemeinschaft hatte er sogar wesentlichen Anteil, und das Japan-Institut zur Förderung wechselseitiger Kenntnis des geistigen Lebens zwischen Deutschland und Japan verdankt Habers Initiative seine Entstehung.

So geht sein Wirken weit über das für sein engeres Fach und für sein Institut hinaus, wenn dies naturgemäß auch der Gegenstand war, dem seine besondere Arbeit und seine besondere Fürsorge gehörte.

Die Arbeitsgemeinschaft dieses Instituts ist nun nicht erst durch Habers Tod aufgelöst worden. Haber war Jude, und die überwiegende Mehrzahl seiner Mitarbeiter war es auch. Der Konflikt mit dem nationalsozialistischen Staat war damit gegeben. Haber glaubte ihn nicht anders lösen zu können, als indem er um seine Verabschiedung bat — am 2. Mai 1933. So hat er die Auflösung seines Instituts noch selber erlebt. Der Tod, der seine schwer erschütterte Gesundheit schon oft vorher bedroht hatte, ist um ein Jahr zu spät gekommen, um ihm diesen Schmerz zu ersparen. Wir empfinden teilnehmend die Tragik dieses Schicksals, und wir trauern um ihn als um einen der Unseren, der Großes für Wissenschaft und Wirtschaft geleistet hat, der ganz im Sinne der Forderung, die Leibniz bei der Begründung unserer Akademie aufstellte, „theoriam cum praxi" vereinigt, und nicht allein die Künste und Wissenschaften, sondern auch Land und Leute, Feldbau, Manufakturen und Commercien, mit einem Wort die Nahrungsmittel verbessert hat."

II.

Die Haltung Prof. Dr. Heisenbergs[1])

Werner Heisenberg. * 5. 12. 1901 — 1927—1945 o. Prof. f. theoretische Physik, Leipzig u. Berlin — Seit 1946 Hon. Prof., Göttingen, Direktor d. Max-Planck-Instituts f. Physik — 1932 Nobelpreis für Physik. („Wer ist Wer?", 1958.)

Wie sicher sich die „Weißen Juden" in ihren Stellungen fühlen, beweist das Vorgehen des Professors für theoretische Physik in Leipzig, Professor Werner Heisenberg, der es 1936 zuwege brachte, in ein parteiamtliches Organ einen Aufsatz einzuschmuggeln, worin er Einsteins Relativitätstheorie als „die selbstverständliche Grundlage weiterer Forschung" erklärte und „eine der vornehmsten Aufgaben der deutschen wissenschaftlichen Jugend in der Weiterentwicklung der theoretischen Begriffssysteme" sah. Zugleich versuchte er, durch eine Abstimmung der deutschen Physiker über den Wert der Theorie Eindruck bei den maßgebenden Stellen zu schinden und Kritiker seines Wirkens mundtot zu machen.

Dieser Statthalter des Einsteinschen „Geistes" im neuen Deutschland wurde 1928 im Alter von 26 Jahren als Musterzögling Sommerfelds Professor in Leipzig, in einem Alter

[1]) *„Das Schwarze Korps", Berlin am 15. Juli 1937, 28. Folge, S. 6.*

also, das ihm kaum Zeit geboten hatte, gründliche Forschungen zu betreiben. Er begann seine Tätigkeit, indem er den deutschen Assistenten seines Instituts entließ und dafür erst den Wiener Juden *Beck*, dann den Züricher Juden *Bloch* einstellte. Sein Seminar war bis 1933 vorwiegend von Juden besucht, und der engere Kreis seiner Hörer setzt sich auch heute noch aus Juden und Ausländern zusammen.

1933 erhielt Heisenberg den Nobelpreis zugleich mit den Einstein-Jüngern Schrödinger und Dirac — eine Demonstration des jüdisch beeinflußten Nobelkomitees gegen das nationalsozialistische Deutschland, die der „Auszeichnung" Ossietzkis gleichzusetzen ist. Heisenberg stattete seinen Dank ab, indem er sich im August 1934 weigerte, einen Aufruf der deutschen Nobelpreisträger für den Führer und Reichskanzler zu unterzeichnen. Seine Antwort lautete damals: „Obwohl ich persönlich Ja stimme, scheint mir politische Kundgebung von Wissenschaftlern unrichtig, da auch früher niemals üblich. Unterzeichne daher nicht."

Diese Antwort kennzeichnet den jüdischen Geist ihres Verfassers, der Volksverbundenheit und nationale Verantwortung der Wissenschaftler für unrichtig hält.

Heisenberg ist nur ein Beispiel für manche andere. Sie allesamt sind Statthalter des Judentums im deutschen Geistesleben, die ebenso verschwinden müssen wie die Juden selbst.

Mathematik

Jahresversammlung des Mathematischen Reichsverbandes in Würzburg am 20. September 1933 [1]

Nach kurzem Rechenschaftsbericht hielt der bisherige Vorsitzende die folgende Ansprache:

„Die gewaltige Umwälzung, die wir alle im letzten Jahr in Deutschland erlebt haben, hat nicht nur jeden einzelnen aufs tiefste aufgerührt, sie stellt uns auch als Organisation vor wichtige Entscheidungen. Es geht um Sein oder Nichtsein des M.R. Zwei wesentliche Aufgaben hatte der M.R.; eine erste: hochschulpädagogische Fragen, eine zweite: Beziehungen zwischen Hochschule und höherer Schule, soweit die Mathematik in Frage kommt, unter Betonung der Außenseite dieser Angelegenheit, d. h. Vertretung der Stellung der Mathematik im öffentlichen Leben, besonders an den höheren Schulen.

Wir dürfen wohl sagen, daß sich in dieser Hinsicht der M.R. niemals als Vertreter einseitiger Fachinteressen gefühlt hat. Stets war es unser Streben, unsere Forderungen im Rahmen des Ganzen, als Forderungen zur Bildung und Erziehung des deutschen Menschen, d. h. im Hinblick auf ein allgemeines nationales Bildungsziel zu formulieren. Auch uns ging stets Gemeinnutz vor Eigennutz, wahre Bildung vor Fachinteresse. In dieser Hinsicht haben wir also nichts zu ändern. Es ist aber klar, daß die Änderung der anderen Seite, der Öffentlichkeit und insbesondere der Regierung auch auf uns wirken muß. Zog, wie oft früher, die Regierung bloß die Resultante aus einander widerstrebenden Kräften, die nicht immer der höheren Schule im allgemeinen und der Mathematik im besonderen freundlich gesinnt waren, so waren wir entsprechend in eine Abwehrstellung gedrängt. Führt dagegen die Regierung, so können wir nur eine beratende Rolle spielen: wir haben zu dienen und nicht zu fordern.

In diesem Sinne haben wir eine Eingabe an alle deutschen Ministerien gerichtet, die ich Ihnen hier wenigstens im Auszuge vorlege. (Geschieht. Sollte Interesse für die Denkschrift bestehen, so bitten wir um Mitteilung.)

Wir wollen also im Sinne des totalen Staates aufrichtig und getreu mitarbeiten. Wir stellen uns, was für jeden Deutschen selbstverständlich ist, unbedingt und freudig in den Dienst der nationalsozialistischen Bewegung, hinter ihren Führer, unseren Reichskanzler Adolf Hitler. Und wir hoffen, wir haben dabei noch etwas zu geben. Was Mathematik und

---

1) *„Jahresbericht der Deutschen Mathematiker Vereinigung", Herausgeber:* L. Bieberbach, H. Hasse / K. Knopp, 43. Band, Verlag B. G. Teubner, Leipzig/Berlin 1934. S. 81–82.

Naturwissenschaften auch im heutigen Staate für die nationale Erziehung bedeuten, davon soll der Vortrag des Herrn Oberstudiendirektors Ernst Tiedge handeln.

Aber es war uns weiter klar, daß wir auch als bloß beratendes Organ nur dann gehört werden können, wenn wir uns auch in den äußeren Dingen den Forderungen der Bewegung anpassen.

Deshalb entschlossen wir uns, Ihnen drei Punkte zur Annahme vorzuschlagen:

1. Das Führerprinzip: Sie sollen einen Führer wählen, der allein die Verantwortung trägt.

2. Der Führer hat dann seine Mitarbeiter zu bestimmen, insbesondere den Führerrat (A. A.). Dabei soll er an das Arierprinzip in seiner strengeren Fassung gebunden sein, wie es für Beamte in leitenden Stellungen ausgesprochen ist.

3. Der Beirat soll aufgelöst werden. Es bleibt dem Führer überlassen, die Einrichtung des Beirates neu zu organisieren."

Nach dem Kassenbericht durch Herrn Ebner übernimmt der Vorsitzende der D. M. V., Herr *Baldus*, den Vorsitz. Die Entlastung des alten A. A. wird erteilt, den obigen Prinzipien ohne Widerspruch zugestimmt.

Zum Führer wird der bisherige Vorsitzende *Hamel*-Berlin gewählt. Zu Mitgliedern des Führerrates (A. A.) ernennt er die Herren *Bieberbach*, *Dorner*, *Dreetz*, *Ebner*, *Feigl*, *Salkowski*, *Schwerdt*, *Zabel* und *Zacharias*. Dabei Herrn Bieberbach als Verbindungsmann zur D. M. V., Herrn Dreetz als Verbindungsmann zum D. F. V., Herrn Salkowski zu seinem Stellvertreter, Herrn Zabel zum Schriftführer, Herrn Ebner zum Kassenführer.

Die Ernennung der Kassenprüfer bleibt vorbehalten, der Beitrag bleibt der alte. (Postscheckkonto: Berlin 154 01, Studienrat Max Ebner.)

Bericht der Arbeitsgemeinschaft der Fachabteilung Mathematik der Heidelberger Studentenschaft[1])

Das erste Ziel der Arbeitsgemeinschaft war die Feststellung sämtlicher Professoren und Dozenten, die seit etwa 1800 Lehrer der Mathematik an der Universität Heidelberg waren. Auf Grund von Vorlesungsverzeichnissen, Nachschlagewerken usw. konnten für die Zeit von 1805—1935 etwa 35 Namen festgestellt werden. Aus dieser Liste von Dozenten, die als vollständig gelten darf, wurden etwa 20 Personen zur eingehenden Beurteilung ausgewählt. Bei diesen handelt es sich um Dozenten, die teils längere Zeit in Heidelberg wirkten, teils bei kürzerem Aufenthalt in Heidelberg an anderen Universitäten eine bedeutsame Rolle gespielt haben.

Den einzelnen Teilnehmern der Arbeitsgemeinschaft (insgesamt waren es sechs) fiel dann die Aufgabe zu, Angaben über je etwa drei Dozenten zu sammeln. Es wurden Lebenslauf, Universitätslaufbahn und die veröffentlichten Arbeiten dieser Dozenten festgestellt. Wertvolles Material boten hierzu Geburtstags-Festschriften und Nachrufe. Alle diese Angaben stellte jeder Teilnehmer der Arbeitsgemeinschaft in kurzen Biographien der von ihm bearbeiteten Dozenten zusammen.

Eine besonders wichtige, aber auch besonders schwierige Aufgabe war es, die jüdische bzw. arische Abstammung der einzelnen Dozenten einwandfrei festzustellen. Bei fast allen Dozenten gelang es, die Frage der Rassenzugehörigkeit zu klären.

Zum Abschluß soll die Frage behandelt werden, wie sich der jüdische Mathematiker vom deutschen Mathematiker in seinem Schaffen unterscheidet (Auswahl der behandelten Gebiete, eigene schöpferische Gedanken, Art der Darstellung, Umfang der Arbeiten u. a.). Das bis jetzt gesammelte Material reicht jedoch noch nicht zu einer vollkommen klaren Gegenüberstellung deutschen und jüdischen Schaffens aus.

[1]) *H. J. Fischer (Heidelberg) in „Deutsche Mathematik", April 1936, S. 115.*

Prof. Dr. Ludwig Bieberbach

Ludwig Bieberbach. *4. 12. 1886 — Prof., Dr., seit 1921 o. Prof. d. Mathematik. Berlin — Mitgld. d. Preuss. Akademie d. Wissenschaften — Spezialität: Gruppentheorie. Veröffentlichungen: 1930 „Theorie der Differentialgleichung", 1933 „Höhere Geometrie", 1937 „Carl Friedrich Gauß", 1942 „Galilei und die Inquisition", 1949 „Konforme Abbildung", 1950 „Anal. Geometrie", 1952 „Einführung in die Funktionstheorie", „Theorie der geometrischen Konstruktionen", 1953 „Gewöhnliche Differentialgleichungen", 1956 „Einführung in die Theorie der Differentialgleichung im reellen Gebiet". („Wer ist Wer?", 1935 u. 1958.)

„Stilarten mathematischen Schaffens"[1])

Es ist mit Händen zu greifen, daß da ein ganz anderer Menschentypus aus den Darlegungen von Gauß spricht als aus denjenigen von Cauchy. Mag die Mathematik aus ewigen Wahrheiten bestehen, die Art, wie sie dargestellt, behandelt oder abgeleitet werden, entspringt der menschlichen Eigenart. Von ihrem Ermessen hängt es auch ab, worin man den letzten Seinsgrund und die letzte Rechtfertigung mathematischer Wahrheiten sieht.

Will man die geistigen Typen beschreiben, die hinter diesen Auffassungen stehen, so bedient man sich zweckmäßig der Erkenntnisse der Jaenschschen Typenpsychologie . . .

Ich meine, es hängt von der Veranlagung des einzelnen Forschers ab, welcher Theorie er sich anschließt, oder ob er, wie die meisten, zwischen den Theorien lebt. Da diese Veranlagung durch Rasse und Volkstum ihre Struktur erhält, so bin ich der Meinung, daß der Streit um die Grundlagen der Mathematik rassisch bedingt ist, oder anders ausgedrückt, daß die Stellungnahme dazu bestimmten Typen geistigen Schaffens entspricht. An sich wird der J-Typus zum Intuitionismus oder zu der Kleinschen Art neigen, während der Formalismus dem S-Typus zuzugehören scheint. Dem scheint die ostpreußische Abstammung des Begründers des Formalismus zu widersprechen. In der Tat kann man

---

[1]) *In „Sitzungsberichte der Preußischen Akademie der Wissenschaften", 1934, Physikalisch-Mathematische Klasse, Verlag der Akademie der Wissenschaften in Kommission bei Walter de Gruyter & Co., Berlin 1934, S. 358–359.*

auch Hilbert nach seinen sonstigen Leistungen unmöglich dem S-Typus zurechnen. Aber es ist in der Typenpsychologie eine Form des J-Typus bekannt, die dazu neigt, den Einflüssen des S-Typus sich zu öffnen. Es ist das die Form, die Jaensch die Idealistenform des J-Typus nennt. Bekanntlich ist in Rassenkunde und Psychologie ein Typus nichts Starres. In der Beschreibung des Typus wird sozusagen eine ideale Mittellage der Merkmale gegeben, um welche die bei den Individuen des Typus tatsächlich angetroffenen Merkmale in bestimmter Weise schwanken können.

Ich habe in meinen Ausführungen an verschiedenen Beispielen darzulegen versucht, daß es in der mathematischen Betätigung Stilfragen gibt und daß daher Blut und Rasse auf die Art des mathematischen Schaffens von Einfluß sind. Auch habe ich mich bemüht, an den Beispielen gerade auch die Deutsche Art des Schaffens hervorzukehren, auch im Vergleich mit fremden Schaffensarten. Ich habe zur Beschreibung der Stilarten bald von der Jaenschschen Typenpsychologie Gebrauch gemacht, bald die Charakterisierungen der Rassenkunde benutzt. Beiläufig bemerkt hat sich die Rassenkunde die Beschreibungsmittel der Psychologie noch nicht zunutze gemacht. Daß eine Beziehung besteht, ist aber unmittelbar einleuchtend. Z. B. ist in diesem Zusammenhang auffallend, daß die großen Deutschen Mathematiker fast ausnahmslos aus Familien stammen, die in den Verbreitungsgebieten der hellen Deutschen Rassen beheimatet sind.

Auch praktische Folgerungen ergeben sich aus den Dingen, die ich geschildert habe. Wenn man als eine Tendenz unserer Bevölkerungspolitik häufig das Wort Aufnordung hört, so will mir scheinen, daß man in Richtung einer Bevorzugung unserer nordischen Rassenkomponente wirken könnte, wenn man den Unterricht auf die Art abstellt, die die unserer großen Deutschen Mathematiker war. Sie haben fast alle einen starken nordischen Einschlag. Ich glaube auch, daß die Kleinschen Pläne zur Unterrichtsreform von diesem Standpunkt aus einen tieferen Sinn bekommen. Denn er schlug gerade eine gleichmäßige Berücksichtigung der verschiedenen psychischen Funktionen vor, wie es dem in Deutschland vorherrschenden J-Typus entspricht.

... Eine weitere praktische Folgerung: Als Beleg für die Volksnotwendigkeit der Mathematik beruft man sich meist auf die Anwendungen. Mir scheint, es genügt, sich darauf zu beziehen, daß sich im mathematischen Schaffen völkische Eigenart kraftvoll offenbart. Vielleicht liegt das nicht so sichtbar auf der Hand wie bei den Stilarten der Kunst, weil man die Werke mathematischen Schaffens nicht so bequem mit einem Blick übersieht wie die Werke der Kunst. Aber die Beispiele meines Vortrages machen die Zusammenhänge wohl unbestreitbar. Und man wird beim Fortschreiten auf diesem Wege noch weitere Einblicke in die Deutsche Eigenart des mathematischen Schaffens bekommen. Wenn aber etwas so tief im Volkstum wurzelt, wie es beim Stil des mathematischen Schaffens der Fall ist und wie es die rassische Eigenart unserer großen Deutschen Mathematiker bestätigt, dann muß es für die Pflege des Volkstums von Bedeutung sein, die Deutsche Eigenart in der Mathematik zu erkennen und zu stärken. Dazu gehört für uns vor allem auch die klare Abgrenzung von der fremden Art...

Claus Hinrich Tietjen

Claus Hinrich Tietjen. * 28. 5. 1894 — Erziehungskunde — Mathematik — Heimat und Landschaft.
Veröffentlichungen: 1934 „Staatsjugendtag", 1935 „Ganzheit und Heldentum", 1936 „Entscheidungen zum Neubau der deutschen Schulen", „Raum oder Zahl" — Herausgeber von: „Deutsche Heimat in Wort und Bild", Heimat (1935—36), „Mathematik in der deutschen Schule" (1934—36). (K. L. K., 1938.)

„Die mathematische Wissenschaft gehört dem nordischen Menschen"[1]

I.[2]

Die grundsätzliche Feststellung, daß der nordische Mensch eingespannt sei in die Polarität zwischen Himmel und Erde, zeigte uns schon, daß die mathematische Wissenschaft als Ausdruck des Gesetzmäßigen, als Begreifen der Kraft des Himmels in erhöhtem Maße dem nordischen Menschen zugehört. Die Erdkraft ist in ihren Wirkungen so urwüchsig schöpferisch und drängt in einem derartigen Maße zu Gestaltungen und Erfindungen, zum Aufbau einer eigenen Welt, daß, kommt nicht die ordnende und in ihrer Art auch schöpferische Kraft des Himmels dazu, die selbstgeschaffene Welt das geistige Leben überwuchert. Beide Kräfte müssen zusammenwirken im Zusammenklang der von uns zu ertragenden Polarität. Wir haben die Kraft der Erde an den Anfang gestellt. Das ergab sich organisch, denn wir kommen von der Erde, unserem Mutterboden her, aber unser Sehnen drängt in die Unendlichkeit, zu den Sternen und ihrem Lauf.

II.[3]

Der wissenschaftliche Unterricht setzt den Schüler also zu zwei großen, für das Volksleben entscheidenden Wirklichkeiten in enge Beziehung: Zum großen Kriege und zur Arbeitsfrage. Das aber sind die Wirklichkeiten, aus denen einmal die nationalsozialistische

[1] *„Erziehung zum deutschen Menschen", Armanen-Verlag, Leipzig 1933.*
[2] *S. 101.*
[3] *S. 103.*

Bewegung geboren ist, und um die sie andererseits zu kämpfen hat. Diese grundlegenden Bezogenheiten haben allerdings in den Rechenbüchern für Volksschulen wenig Berücksichtigung gefunden, und in den Lehrbüchern für höhere Schulen sind sie nicht genügend herausgearbeitet. Sie sind vollgefüllt mit Wirtschaftsaufgaben, mit Weltwirtschaftsfragen, die weniger nationalen Geist atmen. Da ist eine Befreiung von mancherlei Ballast, der doch nicht behalten wird und zum Teil für die Aufgabe auch wertlos ist, möglich und nötig.

III.[1])

Im Abendlande tritt im 16. Jahrhundert die Null als Zahl auf. (Partaglia und Cardano.) Durch Descartes, den Begründer der Funktionszahl, erhält sie ihre Bedeutung für unsere Mathematik und mit ihr die negativen Zahlen. So fremd diese alten Kulturen waren, so bekannt wurden sie vom Abendlande aus. Wir sprechen von „negativen" Erfolgen und unterscheiden eine „negative" und eine „positive" Seite, „negative" und „positive" Pole. Die Bezeichnung tritt gern auf im Gegensatz zum Erfolgreichen, Direkten, das man dann im gewöhnlichen Leben als „positiv" bezeichnet. In diesem Sinne sprechen sogar unsere Schüler von „negativen" Noten, die sicher bei keiner in Deutschland üblichen Bezeichnungsweise unter Null liegen. Aber sie nehmen eben unwillkürlich das gerade noch Genügende als Norm und zählen von da aus auf- und abwärts. Wir erkennen an solchen Beobachtungen abermals den tieferen Sinn des nordischen Begriffes der Null.

Dieser Begriff der Zahl als Lage, auf die Geometrie übertragen oder zur anschaulichen Form gestaltet, wie es nordischem Wesen wiederum entspricht, führte zur analytischen Geometrie, zu dem Punkte der Lage zunächst in der Fläche und dann zum Punkte im Raum. Arithmetik und Geometrie verschmelzen.

Die Zahl wird mittels des Auges sozusagen dem Raume identisch. Ein Vorgang von so gewaltigem Ausmaße, der nur in der raumgebenden nordischen Landschaft vor sich gehen konnte und nur durch die nordische Seele Gestalt anzunehmen vermochte. Gleichzeitig gewinnt damit der Unendlichkeitsbegriff die Möglichkeit seines Ausdrucks, wie er in den Sternen des abendländischen Himmels sehnsuchtsvoll geschrieben steht. Es ist durchaus kein Zufall, daß die Infinitesimalrechnung durch Leibniz bzw. Newton zur mathematischen Anwendbarkeit geformt und ausgebaut wurde, solange vorher der Gedanke auch schon unter dem nordischen Himmel sich regte und die Idee ihre Kräfte entfaltet hatte.

---

[1]) S. 110

Prof. Dr. Erhard Tornier

Erhard Tornier. * 5. 12. 1894 — Dr. phil., em. o. Univ.-Prof. Mathem. (K. G. K., 1954.) „... Im übrigen habe ich mich schon 37 geweigert, den Parteibeitrag zu zahlen und wurde ausgeschlossen ..." (Einem Brief Prof. Dr. Torniers an die Herausgeber am 26. Juni 1958 entnommen.)

„Die Wirklichkeit der deutschen Mathematik"[1])

Angewandte Mathematik im wörtlichen Sinne sind alle die mathematischen Theorien, die geschaffen sind, außermathematische Fragen im einzelnen zu lösen oder aber ganze solche Fragenkreise geistig zu vereinigen. Leistet das ein Zweig der angewandten Mathematik, so hat er Lebensrecht, sonst ist er bestenfalls ein unvollständiger Anfang, wenn weiterer Ausbau ihm zu diesem Ziele verhelfen kann, oder aber er ist ein Dokument jüdisch-liberalistischer Illusionstechnik, entsprungen dem Intellekt von Artisten, die mit Definitionen jonglieren.

Das entsprechende Kriterium aber gibt es für die Sinnerfülltheit reinmathematischer Theorie. Auch die reine Mathematik nämlich hat reale Objekte — wer das wegdiskutieren will, ist ebenso Vertreter jüdisch-liberalistischen Denkens wie jeder philosophische Solipsist —, das sind in der Hauptsache die natürlichen Zahlen und die geometrischen Gebilde. Jede Theorie der reinen Mathematik hat Lebensrecht, die wirklich imstande ist, konkrete Fragen, die sich auf reale Objekte wie ganze Zahlen oder geometrische Gebilde beziehen, zu beantworten, oder wenigstens dem Aufbau dazu befähigter Theorien zu dienen. Andernfalls ist sie entweder ein unvollendeter Anfang, nämlich wenn weiterer Ausbau ihr dazu verhelfen kann, oder aber sie ist ein Dokument jüdisch-liberalistischer Vernebelung, entsprungen dem Intellekt wurzelloser Artisten, die durch Jonglieren mit objektfremden Definitionen sich und ihrem gedankenlosen Stammpublikum mathematische Schöpferkraft vorgaukeln, einem Stammpublikum, das froh ist, langsam einige Tricks abzulernen, um vor noch Bescheideneren damit zu glänzen als Rastellis dritter Güte.

Diese Art zu fragen wird meiner Ansicht nach am einfachsten ermöglichen, das uns ganz Wesensfremde vom Arteigenen zu trennen und in Zukunft ohne Abirrung deutsche Mathematik zu treiben. Sie wird und kann dann nicht, wie heute viele mathematische Theorien, aus Verbreiterungen und Verlängerungen von Feldwegen zu endlosen Autostraßen bestehen, von Feldwegen, die echte Forscher zu Tatsachen gebahnt haben, und zu Autostraßen, die dann keine neuen Ortschaften mehr berühren, sondern nur noch Potemkinsche Dörfer, von Definitionsjongleuren an ihnen aufgebaut.

---

[1]) *In „Deutsche Mathematik", Januar 1936, S. 8–9.*

1936: Raum oder Zahl? [1]

Die meisten Mathematiker wollten nicht verstehen...

Nach dem 30. Januar 1933 traten zwei Strömungen zur Reform des Rechenunterrichts oder der Mathematik in Erscheinung. Einmal wurde die Forderung nach einer starken Herabsetzung des Zieles ausgesprochen. Man ist so weit gegangen, daß die Aufgabe der Volksschule mit einer Beherrschung des Zahlenraumes bis 1000 erfüllt sei. In diesen an sich völlig abwegigen Gedankengängen ist immerhin zum Ausdruck gebracht, daß die Zahl als abstrakter Ausdruck unserer Art nicht entspricht. So war diese Forderung allerdings nicht begründet, denn ein neuer artgemäßer Aufbau der Mathematik wurde nicht an die Stelle des Verlustes gesetzt. Es handelte sich lediglich um das Bestreben einer Kürzung. Zum anderen erschienen in den Jahren 1933/34 zahlreiche Aufsätze, die eine rassische Begründung der Mathematik vertraten. Eine Aussprache über „Gruppenbegriff und Abbildung im mathematischen Schulunterricht" in der „Zeitschrift für mathematischen und naturwissenschaftlichen Unterricht" schließt die Schriftleitung (Lietzmann) mit folgenden Worten: „Ich begnüge mich mit einem Hinweis darauf, warum die für den Uneingeweihten vielleicht recht abseits liegende Frage doch bedeutsam für die kommende Entwicklung des mathematischen Unterrichts sein kann. Die eben knapp zusammengefaßte Lösung liegt ganz und gar in der Richtung eines mathematischen Arbeitsplanes, der abzielt auf die Idee der Ganzheit, m. a. W. auf ein organisches Stoffgefüge, dazu auf die Entwicklung der unserer Rasse besonders eigenen Fähigkeit geometrischer Anschauung..."

Inzwischen ist die deutsche Schule vor die Aufgabe gestellt, zu Ostern 1937 neue Rechenbücher einzuführen. Was aber ist aus den beiden Richtungen, die im Wogen der Zeitenwende einander gegenüberstanden, geworden? Ist etwa die Mathematik tatsächlich abgetan? Ist sie als wesentlicher Bestandteil einer rassisch begründeten Weltanschauung begriffen worden? Das Ergebnis ist erschütternd. Mancherlei neue Sachgebiete traten in Erscheinung und lenkten ab von der grundsätzlichen Frage, die es zu lösen galt. Eine neue

---

[1]) *C. H. Tietjen: „Raum oder Zahl?", Verlag Friedrich Brandstetter, Leipzig 1936, S. 11–12.*

Mathematik aufzubauen, sie dem Bildungsgute der deutschen Schule einzufügen, ist mit mühsamer Arbeit verbunden, das soll gar nicht verheimlicht werden. Zu ihr verpflichtet aber die große Zeit und die ernste Aufgabe, in die der deutsche Erzieher hineingestellt ist. Nun ist der Weg zum Ziel geschickt überwuchert. Die neuen Sachgebiete überlagern die alte Grundlage! Nur für kurze Zeit ist die entscheidende Frage „Raum oder Zahl" aufgetaucht. Und es war ein beglückendes Aufleuchten, den Weg zur deutschen Ganzheit auch für den Neubau der deutschen Schule freigelegt zu sehen! Aber schon lächeln alle die, die in ihrer Ruhe und Beschaulichkeit gestört waren; denn es scheint alles beim alten zu bleiben. So einige Änderungen des Inhaltes stören ja nicht so sehr... Das ist man gewohnt geworden.

Die entscheidende Grundfrage aber: Raum oder Zahl, d. h. deutsch oder jüdisch – es muß einmal mit aller Rücksichtslosigkeit ausgesprochen werden – darf nicht zum Schweigen gebracht werden! Sie findet deshalb in dem Buche „Entscheidung zum Neubau der deutschen Schule" eine eingehende Antwort. Sie wird wahrscheinlich mehr Stimmen gegen, als für sich haben. Das schadet nicht. Die nationalsozialistische Weltanschauung verlangt klare Entscheidungen zu einem Neubau auf allen Gebieten, also auch ob Raum oder Zahl als Grundlage einer deutschen Mathematik. Sie stellt einfach vor die Aufgabe, dem deutschen Volke seine artgemäße Mathematik zu erarbeiten.

ANHANG

Im Konzentrationslager[1])

I.

Der Reichsführer-ᛋᛋ
38/35/g

Feld-Kommandostelle
den 25. 5. 44

An

ᛋᛋ-Obergruppenführer Pohl

Berlin

Unter den Juden, die wir jetzt aus Ungarn hereinbekommen, sowie auch sonst unter unseren Konzentrationslager-Häftlingen, gibt es ohne Zweifel eine ganze Menge von Physikern, Chemikern und sonstigen Wissenschaftlern.

Ich beauftrage den ᛋᛋ-Obergruppenführer Pohl, in einem Konzentrationslager eine wissenschaftliche Forschungsstätte einzurichten, in der das Fachwissen dieser Leute für das menschenbeanspruchende und zeitraubende Ausrechnen von Formeln, Ausarbeiten von Einzelkonstruktionen, sowie aber auch zu Grundlagen-Forschungen angesetzt wird. Das Ahnenerbe wird beauftragt, in Zusammenarbeit mit dem Reichssicherheitshauptamt, das unter den russischen Gefangenen eine ähnliche Auswertungsstätte eingerichtet hat, die von der Wissenschaft und Rüstungsindustrie als vordringlich erachteten Aufträge einzuholen und sie zu stellen. Gesamtverantwortung: ᛋᛋ-Obergruppenführer Pohl. Wissenschaftliche Leitung: ᛋᛋ-Oberführer Wüst, in Vertretung: ᛋᛋ-Standartenführer Sievers. Die wertvolle Anregung zu diesem Gesamtkomplex stammt von ᛋᛋ-Obergruppenführer Koppe.

Als Sonderauftrag für das Ahnenerbe gebe ich die sofortige Inangriffnahme der im Krieg von Dr. Scultetus angefangenen Rechnungen der Grundlagen für eine langfristige Wettervorhersage, die im Jahre 1939 aus Kriegsgründen abgebrochen werden mußte.

Ich wünsche monatlichen Bericht, zum 1. Mal am 1. 8. 1944. — Dr. Scultetus ist z. Zt. unter der Anschrift: ᛋᛋ-Stubaf. Oberregierungsrat Dr. S., Königsberg-Devau (5b), Fliegerhorst-Wetterwarte, zu erreichen.

gez.: H. Himmler

---

[1]) *Dokumente CXXXI – 15*

II.

Auszug

aus dem Entscheid bezw. Vereinbarung des Hauptamtschefs des ᛋᛋ-W.V. Hauptamtes,

ᛋᛋ-Obergruppenführer und General der Waffen-ᛋᛋ Pohl mit ᛋᛋ-Obergruppenführer und General der Polizei Koppe.

1) Das ᛋᛋ-W.V.H.A. stellt die wissenschaftlich vorgebildeten Häftlinge und das Hilfspersonal für Forschungsaufträge unentgeltlich zur Verfügung.

2) Der Einsatz der Häftlinge zu Forschungsarbeiten erfolgt durch ᛋᛋ-Obergruppenführer und General der Polizei Koppe.

3) Die für den Bau von Baracken und Laboratorien notwendigen Geldmittel werden aus Reichsmitteln der Amtsgruppe C zur Verfügung stellt.

4) Die Finanzierung der Forschungen selbst erfolgt durch Mittel des Reichsforschungsrates, die von ᛋᛋ-Brigadeführer Prof. Mentzel zur Verfügung gestellt werden.

5) Die kriegswichtigen Forschungsaufgaben werden entweder von Seiten des Reichsführers-ᛋᛋ, des Reichsforschungsrates oder durch das OKW., Abteilung Wissenschaft, Ministerialdirektor Prof. Schumann gestellt, in deren Auftrag die Bearbeitung der Probleme zu erfolgen hat.

6) Vom Reichsforschungsrat bzw. OKW. werden auch diejenigen Wissenschaftler namhaft gemacht, die die einzelnen Forschungsarbeiten betreuen und unter deren Leitung die Häftlinge zu arbeiten haben.

7) Im Rahmen dieses Einsatzes von deutschen Wissenschaftlern erfolgt auch der Einsatz von Dr. Hans Paul Müller und KVR Pietsch.

8) Die federführende Bearbeitung der Angelegenheit obliegt im ᛋᛋ-W.V.H.A. dem Amtschef C V und beim Höheren ᛋᛋ- und Pol. Fhr. Ost, dem ᛋᛋ-Wirtschafter, und zwar dort ᛋᛋ-Hauptsturmführer (F) Prof. Dr. Ing. Willing.

Der Chef des Amtes C V

gez.: Noell

ᛋᛋ-Obersturmbannführer

F. d. R. des Auszugs:

gez.: Willing

ᛋᛋ-Hauptsturmführer (F)

III.

Reichsmarschall des Großdeutschen Reiches
Präsident des Reichsforschungsrates

Der Leiter der Fachsparte Physik

Tgb. Nr. RFR 1111/44 Ge/Gud.

München 22, den 29. August 1944
Physikalisches Institut der Universität
Ludwigstraße 17
Tel.: 22 760

z. Zt. Berlin-Dahlem, Boltzmannstr. 20

Herrn
SS-Standartenführer Sievers
im Reichsforschungsrat

Berlin-Steglitz,
Grunewaldstraße 35

Sehr geehrter Herr Sievers!

Mit Interesse nahm ich die Ausführungen Ihres Briefes vom 21. August 1944 zur Kenntnis. Ich begrüße das Bestreben, das Fachwissen der in Konzentrationslagern sitzenden Wissenschaftler für die Grundlagenforschung einzusetzen und habe in diesem Sinne mit Dr. Graue gesprochen. Auch mit Herrn Professor Süss, Vorsitzender des Fachkreises „Mathematik", werde ich mich in dieser Richtung in Verbindung setzen.

Heil Hitler!

gez.: Prof. Dr. Walther Gerlach

IV.

Vermerk — 4. 8. 1944 — S/ST.

Betr.: Einsatz von Häftlingen für wissenschaftliche Arbeiten

Die Zuverlässigkeit wissenschaftlicher Arbeiten ist bedingt. Die Ergebnisse werden häufig frisiert, um Erleichterungen zu erzielen. Es wurde festgestellt, daß dann, wenn gewisse Erleichterungen gewährt wurden, z. B. Erlaubnis, in Zivil arbeiten zu dürfen, die Untersuchungen sofort zuverlässiger waren. Im Bewährungsfalle sollte während des Einsatzes für wissenschaftliche Tätigkeit bis zur Haftbeurlaubung gegangen werden, um den Eindruck zu erzielen, daß die Betreffenden wirklich als Wissenschaftler tätig sind.

gez.: Sievers
SS-Standartenführer

V.

Institut für wehrwissenschaftliche Zweckforschung, Mathematische Abteilung

Oranienburg, den 28. 12. 1944
Postschließfach 63
Bo./Pe.
Tagebuch-Nr. 5064/44

An den Reichsführer-SS
Persönlicher Stab
Amt „Ahnenerbe", Waischenfeld (Obfr.)

Betr.: Tagebuch-Nr. G/J/9 – Monatsbericht der MATHEMATISCHEN ABTEILUNG über den Monat Dezember 1944

Die Arbeit wurde im Monat Dezember zunächst mit 7 Häftlingen begonnen. Am 8. 12. 1944 wurden über Antrag von SS-Untersturmführer Boseck die seinerzeit in Buchenwald ausgesuchten Häftlinge vorzeitig aus der Quarantäne entlassen und gelangten zum Einsatz. Die Gesamtstärke des Kommandos stieg deshalb auf 18 Häftlinge. Davon sind

3 Häftlinge Reichsdeutsche
6 Häftlinge Franzosen (davon einer krank)
3 Häftlinge Tschechen
3 Häftlinge Belgier
1 Häftling Däne
1 Häftling Portugiese (derzeit krank)
1 Häftling Jude

Am 14. 12. wurde der Häftling Anta-Gomez (Portugiese) wegen Tbc in das Krankenrevier eingeliefert und fällt damit für längere Zeit für die Arbeit in der mathematischen Abteilung aus. Anta-Gomez gehörte zu den ersten 7 Häftlingen der Abteilung und war als Kolonnenführer mit selbständigen Arbeiten betraut, die er außerordentlich geschickt ausführte, so daß sein vorläufiger Ausfall einen empfindlichen Verlust für die Abteilung darstellt. Am 18. 12. wurde der Häftling Bruhat (Franzose, Prof. d. Physik, Universität Paris), der zu den aus Buchenwald überstellten Häftlingen gehört, mit einer schweren Rippenfellentzündung in das Krankenrevier eingeliefert. Bruhat hatte sich schnell in die ihm gestellten Aufgaben eingearbeitet. Auch sein vorläufiger Ausfall stellt einen Verlust für die Abteilung dar.

Der Auftrag A 2/44 (Berechnung von Durchflußgewichten strömender Luft durch kreisförmige Querschnitte) wurde zum Abschluß gebracht. Der Auftrag A 5/44 (Herstellung von Tafeln einiger durch Integrale definierter Funktionen) steht kurz vor der Vollendung und gelangt in den ersten Tagen des Januar 1945 zum Abschluß. Weiterhin wurde am Auftrag A 1/44 (Herstellung von Höhenkarten charakteristischer Flächen) gearbeitet. Für diesen Auftrag ist nach Abschluß der Berechnungen für den ersten Parameterwert, Mitte Januar 1945 mit einem Zwischenbericht an die auftraggebende Stelle zu rechnen. Dieser Zwischenbericht wird auch einige theoretische Betrachtungen enthalten, die inzwischen in der mathematischen Abteilung ausgearbeitet wurden und sowohl dem physikalischen Problem als auch der Anlage der numerischen Berechnungen zugute kommen...

Der Leiter der mathematischen Abteilung
gez.: Dipl. Math. B o s e c k
SS-Untersturmführer (F)

KAPITEL VII

Recht

INHALTSVERZEICHNIS

Vorwort

„Aus dem Führertum fließt das Richtertum", sagte Professor Carl Schmitt, doch zehn Jahre später formulierte Hermann Göring es noch weit prägnanter: „Der höchste Jurist des Staates bin ich!" (S.: P.W. II, S. 319.) Was die Willkür des einzelnen für eine Nation bedeuten kann, hat die Geschichte gelehrt. Der Protest-Entwurf des anonymen bayerischen Richters, den wir in diesem Kapitel veröffentlichen, zeigt jedoch, daß mancher den Verlauf der Dinge vorausahnte.

Doch auch andere Gedankengänge der Juristen des Dritten Reiches verdienen unsere Aufmerksamkeit. Wie aufschlußreich sind die Betrachtungen des Grafen Gleispach über das politische Verbrechen! Erinnert das alles nicht ein wenig an die Begriffe, welche aus den Schriften jener Kronjuristen der Stalin-Zeit ersichtlich sind?

Prof. Dr. Carl Schmitt

Carl Schmitt. * 11. 7. 1888 — 1921 o. Prof., Greifswald — 1922 dito in Bonn — 1933 dito in Köln u. Berlin. Mitglied der Akademie f. deutsches Recht.
Veröffentlichungen: 1910 „Über Schuld und Schuldart", 1912 „Gesetz des Urteils", „Politische Romantik", 1914 „Der Wert des Staates u. d. Bedeutung d. Einzelnen", 1922 „Politische Theologie", 1923 „Römischer Katholizismus und politische Form", „Die geistesgeschichtliche Lage d. heutigen Parlamentarismus", 1924 „Die Diktatur des Reichspräsidenten", 1925 „Die Rheinlande als Objekt internationaler Politik", 1926 „Die Kernfrage des Völkerbunds", 1927 „Volksentscheid und Volksbegehr", 1930 „Hugo Preuss, d. Staatsbürger u. seine Stellung in d. deutschen Staatslehre", 1931 „Die Hüter der Verfassung", 1933 „Die drei Arten des rechtswissenschaftlichen Denkens". Herausgeber: „Deutsche Juristenzeitung", 1950 „Die Lage der europäischen Rechtswissenschaft", „Der Nomos der Erde" (spanisch), „Donoso Cortés in gesamteuropäischer Interpretation" (span.), „La Unidad del Mundo" (span.), 1954 „Gespräch über die Macht und den Zugang zu Machthabern", 1956 „Hamlet oder Hekuba". („Wer ist Wer?", 1935, u. K. G. K., 1954, u. „Wer ist Wer?", 1958.)
1959: Festschrift für Carl Schmitt, herausgegeben von Hans Barion, Ernst Forsthoff und Werner Weber.

I.

„Die zuverlässigste und tiefste Bindung"[1])

Es gibt hier nur einen Weg; der nationalsozialistische Staat hat ihn mit großer Bestimmtheit beschritten, und Staatssekretär Freisler hat ihm in der Forderung: „Nicht Justizreform, sondern Juristenreform!" das klarste Kennwort gegeben. Wenn eine unabhängige Rechtspflege weiter bestehen soll und trotzdem eine mechanische und automatische Bindung des Richters an vorher bestimmte Normierungen nicht möglich ist, so hängt eben alles von der Art und dem Typus unserer Richter und Beamten ab. Niemals hat die Frage „quis judicabit" eine derartig alles entscheidende Bedeutung gehabt wie heute. Auch im früheren liberal-demokratischen System hat es nicht an ethischen und moralischen, an die „schöpferische Persönlichkeit" des Richters gestellten Forderungen gefehlt. Aber das blieb leere Deklamation, weil man — um Artgleiches und Artfremdes nicht unterscheiden zu müssen — nur von „Persönlichkeit" im allgemeinen sprach, und das Wort im Dienste eines liberalen Individualismus nur den „Menschen" und nicht das konkrete deutsche Volk im Sinne hatte. In aller Bestimmtheit muß die eigentliche Substanz der „Persönlichkeit" gesichert sein, und sie liegt in der Volksgebundenheit und Artgleichheit jedes mit der Darlegung, Auslegung und Anwendung deutschen Rechts betrauten Menschen. Aus den sachlichen Notwendigkeiten rechtswissenschaftlicher Arbeit heraus wird der Gedanke

---

[1]) *In „Staat, Bewegung, Volk – Die Dreigliederung der politischen Einheit", 2. Auflage, Hanseatische Verlagsanstalt, Hamburg 1933, S. 44–46.*

der Artgleichheit unser ganzes öffentliches Recht durchsetzen und beherrschen. Er gilt für das Berufsbeamtentum, wie für die an der Rechtsschöpfung und -gestaltung wesentlich beteiligte Anwaltschaft, wie für alle Fälle, in denen Volksgenossen in der Verwaltung, Rechtspflege und Rechtslehre tätig werden. Er wird vor allem auch bei der Zusammensetzung der verschiedenen neuen „Führerräte" eine fruchtbare Zusammenarbeit gewährleisten.

Wir wissen nicht nur gefühlsmäßig, sondern auf Grund strengster wissenschaftlicher Einsicht, daß alles Recht das Recht eines bestimmten Volkes ist. Es ist eine erkenntnistheoretische Wahrheit, daß nur derjenige imstande ist, Tatsachen richtig zu sehen, Aussagen richtig zu hören, Worte richtig zu verstehen und Eindrücke von Menschen und Dingen richtig zu bewerten, der in einer seinsmäßigen, artbestimmten Weise an der rechtschöpferischen Gemeinschaft teil hat und existenziell ihr zugehört. Bis in die tiefsten, unbewußtesten Regungen des Gemütes, aber auch bis in die kleinste Gehirnfaser hinein, steht der Mensch in der Wirklichkeit dieser Volks- und Rassenzugehörigkeit. Objektiv ist nicht jeder, der es sein möchte und der mit subjektiv gutem Gewissen glaubt, er habe sich genug angestrengt, um objektiv zu sein. Ein Artfremder mag sich noch so kritisch gebärden und noch so scharfsinnig bemühen, mag Bücher lesen und Bücher schreiben, er denkt und versteht anders, weil er anders geartet ist, und bleibt in jedem entscheidenden Gedankengang in den existenziellen Bedingungen seiner eigenen Art. Das ist die objektive Wirklichkeit der „Objektivität".

Solange man den Glauben haben konnte, der Richter und selbst der Verwaltungsbeamte sei nur eine Funktion normativistischer Legalität, nur der bekannte „Gesetzesanwendungsautomat", eine bloße „Konkretisierung abstrakter Normen", konnte man diese Wahrheit der Seinsgebundenheit alles menschlichen Denkens ebenso außer acht lassen wie die Situationsgebundenheit jeder menschlichen Normierung und jeder tatbestandsmäßigen Umschreibung. Der berühmte Satz des Montesquieu, der Richter sei „nur der Mund, der die Worte des Gesetzes ausspricht", „la bouche, qui prononce les paroles de la loi", wurde im 18. Jahrhundert meistens noch mechanistisch aufgefaßt. Für unser heutiges Empfinden führt dieser Satz bereits in die Sphäre des von organischen, biologischen und völkischen Verschiedenheiten erfüllten, lebendigen menschlichen Seins. Wir sind heute empfindlicher geworden; wir sehen, wenn ich so sagen darf, die Verschiedenheit auch der Münder, die die angeblich selben Worte und Sätze sprechen. Wir hören wie sie dieselben Worte sehr verschieden „aussprechen". Wir wissen, daß dieselbe Vokabel im Munde verschiedener Völker nicht nur anders klingt, sondern auch im Sinne und in der Sache etwas anderes bedeutet und daß in Fragen der Gesetzesauslegung und der Tatbestandsaufnahme kleine Abweichungen erstaunliche Fernwirkungen haben. Trotzdem müssen und wollen wir sowohl an der rechtlich gesicherten Stellung des deutschen Beamten, wie insbesondere an der Unabhängigkeit der Richter festhalten. Daher fragen wir notgedrungen nach den Bindungen, ohne die alle Sicherungen und Freiheiten, jede richterliche Unabhängigkeit und vor allem auch jenes „Schöpfertum" nur Anarchie und eine besonders schlimme Quelle politischer Gefahren wäre. Wir suchen eine Bindung, die zuverlässiger, lebendiger und tiefer ist als die trügerische Bindung an die verdrehbaren Buchstaben von tausend Gesetzesparagraphen. Wo anders könnte sie liegen als in uns selbst und unserer eigenen Art? Auch hier, angesichts des untrennbaren Zusammenhanges von Gesetzesbindung, Beamtentum und richterlicher Unabhängigkeit, münden alle Fragen und Antworten in dem Erfordernis einer Artgleichheit, ohne die ein totaler Führerstaat nicht einen Tag bestehen kann.

II.

Zum 30. Juni 1934[1])

Der Führer schützt das Recht vor dem schlimmsten Mißbrauch, wenn er im Augenblick der Gefahr kraft seines Führertums als Oberster Gerichtsherr unmittelbar Recht schafft. „In dieser Stunde war ich verantwortlich für das Schicksal der deutschen Nation und damit des deutschen Volkes Oberster Gerichtsherr." Der wahre Führer ist immer auch Richter. Aus dem Führertum fließt das Richtertum. Wer beides voneinander trennen oder gar entgegensetzen will, macht den Richter entweder zum Gegenführer oder zum Werkzeug eines Gegenführers und sucht den Staat mit Hilfe der Justiz aus den Angeln zu heben. Das ist eine oft erprobte Methode nicht nur der Staats-, sondern auch der Rechtszerstörung. Für die Rechtsblindheit des liberalen Gesetzesdenkens war es kennzeichnend, daß man aus dem Strafrecht den großen Freibrief, die „Magna Charta des Verbrechers" (Fr. von Liszt) zu machen suchte. Das Verfassungsrecht mußte dann in gleicher Weise zur Magna Charta der Hoch- und Landesverräter werden. Die Justiz verwandelte sich dadurch in einen Zurechnungsbetrieb, auf dessen von ihm voraussehbares und von ihm berechenbares Funktionieren der Verbrecher ein wohlerworbenes subjektives Recht hat. Staat und Volk aber sind in einer angeblich lückenlosen Legalität restlos gefesselt. Für den äußersten Notfall werden ihm vielleicht unter der Hand apokryphe Notausgänge zugebilligt, die von einigen liberalen Rechtslehrern nach Lage der Sache anerkannt, von anderen im Namen des Rechtsstaates verneint und als „juristisch nicht vorhanden" angesehen werden. Mit dieser Art von Jurisprudenz ist das Wort des Führers, daß er als „des Volkes Oberster Gerichtsherr" gehandelt habe, allerdings nicht zu begreifen. Sie kann die richterliche Tat des Führers nur in eine nachträglich zu legalisierende und indemnitätsbedürftige Maßnahme des Belagerungszustandes umdeuten. Ein fundamentaler Satz unseres gegenwärtigen Verfassungsrechts, der Grundsatz des Vorranges der politischen Führung, wird dadurch in eine juristisch belanglose Floskel, und der Dank, den der Reichstag im Namen des deutschen Volkes dem Führer ausgesprochen hat, in eine Indemnität oder gar einen Freispruch verdreht.

In Wahrheit war die Tat des Führers echte Gerichtsbarkeit. Sie untersteht nicht der Justiz, sondern war selbst höchste Justiz. Es war nicht die Aktion eines republikanischen Diktators, der in einem rechtsleeren Raum, während das Gesetz für einen Augenblick die Augen schließt, vollendete Tatsachen schafft, damit dann, auf dem so geschaffenen Boden der neuen Tatsachen, die Fiktionen der lückenlosen Legalität wieder Platz greifen können. Das Richtertum des Führers entspringt derselben Rechtsquelle, der alles Recht jedes Volkes entspringt. In der höchsten Not bewährt sich das höchste Recht und erscheint der höchste Grad richterlich rächender Verwirklichung dieses Rechts. Alles Recht stammt aus dem Lebensrecht des Volkes. Jedes staatliche Gesetz, jedes richterliche Urteil enthält nur so viel Recht, als ihm aus dieser Quelle zufließt. Das übrige ist kein Recht, sondern ein „positives Zwangsnormengeflecht", dessen ein geschickter Verbrecher spottet.

---

[1]) *„Positionen und Begriffe", Hanseatische Verlagsanstalt, Hamburg, 1940, S. 200–201.*

Prof. Dr. Otto Koellreutter

Otto Koellreutter. * 26. 11. 1883 — 1918 a. o. Prof., Halle — 1921 Prof., Jena — 1933 o. Prof., München — 1956 Prüfender f. öffentliches Recht an d. Verwaltungs- u. Wirtschaftsakademie in Regensburg.
Veröffentlichungen: 1930 „Der englische Staat der Gegenwart", „Reichstagswahlen und Staatslehre", 1932 „Parteien u. Verfassung", „Der nationale Rechtsstaat", 1933 „Die nationale Revolution und die Reichsreform", „Volk und Staat in d. Verfassungskrise", „Vom Sinn u. Wesen d. nat. Revolution", 1934 „Der deutsche Führerstaat", „Die Gestaltung d. dt. polit. Einheit", 1953 „Deutsches Staatsrecht".
Mitgld. d. Akademie f. deutsches Recht, Membre Associé des Instituts Internationales de Droit Public. („Wer ist Wer?", 1935, K. G. K., 1954, C. R. P. I., Okt. 1956.)
Am 13. 4. 1943 stellte Oberberichtsleiter der NSDAP fest: „Seine soziale Einstellung wird als sehr gut bezeichnet", auch „ . . . als einsatzfreudiger und zuverlässiger Parteigenosse geführt."
Gauleitung München (Obb.) sagt am 22. 4. 1943 über ihn: „Sehr gutes Parteimitglied. Sehr eifrig!"
„Daß mir jede judenfreundliche Haltung immer fremd war, beweist meine aus meinen Schriften ersichtliche völkische Einstellung." (Brief an d. Rektor d. Universität München, 19. 10. 1944.)

I.

Erläuterung des „Einparteienstaates"[1])

Das politische Genie Adolf Hitlers war sich über die Grundlagen jeder echten Führung von vornherein klar. Hitler erkannte, daß es nicht genüge, nur eine Volksbewegung ins Leben zu rufen, sondern daß die Dauer der in der Bewegung lebendigen politischen Ideen durch die Schaffung eines politischen Typus gesichert werden müßte. Immer in der Geschichte können aber nur die politisch aktivsten Menschen Träger eines solchen politischen Typus sein und damit zur politischen Auslese werden. Ihre geistige Haltung besteht darin, daß sie von der Richtigkeit der von ihr getragenen politischen Werte und Ideen absolut überzeugt sind.

Das Vorhandensein einer solchen politischen Elite, die das politische Mittel der Führung ist, schließt politische Organisationen, die andere politische Ideen vertreten, von vornherein aus. Dabei steht die Bedeutung der politischen Formen, in denen ein solcher Ausschluß erfolgt, erst in zweiter Reihe. Der einheitliche politische Typus kann mehrere Parteien

---

[1]) *„Deutsches Verfassungsrecht — Ein Grundriß", Junker und Dünnhaupt Verlag, Berlin 1935, S. 131–133.*

umfassen, wie das in dem englischen Zweiparteienstaat der Fall gewesen ist. Die beiden großen klassischen englischen Parteien wurden von demselben politischen Typus und denselben politischen Grundideen beherrscht.

Der deutsche Parteienstaat der Nachkriegszeit hat keinen einheitlichen politischen Typus hervorgebracht. Die dynastische Zersplitterung, die konfessionelle Zerspaltung und die materialistische (unpolitische) Haltung weiter Kreise des deutschen Bürgertums fanden ihren Ausdruck in einer Parteizersplitterung, die nur notdürftig in den Formen des „Koalitionsstaates" lebensfähig war. Auch mit dieser Lebensfähigkeit war es aber sehr bald zu Ende.

Als die Bewegung einen völkisch-politischen Typus entwickelt hatte, mußte nach der Machtübernahme der deutsche Führerstaat die Herrschaft dieses Typus, der allein imstande war, die deutsche politische Einheit zu garantieren, auch staatsrechtlich sichern.

Das ist der Sinn des Gesetzes gegen die Neubildung von Parteien vom 14. Juli 1933. § 1 dieses Gesetzes bestimmt: „In Deutschland besteht als einzige politische Partei die NSDAP." Die Aufrechterhaltung des organisatorischen Zusammenhalts einer anderen politischen Partei oder die Bildung neuer politischer Parteien wurde durch das Gesetz mit strengen Strafen bedroht.

Man hat nach Erlaß dieses Gesetzes von der Aufrichtung eines „Einparteistaates" gesprochen. Das ist insofern zutreffend als durch die Bewegung die Parteizersplitterung und der Parteienstaat überwunden worden sind. Die Bezeichnung ist aber irreführend, als sie den Glauben erwecken kann, daß die Bewegung eine Partei im Sinne des liberalen Staates sei. Sie unterscheidet sich aber von den liberalen Parteien durch die Geschlossenheit und Absolutheit ihrer geistig-politischen Grundhaltung. Sie soll auch nicht zur „Masse" werden, sondern ihre Aufgabe liegt gerade darin, in steter Volksverbundenheit immer weitere Kreise des Volkes mit der Totalität der völkischen Idee zu durchdringen und dadurch politisch zu gestalten. Die Schaffung einer einheitlichen politischen Gefolgschaft ist die Aufgabe der NSDAP.

Der einheitlichen Gefolgschaft kann aber auch nur eine einheitliche Führung entsprechen. Sie ist nach dem Tode des Reichspräsidenten durch die Betrauung des Führers mit der Stelle des Staatsoberhaupts des Deutschen Reiches zum Abschluß gebracht worden. Dabei trat die Volksverbundenheit der Führung staatsrechtlich dadurch hervor, daß die Betrauung des Führers als Staatsoberhaupt durch das Volk mit überwältigender Mehrheit gebilligt wurde.

II.

Der Ruf nach einer Rassengesetzgebung[1])

Der nationale Rechtsstaat als völkische Lebensordnung baut auf dem Volke auf, dessen Erhaltung in seinem Rassebestand und der körperlichen Gesundheit seiner Glieder die Grundlage jeder politischen und kulturellen Aufwärtsentwicklung ist. „Der Zweck des Staates liegt in der Erhaltung und Förderung einer Gemeinschaft physisch und seelisch

---

[1]) *„Grundriß der allgemeinen Staatslehre", Verlag J. C. B. Mohr (Paul Siebeck), Tübingen 1933, S. 50–51.*

gleichartiger Lebewesen." „Wir als Arier vermögen uns unter einem Staat nur den lebendigen Organismus eines Volkstums vorzustellen, der die Erhaltung dieses Volkstums nicht nur sichert, sondern es auch durch Weiterbildung seiner geistigen und ideellen Fähigkeiten zur höchsten Freiheit führt." (Hitler, S. 433/34.)

Der völkische Staat muß auf dieser Grundlage rechtliche Maßnahmen treffen, um den Rassebestand seines Volkes zu sichern und dadurch die wertvollen Kräfte des Volkes zu erhalten, deren Fortpflanzung zu gewährleisten und in diesem Sinne eine gesunde Erziehung und Lebenshaltung auch des einzelnen zu fördern.

Vor allem muß der rassische Bestand des Volkes dadurch geschützt und gefördert werden, daß durch eine entsprechende Gesetzgebung das Einströmen fremdrassiger Elemente verhindert wird. (Vgl. das Reichsgesetz zur Wiederherstellung des Berufsbeamtentums vom 7. April 1933 und das preußische Erbhofgesetz vom 15. Mai 1933.) Ähnliches wird in der Ehegesetzgebung, Strafgesetzgebung, im Erbrecht und dem Staatsbürgerrecht erstrebt. Vor allem die Entwicklung der Kinder muß durch die Schaffung einer gesunden Lebenshaltung gesichert werden.

III.

Über Leistungsprinzip und andere Dinge[1])

Nur aus der Gedankenwelt eines entarteten Liberalismus heraus erklärt sich die Tatsache, daß z. B. der frühere Oberbürgermeister von Köln das über Dreifache an Gehalt bezog als der Reichspräsident.

Mit einer gesunden und auch finanziell berechtigten Anerkennung des Leistungsprinzips haben derartige Entartungen nichts zu tun. Eine gesunde Selbstverwaltung kann in einer solchen Ideenwelt nicht gedeihen. Die Herstellung einer gesunden Selbstverwaltung im Rahmen eines berufsständischen Aufbaues wird zur Festigung der Grundlagen des „Dritten Reiches" entscheidend beitragen.

Die durch die nationalsozialistische Bewegung durchgeführte „Reichsreform" muß auf den politischen Grundprinzipien der „Bewegung", vor allem dem der Erneuerung des gesamten Volks- und Staatslebens auf völkischer Grundlage aufbauen. Schon deshalb kann die heute eingeleitete Reichsreform nicht darauf verzichten, ihren Rahmen weiterzuspannen und im Rahmen der politischen Möglichkeiten alle Teile des deutschen Volkes in *einem* deutschen nationalen Rechtsstaate zu einen. Der Anschluß des österreichischen Brudervolkes wird so für eine nationalsozialistische Reichsreform zum notwendigen politischen Ziel. Die Durchführung des Anschlusses bedeutet die Krönung der durch Adolf Hitler eingeleiteten Reichsreform.

---

[1]) *In „Die nationale Revolution und die Reichsreform", Heft 6 der Schriftenreihe „Das Recht der nationalen Revolution", herausgegeben von Dr. Georg Kaisenberg und Dr. Franz Albrecht Medicus. Carl Heymanns Verlag, Berlin 1933, S. 13–14.*

Prof. Dr. Reinhard Höhn

Reinhard Höhn. * 29. 7. 1904 — 1935 Prof., Universität Berlin, Direktor d. Instituts f. Staatsforschung (K. G. K., 1954) — ϟϟ-Standartenführer (siehe seinen Aufsatz in „Festgabe f. Heinrich Himmler", Darmstadt 1941).
Veröffentlichung u. a.: 1940 „Frankreichs Demokratie und ihr geistiger Zusammenbruch". 1959: „Heer und Krieg im Bild des Sozialismus" (1848—1870); „Die Auseinandersetzung der Sozialdemokratie mit dem Moltkeschen Heer" (1870—1878).
„Er gehörte zur nahen Umgebung Himmlers; unterhielt andererseits Verbindungen zur inneren Opposition." („Vom andern Deutschland"); „Interessante Unterhaltung mit Welczek (dt. Botschafter in Paris), der sehr tätig ist. Sein Aktionskreis sind die Leute der obersten ϟϟ-Führung, Stuckart und Höhn, usw." (im Oktober 1939). „Prof. Höhn, der wissenschaftliche Berater Himmlers, bat mich am 29. 6. 1942 zu sich ..." (August 1942).
In einem Himmler gemachten Vorschlag (Dokument NO—35), der von Dr. med. Pokorny gezeichnet ist, wird sein Name auch erwähnt: „Ich habe Herrn Prof. Höhn gebeten, Ihnen den Brief zu überreichen und damit den direkten Weg zu Ihnen gewählt, um den langsameren Dienstweg zu vermeiden und die Möglichkeit einer Indiskretion im Hinblick auf die u. U. enorme Wichtigkeit der vorgelegten Idee auszuschalten ..." (Okt. 1941: Dr. Pokorny empfahl die systematische Sterilisation russischer Kriegsgefangener.)

„Die Volksgemeinschaft als wissenschaftliches Grundprinzip"[1])

Erst durch die politische Umwälzung wurde die Notwendigkeit einer Umstellung der Wissenschaft klar. Die Wissenschaft befand sich in diesem Augenblick in eigentümlicher Lage. Sie stand auf individualistischem Boden und durchlebt eine Zeit, die von der Gemeinschaft als neuem Grundprinzip ausgeht. Der Begriff der Volksgemeinschaft wurde bisher nur als politischer Begriff betrachtet. Er wird nunmehr auch zum wissenschaftlichen Grundprinzip. Nur von einem Teil der Wissenschaft wurde das erkannt. Zum Teil glaubte man, man habe der neuen Zeit Genüge getan, wenn man ihre Vokabeln in das neue System einzuflechten verstand. Daß das nicht möglich war, zeigte sich sofort. Das individualistische Begriffssystem war derartig scharf und klar in seiner Grundhaltung, daß es Begriffe, die auf einer anderen Grundhaltung gewachsen waren, nicht vertragen konnte. Entweder man

[1]) *„Süddeutsche Monatshefte", Jahrgang 1934–1935, S. 5–7.*

machte mit der Gemeinschaftshaltung Ernst, dann war man gezwungen die Grundlagen des gesamten bisherigen geisteswissenschaftlichen Denkens als geschwunden anzusehen und neu aufzubauen. Oder aber man verband die bisherige Welt mit der gemeinschaftsmäßigen Formulierung. Das führte dann dazu, daß man um den alten individualistischen Inhalt nur allgemein gehaltene gemeinschaftsmäßige Formulierungen zu bringen wußte, in der Sache aber nichts änderte. Verband man beides miteinander, dann zersetzte man das Wesentliche der Gemeinschaftsvorstellung. Beides war gleich gefährlich. Im ersten Fall erschien es so, als ob wirklich etwas neues gefunden sei, das Alte wurde aber nur getarnt. Im zweiten Fall war die neue Gemeinschaftshaltung geradezu vernichtet. Wenn eine Staatslehre der letzten Zeit immer noch von dem Gegensatz zwischen Einzelnen und der Gemeinschaft ausgeht und Rechtssicherheit für den Einzelnen verlangt oder juristisch das Volk nicht anders denn als Summe der durch das staatliche Rechtsband verknüpften Individuen auffassen kann, so behält sie die alte Grundvorstellung bei, mögen auch noch so viele gemeinschaftsmäßige Formulierungen darin vorhanden sein. Hier entstehen dann bestenfalls Brückenbegriffe, die für die Übergangszeit kennzeichnend sind.

Demgegenüber ist es notwendig, die Volksgemeinschaft als wissenschaftliche Grundlage herauszustellen und kompromißlos auf dieser Grundlage zu einem neuen wissenschaftlichen Denken zu kommen. Es wird freilich nicht schon in den nächsten Jahren gelingen, ein wissenschaftliches System aufzubauen, das einer gemeinschaftsmäßigen Grundvorstellung Ausdruck zu geben vermag. Dazu bedarf es einer längeren Entwicklung, wie wir dies im individualistischen Staat auch gesehen haben. Es ist aber auch gar nicht erwünscht, weil dadurch nur eine Erstarrung eintreten könnte zu einer Zeit, in der wir selbst alle noch in der Bewegung stehen und täglich neuen Antrieb bekommen. Man muß sich heute immer dessen bewußt sein, daß man nichts Endgültiges zu schaffen vermag, das der jetzigen Geisteshaltung entspricht, sondern daß immer nur Stufen der Entwicklung vorliegen.

In aller Klarheit ist der Grundsatz der Volksgemeinschaft neuerdings vom „Bund Nationalsozialistischer Deutscher Juristen“ in der Zeitschrift „Deutsches Recht“ herausgestellt worden. Gegenüber der individualistischen Auffassung im Rechtsleben wird als neuer Ausgangspunkt die Volksgemeinschaft genommen. Sie ist nicht nur politischer Begriff, sondern sie wird auch zum Rechtsbegriff. Damit ändert sich die bisherige juristische Anschauungs- und Begriffswelt. So geht das „Deutsche Recht“ systematisch daran, in der neuen Haltung das gesamte Recht neu zu behandeln und Bausteine zusammenzutragen. Auf der einen Seite zeigt sich dabei, wie schwer es ist, von der bisherigen Anschauungswelt loszukommen, auf der anderen Seite, daß man zu völlig neuen Ergebnissen kommt. Die bisherige Problemstellung, die in Kommentaren und Lehrbüchern weitgehend behandelt wurde, ist kein Problem mehr. Dagegen werden ganz neue Aufgaben gestellt. Der Staat als Rechtsbegriff in der bisherigen Auffassung als juristische Person ist nicht mehr tragbar. Es muß ein neuer Rechtsbegriff dafür gefunden werden. Volk als Rechtsbegriff in der bisherigen Auffassung ist ebenfalls nicht mehr tragbar. Nach individualistischem öffentlichem Recht war Staat eine unsichtbare Herrscherpersönlichkeit und Volk die Masse ihrer einzelnen Untertanen oder die Summe der Wahl- und Stimmberechtigten. Jetzt ist das Volk die lebendige Gemeinschaft aller Deutschen, und der Staat dient in der Hand des Führers Zwecken der Volksgemeinschaft. Nicht mehr der Staat gibt dem Volk sein Recht, sondern er empfängt seine Berechtigung aus der Volksgemeinschaft. Mit dem Begriff der Volksgemeinschaft als Rechtsbegriff kann auch nur der Begriff der Führung als Rechtsgrundsatz auftauchen. Die bisherige Zeit kannte nur Herrschaft oder Stellvertretung. Beide bauten auf der Einzelpersönlichkeit auf. Das Führerprinzip kann nur vom Boden der Gemeinschaft aus verstanden werden. Der Führer hat keine Untertanen. Untertan sein heißt als individuelle Persönlichkeit der Persönlichkeit des Fürsten oder des Staates gegenübertreten. Der Führer hat auf der anderen Seite Gefolgsleute, die der souveräne Fürst oder der individualistische Staat als unsichtbare Persönlichkeit nicht haben können, weil beide auf sich selbst gestellt sind, nicht in einer Gemeinschaft ruhen und von ihr nicht getragen werden. Das Prinzip der Führung als Rechtsgrundsatz kommt auch in einer Reihe von Gesetzen zum Ausdruck. Deutlich wird dies in dem preußischen Gemeindeverfassungsgesetz vom 15. Dezember 1933, das auf der Gemeinde als der geschichtlich gewordenen und zur „Einheit gewachsenen Zelle räumlichen Zusammenlebens einer Vielheit von Familien" aufbaut.

Vom Prinzip der Gemeinschaft als Rechtsgrundsatz aus wird allein auch das Strafrecht neu verständlich. Es zeigt sich, daß eine neue Strafrechtswissenschaft sich von allen überlebten Problemstellungen und unfruchtbaren Gegensätzen der Theorie einer individualistischen Zeit freimachen muß, in der jede Einheit des Gemeinschaftslebens in Tat und Täter, Generalprävention und Spezialprävention, Schuld und Rechtswidrigkeit, subjektive und objektive Betrachtungsweise auseinandergerissen wurde. Es zeigt sich, daß die Wucht und Stärke all jener Gemeinschaftserlebnisse, die in den Begriffen von Verbrechen, Schuld und Sühne zutiefst enthalten sind, sich nie und nimmer als bloß psychologische Wirkungen beim einzelnen Täter oder der Gesamtheit der kriminalpolitisch in Betracht kommenden Individuen nach Art der bisherigen, kriminalistischen Wissenschaft erfassen lassen, sondern nur darin ihre Wurzel finden, daß das Gemeinschaftsleben selbst Sühne und Sicherung erheischt.

Die Eigenart einer gemeinschaftsmäßigen Wissenschaft kommt vor allem in der Sondernummer der Zeitschrift „Deutsches Recht" zum Reichsparteitag 1934 zum Ausdruck, die unter dem Motto „Die Ehre im Recht" steht. Hier zeigt sich, daß nur in einer Gemeinschaft die neuen weltanschaulichen Ideale rechtlich eine starke Grundlage zu finden vermögen. Wie verblüffend die Übereinstimmung mit den Grundgedanken der alten germanischen Lebenswelt ist, zeigen insbesondere die Darlegungen des Rechtshistorikers von Schwerin, über die Ehre im älteren deutschen Recht. Wie unvollkommen und unmöglich der heutige Ehrenschutz ist, der auf einer individualistischen Grundlage beruht, zeigt die Behandlung des Schutzes der Ehre im Zivilrecht und Strafrecht. An eine Standesehre konnte die individualistische Vorstellungswelt nicht denken. „Nur der Einzelne hat Ehre, wie er nur Leben und Gesundheit besitzt", schreibt Binding 1902 in seinem Lehrbuch des deutschen Strafrechts. In einer Korporation haben eine Ehre nur die korporationszugehörigen Individuen, „ihnen gebührt die Ehre — nicht dem Ganzen: Dessen Ehrenkonto läuft eben auf einen falschen Namen". Andererseits zeigte es sich heute schon, wie die einzelnen Stände zu einer neuen Ehrauffassung kommen und überall dort, wo neues Gemeinschaftsleben wächst, auch die Ehre in den Vordergrund gerückt wird.

Prof. Dr. Hans Erich Feine

Hans Erich Feine. * 21. 3. 1890 — Dr. jur., a. o. Prof. d. Rechts — Deutsches Recht, Kirchenrecht — 1922 Prof., Universität Rostock — 1931 Tübingen — 1935 Heidelberg — 1952 Tübingen — 1957 Korr. Mitglied d. Bayer. Akademie d. Wissenschaften, München.
Veröffentlichungen: 1913 „Der Goslaer Rat bis zum Jahre 1400", 1921 „Besetzung des Reichs bis zum Untergang des alten Reichs", 1926 „Von der weltgeschichtlichen Bedeutung des germanischen Reiches", 1935 „1000 Jahre Deutsches Reich", 1936 „Das Werden des deutschen Staates seit dem Ausgang des Heiligen Römischen Reiches", 1937 „Deutsche Verfassungsgeschichte der Neuzeit", 1946 „Staat und Kirche", 1950 „Kirchliche Rechtsgeschichte". („Wer ist Wer?", 1935 u. 1958.)

„Die Fundamente des Führerstaates"[1])

Gegen die Entartung und Entleerung des Staatsbegriffes konnte erfolgreich allein diejenige der großen Parteimächte Front machen, die im Grunde mehr war als „Partei", die aus dem Geist des deutschen Volkes und seiner sittlichen Kraft ihre eigenen Kräfte herleitete und einen neuen Staatsbegriff erzeugte, der unbedingte Opferbereitschaft des Einzelnen für das Ganze von Volk und Staat verlangen durfte, aber auch aus diesen Kräften heraus wieder echte Führung im öffentlichen Leben schuf. In Adolf Hitler war ihr der große Führer gegeben, der durch sein persönliches Wirken aus kleinen Anfängen die Partei zur umfassenden Volksbewegung gestaltete. Aus seinen Helfern und Getreuen erwuchs nicht nur die neue Führerschicht der Partei, sondern damit zugleich des deutschen Volkes und Reiches. Indem die NSDAP die Macht im Reich eroberte, wurde sie zur treibenden und bewegenden Kraft des Reiches, die alle staatliche und volkhafte Organisation mit ihrem Geist und ihrem Willen durchdrang und nach dem neuen völkischen Staatsbegriff ausrichtete. *Der Parteienstaat wandelte sich endgültig zum nationalsozialistischen Volks- und Führerstaat um.* Das bedeutete nicht nur die Beseitigung des

---

[1]) *„Deutsche Verfassungsgeschichte der Neuzeit", 3. ergänzte Auflage 1943, Verlag I. C. B. Mohr (Paul Siebeck), Tübingen, S. 141–142.*

Parlamentarismus und der Parteien, Reinigung des öffentlichen Lebens von rasse- und volksfremden Elementen, Sicherung des Bestandes des Volkes selbst gegen Verfall und Entartung, sondern für das öffentliche Leben vor allem auch eine Übernahme des in der Partei erprobten Führergrundsatzes auf den Staatsorganismus und eine rechtliche Sicherung der Stellung der Partei im Ganzen von Volk und Reich (Reichsgesetz vom 1. Dezember 1933), um ihr die hohe Aufgabe völliger Durchdringung und Umformung des ganzen Volkes im Geist der neuen Ordnung zu gewährleisten. Deutlich zeichnen sich die Umrisse der Verfassung des Reiches ab. Zu dem *Rasse- und Volkstumgedanken*, der das Fundament alles volkhaften Lebens ist, tritt im nationalsozialistischen Staatsdenken der *Führergedanke* hinzu, der eine wahrhaft völkische, artgemäße Führung ermöglicht. Damit wurde der *Führergrundsatz zum gestaltenden Prinzip des deutschen Volks- und Staatslebens*, der die Führung des Reiches, der Länder, der Gaue und Gemeinden beherrscht, wie er von jeher die Partei, ihre Gliederungen und die angeschlossenen Verbände beherrscht hat.

Prof. Dr. Ernst Forsthoff

Ernst Forsthoff. * 13. 9. 1902 — 1933 Prof. Universität Frankfurt/Main — 1935 Hamburg — 1936 Königsberg — 1941 Wien — ab 1943 Heidelberg.
Veröffentlichungen: 1931 „Die öffentlichen Körperschaften im Bundesstaat", 1932 „Die Krise des Gemeindewesens", 1938 „Die Verwaltung als Leistungsträger", 1940 „Recht und Sprache", 1941 „Grenzen des Rechts", „Deutsche Verfassungsgeschichte der Neuzeit", 1943 „Lehrbuch des Verwaltungsrechts", 1951 „Lehrbuch des Verwaltungsrechts" (2. Auflage). („Wer ist Wer?", 1955 u. K. G. K., 1954.)

„Die Eigenart des Begriffs der Führung"[1])

Mit der nationalsozialistischen Revolution ist die in der Kampfzeit bewährte Führungsordnung der nationalsozialistischen Bewegung zu einem wesentlichen Teil der staatlichen Herrschaftsordnung geworden. Die Herrschaftsordnung des nationalsozialistischen Staates ist gekennzeichnet durch die Verbindung der nationalsozialistischen Führungsordnung mit der bürokratischen Verwaltungsorganisation, wie sie, freilich nicht ohne durchgreifende personale und organisatorische Reformen, aus den früheren Staatsordnungen übernommen wurde. Die Verbindung dieser beiden Elemente der gegenwärtigen Herrschaftsordnung tritt sinnfällig in die Erscheinung in der Übernahme des leitenden Staatsamts durch den Führer der Bewegung, in der Berufung der oberen Führerschicht der Bewegung in die wichtigsten Staatsstellen und in organisatorischen Verbindungen zwischen Staatsämtern und entsprechenden Parteidienststellen, wie sie zur Herstellung einer in der Zielrichtung übereinstimmenden, reibungslosen Zusammenarbeit durch einzelne Gesetze und Verwaltungsanweisungen hergestellt wurden. Die Einheit von Staat und Partei war praktisch bereits verwirklicht, als sie durch das Gesetz vom 1. Dezember 1933 in aller Form ausgesprochen wurde.

Die Einheit von Staat und Partei ist in erster Linie eine geistig-politische und bedeutet die Verbindlichkeit der nationalsozialistischen Weltanschauung und Programmatik für den Staat in allen seinen Daseinsäußerungen. Nur unter der Voraussetzung, daß diese Einheit vollzogen war, ließ sich die Vereinigung der überkommenen Verwaltungsorganisation mit der Führungsordnung der Partei zu einer homogenen Herrschaftsordnung verwirklichen.

---

[1]) *In „Der totale Staat", 2. Auflage, Hanseatische Verlagsanstalt, Hamburg 1933, S. 35–37.*

Diese Vereinigung ist das Werk einer überlegenen Staatskunst, die es vermochte, diese beiden in ihrer Struktur und in ihren Lebensgesetzen so verschiedenartigen Elemente zu einem einheitlichen Gefüge zu verbinden. Zur Erfassung der heutigen Herrschaftsordnung ist es erforderlich, politische Führung und amtshierarchische Unterordnung in ihrem Wesen zu erkennen und gegeneinander abzugrenzen.

Mit der Erhebung der Führung zum tragenden Verfassungsgrundsatz ist in Deutschland eine Regierungsreform verwirklicht worden, die wegen ihrer Neuartigkeit mit den überkommenen Kategorien und Kriterien, nach denen man Regierungsformen unterschied und als Demokratien, Monarchien, Aristokratien usw. bezeichnete, nicht begriffen werden kann. Führung ist nicht gleichbedeutend mit dem monarchischen Herrscherrecht, noch mit der Regierungsmacht des vom Volke erhobenen oder bestätigten Staatsoberhauptes, noch mit der Befehlsgewalt des militärischen oder amtshierarchischen Vorgesetzten. Die demokratische Lehre erhob zum Kriterium, nach dem die Verfassungen zu unterscheiden seien, die Frage, ob die Staatsverfassung Regierende und Regierte identifiziere oder nicht. Ihr Ziel war die Identitätsverfassung, ihr Gegner die Monarchie. Im Zeichen dieser Lehre hat die Verfassungslehre der neueren Zeit gestanden und von ihrem Gegenstande her auch stehen müssen. Führung aber kann von dieser Unterscheidung her nicht begriffen werden, denn weder trifft es zu, daß der Führer durch ein qualitatives Anderssein oder einen ihm zukommenden Rang vom Volke so geschieden wäre, daß er nicht mehr Volksgenosse ist, noch gehört er schlechthin und vorbehaltlos „zum Volke", die Führung ist weder ein transzendental begründetes und ohne Rücksicht auf den Willen des Volkes geltender Herrschaftsanspruch, noch ist sie ein durch Volksabstimmung erteilter Auftrag des Volkes.

Es ist nicht möglich, der Führung als einem der politischen Erlebniswelt verhafteten Vorgang abstrakten Ausdruck zu geben. Darum ist es so außerordentlich schwer, etwa Ausländern die Verfassung des nationalsozialistischen Staates zu verdeutlichen. Das Wort Führung läßt sich ebensowenig wie die sonstigen, spezifisch deutsche Empfindungen ansprechenden Worte (Volkstum, Heimat, Blut und Boden, Gemüt) in eine andere Sprache übersetzen. Darum kann hier nur zur Abgrenzung gegen überkommene Begriffe und politische Denkschemata einiges über Führung gesagt werden.

Führung ist ein umfassender politischer Lebensvorgang, der eine Vielheit aktionsbereiter politischer Menschen in der Person des Führers eint, indem er sie zur Gefolgschaft macht, der andererseits den Führer aus dieser Gefolgschaft heraushebt, ohne ihn zum Vorgesetzten werden zu lassen und ihn auf diese Weise von ihr zu trennen. Der Führer wird darum Führer erst durch die Gefolgschaft, wie die Gefolgschaft erst durch den Führer Gefolgschaft wird. Führer und Gefolgschaft bilden eine Einheit, die nicht formal logisch begriffen, sondern nur erfahren werden kann. Man wird darum der Führung als einem umfassenden Vorgang nicht gerecht, wenn man nur die selbstverständliche Überlegenheit des Führerwillens als das Kennzeichen der Führung hinstellt. Ebenso verfehlt ist es, den Führer vorwiegend als den Exponenten der Gefolgschaft zu betrachten und sich damit den Lehren von der demokratischen Legitimität der Staatsgewalt zu nähern. Vielmehr ist es das Neue und Entscheidende der Führerverfassung, daß sie die demokratische Unterscheidung zwischen Regierenden und Regierten in einer Einheit überwindet, zu der Führer und Gefolgschaft verschmolzen sind. Diese Einheit bildet und erhält sich in einer ständigen Wechselbeziehung zwischen Führer und Gefolgschaft.

Prof. Dr. Ernst Rudolf Huber

Ernst Rudolf Huber. * 8. 6. 1903 — 1937 Prof., Universität Leipzig — 1941—45 Straburg — 1956 Hon. Prof., Freiburg i. Br. — 1957 Ordinarius d. Hochschule f. Sozialwissenschaft, Wilhelmshaven.
Veröffentlichungen: 1934 „Die Gestalt des deutschen Sozialismus", 1949—51 „Quellen zum Staatsrecht der Neuzeit" (2 Bände), 1953 „Wirtschaftsverwaltungsrecht" (2 Bände), 1957 „Deutsche Verfassungsgeschichte seit 1789". („Wer ist Wer?", 1935 u. 1958.)

„Die Eroberung der Macht und ihre Kennzeichen"[1])

Die Eroberung der Macht durch die nationalsozialistische Bewegung war eine wirkliche Revolution. Sie war nicht nur eine Revolution im weltanschaulichen und geistigen Sinne, wenn auch der Kern des Umbruchs in der radikalen Abkehr von Individualismus und Liberalismus, von Materialismus und Marxismus bestand. Aber dieser geistige Umbruch hat in den Ereignissen von 1933 auch zu einem politischen und rechtlichen Umsturz geführt. Das bisherige staatliche System wurde nicht nur geistig überwunden, sondern auch in seinen Einrichtungen und Formen umgestoßen. Zum Wesen der Revolution gehört, daß die bisherige Verfassung vernichtet wird, und daß zugleich eine neue Grundordnung an ihre Stelle tritt. Die nationalsozialistische Revolution hat die Weimarer Verfassung als Gesamtsystem beseitigt; sie hat zugleich die völkische Verfassung aufgerichtet.

Man hat zwar vielfach den legalen Charakter dieses Umbruchs betont. Aber die „Legalität" betrifft nur die äußere Ordnungsmäßigkeit der Ereignisse und stellt ihren wahrhaft revolutionären Charakter nicht in Frage. Der disziplinierte ruhige Verlauf der Revolution darf nicht darüber hinwegtäuschen, daß tatsächlich die Rechtseinrichtungen und rechtlichen Prinzipien des alten Systems vernichtet worden sind. Die Eroberung der Macht, die in diesen Wochen vor sich ging, beseitigte die alten verfassungsrechtlichen Grundgedanken und Formen vollständig und ersetzte sie durch eine neue geistige und rechtliche Ordnung. Diese neue Ordnung war zunächst noch nicht äußerlich umschrieben und nicht allgemein bewußt, aber sie war deshalb nicht weniger existent. Sie lebte als ein ungeschriebenes Gesetz im Herzen der Männer, die sich an die Spitze des erwachenden Volkes gestellt hatten.

---

[1]) *„Verfassungsrecht des Großdeutschen Reiches", Hanseatische Verlagsanstalt, Hamburg 1939, S. 44–46.*

Fragen wir nach der verfassungsrechtlichen Würdigung jener Zeit, so muß es der oberste Grundsatz sein, daß sie nicht vom Boden der Weimarer Verfassung ausgehen kann, sondern vom Boden der werdenden nationalsozialistischen Verfassung aus vollzogen werden muß. Schon die Ernennung *Adolf Hitlers* zum Reichskanzler am 30. Januar 1933 war ein Akt, der nur vom neuen Rechte her wirklich verstanden werden kann. Diese Ernennung war selbstverständlich „legal" im Sinne der äußeren Buchstabentreue, aber niemand wird behaupten, daß es dem inneren Sinn der Weimarer Verfassung entsprochen hätte, daß hier ihr geschworener Feind an die Spitze des Reiches gestellt wurde. Die eigentliche innere Rechtfertigung erfährt diese Maßnahme des Reichspräsidenten *von Hindenburg* vom Geiste der neuen werdenden Ordnung aus. Im Februar 1933 bediente man sich für die notwendigen Regierungsmaßnahmen zwar noch der Formen des alten Rechtes. Aber schon in dieser Zeit wurden die alten Einrichtungen und Rechtsmittel im neuen Geiste angewandt, und damit war das Recht selbst bereits ein anderes geworden. Das deutlichste Zeichen des Umbruchs war die Reichstagswahl vom 5. März, die keine parlamentarische, parteienstaatliche Wahl im Weimarer Sinne war, sondern die eine Volksabstimmung im Rahmen der werdenden nationalsozialistischen Verfassung bedeutete.

Man hat hier die *politische* und die *rechtliche* Bedeutung des Vorganges unterscheiden wollen und gesagt, es handele sich zwar politisch um ein Referendum, juristisch aber um eine Wahl. Das ist eine unmögliche Unterscheidung zwischen politischer und rechtlicher Wertung. Was politisch keine Wahl im alten Sinne ist, ist auch rechtlich keine Wahl, selbst wenn man sich der äußeren Formen eines überwundenen Wahlsystems bedient. Es handelte sich am 5. März einzig und allein um die Entscheidung für oder gegen *Adolf Hitler*; das war der ausschließliche Sinn der Frage, die an das Volk gestellt war. Die formale Einkleidung dieser Fragestellung, die aus der Anwendung des alten Wahlverfahrens folgte, konnte diesen eindeutigen Sinn nicht verhüllen. Eine solche Frage konnte aber sinnvoll vom Boden der Weimarer Verfassung aus gar nicht gestellt werden. Nur von der neuen revolutionären Ordnung aus war es möglich, dem Volke diese Frage vorzulegen, deren Bejahung die Akklamation zur deutschen Revolution bedeutete. Die Abstimmung vom 5. März war also nicht selbst die Revolution. Diese lag in der Eroberung der Macht durch die NSDAP. Das Volk jedoch legte durch die Abstimmung ein Bekenntnis zum Vorgang der Revolution ab.

Der Vollzug der Revolution wurde dann durch den Flaggenwechsel symbolhaft dokumentiert. Der Flaggenerlaß des Reichspräsidenten von *Hindenburg* vom 12. März 1933, der den vollzogenen Flaggenwechsel feierlich bestätigte, wäre vom Boden der Weimarer Verfassung aus unmöglich gewesen. Trotzdem war er kein Rechtsbruch, denn das alte Weimarer Recht bestand in diesem Zeitpunkt nicht mehr, konnte daher auch nicht mehr verletzt werden. Der Flaggenerlaß ging aus einer neubegründeten rechtlichen Ordnung hervor, ja, er ist die erste große Formulierung, in der das neue revolutionäre Recht seinen Niederschlag fand. Im gleichen Sinne sind auch die sonstigen Rechtsvorgänge dieser Zeit zu beurteilen, die Gleichschaltung etwa oder die Einrichtung der Konzentrationslager. Es wäre unsinnig, sie an den Normen der Weimarer Verfassung messen zu wollen. Sie waren Rechtserscheinungen im Rahmen des neuen werdenden Verfassungsrechts. Das deutsche Volk lebte also schon vor dem 23. März 1933 nach einer neuen ungeschriebenen Verfassung.

Prof. Dr. Theodor Maunz

Theodor Maunz. * 1. 9. 1901 — 1937 a. Prof., Universität Freiburg i. Br. — 1952 München.
Veröffentlichungen: 1933 „Hauptprobleme des öffentlichen Rechts", 1937 „Lehrbuch des Verwaltungsrechts", 1951 „Lehrbuch des Deutschen Staatsrechts" (1957: 6. Auflage), 1952 „Kommentar zum Verlagsrecht".
Seit 1957 Bayerischer Staatsminister für Unterricht und Kultus. („Wer ist Wer?", 1958.)

„Ein Verklammerungs-Phänomen"[1]

Die Verklammerung der Polizei des Staates mit der Schutzstaffel der Partei steht in der Geschichte des deutschen Polizeiwesens einzigartig da und ist darüber hinaus ein Phänomen, das sich in keine der überkommenen staatlichen Organisationstypen einfügen läßt. Auch außerhalb der Polizei ist es schwer, einen vergleichbaren Vorgang von ähnlicher Tragweite aufzuspüren.

Man könnte versucht sein, die Verklammerung von *Armee* und *Adel* im friderizianischen Staat in eine Linie damit zu setzen. Das Offizierkorps Friedrichs des Großen bildete die politische Oberschicht des preußischen Staates. Nicht mit Einzelfragen des politischen Tages hat es sich beschäftigt, aber es hat durch seine politische Grundhaltung die staatstragende Schicht gebildet. Es hat „als lebendige Ordnung einen bestimmenden Teil des politischen Ganzen" ausgemacht und ist „einheitsbildende und verfassungsgestaltende Kraft" gewesen. Die Ehrauffassung des Adels wurde als Korpsgeist, sein militärisches Erbgut als Waffenerfahrung und Kriegsethos dienstbar gemacht. Ein in sich geschlossener Körper mit ideeller Gemeinsamkeit gab einer staatlichen Einrichtung den sichernden Rückhalt. Gewisse Vergleichselemente lassen sich also sicherlich herstellen.

Dennoch handelt es sich bei Polizei und ϟϟ um etwas anderes. Es geht hier nicht allein — wenn auch sehr wesentlich — um die „ordnungsmäßige Durchdringung" einer staatlichen Einrichtung durch Träger gleicher Weltanschauung, sondern außerdem auch um eine

[1]) *In „Idee und Ordnung des Reiches" von Ernst Rudolf Huber, Band II, Hanseatische Verlagsanstalt Hamburg 1943, S. 29–31.*

straffe organisatorische Verknüpfung oder Verklammerung der Einheiten, vor allem durch die gemeinsame Führung an der Spitze und in der Mittelstufe. In die Mannschaft, die die ideellen Werte trägt, wird man sodann nicht hineingeboren, mag auch das mitgebrachte Erbgut unerläßliche Vorbedingung des Eintritts sein, sondern man bekennt sich zu ihr durch freien Entschluß. Die Tore einer wesensmäßigen Ergänzung stehen also offen. Und schließlich und vor allem wird eine kastenmäßige Abscheidung von Führung und Mannschaft aufs schärfste verworfen. Das Band der Treue umschließt beide ohne Bruchstelle. Der Aufstieg vom Mannschaftsstand in die Führerberufe bildet bei den truppenmäßig organisierten Einheiten von Polizei und SS ein wichtiges Stück des Aufbaus und wird auch bei den Beamtenstellen der Polizei unbeschadet der verschiedenartigen Vorbildung und getrennten Laufbahnen weitgehender angestrebt als in manchen anderen Sparten des öffentlichen Dienstes.

Der Führer und Reichskanzler hat in einem im Wortlaut nicht veröffentlichten Befehl die Zusammenfassung der gesamten deutschen Polizei in der Hand des Reichsführers-SS und „in die ganz besondere Auffassung der SS" erteilt. Darin beruht der Ausgangspunkt einer Entwicklung, die schließlich dahin führte, daß die „Einrichtungen der Polizei" „im weiteren Sinn dem Gesamtkörper der SS angehören". Die Beziehung der Polizei zur SS ist hiernach weniger eine Abgrenzung von außen, als vielmehr eine Einfügung in ein größeres Ganzes, die noch nicht zu einer völligen Verschmelzung geführt hat, aber auf sie hinzielt. Über der Gesamt-SS — wenn man so sagen darf — steht der Reichsführer-SS und Chef der deutschen Polizei, dessen Funktionen also auch vom Blickpunkt der SS nicht zerlegt werden. „Alle Einheiten der SS unterstehen der zusammenfassenden Führung des Reichsführers-SS und Chefs der deutschen Polizei."

Von einer wirklichen Verschmelzung kann man an einigen Stellen bereits sprechen. So ist das Reichssicherheitshauptamt, eine Abteilung im Reichsministerium des Innern, gleichzeitig Reichssicherheitshauptamt der SS; es liegt weder Personal- noch Realunion, sondern bereits Identität vor. Das Hauptamt „Haushalt und Bauten" im Reichsministerium des Innern ist gleichzeitig Hauptamt für Haushalt und Bauten der SS. Der höhere SS- und Polizeiführer faßt für jeden Wehrkreis die SS und Polizei in seiner Hand zusammen. In anderen Fällen ist zwar die Verklammerung organisatorisch nicht bis zur völligen Gleichheit gediehen, aber für eine möglichst umfassende personelle oder behördliche Union oder eine doppelte Verwendung der Amtschefs in der einen wie in der anderen Reichsführung gesorgt; so ist es z. B. beim Chef der Ordnungspolizei. Wieder von anderer Art ist die Unterstellung einer Parteieinrichtung wie des Sicherheitsdienstes (SD.) des Reichsführers-SS unter eine staatliche Befehlsstelle, das Reichsministerium des Innern, unter Gleichstellung mit Reichsämtern unstreitig staatlicher Herkunft, wie des früheren Reichskriminalpolizeiamts. Eine Amtsgemeinschaft liegt beim Amt des „Reichsarztes-SS und Polizei" vor.

Der organisatorischen Eingliederung der Ämter tritt zur Seite die *Einheit der Mannschaft*. Diesem Ziele dienen mannigfache Maßnahmen. So werden die Angehörigen der Polizei, die den Aufnahmebedingungen der SS entsprechen, in die SS aufgenommen. Sie erhalten den SS-Dienstgrad, der ihrer Stellung in der Polizei entspricht. Die in der Polizei geleisteten Dienste werden auch SS-rangmäßig dem SS-Dienst gleichgesetzt. Auch die Angehörigen der Technischen Nothilfe und der Freiwilligen Feuerwehr sind, wenn sie in die SS aufgenommen sind, zum Tragen der Sigrunen auf der Uniform berechtigt, um den engen

Zusammenhang der beiderseitigen Mannschaften kundzutun, doch können sie nicht nach den für die aktive Ordnungspolizei geltenden Bedingungen in die SS aufgenommen werden, sondern nur nach den allgemeinen Bestimmungen; es findet daher keine Dienstgradangleichung statt. Die Schulung der Polizeimannschaften wird von einem Beauftragten der SS-Dienststelle wahrgenommen und von der Reichsführung-SS für SS und Polizei gemeinsam geleistet. Die Auswahl der künftigen Polizeimänner des einfachen Dienstes erfolgt vorzugsweise aus der Waffen-SS. Die Anwärter des leitenden Dienstes in der Polizei einschließlich der Polizeioffiziere sollen künftig die SS-Junkerschulen durchlaufen. Erst nach der soldatischen, weltanschaulichen und charakterlichen Formung durch Wehrdienst und Junkerschulen beginnt ihre Ausbildung zum leitenden Polizeidienst. Der Plan zielt letztlich darauf ab, auch die rechtswissenschaftliche Vorbildung der Beamten, soweit sie im Polizeidienst vorgesehen ist, aus der bisher in den ersten Jahren grundsätzlich einheitlichen Laufbahn der Juristen auszulösen. Sowohl bei vorhandenen wie auch bei künftigen Mannschaften wird der weltanschaulichen Ausrichtung die größte Aufmerksamkeit zugewandt.

Die Mannschaften von SS und Polizei sollen eine unzertrennliche *Gemeinschaft* bilden. Auch in äußeren Vorgängen und Auszeichnungen sowie in rechtlicher Gleichstellung soll die Gemeinsamkeit zum Ausdruck kommen.

Prof. Dr. Graf von Gleispach

Graf Wenzel von Gleispach. * 22. 8. 1876 — Dr. jur. — 1906 Prof. f. Strafrecht u. Strafprozeß u. Rechtsphilosophie der Deutschen Universität, Prag — 1915 Prof., Wien — 1929—30 dort Rektor — 1931 Prof., Universität Berlin.
Veröffentlichungen: 1907 „Über Kindermord".
Mitglied d. Akademie d. Wissenschaften, Wien, Mitglied d. Gesellschaft z. Förderung d. deutschen Wissenschaft, Kunst und Literatur in Böhmen, Mitglied d. Akademie f. Deutsches Recht. („Wer ist Wer?", 1935.)

„Über politische Verbrechen"[1])

Entgegen manchen aus Unverstand oder Mißgunst herstammenden Behauptungen ist der Nationalsozialismus kein Feind der Freiheit. Nur *eine* Freiheit gibt es für ihn nicht, die Freiheit von den Pflichten, die für den Einzelnen daraus entspringen, daß er Mitglied der deutschen Volksgemeinschaft ist. Sie zu erfüllen ist ein Gebot der Treue zu seinem Volk. „Alle Ehre stammt von der Treue." Darum sehen wir im Verbrechen in erster Reihe die Pflichtverletzung, und darum geht zumindest jedes schwere Verbrechen an die Ehre des Schuldigen. Das muß das Strafrecht scharf zum Ausdruck bringen. Darum baut der Entwurf die Freiheitsstrafe nach Art und Umfang ihrer ehrenmindernden Wirkung aus. Darum schlägt er für besonders schwere Fälle die Ehrloserklärung des Verbrechers vor, die noch weit über den Verlust der bürgerlichen Ehrenrechte hinausgehend unter anderem die Unfähigkeit bedeutet, Bauer, Betriebsführer, Vertrauensmann, Vormund, Pfleger oder Beistand zu sein, eine Waffe zu führen usw. Darum schlägt er ferner vor, in bestimmten Fällen den Schuldigen in zeitgemäßer Weise an den Pranger zu stellen, d. h. das Urteil öffentlich bekanntzumachen. Die schwerste Verletzung der Treuepflicht ist der Angriff auf die Grundlagen des völkischen Lebens selbst, der Angriff auf Verfassung, Staatsgebiet, Sicherheit nach außen und im Innern. Der Deutsche, der sich in dieser Weise gegen die

---

[1]) *„Nationalsozialismus und Wissenschaft". Gekürzte Wiedergabe der auf der Hochschultagung des NSD-Dozentenbundes, Gau Berlin, vom 18. bis 20. Februar 1937 gehaltenen Ansprachen und Vorträge. Herausgegeben vom NSD-Dozentenbund, Gau Berlin 1937, S. 33–34.*

Gemeinschaft selbst vergeht, in die er hineingeboren ist, begeht Verrat. Der Verräter erscheint uns als ein Verbrechertypus, der weniger durch den äußeren Tatbestand, als durch seine Gesinnung, durch den inneren Abfall von der deutschen Volksgemeinschaft gekennzeichnet ist. Ihn trifft der Entwurf mit den schärfsten und durchaus entehrenden Strafen, im bewußten und schroffen Gegensatz zu Liberalismus und parlamentarischer Demokratie, die den politischen Verbrecher gerne mit einem Glorienschein umgeben und infolge ihrer relativistischen Einstellung ihm selbst in der Art der Strafe Achtung nicht zu versagen vermögen. Mit dieser Sonderstellung des politischen Verbrechers macht der Entwurf ein Ende, und er darf das tun, weil die Gestaltung von Volksführung und Staat von heute dem deutschen Volk arteigen ist.

Nicht minder wichtig als die Wirkung des Verbrechens auf die Ehre des Schuldigen ist die Aufgabe, die Ehre strafrechtlich zu schützen. Das geltende Recht hat sich nur darauf besonnen, die Ehre des Einzelnen zu schützen, nicht aber die Ehre des deutschen Volkes. Diese Lücke hat besonders Rosenberg auf das schärfste getadelt, Frick hat versucht, sie durch Anträge im alten Reichstag auszufüllen, damals freilich vergebens. Wie die Freiheit des Volkes ungleich schwerer und höher steht als die des Einzelnen, so auch bei der Ehre. Darum wird der Schutz der Ehre des deutschen Volkes im Entwurf an die Spitze gestellt. Neben ihm genießen den gleichen Schutz das Reich, die Partei und ihre Gliederungen, die Wehrmacht und der Reichsarbeitsdienst, die Taten deutscher Heere und der Heldentod deutscher Soldaten, Ehrenmale, wie nationale Denkmäler oder Ehrenhaine. endlich alle nationalen Wahrzeichen und die deutschen Nationallieder.

Vorbeugende Notwehr[1])

Vor dem Weimarer Schwurgericht stand der *Bauer* Hermann Weber aus Weiden bei Buttstädt, der seinen schlafenden *Sohn erschossen hatte, weil dieser gemeingefährlich geisteskrank war* und fortgesetzt Todesdrohungen gegen die übrigen Mitglieder der Familie und andere Ortseinwohner ausgestoßen hatte. Der angeklagte Bauer hatte geglaubt, *sein Hof könne die Kosten für die dauernde Unterhaltung des geisteskranken Sohnes in einer Heilanstalt nicht tragen.* Der Sohn war eine Zeitlang in der Psychiatrischen Klinik in Jena, wurde dann aber auf sein Bitten wieder nach Hause genommen.

Der Präsident des Staatlichen Gesundheitswesens in Thüringen, Dr. *Astel* (Professor für menschliche Erbforschung und Rassenpolitik an der Universität Jena), hat in seinem Gutachten geäußert, daß eine vorbeugende Notwehr gegen einen gemeingefährlichen Geisteskranken vorliege. Der *Täter habe sich in dem Bestreben, die Sippe zu erhalten, deren Weiterbestehen an den Hof gebunden sei,* zu dieser Tat hinreißen lassen. *Die Sorge um das Weiterleben der bäuerlichen Familie sei auf der Grundlage der Weltanschauung von Blut und Boden mit der Sorge um den Erbhof ziemlich identisch. Recht sei allein das, was dem Leben des Volkes diene, und umgekehrt, was dem Volk schade. Die Tat habe der Volksgemeinschaft keinen Schaden zugefügt. Der Täter müsse wohl bestraft werden, aber ein Mord im landläufigen Sinne liege nicht vor.*

Das Schwurgericht kam, wie die „Deutsche Allgemeine Zeitung" schreibt, der wir diesen Bericht entnehmen, auf Grund dieses Gutachtens und entgegen der Auffassung des Staatsanwalts, der die Todesstrafe beantragt hatte, unter der Berücksichtigung *mildernder Umstände* zu einem Urteil von drei Jahren Gefängnis, und zwar nur wegen Totschlags. Ein Notstand habe nicht vorgelegen, aber dem Angeklagten sei doch zuzubilligen, daß er nicht mit voller Überlegung, wenn auch mit Vorsatz gehandelt habe. Er habe ein Glied aus der menschlichen Gesellschaft ausgeschlossen, das ihr geistig schon eigentlich nicht mehr angehört habe. Andererseits habe er auch als Haupt der Sippe nicht das Recht gehabt, ein Rechtsurteil über einen Sippenangehörigen zu fällen. Das sei vielmehr Sache der Rechtspflege, und deswegen müsse er bestraft werden.

---

[1]) *„Volkstum und Heimat", Heft 4, Jahrg. 4 (46), April (Ostermond) 1937, S. 126, von Prof. Dr. Astel, Biographie siehe „Philosophie".*

Amtsgerichtsrat Dr. Boschan

„Der letzte Zweck"[1])

Der nationalsozialistische Staat hat sich bewußt von einer rein konstruktiven und verständnismäßigen, nur Einzelinteressen schützenden Gesetzgebung abgewandt und hat dem deutschen Volke auf dem Boden der Naturgesetze eine in der deutschen Geschichte noch nicht dagewesene Rasse- und Familiengesetzgebung geschaffen, welche den Bestand des deutschen Volkes sichert, die besten Volkskräfte erweckt, diese Kräfte mit allen Mitteln schützt und zur höchsten Entfaltung bringen soll. Die Gesetzgebung des Dritten Reiches hat ein *höchstes Ziel* und einen *letzten Zweck:* Die Selbstbehauptung des deutschen Volkes, die Erhaltung und Entfaltung des deutschen Volkstums. Verwaltung und Rechtsprechung müssen die getreuen Helfer zur Verwirklichung dieses Zieles der nationalsozialistischen Staatsführung sein (so Staatssekretär Pfundtner in der ersten Sitzung des Reichsausschusses zum Schutze des deutschen Blutes am 10. Juni 1936). Unserem Volke hat die nationalsozialistische Weltanschauung die Erkenntnis vermittelt, daß in der Übernahme und Weitergabe von Anlagen, Fähigkeiten und Eigenschaften von Geschlecht zu Geschlecht blutgebunden die schicksalsmäßige Gestaltung einer Rasse, einer Nation, eines Volkes fest verankert ist. Sie hat uns gelehrt, wie sehr Schicksal und Zukunft unseres Volkes durch die Beschaffenheit seines Erbstroms bestimmt werden, welche Kraft von ihm ausgeht, wenn es rein und ungetrübt fließt, aber auch welche verderblichen Folgen für ein Volk dann eintreten müssen, wenn die kranken und minderwertigen Erbanlagen sich immer mehr ausbreiten und die gesunden Anlagen zu überwuchern drohen (so Staatssekretär Dr. Schlegelberger vor den Erbgesundheitsrichtern am 15. Juni 1936).

---

[1]) *„Nationalsozialistische Rassen- und Familiengesetzgebung", Deutscher Rechtsverlag, Berlin 1937, S. 11.*

Dr. Hermann Schroer

Hermann Schroer. * 27. 6. 1900 — Rechtsanwalt — 1922 in die „Bewegung" eingetreten — 1922/23 SA-Mann in München — 1923 Referent im Bonner strafrechtlichen Seminar „Nationalsozialismus und Parlamentarismus" — 1929 SA-Verteidiger u. Rechtsanwalt, Gauführer des Bundes nationalsozialistischer deutscher Juristen — 1933 Generalinspekteur des Bundes „NS-Dt. Juristen", Mitgld. d. Akademie f. dt. Recht — 1934 Abteilungsleiter d. Rechtsabteilung d. NSDAP — Besondere Interessen: Bildende Kunst, Leiter der dt. Bühne in Wuppertal, Dezernat f. Theaterwesen in Wuppertal. (F. L.)

„Der Sinn des neuen Strafrechts"[1])

Das Strafrecht spiegelt die Seele eines Volkes wider, seine Fehler und Laster, aber auch seine höchsten Güter. Das Strafrecht spiegelt weiter die Rangordnung der Werte eines Volkes wider. Es zeigt zudem das Volk als Herrscher oder Knecht, das Strafrecht gibt Zeugnis davon, ob das Volk seine höchsten Güter kraftvoll verteidigt oder ob es, unter Verkürzung seiner eigenen, fremden Gütern und Werten dienstbar ist.

Unser noch geltendes Strafrecht von 1871 ist ein Mischmasch. Aus diesem Strafrecht sprechen viele Zeiten, Völker und Sitten. Mit dem Vordringen des Judentums im 19. Jahrhundert jedoch, mit dem offenen Vormarsch insbesondere in der Weimarer Episode erscheint im Strafrecht insgesamt mehr und mehr das typisch Jüdische, das Arisch-Germanische wird dagegen immer mehr zurückgedrängt.

Für den jüdischen Einfluß einige Beispiele.

Der Rassenschutz, den das Judentum in seinem Recht konsequent durchgeführt hat, ist im alten Strafgesetzbuch nicht behandelt. Für Lehre und Gesetz ist offenbar die Rasse kein Gebilde der Wirklichkeit.

Der Wucher, im alten Strafgesetzbuch durch eine Novelle von 1880 hinzugekommen, ist verklausuliert und wird mit geringer Strafe bedroht, so daß der Einfluß des jüdischen Rechts, das im Interesse des Handels keine Kriminalstrafe gegen Wucher kennt und den Wucher gegen Nichtjuden sogar ausdrücklich erlaubt, unverkennbar ist.

---

[1]) *Vorwort zu seinem Buch „Mord – Judentum – Todesstrafe", Zentralverlag der NSDAP, Franz Eher Nachf., München.*

Der Betrug, dessen Herzstück nach germanischer Überzeugung in der Täuschung, in der Arglist liegt, besitzt nach noch geltendem Recht genau so wie das jüdische Recht das entscheidende Merkmal in der Vermögensbeschädigung.

Besonders klar wird die Herrschaft jüdischer Rechtsauffassung beim Mord.

Die Todesstrafe beim Mord wird nach dem noch geltenden Strafgesetzbuch beherrscht durch den jüdischen Rechtssatz: „Auge um Auge, Leben um Leben", sowie durch die übersteigerte Schuldlehre, besser, durch die Beweiserschwerung mit der Überlegung. Aus unserem noch geltenden Mordparagraphen ist damit alles Arisch-Germanische verschwunden, das nicht nach dem rohen Wiedervergeltungsprinzip richtet, sondern nach den charakterlichen Motiven.

Dieses alles darzustellen ist der Zweck dieser Schrift. Sie zeigt also die jüdische Rechtsauffassung über den Mord und die Todesstrafe und ihre Entwicklung aus der Eigenart des jüdischen Volkes. Weiter wird diese jüdische Auffassung der arisch-germanischen gegenübergestellt. Und schließlich zeige ich in einer Skizze, die das Wesentliche heraushebt, daß die jüdische Mordlehre im Laufe eines *jahrhundertelangen schweren Kampfes* sich langsam mehr und mehr gegen die arisch-germanische Auffassung innerhalb Deutschlands durchgesetzt hat und daß die jüdische Mordlehre in dem noch geltenden Mordparagraphen zur absoluten Herrschaft gelangt, daß sie im nationalsozialistischen Strafgesetzbuch-Entwurf dagegen wieder vollkommen ausgemerzt worden ist.

Grauenvoll ist der jüdische Rechtssatz, daß es den Juden noch heute ohne Vorliegen von Notwehr rechtlich erlaubt ist, einen Nichtjuden zu ermorden, ja, daß die Juden den jüdischen Mörder eines Nichtjuden als Helden preisen.

Satanisch wirkt die aufgezeigte Methode der Juden, mit Hilfe des Kampfes gegen die Todesstrafe durch Wort, Schrift und ein entartetes Gnadenverfahren die arischen Werte unseres Volkes zu zersetzen, das Eindringen nicht-arischer Werte zu erleichtern und durch gesetzlich verankerten Mörderschutz die Revolution gegen Zucht und Ordnung in Permanenz zu erhalten, damit das Judentum schließlich auf dem Chaos *seine* Herrschaft errichten kann.

Alles das soll die Kampfschrift zeigen, in knapper und allgemein verständlicher Form.

Möge sie die Kämpfer stärken, Herz und Gehirn vieler Volksgenossen vom jüdischen Gift befreien und wieder mit arischer Kraft erfüllen.

So wird diese Schrift mithelfen, daß das deutsche Volk seinen guten Kampf kämpft gegen alles Artfremde auf deutschem Boden und für immer und ewig siegreich besteht

„Wir sind Richter, nicht Götzendiener"[1])

Beschluß

Die Reichsregierung hat am 2. Juli 1934 das folgende Gesetz beschlossen und in Nr. 7 des Reichsgesetzblatts I. S. 529 veröffentlicht:

„Einziger Artikel.

Die zur Niederschlagung hoch- und landesverräterischer Angriffe am 30. Juni, 1. und 2. Juli 1934 vollzogenen Maßnahmen sind als Staatsnotwehr rechtens."

Unterzeichnet ist dieses „Gesetz" nicht nur von Hitler und Frick, sondern auch von dem Reichsjustizminister Dr. Gürtner. Dieses Gesetz ist rechtswidrig und ungültig. Der Gesetzgeber kann zwar unabsehbar Vieles mit Rechtswirksamkeit anordnen, aber nicht alles. Die Grenze seiner Befugnisse zu überschreiten, ist er in ruhigen Zeiten kaum je veranlaßt. So konnte in der Rechtslehre die irrige Meinung entstehen, der Gesetzgeber vermöge in Kraft zu setzen, was ihm beliebt; er sei die „Quelle" des Rechts. Der Gegenbeweis kann hier nur mittels eines Beispiels geführt werden. Gibt es einen Menschen auf der Welt, der ein Gesetz für gültig hielte, wonach jeder deutsche Staatsbürger verpflichtet wäre, sich an bestimmten Tagen des Jahres von Mördertrupps, die die Regierung aussenden werde, nach deren Gutdünken widerstandslos töten zu lassen? Ein solches Gesetz wäre ohne jeden Zweifel null und nichtig. Ein solches Gesetz haben wir aber in dem oben angeführten vor uns; nur bezieht es sich auf Vergangenes, nicht auf die Zukunft.

Es gibt freilich eine Rechtfertigung von Handlungen durch Staatsnotwehr. Aber wenn Handlungen in Staatsnotwehr begangen sind, so bedarf es keines Gesetzes, um diese Rechtfertigung erst herbeizuführen. Und waren die Handlungen nicht in Staatsnotwehr vorgenommen, so kann sie kein Gesetzgeber mit Hilfe eines Stückchens bedruckten Papiers nachträglich in Staatsnotwehrakte verwandeln. Überdies kann der Verüber oder Veranlasser

---

[1]) *Es handelt sich um den Entwurf eines bayerischen Richters aus dem Jahre 1934 zur Zeit der Juni-Morde („Röhm-Putsch"). Man wollte ihn heimlich drucken lassen und in Form von Plakaten in die Öffentlichkeit gelangen lassen. Nachdem der Entwurf jedoch fertig ausgearbeitet war, untersagte der Präsident des Gerichtes die Veröffentlichung, da die „Zuständigkeit fehle". Der Verfasser wünscht anonym zu bleiben. Sein Name ist jedoch Herrn Prof. Dr. Hans Rothfels, Tübingen, der das Original auch mit eigenen Augen gelesen hat, sowie dem Institut für Zeitgeschichte in München, bekannt.*

einer Tat zwar in Notwehr handeln, jedoch nicht selber bindend darüber entscheiden, ob er es getan hat. Hat der Gesetzgeber selbst gewisse Taten verübt oder veranlaßt, so kann auch er nicht Richter in eigener Sache sein und sich nicht durch einen Mißbrauch seiner gesetzgeberischen Gewalt selber schuldlos machen. Ein solches Gesetz ist in Wahrheit eine Art gerichtlichen Urteils, und als vom Beschuldigten selbst erlassen, nichtig.

Notwehr kann nur gegen rechtswidrige Angriffe begangen werden. Ob und wieweit solche Angriffe stattgefunden haben, entzieht sich noch heute jeder Beurteilung. Wie die vorgenommenen Tötungen beweisen, befanden sich die Verdächtigen in der Hand der Regierung. Warum hat man sie nicht zur Haft gebracht und vor Gericht gestellt? Warum hat man, wenn man schon an Richterstelle auftrat, nicht wenigstens die Taten, auf die sich das Urteil beziehen sollte, genau bezeichnet? Das Gesetz glaubt, selbst dieser Pflicht überhoben zu sein; es breitet den Mantel eines grauenvollen und gewissenlosen Verzeihens über alles, was in jenen Freinächten geschehen ist, sei es, was es mag. Alle unter dem entsprechenden Vorwand in jenem Zeitraum vorgenommenen „Maßnahmen" sollen in Bausch und Bogen rechtmäßig gewesen sein. Wie kann man eine Handlung als in Notwehr begangen hinstellen, wenn man die Handlung selbst nicht kennt und nicht zu kennen noch zu nennen wagt? Diese Art von Staatsnotwehr hat offenbar die Eigenschaft, selbst bei Urteilslosen nur dank der strengsten Geheimhaltung ihres grausigen Anwendungsbereiches einigen Glauben finden zu können. Soll es etwa ein Staatsnotwehrakt gewesen sein, daß der alte Herr v. Kahr ermordet wurde? Und wie soll dort Notwehr vorgelegen haben, wo die Mörder einen Menschen umbrachten, der nicht einmal in irgendeinem Sinne verdächtig oder verhaßt war, sondern mit einem anderen verwechselt wurde oder aus einem sonstigen Irrtum einen schrecklichen Tod erleiden mußte? Auch ein solches, wahrhaft zum Himmel schreiendes Verbrechen ist begangen worden; sein Opfer ist Dr. Willi Schmid in München. Und all das soll Notwehr gewesen sein, weil es dem Veranlasser, der zugleich Gesetzgeber ist, so beliebt? Nimmermehr! Hier zeigt sich zugleich, wohin diese Theorie und die Ausschaltung der Gerichte führt; nicht nur die Entscheidung über die Schuld derer, die man herausgriff, bleibt der unnachprüfbaren Willkür überlassen; schon, daß man nicht ganz andere Menschen umbringt als man beabsichtigte, hängt allein vom Zufall ab.

Von einem Arzt, der in Pestzeiten seine Dienste einstellt und das Weite sucht, ist nicht viel zu halten. Wir Richter des Bayerischen . . . gerichts, die wir unser Leben im Dienst des Rechts verbracht haben und in Ehren grau geworden sind, wir wollen nicht einem solchen Arzte gleichen; wir wollen das Recht in der Stunde der höchsten Gefahr nicht im Stich lassen. Den Tod und die irdischen Drangsale, die man über uns verhängen mag, fürchten wir nicht; wohl aber fürchten wir die Schande und das Grauen, darein wir das deutsche Volk versinken sehen. Darum haben wir uns zusammengefunden und erklären, unseres Richtereides eingedenk, feierlich vor Gott und der Welt:

Wenn wirklich die von der Reichsregierung verkündeten Grundsätze von nun an deutsches Recht sein sollen, so haben wir mit diesem Rechte nichts mehr gemein. Wir sind Richter, nicht Götzendiener.

KAPITEL VIII

Geschichte

INHALTSVERZEICHNIS

Vorwort

Es hat einmal eine Zeit gegeben, in der der alte Meister Leopold von Ranke völlige Objektivität vom Historiker verlangte: „So wie es wirklich gewesen ist!" Leidenschaftslos und ohne Partei zu ergreifen sollte sich der Historiker darauf beschränken, getreulich die Wahrheit und nichts als die reine Wahrheit zu berichten.

Berühmte deutsche Denker wie Simmel, Rickert und Dilthey — und ihrer waren viele — lehnten Rankes Auffassung als undurchführbar ab und erklärten vielmehr entschieden, das von Ranke und seiner Generation gepriesene Ideal liege außerhalb der menschlichen Fähigkeiten.

Ohne es zu wollen, wurden sie auf diese Weise zu Wegbereitern der Reaktion, von der wir in diesem Kapitel einige Beispiele geben. Da es also keine Objektivität mehr gab, waren jeder Auslegung Tür und Tor geöffnet. Der Subjektivität war somit das Bürgerrecht in der Geschichtswissenschaft verliehen worden. Selbstverständlich ergriffen auch die Nazi-Denker Partei.

Wir haben unsere Denker nach dem Alphabet geordnet und uns nicht darum gekümmert, ob es sich jeweils um geschulte Meister, Phantasten oder irgendwelche Eigenbrötler handelt, denn gleichviel ob die einen nun vielleicht ihr Handwerk besser verstanden als die anderen, die Leidenschaft, die sie alle beseelte, war jedenfalls doch die gleiche.

Hermann Baltzer

„Blondheit und Kultur"[1])

Die Kulturentwicklung der Deutschen wird dadurch bestimmt, daß einerseits sie das dem Ursprungsland der Blonden am nächsten angeschlossene Großvolk waren, sogar wahrscheinlich einen Teil davon noch heute innehaben, Schleswig-Holstein, daß darum der Hundertsatz der Blonden in ihnen erheblich ist, im Norden bis gegen 40 v.H., im Süden immer noch gegen 20 v.H., daß aber anderseits seine Tüchtigsten seit gut zwei Jahrtausenden Land und Volk verlassen haben und dadurch ein gewisser Mangel an Schöpferkraft eingetreten ist, der immer wieder die Meinung hervorruft, nur die Kreuzung mit dunklen Völkern des Südens mache den sonst unfruchtbaren Blondling schöpferisch. Aber auch Fremdblut floß seit ältester Zeit ein. Der hohe Hundertsatz der Blondheit im Gesamtvolk hielt dem immerhin einigermaßen die Waage, so daß die deutsche Allgemeinkultur, der Durchschnitt, durch lange Zeiten hindurch sehr hoch war und den Durchschnitt der anderen europäischen Völker deutlich übertraf. Und bei dem hohen Hundertsatz von Blonden konnte es auch immer wieder zu einer starken Gezeit des nordischen Blutes kommen, und dann sehen wir Deutschland staatlich oder geistig als die Vormacht Europas.

Im Beginn einer solchen nordischen Flutwelle ist das deutsche Volk, als es in die römische Geschichte eintritt, als Tacitus es schildert. Ganz Europa wird in der Folge germanisch, und Deutschland läßt seine Könige die Kaiserkrone der Weltherrschaft tragen. Von Karl dem Großen an, der sich am Weihnachtstag 800 die Kaiserkrone aufsetzen wollte, aber sie vom Papst aufs Haupt gesetzt bekam, bis zu Friedrich II. von Hohenstaufen, der 1250 stirbt, gibt es ein lebendiges römisch-deutsches Kaisertum. Danach ziehen nur noch etliche deutsche Könige nach Italien, um sich in Rom krönen zu lassen, üben aber keinen Einfluß mehr aus. Dante erwartete umsonst von dem Luxemburger Heinrich VII. das Heil. Bei Karl IV. war die Kaiserkrönung schon bloße Formsache, und Maximilian I. erlangte sie überhaupt nicht mehr; er legte sich trotzdem den Kaisernamen bei, der fortan ein leerer Titel ist. Nur in der Zeit von 800 bis 1250 ist Deutschland die Vormacht Europas, wenn auch als solche mitunter stark bestritten und mehrmals ausgeschaltet. In dieser Zeit aber

---

[1]) *„Rasse und Kultur." Ein Gang durch die Weltgeschichte, Alexander Duncker Verlag, Weimar 1934, S. 237–239.*

hat es nach Karl dem Großen noch eine ganze Reihe glänzender Fürstengestalten gegeben, einen Heinrich I., einen Otto den Großen, Otto II., einen Konrad II., Heinrich III., dann die Staufer Konrad III., Friedrich I. (Rotbart), Friedrich II. Neben diesen lassen sich noch eine Fülle von staatlichen Begabungen nennen, die mit den Königen oder gegen sie kämpften, geistliche und weltliche. Vor allem ist der große Papst Gregor VII., der Heinrich IV. in Canossa demütigte, selbst ein Deutscher gewesen, der wohl in Italien geboren, aber in Deutschland erzogen ward. Von allen diesen Persönlichkeiten war nur Heinrich III., der darum „der Schwarze" genannt wurde, dunkelhaarig, „zwar schwarz, aber doch schön und so groß, daß er mit Haupt und Schultern das ganze Volk überragte", wie Lampert von Hersfeld über ihn schreibt. Otto II. wird „der Rote" genannt, was sich auf seine frische Gesichtsfarbe bezog. Dagegen war sein und der Griechin Theophano Sprosse Otto III. Mischling mit braunroten Haaren, die sich an der Stirn lockten, und dunklen Augen, klein und von levantinischen Zügen, ein typischer frühreifer Brünetter: man nannte ihn byzantinernd das „Weltwunder", aber er versagte in allem und starb schon mit 21 Jahren, ohne Nachkommen zu hinterlassen. Von Karl dem Großen wird gelegentlich behauptet, er sei klein und schwarz gewesen. Aber Karl der Große war nach Einhard, seinem Zeitgenossen, „von breitem und kräftigem Körperbau, außerordentlicher Größe (nach anderen Nachrichten 1,92 m), die jedoch das rechte Verhältnis nicht überschritten – denn seine Länge betrug bekanntlich sieben seiner Füße –; der obere Teil seines Kopfes war rund (was besagt, daß er nicht etwa flach oder spitzschädelig, sondern gewölbtschädelig war), die Augen sehr groß und lebhaft, die Nase überschritt ein wenig das Mittelmaß; er hatte schöne weiße Haare (er trug sie kurz geschnitten) und ein freundliches und heiteres Gesicht". Das schildert ihn in seinen letzten Jahren als Siebziger. Als Fünfziger stellt ihn das Mosaikbild im Triklinium Leos III. im Lateran dar; da ist er noch blond und hat einen blonden Schnurrbart – er trug nur den –, während der Papst, ein geborener Römer, braunhaarig ist.

Paul Burg

Paul Burg (Pseudonym für Paul Erich Bruno Schaumburg). * 12. 12. 1884 — Spezialgebiet: Sittengeschichte.
Veröffentlichungen: 1935 „Bravo, Herr Feldmarschall", 1936 „Forscher, Kaufherrn und Soldaten", 1937 „Soldaten", 1939 „Clausewitz", 1942 „Das gepanzerte Herz", „Profile und Porträts" u. a. m. (K. L. K., 1952.)

Geschichte für jedermann[1])

Aus dem Schoße der Zeit erhob sich das Jahr 1933 und brachte schon in seinem ersten Monat dem deutschen Volke eine große, weithin leuchtende Wende auf dem Wege in Nacht und Not. Während der kurzlebige Verlegenheitskanzler Schleicher mit dem Führer des linken Flügels der voranstürmenden nationalen Bewegung zu paktieren versuchte, führte schon in den ersten Tagen des Jahres guter Wille und weise Voraussicht den klugen und vorsorglichen vorigen Kanzler mit dem Manne zusammen, auf den ganz Deutschland seit Monaten mit größter Erwartung blickte und von dem allein es seine Rettung aus dem Chaos der Mißregierung und vor dem Chaos des Bolschewismus erwartete. Man vermutete Adolf Hitler auf dem Wege in den Lippeschen Wahlkampf, zu Füßen des Denkmales des ersten deutschen Befreiers Hermann im Teutoburger Walde wähnte man ihn, gerüstet zur letzten Kraftprobe — stattdes entstieg er in Bonn am frühesten Morgen des 4. Januar dem Rheinlandzug und jagte in seinem flinken Wagen nach Godesberg. Hier erwartete ihn ein geschlossener Wagen, der mit unbekanntem Ziel davonraste. Seinen Begleitern hatte Hitler befohlen, ihn drei Kilometer hinter Köln auf der Düsseldorfer Straße zu erwarten, und hier erschien denn auch an jenem nassen und kalten Januarmittag der geschlossene Wagen wieder. Man stieg um und jagte durch das Industriegebiet über Paderborn nach Detmold zur ersten Wahlversammlung.

Klingt es nicht wie aus einem Film? Aber schlingt sich nicht auch beinahe der romantische Zauber mittelalterlicher Zeit der Kaiser und streitbaren Kirchenfürsten am Rhein um diese geheimnisreiche Reise? Noch vor Nacht wurde in Berlin bekannt, im Hause des Bankiers Schröder in Köln hätten Adolf Hitler und Franz von Papen sich treu und ehrlich ausgesprochen. Und als dann nach zehn Tagen das Hermannsland mit 47,8 % der Wähler zu Hitlers Fahne stand, jagte er in schneidender Kälte über Kassel nach Weimar und schleuderte auf offenem Markte seine Kampfansage ins Reich: „Wir müssen aus der Geschichte

---

[1]) *„Neue Geschichte des Deutschen Reiches für jedermann." Von König Heinrich dem Vogelsteller bis zum Volkskanzler Adolf Hitler. Leipzig 1934, S. 553–556.*

lernen, damit sich unser Schicksal nach der Hermannsschlacht nicht wiederhole. Im Herzen Deutschlands geloben wir heute, den Kampf zu führen, bis das Ziel erreicht ist." Und acht Tage später stand die Berliner SA auf dem Bülowplatz mit der Front zum Karl-Liebknecht-Haus aufmarschiert und sang zur Ehre des neuen Theodor Körner-Horst Wessel dessen Trutzlied mit dem Kehrreim: Die Knechtschaft währet nur noch kurze Zeit! Es ist, als ob Hitler noch eine letzte Warnung an den Kanzler richtete.

Schleicher will den Reichstag auflösen, doch Hindenburg verweigert sein Ja. Am 28. Januar sitzen Präsident und Kanzler einander gegenüber. Ihre Unterredung charakterisiert E. O. Volkmann in seinem Buche „Am Tor der neuen Zeit": Wie ein gestelltes Wild nimmt der General den Kampf noch einmal auf. Seine Worte sind schärfer als sonst. Er gebraucht militärische Bilder und Vergleiche, faßt den Feldmarschall gewissermaßen ans Portepee. Der Nationalsozialismus, sagt er, sei halb geschlagen. Der Höhepunkt der Bewegung, das hätten schon die Novemberwahlen gezeigt, sei überschritten. Einen geschlagenen Feind aber lasse man nicht los, sondern verfolge ihn bis zum letzten Hauch von Roß und Mann. Eine Schwenkung der Politik im jetzigen Augenblick sei schlimmer als ein Fehler, sei eine Schwäche. – Alles sei für eine neue Entscheidung vorbereitet. Man werde den Reichstag auflösen und dann mindestens ein Jahr lang keine Wahlen mehr vornehmen lassen. –

Umsonst. –

In sich gekehrt hört der Feldmarschall den General an. Ein paarmal richtet er sich ungeduldig auf, als wünsche er, der peinlichen Stunde ein schnelleres Ende zu bereiten. Aber er zwingt sich. Fünfzehn Jahre war der General ihm Berater und Freund. –

Am Ende steht sein Nein. Das Auflösungsdekret wird er nicht unterzeichnen.

Acht Tage, in denen sich die Widerwilligen gedreht und gewunden hatten, soviel sie vermochten. An einem hellen Sonntag, dem letzten im Januar, stellte in seinem Berliner Hauptquartier Hotel Kaiserhof gegenüber der Reichskanzlei und nur durch Wilhelmsplatz und Wilhelmstraße getrennt von seinem höchsten und allerletzten Ziel, der Führer, auf den die Millionen Deutsche bangend blickten, sein Kabinett zusammen. Am anderen Morgen aber fuhr er, umjubelt von den Massen, über den Platz zum Reichspräsidenten; an diesem 30. Januar betrat Adolf Hitler das Haus Bismarcks und verließ es als Kanzler des Deutschen Reiches.

Wenn man gesagt hat, der alte Eckart des Reiches, Feldmarschall Hindenburg, habe dem „Gefreiten des Weltkrieges" bei seinem vorigen Besuch nicht einmal einen Sitz angeboten, ihm stehend seine Lektion abgefragt und ihn stehend, halb maßregelnd entlassen, halb im Zorn seien sie beide voneinander geschieden, so ist diese zweite Zusammenkunft wahrlich anders verlaufen. Franz von Papen, der „Ritter ohne Furcht und Tadel", hatte den Reichspräsidenten nun völlig über diesen „Unbekannten Soldaten" aus Braunau am Inn aufgeklärt, und der alte Feldherr und auf seine hohen Tage noch Staatsmann Paul von Hindenburg, der als Leutnant 1866 bei Königgrätz focht und als Premierleutnant 1871 die Kaiserproklamation von Versailles mitfeierte, der aber auch 1918 mitgelitten und an dem zweiten Versailles von 1919 schwer getragen hatte, der uralte deutsche Recke aus dem Norden, Sinnbild der Soldatentreue, Mark der Ehre, streckte dem halb so jungen Südländer, dem fanatischen Kämpfer aus dem Nibelungenlande beide Hände entgegen mit dem Worte: „Ich will die letzte Strecke meines Alters gern und freudig mit Ihrer Jugend gehen, denn es wird zum Heile Deutschlands sein!"

Erich Czech-Jochberg

Erich Czech-Jochberg. — * 30. 1. 1890 — Politik und Geschichte — Herausgeber: „Das Neue Deutschland".
Veröffentlichungen: „Die Verantwortlichen im Weltkriege", „Wir und Frankreich: Erbfeind? Bundesgenosse?", 1933 „Die politische Republik", „Von Ebert bis zu Schleicher", „Unser Führer" (ein dt. Jungen- u. Mädchenbuch), „Das Jugendbuch von Horst Wessel", 1934 „Cäsaren, Bildnisse römischer Kaiser". (K. L. K., 1934 u. 1937—38.)

Die nordische Dämonie[1])

Der Mensch hat als Fluch seiner Entfernung von der Natur, als Fluch des Abwerfens des rein Dämonischen, des Tierischen, einen Rest dieser Dämonie mitbekommen selbst in unserer Zeit. In jedem Menschen der ewige Zwiespalt. In jedem Menschen Licht und Schatten ...

Aber die nordische Dämonie ist anders als die der andern. Die nordische Dämonie ist heldisch. Sie gipfelt in der Verachtung des Todes. Licht und Finsternis auch in der nordisch-germanischen Seele. Licht: Siegfried. Finsternis: Hagen. Aber dieser Hagen hat nichts Häßliches, Zwergenhaftes, Verachtenswertes an sich, dieser Hagen ist königstreu und soldatentreu. Die deutsche Dämonie ist heroisch. Drängt sich hinein in das Urleben, das *Leben* ist, auch wenn es der Tod ist ... Leben, Tod ... gleichwertig, mehr: Eines. Der ewige Sinn: Sterben heißt neues Leben ... die Natur! Der Mythus, das Lied der sterbenden, also sich erneuernden Natur!

Die deutschen Helden fürchten den Tod nicht. Suchen ihn als Erlebnis auf dem Schlachtfelde. Preisen den Einzug nach Walhall, schimpflich ist, „im Bette zu sterben" ...

Dämonisch und heroisch: Ein deutscher Sagenforscher, von der Leyen, beklagt es, daß die spätgermanischen Heldengestalten „erschreckend" seien. Er sagt: „Die Könige und Krieger der germanischen Völkerwanderung, die in unsern Liedern vor uns treten, werden wohl manchen erschrecken und für ein Zeitalter der Humanität immer ein Abscheu sein. Denn sie sind hart und unbarmherzig; um schöne Rüstungen zu erbeuten, töten sie die Feinde; lüstern begehren sie nach Ländern und Schätzen, halten nur dem König die Treue, der ihnen freigebig ist und sie belohnt, wie sie es wollen. Sie nennen ihr oberstes Gebot

---

[1]) *„Deutsche Geschichte nationalsozialistisch gesehen", Philipp Reclam jun., Verlagsbuchhandlung, und Verlag „Das neue Deutschland", Leipzig 1933, S. 9–12.*

die Rache und sind verschlagen und tückisch, wenn sie ihre Ziele erreichen wollen. Der gelungene Verrat und der grausame Überfall erfüllt sie mit stolzer Genugtuung, und um ihrer Rache und ihrer Gier und ihrer Kriegslust willen stürzen sie sich einer auf den anderen. Bruder gegen Bruder, Sohn gegen Vater, Volk gegen Volk."

Aber er muß auch gestehen: „Und doch welche Helden! Überwältigend in ihrem Mut und ihrer unbändigen Kraft; um leben zu können, suchen sie die wildesten Gefahren und Abenteuer auf und lassen nur die schwersten Heldenproben als Proben gelten. Eisern, unbeugsam, unerbittlich, wie die Naturgewalten, sind sie in ihrem Handeln, sobald es die höchsten Gebote des Heldentums gilt, Ehre und Rache, Gastfreundschaft und Treue. Sie opfern dem kategorischen Imperativ ihrer Sitte, ohne zu fragen, ihr Glück, ihre Liebe, ihr ganzes Dasein, sie halten die Treue über Leben und Tod hinaus; diese Kraft, sich zu opfern, gibt ihrem Heldentum die Größe. Die alten Helden sind wortkarg, siegreich über sich im vernichtenden Widerstreit der Gefühle und herrlicher als je, wenn sie, den sicheren Tod vor Augen, kämpfen, wenn sie ehrerbietig und still dem allmächtigen Geschick gehorchen, daß sie alle hinweggerafft hat, und über das doch die Kraft ihres Heldentums sich leuchtend und unvergänglich emporhebt."

Die Zwiespalt, Licht und Schatten, das Dämonische, Furchtbare, Urwilde im Germanen! Der Furor (um in eine neuere Zeit hinüberzuschlüpfen). *Aber heroisch ist auch dieser „furor teutonicus"* ...

Delbrück setzt sich seitenweise mit diesem Gegensatz, diesem Kampfe in der Seele der Germanen auseinander. Kommt zu keinem Schluß, endigt mit der nachdenklichen Feststellung: „Der gewaltigste Ausdruck des germanischen Volksgeistes, das Nibelungenlied, geht aus von einem ungeheuren Verrat, einer gräßlichen Treulosigkeit. In demselben Lied aber erleben wir die Treue der langrächenden Kriemhild und die Kriegertreue, mit der die Burgunden zusammenhalten und mit Hagen untergehen."

Ich finde die Dinge einfacher: Die Zerrissenheit der Seele, das Dämonische, das auf der Lauer liegt, das Lichte zu überfallen, diese Zerrissenheit der Seele, Fluch der Flucht des Menschen aus der Natur, aus dem Tierhaften, *fehlt in keinem Volke dieser Erde.* Das Düstere, Dämonische verwehte aber in einem Leben wie etwa dem römischen, das Großstädte kannte mit den Ausmaßen des 20. Jahrhunderts. Verwehte in jedem Volke, das nicht mehr *auf Kampf gestellt war mit Naturgewalten*, das nicht noch den Erdgeruch einsog mit vollen Zügen. Die Germanen taten es, die Germanen selbst des Tacitus taten es noch: *Sie waren erdgebundener und erdnäher und naturnäher! Die Dämonie gor noch in ihrem Blute, das Urweltliche*, als in anderen Völkern, die leichter geworden und leichtsinniger unter heißeren Sonnen, blaueren Himmeln, die Dämonie nicht mehr in heroischem Kampfe sprühte, in Sturz in den Tod, sondern zu kleinen Fallen und Gift und Politik Zuflucht nahm ... die Merowinger waren dämonische Gestalten ... Tiberius war kein Dämon ...

Werner Daitz

Werner Daitz. * 15. 10. 1884 — Gesandter — 1907 Diplom als Ingenieur-Chemiker — 1931 Mitglied d. Reichsleitung d. NSDAP f. wirtschaftl. Fragen, MdR. Veröffentlichungen über d. kommenden Umbau d. Volks- u. Weltwirtschaft im nat.soz. Sinne — Besondere Interessen: Philosophie (F. L.) — Januar 1941 Gründer d. Ges. f. europ. Wirtschaftsordnung u. Großraumwirtschaft. (H. P., S. 125.)

„Das kommende Ordnungsprinzip der Welt wird auf biologischen Monroe-Doktrinen begründet sein."

(W. Daitz: „Echte u. unechte Großräume" in „Reich—Volksordnung—Lebensraum", Zeitschrift f. völk. Verfassung u. Verwaltung, 1942, II, S. 86.)

Landgermanen und Seegermanen[1])

I.[2])

Der germanische Mensch ist Raumgestalter. Im Ausgriff, im Angriff, in der operativen und strategisch berechnenden Bewegung gestaltet er aus seinem Lebensgesetz heraus den Raum (für sich und andere, mit nicht gleich starken raumgestaltenden Kräften begabte Völker) staatspolitisch, wirtschaftspolitisch, kulturpolitisch, militärpolitisch und rechtssetzend. Für den germanischen Menschen als *Bewegungsmenschen* ist deshalb der Raum ebenso lebensnotwendig wie das Wasser für den Fisch; ohne genügend Raum kann der Mensch nicht leben und ohne genügend Wasser der Fisch nicht schwimmen.

Diese besondere, in seinem Lebensstil begründete Befähigung zur Raumgestaltung, also die Entwicklung starker staats-, wirtschafts- und kulturgestaltender Kräfte, hat der germanische Mensch nun von seinen Wohnsitzen aus in verschiedenen Richtungen entwickelt. Die einen vorzugsweise über das Land, die anderen vorzugsweise über die See. So haben sich im Laufe der Entwicklung Landgermanen und Seegermanen gebildet und sich allmählich trotz gleichen Lebensstils in Seevölker und Landvölker differenziert. Die einen pflügen deshalb in erster Linie das Land, die anderen die See. Aber Pflug und Schwert sind den Landgermanen und Schiff und Schwert den Seegermanen untrennbare Lebenseinheit.

---

[1]) *„Berliner Monatshefte", Jahrgang 1941.*
[2]) *S. 637.*

II.[1])

Mit der fortschreitenden technischen und nautischen Verbesserung der Schiffahrt blieben nun aber die germanischen Seevölker nicht mehr wie bisher notwendig an die Küsten und Ströme des Kontinents gebunden, sondern konnten sich jetzt mehr und mehr von ihrem ewigen unersetzbaren Lebensraum Europa entfernen. Sie entdeckten Amerika und begannen systematisch die Indien- und Ostasienfahrt. Ihre raumgestaltenden, staats-, wirtschafts- und kulturpolitischen Kräfte begannen sie nun in Europa art- und raumfremden Erdteilen einzusetzen. Dies hätte nicht zu einer Entfremdung, zu einer Verzettelung und Schwächung gegenüber dem gemeinsamen kontinental-europäischen Lebens- und Heimatraum der germanischen Völker führen brauchen, wenn hier ein starkes, arteigenes und raumpolitisch geschlossenes Reich der Landgermanen bestanden hätte, das als politisches Macht- und Gravitationszentrum die Seegermanen immer wieder an ihren Heimatraum gebunden hätte.

III.[2])

Mit naturgesetzlicher Notwendigkeit entsteht in dem Reich Adolf Hitlers das Erste Reich, das Reich der Landgermanen, wieder und damit richtet sich die europäische Forderung an die germanischen Seevölker, ihrer Europaflüchtigkeit zu entsagen. Daß sie nicht länger wie in den letzten Jahrhunderten zuerst Weltbürger, sondern an erster Stelle wieder Bürger Europas werden. Diese erneute Bindung der Seegermanen an den Kontinent bedeutet natürlich nun nicht eine Änderung ihres bisherigen Lebensstils, vielmehr können die germanischen Völker die sichere Überzeugung gewinnen, daß sie auch in ihrer neuen Bildung an den europäischen Lebensraum und insbesondere an das wiedererstandene große Reich der Landgermanen in der vollen Entfaltung ihres besonderen Lebensstils nicht gehemmt werden, sondern ihn nach wie vor zum Nutzen Gesamteuropas und ihrer selbst einsetzen können.

---

[1]) S. 638.
[2]) S. 644.

Walter Frank

Zur Geschichte des Nationalsozialismus[1])

Es muß im Charakter unseres deutschen Volkes begründet liegen, daß in unserer Geschichte alle Revolutionen *von unten* mißglückt sind. Mißglückt sind 1848 und 1918. Mißglückt sind aber auch in der Geschichte des Nationalsozialismus der Gewaltstreich von 1923 und der „legale Marsch auf Berlin" des März 1932. *Gesiegt* hat die nationalsozialistische Revolution erst in einem Bündnis zwischen Hitler und Hindenburg, das zunächst durch den Druck der politischen Lage erzwungen sein mochte, dann aber zu einem aufrichtigen Vertrauensverhältnis geworden ist. *Im Bündnis von Tradition und Schöpfung.*

Zwei Tage nach dem Staatsakt von Potsdam vollzog sich in der Krolloper die legale Abdankung der Weimarer Demokratie. Ich lasse meine Tagebuchaufzeichnungen über diese historische Sitzung sprechen:

„Reichstag in der Krolloper! Ein Parlament im alten Sinne war das nicht mehr. Die Hälfte des Hauses braun uniformiert. Der Präsident Göring, der diese Sitzung mit militärischer Knappheit leitet. Hilfspolizei der SA und SS an den Wänden und Ausgängen. Zentrum schweigend und gedrückt. Sozialdemokraten schweigend und in ständiger — unbegründeter — Todesangst. Die Tribünen fast durchweg nationalsozialistisch, mit Beifall und Mißfallen gegen die Linke eingreifend. Vor den Toren SA und SS. Hinter den Absperrungen das Volk ... In manchem wie der Konvent in der Französischen Revolution. Nur, daß alles ohne Blut, in größter Ordnung und Disziplin vor sich geht. Eine Revolution der Ordnung ...

6.15 Uhr. ‚Das Wort hat der Abgeordnete Wels!'

Der Vorsitzende der Sozialdemokraten ... Ein mittelmäßiger Spießbürger. Er spricht mit einer klagenden Stimme, mit dem falschen Pathos, das alle diese alten Parlamentarier haben. Kein wirklich scharfer Angriff. Denn, man fühlt es, der Mann fürchtet sich. Seine

[1]) *„Wille und Macht", Heft 17, 1. September 1934, S. 21–23, Biographie siehe „Weltanschauung".*

klagende, beschwörende Stimme sagt dem Psychologen: ‚Ich muß doch mein Sprüchlein sagen, ich bin ja Fraktionsvorsitzender. Aber ich glaube doch nicht mehr an das, was ich sage. Laß es mich doch schnell vollenden, damit die Qual zu Ende ist. Ich will am Leben bleiben und untertauchen!‘

Das ist der ‚Führer‘! Und die Fraktion! In regelmäßigen Pausen sagt sie, dumpf wie ein Leichenchor: ‚Sehr wahr — sehr wahr!‘ Ich kann die Gesichter nicht sehen. Aber der Klang der Stimmen sagt genug: Auch in diesem ‚Sehr wahr!‘ liegt die bleiche Furcht. Sie *müssen* das rufen. In der Fraktionssitzung ist es ihnen befohlen worden ...

Nichts fühlt eine Masse schneller als die Schwäche. So geht es allen den Tribünenbesuchern. Von den ersten Worten des Wels an lacht man auf den Tribünen. Nicht mit Haß. Kaum mehr mit Verachtung. Sondern amüsiert, befreit. Ein Lachen, das den armen Teufeln da unten das erbärmliche nackte Leben schenkt. Und das sie zugleich moralisch tötet ... leise noch, vereinzelt, verhalten lacht man. Aber da kommt Wels zu einem Höhepunkt. Er hebt die Stimme und gedenkt der Märtyrer der Sozialdemokratie ...

Da löst sich von der Tribüne wie ein kleiner Stein ein Wort, wird von anderen aufgenommen, laut gerufen: *‚Braun! Otto Braun!‘*

Und hinter dem Steinchen rollt eine Lawine nach: ein furchtbares, brausendes, alles über den Haufen rennendes Gelächter. Es stürzt über die Tribüne, die Bänke, brandet um das Rednerpult — und dann hat es den Redner unter sich begraben.

Der Abgeordnete Wels war sicher noch nicht fertig. Aber er nahm plötzlich sein Manuskript und ging die Treppen hinab. Mit einem Gesicht, wo die Lust zum Weinen und die Todesangst vor den Fäusten der SA sich hinter einer Maske gekränkter Unschuld zu verbergen suchte. Und das Haus lacht. Die SA lacht. Die Tribünen klatschen vor Wonne.

Da plötzlich die Stimme Görings: ‚Das Wort hat der Herr Reichskanzler!‘ Und eine andere Lawine braust nun herab. Alles steht, jubelt, schreit. Ein Orkan.

Die Rede, die nun kam, war ein Elementarereignis. Hitler spielte mit Wels wie die Katze mit der Maus. Ließ die braune Seite des Hauses hochgehen in tobender Wut, die Fäuste geballt zu den geduckt sitzenden Sozialdemokraten. Und gab die Sozialdemokratie im nächsten Augenblick wieder dem Fluch der Lächerlichkeit preis. Auf den Tribünen beugten sich die Besucher auf den ersten Reihen gierig über die Brüstung: man wollte die Sozialdemokraten beobachten während der Keulenschläge, die auf sie niedersausten. Man wollte sie am Marterpfahl sehen ...

Sie machen keine ernstliche Opposition. Einmal bittet Wels um das Wort. Göring sagt im Ton eines Lehrers: ‚Sie hören jetzt da zu!‘ Alles lacht. Noch einmal versucht es Wels. ‚Unterbrechen Sie mich nicht!‘ herrscht ihn Hitler an. Und nun ist der Rufer ruhig.

Unter ungeheurem Jubel geht der Kanzler ab.

Der Prälat Kaas. Seine Erklärung entscheidet über das Ermächtigungsgesetz.

Er liest, intelligenter und würdiger als Wels, aber auch er mit dem falschen Pathos des Parlamentariers.

‚... stimmt die Zentrumspartei für das Gesetz.‘

Beifall. Mit diesem monotonen Satz endet ein Zeitalter. Dem Reichskanzler Hitler ist die Diktatur für vier Jahre übertragen. Der Parlamentarismus hat abgedankt.

Man hört noch ein paar kleine Redner. Sieht noch einmal die ganze Nullität dieser Menschen vorbeiziehen. Hinter klingenden Vorbehalten und Ermahnungen suchen sie ihre vollkommene Kapitulation zu verdecken.

Abstimmung. Es geht alles blitzschnell. Um 8 Uhr wird der Reichstag vertagt. In ein paar Stunden ist eine Revolution legalisiert worden. Die nationalsozialistische Fraktion und die Tribünenbesucher stehen auf und singen die erste Strophe des Horst-Wessel-Liedes. Die Parlamentarier drücken sich scheu hinaus.

Im Gang hört man von der Straße her Jubel. Dort steht SA und ϟϟ und dahinter Zuschauer. Der Reichskanzler zeigt sich auf dem Balkon.

Wir warten unten. SA erzählt, Brüning habe die Krolloper verlassen wollen und sei vor dem Pfeifen, das ihn empfing, zurückgewichen. Da plötzlich hört man eine empörte Stimme: ‚Aber wo ist denn der Chauffeur für das Präsidentenauto?' Es ist der Vizepräsident Esser vom Zentrum. Sein Chauffeur ist nicht da. Vielleicht wartet er irgendwo auf Hitler. Niemand kümmert sich um die Entrüstung des weißhaarigen Präsidenten. Und die scheltende Stimme verliert sich wieder. Wie ein letzter Klang des Weimarer Systems.

Und dann neuer Jubel. Der Kanzler fährt ab.

Er steht im Wagen, weithin sichtbar, und grüßt. In dem Mantel, wie er ihn schon trug, als er um 1923 im Zirkus Krone in München sprach.

Ein ‚Narr' damals für alle Klüglinge.

Und heute der Führer Deutschlands.

Ferdinand Fried

Ferdinand Fried (Pseudonym für Friedrich Zimmermann). * 14. 8. 1898 — Prof., Wirtschaftspolitiker, Mitarbeiter folgender Zeitungen: 1923—32 „Berliner Morgenpost" — 1931—33 „Die Tat" — 1948—53 „Sonntagsblatt" (Hamburg) — seit 1953 „Die Welt". Veröffentlichungen: 1931 „Das Ende des Kapitalismus", 1937 „Die Wende der Weltwirtschaft", 1950 „Der Umsturz der Gesellschaft", 1951 „Abenteuer des Abendlandes". („Wer ist Wer?", 1958.)

„Seit 1930 Verbindung und ständige Fühlung mit verschiedenen Kreisen und Persönlichkeiten der NSDAP, seit Sommer 1932 ständige Verbindung mit dem Reichsführer-SS, Himmler, besonders auch während der Kanzlerschaft Schleicher. Meine Absicht, zur NSDAP und SS überzutreten, bereits eingeleitet durch SS-Führer Kranefuss, wurde durch die Ereignisse seit der Machtergreifung an der Ausführung verhindert; nach der Revolution trat ich vereinbarungsgemäß, besonders auch auf Rat von Reichsminister Dr. Goebbels, nicht mehr in die Partei ein, um ihr von außen dienen zu können.

April 1933 erfolgte das erste Verbot der »Täglichen Rundschau«, das Ausscheiden von Hans Zehrer und meine Betrauung als Hauptschriftleiter der »Täglichen Rundschau« auf Wunsch der Geheimen Staatspolizei Berlin. Im Juni gab ich diesen Auftrag an die Geheime Staatspolizei zurück, da ich meine Wünsche und die Wünsche der Partei beim Verlag nicht mehr durchsetzen konnte, legte mein Amt als Hauptschriftleiter nieder und schied gemeinsam mit meinen Freunden, Giselher Wirsing und E. W. Eschmann aus der »Täglichen Rundschau« völlig aus. Daraufhin wurde die Zeitung endgültig verboten. Inzwischen hatte ich mich dem Reichsführer-SS zivil vollständig zur Verfügung gestellt, der mir nun den Auftrag gab, die Hauptschriftleitung der »Münchener Neueste Nachrichten« in München zu übernehmen. Juli 1933 erfolgte die Übersiedlung nach München. Eintritt in die SS und in den SD war damals mit Gruppenführer Heydrich bereits fest verabredet, Lebenslauf und sonstige Angaben wurden damals bereits bei Gruppenführer Heydrich eingeliefert.

Die Aufnahme verzögerte sich aber wieder, und im September forderte mich der Reichsbauernführer, Gruppenführer Darré, für sich an. Nach Einwilligung des Reichsführers-SS erfolgte meine Rücksiedlung nach Berlin und 1. November 1933 Eintritt als Wirtschaftspolitiker in die »Deutsche Zeitung«. Am 1. März 1934 berief mich der Reichsbauernführer in sein Stabsamt als Stabsleiter für Staatssekretär Oberführer Backe.

Am 2. September erfolgte nach Einnerung an mein altes Aufnahmeverfahren in den SD die Aufnahme in die SS durch den Reichsführer persönlich und Ernennung zum Obersturmführer, gleichzeitig auf Wunsch von Gruppenführer Darré die Zuteilung zum Rasse- und Siedlungsamt beim Reichsführer-SS." (Aus dem handschriftlichen Lebenslauf von Friedrich Zimmermann [Ferdinand Fried] selbst.)

Nordvölker und Semiten[1])

Soweit sich die Weltgeschichte zurückverfolgen läßt, ist sie erfüllt von dem tiefen und unauslöschlichen Gegensatz der nordischen und der semitischen Rasse. Die Auseinandersetzung zwischen diesen beiden entgegengesetzten Rassen und ihrer Weltanschauung, ihren ganzen Lebensäußerungen, ziehen sich seit Jahrtausenden bis heute durch die Geschichte,

[1]) *In „Der Aufstieg der Juden", Verlag Blut und Boden, Reichsbauernstadt Goslar, S. 9--13 der Einleitung.*

in die zuweilen höchstens noch gewaltige, aber vorübergehende mongolische oder turkmenische Störungswirbel hineinbrechen. Gegenwärtig erleben wir einen entscheidenden Endabschnitt dieser Auseinandersetzung, da der Zug der wandernden und unsteten Semiten mit dem Zug der Weltgeschichte in die eigentliche Heimat der nordischen Rasse eingedrungen war und nun hier, im Kerngebiet des Gegners, seine alte überkommene und ihm allein zukommende Ordnung zu zersetzen trachtete, ihm gleichsam ans Mark ging.

Geht man von diesem Endpunkt zurück bis an den Anfang dieser Auseinandersetzung, so gleiten wir aus der übergroßen Helligkeit unserer Tage allmählich immer mehr zurück in die Dämmerung der Jahrtausende, ja in das Dunkel vorgeschichtlicher Zeit. Und immer mehr sind wir auf Vermutungen angewiesen. Freilich sind gegenüber den überkommenen Behauptungen der Geschichtsforschung, die wir selbst noch auf der Schulbank gelernt haben und die sich höchstens auf die Bequemlichkeit und auf die Bibel stützen könnten, heute doch noch andere Belegstücke getreten: versteinte und verkohlte Zeugen der Vergangenheit, die überall aus der Erde geholt wurden, weitgehende Erforschung der Sprache, der Dichtung und Sagen der Völker, der Schriftzeichen, selbst wenn sie noch nicht entziffert sind, und vor allen Dingen, an die Sprachforschung wiederum anknüpfend, die eigentliche Rassenforschung und ihre neuesten Ergebnisse. Bereichert mit diesen neuen Mitteln der Erkenntnis, vermögen wir den Gang der Dinge doch zu erkennen, wenn die eigentliche geschichtliche Überlieferung versagt, können wir unsere Vermutungen immerhin auf eine Grundlage stellen, und wenn wir noch so weit in die Vorzeit zurückgehen, die uns bisher völlig verschleiert gewesen ist.

In der Auseinandersetzung über geschichtliche Auffassungen, gerade jetzt wieder hervorgerufen durch die neuen Mittel der Geschichtsforschung, stehen sich, vereinfacht gesehen, zwei Grundrichtungen gegenüber: diejenigen, die in althergebrachter Weise das Licht der Geschichte und Kultur aus dem Osten kommen sehen, und seinen allmählichen Gang über Rom nach Nordwesten betrachten; und diejenigen, die auf Grund der neuen Erkenntnisse von der Entstehung der ersten großen Menschheitskultur in Nordeuropa während der jungen Steinzeit ausgehen und ihren Einfluß, den bestimmenden und beherrschenden Einfluß, der zu dieser jungsteinzeitlichen Kultur gehörenden nordischen Rasse auf alle großen Menschheitskulturen und damit auf den Gang der Weltgeschichte verfolgen. Die erste Gruppe, selbst wenn sie rassischen Überlegungen zugänglich ist, stützt sich auf eine genaue Kenntnis und Vertrautheit mit allen Erscheinungsformen der sogenannten Alten Welt, besonders der alten „Wiege der Menschheit" im Orient, während die zweite, jüngere Gruppe ihre Kräfte und ihre Beweisstücke naturgemäß vorwiegend aus dem Heimatgebiet der nordischen Rasse holt. Während nun bisher die Weltgeschichte unter der Tyrannei der Orientalisten stand, so daß uns die Ableitung unseres Kulturgutes von Rom und aus dem Orient beinahe in Fleisch und Blut übergegangen war, haben die „Nordischen", wenn man sie einmal so bezeichnen darf, bisher noch wenig Gelegenheit gehabt, ihre neuen Erkenntnisse auf die geschichtliche Entwicklung gerade des Orients zu übertragen, also auf jene Zeit, mit der die Weltgeschichte bisher anhob.

Hier kommen wir nämlich an jenen, vorher erwähnten Punkt, an dem auch die Auseinandersetzung zwischen der nordischen und der semitischen Rasse begann, freilich in einem ganz anderen Verhältnis, als sie heute zu Ende geführt wird: denn damals zogen die Ströme nordischer Völker in ferne, fremde Gebiete, um dort als Eroberer über die vorwiegend semitische Bevölkerung zu herrschen. Damit begann die Auseinandersetzung zwischen zwei

Rassengruppen, die wie Feuer und Wasser einander entgegengesetzt sind. Kamen die Nordvölker als Krieger und Heiden und siegten durch das Schwert, um sich schließlich Land für den Pflug zu verschaffen, so versuchten die unterdrückten semitischen Völkerstämme hinterher allmählich das von den Eroberern geschaffene Staatengebilde zu unterhöhlen und zu zersetzen, und ganz entscheidend zu Hilfe kam ihnen dabei ihre Gabe der List und des Betruges, durch die sie das Eroberte langsam wieder abgaunern konnten; gegen die Gewalt des Schwertes setzten sie gewandte Schläue und Überredungskunst und gegen die Arbeit des Pfluges den Schuldschein und den Wucher.

Von Anbeginn an stehen sich bei dieser Auseinandersetzung also auch die beiden eigentümlichen Ausdrucksformen dieser beiden Rassengruppen gegenüber: der staatenbildenden geschlossenen völkischen Kraft der Nordvölker die Geldwirtschaft und der Welthandel der Semiten. Diese rein wirtschaftlichen, wie noch gezeigt werden soll, eigentlich kapitalistischen Erscheinungen sind für die semitischen Völker genau so ein Kampfmittel, und zwar ein brauchbares und äußerst dauerhaftes Kampfmittel gegen die nordischen Völker wie für diese die Kriegskunst und die Kunst der Staatenbildung und Staatenlenkung. Man muß also, um diesen weltgeschichtlichen Kampf seit Jahrtausenden wirklich werten und nach allen Seiten hin abwägen zu können, viel stärker als bisher die wirtschaftlichen Erscheinungsformen berücksichtigen. Gerade die ältesten Zeiten im Orient, in denen die beiden Rassen und die beiden Waffen zum ersten Male zusammengestoßen sind, und in denen die entscheidende Frontbildung einsetzte, die sich bis auf unsere Tage verfolgen läßt, müssen auch aus dem Gesichtspunkte der wirtschaftlichen Erscheinungsformen betrachtet werden, die danach eine ebenso entscheidende Rolle spielen wie die großen Schlachten.

Aber nicht nur das; es gilt nicht nur den früheren Fehler zu vermeiden, den Gang der Ereignisse lediglich auf den Schlachtfeldern zu verfolgen, sondern auch den entgegengesetzten Fehler, alles lediglich aus rein wirtschaftlichen Erwägungen erklären zu wollen. Sondern gerade bei einer Betrachtung der Dinge von der wirtschaftlichen Seite kommt es darauf an, immer wieder auf die entscheidende Rolle der Rasse hinzuweisen, ja von der Rasse als Grundlage überhaupt auszugehen. Jede Rasse hat sich bei dieser Auseinandersetzung die ihr gemäße Waffe gewählt, und die Waffe der Semiten muß dabei genau so sorgsam beachtet und untersucht werden wie die Erscheinung und Rolle der Semiten selbst. Steht doch am Ende des ersten Abschnittes dieser Auseinandersetzung, im Ausgang des Altertums, das Judentum als neue geschichtliche Erscheinung gleichsam fertig vor uns, um seine bekannte, noch nicht abgeschlossene Rolle im Abendland zu übernehmen, und können wir doch das Judentum nicht begreifen, wenn wir nicht sowohl seine rassische Erscheinung als auch sein eigenartiges Kampfmittel, sein Wirtschaftsdenken gleichermaßen berücksichtigen.

Johannes Heckel

Johannes Heckel. * 24. 11. 1899 — D. theol. h. c., Dr. jur., o. Prof. f. öffentl. Recht, insbesondere Kirchenrecht, sowie Dt. Staats- u. Verwaltungsrecht, München — 1933 Mitglied d. Generalsynode d. Preuss. Landeskirche, Mitglied d. Bayer. Akademie d. Wissenschaften. („Wer ist Wer?", 1935, K. G. K., 1954.)

Veröffentlichungen: 1932 „Kirchliche Autonomie u. staatl. Stiftungsrecht", 1949 „Initia iuris ecclesiastici Protestantium", 1953 „Lex charitatis".

Über Friedrich Julius Stahl[1])

„Es sind nur wenige Männer", sagt Stahl in der Vorrede zu seiner Rechtsphilosophie, „denen eine glückliche Gabe der Anschauung das Zergliedern der Begriffe erspart. Solchen Männern gebührt Autorität, aber nicht Nachahmung . . . Ihr Weg ist nicht der, den alle mit Sicherheit betreten können. Wir anderen sind der Abstraktion verfallen; wir werden, auch wenn wir nicht wollen und es uns nicht gestehen, in sie hineingezogen und werden uns nur dann von ihr befreien, wenn wir ihr bis zum Äußersten gefolgt sind." Der Leidenschaft des abstrahierenden Zergliederns hatte Stahl am deutschen Volk so gefrönt und dessen Substanz so zerredet, daß sie — der eigenen Zugehörigkeit Stahls zum deutschen Volk nicht mehr entgegenstand. Vor uns steht der jüdische Assimilant, der um seiner Selbstbehauptung willen für sein Recht am deutschen Volke plädiert und darum einen Volksbegriff aufstellt, welcher die Assimilation einschließt.

Dreimal hat Stahl mit seiner Philosophie des Rechts einen umfassenden Beweis dafür angetreten, daß diese Assimilation wirklich bis in die Tiefe der jüdischen Seele hinabreichen kann; und wer unter seinen Stammesgenossen sollte es als Gewährsmann mit ihm aufnehmen, der den ganzen Umkreis deutscher Kultur umschritten und selbst das beste Erbteil seines Blutes, die Religion, positiv an seine Aufgabe gewandt hat?

Eben deshalb ist Stahl jedoch der klassische Zeuge gegen sein eigenes Beginnen. Denn sein Werk verwirft den eigenen Herrn. Als Theoretiker und Praktiker hat Stahl das deutsche Staatsrecht und das protestantische Kirchenrecht sozusagen auf jüdisch durchexerziert, gründlicher und breiter als seine Stammesgenossen vor ihm und nach ihm.

Die Stärke seines Willens zum Deutschtum, die Unkraft seines Vollbringens, der Sieg des Jüdischen in seinem Denken macht diesen Staats- und Kirchenrechtslehrer für die Frage der sogenannten Eindeutschung von Juden zur beispielhaft warnenden Gestalt.

---

[1]) *Vortrag bei der ersten Tagung der Forschungsabteilung Judenfrage des Reichsinstituts für Geschichte des Neuen Deutschlands, erschienen in „Historische Zeitschrift", Band 155, 1937, S. 540–541.*

Dietrich Klagges

Dietrich Klagges. * 1. 2. 1891 — Lehrer, Mittelschullehrer, Mittelschulkonrektor — suspendiert und dienstentlassen wegen NSDAP-Zugehörigkeit — 1931 Regierungsrat in Braunschweig — 1932 Volksbildungsministerium, MdR — 1933 Ministerpräsident in Braunschweig.
Veröffentlichungen: 1921 „Was ist uns heute Marx?", 1926 „Das Urevangelium Jesu, der deutsche Glaube", 1930 „Kampf dem Marxismus", 1932 „Reichtum und soziale Gerechtigkeit".
SS-Gruppenführer u. Ehrenführer der 49. SS-Standarte. („Wer ist Wer?", 1935.)
„Frick hat auch zusammen mit dem Braunschweiger Minister Klagges durchgesetzt, daß Hitler 1932 deutscher Staatsbürger dadurch wurde, daß er zum Regierungsrat von Braunschweig gemacht wurde. Dies geschah, um Hitler die Kandidatur zum Reichspräsidenten zu ermöglichen."
(PS—3564, Eidesstattl. Erklärung d. Chefs d. Präsidialkanzlei Hitlers, Otto Meissner, am 27. 12. 1945.)

„Die Schlüssel zur Weltgeschichte"[1])

Dieser, aus dem natürlichen Empfinden geborene Rassestandpunkt wurde in der Folge jedoch leider auch bei uns genau so verlassen, wie er bei anderen Völkern bereits früher verlassen worden war.

Schon die Eheaufsicht der Kirche ließ rassische Notwendigkeiten völlig außer acht. Sie war zwar streng bemüht, religiöse Mischehen zu verhindern, ließ jedoch rassische Mischehen, wenn sie nicht zugleich religiöse Mischehen waren, unbedenklich zu. Für die christliche Kirche war stets die Taufe, niemals die Geburt maßgebend. Sie hat dadurch viel zur Schwächung des rassischen Bewußtseins beigetragen.

Nicht minder hat die politische Führung auf diesem Gebiet versagt. Den Fürsten, besonders den Habsburgern, aber auch anderen war es bald völlig gleichgültig, wer ihnen Steuern und Abgaben zahlte. Sie nahmen das Geld ebenso gern von Slawen und Juden wie von ihren deutschen Volksgenossen.

Ein abschreckendes Beispiel von Zerstörung der Blutreinheit des eigenen Stammes hat der sächsische Kaiser Otto I. gegeben. Um seinem Hause außer der Macht auch die Legitimi-

---

[1]) *„Geschichtsunterricht als nationalpolitische Erziehung", Verlag Moritz Diesterweg, Frankfurt/Main 1936, S. 88—90.*

tät der Römischen Kaiser zu verschaffen, warb er seinem Sohne Otto II. die byzantinische Prinzessin Theophano zur Gattin. Wenn man den anschaulichen Bericht liest, den der lombardische Bischof Liudprand als Ottos Unterhändler von den traurigen Zuständen in Byzanz, von seiner schmachvollen Behandlung und von dem Aussehen des Kaisers Nicephorus erstattete, den er im Gegensatz zu der männlichen Schönheit der Sachsenkaiser als plumpes und struppiges Scheusal schildert, dann begreift man die Größe des Unglücks, die diese Heirat über das Haus der Ottonen und über ganz Deutschland brachte. Mochte sich auch die kaiserliche Witwe Theophano später als verständige Regentin bewähren, so entsprang doch der Ehe zwischen dem Sachsen und der Byzantinerin die traurige Gestalt Ottos III., dessen Bastardnatur sich in einer verhängnisvollen inneren Zerrissenheit und Haltlosigkeit offenbarte. Ihm, dem Enkel, der zwischen Cäsarenwahn und Klostersehnsucht hin und her geworfen wurde, mußte das Werk Ottos I., das schon unter dem Sohne Risse gezeigt hatte, in den Händen zerbrechen. So wurde durch Mißachtung der Blutreinheit die Kraft von Generationen vergeudet, ohne daß dauernde Werte geschaffen worden wären. Im scharfen Gegensatz zu diesem politischen Schwächling und Phantasten steht sein Nachfolger, der klare, verständige und kraftvolle Heinrich II., der einem reingebliebenen Nebenzweig des ottonischen Hauses entstammte.

Was Otto I. getan hatte, war ein früher Schritt auf dem verhängnisvollen Wege, der zur völligen internationalen Verschwägerung aller europäischen Herrscherhäuser führte, ein Weg, auf dem nun auch der deutsche Adel weithin folgte. Die verderbliche Auffassung, daß „Ebenbürtigkeit" nicht mehr durch Blut und Erbanlagen, sondern durch Stand, Titel, Macht und Reichtum bestimmt würde, hat sich nach und nach so verbreitet, daß im vergangenen Jahrhundert die Heirat mit der Tochter eines reichen jüdischen Wucherers oder mit einer exotischen Gräfin als durchaus ebenbürtig, die Ehe mit einer gesunden, rassisch, geistig und moralisch hochstehenden Bauern- oder Bürgertochter dagegen als eine „Mesalliance" angesehen wurde, über die man in Hof- und Adelskreisen verächtlich die Nase rümpfte.

Alle Schleusen der Rasseverderbnis aber gingen auf, als der politische Liberalismus die Macht erhielt. Nach der Französischen Revolution wurde nach und nach in allen Staaten ein Bürgerrecht eingeführt, das dem der spätrömischen Verfallzeit entsprach. Ausgehend von der „Gleichheit alles dessen, was Menschenantlitz trägt", wurde der Rechtsbegriff des Staatsbürgers völlig vom Volksgenossen losgelöst. Die Verleihung des Staatsbürgerrechts sank zu einem reinen formellen Rechtsakt herab, bei dem Geburt und Rasse keine Rolle mehr spielten. Nun erlosch auch das Gefühl des Volkes für Blut, Abstammung und Rasse ganz und gar. Die Hunderttausende Fremdstämmiger, vor allem Juden, wurden „vorurteilsfrei" als gleichberechtigt anerkannt. Ihr fremdes Blut drang ungehindert nicht nur in die Ämter, sondern auch in die Familien ein, und zwar am stärksten in die führenden Schichten. Auf dieser Grundlage der staatsbürgerlichen Gleichberechtigung konnte dann das Judentum ansetzen zum Kampf um die Herrschaft über die Völker. Indem es sich der geistigen, wirtschaftlichen und politischen Führung bemächtigte, setzte gleichzeitig die kulturelle, moralische und politische Irreführung, Zersetzung und Vergiftung mit allen Mitteln ein. Hinter dem allen stand der Wille des jüdischen Schmarotzervolkes zur Weltmacht und zur Weltherrschaft.

Prof. Dr. Karl Alexander von Müller

Karl Alexander von Müller. * 1. 12. 1882 — 1917—28 Hon. Prof., München, Syndikus d. Bayer. Akademie d. Wissenschaften u. Oberregierungsrat — Ordentliches Mitglied d. Bayer. Akademie d. Wissenschaften, d. Historischen Reichskammer, d. Kommission f. bayer. Landesgeschichte, NS-Altherrenbund d. dt. Studenten u. Volksbund f. Deutschtum im Ausland.
Auszeichnungen: 1926 Silberne Ehrenmünze d. Universität München, 1935 Verdun-Preis, 1942 Goethe-Medaille.
1953 Mitglied d. Bayer. Akademie d. Schönen Künste.
Veröffentlichungen: 1909 „Bayern im Jahre 1866", 1915 „Erinnerungen an Bismarck", 1925 „Die deutschen Träumer und Bismarck und Versailles", 1930 „Das bayerische Problem in der deutschen Geschichte", 1932 „Der dritte deutsche Reichskanzler", 1951 „Aus Gärten der Vergangenheit", 1952 „Unter weißem Himmel" u. a. m. („Wer ist Wer?", 1935 u. 1955, K. G. K., 1954.)
Am 1. 10. 1942 erklärte die Gauleitung München (Obb.): „. . . er ist ein überzeugter Nationalsozialist, gegen den seiner politischen Zuverlässigkeit wegen keine Bedenken laut geworden sind . . ."
In einem Brief vom 20. 10. 1942 sagte der Gauleiter in München über ihn: „Er gilt als überzeugter Nationalsozialist. Er ist einer der bedeutendsten lebenden deutschen Historiker, dessen historische Arbeiten auf ein Großdeutschland, wie es heute vor uns steht, ausgerichtet sind. Sein soziales Verhalten ist sehr gut." Aus dem gleichen Schreiben geht hervor, daß Prof. v. Müller auch im persönlichen Umgang ganz nach den Grundsätzen einer nationalsozialistischen Volksgemeinschaft verfährt.
„Im Juni 1944 hatte Alfred Rosenberg vor, in Krakau einen internationalen antijüdischen Kongreß zu organisieren. Infolge der englisch-amerikanischen Landung in Frankreich wurde der Kongreß dann im letzten Augenblick abgeblasen. Es waren elf Hauptreferate vorgesehen, von denen K. A. v. Müller über »Den jüdischen Anteil an der Geschichte Deutschlands und den Kampf dagegen« sprechen sollte." (H. P., S. 232.)

„Die vier Wellen"[1])

Es war ein einzelner Deutscher aus Österreich, und ein einzelner deutscher Arbeiter zugleich, der mitten im Zusammenbruch der deutschen Staaten jetzt die Fahne des unzerreißbaren deutschen Volkes und seiner Ehre, die Fahne des völkischen Widerstandes gegen den Untergang erhob. Aus den Tiefen dieses Volkstums selbst stieg jetzt der fanatische Wille zu einem neuen, einigen deutschen Staat, zur gemeinsamen Volkwerdung; und zwar einer

[1]) *„Vom alten zum neuen Deutschland", Deutsche Verlags-Anstalt, Stuttgart/Berlin, 1938, S. 298–299.*

Volkwerdung und einer Staatsbildung aus dem eigenen Geist und der eigenen Wurzel dieses Volkstums, über alle Schranken hinweg, die es bisher zerklüftet hatten. Wir gedenken der Stunde vor bald zwei Jahren in der Garnisonskirche in Potsdam, als der greise Feldmarschall von Hindenburg, dessen Augen die Begründung des Bismarckschen Reiches gesehen hatten wie seinen Sturz, diesem jungen Volksführer aus Deutsch-Österreich über dem Sarg des größten Preußenkönigs die Hand zum Bund reichte: da übergaben das vergangene Zweite Reich und seine stärksten tragenden Kräfte den Auftrag und die Macht an das aufsteigende Dritte.

Das Bismarcksche Reich war notwendig; aber es war keine letzte Erfüllung. Der Gang der deutschen Geschicke war noch ungleich gewaltiger als das glückliche Geschlecht der kleindeutschen Reichsgründung ihn gesehen hatte. Erst jetzt tauchen die wirklichen Umrisse des Weges vor unsern Augen auf, den unser Volk seit fünfviertel Jahrhunderten zurückgelegt hat. Erst jetzt beginnen wir die Maßstäbe zu erkennen, mit denen diese gewaltige nationale Bewegung zu messen ist, in der die geistige Erhebung eines Goethe, Kant und Beethoven nur *eine* Welle ist, wie Bismarck und sein Reich, von dem wir heute sprachen, eine zweite, wie der mächtige wirtschaftliche und technische Aufschwung eine dritte und die Leistungen und Heldentaten des Weltkrieges eine vierte: jede von ihnen ein Ansturm zu der neuen gewaltigen Woge, die uns heute trägt.

Wir wollen uns nicht überheben. Die ganze tausendjährige Vergangenheit unseres Volkes mahnt uns mit bitterem Ernst, nicht leichtfertig und nicht schönfärberisch zu sein. Sie lehrt uns, daß jeder Schritt auf unserm Wege unter hundert Mühen erkämpft werden muß, zwischen hundert Gefahren und Krisen hindurch, die nur ein heldisch ausdauernder Wille der ganzen Volksgemeinschaft besteht.

Aber gerade wer diese Vergangenheit kennt, wird hingerissen von der unerhörten Größe und Wucht der Bewegung, in der wir stehen, an der mitzurarbeiten unser Stolz und unsere hohe Pflicht ist. Es ist *ein* Wort, das sich am Ende dieser Betrachtung als Bekenntnis auf unsere Lippen drängt, ein Wort, das jenes Zweite Reich mit unserm heutigen verbindet, ein Wort, das der sterbende Bismarck noch im Herzen trug, wie der Führer heute es uns mit jedem Atemzug verkündigt und vorlebt: Deutschland!

Hans Reinerth

Hans Reinerth. * 12. 5. 1900 — 1934 Direktor d. Reichsinstituts f. Vor- u. german. Frühgeschichte, Prof., Universität Berlin, Mitglied d. Dt. Akademie d. Naturforscher, Halle.

Veröffentlichungen: 1932 „Das Pfahldorf Sipplingen", 1940 „Vorgeschichte der deutschen Stämme", 1952 „Pfahlbauten am Bodensee". Seit 1952 Herausgeber d. Vierteljahreshefte f. Vor- und Frühgeschichte u. a. m. („Wer ist Wer?", 1935, u. K. G. K. 1954.)

Wurde seit 1935 von Heinrich Himmler gehetzt, aber genoß Alfred Rosenbergs Vertrauen. (CXXIXa—111.)

Aus dem gegen ihn 1944 veranstalteten Parteiverfahren geht hervor, daß ihm insbesondere folgendes zur Last gelegt wurde:

„Im Zusammenhang mit der Behandlung des Falles Jude Moritz Vierfelder beanstandete das Parteigericht, daß Pg. Reinerth in der Neuauflage seines Buches über die Ausgrabungen im Federseemoor im Jahre 1936 den Juden Vierfelder als Mitarbeiter bei den Grabungen noch genannt hat und außerdem ein Bild veröffentlichte, auf dem der Jude Vierfelder mit abgebildet war. Pg. Reinerth machte darauf aufmerksam, daß es sich hierbei um eine völlig unbearbeitete Neuauflage der Ausgabe von 1929 handle, an der nichts geändert worden sei. Darüber hinaus wies er darauf hin, daß eine allgemein gültige Stellungnahme der NSDAP zu diesem Fragenkomplex noch nicht vorliege. Aus Gründen der wissenschaftlichen Genauigkeit würde man in solchen Fällen auch heute noch die jüdischen Quellen angeben. Die Tatsache, daß der Jude Vierfelder auf einer Abbildung erschienen war, ist darin begründet, daß dies die beste Aufnahme von dieser Fundstelle gewesen ist. Pg. Reinerth machte darauf aufmerksam, daß im nationalsozialistischen Deutschland niemand etwas dabei finden würde, wenn auf wissenschaftlich wichtigen Aufnahmen, beispielsweise aus Afrika, Neger als Fremdrassige abgebildet seien, wenn diese Aufnahmen für die Wissenschaft erforderlich sind." (CXLIII—343.)

„Die politische Waffe der Vorgeschichtsforschung"[1])

Der Nationalsozialismus hat die deutsche Vorgeschichte aus der Enge und Begrenztheit der Fachwissenschaft herausgeboben und zur Ehrensache des ganzen deutschen Volkes gemacht. Wer unsere germanischen Vorfahren schmäht und herabsetzt, steht heute nicht mehr dem vereinzelten völkischen Kämpfer, sondern der geschlossenen Front aller nationalsozialistischen Deutschen gegenüber. Die Umwertung der deutschen Geschichte, die bewußte Einbeziehung der namenlosen frühen Jahrtausende, die den Weg unseres Volkes schicksalhaft bestimmt haben, ist in vollem Gange. Maßstab der Gesittung, der Taten und Leistun-

[1]) *In „Volk und Heimat", April 1937, Nr. 4, S. 89–90.*

gen unserer Vorfahren kann nicht mehr Rom und der Süden, sondern ausschließlich unser eigenes, blutgebundenes Volkstum sein. Durch ein Jahrhundert haben Männer wie Friedrich Lisch, Gustav Kossinna, zurückgesetzt, verleumdet und um die Frucht ihrer Arbeit betrogen, den Kampf gegen die Lüge vom Barbarentum und von der Minderwertigkeit der Germanen auf einsamem Posten geführt. – Der Dank des Nationalsozialismus wird darin bestehen, daß wir ihre Lehre, den Stolz auf das Erbe der Vorzeit, in die Herzen aller deutschen Volksgenossen pflanzen!

Mittler und Wächter auf diesem Wege will der Reichsbund für Deutsche Vorgeschichte sein. Er führt die Arbeit fort, die völkische Vorgeschichtsforscher in den Jahren des politischen Kampfes unter der Führung von Reichsleiter Alfred Rosenberg begonnen haben. Die Versäumnisse langer Jahrhunderte nachzuholen, die Schäden eines Jahrtausends der Überfremdung zu beseitigen, ist heute Aufgabe und Ziel der nationalsozialistischen Vorgeschichtsforschung. Es gibt keinen Teil deutschen Kulturschaffens – vom Handwerkstisch und Baugerüst bis zur völkischen Bühne –, für den die Erkenntnisse dieser Forscherarbeit nicht fruchtbar werden können. Aus diesem Grunde wendet sich der Reichsbund für Deutsche Vorgeschichte an alle Volksgenossen, denn das große Vermächtnis der Vorzeit, das wir im Blute tragen, macht uns, wenn wir hören wollen, alle im gleichen Maße teilhaftig an dem reichen, so lange verschütteten Erbe unserer Ahnen!

Wir wissen, daß es nicht leicht sein wird, den Weg zu gehen. Vorurteile aller Art, verbunden mit der Last liberalistischen Denkens, ruhen noch wie Ketten auf vielen, denen ein gutes Fachkönnen Aufgaben an dem Wege zugedacht hätte. Andere glauben in phantastischer Schau die Kleinarbeit der Wissenschaft ganz entbehren zu können; unbelehrbar schaffen sie endlose Ketten von Arbeitshypothesen, für die wir vergeblich nach Sicherung und Beweis suchen.

Der große weltanschauliche Gegner völkischer Vorgeschichte ist aber, wie vor hundert Jahren, so auch heute noch der Romanismus in allen seinen Erscheinungsformen. Seit die Ansätze marxistischer Deutung der germanischen Vorzeit in Deutschland keinen Boden mehr haben, steht er, gestützt von allen Feinden des Nationalsozialismus, allein auf dem Plan. Sein Losungswort lautet heute längst nicht mehr Kampf, sondern Tarnung. Wir freuen uns, ihm die Maske und die letzten Anhänger abzunehmen!

Den vorbildlichen politischen Waffen des Nationalsozialismus verdanken wir den Endsieg in dem Ringen um ein neues Deutschland; geistige Waffen für den Durchbruch artgemäßer nationalsozialistischer Weltanschauung auf allen Gebieten der Kultur zu schmieden, muß heute unsere Aufgabe sein. Die Deutsche Vorgeschichte bietet nicht die schlechtesten Waffen dazu. Aber sie werden erst dann wirksam, wenn Schulung und Schule das heilige Wissen um die Taten der Väter vermittelt und jeder Deutsche das Vermächtnis der Vorzeit als Maßstab des Handelns in sich trägt.

Wir wollen die Mauern niederreißen, die eine überwundene Zeit zwischen Laien und Forschern errichtete, und die große Arbeitskameradschaft aller Volksgenossen begründen, die bereit sind, jeder an seinem Platze, einzutreten für die Größe unserer frühesten Geschichte und die Ehre unserer germanischen Vorfahren!

Gespräch zwischen einem Hitlerjungen und Professor Reinerth[1])

Hitlerjunge: „Herr Professor, man hört und liest gegenwärtig so vieles und Gegensätzliches von der Vorgeschichte, daß man sich schwer ein klares Bild davon machen kann. Manche von den Büchern, die heute über diese Fragen erscheinen, sehen sehr nach Konjunktur aus. Ich bin froh, nun endlich bei einer maßgebenden Stelle etwas über Vorgeschichte erfahren zu können. Es ist mir aufgefallen, daß in der Dienststelle des Führers zur Überwachung der weltanschaulichen Erziehung der Partei neben Ämtern wie das für Kunstpflege und Schrifttumspflege, ein Amt für eine einzelne Wissenschaft, die Vorgeschichte, besteht. Das muß doch für die Erziehung der Partei eine ganz besondere Bedeutung haben."

Professor Reinerth: „Gewiß, die Vorgeschichte gibt mehr als irgendein anderes Fach die wissenschaftliche Unterbauung der nationalsozialistischen Weltanschauung."

H.: „Ich dachte, die nationalsozialistische Weltanschauung sei auf der Grundlage der nordischen Rasse aufgebaut, die im wehrhaften Bauerntum ihre beste Stütze hat."

R.: „Ja, und nirgends zeigt sich die Auswirkung der nordischen Rasse in der Kultur des von ihr getragenen kriegerischen Bauernvolkes deutlicher als in vorgeschichtlicher Zeit."

H.: „Aber aus geschichtlicher Zeit kennen wir doch auch viele Beispiele nordischen Heldentums, und das Bauerntum hat seine Kraft bis heute erhalten."

R.: „Seitdem Karl der Franke deutsches Recht und deutsche Sitte gegen römische Gepflogenheiten eintauschte und seitdem sein Nachfolger die noch vorhandenen germanischen Heldenlieder verbrannte, standen nordische Rasse und nordische Kultur in einem oft verzweifelten Kampf um ihre Erhaltung gegen südliche Überfremdung. Die nordische Rasse ging zurück, das Bauerntum wurde durch die Städte aufgesogen, die ursprünglich aus dem Süden nach Deutschland kamen. Unsere Kultur wurde mehr und mehr von außen abhängig. Ich nenne hier als Beispiel nur die Mode, die vielleicht als Äußerlichkeit erscheint, aber doch Ausdruck der inneren Haltung ist. Wäre nicht der Nationalsozialismus gekommen, so hätte diese Entwicklung ganz allmählich zur Vernichtung nordischer Kultur geführt. Nun hat sich unser Volk noch einmal auf seine Eigenart besonnen und knüpft heute nicht mehr an das Fremde an, sondern dort, wo die heimischen Quellen noch rein und stark fließen, an die deutsche Vorgeschichte. Wir sollen ahnenstolz werden und unser Volk als ein ewig lebendiges sehen lernen, das seit fernster Vergangenheit durch die gleichen Eigenschaften groß gewesen ist, für die wir zu seiner Forterhaltung in der Zukunft kämpfen müssen. Darin liegt der Wert der Vorgeschichte für die nationalsozialistische Erziehung."

---

[1]) *„Nationalsozialistische Erziehung", Jahrgang 1935, S. 363.*

Prof. Dr. Franz Alfred Six

Franz Alfred Six. * 12. 8. 1909 — ᛋᛋ-Untersturmführer, Leiter Amt VII (Philosophie u. wissenschaftl. Forschung) d. Reichssicherheitshauptamtes — 1938 Professor für Recht u. politische Wissenschaft, Universität Königsberg.
Im April 1948 in Nürnberg zu 20 Jahren Gefängnis verurteilt, am 30. September 1952 jedoch auf freien Fuß gesetzt. (T. W. C., mim. trans. IX. 1309—1440.)
1940 Herausgeber der „Dokumente zur deutschen Politik". (CCLXXX—20.)
Im Rahmen des „Fall Seelöwe" zum Befehlshaber der Sicherheitspolizei und des SD in Großbritannien ernannt. (Ronald Wheatly „Operation Sea Lion — German Plans for the invasion of England 1939—42", Oxford 1958.)
Veröffentlichungen: „Freimaurerei und Judenemanzipation". Six war wissenschaftlicher Experte Reinhard Heydrichs für die Judenfrage. (H. P., S. 283, und P. W. I, S. 88, sowie P. W. II, S. 160.)

„Das Reich und Europa"[1])

Die Wehen und Erschütterungen der deutschen Nachkriegszeit erweisen sich von Jahrzehnt zu Jahrzehnt als die große Läuterung der völkischen Substanz und das Erwachen eines echten Verhältnisses des deutschen Volkes zu seiner geschichtlichen Vergangenheit. Während das geistig und machtmäßig gebrochene Europa seinem Untergang zuzusteuern scheint, wird durch den Führer der nationalsozialistischen Bewegung und die kämpferische Treue seiner Gefolgschaft die Umwandlung des deutschen Volkes vom Kern her vollzogen. Es ist ein wahrhaft großes Bild der deutschen Geschichte, das sich unter der häßlichen Oberfläche des deutschen Parteien- und Konfessionshaders abzuzeichnen beginnt und in so tiefen und gründlichen Strichen seine Form erhält, daß die umgebende feindliche Welt die umwälzende Wirkung nicht zu beobachten und beurteilen vermag. Indem aber der Umbau des Volksgefüges aus fremdvölkisch seelischer Haltung nicht erfaßt werden konnte, wurde das Jahr 1933 auch nur als parlamentarische Episode gesehen und brachte jenes jähe Erwachen und haßerfüllte Erschrecken der Gegner des Reiches, das die europäische öffentliche Meinung in der Folgezeit bestimmt hat. Denn je stärker sich die nationalsozialistische Revolution als eine gesamtdeutsche und germanische Erscheinung erweist, wird auch das Bild und die Gestalt des Reichskörpers und seiner Ordnungsidee in Europa sichtbar. Das tragische Schicksal der europäischen Mitte, das Deutschland durch Jahrhunderte in sich aufgenommen hatte, geht seiner Reife entgegen. Die aufgestauten, von außen eingeengten Kräfte drängen zum Durchbruch, die germanische Welt schwingt in der deutschen mit. Denn

---

[1]) *„Das Reich und Europa." Eine politisch-historische Skizze. Zentralverlag der NSDAP. Franz Eher Nachf. G.m.b.H., Berlin 1943, S. 78–81.*

in den tragenden Grundsätzen der Rasse und des Volkes, der neuen Führungsautorität und der Reichsmacht ersteht das Gegenbild zur gleichmacherischen Tendenz der Menschheitsauffassung, des parlamentarisch-demokratischen Nihilismus, der Herrschaft der Vielen und Minderwertigen, der Zersplitterung und Neutralisierung der europäischen Mitte. So ist auch die politische Entwicklung, die der geistigen nachkommt, nur ein geschichtlicher Vollzug dieser Gedanken. Der Errichtung der inneren und äußeren Souveränität des Reiches folgt in schnellen Zügen der Aufbau Großdeutschlands als eines Volksreiches der Deutschen, die Wiederaufnahme der historischen Reichspolitik durch die Errichtung des Protektorats Böhmen und Mähren und die schirmende Gewalt der europäischen Mitte im Bewußtsein der germanischen Welt.

Das politische Geschehen dieser Epoche, der äußere Ablauf der Etappen der deutschen Politik seit dem Jahre 1933 hat als wirksamsten Vorgang die Neuausrichtung des deutschen Volkes an seiner Geschichte zur Folge. Auf der Grundlage des rassisch-völkischen Bewußtseins erkennt es in der Vergangenheit des Germanentums und Deutschtums und in dem Schicksal des Reiches eine historische Zwangsläufigkeit, einen „geschichtlichen Befehl" zu seiner eigenen Volkwerdung. Über die Verurteilung der mittelalterlichen Kaiserpolitik durch das nationalstaatlich denkende 19. Jahrhundert wird die Sicht klar für die volksgeschichtliche Entwicklung der Neuzeit, die beide sich auswirken in dem Wachstum und der Gestalt des neuen Reiches. Hiermit aber gewinnt der Reichsgedanke neuen Sinn und Zusammenhang mit der Gegenwart. Ursprungsbedingt in der germanischen Rasse und dem großgermanischen Raum, gekommen aus dem geschichtlichen Gemeinschaftsbewußtsein der germanischen Stämme und Völker, ist er nicht eine historisch gebundene Macht, sondern die ständige und wirksame Gestalt des ewig sich erneuernden germanischen Menschentums, er ist die ewige Idee der germanischen Ordnung.

Damit ist die deutsche Revolution eine germanische Revolution. In ihr sind die Kräfte einer neuen Weltanschauung und die Umrisse eines Weltbildes erwachsen, das im Gegensatz zur geistigen Erscheinungsform des Westens und der von ihr bestimmten europäischen Vergangenheit steht. Ebenso wie das Geschehen von 1789 die Höhe des westlichen Geistes und einen Wendepunkt der europäischen Geschichte bedeutet hat, sind auf den Grundlagen der germanischen Mitte die Ereignisse des Jahres 1933 für die geschichtliche Zukunft des Kontinents von umstürzender Natur. Die Reichweite der deutschen Revolution ist germanisch und als solche europäisch. Ihr sind die gestaltenden Kräfte des deutschen Volkes entsprungen, ihr entfließen die fruchtbaren Ströme der germanischen Völker. Nach einer jahrhundertelangen Verschüttung hat der Gedanke der rassischen und völkischen Zusammengehörigkeit die willkürlich gesetzten Grenzen staatlicher Bevormundung gesprengt und das deutsche Volk zu der Einheit seiner 90 Millionen gefügt; es ist aufgebrochen, das unverrückbare Bewußtsein der germanischen Zusammengehörigkeit neu zu prägen und im großgermanischen Raum die gültige Wirksamkeit der Idee der germanischen Gemeinschaft durchzusetzen. Damit ist die Anwartschaft auf das Werden eines germanischen Bewußtseins in 120 Millionen stammesverwandten artgleichen Menschen in der Mitte Europas ausgesprochen, die durch den ewigen und erneuerten Reichsgedanken germanischer Bestimmung befähigt sind, ihren inneren Lebensraum zu gestalten.

Dr. Wilhelm Stölting

Wilhelm Stölting. * 25. 3. 1903 — Lyrik, Erzählung, Roman.
Veröffentlichungen: 1935 „Dat Pumpwerk", 1940 „Von den Fischer un sin Fru", „Germanisches Glaubenserbe und niedersächsisches Volksbrauchtum", 1941 „Studentin" u. a. m. (K. L. K., 1952.)

Das Christentum als totalitäre Weltanschauung[1])

Die Frage nach der Glaubenswelt unserer germanischen Ahnen ist noch zu keiner Zeit so brennend gestellt worden wie in unseren Tagen, hängt sie doch aufs engste zusammen mit dem Bestreben, in unserem nach mannigfachen Irrwegen gesundenden Volkstum das Artgemäße und germanisch Überlieferte zu trennen von fremden Einfuhren und ihren Folgen.

... Ein volkskundlicher Beitrag zur Erforschung germanischen Volksglaubens muß damit ansetzen bei dem, was das Leben unseres Volkes uns selbst bis auf unsere Tage bewahrt hat, muß von ihm trennen unverkennbar hinzugetragene, zumeist orientalisch-christliche Bestandteile und muß eingehend untersuchen, was seiner Herkunft nach gegenwärtig zweifelhaft ist. Was dann unzweifelhaft aus unserem eigenen Volkstum wuchs, darf mit Recht als germanisch in Anspruch genommen werden, auch dann, wenn wir gleiche und ähnliche Erscheinungen bei anderen arischen Völkern wiederfinden.

... Daß *im deutschen Geburtslande der Germanen, in Niederdeutschland*, der gewaltsame Einbruch des Christentums und seiner orientalischen Folgeerscheinungen in verhältnismäßig später Zeit erfolgte, begünstigt die Forschung auf seinem Boden und unter seinem Volk. Auch die Tatsache, daß wir nach den Erkenntnissen der Vorgeschichtswissenschaft auf diesem Boden mit einem durch Jahrtausende seßhaften Kernvolk rechnen dürfen, gestattet uns, bei hier einsetzenden Arbeiten von gesicherten Ergebnissen zu reden.

---

[1]) *„Die Kunde." Gemeinsames Mitteilungsblatt des urgeschichtlichen Außendienstes am Landesmuseum der Provinz Hannover und der Arbeitsgemeinschaft für die Volkskunde Niedersachsens, Heft 8, 1942, S. 157–161.*

...Es wird sich für dauernd in der deutschen Volksgeschichte als Bruch auswirken, daß durch die Einführung des Christentums ein vollständiger Wandel der Weltschau unter Vernichtung aller nur erreichbaren Spuren alten Denkens angestrebt wurde. Das Christentum als totalitäre Weltanschauung versuchte mit allen Mitteln der Gewalt und Überzeugung, zuletzt mit der Waffe der „Gleichschaltung", die überkommene germanische Glaubenshaltung zu brechen, ihre Ausdrucksmittel in Sprache, Brauch und dinglicher Kultur zu vernichten und von ihm mitgebrachte Formen des mittelmeerländischen Raumes und seiner Volkstümer an ihre Stelle zu setzen. Daß dabei von letzteren mehr eingeführt wurde, als dem Christentum hernach selbst lieb war, wie beispielsweise auf den Gebieten des Sternglaubens, der Traumdeuterei und der Magie, sei nur nebenher angedeutet. Bäuerlicher Hartnäckigkeit im Festhalten an der überlieferten Haltung und ihren Ausdrucksmitteln ist es zu danken, daß ein großer Teil germanischen Erbgutes auf unsere Tage kam, zum Teil unvermischt mit fremden Zusätzen, zum Teil auch in fremdem Gewande mit alten Glaubensbestandteilen. In neuerer Zeit erst haben wir erkannt, daß die gleichbleibende rassische Substanz unseres Volkes es zu Neuschöpfungen befähigte, die in Sinn und Form unverkennbar dem Altgut zuzuordnen sind.

Dr. Alfred Thoss

Alfred Thoss. * 13. 3. 1908 — Dr. — Geschäftsführer des Bauernkontors der Nordischen Gesellschaft.
Veröffentlichungen: 1933 „Geschichte der Stadt Greiz mit besonderer Berücksichtigung der Rechts-, Verfassungs- und Wirtschaftsverhältnisse", 1936 „Scharnhorst, der Gründer des Großen Generalstabes" — „Heinrich I., der Gründer des ersten deutschen Volksreiches", 1937 „Deutsches Bauerntum". (K. L. K., 1938.)

Die rassische Geschichtsbetrachtung[1])

Obenan steht dem Geschichtsschreiber das Wissen um die Bedeutung der rassischen Zusammensetzung für die Geschichte eines Volkes. Sie darf nur nicht einseitig und oberflächlich eingeflickt werden, wie das in einem Wust von Versuchen einer neuen Geschichtsschreibung geschehen ist. Die Bedeutung der Rassenfrage für die Geschichte kann aber kaum überschätzt werden, denn Griechen, Römer, die ostgermanischen Stämme der Völkerwanderungszeit sind wirklich an ihrem rassischen Verfall zugrunde gegangen, ein Schicksal, das nur durch die energischen Maßnahmen des Führers von uns abgewendet wurde. Mit der rassischen Geschichtsbetrachtung erfassen wir aber auch zugleich die machtpolitischen Kräfte und Gegenkräfte der gesamten Welt, zumal jetzt, wo neben dem internationalen und in der Freimaurerei verstrickten Judentum noch die farbigen Rassen immer mehr auf die Bühne treten. So wird, um mit Disraeli zu sprechen, die Rassenfrage immer mehr der Schlüssel zur Weltgeschichte, und die Forderung des Führers verlangt Verwirklichung: „Es muß endlich eine Weltgeschichte geschrieben werden, in der die Rassenfrage zur dominierenden Stellung erhoben wird."

Die Rassenfrage schafft die Voraussetzung für die Erkenntnis der leibseelischen Eigenart der Völker, ihrer Charaktere und Leistungsfähigkeit. Die Vererbungslehre hilft uns dabei, die Grenzen von Anlagen zu erkennen und macht aufmerksam auf die Folgen der Rassenmischung. Die lebensgesetzliche Betrachtungsweise stellt die Völker erst wieder in den richtigen Zusammenhang mit der Natur. Wir sehen, daß wie in der Natur, so auch

---

[1]) *In „Odal", Heft 2, August 1935, S. 151–153 — Auszüge.*

in der Geschichte der Starke, Wehrhafte siegt gegenüber dem Schwachen, Feigen, gemäß einer natürlichen Auslese. Die Beispiele von politischem Zerfall und Kultursturz infolge Bastardierung haben bei uns, in richtiger Erkenntnis der Geschichte, die Maßnahmen für Reinerhaltung der Rasse und Pflege des tüchtigsten Rassenbestandteils, des nordischen, hervorgerufen. Die nationalsozialistische Geschichtsschreibung hat die Aufgabe, die Leistung dieser nordischen Rasse, von den Schnurkeramikern und Trägern der Megalithkulturen an über die Griechen und Römer bis zu den Deutschen, Engländern und Nordfranzosen, soweit sie in früheren Zeiten noch nordrassisch waren, aufzuzeigen. Schon in der jüngeren Steinzeit — dann in der Bronzezeit — sehen wir die nordische Rasse ihren ganz besonderen Stil entwickeln, der sich durch Klarheit der Formen und Gehaltenheit gegenüber den anderen Kulturkreisen auszeichnet. Die hervorragende Begabung der nordrassischen Griechen und Römer ist bekannt, jene erreichten in der Kunst, diese auf militärischem Gebiet Größtes. Eintretende Rassenmischung führte bei beiden Völkern zu Entartung und zum Untergang. Die Germanen bauten nach untergehenden Welten Neues auf und schufen blühende Kulturen. Bei den Deutschen waren immer die Zeiten groß, in denen nordischer Geist maßgebend war. Leider zieht sich der so geartete Deutsche zu leicht in sich selbst zurück, dann macht sich ein zerstörender Fremdgeist breit, der erst wieder niedergerungen werden muß, soll der Volkszerfall aufgehalten werden. England war bis zur Neuzeit ein hervorragend nordrassisches Land, das sich die Welt untertan machte. Leider hat es sich in den letzten hundert Jahren gegen überhandnehmende Verjudung nicht genügend zur Wehr gesetzt. In Frankreich galten ursprünglich auch die Gesetze nordischer Art, vornehmlich im Norden, denn das Galliertum war Rom ganz und gar erlegen. Erst die Hugenottenaustreibungen, das despotische Regiment Ludwigs XIV. und die Französische Revolution verbannten germanisch-nordische Art. Diesen Vorgängen muß die Geschichtsschreibung im einzelnen nachgehen. Auf der anderen Seite muß sie bei dem Verfall der Völker den Rückgang hochwertiger Erblinien, die Vermehrung der Erbkranken und den Bevölkerungsschwund im allgemeinen als wichtige Faktoren erkennen.

Mit dem Aufstieg und Niedergang der verschiedenen Rassengeschichten muß zugleich auch der oft blutige Kampf um arteigenes Denken in den Vordergrund gestellt werden. Von dem Widerstand der Schwaben und Sachsen bei der Einführung des Christentums bis zu den leidenschaftlichen Kampfgedichten Walthers von der Vogelweide, den Kämpfen für die Reformation, dem Durchbruch echten Deutschtums bei den Burschenschaften und dem revolutionären Kampf nordisch-deutschen Menschentums in der nationalsozialistischen Bewegung zieht sich ein einheitlicher Gestaltungswille. An der Behandlung dieser Frage werden wir jeden Geschichtsschreiber erkennen, mag er sich sonst noch so sehr zu tarnen vermögen. So werden wir zum Beispiel den Franzosen Karl nicht als den Großen bezeichnen, da er so brutal mit germanischer Art und nordischem Blut umgegangen ist. Der Kampf Widukinds wird von uns mit der besten Sachkenntnis, die eine gerechte Einschätzung Karls in sich schließt, aber mit der größten Leidenschaft für die Sache des Rebellen dargestellt werden müssen ...

... Der deutsche Mensch hat gesiegt. Er gestaltet das Schicksal Deutschlands und wird seine Feinde rücksichtslos vernichten, auch wenn sie sich jetzt hinter wissenschaftlichen Abhandlungen verbergen. Als Beispiel seien die Arbeiten des ehemaligen Göttinger Professors *Saller* genannt. In den beiden Werken „Vineta“ und „Ofnet“ verwirrt und verfälscht er die Ergebnisse rassischer Forschung; wissenschaftlich feststehende Tatsachen der Frühgeschichte werden von ihm bestritten, zum Beispiel, daß die Heimat der Indogermanen in Europa und nicht in Asien ist, und daß die Indogermanen Bauern und nicht Nomaden waren. Solche Durchkreuzungen unseres Geschichtsbildes können wir nicht dulden! Deshalb müssen wir auch einen Vielschreiber wie Czech-Jochberg ablehnen, der mit Recht den Beinamen „Emil Ludwig II." erhielt. Schließlich sei auch auf die Polemik Walter Franks gegen Mommsen und Onken hingewiesen.

Zusammenfassend sollen noch einmal die Gesichtspunkte genannt werden, welche die nationalsozialistische Geschichtsschreibung in den Vordergrund stellt. Das sind: Rasse, Volksstaat, Blut und Boden, arteigene Kultur. So ist Geschichte auch in den Schulen zu lehren. Der Erlaß des Reichs- und Preußischen Ministers für Wissenschaft und Volksbildung vom 15. Januar 1935 bestimmt: „Die Weltgeschichte ist als Geschichte rassisch bestimmter Volkstümer darzustellen. An die Stelle der Lehre „ex oriente lux" tritt die Erkenntnis, daß mindestens alle abendländischen Kulturen das Werk vorwiegend nordisch bestimmter Völker sind, die in Vorderasien, Griechenland, Rom und in den übrigen europäischen Ländern — zum Teil im Kampf gegen andere Rassen — sich durchgesetzt haben, oder ihnen schließlich erlegen sind, weil sie unbewußt wider die rassischen Naturgesetze gesündigt haben." Mit dieser Betrachtungsweise kommen wir der geschichtlichen Wirklichkeit nahe und werden ihr mehr gerecht als jede materialistische und idealistische Auffassung. Wir sehen so die Geschichte des Volkes als den ewigen Strom, der an seiner Quelle am reinsten ist (artrein, rasserein), der bei Vorüberfließen an Widerständen aller Art Fremdkörper aufnimmt und an ihrer Ausscheidung bzw. richtigen Verdauung seine Gesundheit oder Krankheit zeigt. Der einzelne wird aber nur Glied in der ewigen Kette des Volkes, reicht durch seine Ahnen in die älteste Vergangenheit und hat die Verantwortung, sein gesundes Erbe der Zukunft zu überliefern. Der ruhige Lauf dieses Flusses oder der Kette, die Verstrickungen, Knoten, die in gleicher Weise auch ein Volksschicksal aufzeigt, ist der Inhalt seiner Geschichte.

ANHANG

Studien zur Judenfrage

I.[1])

Preisaufgaben der Forschungsabteilung Judenfragen des Reichsinstituts für Geschichte des neuen Deutschlands

Das Reichsinstitut für Geschichte des neuen Deutschlands will das Thema „Die Geschichte des Hofjuden-Systems" in einem wissenschaftlichen Wettbewerb bearbeiten lassen. Es stellt deshalb drei Preisaufgaben:

Die 1. Preisaufgabe soll das genannte Thema der Geschichte des Hofjuden-Systems behandeln für das Gebiet Österreich.

Die 2. Preisaufgabe soll das Thema behandeln für das Gebiet der süddeutschen Staaten.

Die 3. Preisaufgabe soll das Thema behandeln für das Gebiet der norddeutschen Staaten.

Es wird für jede dieser Aufgaben ein Preis ausgesetzt von 4000,— RM (i. W. viertausend Reichsmark).

Die Arbeiten sind einzureichen spätestens zum 1. November 1940 an „Die Forschungsabteilung Judenfrage des Reichsinstituts für Geschichte des neuen Deutschlands" in München, Ludwigstr. 22b, mit Kennwort. das in einem verschlossenen Briefumschlag aufgelöst ist. In dem Briefumschlag müssen beigegeben sein: Abstammungsnachweis und Lebenslauf. Als Preisrichter sind bestimmt: Der Präsident des Reichsinstituts für Geschichte des neuen Deutschlands, Professor Walter Frank, der Präsident der Bayerischen Akademie der Wissenschaften, Professor Karl Alexander von Müller, und der Geschäftsführende Leiter der Forschungsabteilung Judenfrage des Reichsinstituts, Dr. Wilhelm Grau.

Die preisgekrönten Arbeiten werden vom Reichsinstitut für Geschichte des neuen Deutschlands herausgegeben.

---

[1]) *„Historische Zeitschrift", Band 155, München/Berlin 1937, S. 450.*

II.[1])

Forschungsabteilung des Reichsinstituts für Geschichte des neuen Deutschlands

Die Forschungsabteilung Judenfrage des Reichsinstituts für Geschichte des neuen Deutschlands trat vom 12. bis 14. Mai 1937 in der Münchener Universität zu ihrer 2. Jahrestagung zusammen. Außer den Mitgliedern der Forschungsabteilung Judenfrage und des Reichsinstituts nahmen an der Tagung teil: Der Reichsstatthalter in Bayern, General Ritter von Epp, Der Reichsstatthalter in Sachsen, Gauleiter Mutschmann, der Staatssekretär im bayrischen Kultusministerium, Dr. Boepple, sowie weitere Vertreter des Staates und der Partei. Wie Dr. Grau, der geschäftsführende Leiter der Forschungsabteilung, hervorhob, handelte es sich dabei nicht um irgendeine öffentliche Repräsentation, sondern um tätige Anteilnahme an dieser geschlossenen Arbeitstagung, somit um wirkliche gemeinsame Arbeit von Wissenschaft, Bewegung und Staat.

Dr. Grau gab zu Beginn die neuberufenen Mitglieder bekannt: Der Präsident der Physikalisch-Technischen Reichsanstalt, Professor Dr. Johannes *Stark*, und der Präsident der Deutschen Forschungsgemeinschaft, Professor *Mentzel*, für Naturwissenschaft, Ministerialdirektor Dr. Arthur *Gütt*, und der Direktor des Statistischen Reichsamtes, Dr. Friedrich *Burgdörffer, für Bevölkerungswissenschaft*, Professor Dr. Othmar Freiherr von *Verschuer* und Professor Ludwig *Schemann* für Vererbungslehre und Rassenkunde. Dr. Grau berichtete sodann über den Aufbau, die bisherige Tätigkeit und die Aufgaben der Forschungsabteilung (Bibliothek, Archiv, Gutachtertätigkeit, Forschungsunternehmungen und Veröffentlichungen) und eröffnete die Tagung mit einigen erklärenden Worten über den besonderen Charakter dieser Zusammenkunft. Es sprachen: Professor Dr. Johannes Stark: Das Judentum in der Naturwissenschaft. Professor Othmar Freiherr von Verschuer: Was kann der Historiker, Genealoge und der Statistiker zur Erforschung des biologischen Problems der Judenfrage beitragen? Professor Dr. Max *Wundt:* Das Judentum in der Philosophie. Professor Dr. Hans Alfred *Grunsky:* Baruch Spinoza. Dozent Dr. Karl Georg *Kuhn:* Weltjudentum in der Antike. Professor Dr. Gerhard *Kittel:* Das Konnubium mit Nichtjuden im antiken Judentum. Professor Dr. Hans *Bogner:* Philo von Alexandrien als Historiker. Professor Dr. Franz *Koch:* Goethe und die Juden. Dr. Wilhelm *Stapel:* Kurt Tucholsky. Professor Dr. Kleo *Pleyer:* Das Judentum in der kapitalistischen Wirtschaft. Dr. Ottokar *Lorenz:* Karl Marx. Oberregierungsrat Dr. Wilhelm *Ziegler:* Walther Rathenau. Professor Stark berührte mit

[1]) *Bericht der Arbeitstagung der Forschungsabteilung Judenfrage des Reichsinstituts für Geschichte des neuen Deutschlands in: „Historische Zeitschrift", Band 156, Jahrgang 1937, S. 667–669.*

dem Problem der Relativitäts- und Quantentheorie den entscheidenden Punkt der Auseinandersetzungen in der Naturwissenschaft, deren Mittelpunkt in Wahrheit der Jude sei. Professor von Verschuer zeigte, wie der von der Forschungsabteilung beschrittene Weg der Zusammenarbeit verschiedener Disziplinen besonders für den Historiker, Genealogen und Statistiker fruchtbar sei. Professor Wundt gab eine umsichtig begründete Wesensschau der jüdischen Art, sich in der Philosophie zu betätigen. Professor Grunsky löste durch den Nachweis talmudistischer Denkart bei Spinoza große Spannung und eine angeregte Erörterung aus, die sich noch weiterhin fortsetzen dürfte. Professor Kittel und Dr. Kuhn ließen in Ausführungen, die auf zahlreichen Einzeluntersuchungen fußten, das Weltjudentum der Antike lebendig werden. Professor Bogners Analyse von Philos Geschichte der alexandrinischen Judenunruhen ergänzte dieses Bild, das sich so vom Theologen, Talmudisten und Altphilologen her zu einer Einheit zusammenschloß. Professor Kochs tiefschürfende Darlegungen über Goethe und die Juden werden über die deutschen Grenzen hinaus wirken, wie auch die Generalabrechnung mit dem jüdischen Literatentum, aus der Wilhelm Stapel einen packenden Abschnitt zu Gehör brachte. Der Reiz der Vorträge Professor Pleyers und Dr. Lorenzens lag in ihrem Ineinandergreifen, in dem das gleichartige Wirken ein und desselben Judentums in Kapitalismus und Marxismus sich herauskristallisierte, das in dem Fragezeichen, als das Walther Rathenau von Dr. Ziegler dargestellt wurde, seinen Abschluß fand. Diese wissenschaftlichen Vorträge werden im Herbst des Jahres 1937 als 2. Band der „Forschungen zur Judenfrage, Sitzungsberichte der Forschungsabteilung Judenfrage des Reichsinstituts für Geschichte des neuen Deutschlands" in der Schriftenreihe des Reichsinstituts erscheinen.

Besondere Beachtung verdienen die methodischen Neuerungen, die von der Forschungsabteilung Judenfrage durchgeführt werden. Bereits auf der ersten Jahrestagung hatten sich Gelehrte aus allen wichtigen Wissenschaftszweigen der Natur- und Geisteswelt zur gemeinsamen Bearbeitung eines Themas zusammengefunden. Der Verlauf dieser 2. Tagung in den Vorträgen, Erörterungen und privaten Aussprachen zeigte, daß die vielen hier neu angeknüpften persönlichen und wissenschaftlichen Beziehungen in der Stille schon manchen wertvollen Beitrag zur Judenfrage reifen lassen, der zusammen mit anderen ein ausgerundetes Bild der Judenfrage auf allen Lebensgebieten erhoffen läßt. Eine weitere methodische Neuerung bedeutete die aktive Teilnahme geschichtlich handelnder Männer an einer geschichtswissenschaftlichen Tagung. Im Zuge dieser Entwicklung wurden auch die Vorträge von Gauleiter *Streicher:* Mein politischer Kampf gegen das Judentum, und von Oberst a. D. *Nicolai:* Wie hat der Chef des Nachrichtendienstes der obersten Heeresleitung im Weltkrieg den Einfluß des Juden während des Weltkrieges gesehen? eingesetzt. Diese Vorträge zeigten, wie wichtig es ist, daß der heutige Historiker auch in Berührung mit geschichtsgestaltenden Persönlichkeiten die Überlieferung der gegenwärtigen Geschichte pflegt, die infolge des Fernsprechers und der „reisenden Diplomatie" vielfach ohne schriftlichen Überrest verlorenzugehen droht. Darüber hinaus dient diese Fühlungnahme zwischen Wissenschaft und Politik der Einheit des geistigen Lebens der Nation, indem der Historiker dem Politiker Waffen schmiedet und ihm die Übersicht über das geschichtliche Ringen der Gegenwart von der vergangenen Geschichte her vertieft und zugleich seinerseits vom Politiker neue Fragestellungen und Einsichten empfängt.

III.[1])

Dritte Arbeitstagung zur Judenfrage vom 5. bis 7. Juli 1938

Der große Senatssaal der Münchener Universität vereinigte unter dem Vorsitz des Präsidenten des Reichsinstituts, Professor *Walter Frank*, wie alljährlich, hervorragende Vertreter von Partei und Staat und die Mitglieder des Reichsinstituts zu dreitägiger fruchtbarer Gemeinschaftsarbeit. Zum ersten Male waren auch Berichterstatter der führenden Tageszeitungen zugelassen, um der von Walter Frank in der einleitenden Ansprache hervorgehobenen, mit dem Fortschreiten der Arbeit wachsenden Aufgaben des Reichsinstituts zu dienen: nicht nur *Forschungszentrale*, sondern auch *Lehrkanzel* zu sein. Bei dieser Gelegenheit teilte Walter Frank auch mit, daß das Reich nunmehr die notwendigen Sondermittel zum Aufbau der großen europäischen Bücherei zur Judenfrage im Rahmen des Reichsinstituts sichergestellt habe.

Walter Frank ließ zu Beginn in Maximilian Harden mit elementarer Kraft und für die ganze Tagung richtungweisend das Urbild des Ewigen Juden erstehen, dessen Demaskierung alle wahrhaften Forschungen zur Judenfrage bewirken. In Harden drängte sich der jüdische Parasit in den politischen Riß zwischen Bismarck und Wilhelm II. Für ihn war das „große Individuum" Bismarck, das er, der entwurzelte Jude, als von seinem Heimatboden losgelösten „Übermenschen" sehen wollte, lediglich Mittel der Revolution gegen Bismarcks eigenes Werk, gegen den kaiserlichen Staat, der eben seinen Schöpfer Bismarck unwürdig gestürzt und damit den großen Mann in eine lebendige Anklage gegen das Kaisertum verwandelt hatte. Dem Ziele der Revolution diente der Pressekampf gegen Wilhelm II. ebenso wie die großen Eulenburg-Moltkeschen Skandalprozesse der Jahre 1907—1909. Harden war von Anfang an politischer und sozialer Revolutionär, nur durch sein Bündnis mit Bismarck nach außen hin konservativ getarnt. *Karl-Richard Ganzer*, München, gab in seinem Vortrag über Richard Wagner und das Judentum mit einem Ausdruck Wagners das Stichwort zur Kennzeichnung dieses jüdischen Geistes: „der plastische Dämon des Verfalls der Menschheit". Die breite Bahn des Aufkommens dieses Dämons in der deutschen Geschichte zeichnete *Erich Botzenhart*, Berlin, in seinem groß angelegten Vortrag über „Den machtpolitischen Aufstieg des Judentums von der Emanzipation bis zur Revolution von 1848". Die drei Typen jüdischer Herrschaft: jüdische Hochfinanz, jüdischer Bolschewismus und jüdische Journalistik wurden bereits in jener Zeit durch Rothschild, Marx und Heine für die Zukunft maßgebend verkörpert. Die Überwindung dieser jüdischen Herrschaft — das war das entscheidende Ergebnis der Darlegungen Dr. Ganzers über Wagner — konnte nicht durch isolierte Negation, sondern nur durch einen Antisemitismus als organisches Teilstück einer umfassenden völkisch-politischen Weltanschauung erreicht werden.

... *Eugen Fischer*, Berlin, legte mit seiner Untersuchung über die Rassenentstehung und Rassengeschichte der Juden in der Antike den Grundstein zur Erforschung der späteren Rassenschicksale des Judentums.

---

[1]) *In „Historische Zeitschrift"*, Bd. 158, 1938, Auszüge, S. 218–221.

... Diese heute lebende jüdische Rasse war der Gegenstand des Vortrages von *Othmar Freiherrn von Verschuer*, Frankfurt, über die „Rassenbiologie der Juden". Die Aufzählung der erblichen, körperlichen und seelischen Eigenschaften sowie der krankhaften Anlagen, wie sie die Vererbungswissenschaft an den Juden festgestellt hat, ergab ein geschlossenes Bild der Juden, das überraschend genau zu den Befunden aus anderen Disziplinen stimmt. *Friedrich Burgdörffer*, Berlin, legte im Anschluß daran in seinen Ausführungen über „das Judentum in der Welt und in Deutschland" auf Grund eines unbestechlichen statistischen Materials dar, wie sehr das Judentum einen unverkennbaren garasitären Charakter aufweist. Die Juden in Deutschland sind eine ausgesprochen verstädterte, in hohem Maße überalterte, ungewöhnlich kinderarme Bevölkerungsgruppe, von völlig einseitiger (fast ausschließlich auf Handel und gewissen freien Berufen beruhender) wirtschaftlicher und sozialer Struktur. Das Wirken dieses Parasiten in der Naturwissenschaft wurde in dem Vortrag von *Ferdinand Schmidt*, Stuttgart, über ein „Beispiel der naturwissenschaftlichen Gutachtertätigkeit der Juden in der Systemzeit" sichtbar. *Karl-Georg Kuhn*, Tübingen, zeigte endlich in seinem Vortrag über „Ursprung und Wesen der talmudischen Einstellung zum Nichtjuden", welch erschreckenden Haß dieses Volk auf Grund seines religiösen Gesetzes gegen seine Gastgeber richtet. Aus den natürlichen Auswirkungen des Fremdenhasses primitiver Beduinen ist in den jüdischen Gesetzen ein wahrhaft dämonisches Instrument des Parasiten gegen die Kulturwelt geworden. Wenn man erfährt, daß für den Juden die Tötung eines Nichtjuden straffrei ist, während der Nichtjude, der einen Juden auch nur schlägt, des Todes schuldig sein soll, so versteht man, daß die letzthin entscheidende Auseinandersetzung mit dem Juden nur im politischen Kampf liegen kann.

... Hofrat *Eduard Pichl*, ein Mitkämpfer Schönerers, der wenige Wochen zuvor mit Unterstützung des Reichsinstituts für Geschichte des neuen Deutschlands den politischen Nachlaß Schönerers in einem monumentalen Quellenwerk vollendet hatte, sprach über „Georg Schönerers Kampf gegen das Judentum". In seinen Worten wurde die Erbitterung und Härte des Kampfes für den Rassenantisemitismus in Österreich spürbar, ein Erlebnis, das auch den Werdegang Adolf Hitlers bestimmt hat.

... Beim Überblick über die gesamte Tagung darf man sagen, daß die Arbeiten des Reichsinstituts seine Mitglieder bereits zu einer engen, auf persönlichen und sachlichen Beziehungen beruhenden Gemeinschaft verbunden haben. Es ist nicht möglich, an dieser Stelle die Fülle der Anregungen und Ausblicke zu kennzeichnen, die in den Aussprachen von seiten der verschiedensten Fakultäten aufkamen. Hier ist wirklich ein geistiger Mittelpunkt, in dem die schöpferischen Kräfte zusammenströmen und sich gegenseitig steigern ...

... Die nationalsozialistische Wissenschaft hat sich hier im Einklang mit der Politik an der Judenfrage zu einer neuen Totalität aus allen Disziplinen zusammenzufinden. Natürlich ist nicht nur die Judenfrage die Grundlage dieser Totalität. Die neue Einheit entsteht aus der nationalsozialistischen Weltanschauung, auf dem tragenden Grund ihres Kernstückes, des Rassen- und Volksgedankens. Sie ist deshalb nur möglich — dies ist wohl eine der durchschlagendsten Erkenntnisse der Tagung — als die umfassende Universalität des deutschen Geistes, in der der Antisemitismus statt reiner Negation ein aufbauendes notwendiges Glied im ganzen ist.

KAPITEL IX

Die neue Lehre vom Menschen

INHALTSVERZEICHNIS

Vorwort

Den passenden Titel für dieses Kapitel zu finden, war nicht einfach, denn tatsächlich wäre der von den Nazis selbst geprägte Ausdruck „Rassenkunde“ am treffendsten gewesen. Ihn zu verwenden hielten wir jedoch nicht für richtig, denn mit dem Wort „Kunde“ wird da eine Sache ganz eigener Art bemäntelt. Diese neue Lehre wurde so merkwürdig dargeboten und verschmähte die seit Bestehen jeder wissenschaftlichen Forschung genau vorgeschriebene Entwicklung. Sie stellte zunächst einmal die Schlußfolgerung auf — und diese kam einem ungeheuerlichen Aberglauben gleich —, um erst dann nach Beweisen zu suchen, wenn sie sich überhaupt um solche bemühte. Einer der von uns in diesem Kapitel zitierten Autoren — und er ist nicht gerade der Dümmste — drückt es in folgenden Worten aus:

> *„Wenn auch die Richtigkeit unseres rassischen Denkens an sich für uns ohne weiteres feststeht und keines Gelehrtenbeweises bedarf, sind diese Beweise für das geistige Ringen mit den Gegnern der rassischen Denkungsart unentbehrlich.“*

Jedenfalls versucht Walter Gross wenigstens nicht, sich selbst etwas vorzumachen . . .

Im Dienst des totalitären Staates wird eben die Wissenschaft geschändet. Auch hier wieder ist die Ähnlichkeit des Denkens im Sinne Hitlers mit jenem im Sinne Stalins ins Auge fallend. Im „Lyssenkoismus“ erreichte erst kürzlich diese Art Betrug des politischen Diktats seinen Höhepunkt.

Immerhin gewinnt man den Eindruck, daß anfangs für die wissenschaftliche Opposition im Dritten Reich die Möglichkeit zur freien Entfaltung bestand. Und es wurde ausgiebig davon Gebrauch gemacht. Man schaue sich nur an, was Rudolf Fick zu sagen wußte! Es handelt sich da um ein bemerkenswertes Musterbeispiel für das Verhalten eines klugen, würdigen und wahrhaft weisen Mannes angesichts von damals noch wenig bekannten und recht verzwickten Fragen.

Prof. Dr. Erich Jaensch

„Die Gegentypen"[1])

Schließlich sei noch ein grundsätzlicher Einwand berührt, der von der Kulturphilosophie aus gemacht werden könnte. Wo der ausgeprägte Auflösungstypus das innerste Wesen der Persönlichkeiten bestimmt und ganz und gar beherrscht, dort kann nur ein Kultursystem entstehen, das zu unserem eigenen Wollen „gegentypisch" ist. Aus diesem Grunde stehen wir in schroffstem, in ganz unüberbrückbarem Gegensatz zu typischen Erzeugnissen des jüdischen Geistes und von den von ihm geschaffenen Daseinsformen. Allein es gibt auch hochstehende und edelgeartete europäische Kulturen, in denen der hier geschilderte Formkreis zwar nicht in der extremen Form als Auflösungstypus, wohl aber in der milderen als Auflockerungstypus vorherrscht und den Daseinsbereichen das Gepräge verleiht. Eine solche Kultur ist die französische. Sie verhält sich zu der von uns angestrebten, im ausgeprägten und betonten Sinne deutschen Kulturform nicht gegensätzlich und feindlich, sondern steht zu ihr in einem Verhältnis der Ergänzung und Komplementarität. Das wird um so deutlicher hervortreten, je weiter die Verständigung mit Frankreich, die nicht nur eine politische, sondern auch kulturelle Notwendigkeit ist, fortschreitet. Allerdings befinden wir deutschen völkischen Aktivisten uns auch in einem gewissen Gegensatz zu dem französischen Gegentypus; aber dieser ist rein friedlicher und kultureller Art: Frankreich hat im 17. und 18. Jahrhundert auf ganz Kontinentaleuropa seine eigentümlichen Gedankenwelten und Einrichtungen ausgestrahlt. Davon ist sehr vieles zu unserer Art „gegentypisch" und soll nun im deutschen Lebensraum durch das uns selbst artgemäße ersetzt werden. Gegensätzlich werden wir bleiben, ohne jedoch Gegner zu sein. Dieser „Gegentypus" ist uns kein Konträrtypus, sondern ein Komplementärtypus. Wir werden immer, vielleicht in allen, aber bestimmt in vielen wesentlichen Gestaltungen des Daseins blutsmäßig verschiedene Wege gehen, und wir werden dies tun in ritterlicher Achtung des anderen, ohne uns deshalb zu befehden. Der Nationalsozialist sieht in allen edelgearteten Völkerindividualitäten die Verwirklichung von Schöpfergedanken Gottes, die er mit religiöser Ehrfurcht und mit Freude betrachtet, und die er gegen bolschewistische Gleichmacherei — welche immer eine spéculation à la baisse, eine Angleichung nach unten hin ist —, mit allen Mitteln zu verteidigen sucht. Aber wegen dieser Verschiedenheit, ja Gegensätzlichkeit, kann man gelegentlich aus dem Bereich dieser ganz anderen Daseinsform Züge mitheranziehen, wenn man das „Gegenbild" zu demjenigen zeichnet, was unserer Art entspricht; man kann diese Züge mitbenutzen zur Aufklärung unseres eigenen Wollens an der Hand des „Gegenbildes".

---

[1]) *„Der Gegentypus" — Psychologisch-Anthropologische Grundlagen deutscher Kulturphilosophie, ausgehend von dem, was wir überwinden wollen. Verlag von Johann Ambrosius Barth, Leipzig 1938, S. XXXVII und XXXVIII. Biogr. s. „A. d. Universitäten".*

Prof. Dr. Friedrich Keiter

Friedrich Keiter. * 26. 11. 1906 — Dr. phil., Dr. med., Privatdozent in Graz. Veröffentlichungen: 1938 „Allgemeine Kulturbiologie", 1940 „Naturvölker und Vorzeitrassen", 1942 „Rassenpsychologie", 1944 „Hochkultur und Rasse", „Menschliche Fortpflanzung". Nach dem Kriege Mitarbeiter vieler Zeitschriften. (K. G. K., 1954.)

Rassenpsychologie[1])

Das deutsche Volkstum ist, wie jedes andere Volkstum, das Ergebnis eines einmaligen Geschichtsprozesses, zu dessen wesentlichen Grundlagen aber eine bestimmte Rassenbeschaffenheit gehört. Der ganze deutsche Sprachraum liegt im nordalpinen Europa, darum ist unser Volk *vor allem ein nördliches europäisches Volk.* Demgemäß steht auch der *nordische Wert- und Idealtypus des Menschen als Vorbild über uns allen.* Das gilt körperlich, indem hoher Wuchs, helle Farben und die herb-harmonischen Züge des mittleren europäischen Gesichtes jedem von uns für erwünscht gelten. Es gilt auch seelisch. Tatsachensinn, Zuverlässigkeit, soldatisch dienstbereiter Heldenmut, Leistungsmenschentum, Idealismus, Wahrhaftigkeit, Echtheit und Selbstbeherrschung ergeben zusammen ein Charakterideal, das ganz besonders von den durchschnittlichen Zügen nördlicher Europäer abgeleitet ist und dieser Rasse und damit auch uns Deutschen ganz besonders geziemt. Ja ohne Zweifel ist dies nordische Menschenideal sogar in ganz besonders hohem Maße gerade ein deutsches Ideal.

Der europäische Norden war viele Jahrhunderte ohne ein eigenständiges mythisches Bewußtsein seiner selbst. Er dachte nur in der importierten biblischen Mythologie. Als ein zweites trat besonders seit der Renaissance das antike Heidentum und das Ideal der Romanitas auf, nicht mehr ganz so weit hergeholt, aber doch auch nicht einheimisch. Ein eigentliches Germanenideal wird erst gegen Ende des 18. Jahrhunderts neu geboren, und wird zunächst natürlich antithetisch zu den fremden Idealen gezeichnet, d. h. aber gefühlshaft gegenüber der antiken Klarheit, formlos gegenüber der antiken Form, naturhaft gegenüber der südlichen Geistbeherrschtheit, romantisch gegenüber aller Klassik. Etwas, was der südlichen Romanitas an heroischer Monumentalität durchaus gleichkommt, hat uns erst Hans Günther geschenkt, indem er das eben besprochene romantische Germanenideal mit den Erfahrungen des Preußentums zusammenfaßte und auf eine dem Geiste unserer Zeit entsprechende rassenbiologische Grundlage stellte.

---

[1]) *In „Rassenpsychologie" – Einführung in die werdende Wissenschaft, Verlag von Philipp Reclam jun., Leipzig 1942, S. 67–71.*

Dieses nordische Charakterideal ist dazu da, daß wir uns danach richten und daß es uns richte. Es ist am meisten aus deutschem Geiste geboren, und sein Sinn ist es durchaus nicht, daß wir nun nach Norden voll neuer romantischer Hoffnung starren, wie wir uns einst von Jerusalem, von Hellas und Rom bannen ließen, sondern daß wir *endlich zu uns selbst kommen.*

Auch innerhalb des nordalpinen Europa hat das deutsche Volk rassenpsychologisch einen ganz bestimmten Platz, von dem es nicht woanders hin verschoben werden dürfte, ohne sein Wesen zu ändern. Die Deutschen *siedeln* in der Süd-Nordrichtung zwischen Italienern und Skandinaviern-Engländern und in der West-Ostrichtung zwischen Franzosen und Slawen. Damit ist gleichzeitig das *rassenpsychologische* „Koordinatensystem" angegeben, in dem sie unverrückbar ihren Süd-Nord- und ihren West-Ost-Ort haben.

Was aus dem Deutschtum würde, wenn über Nacht die Menschen des heutigen Italien seine Träger würden, braucht nicht besprochen zu werden. Es bliebe jedenfalls nicht Deutschtum. Aber auch wenn in unsere Wiegen plötzlich lauter Skandinavier- und Engländerkinder gelegt würden, würde das nicht nur hellere Augen geben, sondern eine durchaus undeutsche Generation. Eine hierauf gerichtete Überlegung wird uns gleichzeitig das eigentliche Wesen des deutschen Geistes aufzeigen.

Die kennzeichnendste deutsche Philosophie heißt *Idealismus*, die kennzeichnendste englische *Pragmatismus*. *Idealismus* strebt dem Wesen der Dinge unabhängig von ihrem konkreten Dasein nach, müht sich um das „Ding an sich". *Pragmatismus* reduziert das Interesse an der Welt auf das, was der Handelnde für seine persönlichen Zwecke brauchen kann. Engländer finden die Deutschen Prinzipienreiter und kennen keine reine Wesensschau. Darum sind sie praktisch aber nicht sachlich wie die Deutschen. Sachlichkeit ist zwar auch aufs Wirkliche gerichtet wie Praktischkeit, aber sie will Objektivität, will den Dingen ihr Recht lassen und sie im Geiste richtig und unverzerrt abzeichnen. Sachlichkeit ist die eigentlich wissenschaftliche Einstellung. Ihr Ergebnis ist „Weltanschauung", d. h. ein Vorstellungsgebilde, das zugleich anschaulich und auch so „maßstabgerecht" und getreu ist, wie z. B. eine gute Kartendarstellung. Objektiv sein, sachlich sein, den Dingen ihr Recht lassen und das Wesen vom Zufall trennen, ist *den Deutschen stets stärker als anderen Völkern innigstes Bedürfnis* gewesen, und sie haben aus dieser Veranlagung manchen Mißerfolg, aber auch ihre wahren und unvergleichlichen Erfolge davongetragen. Auch der deutsche Waffensieg über England steht im Gefolge der Überlegenheit der deutschen sachlichen Ausbildung und Planung über das bloße Kompromißlertum des praktischen Fortwurstelns und des Dilettantentums auf allen Lebensgebieten.

Die deutsche Sachlichkeit ist nun ohne Zweifel ein Ergebnis der im Vergleich zu Nordeuropa südlicheren Lage unseres Volkes. Nach Süden nimmt die Leibhaftigkeit der gesehenen und vorgestellten Dinge immer weiter zu. Die unsinnlichen Wesensbilder der sachlichen Betrachtungsweise stehen zwischen den sinnlichen Bildern des Südens und der völligen Auflösung des leibhaftig Anschaulichen im extremen Norden in der Mitte. Man kann nicht dieses deutsche Wesen lieben und hochwerten, gleichzeitig aber die deutsche Rassenbeschaffenheit irgendwie grundsätzlich gewandelt wünschen. Denn *die Eigenschaften, mit denen wir Deutsche gerade jetzt ganz besonders für den Erdteil Europa führend werden, stammen alle aus der sachlichkeitsgeneigten Veranlagung unseres nordalpinen, aber nicht ausgesprochen nordeuropäischen Volkes.*

Friedrich Jess

Friedrich August Adolf Jess. * 16. 2. 1891 in Lüneburg. Dr. med. — Studium in Göttingen und Marburg — 1918 Dr. med. — Gynäkologe — 1931 Eintritt in die NSDAP — deutschgottgläubig — 1932 Dozent an der von Gauleiter Wagner begründeten Hochschule für Politik, Rassenkunde, Rassen- und Bevölkerungspolitik in Bochum — Gaufachredner für diese Gebiete — 1934 Gaubeauftragter des Rassenpolitischen Amtes der NSDAP Westfalen-Süd — 1937 Mitglied der Reichsschrifttumskammer — Gauredner — 24. 8. 1937 SA-Stab, Gruppe Westfalen, Dortmund, Sanitäts-Sturmbannführer, rassepolitischer Referent, Gauamtsleiter des Rassepolitischen Amtes.

Das Seelenbild des nordischen Menschen[1])

Im Seelenbild des *nordischen* Menschen ragt das Heldische ganz besonders hervor und hat von jeher diese Rasse wie kaum eine andere zur Selbstaufopferung, zum Hochstreben (Idealismus), zur selbstlosen Hingabe an große Gedanken und hohe Menschheitsziele befähigt. Nordisches Helden- und Führertum ist in der Hauptsache auch diese hehre Eigenschaft, außerdem aber auch durch angeborene körperliche Kühnheit und Tapferkeit bedingt, ferner durch Zielbewußtsein, Entschlossenheit, Willenskraft, Urteilsvermögen und kühlem Wirklichkeitssinn. Ein ausgeprägtes Gefühl für Wahrhaftigkeit, Ritterlichkeit und Gerechtigkeit ergänzt diese Führereigenschaften in glücklicher Weise und hat allen großen nordischen Männern jenen mächtigen Widerhall in den breiten Massen ihres Volkes verschafft, der diese zur bedingungslosen Gefolgschaftstreue begeisterte. Doch wäre nordische Geistesgröße nicht denkbar ohne die starke Eingebungskraft und die überschwengliche Einbildungskraft, die über einen hohen Geistesflug das Denken zur Wirklichkeit zurückführt, ohne es im Wesenlosen verschwimmen und in unfruchtbarer Plänemacherei versickern zu lassen. So entsteht die gewaltige schöpferische Gestaltungskraft nordischer Helden in Wissenschaft, Kunst und Technik und nicht zuletzt in der Staatsführung und im Kriegswesen. — Ruhige Würde in Worten und Bewegungen, die sich nicht spreizt, sondern voll angeborener Natürlichkeit ist, kann sich bis zu zurückhaltender Kühle steigern, unter der sich aber fast immer viel Lebhaftigkeit, oft von gewaltiger, mitreißender Kraft und Unbändigkeit verbirgt, das dann im geeigneten Augenblick wie ein Ungewitter hervorbrechend seine mächtige Wirkung entfaltet. Einem als recht erkannten Gesetz sich freiwillig unterzuordnen und dem wegweisenden Führer getreu bis in den Tod Gefolgschaft zu leisten, ist vollkommen nordisch und wie wir heute mit dankbarer und beglückender Erkenntnis erleben noch vollkommen Deutsch!!!

---

[1]) *„Rassenkunde des deutschen Volkes", erschienen in „Hochschule für Politik der NSDAP" herausgegeben von Josef Wagner, München 1934, S. 58–59.*

Prof. Dr. Walther Poppelreuther

Walther Poppelreuther. * 6. 10. 1886 — Dr. phil., Dr. med., Univ.-Prof. Nervenarzt und Psychiater, leitender Arzt des Instituts für klinische Psychologie — 1922 a. o. Prof., Lehrauftrag f. klinische Psychologie — 1925—30 Leiter d. Inst. f. Arbeits-Psychologie, Bonn — Berater der DINTA (Deutsches Institut für NS-technische Arbeitsschulung) — 1933 erschien sein „Hitler, der politische Psychologe" — Stellvertr. Vors. d. Dt. Ges. f. Psychologie". Bonn („Wer ist Wer?", 1935.)

„Hitler, der wissenschaftliche Psychologe"[1])

Überall zeigt sich *Hitler* als der *biologisch* eingestellte Psychologe. Das heißt er klebt nicht an dem bewußten Seelenleben eines einzelnen Menschen, sondern er sieht das Seelenleben des einzelnen im großen Zusammenhang des Lebens, welches letzten Endes alles *Organische* umfaßt. So ist er bei aller Idealhaftigkeit — man könnte sagen, *trotz* aller Idealhaftigkeit — insofern auch ein *Naturwissenschaftler*, der die Dinge des Lebens *vor allem als von unabänderlichen Naturgesetzen gesteuert ansieht.*

Hitler fand beide Theorien vor:

einerseits der *Kampf* zwischen den Lebewesen *ist* der „Vater aller Dinge",

andererseits gegenseitiges Dulden, *Nichtbekämpfen*, Toleranz, gegenseitiges Fördern (idealhafter Pazifismus) ist das Ziel.

Hier entscheidet er wissenschaftlich richtig: das eine stimmt und das andere auch; das Problem liegt nur darin, festzulegen, wo und wie stimmt das eine, wo und wie das andere? *Hitler* findet die „richtige Mitte" der antiken Philosophen, indem er eben ganz einfach „das Volk", d. h. den Volksstaat vorrangiert. Denn stellt man das Volksganze voran, so löst sich das Problem harmonisch! Kampf gegenüber allem, was das Volksganze bedroht, Friede aber in allem, was für das Volksganze ist!

Die echte Wissenschaftlichkeit *Hitlers* erweist sich schon an der Wurzel seiner Massenpsychologie, in seiner wertenden Stellungnahme zur Masse. In der Fachwissenschaft geht es hin und her mit der Frage: Ist die Masse minderwertig, dumm, egoistisch, materialistisch, profitlich usw. — oder aber ist sie hochwertig, klug, aufopferungsfähig, altruistisch, idealhaft usw.? *Hitler* fand auch hier die richtige Antwort auf diese Problematik: Die Masse ist *einerseits* gut, hochwertig, klug usw., *andererseits* aber auch minderwertig, dumm usw. Für das politische Wirken handele es sich aber darum, richtig zu erkennen: *wo und wie ist die Masse gut, hochwertig usw., wo und wie ist sie minderwertig, dumm usw.? Eine schematische Wertung sei unsinnig.*

---

[1]) „Hitler, der politische Psychologe", Langensalza 1934, S. 9—10.

Heinrich Wolf

„Die alte Soziologie“[1])

Zu den gefährlichsten Wahnvorstellungen gehört der Gedanke einer *einheitlichen Menschheit*, einer allgemeinen Gleichheit. Er ist ein Erbe des entarteten, semitisierten Orients, wo die Völkermischung schon früh vorgeschritten war. Er hat die Entwicklung der Geschichts- und Naturwissenschaften sehr gehemmt.

Vor allem stand das Ansehen der biblischen Überlieferung der freien Forschung sehr im Wege. Der Mosaische Bericht über die Abstammung aller Menschen von *einem* Paar war seit Augustin († 432) Dogma der römisch-katholischen Kirche. Eine päpstliche Bulle des Jahres 1512 erklärte auch die Bewohner der neuen Welt für Nachkommen Adams. Diese jüdische Lehre übte einen so großen Einfluß, daß sie sogar einen Gobineau zur Stimmenthaltung veranlaßte. Und heute noch nennt Professor Adam den Universalismus, die „Katholizität“, d. h. die Alleinheit des Menschengeschlechtes unter den Wesensmerkmalen seiner Kirche „an erster Stelle“. Fr. A. Lange weist mit Recht darauf hin, daß hinter den stellenweise erbitterten Kämpfen um die Arteinheit des Menschengeschlechtes der Streit um das Alte Testament stehe. Er sagt: „Diese Frage der Arteinheit ist eine bloße Umbildung der Frage der Abstammung von einem Paar, wie Cuviers Theorie der Erdrevolutionen eine Umbildung der Sage von den Schöpfungstagen war.“ — Geologie und Wissenschaft des Spatens haben uns von den Ketten des 1. Buches Moses befreit. Die Erschaffung der Erde und der Menschen ist nicht erst 3761 Jahre v. Chr. erfolgt, sondern wir haben uns gewöhnt, mit Jahrmillionen zu rechnen.

Eine ebenso verhängnisvolle Irrlehre geht auf die alten Griechen und auf die „Aufklärung“ des 18. Jahrhunderts zurück. Juden und Griechen gaben die Ungleichheit der Völker zu. Die einen bezeichneten den „Wirrwarr“ als Strafe Gottes für menschliche Überhebung, die Griechen als Wirkung der Umwelteinflüsse. Schemann nennt den großen Arzt und Naturforscher Hippokrates (6. Jahrhundert v. Chr.) den „Entdecker der Rasse“ und den großen Geschichtsschreiber Herodot (5. Jahrhundert v. Chr.) einen Rassenspürhund, als welchen sich unser E. M. Arndt selbst bezeichnet hat. Aber die recht erkannten Unterschiede erklärten sie durch die Umwelteinflüsse. Hippokrates spricht über die Wirkungen

[1]) *„Wie wir Deutschen uns selbst entdeckten“, Armanen-Verlag, Leipzig 1933, S. 144–145.*

von Luft, Wasser und Ortslage auf die menschlichen Bewohner; besonders zieht er das Klima in Betracht. Diese Erkenntnis von der Bedeutung der Umwelteinflüsse war an sich ein großer Fortschritt; aber Hippokrates wurde der Vater der radikalen Milieutheorie.

Und dann die sogenannte Aufklärung des 18. Jahrhunderts n. Chr.! Da flossen die Lehren von der Gleichheit aller Menschen und von der überragenden Bedeutung der Umwelt zusammen. Vor 200 Jahren lehrten die Engländer Locke und Hume, daß „der menschliche Geist bei der Geburt ein leeres Blatt sei und nach jeder Art oder Richtung gestaltet werden könne". Später war für den bekannten Franzosen Rousseau, der die Rückkehr zur Natur predigte, ein Fundamentalsatz: „Alles ist gut, wenn es aus den Händen des Schöpfers hervorgeht; alles entartet unter den Händen der Menschen." Sowohl in der amerikanischen Unabhängigkeitserklärung (1776) als auch in der französischen Erklärung der allgemeinen Menschenrechte (1789) wurde die Lehre von der *natürlichen Gleichheit aller Menschen* betont. Und was konnte in dem folgenden Zeitalter der „Humanität" für ernste, fromme Männer anziehender sein als der Gedanke, daß die Leiden der Menschheit nicht auf angeborene Mängel, sondern auf Mängel der Umgebung zurückzuführen seien und daß die zurückgebliebensten und tiefstehenden Menschen gegebenenfalls zu den höchsten Stufen emporsteigen könnten, wenn nur die Umwelt genügend gebessert würde? — Auch die Lehre des französischen Naturforschers Lamarck von der Vererbung erworbener Eigenschaften beruht auf einer Überschätzung der Umwelteinflüsse. Und dann trat die materialistische Geschichtsauffassung auf, die von den Sozialdemokraten ins Maßlose gesteigert wurde. Wir bedauern die außerordentliche Verherrlichung und Begünstigung der Soziologie, besonders in der Nachkriegszeit; denn auch für sie sind alle großen Männer Produkte ihrer Zeit und Umwelt.

Dr. Karl Heinz Pfeffer

Karl Heinz Pfeffer. * 28. 12. 1906 — Dr. phil., o. ö. Prof. Referent Weltwirtschaftsarchiv, Hamburg — Spezialität: Landeskunde und Soziologie der angelsächs. Länder.
Veröffentlichungen: 1939 „Die deutsche Schule der Soziologie", 1940 „Australien und Neuseeland", „England — Vormacht der bürgerlichen Welt", 1942 „Die britischen Dominien", 1949 „Australien".
Seit 1951: Herausgeber der „Zeitschrift für Geopolitik". (K. G. K., 1954.)

„Die neue Volkslehre"[1])

Die Wissenschaft der „Soziologie" ist im nationalsozialistischen Deutschland in Verruf geraten, weil ihr Name in der Vergangenheit entweder unwesentliche Geistreichelei oder aber volksfeindliche Einbrüche westlichen Denkens nur allzuoft deckte. Sie erlag nur allzuoft der Kampflehre der westlichen Nationen, die unter dem Namen einer tatsachentreuen Wissenschaft die Allgemeingültigkeit westeuropäischer gesellschaftlicher Erfahrungen und Einrichtungen behauptete und so zur Waffe Englands, Frankreichs oder Amerikas wurde. Sie lieh ihren Namen nur allzuoft jüdischem Denken, das dem deutschen Volke seine völkischen Notwendigkeiten wegzureden versuchte.

Die heutige deutsche Soziologie hat mit dieser vergangenen „Soziologie" nichts zu tun. Sie scheut sich sehr oft sogar, den Namen mit ihr zu teilen, und verbirgt sich im Gewande verschiedener anderer Wissenschaften. Sie hat andere Ziele, andere Mittel, andere Voraussetzungen als die bisherige „Soziologie".

Sie findet ihre Aufgaben, ihren Antrieb, ihre sittliche Haltung und ihre geistige Begründung in der Erneuerung des deutschen Volkes durch die nationalsozialistische Bewegung. Sie kann nicht die Aufgabe haben, an den Grunderkenntnissen der nationalsozialistischen Bewegung herumzudeuten oder sie in gedankliche Scheidemünze umzusetzen. Sie kann diese Grunderkenntnisse nur in sich aufnehmen, sie kann sich nur ihnen unterstellen. Dann findet sie von ihnen aus sofort den Weg zur strengen Arbeit, die ihr allein ein Daseinsrecht im völkischen Leben gibt.

Die strenge Arbeit des hellen Morgens besteht gewiß nicht im Ausdenken eines neuen soziologischen Systems. Es ist heute wahrlich nicht die Zeit für die Eulen der Minerva.

---

[1]) *„Die deutsche Schule der Soziologie", Hochschulwissen in Einzeldarstellungen, Verlag Quelle u. Meyer, Leipzig 1939, S. 3–5.*

Am frühen Tag der deutschen Erneuerung gilt es vielmehr, inhaltliche Aufgaben zu lösen, im Auftrag des nationalsozialistischen deutschen Volkes das Zusammenleben der Menschen innerhalb und außerhalb der deutschen Grenzen nüchtern zu beobachten und über das Gesehene zu berichten.

In dieser Auffassung ihrer Aufgabe setzt die deutsche Soziologie eine wissenschaftliche Überlieferung fort, die nichts mit den Irrwegen der „Soziologie" und die auch nichts mit den eigentümlich westeuropäischen Fragestellungen zu tun hatte. Die Klassiker der deutschen Soziologie sind nicht unter den „Soziologen" der jüngsten Vergangenheit zu suchen. Sie haben sich vielmehr seit hundertfünfzig Jahren bemüht, ohne die vorgegebene Grundlage einer deutschen Revolution ihrem Volke die Augen zu öffnen für die Wirklichkeit und die Gefährdung seines eigenen Daseins.

Die Besinnung auf die deutschen Meister der Volks- und Gesellschaftslehre will natürlich nicht unser heutiges Arbeiten allein auf ihr geistiges Erbe stellen. Unser heutiges Arbeiten ist in erster Linie ein Einsatzort der gegenwärtigen Entscheidung für das in der Revolution erneuerte Volk. Aber gerade weil die Revolution eine Erneuerung des Volkes in den Kräften seiner eigenen geschichtlichen Herkunft ist, kann sie von der Wissenschaft eine Besinnung auf die volkseigene Meisterschule fordern. Diese Besinnung ersetzt nie eine klare Entscheidung zur Gegenwart und Zukunft des deutschen Volkes, das heißt zum Nationalsozialismus. Aber sie hilft dieser Entscheidung, Begriffe und Gesichtspunkte für die wissenschaftliche Arbeit aus einer geistigen Leistung zu gewinnen, die mitten im Verfall der bürgerlichen Gesellschaft, mitten in der Fremdherrschaft und der inneren Auflösung für Deutschland kämpfte. Diese hier gewonnenen Begriffe und Gesichtspunkte fügen sich zu einem System zusammen, das jedes ausgedachte System beschämt und der nationalsozialistisch verpflichteten Wissenschaft brauchbare Denkmittel liefert.

Für die Absicht dieser Besinnung ist es weder notwendig noch zweckmäßig, jeden einzelnen der deutschen Meister als geschichtliche Gestalt zu schildern und sein Denken aus den Bedürfnissen seiner Zeit abzuleiten. So wenig es auf eine neue Systematik, auf ein eigenes System der Soziologie, ankommt, so wenig kann auch eine Geschichte des Denkens, die sich vor allem über die Eigenart der vergangenen Denkstufen klar werden will, die gestellte Aufgabe erfüllen. Es kommt vielmehr darauf an, die Denkweise, das Anliegen und die Ergebnisse der einzelnen Klassiker rein beschreibend darzustellen und danach in ihrer Leistung diejenigen Ergebnisse festzuhalten, die Begriffe und Gesichtspunkte für die heutige Arbeit bieten.

Dabei wird natürlich deutlich, wie sehr jeder Denker der Vergangenheit einem Teilstandort verhaftet war, wie sehr gegenwärtig klingende Begriffe eingebettet sind in die Unvollkommenheiten vergangener Wirrnis. Trotzdem erscheint zwischen den bloß gegenwärtig klingenden Begriffen eine Reihe von Gesichtspunkten, die wirklich für die Gegenwart zu brauchen sind. Sie müssen befreit werden von der Einordnung in vergangene Systeme, denn sie fügen sich zusammen zu einem lebendigen System der deutschen Volkslehre. Dieses System liegt nicht als geschlossene Theorie vor, sondern muß aus den einzelnen Stufen, in denen sich unser Volk durch die Arbeit der Klassiker zu einem klaren Begriff seiner eigenen Wirklichkeit hingetastet hat, mögen sie in sich auch noch so fragwürdig sein, zusammengedacht werden.

Prof. Dr. Hans F. K. Günther

Hans F. K. Günther. * 16. 2. 1891 — 1935 o. Prof., Berlin.
Veröffentlichungen: 1925 „Rassenkunde Europas", 1926 „Adel und Rasse", 1928 „Rassenkunde des deutschen Volkes", 1929 „Rassenkunde des jüdischen Volkes", 1936 „Führeradel durch Sippenpflege", 1941 „Formen und Urgeschichte der Ehe", 1956 „Lebensgeschichte der hellenischen Völker".
Im September 1935 Preis der NSDAP für Wissenschaft. (Wer ist Wer?", 1935, K. G. K., 1954, C. R. P. I., Januar 1957.)
„... Den Preis für Wissenschaft erteilt die NSDAP in diesem Jahr Professor Dr. Hans F. K. Günther.
Das Ringen der NSDAP hat sich von ihren ersten Tagen an aus den Erkenntnissen der R a s s e n k u n d e und des Schutzes des gesunden deutschen Blutes aufgebaut. In diesem Kampfe hat der Forscher Dr. Hans Günther Entscheidendes für die Gestaltung dieser Rassenkunde und der Ausbildung des heldischen Charakters unserer Zeitepoche beigetragen. In seinen vielen Schriften und vor allen Dingen in seiner R a s s e n - k u n d e d e s d e u t s c h e n V o l k e s hat er geistige Grundlagen gelegt für das Ringen unserer Bewegung und für die Gesetzgebung des nationalsozialistischen Reiches. In der Anerkennung dieser für Deutschland und für die nationalsozialistische Weltanschauung geleisteten Arbeit überreicht die NSDAP Prof. Dr. H. F. K. Günther die Ehrenurkunde."
(Aus A. Rosenbergs Rede auf dem Parteitag 1935. Sonderausgabe Deutsches Nachrichtenbüro GmbH., 2. Jahrgang, Berlin. 12. 9. 1935, Nr. 9—10).
„Günther gab der Erkenntnis vom Judentum die wissenschaftlich unangreifbaren Grundlagen und wurde damit zum geistigen Schöpfer der Rasseerkenntnis überhaupt."
(Dr. Joh. v. Leers in „Handbuch der Judenfrage" v. Th. Fritsch, Leipzig 1938, S. 542.)

„Die Rassenseelen"[1])

Man hört bisweilen diesen Einwand: Zugegeben, daß die schöpferischen Menschen des deutschen Volkes (wie aller Völker indogermanischer Sprache) im allgemeinen nordischer sind als der Volksdurchschnitt, mindestens als der Bevölkerungsdurchschnitt ihres Heimatgebietes; zugegeben, daß eben der Anblick der schöpferischen Männer des deutschen Volkes die Bedeutung der „Nordischen Rasse" erweist — *rein* nordische Menschen sind unter den schöpferischen Menschen doch seltener gewesen als mehr oder minder *vorwiegend* nordische, und dieser Umstand mag eben darauf hinweisen, daß Rassenmischung in einem Volk zur Hervorbringung schöpferischer Kräfte förderlich ist.

Es wäre leicht möglich — und manches spricht dafür —, daß viele (nicht alle) schöpferischen Menschen gerade bestimmten Rassemischungen die *Unruhe* verdanken, die zu

[1]) *„Der nordische Gedanke unter den Deutschen"*, München 1927, S. 97–99.

schöpferischem Suchen und Gestalten hindrängt, daß eben die *Spannung* zwischen den in ihnen wirkenden Rassenseelen immer wieder den schöpferischen Geist entzündet. Je mehr das Werk eines Menschen aus einer *Auseinandersetzung* in der Seele stammt, je mehr ein Werk *Überwindungen* ahnen läßt, schwer errungene seelische Siege, desto mehr wird man sich fragen müssen, ob nicht der Schöpfer dieses Werkes „zwei Seelen in seiner Brust" miteinander um seine seelische Richtung ringen gefühlt habe, ob er nicht zwei oder gar mehr Rassenseelen habe meistern müssen und in dieser Meisterung seine schöpferische Kraft gesteigert habe. Denkt man an Beethoven, der so viel zu überwinden und eben „dunkle" Mächte zu überwinden hat, ehe er einen „hellen" Sieg erringen kann, so muß man (nach Einsicht in die rassische Bedingtheit des menschlichen Wesens) sein Ringen begreifen als die schwere Überwindung seiner nordischen Wesensteile über seine nichtnordischen. Sind Blau und Grün die „Seelenfarben" der nordischen Rasse, Braun und Veil (Violett) die der ostischen, und bestehen zwischen der Welt der Farben und der der Töne Beziehungen, so läßt sich gegenüber denen, die für solche Beziehungen der seelischen Welt zu Farben und Tönen ein Empfinden haben, dies aussprechen: Die Tonkunst Beethovens zeigt sich oft als eine Auseinandersetzung einer Rassenseele, der Braun und Veil zugehören, mit einer Rassenseele, der Blau und Grün zugehören. Wo Beethoven sich einmal freuen kann, wie z. B. im „Fidelio" — „Wer ein holdes Weib errungen, stimm in unsern Jubel ein" — da sinkt plötzlich das Braun und Veil hinweg, und eine blaue und grüne Welle geht auf. Beethovens Tonkunst erscheint als der Kampf eines Helden gegen ein „dunkles" seelisches Erbe — und eben dieser Kampf mag Beethoven so groß, seine Siege so jubelnd gemacht haben.

Ein Beethoven ist nicht der „Glückliche", wie mancher reinrassige Mensch es ist, dessen Seele rein gefügt ist, da ihn „die Götter, die gnädigen, vor der Geburt schon liebten" —, ein Beethoven muß — „sein eigener Bildner und Schöpfer durch der Tugend Gewalt" — sein Werk aus dem Zwieklang der Seelen in seiner Brust zum Einklang zwingen. Er steht einem schöpferischen Menschen reiner Rasse gegenüber wie Skule dem Haakon in Ibsens „Thronforderern" (Kronprätendenten) oder wie der „Große" dem „Glücklichen" in Schillers Gedicht „Das Glück", das so eigenartig vom „Glück" reinen Blutes zu zeugen scheint:

> Selig, welchen die Götter, die gnädigen, vor der Geburt schon liebten,
> welchen als Kind Venus im Arme gewiegt,
> welchem Phöbus die Augen, die Lippen Hermes gelöset
> und das Siegel der Macht Zeus auf die Stirne gedrückt!
> Ein erhabenes Los, ein göttliches, ist ihm gefallen,
> schon vor des Kampfes Beginn sind ihm die Schläfe bekränzt.
> Ihm ist, eh' er es lebte, das volle Leben gerechnet,
> eh' er die Mühe bestand, hat er die Charis erlangt.
> Groß zwar nenn' ich den Mann, der sein eigener Bildner und Schöpfer,
> durch der Tugend Gewalt selber die Parze bezwingt;
> aber nicht erzwingt er das Glück, und was ihm die Charis neidisch geweigert,
> erringt nimmer der strebende Mut.
> Vor Unwürdigem kann dich der Wille, der ernste, bewahren,
> alles Höchste, es kommt frei von den Göttern herab.

Die „Glücklosigkeit" hat leicht der mischrassige, schöpferische Mensch *voraus* vor den schöpferischen Menschen reiner Rasse. Darum mögen sich unter den großen geistigen Führern der nordisch bedingten Völker, wenn sie auch zumeist vorwiegend nordisch, nie ohne nordischen Einschlag sind, doch wenig rein nordische Menschen finden.

Spannung, Auseinandersetzung, Überwindung erzeugen die großen geistigen Schöpfungen, und eben beim rassisch gemischten Menschen ergeben sich mehr Möglichkeiten zu Spannungen und Auseinandersetzungen als beim reinrassigen Menschen. Der reinrassige Mensch hat öfters gegenüber dem Mischling – wenigstens für das Empfinden des Mischlings – zu *wenig* Unruhe in sich. Vielen Deutschen oder Engländern – überhaupt Nicht-Skandinaviern – mag an manchem rein-nordischen Skandinavier ein „allzu beruhigtes Wesen" auffallen. Es würde mich nicht erstaunen, wenn in Schweden die führende Schicht – auch nach Abrechnung der verhältnismäßig zahlreichen Adelsgeschlechter, welche von nicht-schwedischen geadelten Heerführern der schwedischen Großmachtzeit abstammen – ein etwas geringeres Vorwiegen der nordischen Rasse zeigte als der Volksdurchschnitt. Die wirkende Unruhe der Rassenmischung mag immer wieder in einzelnen die Spannung zu einer besonderen geistigen Leistung schaffen. Die oft so „dunkle" Leidenschaft des großen Egill, des isländischen Skalden, der über sein dunkles Haar und seine flache Nase spottet, zeigt an, wieviel Egill in sich zu bändigen hatte, zeigt aber auch an, wie große Dichtung immer wieder der Sieg nach einem düsteren seelischen Ringen ist. Fast möchte man Goethes Erfahrung:

„Zart Gedicht wie Regenbogen
wird nur auf dunklen Grund gezogen"

als ein Sinnbild auffassen für die Erzeugung großer Werke aus rassischen Spannungen in der Seele ihrer Schöpfer. Als leiblich und seelisch rein nordisch möchte ich z. B. Tennyson und Spenser ansehen, die beiden englischen Dichter. Der Adel nordischen Wesens zeichnet beide Männer besonders aus, aber der Mangel einer tieferen Unruhe hat in beiden nicht die Spannung erzeugt, die allein zu einem höchsten Flug befähigt. Der nordisch-dinarische Dante, der nordisch-dinarische Schiller und der nordisch-dinarische Nietzsche sind Beispiele für das „überfliegende" Wesen, das aus der Spannung einer Rassenmischung entstehen kann, entstehen kann in den sehr seltenen Fällen eines besonders glücklichen Zusammentreffens von Erbanlagen zweier Rassen und zweier Eltern.

Man wird sagen können, daß ein geistig schöpferischer Mensch rein nordischer Rasse wohl immer viel mehr Spannung und Widerstand durch äußeres Geschehen in seiner Umwelt wird durchleben müssen, als ein schöpferischer Mensch mit einem Einschlag nicht-nordischer Rasse, dem Spannungen ja schon in seine Seele gelegt sind. Damit wird es zusammenhängen, daß man viel leichter überragende Staatsmänner (und überragende Denker?) rein nordischen Wesens nennen kann als rein nordische überragende Künstler. Einem Ibsen waren äußerste Spannungen schon in seine Seele gelegt, er war nie der „Glückliche". Hingegen war Björnson durchaus als „Glücklicher" angelegt und bedurfte starker Auseinandersetzungen mit seiner Mitwelt, um zur Geistesschöpfung aufgerufen zu werden. Björnson mußte die Auseinandersetzung aufsuchen, daher sein Drang zu den Menschen. Ein Ibsen konnte als Einsamer leben, er trug die Auseinandersetzung überallhin mit sich in eigener Seele.

Franziska von Porembsky

„Die nordische Frau, nach Günther"[1])

Das Idealbild der deutschen Frau steht nicht mehr klar vor unseren Augen. Vielleicht wird gerade darum in Deutschland so viel über Weiblichkeit geredet und geschrieben, weil man sich nicht mehr einig darüber ist, was als „weiblich" gelten soll. Die im allgemeinen als Idealbild der deutschen Frau geltende Darstellung war nur wenig nordisch, war ostisch, ostbaltisch und ein wenig westisch beeinflußt, d. h. nicht die nordische Frau galt als begehrenswert, wie Günther in seiner Rassenkunde sagt:

„Die Zeitumstände haben es, vor allem in den Städten, mit sich gebracht, daß der Geschmack bei der Gattenwahl mehr auf das Gefällige und Bequeme oder auf das nur Sinnliche gerichtet ist, als auf diejenigen Eigenschaften, die für das nordische Weib bezeichnend erscheinen. Es fällt auf, wie viele nordische und vorwiegend nordische Frauen unverheiratet bleiben, während andererseits Mädchen ostischer und ostbaltischer Art meist schon sehr früh geheiratet werden."

Diese Mädchen haben ihre schönste Zeit zwischen 17 bis 23 und dann altern sie früh, während die nordische Frau erst um 30 ihren Höhepunkt erreicht und dann sehr lange jung bleibt.

Daß nordische Frauen nicht gewählt wurden, beschleunigte natürlich die Ausmerze der nordischen Rasse im hohen Grade. Man hat bisher keine Vorstellung davon gehabt, wie rasch sich die rassische Zusammensetzung ständig wandelt. Und mit ihr das Wesen eines Volkes. Wir haben jetzt gelernt, Ahnentafeln mit Verstand zu lesen – besonders aus den Sippschaftstafeln nach Karl Astel kann man viel lernen –, wir wissen jetzt, wie nachhaltig, wie schicksalhaft sich im Guten wie im Bösen die Wahl der Frauen in der Nachkommenschaft auswirkt. Viel zu wenig hat man bisher die weibliche Abstammungslinie in Betracht gezogen.

Günther sagt weiter, daß zur Ausmerzung der nordischen Rasse weiter beitrage, daß das nordische Weib vielfach ein gemessenes, strenges, überlegenes Seelenleben zeige, daß auch seine Schönheit weniger „reize" und daß es schwieriger zu gewinnen sei.

---

[1]) *„Süddeutsche Monatshefte", Jahrgang 1933–1934, S. 466–469.*

Wir wissen aus den Heldenliedern und Sagas, daß es einen nordischen Mann gerade reizt, eine Frau zu gewinnen, die sich nicht leicht gibt, die Ansprüche an den Mann stellt, dem sie ihre Liebe schenken soll. Leiste etwas, ehe du um mich wirbst, sagen die Heldinnen der alten Sagen, werde ein Held, ein großer Herrscher.

... Um starke, kluge Frauen lieben zu können, muß man ein gesunder Germane sein. Es soll ja heute manchmal Männer mit Minderwertigkeitskomplexen geben, die lieber eine Frau wählen, über die sie sich erhaben fühlen – aber nordische Männer denken auch heute noch ganz so wie jene Germanen, die eine Frau verlangten, vor der sie einen gesunden Respekt haben konnten, weil sie sich durchaus zu behaupten wußten.

... Es mag für Menschen, die sich nicht viel mit Vererbungs- und Rassenfragen beschäftigt haben, sehr schwer sein, alte Vorstellungen fahren zu lassen und z. B. zu erkennen, daß man nicht sagen kann „die Frauen" sind so oder so, sondern daß eine nordische Frau etwas ganz anderes ist als eine ostische Frau oder eine westische Frau. Einem nordischen Mann ist die nordische Frau der verständnisvollste, brauchbarste Gehilfe. Dagegen mag einem ostbaltischen Mann, mit der von Günther geschilderten Entschlußunfähigkeit seiner Rasse, der Neigung, Verbrecher für unglückliche Menschen zu halten, und mit seinem besorgten Eintreten für gescheiterte und schwache Menschen, sehr wohl die kühle, zielbewußte Folgerichtigkeit, mit der eine nordische Frau irgendwelchen Übelständen zu Leibe geht, als grauenerregend unweiblich erscheinen. Dieselbe nordische Frau wird aber da, wo sie fühlt, daß sie hegen und pflegen und liebhaben darf, auf das zarteste und anmutigste Liebe nehmen und geben, wie das auch die Walküren Swawa und Sigrun tun, trotz aller Freude an Kampf und Waffen.

Hermann Gauch

„Der nicht-nordische Mensch“[1])

... Der nicht-nordische Mensch nimmt also eine Zwischenstellung zwischen dem nordischen Menschen und den Tieren, zunächst den Menschenaffen, ein. Er ist darum kein vollkommener Mensch, er ist so überhaupt kein Mensch im eigentlichen Gegensatz zu dem Tier, sondern eben nur ein Übergang dazu, eine Zwischenstufe. Da einer der kennzeichnendsten Vertreter dieser Übergangsstellung zwischen nordischem Menschen und Menschenaffen, letzterem sogar näherstehend als ersterem, der Neandertaler ist, so könnten wir die nicht-nordischen Menschen auch Neandertaler nennen; besser und treffender aber ist die von Stoddard („Der Kulturumsturz, die Drohung des Untermenschen“) geprägte Bezeichnung „UNTERMENSCH“ ...

... In keinem Merkmal unterscheidet sich der nordische Mensch vom Affen, worin er sich nicht auch vom nicht-nordischen unterscheiden würde, und in keinem vom Nicht-Norden, worin nicht auch vom Affen. Was der nordische Mensch mit dem Nicht-Norden gemein hat, hat er auch mit Affen und mit anderen Tieren gemein. Der grundsätzliche Gegensatz in den Merkmalen würde also die Gegenüberstellung nordischer Mensch—Tier ergeben, so daß der nicht-nordische Mensch zur Tierwelt mit ihrer Gesamtheit der nicht-nordischen Merkmale rechnen würde, in Anbetracht seiner Zwischenstellung der Mehrheit seiner Merkmale bestenfalls eben nur als Untermensch angesprochen werden könnte.

Somit können wir das rassenkundliche Grundgesetz aufstellen: Es gibt kein körperliches und seelisches Merkmal, das einen Begriff Menschheit im Unterschiede zu den Tieren rechtfertigen würde, sondern nur Unterschiede zwischen dem nordischen Menschen einerseits und dem Tiere überhaupt einschließlich des nicht-nordischen Menschen oder Untermenschen als der Übergangsform andererseits ...

... Auch die Kreuzungsmöglichkeiten zwischen den verschiedenen Rassenformen stellt nicht-nordische Rasseformen dem nordischen Menschen nicht näher als den Menschenaffen; denn abgesehen von der mehr oder minder schon vorhandenen Rassemischung aus früherer Zeit können auch verschiedene Tierarten wie Wolf und Haushund, Tiger und Leopard sich miteinander kreuzen, also Unterschiede, wie sie auch eine mehrstämmige Entstehung der Rasseformen etwa darstellen, falls wir von einer unten näher beschriebenen größeren Menschenähnlichkeit der früheren tierischen Entwicklung ganz absehen. Daß aber der nicht-nordische Mensch sich nicht mit dem Menschenaffen kreuzen könne, ist nicht bewiesen.

---

[1]) *In seinem Buch „Neue Grundlagen der Rassenforschung“, Leipzig 1933, S. 77–79.*

Dr. Walter Gross

Walter Gross. * 2. 10. 1904 — Leiter des Rassenpolitischen Amts der NSDAP — emer. Prof. der Rassenkunde, Universität Berlin. † 1945.
Veröffentlichung: 1943 „Die rassenpolitischen Voraussetzungen zur Lösung der Judenfrage". (H. P., S. 269.)
„Man hat gesagt — und man glaubte damit den Rassenstandpunkt des Nationalsozialismus zu treffen —, daß jede Rasse auf dieser Welt ein Gedanke Gottes sei. Gerade das glauben wir auch, und deshalb fordern wir reinliche Scheidung zwischen Blut und Blut, damit die Gedanken Gottes nicht verwirrt werden und im Mischling zur Fratze entarten." (Dr. Gross, am 1. September 1933 auf dem Parteitag der NSDAP in Nürnberg, siehe P. W. II., Seite 291.)
Die folgenden Ausführungen von Dr. Walter Gross dürften für die Dialektik rassistischen Denkens charakteristisch sein:
„. . . Aktenvermerk über die Rücksprache mit Reichsminister Lammers am 2. 10. 1941. Anlaß für die Unterredung bildeten die Bedenken, die Reichsminister Lammers gegen meine Rede auf der Tagung zur Eröffnung des Frankfurter Instituts zum Studium der Judenfrage schriftlich geäußert hatte. Ich hatte bei der Bestätigung seines Schreibens den Wunsch ausgesprochen über die Frage der Mischlinge und das rassenpolitische Interesse an der weiteren Entwicklung auf diesem Gebiet mündlich mit ihm zu sprechen.
(. . .)
Ich betonte, daß der rein biologische Standpunkt zwei Interessen in den Vordergrund rückt: 1. keine Neuentstehung von Mischlingen 2. Grades — also Notwendigkeit der Sterilisierung der Mischlinge 1. Grades dort, wo aus politischen Gründen Ausnahmen erforderlich werden, 2. Aufrechterhaltung irgendeines deutlichen Unterschieds zwischen Mischlingen 2. Grades und Deutschen, um einen gewissen Makel am Begriff Mischling bestehen zu lassen, da nur eine deutliche Distanzierung von Mischlingen das Rassenbewußtsein wachhalten und die künftige Entstehung anderer als jüdischer Rassenmischlinge verhindern kann, mit der wir sonst bei der künftigen breiten Berührung zwischen Völkern und Rassen rechnen müssen.
Reichsminister Lammers folgte beiden Gedanken und sprach sich positiv zum Vorschlag der Sterilisierung der Mischlinge 1. Grades für den Fall des Belassens im Reichsgebiet aus; er schlug weiter von sich aus vor, Mischlinge 2. Grades ehegenehmigungspflichtig zu machen, um in jedem Fall ihre Partnerwahl unter Kontrolle zu haben . . ."

gez. Walter Gross
(CXXII, 13).

„Beispiele für die Versuche, Nietzsche in den Nationalsozialismus einzubeziehen: (Aufsatz) Walter Gross: Die Propheten in ihrer Bedeutung für uns. (Nietzsche — H. St. Chamberlain — Lagarde.)" (siehe Kon. Rev. Seite 39.)

I.

Schwierigkeiten mit der „deutschen Rasse"[1])

Rassenpolitisches Amt der NSDAP.
Rundschreiben Nr. 37

Berlin NW 7, den 24. Okt. 1934
Robert Koch Platz 7
Fernruf: D 2 Weidendamm 4412

An den
Beauftragten für Bevölkerungs- und Rassenpolitik
bei den Gauleitungen

Vertraulich!

Betr.: „Deutsche Rasse".

In letzter Zeit mehren sich die Fälle, wo die berechtigte Abwehr einseitig äußerlicher Übertreibungen der nordischen Rassenbewegung in das andere Extrem überschlägt und, zum Teil gerade von alten Parteigenossen, der Begriff „deutsche Rasse" in Wort und Schrift propagiert wird.

Diese Entwicklung ist sachlich und politisch fehlerhaft und schädlich.

1. Der Nationalsozialismus hat sich in seiner rassenpolitischen Begriffsbildung bewußt auf die Ergebnisse der Naturwissenschaft gestützt und ist gerade heute angesichts des einheitlichen Angriffs gegen ihn in der ganzen Welt mehr denn je auf die Benutzung des Beweismaterials angewiesen, das die Naturwissenschaft ihm sachlich an die Hand gibt. Wenn auch die Richtigkeit unseres rassischen Denkens an sich für uns ohne weiteres feststeht und keines Gelehrtenbeweises bedarf, sind diese Beweise für das geistige Ringen mit den Gegnern der rassischen Denkungsart unentbehrlich.

Wir würden jedoch die Benutzung des wertvollen naturwissenschaftlichen Beweismaterials in dem Augenblick selbst unmöglich machen, in dem wir plötzlich um einer tagespolitischen Schwierigkeit willen an einer entscheidenden Stelle die wissenschaftlich feststehenden Tatsachen verleugnen und durch hohle Schlagworte zu verdecken suchten. Jeder politische und weltanschauliche Gegner könnte dann mit gleichem Recht etwa die zwingend überzeugende Tatsache der Erbgesetze abstreiten oder unbeachtet lassen, wenn wir und wie wir das etwa gegenüber der Tatsache der verschiedenen Rassen innerhalb der deutschen Bevölkerung täten.

---

[1]) *Dokument CXLV – 628.*

Wer von „deutscher Rasse" spricht, verläßt den Boden des Tatsächlichen. Es gibt eine deutsche Sprache, ein deutsches Volk und dergl., rassisch jedoch ist Deutschland ein Rassengemisch, und wer von der Seite der Rasse her eine Beschreibung des Deutschen unternimmt, muß die gesicherten Ergebnisse der Rassenkunde zugrundelegen und danach eben von nordischer, dinarischer, ostischer usw. Rasse sprechen. Wer das vermeiden will, mag vom deutschen Volk, vom deutschen Menschen oder dergleichen reden, soll aber den ganz scharf umschriebenen naturwissenschaftlichen Begriff Rasse in diesem Zusammenhang vermeiden.

2. Er soll das deshalb, weil eine solche fehlerhafte Verwendung des Wortes Rasse politisch und weltanschaulich verhängnisvoll ist.

In dem Augenblick, wo wir die exakte rassenkundliche Verwendung des Wortes Rasse aufgeben und in allgemeinen Worten von einer „deutschen Rasse" reden, bewegen wir uns bereits in einer Gedankenwelt, die den erbittertsten Feinden des Nationalsozialismus entlehnt ist: der jüdisch-liberalen und der ultramontanen Vorstellungswelt. In beiden Gedankensystemen ist das Wort Rasse oft verwendet worden, sein Inhalt jedoch war der völlig farblose eines milieutheoretischen Denkens. Das letzte Verbindende in dieser Vorstellungswelt waren am Ende nicht die Werte des Blutes und der Abstammung, sondern äußerliche Faktoren (gemeinsame Geschichte, gemeinsame Sprache, gemeinsame Staatszugehörigkeit und dergl.). Faßt man Menschengruppen nach diesen Gesichtspunkten allein zusammen, dann ist die Konsequenz der Standpunkt des Berliner Tageblattes oder des Dr. Engelbert Dollfuss, die – in ihrer Art völlig konsequent – gegenüber der nationalsozialistischen Denkungsart die „deutsche Rasse" oder die „österreichische Rasse" erfanden und je nach Lust und Bedarf jeden Juden, Zigeuner und dergleichen dazu zählen können.

Wer heute den Begriff „deutsche Rasse" propagiert, stellt sich unbewußt mit diesen feindlichen Mächten auf einen Boden und wird ihr Eideshelfer.

3. Der Beweis für die Richtigkeit dieser Auffassung ist durch eine Reihe von Beobachtungen in der letzten Zeit erbracht worden. Es kam mehrfach vor, daß von namhaften Nationalsozialisten schriftlich oder mündlich Äußerungen verbreitet wurden, die als eine Absage an die naturwissenschaftliche rassenkundliche Begriffsbildung und ihren Ersatz durch die Vorstellung einer „deutschen Rasse" gedeutet worden sind. So wurden z. B. Äußerungen von Pg. Dr. Bartels und Pg. Dr. Gercke in diesem Sinne ausgelegt und in der Presse verbreitet.

Es ist politisch bemerkenswert, daß diese angeblichen Äußerungen jetzt in allen deutschfeindlichen Blättern des Auslandes als überzeugende Beweise gegen den Nationalsozialismus verwendet werden. Sowohl das Judentum als die ultramontanen Organe verbreiten rund um den Erdball diese Stimmen als Beweis dafür, daß der Nationalsozialismus seine „Rassentheorie" abbaut und damit an entscheidender Stelle sich selbst aufgibt.

Diese Auswirkung beweist die Notwendigkeit, auch aus politisch-taktischen Gründen an dieser Stelle jeder auch nur scheinbaren Verwässerung unseres Denkens streng vorzubeugen.

4. Ich selbst habe vor einem Jahr in aller Schärfe dagegen Stellung genommen, daß durch eine zum Teil sachlich falsche und außerdem in der Form denkbar ungeschickte einseitige Propagierung der äußerlichen Merkmale der nordischen Rasse Minderwertigkeits-

gefühle erweckt und das eben beginnende Gefühl der Volksgemeinschaft gefährdet wurde. Ich habe mich dafür eingesetzt, von den verschiedenen Rassebestandteilen des deutschen Volkes in der Öffentlichkeit zunächst nicht oder nur wenig und in einer solchen Form zu sprechen, daß schädliche Auswirkungen im angegebenen Sinne unmöglich sind. Diese Forderung kann aber niemals dahin ausgelegt werden, Grundlagen unserer rassenkundlichen Erkenntnis und unserer politisch weltanschaulichen Programmatik über Bord zu werfen und die Erziehungsarbeit zu einem nordischen Ideal durch das Phantom einer „deutschen Rasse" zu zerstören. Ich bitte deshalb heute, gegen dieses entgegengesetzte Extrem sofort und in aller Schärfe Front zu machen. Dabei ist selbstverständlich, daß die Öffentlichkeit von diesen inneren Auseinandersetzungen nichts zu erfahren hat, sondern daß die Beseitigung der unklaren Vorstellungen einer „deutschen Rasse" durch unmittelbare Fühlungnahme mit Schulungsleitern, Rednern und dergleichen erfolgen soll, ohne öffentliches Aufsehen zu erregen. Soweit schriftliche Auseinandersetzungen, etwa in der Presse, über dieses Thema erforderlich erscheinen, werde ich sie selbst veranlassen. Ich bitte im Interesse der notwendigen Einheitlichkeit gerade in dieser nicht einfachen Frage von lokalen Diskussionen in der Öffentlichkeit abzusehen.

5. Dieses Rundschreiben ist als vertraulich zu behandeln. Es soll nur den Mitarbeitern zugänglich gemacht werden, die an der Schulungs- und Propagandaarbeit auf dem einschlägigen Gebiet unmittelbar beteiligt sind.

Heil Hitler!

gez. Dr. Gross
Der Leiter des Rassenpolitischen Amtes der NSDAP

II.

Der Fall Ludwig Ferdinand Clauss[1])

Ludwig Ferdinand Clauss. * 8. 2. 1892 — Dr. phil., Privatgelehrter und Schriftsteller — Begründer der Rassenseelenkunde als Wissenschaft und Methode — „Von der NS-Linie scharf abweichender Rassenkundler". (Kons. Rev., S. 246.)
Veröffentlichungen: 1925 „Rasse und Seele", 1934 „Forschung der Rassenkunde", 1949 „Thuraja, Völkerpsychologie", 1954 „Verhüllte Seele — Der Begriff Stil". („Wer ist Wer?", 1935 u. 1955.)

Die Zeiten, in denen man die Betonung der Erblichkeit und Rassenbestimmung als einen Angriff auf die Erziehung gesehen hat, sind wohl vorüber. Wir sind uns darüber einig, daß man bestimmte Anlagen haben muß, sie entfalten und entwickeln oder steuern muß. Das ist Aufgabe der Erziehungsarbeit.

---

[1]) *Dokument CXLIII – 304. Dr. Walter Gross in der Diskussion im Anschluß an die Rede A. Rosenbergs während der Arbeitstagung der Hohen Schule in Frankfurt/Main (Institut zur Erforschung der Judenfrage) am 28. März 1941.*

Hier muß ich nun eine Mitteilung machen, die eine grundsätzliche Frage auf dem Gebiete der Rassenpolitik behandelt. Es geht um den Fall Ludwig Ferdinand *Clauss*. Sie entsinnen sich, daß nach der Machtübernahme in vielen Teilen Deutschlands Vorträge von Clauss sehr beliebt waren. Dieser Mann sprach zweifellos sehr geschickt, er war aber unseren intellektuellen Bevölkerungsschichten deshalb sympathisch, weil sie bei ihm eine Ausweichmöglichkeit sahen gegenüber der harten Tatsache der Vererbung, wie sie von Prof. Günther dargestellt wird. Auch denjenigen, die an der Aufrechterhaltung des alten Dualismus interessiert waren und die zum großen Teil in der katholischen Konfession standen, erschien die Lehre von Clauss zweckentsprechend und brauchbar. Clauss lehrt, daß das körperliche rassische Bild nichts weiter sei als der Ausdruck der geistig-seelischen Wesenheit, daß die rassische Erscheinung eines Menschen das Ausdrucksfeld seiner Seele sei, daß Geist und Seele sich erst die leibliche Gestalt geschaffen haben. Er kam immer deutlicher dahin, daß Seele und Geist das Primäre wären. Diese Lehre hat er ursprünglich als nationalsozialistisch dargestellt. Er hat 1933/34 in vielen Parteiversammlungen mit durchschlagendem Erfolg gesprochen. Besonders stark gefragt waren seine Vorträge von Kreisen der Studenten, des BDM und des Arbeitsdienstes, also von Menschen, die eine ehrliche Überzeugung und Vertiefung suchten und denen die schematische Günther'sche Dogmatik nicht zeitgemäß erschien. Ich habe die ganzen Jahre über den Standpunkt vertreten, daß Herr Clauss an diese Stelle nicht hingehörte. Zweitens war seine Lehre wissenschaftlich höchst angreifbar. Er bezeichnete seine Rassenpsychologie als eine wissenschaftliche Methode. Sie ist eine mimische Methode. Er sagt, man müsse die seelische Struktur einer fremden Rasse nicht von außen her beschreiben, sondern von innen her erfahren und darstellen. Dazu müsse man in der Welt dieser Rasse mitleben, sie solange spielen, bis sie zur zweiten Natur würde. So hat Herr Clauss als Beduine in der Wüste gelebt, war übergetreten zum Mohammedanismus, hatte sich den Sitten angeglichen und lebte im Zelt. Als Niederschlag kam dann seine große Darstellung der orientalischen Rasse heraus. Diese Methode hält er für objektive Wissenschaft. Damit aber würde unsere ganze Rassenlehre in sich zusammenfallen und unser Bestreben muß daher sein, Clauss aus der NSDAP herauszuhalten. Da er der Welt gegenüber als Repräsentant der nationalsozialistischen Bewegung dastand, haben wir ihn arbeiten lassen in der Hoffnung, er würde sich an seine literarische Arbeit begeben. Er hat das bemerkt, und das Verhältnis zwischen dem Rassenpolitischen Amt und ihm war jahrelang gespannt. Nicht zuletzt auch wegen seiner Frau, die den Ehrgeiz eines politischen Salons hatte. Alle Versuche, mit Clauss, der vielleicht nicht in vollem Sinne als gesund angesprochen werden kann, denn er ist übernervös, hier auf einen gemeinsamen Nenner zu kommen, daß er uns nicht in der Schulung stören und seine wissenschaftliche Arbeit zu Hause weiterführen sollte, scheiterten an seiner Hartnäckigkeit. Er spielte sich immer mehr in die Rolle eines bösen Kritikers hinein und hat eine ausgesprochene Tendenz zum Sektenbilden. Bestimmte intellektuelle Menschentypen fühlen sich zu ihm hingezogen, mit denen er Zirkel durchführt.

Als er sich im Sommer 1940 von seiner Frau scheiden ließ, warf ihm diese vor, judenhörig zu sein. Hier ergibt sich folgendes: dieser berühmte Rassenseelenforscher hat seit 22 Jahren sein gesamtes Lebenswerk in engster Gemeinschaft mit einer Volljüdin geschaffen, die als seine Assistentin in seinem Hause lebt und von der zu trennen er sich in einer Aussprache im November generell geweigert hat. Wenn Partei und Staat an ihn diese Forderung stellten, müßten sie auf seine Mitwirkung im öffentlichen Leben verzichten.

Die Frage, was machen wir mit Herrn Clauss, muß aus außenpolitisch-taktischen Gesichtspunkten heraus beantwortet werden. Er hat im Ausland einen Namen, und darum können wir es uns nicht leisten, große Partei- und Richtungskämpfe durchzuführen. Ich hatte die Absicht, die Jüdin festnehmen zu lassen und mit Clauss noch einmal eine Aussprache herbeizuführen, um festzustellen, ob noch eine Möglichkeit besteht, ihn für Deutschland zu halten. Diese Versuche sind an der guten Organisation in Deutschland gescheitert. Die Jüdin konnte nicht aufgefunden werden, und Herr Clauss war vom Auswärtigen Amt mit einem hohen Auftrag gerade ins Ausland geschickt worden. Für uns ist jetzt lediglich wichtig, daß wir Clauss und sein Werk noch mehr als bisher zurückstellen, jede Polemik lassen und ihn einfach totschweigen. Wie weit man ihn wissenschaftlich arbeiten lassen kann, wird zentral geregelt. Wir werden Literaturzusammenstellungen nicht gerade in seiner Richtung hin ergänzen, aber auch Säuberungsaktionen im Augenblick unterlassen.

Prof. Dr. Eugen Fischer

„Erblinien machen die Geschichte"[1])

Man spricht von Sozialanthropologie, und wenn sich diese auf die Betrachtung geschichtlicher Abläufe bezieht, von historischer Anthropologie. Diese versuchen also, zum Verständnis des Auf- und Abstiegs von Kulturen und des Ablaufs der Geschichte neben, allgemein gesagt, historischen Faktoren Erb- und Rassefaktoren aufzuweisen. Nur folgende flüchtige Hinweise seien gestattet. Der glänzende Aufstieg der klassischen Griechen über die Kultur der vorhellenischen Bewohner jenes Boden weit hinaus liegt darnach letzten Endes in der günstigen Rassenzusammensetzung der Athener, Spartaner usw. Und nachdem Austilgung bester Erblinien durch Kriege, Landesverweisung, vor allen Stücken aber durch Kinderarmut und Aussterben der Geschlechter die erb- und rassenmäßige Zusammensetzung des Volkes geändert hatten, trat Verfall und Niedergang ein; die Rom unterworfenen Griechen der Spätzeit waren eben erb- und rassenmäßig andere Menschen wie die klassischen. Im Aufstieg wie im Niedergang Roms sind neben allen anderen Faktoren die der Rasse, der Zerstörung der alten Rasse, der verheerenden Wirkung eines unerhörten Rassenchaos im spätkaiserlichen Rom verantwortlich zu machen. Geistige Leistungsfähigkeit, Charakter vor allem, sind anders geworden, wie sie in den Erblinien und dem unverbastardierten Römer der republikanischen Blütezeit gegeben waren. Die Leistungen der Renaissance in Italien, Kunst, Kultur, Politik, Wirtschaft sind neben vielem anderen der günstigen Rassenzusammensetzung, Kreuzung ebenbürtiger blutsverwandter Rassen zuzuschreiben. Züchtung bestimmter Erblinien mit der Gunst, in führenden Schichten zu sein, hat die Blüte, Tilgung dieser Linien den Verfall bedingt. Die splendid isolation des britischen Inselreiches *allein* hat nicht Englands stolze Macht begründet, sondern die *Erblinien* des englischen Volkes und seiner Führerschichten. Die Insellage Korsikas und Sardiniens haben keine Großmacht hervorgebracht, und Sizilien hatte Geltung nur, solange die Normannen dort saßen. Splendid isolation allein tut's nicht — *Japans* Inseln sind Machtgebiete geworden, die Philippinen und Sundainseln, die zwei Kontinente

[1]) *In „Der völkische Staat biologisch gesehen", Junker und Dünnhaupt Verlag, Berlin 1933, S. 17–19. Biographie siehe „A. d. Universitäten".*

verbinden und beherrschen könnten, sind bedeutungslos — die Erblinien der „Männer" fehlen hier! Wo wir in der Geschichte hinblicken, lassen sich die Wirkungen der erblichen Veranlagung der betr. Menschen als mitverantwortlich am Auf- und Abstieg kultureller Leistungen erkennen. „Männer machen die Geschichte", sagte v. Treitschke — heute fassen wir das erbgeschichtlich auf!

Die Anwendung dieser Gedankengänge auf die Gegenwart ist von entscheidendster Bedeutung für das Leben und die Zukunft der europäischen Kultur überhaupt. Alle Kulturvölker mit alleiniger Ausnahme des chinesischen sind nach Aufstieg und Blüte verfallen und untergegangen. Den letzten Stoß gab häufig ein, wie der Historiker sagt, jugendfrisches Erobervolk. Und dieser Jugendfrische stellt man dann den Untergang einer degenerierenden, alten oder überalterten Kultur als etwas Naturnotwendiges gegenüber. Aufblühen und Fruchttragen, meint man, müsse Welken und Tod zur Folge haben. Aber das ist falsch. Eine Rasse altert nicht. Erblinien altern nicht. Nur gemordet werden kann die Rasse, ausgetilgt werden können die leistungsfähigen und günstigen Erblinien, ersetzt durch minderwertige, die sich vermehren. Hier macht sich der ungeheure Einfluß der Kultureinrichtungen auf den Erbbestand ihrer eigenen Träger lebensentscheidend geltend. Steigende Kultur bringt fast immer Zerstörung der eigentlich führenden Erbträger und ihrer Familien mit sich, in allen Kulturvölkern durch Kinderlosigkeit. Aber ich kann auf die ungeheure Bedeutung dieser Erscheinungen, die sich vor unseren sehenden Augen an unserem eigenen Volke und allen europäischen abspielen, im einzelnen nicht eingehen, ich stelle sie nur ausdrücklich fest.

Bewußte Folgerungen aus diesen furchtbaren Erscheinungen haben bisher seit Jahren eine Anzahl weitsichtiger Forscher — nie aber eine verantwortliche Regierung —, jetzt erst die völkische Staatsidee gezogen. Erst der nationalsozialistische Staat hat ein eugenisches und rassehygienisches Programm aufgenommen und durchzuführen begonnen. Es liegt im Wesen der völkischen Staatsidee, die Einheit und Blutsverwandtschaft des gesamten Volkes zu betonen, auf die Gesetzes- und Verwaltungsmaßregeln aufzubauen und volksfremde Elemente abzulehnen. In dieser Linie liegt ideenmäßig und zugleich instinktiv das Streben nach Rassereinheit. Gleichgültig, ob gut oder schlecht, wenn *andersartig* und *fremd*, sind die Linien abzulehnen. Ein Volkstum mit seiner ganzen Kultur ist so geworden wie es ward, nur auf Grund der ganz bestimmten rassemäßigen Zusammensetzung eben dieses Volkes. Nur die seiner Rassenzusammensetzung gemäßen Erblinien konnten geistig das schaffen, was eben *dieses* Volkstum eigenartig und einzigartig schuf. Es muß im politischen Handeln *seine* Schöpfung für gut und richtig, ja für die beste halten und alles ablehnen, was ihr fremde Züge verleihen könnte. Daß in dieser Hinsicht die nationalsozialistische Politik vor allem gerade gegen die Juden geht, ist einfach damit zu erklären, daß dies das einzige, zahlenmäßig überhaupt in Betracht kommende rassenverschiedene Element in unserem Land und Volke ist. Daß körperliche und geistige Unterschiede sind, kann objektiv niemand leugnen. Ich spreche kein Werturteil aus, wenn ich dies feststelle. Ich gehe sogar so weit, theoretisch zu sagen, ein gleichmäßig aus arischen und jüdischen Bestandteilen gemischtes und gekreuztes Volk könnte eine sehr anerkennenswerte Kultur schaffen, aber es wäre niemals dieselbe, die auf rein volksdeutschem Boden wuchs, es wäre keine deutsche, sondern eine gänzlich andere, halborientalische. In der völkischen Staatsidee des deutschen Staates und Volkes aber muß es liegen, diese dann abzulehnen.

Karl Zimmermann

Karl Zimmermann. * 24. 9. 1889 in Zwickau — Erzieher — Dr. phil. — Studienrat — 1934 Sachbearbeiter für Rassenfragen im Hauptamt für Erziehung — Hauptgebiete: Rassenkunde, Rassengeschichte, Vererbungslehre, Rassenpolitik und Rassenpädagogik (besonders in den höheren Schulen), auch Vererbungslehre.
Veröffentlichungen: 1933 „Deutsche Geschichte als Rassenschicksal", „Nationalsozialismus. Zoologie und neue Erziehung", 1934 „Pflanzen der Heimat" (Mitverfasser), (Verlag Quelle & Meyer), 1933—1934 Herausgeber der Schriftenreihe „Das Dritte Reich". — Zahlreiche Aufsätze.

„Biologischer Materialismus"[1])

Nachdem jahrzehntelang die politische Geschichtsbetrachtung mit einer sorgfältigen *Aufzählung* von Schlachten, Reichen und Dynastien geherrscht hatte, trat mit *Lamprecht* die *kulturkundliche* in den Vordergrund, um bald von einer mehr *wirtschaftlichen* Geschichtsauffassung abgelöst zu werden. Neuerdings wandten sich namhafte Forscher wieder einer *politischen* Geschichtsbetrachtung zu; daneben übte *Spengler* mit seiner kultur*morphologischen* Geschichtstheorie großen Einfluß auf breite Schichten aus. Und doch hatten wir das Gefühl, daß alle Ergebnisse dieser Darstellungen und Forschungen gleichsam in der Luft schwebten, daß alle Bemühungen um geschichtliche Tatsachen und Zusammenhänge nicht bis auf den natürlichen Grund lebendigen Geschehens drangen.

Es ist merkwürdig, daß hier den Gelehrten erst ein *„Laie"* zu Hilfe kommen und gleichsam das Ei des Kolumbus finden mußte, daß erst in *Adolf Hitler* ihnen die rassenbiologische Grundlage aller Geschichte zeigen mußte. Mag er auch nicht als zünftiger Historiker seine Auffassung systematisch und wissenschaftlich dargestellt haben, so ist sie doch dadurch, daß sie sich unmittelbar im allerstärksten Maße in die politische und kulturelle Wirklichkeit eines Volkes umsetzte, in ihren Grundzügen weithin sichtbar und schließlich auch wissenschaftlich richtunggebend geworden. Heute unterliegt seine Auffassung keinem Zweifel mehr, daß die Fülle der geschichtlichen Vorgänge und Taten allein durch das *Wollen* und den *Geist der verschiedenen geschichtsbildenden Rassen* und ihrer verschiedenen

[1]) *„Deutsche Geschichte als Rassenschicksal", Verlag Quelle & Meyer, Leipzig 1933, S. 2–5.*

Mischungen bestimmt gewesen und zu erklären ist. Gewiß, diese Auffassung geht auf Houston Stewart Chamberlain und Ludwig Schemann, ja noch früher auf Gobineau zurück, die alle in der „gemanischen" *Rasse* die Hauptschöpfer geschichtlicher Kulturen sahen. Hans *Günther* hat dann dieser Auffassung durch eingehende wissenschaftliche Untersuchungen von der Seite der *Rassenkunde* aus weitgehend bestätigt und lediglich an Stelle der germanischen die *nordische Rasse* als den Grundbestandteil in den mischrassigen germanischen Völkern nachgewiesen. Indessen hat erst Adolf Hitler in der ihm eigentümlichen genialen Intuition, die überall aus der Fülle der Erscheinungen das Wesentliche herausschaut, die *rassenkundliche* Betrachtungsweise des geschichtlichen Geschehens mit der Erkenntnis der allgemeinen Lebensgesetze, der alle Rassen in Natur und Geschichte unterliegen, verknüpft und damit die rassenkundliche Geschichtsbetrachtung in eine *rassenbiologische* erweitert und vertieft. Diese Geschichtsbetrachtung tritt insbesondere aus der Gesamtheit seiner Reden und aus gelegentlichen Aufsätzen aufs deutlichste hervor.

Diese modernste Geschichtsauffassung stellt eine Verbindung der bisher getrennten geisteswissenschaftlichen und naturwissenschaftlichen Betrachtung und Forschung geschichtlichen Geschehens dar. Indem sie die Grundgesetze des Lebens in ihrer Wirksamkeit auch innerhalb der geschichtlichen Völkerentwicklung verfolgt, muß sie wissenschaftlich gesicherte Grundergebnisse der Biologie immer im Auge behalten. Sie muß die Grundtatsachen der Vererbungslehre und Abstammungslehre ebenso berücksichtigen wie rassenhygienische und rassenkundliche Forschungsergebnisse. Auf der anderen Seite muß sie die Geschichte in allen ihren wesenhaften Äußerungen kennen und ihnen eben auf Grund dieser allgemeinen biologischen Erkenntnisse eine neue und tiefe Deutung geben. Damit ist diese Auffassung weit umfassender als jede vorausgehende und reicht von der Betrachtung der Lebensäußerungen der einfachsten Zelle bis hinauf zu den Lebensäußerungen in den geistigen Gipfelleistungen höchster rassischer Entfaltung. Dem Einwurf, daß eine solche Betrachtungsweise viel zu kompliziert werden könnte, um zu sicheren und erzieherisch wertvollen Ergebnissen zu gelangen, muß entgegengehalten werden, daß die biologischen und rassenkundlichen Grundergebnisse, die es für die Geschichte fruchtbar zu machen gilt, keineswegs zu verwickelt sind, sondern im Gegenteil dem natürlichen Denken und Empfinden weit näher liegen als so viele künstlich komplizierte Deutungen und Darstellungen geschichtlicher Tatsachenzusammenhänge. Das Entscheidende ist immer wieder die richtige Verknüpfung der wesenhaften Ergebnisse aus Natur und Geschichte. Ein ungetrübter Blick für das Tatsächliche und die natürlichen Lebenskräfte führt hier oft zu weit sicheren und bedeutsameren Erkenntnissen als abstrakte, naturferne Theorien, wie am deutlichsten die große Führergestalt Adolf Hitlers zeigt, deren schöpferische Größe gerade in dieser Verknüpfung von natürlich Ursprünglichem mit wissenschaftlich Wesentlichem, das seiner Lehre wohl eingebaut ist, besteht. Für uns, die wir uns in einer Lebenskrise unseres Volkes befinden, steht im Vordergrund die Nutzanwendung der neuen Betrachtung auf unser Volk und ihre Auswertung für ein neues Erziehergeschlecht, das die kommende Generation vor alten Irrtümern bewahren und neue schöpferische Erkenntnisse in ihr wirksam lassen werden soll.

Zum Verständnis der neuen Geschichtsbetrachtung wird immer das Wissen um einige wesentliche Grunderkenntnisse der Rassenbiologie notwendig sein. Umfassendere wissenschaftliche Arbeit wird sich selbstverständlich mit der näheren Begründung und dem ferneren Ausbau dieser Erkenntnisse gewissenhaft beschäftigen müssen.

Dr. F. Donath und Dr. K. Zimmermann

Fritz Donath. * 9. 3. 1888 — Lehrer an der Max-Klinger-Schule in Leipzig.

„Die Biologen und der Krieg"[1])

Aus erbbiologischen Gründen könnte sich uns die Überzeugung aufdrängen, daß ein Krieg das schwerste nationale Unglück sei, das ein Volk treffen könne. Setzt doch im Kriege ein jedes Volk gerade seine gesündesten, wehrhaftesten und willensstärksten Männer aufs Spiel. Je länger ein Krieg dauert, um so mehr unersetzliches, wertvollstes Erbgut geht auf dem Felde der Ehre verloren. Die körperlich weniger Tüchtigen, ja oft Schlechten, bleiben zu Hause und damit für die Fortpflanzung der Rasse erhalten. Während also in der Natur der Kampf ums Dasein zur Erhaltung und Fortpflanzung des Lebenstüchtigeren führt, ist es im Kriege gerade umgekehrt. Man redet bekanntlich hier von einer verhängnisvollen Gegenauslese. Aus dem bisher Gesagten scheint also hervorzugehen, daß jeder Biologe ein überzeugter Pazifist sein müsse. Das wäre aber ein völliger Trugschluß. Wir dürfen nämlich ein anderes biologisches Grundgesetz hier nicht vergessen, das ist die Erhaltung der Art. Jede Art vermehrt sich unter natürlichen Verhältnissen und sucht dabei im Kampfe ums Dasein ihren Lebensraum zu behaupten oder nötigenfalls zu erhalten. Dieses Gesetz gilt auch für das Leben der Völker. Daher wäre ein Weltfrieden bloß auf der Grundlage einer gerechten Raumverteilung unter Völkern mit unveränderlicher Bevölkerungszahl denkbar. Da beides jedoch in keiner Weise der Fall ist, sind Kriege so lange eine unbedingte Naturnotwendigkeit, als die zahlenmäßig sich schwächer entwickelnden Völker nicht freiwillig einen angemessenen Teil des von ihnen eingenommenen Lebensraumes abtreten wollen. Da die Völker sich ihrer Natur nach nie zu einem solchen freiwilligen Verzicht bereitfinden werden, so wird es auch immer Kriege geben, Angriffskriege wie Verteidigungskriege. Vom biologischen Standpunkt aus können beide unter gegebenen Verhältnissen gleich notwendig sein. Vom menschlich-*sittlichen* Standpunkt aus kann jeder von beiden ungerechtfertigt sein, je nach der Berechtigung der Lebensraumansprüche der kämpfenden Völker. Diese Ansprüche müssen ihren Maßstab immer an die Möglichkeiten zu einer gesunden Volksentwicklung finden. Damit ist Pazifismus um jeden Preis ein biologisches Unding. Andererseits soll nicht verkannt werden, daß der Krieg gerade auch aus biologischen Gründen nur eine *ultima ratio* sein darf; denn wertvolle Erbanlagen dürfen für die notwendige Erweiterung des Lebensraumes erst dann aufgeopfert werden, wenn die Lebensmöglichkeit eines Volkes mit anderen Waffen, z. B. diplomatischen, wirtschaftlichen oder ähnlichen nicht zu erkämpfen ist.

---

[1]) *„Biologie, Nationalsozialismus und neue Erziehung".* Leipzig 1937, S. 15–16.

Prof. Dr. Ernst Lehmann

Ernst Lehmann. * 24. 6. 1880 — 1906 promoviert Botanik — 1907—1908 Assistent Botan. Inst. Landwirtschaftl. Hochschule, Bonn — 1909 habilitiert, Kiel — 1913 ao. Prof., Leiter Bakteriol. Untersuchungs-Inst. Ulm — 1922 o. Prof. — Schriftleiter der Zeitschrift „Der Biologe", Spezialität: Genetik — 1952 emer.
Veröffentlichungen: 1933 „Biologie im Leben der Gegenwart", 1935 „Deutschlands Biologen-Handbuch", 1943 „Der Erbversuch", 1946 „Irrweg der Biologie", 1951 „Schwäbische Apotheker und Apothekergeschlechter in ihrer Beziehung zur Botanik" u. a. („Wer ist Wer?", 1935, und K. G. K., 1954.)

Aus den Erinnerungen eines Biologen[1])

Aus dem Geiste solcher Biologie sollte die Führung des Dozentennachwuchses der deutschen Hochschulen geleitet werden! Nun lehrte zu damaliger Zeit in Tübingen *ein* jüdischer Privatdozent — jüdische Professoren hat Tübingen ja, ohne viele Worte zu machen, stets von sich fern zu halten gewußt —; ausgerechnet dieser jüdische Privatdozent sollte Leiter unseres örtlichen Nichtordinarienverbandes werden. Da erschien eines Tages bei mir unser Kollege *Mezger*, setzte mir die Sachlage auseinander und trug mir im Namen der Nichtordinarien die Leitung unseres Tübinger Verbandes an. Ich habe diesem Antrag entsprochen. So trat ich mit *Mezger* in enge Beziehungen. Wir fuhren nach Jena und Halle zu den ersten Tagungen des Verbandes deutscher Hochschulen, dort für unsere Sache einzustehen. Man konnte meinen, alle jüdischen Nichtordinarien hätten sich berufen gefühlt, die deutschen Hochschulen dort zu vertreten! Es war ein harter Kampf zu bestehen, der auch der bedrohlichen Momente im Plenum der Hochschulverbandstagung nicht entbehrte. Wir fuhren auch eines Tages nach Stuttgart, um mit dem damaligen Kultusminister *Hieber* über die Lage der Nichtordinarien und damit über die Zukunft der deutschen Universitäten zu verhandeln. Auf der Rückfahrt in der Bahn, so steht es mir in Erinnerung, da nahm das Gestalt an, was uns hier beschäftigen soll.

Was war uns Deutschen geblieben?: Das, was in uns selbst lebt, überkommen von den Generationen, und das, was uns umgibt, die deutsche Heimat. So war das Gebot der Stunde, uns über die Gesetze des Lebens aus deutschem Geiste zu besinnen. Wir hatten uns zu-

[1]) *„Der Biologe", Jahrgang 1935, S. 376–379.*

nächst selbst klar zu werden an dieser Zeitenwende. Im Mittelpunkt des Ganzen hatten die Fragen der Vererbung zu stehen, und wir beschlossen, uns gemeinsam eingehend mit diesen Fragen zu beschäftigen. Der Jurist und der Botaniker reichten nicht aus zu diesem Beginnen. So überdachten wir den Kreis unserer jüngeren Kollegen, wer wohl mit uns sein würde, an der gleichen Aufgabe zu arbeiten. Am besten sollte es jeweils *ein* Vertreter der verschiedenen Wissenschaftsgebiete sein. Da hatte der Philosoph *Theodor Haering* schon vor dem Krieg ein Lesekränzchen gehabt, in welchem auf für uns wesentliche Fragen Bezug genommen wurde. Der Strafrechtler *Mezger* hielt mit seinem Freund, dem Psychiater *Kretschmer*, gemeinsam kriminalistische Übungen ab; so weitete sich der Kreis. Der Mineraloge *Niggli* sorgte für die Beziehungen zum Anorganischen, was später, als er nach Zürich übersiedelte, sein Nachfolger *Beger* übernahm, die zoologischen Fragen vertrat *Prell*. Der Hygieniker *Philaletes Kuhn*, der den Satz prägte: „Gedenke, daß du ein deutscher Ahnherr bist", betreute die Rassenhygiene. *Hans Krieg*, der von uns erneut hinauszog in den Gran Chaco, ließ uns Anteil nehmen an seinem biologischen Erleben in fernen Ländern, und *Wilhelm Hauer* gewährte uns Einblick in das Ringen um den Glauben in einer deutschen Seele.

Monatlich trafen wir zusammen — der Vererbungskranz 1919 bis 1925.

Darüber hinaus aber: War es wohl das schwäbische Land mit seinen Burgen und seiner erinnerungsreichen Geschichte, mit seinen zurück in Vorgeschichte und Erdvergangenheit weisenden Albbergen, war es das schwäbische Volk mit seinem tiefen Verständnis für alles, was mit Familiengeschichte zusammenhängt — die Fragen der Vererbung gingen damals in unserer Universitätsstadt auch außerhalb unseres Kreises um. Tübingen ist die Geburtsstadt der deutschen Zwillingsforschung: *Waitz* und *Verschuer* begannen damals hier ihre Arbeiten; mein Schulkamerad, der Chirurge *Schlössmann*, studierte die schwäbischen und darüber hinaus die Bluter der Welt; in die erblichen Leiden der Augen vertiefte sich *Fleischer*, die vielfältigen Fragen der Übertragung der Ohrenleiden bearbeitete richtunggebend *Albrecht*, *Hoffmann* aber klärte bedeutsame Fragen auf dem Gebiete der erblichen Psychosen. — Zu gleicher Zeit richtete hier *Kolbenheyer* seine Bauhütte auf.

Wunderbar nur, daß dieser lebensgesetzliche Geist der Gesamtuniversität noch so wenig bedeutete! War das Neuerarbeitete für die vornehmlich historisch-philologische Richtung, die an den deutschen Universitäten stets eine so große Rolle spielte, zu überraschend gekommen, um sich so schnell durchzusetzen?

Wir aber erfuhren nunmehr von dem, was die Lebensgesetze weit über das Arbeitsgebiet jedes einzelnen hinaus für uns alle bedeuten.

Die Arbeit des Gelehrten besteht darin, die Waffen des Geistes zu schmieden und zu härten für die Stunde, da sie von uns gefordert werden. Wir alle haben die Stunde erlebt, da der Führer die deutschen Biologen zur gewaltigen Arbeit am deutschen Volke aufrief: Offen und klar steht die Aufgabe vor uns. „Es ist auf die Dauer unmöglich, ein Volk oder einen Staat erfolgreich zu führen, wenn nicht über die wesentlichsten dieser Gemeinschaft zugrunde liegenden Lebensgesetze eine einmütige Auffassung herrscht." Auf dem Gebiete der Biologie muß sich der grundsätzliche Kampf um diese Lebensgesetze abspielen. Dann wird das Wort in die Tat umgesetzt, das auf dem internationalen Bevölkerungskongreß dieses Jahres in Berlin fiel: „Deutsche Wissenschaftler machen jetzt Weltgeschichte."

Die nationalsozialistische Weltanschauung baut im Gegensatz zur marxistischen auf der Grundlage der Rasse. *Schallmayer* und *Reibmayer* waren es, die uns in unserem „Vererbungskranz" zunächst besonders fesselten; *Günthers* Rassenkunde traf uns inmitten unserer gemeinsamen Arbeit, sie bot uns reiche Anregung für viele wesentliche Auseinandersetzungen.

Die Rasse aber wurzelt im Boden der Vererbung. Hatten nicht *Kölreuter* und *Gärtner*, die Pioniere der pflanzlichen Vererbungslehre, die Vorläufer *Mendels*, sozusagen vor den Toren von Tübingen die ersten pflanzlichen Bastarde hergestellt, hat nicht *Correns* als Tübinger Hochschullehrer in unserem Botanischen Garten die *Mendelschen* Vererbungsgesetze wieder erarbeitet? Die Erforschung der Gesetze der Vererbung, das mußte in besonderem Maße die Aufgabe der Hochschule sein. Und die deutschen Hochschulen können mit Stolz von sich sagen: Von *Hertwig* und *Weismann* über *Boveri*, von *Naegeli* über *Correns* und *Baur*, sie haben tiefe Forschungsarbeit auf diesem Gebiete geleistet. Als der Grund nun einigermaßen gelegt war, begann auch der Unterricht über Vererbungslehre, so daß bei Kriegsbeginn schon nicht wenige Vorlesungen darüber an deutschen Hochschulen gelesen wurden... und heute, wo dank der Initiative des nationalsozialistischen Staates diese Vorlesungen in außerordentlichem Maße gesteigert wurden, stehen ausgezeichnete junge Biologen von internationalem Ruf bereit, selbst die Erkenntnisse auf diesem Gebiete immer mehr zu vertiefen und eingesetzt zu werden, die Gesetze der Vererbung weiten Kreisen der Studierenden nahe zu bringen. Welch außerordentliche Aufgaben warten in immer steigendem Maße in allen Fakultäten, für Theologen und Philosophen, für Juristen und Mediziner!

Und wenn unser Führer mit eiserner Festigkeit den Gedanken der Rasse proklamiert, so ist unseren Hochschulen, so zaghaft sie an diese Aufgabe herangegangen sind, ein Gebiet von unendlicher Weite erschlossen. Glücklich die, denen solche Ziele gesteckt sind.

Auf dem Boden der Vererbung steht ferner der Gedanke der Selektion.

Es erfüllt uns immer wieder mit tiefem Stolz, wenn jene Studentenregimenter vor unserem geistigen Auge auftauchen, die, erfüllt von den Ideen „Volk und Heimat", die sie aus Haus, Schule und Hochschule mit hinausnahmen ins Feld, stürmend und mit dem Deutschlandlied auf den Lippen niedersanken. Wer von uns Hochschullehrern, die schon damals lehrten, ist nicht jenen unsterblichen Scharen aufs Innerste verbunden, durch mehr als einen seiner Schüler, die dort den Heldentod starben! Aber schmerzliche Trauer erfüllt uns, wenn wir jetzt daran denken, daß die Söhne dieser Helden, die in diesen Jahren zu uns stoßen sollten, doch niemals erscheinen werden! Wer könnte in Erinnerung an die gefallene Blüte unseres Volkes wider die biologisch so festgegründeten Gesetze unseres Führers aufstehen? Wer könnte, wenn Tausende der Besten für uns starben, wollen, daß immer mehr jener armseligen und bedauernswerten Schwächlinge bei uns heimisch würden, die doch niemals einen kraftvollen Kampf für unser Volk führen könnten!

Uns allen aber steht die eherne biologische Forderung so ungeheuer ernst vor Augen; die Forderung auf erbgesunde, kinderreiche Familien. Hier blicken zunächst *die* Mütter zu den Führern des nationalsozialistischen Staates, die ihre biologische Pflicht erfüllt haben, die aber — nicht zuletzt in den Kreisen der Gebildeten — ihr Äußerstes getan haben, ihren Kindern ein gesundes Leben zu erkämpfen. Die Zeit drängt. In jedem Jahr geht neues wertvolles Blut verloren. Welcher unverheiratete oder kinderlose Mann in der Vollkraft seiner Jugend hat heute das Recht, größere Ansprüche an das Leben zu stellen als die sorgende, als die werdende Mutter? Was alles sonst zur Erhaltung des völkisch wertvollsten Erbgutes von rein biologischem Gesichtspunkt zu tun bleibt — der Kongreß für Bevölkerungswissenschaft in Berlin hat soviel davon zu sagen gewußt! Ist aber heute der *Wille* auf all diesen Gebieten schon voll entfaltet? Wird nicht heute noch, ein Rest der liberalistischen Zeit, die Entstehung des Lebens weitgehend von der Technik beherrscht? Haben wir schon in vollem Umfange vermocht, der gefährlichsten Gegenselektion Einhalt zu gebieten? Wo ist der Strom kräftigsten Lebens aus den Familien der körperlich und charakterlich aufs sorgfältigste ausgewählten Führer von Reichswehr und Polizei und anderen sonst besonders einsatzbereiten Kreisen? Wird der katholische Volksteil sich immer weiter hervorragender Führer des Geistes durch zölibatäres Leben berauben?

Julius Streicher

„Artfremdes Eiweiß"[1])

„... Artfremdes Eiweiß ist der Same eines Mannes von anderer Rasse. Der männliche Same wird bei der Begattung ganz oder teilweise von dem weiblichen Mutterboden aufgesaugt und geht so in das Blut über. Ein einziger Beischlaf eines Juden bei einer arischen Frau genügt, um deren Blut für immer zu vergiften. Sie hat mit dem „artfremden Eiweiß" auch die fremde Seele in sich aufgenommen. Sie kann nie mehr, auch wenn sie einen arischen Mann heiratet, rein arische Kinder bekommen, sondern nur Bastarde, in deren Brust zwei Seelen wohnen und denen man körperlich die Mischrasse ansieht. Auch deren Kinder werden wieder Mischlinge sein, das heißt häßliche Menschen von unstetem Charakter und mit Neigung zu körperlichen Leiden. Man nennt diesen Vorgang »Imprägnation«.

Wir wissen nun, warum der Jude mit allen Mitteln der Verführungskunst darauf ausgeht, deutsche Mädchen möglichst frühzeitig zu schänden, warum der jüdische Arzt seine Patientinnen in der Narkose vergewaltigt, warum sogar die Judenfrauen ihren Männern den Verkehr mit Nichtjüdinnen gestatten: Das deutsche Mädchen, die deutsche Frau soll den artfremden Samen eines Juden in sich aufnehmen, sie soll niemals mehr deutsche Kinder gebären!"

---

[1]) *„Deutsche Volksgesundheit aus Blut und Boden", Nürnberg, 3. Jahrgang, Nr. 1,* 1935, S. 1.

Prof. Dr. Viktor Franz

Viktor Franz. * 5. 4. 1883 — Dr. phil., Univ.-Prof. der Zoologie — 1906—1910 Internationale Meeresforschung, Helgoland — 1910—1913 Neurologisches Institut Frankfurt/Main. † 16. 2. 1953.
Veröffentlichungen: 1907 „Welt und Leben in objektiver nicht anthropozentrischer Betrachtung", 1913 „Lebensprozeß der Nierenelemente", 1924 „Geschichte und Organismen", 1927 „Ontogenie und Philologie", 1934 „Das heutige geschichtliche Bild von Ernst Haeckel" u. a. („Wer ist Wer?", 1935, und K. G. K., 1954.)

„Die Vervollkommnung deutschen Wesens"[1])

I.[2])

Werfen wir nun zunächst einen Blick auf die menschliche Entwicklung, die selber ursprünglich ganz ein Naturvorgang ist, die Rassenentwicklung und den Rassenaufstieg. Wenigstens das eine ist da nun offenkundig, daß ein Rassengemisch in der Regel viel zu viele Vorbedingungen für Differenzierung, viel zu wenige für Zentralisation enthalten muß, um günstige Bedingungen für weiteren Aufstieg zu gewährleisten. Dessen erste Voraussetzung ist also möglichste Rassereinheit, die zweite aber und den Aufstieg erst herbeiführende ist die züchterische Ausmerzung des körperlich Ungesunden und geistig Mangelhaften und die umso kräftigere Förderung der hochgearteten Sippe. Hans F. K. Günther hat kürzlich gezeigt (1935), wieviel die Völker der Germanen darin taten. Es ist im Grunde immer eine zentralisierende, zusammenordnende, zerspaltungverhütende Funktion.

Was aber ist nun „hochgeartet"? „Harmonische" Schulung von Körper und Geist ist die Differenzierung und Zentralisation oder die möglichste Vervollkommnung des individuellen Lebens, die altberühmte Kalokagathie (das Tüchtig- und Schönwerden) der Hellenen. Werden erbliche Anlagen für sie auf die Sippe versammelt, so wird ausgelesene Artung gezeugt.

---

[1]) *„Der biologische Fortschritt". Die Theorie der organismen-geschichtlichen Vervollkommnung. Verlag Gustav Fischer, Jena 1935.*
[2]) *S. 76–77.*

Betrachten wir von den „menschlichen Werken" zunächst das, welches ebensosehr „Werk" wie selber Organismus ist, den Staat, ein Lebendiges von starker Differenzierung und Zentralisation, so muß auch er stets an seiner Daseinserhaltung arbeiten und steht es gerade in der Gegenwart uns Deutschen klar vor Augen, daß ein solcher Organismus durch Verselbständigung seiner Teile oder Teilfunktionen dem Zerfall so nahe kommen kann, daß eine starke zentralisierende Kraft ihn retten muß. Das geschah in der deutschen Märzrevolution von 1933. Jedes Wort mehr darüber wäre an dieser Stelle zu viel, da die eingehende staatswissenschaftliche Darlegung nicht meine Aufgabe sein kann, organismische Parallelfälle aber schon oben berührt sind. Daß von den Uranfängen menschlicher Staatsformen bis zu den heutigen und insbesondere bis zum Dritten Reich eine bestimmte Entwicklungsrichtung trotz allem Auf und Ab erkennbar ist, wenn man nämlich ein Auge für zunehmende Differenzierung und Zentralisation hat, statt einfach für Kompliziertheit, kann gar nicht mehr zu bezweifeln sein.

II.[1]

Daß mit alledem der biologische Fortschritt oder die Vervollkommnung in Entfaltung, Sich-Ausbreiten, daher im Überlegenerwerden besteht, auch dies fiel im Zwischenreich wohl wenig auf fruchtbaren Boden. Unserer jetzigen, endlich erreichten deutschen, nationalsozialistischen Weltanschauung fügt es sich restlos ein — ohne sich etwa zu erschöpfen (das ist wohl selbstverständlich!) noch auch nur ihren Kernpunkt zu treffen. Ihr Kernpunkt ist Deutschland. Zu Biologen aber sagte der verstorbene *Hans Schemm:* „Nationalsozialismus ist politisch angewandte Biologie", und unzweifelhaft ist er in allen Stücken auch das, hinwiederum nicht in einem veräußerlichenden Sinne, wie Fernerstehende leicht meinen. Die nationalsozialistische Grundauffassung ist im tiefsten Sinne biologisch orientiert um *„die ewig geschlossene Synthese zwischen Zweckmäßigkeit und Schönheit"* (Worte des Führers in Nürnberg, 1934) und erstrebt mit allen — äußerlich viel sichtbareren — nationalerzieherischen und sozialistischen Mitteln letztlich unser Zentralisierendstes, das am meisten uns vereinigt und somit uns stärkt, sofern es selber stark ist: die volle Entfaltungsmöglichkeit deutschen Wesens. So ist auch das eigentliche Ziel der Rassepflege die dem Volkskörper erreichbare höchstmögliche Schönheit und Würde des Menschendaseins. Im Buche der Deutschen, „Mein Kampf" von *Adolf Hitler,* ist das sonnenklar ausgesprochen, und es wäre nur gut, wenn *jeder* es wüßte.

---

[1]) *Seite 79.*

Prof. Dr. Karl Valentin Müller

Karl Valentin Müller. * 26. 3. 1896 — 1938 Dozent Univ. Leipzig — 1939 a. o. Prof. Techn. Hochschule, Dresden — 1940 a. o. Prof. Deutsche Universität Prag — 1946 Dir. d. Inst. f. empir. Soziol., Hannover — 1952 Lehrbeauftragter der Phil.-Theol. Hochschule, Bamberg — 1955 o. Prof. und Dir. d. Inst. d. Hochschule f. Wirtschafts- und Sozialwissenschaften, Nürnberg.
Veröffentlichungen: 1927 „Arbeiterbewegung und Bevölkerungsfrage", 1935 „Der Aufstieg des Arbeiters durch Rasse und Meisterschaft", 1951 „Die Begabung in der sozialen Wirklichkeit", 1956 „Sozialwissenschaft und soziale Arbeit", 1957 „Die Angestellten in der hochindustrialisierten Gesellschaft". Generalsekretär d. Inst. Internat. de Sociologie. („Wer ist Wer?", 1958.)

„Führungsfähigkeit"[1])

Alle geistige Eigenart geht im tiefsten auf rassisch-erbliche Wurzeln zurück. Der Tatbestand, den wir an einem ganzen Volk mit dem Wort „Führungsfähigkeit" umreißen, ist zu allernächst abhängig davon, *daß bestimmte Anlagen in besonderer Häufigkeit in den Sippen dieses Volkes anzutreffen sind,* ferner freilich auch von Verhältnissen und Einrichtungen im völkischen Leben selbst, die die formgerechte Pflege und Ausbildung solcher Anlagen und ihre gesellschaftliche Auszeichnung und auslesemäßige Begünstigung sichern.

Es ist bekannt, daß Anlagen dieser Auswirkungsrichtung sich besonders bei der *nordischen Rasse* finden; die überragende Führerrolle nordischer Völker, Stämme und Einzelmenschen in der Geschichte ist unbestritten. Es ist, wenn wir die Frage der rassenbiologischen Grundlagen deutscher Führungsfähigkeit überprüfen, gewiß nicht bedeutungslos, uns dabei zu erinnern, daß wir ein Volk sind, in dem das nordische Blut den wesentlichsten Rassenbestandteil bildet.

... Unter diesem Gesichtswinkel sehen wir erst die ganze Größe der Zeit, die uns die Tore aufstößt zu einem Reich mit weiten Führungsaufgaben und Führungsmöglichkeiten. Nicht mehr braucht das, was an erblichem Hochwuchs noch immer in beachtlicher Menge in unserem Volke keimt, in den Niederungen des Neides und der Scheelsucht allzu enger Verhältnisse zu verkümmern, sondern kann und soll sich weiten, die Schwingen seiner Fähigkeit ausbreiten und für das große Vaterland wirken.

---

[1]) *„Das junge Deutschland", Jahrgang 1941, S. 218–220.*

Prof. Dr. Rudolf Fick

Rudolf Fick. * 24. 2. 1866 – Dr. med., Mitglied d. Akademie d. Wissenschaften, emer. o. ö. Prof. der Anatomie. („Wer ist Wer?", 1935.)

Die Sprache eines Wissenschaftlers[1])

Die Unklarheit des Wortes „Rasse" ist entschieden mit darauf zurückzuführen, daß es ein Fremdwort ist und als solches ohne sprachliches Verständnis leichthin verwendet wird. Schon die Ableitung ist strittig; die einen bringen es mit dem lateinischen „Radix", die Wurzel, andere – wie J. Grimm – mit dem althochdeutschen „Reiza" = Strich, Linie in Verbindung. Oberhumer verwirft beides und scheint geneigt, es vom Arabischen abzuleiten. Nach ihm wurde es überhaupt – zuerst 1684 in einer namenlosen französischen Schrift, in Deutschland zuerst von Leibniz – im heutigen Sinn gebraucht. Dem Laien ist der Ausdruck heute geläufig aus der Tierkunde; jeder kennt ja die Verschiedenheit der Hunde-, Pferde-, Schweine-, Hühner-, Taubenrassen usw.

Aber auch in der Tierkunde besteht *wissenschaftlich* noch keine Einigkeit über die Abgrenzung zwischen einer „Art" (species) und einer „Rasse" und – sie kann meines Erachtens nicht bestehen aus folgenden Gründen: Eine der wesentlichsten Erscheinungen aller Lebewesen, im Gegensatz zu gewissen Gegenständen der leblosen Natur, wie den Kristallen in einer bestimmten chemischen Verbindung, ist eben nun einmal die im allgemeinen überaus große Verschiedenheit des Erscheinungsbildes der Abkömmlinge selbst desselben Stammbaumes in Einzelheiten und andererseits, daß im Zusammenhang mit dieser Veränderlichkeit allenthalben Übergangsformen zwischen den von uns als besondersartig empfundenen Gruppen von Lebewesen auftreten.

Durch die Tatsache dieser Grunderscheinung bei allen lebendigen Wesen ist meiner Überzeugung nach das Suchen nach einer scharfen Begriffsbestimmung für „Art" und „Rasse" von vornherein eigentlich *unwissenschaftlich*. Es ist daher auch mehr oder minder willkürlich, ob man das ganze Menschengeschlecht als eine „Art" im gebräuchlichen tier-

[1]) *Vortrag am 28. März 1935 in „Sitzungsberichte der Preuß. Akademie d. Wissenschaften" 1935 – Physikal.-Mathemat. Klasse, S. 347–364.*

kundlichen Sinn zusammenfassend betrachtet, oder als eine Mehrheit verschiedener „Arten". (Mit Politik hat diese Frage bzw. ihre Beantwortung nichts zu tun, was ich dem sehr geschätzten Herrn Kollegen Reche gegenüber betonen möchte, der nach Aufstellung verschiedener Menschenarten sagt: „die Menschheit ist eben ganz und gar nicht so »einheitlich«, wie es die liberalistische Weltanschauung gern haben möchte." Meines Erachtens hat die wahre Naturwissenschaft überhaupt nichts mit Liberalismus zu tun, außer daß sie selbstverständlich vollkommen *frei*, »voraussetzungslos« im richtigen Sinne, d. h. ohne Voreingenommenheit, die Wahrheit, d. h. die Tatsachen des Naturgeschehens festzustellen und, soweit möglich, in ihrer gegenseitigen Abhängigkeit zu erforschen sucht.) Wissenschaftlich ist daher eine wirklich scharfe Abgrenzung von „Art" und „Rasse" nach der Natur der Sachlage unmöglich. Es wäre deshalb eigentlich das richtigste, das Wort „Rasse" würde in der Wissenschaft überhaupt nicht gebraucht.[1]) Einige wollen dafür „Typen" sagen, ein Ausdruck, der bekanntlich von Kretschmer für seine verschiedenen Menschenschläge gebraucht wurde. Die Kretschmerschen Typen, der „Pykniker", „Astheniker" usw. haben übrigens, nebenbei bemerkt, wohl auch sog. „rassische" Bedeutung, insofern der eine oder andere Menschenschlag bei der einen oder anderen sog. „Rasse" sich häufiger zu finden scheint, was noch weiterer Untersuchung wert ist.

Für viele Fragen der praktischen Menschheitskunde, wo es nicht auf Unterscheidung von Art und Rasse ankommt, ist es aber ganz zweckmäßig, das Wort „Rasse" beizubehalten, um so mehr, als es so fest im Sprachgebrauch verwurzelt ist, daß der Versuch, es praktisch zu verdrängen, aussichtslos erscheint...

...Unter den vorhin angeführten Hauptrassen vermissen Sie vielleicht die *„arische"* Rasse. In dieser Hinsicht ist zu sagen, daß arisch eigentlich überhaupt kein Begriff der Menschheitskunde ist, sondern ein sprachgeschichtlicher Ausdruck, gleichbedeutend mit „indogermanisch"; so wendete sich schon v. Luschan auf das schärfste dagegen, von einer arischen Rasse zu reden, und sagte: „für den Fachmann ist der Begriff einer »arischen Schädelform« genau so absurd, als wenn man von einer »dolichokephalen« Sprache reden wollte". Lapouge hat arisch aber gleichbedeutend mit „nordisch" verwendet.

Neuerdings wird arisch aber einfach in der Bedeutung „nichtjüdisch" gebraucht. So wurde bei der Auslegung der neuen gesetzlichen Beamtenbestimmungen ausdrücklich erklärt, daß z. B. „madjarisch" nicht als „nichtarisch" gelten solle, was dem früheren Gebrauch „arisch = indogermanisch" widerspricht. Die allgemeine Verbreitung des Wortes „arisch" im neuen Sinn geht wohl in erster Linie auf den „Arierparagraphen" der österreichischen Burschenschaften zu Schönerers Zeit zurück, der bekanntlich zum Zankapfel zwischen dem demokratischen Ministerium Becker und der deutschen Studentenschaft wurde. Vom wissenschaftlichen Standpunkt aus wäre es jedenfalls empfehlenswert, wenn der Ausdruck wegen des ihm anhaftenden *Mangels der Eindeutigkeit* durch den klaren Ausdruck „nichtjüdisch" oder „deutschblütig" ersetzt würde...

...Wenn man für sein eigenes Volk kennzeichnende Eigenschaften aufstellen will, so ist das natürlich eine etwas heikle Aufgabe, denn man wird leicht geneigt sein, nur gute

---

[1]) *Viele andere Wissenschaftler gelangten zur gleichen Schlußfolgerung, so insbesondere M. F. Ashley Montagu: „Man's most dangerous Myth, the fallacy of race", New York 1945.*

gelten zu lassen und läuft dann Gefahr, von den anderen Völkern der Überhebung geziehen zu werden.

Zu den uns selbst von den Feinden und Neidern nicht abzusprechenden Eigenschaften dürfte vor allem aber doch auch noch der bei uns weit verbreitete „heldische Sinn" und *persönliche* Mut genannt werden, wie auch der deutsche Reinlichkeits- und Ordnungssinn, der den nordischen Rassen entstammen wird.

Ebenso kann die deutsche Veranlagung zum selbständigen erfinderischen Denken, verbunden mit Gewissenhaftigkeit und Gründlichkeit, nicht geleugnet werden, ferner auch besonders ausgeprägtes Pflichtgefühl.

Unbestritten ist der Deutschen hohes Können auf dem Gebiet aller Künste und anerkannt ist auch sein hoher Idealismus, sein Sinn, sich mit größtem Eifer einer Sache um ihrer selbst willen hinzugeben (wie es bekanntlich Rich. Wagner in einem oft angeführten Wort hervorgehoben hat). So ist es auch echt deutsch, sich der Wissenschaft um ihrer selbst willen zu widmen, ohne irgendeinen praktischen oder eigennützigen Zweck im Auge zu haben, wie Planck neulich mit Recht von Röntgen gerühmt hat.

Es wäre übrigens undeutsch, unwahrhaftig und unwissenschaftlich, bei der menschheitkundlichen Erörterung dieser Eigenschaften nicht anzuerkennen, daß auch unter den jüdischen Gelehrten in Deutschland manche diese deutsche Art und Arbeitsweise sich zu eigen gemacht haben, während andererseits leider gar manche *deutschblütige* Wissenschaftler, namentlich unter den Medizinern, wie ich leider bekennen muß, umgekehrt die wohl mit Recht als „jüdisch" bezeichnete *eigensüchtige* Art übernommen haben. Ich meine die möglichst ausgiebige geschäftliche Ausbeutung von Entdeckungen, die Ruhmsucht („Reklamesucht"), das Streben, um jeden Preis Aufsehen zu erregen, das dazu verführt, auf unzureichender Grundlage große Lehren („Theorien") aufzustellen und unreife Entdeckungen vorzeitig an die große Glocke zu hängen u. ä. m.

KAPITEL X

Information und Propaganda

INHALTSVERZEICHNIS

Vorwort

Wie in unseren beiden ersten Büchern wird auch in diesem Kapitel viel von der Judenfrage die Rede sein, wenn dies auch keineswegs von uns beabsichtigt ist, sondern sich vielmehr zwangsläufig aus dem von uns behandelten Problem ergab. Die nationalsozialistischen Gedankengänge selbst führten dazu.

Der Wunsch, die Welt in schwarz und weiß zu sehen, sie in gut und böse einzuteilen, verlangte offenbar gebieterisch, im Judentum das Grundübel darzustellen, um ihm dann ein nicht weniger unumschränktes Heil entgegenstellen zu können.

Um so tröstlicher ist es, wenn man feststellen darf, daß die Dokumente dieses Kapitels nur so mit Vorwürfen gespickt sind, der böse Geist des deutschen Volkes sei unfähig, sich völlig umzustellen.

Die Sorgen des Franz Eher Verlages

I.
Anno 1929[1])

Frz. Eher Nachf. G. m. b. H. München
Völkischer Beobachter
Tageszeitung der NSDAP
Illustrierter Beobachter
Einzige antisemitische Bilderzeitung
Der Nationalsozialist
Zentralwochenblatt der NSDAP
Verlags- und Sortiments-
Buchhandlung

München 2 N. O., den 31. Januar 1929
Thierschstraße 11—15
A/T

Herrn
Rosenberg
Schriftleitung

Sehr geehrter Herr Rosenberg!

Am Ausgang des Jahres 1928 haben die Juden unter Führung des Zentralvereins und der jüdische Vizepolizeipräsident Weiß in Berlin es in geschickter Weise verstanden, unseren Verlag und die Schriftleitung des „Völkischen Beobachters" mit Prozessen zu überziehen. Als Ergebnis dieses jüdischen Feldzuges steht fest, daß Schriftleitung und Verlag in diesem einzigen Monat Januar von den Gerichten zu Geldstrafen und Kosten in Höhe von über 3400 RM verurteilt wurden.

Der Verlag hat davon bis heute lediglich an Rechtsanwaltskosten über 820 RM bezahlt. Die Bezahlung von Strafen ist ihm finanziell einfach unmöglich. Die Prozesse sind ausschließlich auf Unterstützung der Berliner Parteigenossen in ihrem Kampf gegen den Juden Weiß und gegen den Zentralverein entstanden. Es hat sich dabei herausgestellt, daß die Behauptungen unserer Berliner Parteigenossen nicht nachweisbar waren und aus diesem Grunde ist eben die Verurteilung eingetreten.

Praktisch haben wir also selbst den Juden die Handhabe zu ihren Prozessen gegeben, praktisch ist auch das für die Prozesse aufgewendete Geld zum Fenster hinausgeworfen. Dazu kommt noch folgendes: Das Ziel der jüdischen Methode ist die Vernichtung der einzelnen Kämpfer durch Erwirkung von Freiheitsstrafen gegen diese und die Vernichtung unseres Verlags durch Erwirkung ungeheurer Prozeßkosten. Die Belastung unseres bis ins kleinste auf die Leistungsfähigkeit eingestellten Etats unseres Verlags durch diese un-

---

[1]) *Dokument CXLIII – 319.*

geheuren Prozeßkosten ist eine die Existenz unseres Unternehmens gefährdende. Diese Belastung hat infolgedessen augenblicklich zu verschwinden.

In dem jetzigen Zeitpunkt führen wir eine Verbesserung der Zeitung durch. Die Vergrößerung und Verbesserung der Zeitung bedeutet finanziell eine Überschreitung unseres Monatsetats in Höhe von 4500 RM. Die Deckung ist auf gut Glück versucht durch eine große Werbeaktion, deren Erfolg aber durchaus noch nicht in unseren Händen ist. Es ist ein unglückliches Zusammentreffen, daß in diesem Augenblick die fortgesetzten Anforderungen an Anwalts- und Gerichtskosten an uns herantreten. Schöner hätten die Juden den Zeitpunkt ihrer Prozesse gar nicht finden können.

Es ist klar, daß die Existenz des Verlags allem anderen vorgeht.

Der Verlag ist daher nicht in der Lage, in den nächsten Monaten auch nur einen Pfennig Prozeßbeihilfen zu gewähren. Die Schriftleiter müssen versuchen, bei Geldstrafen sofort Stundungen und monatliche, kleine Ratenzahlungen zu erreichen. Ich berufe mich ausdrücklich auf die mit den Schriftleitern abgeschlossenen Verträge, wonach Prozeßbeihilfen überhaupt nur in beschränktem Maße gewährt werden können, wenn die zu Prozessen führenden Artikel vorher vorgelegt werden. In letzter Zeit sind an den Verlag Anforderungen für Prozeßkosten gekommen, bei denen der Verlag von der Existenz der Prozesse überhaupt nicht einmal eine Ahnung hatte. Solche Gesuche werden ohne weiteres zu den Personalakten gelegt.

Es geht nicht an, daß irgendwelche einseitige Behauptungen von Parteigenossen ohne Prüfung und kritiklos in der Zeitung abgedruckt werden. Die verantwortlichen Schriftleiter laden dadurch eine ungeheuere Verantwortung auf sich und reißen den Verlag damit ins Verderben.

Ich ersuche in der Folge, insbesondere bei Angriffen gegen namentlich genannte Personen, mit der entsprechenden Gewissenhaftigkeit vorzugehen. Der Zustand z. Zt. der Gründung unserer Zeitung darf nicht wiederkehren. Prozesse müssen zu Ausnahmefällen gehören und wenn sie durchgeführt werden, gehört dazu ein stichfestes Material.

Falls es im übrigen zu Prozessen kommt, die der Verlag finanzieren soll, muß der Verlag das Recht für sich in Anspruch nehmen, einen Verteidiger zu bestimmen.

Der gestern durchgeführte Prozeß gegen den Schriftleiter Hermann *Esser* hat klar erwiesen, daß die glänzendsten Verteidigungsreden des Angeklagten und des Verteidigers nichts nützen, wenn nicht durch Zeugen und Sachverständige das Gericht zwingend überzeugt werden kann, daß das §§Recht zum Unrecht wird. Im heutigen Prozeß gab es keine Zeugen. Das Gericht stellte sich einfach auf den Standpunkt, daß es selbst in der Lage ist, die Grenzen der Überschreitung einer Karrikatur festzustellen.

Ich ersuche dringend, sämtlichen Schriftleitern von dieser Stellungnahme des Verlags Kenntnis zu geben und die Erfahrungen aus jedem Prozeß in den Redaktionskonferenzen auszuwerten. Es hat keinen Sinn, wenn jeder einzelne Schriftleiter sich bei Gericht seine eigenen Erfahrungen sammelt, weil in 99 von 100 Fällen mit der Zustellung einer Anklageschrift auch schon die Verurteilung feststeht.

Das Schreiben des Rechtsanwalts Schneider vom 16. Januar folgt in der Anlage zurück.

Mit deutschem Gruß!
Franz Eher Nachf. G. m. b. H.
gez.: Unterschrift unleserlich

II.

Anno 1934[1])

Präsident der Schrifttumskammer

B/Sc.
Tagb.Nr. 0/91/17

Berlin W 8, den 17. Dezember 34
Leipziger Str. 19

A 1 Jäger 3043/44

(handschriftlich:)
1) G
2) eV

An den
Verlag Franz Eher Nachf.

München 2 NO
Thierschstr. 6

(Stempel)

19. Dez. 1934

Zu meinem großen Bedauern sind mir im Laufe des letzten Jahres wiederholt Beschwerden zugetragen worden, die die literarischen Arbeiten des völkischen Vorkämpfers *Adolf Bartels* betrafen. Es handelte sich bei diesen Beschwerden in der Regel um Zurückweisung der von Bartels gemachten Äußerungen, daß diese oder jene Persönlichkeit jüdischer Herkunft sei. Bei der Untersuchung dieser Beschwerden mußte festgestellt werden, daß Adolf Bartels in der Tat eine ganze Reihe angesehener Deutscher, die ihren rein deutschen Stammbaum z. T. bis in Jahrhunderte zurückverfolgen und nachweisen können, jüdischer Herkunft bezichtigt hat, so daß den Betroffenen ein erheblicher Schaden in ideeller und materieller Hinsicht entstand. Adolf Bartels hat die bedauerlichen Irrtümer z. T. durch Berichtigungen im „Völkischen Beobachter" wieder gutzumachen versucht. Diese Art der Wiedergutmachung reicht jedoch schon insofern nicht aus, als die betreffende Nummer der Zeitung unmöglich von allen gelesen werden kann, die ein Werk von Adolf Bartels im Bücherschrank haben und es als Nachschlagewerk über die Herkunft von Dichtern und Schriftstellern benutzen.

Um weitere Unliebsamkeiten und auch außenpolitisch bedauerliche Folgen der verschiedenen Irrtümer Adolf Bartels, die ja im übrigen sein großes Verdienst um die deutsche Literaturgeschichte nicht schmälern, künftighin zu vermeiden, sehe ich mich genötigt, Sie zu ersuchen, das von Ihnen verlegte Literaturwerk von Adolf Bartels einer eingehenden und genauen Überprüfung zu unterziehen. Sollte Adolf Bartels wegen seines Gesundheitszustandes dazu selbst nicht in der Lage sein, so muß ich Sie bitten, einen anderen Bearbeiter mit der Aufgabe zu betrauen. Es handelt sich unter Umständen um eine sehr mühevolle Arbeit, aber ich muß darauf bestehen, daß jeder einzelne Name, der im Zusammenhang mit jüdischer Herkunft in dem Werk von Adolf Bartels genannt wird, auf die Stich-

[1]) *Dokument CXLIII – 316.*

haltigkeit der Angaben genauestens überprüft wird. Nur wenn diesem meinem Ersuchen entsprochen ist, kann ich dafür bürgen, daß Adolf Bartels sowie Ihnen lästige Prozesse und unliebsame Bekämpfungen erspart bleiben. Ich bitte Sie, die notwendigen Arbeiten sofort in Angriff nehmen zu wollen. Solange die Arbeit nicht durchgeführt ist, bitte ich Sie, nach dem 1. Februar 1935 kein Exemplar des von Ihnen verlegten Werkes von Adolf Bartels mehr auszuliefern und mit der Auslieferung erst dann wieder zu beginnen, wenn die etwa notwendig gewordenen Berichtigungen durch einen Einklebezettel an hervorragender Stelle auf den ersten Seiten jedes Exemplars eingefügt worden sind. Insbesondere muß ich Sie bitten, keine Neuauflage vorzunehmen und herauszugeben, bis Sie selbst die volle Verantwortung dafür übernehmen können, daß jede Angabe hinsichtlich der Abstammung zutreffend ist.

Es tut mir leid, einen so ungewöhnlichen Schritt gerade bei Werken von Adolf Bartels vornehmen zu müssen. Ich halte mich aber im Interesse der Sauberkeit und der Unanfechtbarkeit des nationalsozialistischen Kampfes um die Reinhaltung der deutschen Literatur dazu verpflichtet.

Ich wäre dankbar, wenn Sie mir bestätigen würden, daß Sie meinem Ersuchen entsprechen, und zeichne mit

Heil Hitler!

Im Auftrage

(gez.) Dr. Suchenwirth

Stempel

Für die Richtigkeit:

Knittels

Der Schriftleiterberuf

§ 1. Die im Hauptberuf oder auf Grund der Bestellung zum Hauptschriftleiter ausgeübte Mitwirkung an der Gestaltung des geistigen Inhalts der im Reichsgebiet herausgegebenen Zeitungen und politischen Zeitschriften durch Wort, Nachricht oder Bild ist eine in ihren beruflichen Pflichten und Rechten vom Staat durch dieses Gesetz geregelte öffentliche Aufgabe. Ihre Träger heißen Schriftleiter. Niemand darf sich Schriftleiter nennen, der nicht nach diesem Gesetz dazu befugt ist.

1. § 1 setzt an die Spitze des Gesetzes die Erklärung des Schriftleiterberufs zur *öffentlichen Aufgabe*. Er enthält damit den entscheidenden Grundgedanken des Gesetzes, der den Unterschied in der Auffassung über das Wesen der Presse zwischen dem nationalsozialistischen und dem liberalen Denken aufzeigt. Dem liberalen Geist war die Äußerung in der Presse eine Geistesbetätigung, die „frei" war, d. h. ohne Pflichten gegenüber dem Staat und der Allgemeinheit. Die Tatsache, daß von der Presse eine starke geistige Einwirkung ausgeht, wurde zwar nicht übersehen, aber der Liberalismus wußte mit ihr nichts anzufangen, da er sich auf Überwachungsfunktionen beschränkte und eine eigene geistige Führung seitens des Staates ablehnte. Der nationalsozialistische Staat, der seinem Wesen nach geistige Führung auf jedem Gebiet ist, mußte notwendig zu einer Ergreifung aller Mittel, mit denen diese Führung durchgeführt werden kann, kommen. Die Erklärung des Schriftleiterberufs zur öffentlichen Aufgabe bedeutet, daß der Schriftleiter in ein *öffentlichrechtliches Pflichtverhältnis* gegenüber dem Staate gesetzt wird. Das Aufsichtsrecht des Staates, das früher rein *negativer* Art war, indem es nur verhinderte, daß die Betätigung durch Meinungsäußerung in der Presse die allgemeinen Gesetze verletzte, wird nun *positiv*, indem der Staat dem Schriftleiter kraft öffentlichen Rechts bestimmte Berufspflichten auferlegt. Dieses Einwirkungsrecht gründet sich darauf, daß der Staat den Schriftleiterberuf als nationalerzieherische Aufgabe betrachtet. Der Schriftleiter wird dadurch dem Lehrer, der ja ebenfalls eine wichtige Erziehungsaufgabe erfüllt, ähnlich. Auch der Lehrer ist den vom Staat aufgestellten Bedingungen unterworfen und an seine Weisungen gebunden. In einem wesentlichen Punkte unterscheidet sich der Schriftleiter allerdings vom Lehrer: er ist *nicht Beamter*. Da er aber nach außen hin als Träger öffentlicher Aufgaben erscheint, war in dem ursprünglichen Entwurf des Gesetzes vorgesehen, ihn zum *Amtsträger*

---

[1]) *Aus „Das Schriftleitergesetz" v. 4. Oktober 1933, Kommentar, Taschen-Gesetz-Sammlung 157, Carl Heymanns Verlag, Berlin 1934, erläutert von Dr. H. Schmidt-Leonhard und Dr. P. Gast.*

zu erklären, d. h. einer Person, die nicht im Innenverhältnis Organ des Staates ist, sondern lediglich nach außen Träger staatlicher Funktionen. Die Absicht, den Schriftleiter zum Amtsträger zu erklären, wurde zwar aus juristisch-technischen Gründen (insbesondere wegen gewisser Schwierigkeiten, die sich aus den Spezialstrafvorschriften für Beamte ergeben hätten), wieder aufgegeben; es kommt jedoch im Gesetz an mehreren Stellen zum Ausdruck, daß er gleichwohl eine beamten*ähnliche* Stellung behält. Auch die amtliche Begründung bezeichnet die Stellung des Schriftleiters ausdrücklich als „amtsähnlich". Die Stellung läßt sich demnach etwa mit der vergleichen, die ein Notar in den meisten deutschen Ländern innehat, der privatrechtlich seinen Klienten und öffentlich-rechtlich dem Staate verpflichtet ist. Der Schriftleiterberuf ist durch das Gesetz ein „staatlich gebundener Beruf".

Eine Presseanweisung [1])

Es muß immer wieder festgestellt werden, daß in der deutschen Presse noch Nachrichten und Schilderungen erscheinen, die geradezu von einer selbstmörderischen Objektivität triefen und in keiner Weise verantwortet werden können. Man will keine Zeitungsgestaltung im alten liberalistischen Sinne, sondern will, daß jede Zeitung mit den Grundsätzen des nationalsozialistischen Staatsaufbaues in eine Linie gebracht wird. So ist es untragbar, wenn Sowjetgrößen, die Juden sind, als Arbeiter bezeichnet werden, oder wenn an die Ablösung eines sowjetjüdischen Funktionärs ein Kommentar mit der Tendenz angeknüpft wird, daß sich ein gewisser Antisemitismus bemerkbar mache, während doch in Wirklichkeit jede antisemitische Regung mit dem Tode bestraft wird. Man hat von heldenhaften wochenlangen Angriffen der asturischen Bergarbeiter gegen Oviedo gesprochen; die Angreifer sind aber bolschewistisches Gesindel gewesen. Bei einer Wiederholung solcher Vorkommnisse müssen wir den Schluß ziehen, daß der verantwortliche Schriftleiter den Anforderungen des Schriftleitergesetzes nicht entspricht und die notwendigen Maßnahmen gegen ihn treffen. Selbstverständlich kann man die Auslandskorrespondenten hierüber nicht unterrichten, um so mehr aber ist es Aufgabe der Heimatredaktion, jeden Bericht sorgfältig zu überprüfen.

[1]) *Anweisung vom 22. Oktober 1936 in „Publizistik im Dritten Reich" von Walter Hagemann, Hansischer Gildenverlag, Hamburg 1948, S. 321.*

Der Rundfunk[1])

Horst Dressler-Andress. * 8. 4. 1899 — Ministerialrat im Reichsministerium für Volksaufkl. und Prop., Leiter d. gesamten dt. Rundfunks — 1930 Gründer der nat.-soz. Gruppenbewegung der Künstler und geistigen Arbeiter — seit 1929 Leiter der nat.-soz. Rundfunkpolitik, deren Begründer er ist. (F. L.)
„Da gab es den Exmatrosen Dressler-Andress, der 1918 auf einem kaiserlichen Kriegsschiff die Rote Fahne gehißt hatte, der lange Zeit Soldatenrat und, seiner Behauptung nach, auch eine Zeitlang Mitglied der KPD gewesen war. Er war befreundet mit einem Automechaniker Hadamowsky, und diese beiden bildeten den Kader des nationalsozialistischen Rundfunks". („Arnolt Bronnen gibt zu Protokoll", Hamburg 1954, S. 270.)
„In enger Zusammenarbeit mit Dr. Goebbels leitet er die Kulturabteilung des Gaues Groß-Berlin". (H. Wagner: „Taschenwörterbuch des Nationalsozialismus", Leipzig.)
1948 Hauptvorstandsmitglied „National-Demokratische Partei Deutschlands" (NDPD), in Ostdeutschland. (S. B. Z.)

Jede Epoche, die sich im Ablauf der Jahrhunderte geschichtsbildend der Nachwelt einprägt, hat für ihre geistige Haltung die ihr eigentümlichen Verkündungsmittel. Das Mittelalter, das von der Weltanschauungseinheit des Katholizismus beherrscht wurde, hatte in der räumlichen und geistigen Einheit der Kirche das Verkündungsmittel für seine Weltanschauung. Mit der Erfindung der Buchdruckerkunst, mit der anbrechenden Zeit des Humanismus, der das Verkündungsmittel der totalen Kirche überwand, mit der Popularisierung des Buches, zunächst durch die Gutenbergbibel und dann durch das weltliche Schrifttum, wurde das gedruckte Wort Verkündungsmittel einer Zeit, für die die individualistische Freude des Lesens Lebensinhalt einer immer stärker auf individualistische Erlebnisse gestellten Menschheit wurde.

Letztes und konsequentes Verkündungsmittel individualistischer Lebensäußerungen wurde die Zeitung, die unter Berücksichtigung aller vorhandenen geistigen Lebensformen, mögen sie weltanschaulichen oder wirtschaftlichen Charakter getragen haben, eine Fülle von Sparten für die verschiedenartigen Interessengebiete ihrer Leser einrichtete. So wird dann in der Hochkonjunktur des Individualismus, der gleichzusetzen ist der partikularistischen Lebensbetrachtung des Liberalismus, die Zeitung zum Träger der liberalistischen Weltanschauung und zum Gestalter einer sich aus dieser weltanschaulichen Haltung ergebenden praktischen Lebensform. Als Zivilisations- und Verfallserscheinung der liberalistischen

[1]) *Horst Dressler-Andress in „Deutsche Kultur im Neuen Reich", herausgegeben von Ernst Adolf Dreyer, Schlieffen-Verlag, Berlin 1934, S. 101–103.*

Epoche ist die durch die nationalsozialistische Revolution überwundene System- und Asphaltpresse zu werten.

Das liberalistische Zeitalter mit seiner Hingabe an einen hemmungslosen Individualismus wurde abgelöst wiederum durch die Totalität einer Weltanschauung, die vom Politischen her dem deutschen Volk eine geistige Gestalt in der von Adolf Hitler geschaffenen Einheit der Nation gab. Verkündungsmittel dieser Zeit ist der Rundfunk.

Es ist längst noch nicht in der deutschen Öffentlichkeit genügend erkannt, daß Nationalsozialismus und der Rundfunk als dessen Verkündungsmittel eine unlösliche Einheit sind, und daß, historisch betrachtet, die neue Weltanschauung des Nationalsozialismus sich mit dem modernsten technischen Instrument das ihm eigentümliche Ausdrucksmittel schaffen mußte...

... Wirkungen auf die Totalität des Volkes hin, auf die Totalität einheitlicher weltanschaulicher Erlebnisse kann lediglich der Rundfunk üben. Das hat er bewiesen durch seine Gemeinschaftssendungen vom 1. Mai bis zum 10. November, wo das Volk vom Führer zu einer Willens- und Erlebniseinheit zusammengeschmiedet wurde. Das Wahlergebnis vom 12. November 1933 hat dann den Rundfunk als das Verkündungsmittel nationalsozialistischen Weltanschauungsgutes durch die im Nationalsozialismus geeinte deutsche Volksgemeinschaft unter Beweis gestellt.

Die Geschichte wird einmal die absolute Gemeinsamkeit von Nationalsozialismus und Rundfunk aufzuzeigen haben. Diese Gemeinsamkeit ist, was heute vielleicht noch anekdotisch erscheinen mag, was in der Geschichte aber einmal einen tiefen Sinn bekommen wird, bis auf das Jahr 1923 zurückzuverlegen. Im Jahre 1923 begann der deutsche Rundfunk seine ersten Sendungen. Das Jahr 1923 ist durch die Münchener Erhebung Adolf Hitlers das Jahr der nationalen Selbstbestimmung geworden, die eigentliche Geburtsstunde der nationalsozialistischen Revolution und des nationalsozialistischen Staates. Beide Ereignisse bedeuteten in der damaligen Zeit eine politische und eine technische Sensation. Beide Ereignisse aber bedeuten heute den Aufbruch zweier Erscheinungen zu einer Epoche, deren gemeinsame Entwicklung das Jahr 1933 eingeleitet hat. Dieses Jahr war das Jahr einer zehnjährigen Erinnerung an die Münchener Erhebung und an die ersten Sendungen des deutschen Rundfunks. Was damals in den Geburtsstunden in keinerlei Beziehungen zueinander zu stehen schien, hat sich heute zu gestaltender Gemeinsamkeit zusammengefunden. Die technische Erfindung von einst ist das Ausdrucksmittel jener Weltanschauung von einst, die ein Volk zur Nation geformt hat.

Wir wissen, daß auch der heutige Rundfunk noch von seiner Vollkommenheit weit entfernt ist. Aber wir wissen auch, daß erst der Nationalsozialismus kommen mußte, um seiner Erfindung überhaupt einen Sinn zu geben, daß erst der Nationalsozialismus kommen mußte, um es als geistiges Instrument zu handhaben. Jung und zukunftsfreudig stehen der Nationalsozialismus und sein Verkündungsmittel, der Rundfunk, an der Schwelle des Jahres der nationalsozialistischen Gestaltung. Beide traditionslos, aber besessen von dem einen Willen, Führer und Volk im deutschen Lebensraum zu einer Schicksalseinheit zusammenzuschweißen. Aus der revolutionären Erneuerung des deutschen Volkstums im nationalsozialistischen Geiste ist das neue Deutschland der nationalen Selbstbesinnung erwachsen, dessen geistiger Künder und Träger der deutsche Rundfunk diesseits und jenseits der Grenzen sein soll.

Die Pflichten des Journalisten [1])

Helmut Sündermann. * 19. 2. 1911 — 1931 Reichspressestelle der NSDAP — 1933 Schriftleiter der NS-Parteikorrespondenz — 1934 Amtsleiter der Pressepolitischen Abteilung der Reichspressestelle der NSDAP — Spezialität: Parteigeschichte — SS-Untersturmführer. („Wer ist Wer?", 1935.)
Heute Eigentümer des Druffel-Verlags in Leoni, Starnberger See, in dem Bücher von Ilse Hess, Joachim von Ribbentrop und anderen ehemaligen NS-Persönlichkeiten erscheinen. (CRPI., November 1957.)
Veröffentlichungen: 1955 „Alter Feind — was nun?", 1956 „Das Erbe der falschen Propheten", 1959 „Das Dritte Reich — Eine Richtigstellung in Umrissen".

Unterbrechen wir die Beobachtung des Ausbildungsganges unseres jungen Freundes und schalten wir ein ebenso grundsätzliches wie wichtiges Sonderkapitel ein. Würdigen wir den Dienst in der Partei! Ein enger Zusammenhang besteht zwischen Parteiaufgabe und Pressewirken. Nicht durch Zufall ist eine große Anzahl führender Parteimänner aus den Reihen der Presse gekommen. Die Partei als die *Garantin der Volksverbundenheit* in unserem Reich widmet der Zeitung ein besonderes Interesse. Sie sieht in ihr ein Instrument der Volksbildung, der Erziehung der Nation zum politischen Denken, das seine Wurzel im Leben und im Geist der nationalsozialistischen Bewegung haben muß! Gewiß — es ist das Kennzeichen der Partei, daß nur ein Teil der Volksgenossen in ihren Reihen freiwillige Arbeit für die Allgemeinheit leistet und die Parteizugehörigkeit so mehr zu einer *Vorpflicht* denn zu einem *Vorrecht* werden läßt. In keinem Beruf wird sie deshalb die Parteizugehörigkeit oder den Dienst in der Parteiformation zur offiziellen Voraussetzung machen. Auch für den Nachwuchs des journalistischen Berufes ist eine solche rechtlich fundierte Verpflichtung nicht festgelegt. Dennoch kann es keinen Zweifel darüber geben, daß der Weg zum Journalismus über die *Partei* führt! Der Grund liegt nicht in Bestimmungen und Paragraphen, sondern in unserer Auffassung von der politischen Berufung des Journalisten. Wer den Anspruch erhebt, das Forum der Öffentlichkeit zu betreten und täglich zum Volke zu sprechen, an den kann und muß die Forderung gerichtet werden, daß er sich das Recht zu solchem Beruf in den Reihen der Bewegung erdient.

---

[1]) *Helmut Sündermann, Stabsleiter des Reichspressechefs der NSDAP, in „Der Weg zum deutschen Journalismus", Zentralverlag der NSDAP. Franz Eher Nflg. GmbH., München/Berlin 1938, S. 19.*

Es braucht deshalb nicht betont zu werden, daß während der Ausbildungszeit neben dem Studium der Dienst in der Partei, im NSD-Studentenbund bzw. einer Kampfformation ebenso im Vordergrund steht wie während der Zeit vor der Ableistung der Arbeitsdienst- und Wehrpflicht der Dienst in der Hitler-Jugend. Es ist dabei selbstverständlich, daß der kommende Journalist seiner Dienstleistung allen Eifer widmet, so daß er zu denjenigen Hitler-Jungen gehört, die mit Vollendung des 18. Lebensjahres Parteigenossen werden.

Damit aber soll er nicht zufrieden sein. Je stärker er mit dem Leben der Partei verwachsen ist, um so mehr lernt er das deutsche Volk kennen, um so größer wird einmal die Autorität seiner Arbeit und seiner Stellung in der Öffentlichkeit sein.

Dieser Grundsatz wird ihn sein ganzes Leben hindurch begleiten. Der Dienst in der Partei – auch neben dem Beruf – wird ihm nicht nur Freude und innere Genugtuung bringen, er wird in diesem Dienst auch immer wieder lernen, er wird die Gefahr vermeiden, zu sehr Fachmann zu werden und dafür in lebendigem Kontakt mit dem Volk, dessen Sprache und dessen Denken immer als Ansporn seiner Leistung empfinden. Dienst in der Bewegung und Dienst an der journalistischen Aufgabe sind Begriffe, die für alle Zeiten zusammengehören. Es wird auch weiterhin der Stolz der Presse sein, in ihren Reihen durch das politische Exerzitium, das der journalistische Beruf wie kein anderer mit sich bringt, Männer heranzubilden, die wie früher so auch in Zukunft *den Weg von der Presse zur Führerschaft der Partei* finden.

Presseführung [1])

Ich, Dr. Paul Karl Schmidt, nachdem ich darauf aufmerksam gemacht worden bin, daß ich mich wegen falscher Aussagen strafbar mache, stellte hiermit freiwillig und unter Eid folgendes fest:

Ich, Dr. Paul Karl Schmidt, geboren 2. 11. 1911, wurde Ende 1938 als Legationsrat 2. Klasse in die Presse- und Nachrichtenabteilung des Auswärtigen Amtes übernommen. Meine Tätigkeit bestand in der Presse-Nachrichtenbelieferung des Reichsaußenministers und der Beamten des Auswärtigen Amtes. Im Frühjahr 1939 wurde ich Stellvertreter des Leiters der Presse- und Nachrichtenabteilung des Auswärtigen Amtes, im Oktober 1940 Leiter der genannten Abteilung...

...Als ich anfangs 1939 praktisch mit der nationalsozialistischen Presseführung in direkte Berührung kam, bestand folgende Lage:

I. Lenkungs- und Weisungsinstanz für das gesamte Gebiet der Presse- und Pressenachrichten war der Reichspressechef[2]) in seiner Stellung als Pressechef der Reichsregierung und Staatssekretär im Propagandaministerium und als Reichspressechef der NSDAP. Die gesetzlichen Grundlagen seiner Stellung und seiner Kompetenzen lagen im Geschäftsverteilungsplan der Reichsministerien im Erlaß über die Gründung des Propagandaministeriums im Schriftleitergesetz, dem Gesetz betreffend Errichtung der Kulturkammer, dem Erlaß Adolf Hitlers über die Ernennung Dr. Dietrichs zum Staatssekretär und dem Organisationsplan der NSDAP, wozu evtl. noch spätere Erlasse des Führers kamen, die ich im einzelnen nicht anzugeben vermag.

II. In dem Zeitpunkt, den ich durch persönliche Erfahrung kenne, vollzog sich die zentrale Lenkung der deutschen Presse und des deutschen Nachrichten- und Informationswesens im nationalsozialistischen Staat in folgenden Gebieten und auf folgende Weise:

1. *Die Tageszeitungen*

(Das waren 1939 gegen 3500, im Jahre 1944 gegen 1200.) Sie erhielten ihr Nachrichtenmaterial durch die deutschen amtlichen bezw. halbamtlichen Nachrichtendienste: DNB grün, TO und Europa-Press, Reischach-Dienst, NSK und eigene Berichte ihrer Korrespon-

---

[1]) *Dokument CXXVa – 74.*

[2]) *Dr. Otto Dietrich siehe S. 276.*

denten im Ausland. Die Freigabe dieses Nachrichtenmaterials für die deutsche Presse, bezw. die Sperrung für die Publikation erfolgte ausschließlich durch die Presseabteilung der Reichsregierung als Organ des Pressechefs der Reichsregierung. Die Aufmachungs- und Kommentierungsanweisung zu dem obigen Material wurde mittels folgender Einrichtungen an die Presse geleitet:

a) *Die Pressekonferenz der Reichsregierung*

Sie fand täglich um 12.00 Uhr bezw. 12.30 Uhr in einem Gebäude am Wilhelmplatz, später im Propagandaministerium statt. Sie stand unter Leitung eines Beauftragten des Reichspressechefs (durchweg der Leiter der Abteilung Deutsche Presse in der Presseabteilung der Reichsregierung). Er vermittelte den versammelten, etwa 200 Vertretern der deutschen Presse die Weisungen des Reichspressechefs, gab erläuternde Hinweise zu dem angefallenen Nachrichtenmaterial, den wichtigsten politischen Ereignissen und erteilte den Behördenvertretern der anderen Reichsbehörden (Auswärtiges Amt, Oberkommando der Wehrmacht, Pressestelle der NSDAP, Wirtschaftsministerium, Arbeitsministerium etc.) das Wort zu ergänzenden, informierenden Ausführungen hinsichtlich derjenigen Nachrichten, die das Gebiet ihres Ressorts betrafen.

Vor der Pressekonferenz der Reichsregierung fand jeweils eine Besprechung der Behördenvertreter mit dem Leiter der Pressekonferenz statt. Es war dies die sogenannte Abstimmungskonferenz, in der die Behördenvertreter dem Beauftragten des Reichspressechefs (später nach der Einführung der Tagesparole dem Vertreter des Reichspressechefs oder dem Reichspressechef selbst) ihre beabsichtigten Ausführungen auf der Pressekonferenz mitzuteilen und festzustellen hatten, daß ihre Ausführungen mit den Weisungen und Sprachregelungen Dr. Dietrichs oder des Führers in Übereinstimmung waren. Ergaben sich in dieser Abstimmungskonferenz Meinungsverschiedenheiten, so fällte Dr. Dietrich (bei Abwesenheit fernmündlich) die Entscheidungen. Lag dieser Entscheidung eine Anordnung oder Sprachregelung oder von Dr. Dietrich zitierte Intention Hitlers zugrunde, so gab es keine weiteren Möglichkeiten der Diskussion. Merkte der Behördenvertreter, daß dies nicht der Fall war, so konnte er sich telefonisch an seinen Staatssekretär oder seinen Minister wenden und ihn um Intervention bei dem Reichspressechef bitten. Erfolgte eine solche Intervention, so konnte Dr. Dietrich dieser stattgeben oder anheimstellen, eine Entscheidung Hitlers herbeizuführen. Ein allgemeines Weisungsrecht der Reichsminister an den Reichspressechef bestand nicht. Für den Reichsaußenminister war diese Frage in dem Führererlaß vom 9. 9. 1939, betreffend die Abgrenzung der Kompetenzen über die Auslandspropaganda modifiziert in der Form, daß Ribbentrop persönlich gewisse grundsätzliche Richtlinien dem Reichspropagandaminister übermitteln konnte.

b) *Die Tagesparole*

Ab 1940 führte Dr. Dietrich durch eine Anordnung die sogenannte Tagesparole des Reichspressechefs ein. Diese Tagesparole des Reichspressechefs bestand aus den Weisungen zur Aufmachung und Behandlung des wichtigsten Nachrichtenmaterials und bestimmte die politische Tendenz der Kommentare und politischen Aufsätze. Hatten die Behördenvertreter, wie zum Beispiel das Auswärtige Amt oder das Oberkommando der Wehrmacht, bestimmte Wünsche hinsichtlich der Aufmachung oder Behandlung ihre Ressorts berührender Nachrichten, so trugen sie diese Wünsche dem Reichspressechef oder seinem Vertreter in der Vorbesprechung zur Pressekonferenz (der früheren Abstimmungskonferenz) vor. Der Reichspressechef entschied darüber, ob dem Wunsche in der Tagesparole Rechnung und in welcher Form ihm Rechnung getragen werden sollte, oder er entschied, daß der Punkt nicht in die Tagesparole aufgenommen, sondern in der weniger Weisungscharakter tragenden Sprachregelung verwertet werden sollte. Bei Nicht-Anwesenheit von Dr. Dietrich kam es auf der sogenannten Tagesparolenkonferenz oft zu Meinungsverschiedenheiten, vor allen Dingen zwischen mir als dem Vertreter des Auswärtigen Amtes und dem Vertreter des Reichspressechefs über die Frage der Formulierung der Tagesparolen-Weisung zu außenpolitischem Nachrichtenstoff. Ein Beispiel mag diese theoretische Darlegung klären:

Ich fand bei Ankunft auf der Tagesparolenkonferenz einen formulierten Punkt vor zu einer ausführlichen polemischen Behandlung einer Äußerung einer ausländischen Zeitung oder eines ausländischen Staatsmannes. Nehmen wir an, ich hätte auf Grund der im Auswärtigen Amt erörterten politischen Fragen die Auffassung, daß die in der Tagesparole des Reichspressechefs vorgesehene Behandlung des in Frage stehenden Punktes nicht den außenpolitischen Interessen entsprach, oder schädliche Rückwirkungen im Ausland haben könnte, so war der Ablauf meines Einspruches der gleiche, wie ich ihn umseitig bei der Abstimmungskonferenz der Behördenvertreter mit dem Beauftragten des Reichspressechefs geschildert habe.

Die Tagesparole des Reichspressechefs umfaßte in der Regel drei bis fünf Punkte. An nachrichtenarmen Tagen gab es auch Tagesparolen mit nur einem Punkt. Lag überhaupt kein in der Tagesparole erwähnenswerter Nachrichtenstoff vor, so benutzte der Reichspressechef solche Tage gewöhnlich, um in der Tagesparole einen grundsätzlichen Punkt der deutschen Politik aufzugreifen und in einer programmatischen Formulierung der Presse zur Behandlung nahezulegen.

Die Tagesparole des Reichspressechefs, die ab 1940 in dieser formulierten Form eingeführt wurde, war eigentlich die Fortsetzung der bis dahin vom Beauftragten des Reichspressechefs auf der Pressekonferenz der Reichsregierung gegebenen mündlichen Weisungen. Durch die klare schriftliche Formulierung der früher mündlich gegebenen Weisungen (die Tagesparole wurde langsam zum Mitschreiben diktiert) wurden unterschiedliche Auslegungen und von größeren Zeitungen geschickt benutzte Mißverständnisse zur Umgehung der Weisungen ausgeschaltet; ebenso wie die von den Behördenvertretern vor dem Bestehen der schriftlichen Tagesparole in ihre Informationen gelegten Insinuierungen an die Presse unmöglich gemacht.

Die Tagesparole umfaßte die Anweisungen zur Aufmachung oder zum Nichtbehandeln von Nachrichtenstoffen und politischen Themen, insbesondere aber Anweisungen über die politische Tendenz und Lautstärke aller wichtigen Ereignisse. Sie stellte somit das wichtigste Mittel zur Gestaltung des politischen Inhalts und der propagandistischen Form der deutschen Zeitungen dar. Die der Tagesparole folgenden mündlichen Weisungen des Beauftragten des Reichspressechefs und die informierenden Hinweise der Behördenvertreter wurden gewöhnlich unter dem Sammelbegriff Sprachregelungen zusammengefaßt. Diese Sprachregelungen hatten nicht den starren verbindlichen Charakter wie die Tagesparolen und ließen der Presse eine gewissen Spielraum der Beachtung und Realisierung.

Die Tagesparole des Reichspressechefs lag bei Ankunft der Behördenvertreter zur sogenannten Tagesparolenkonferenz (im Zimmer von Dr. Dietrich) in den wichtigsten Punkten gewöhnlich fertig formuliert vor. Dies bezog sich auch auf die Punkte zu den wichtigen außenpolitischen Nachrichtenstoffen, da bei Reden ausländischer Staatsmänner und bedeutender Auslandsvorgänge Dr. Dietrich durchweg, bevor das Auswärtige Amt seine Wünsche zur Behandlung kundtun konnte, bereits eine Weisung oder Sprachregelung zu diesen Ereignissen besaß, die meist von Hitler selbst oder gemäß seinen, Dr. Dietrich bekannten Intentionen vom Reichspressechef formuliert war, zuweilen aber auch von Dr. Dietrich allein nach entsprechenden Anregungen von Dr. Goebbels formuliert worden war.

c) Sonderkonferenzen

Bei besonderen politischen Anlässen, oder bei unerwartet gekommenen Nachrichten berief der Reichspressechef, oder sein Vertreter, oder ein Beauftragter von ihm, eine Sonderkonferenz der Berliner Pressevertreter ein. Sie fand gewöhnlich im sogenannten Zimmer 24 statt, einem ständig besetzten Büro der Presseabteilung der Reichsregierung im Gebäude des Propagandaministeriums. Die Weisungen und Richtlinien auf diesen Sonderkonferenzen wurden mündlich gegeben.

Eine andere Art der Sonderkonferenz war die Zusammenrufung der deutschen und ausländischen Pressevertreter bei besonderen politischen Anlässen zur Abgabe von amtlichen Regierungserklärungen, so z. B. bei Kriegseröffnungen.

Einen besonderen Charakter bekam die übliche tägliche Pressekonferenz der Reichsregierung (für die deutsche Presse), wenn der Stellvertreter des Reichspressechefs, oder der Reichspressechef selbst auf der Konferenz erschien, um besondere Erklärungen oder Weisungen zu geben. Dies geschah nicht sehr häufig. Als besonderes Beispiel ist mir in Erinnerung die Erklärung Dr. Dietrichs im Winter 1941 zur militärischen Lage des Ostkrieges. Er gab die damals sensationell wirkende Erklärung ab, daß der Feldzug im Osten praktisch zu Ende sei, der russische Gegner total geschlagen und der Krieg an dieser Front nur noch eine Polizeiaktion sei. Er versah diese Erklärung mit der Weisung an die deutsche Presse, in großen plakatartigen Überschriften der Bedeutung seiner Erklärung Rechnung zu tragen und seine Ausführungen im sichern Gefühl des Sieges zu kommentieren. Diese Erklärung kam mir damals völlig überraschend. Ich hörte sie ohne vorherige Ankündigung auf der Pressekonferenz mit an. Ich unterrichtete anschließend den Staatssekretär des Auswärtigen Amtes und den Reichsaußenminister Ribbentrop, die beide gleichfalls den Eindruck der Überraschung machten. Der Gang der Ereignisse erwies sehr bald die völlige Unrichtigkeit der Dietrichschen These. Es war unerfindlich, wie der Reichspressechef zu dieser Erklärung und zu seinen Weisungen an die deutsche Presse gekommen war. In Journalistenkreisen hielt sich hartnäckig das „erklärende" Gerücht, Dr. Dietrich habe durch diese Darstellung einen psychologischen Einfluß auf Japan zum Zwecke der Herbeiführung des Eintritts in den Krieg ausüben wollen ...

... VII. *Das Führermaterial*

Eine besondere Institution des deutschen Presse-Nachrichtenwesens bildete das sogenannte Führermaterial. Es war ein besonders ausgewähltes und zusammengestelltes Auslandspresse-Nachrichtenmaterial, das Hitler vorgelegt wurde. Es wurde mit Schreibmaschine geschrieben und nur in wenigen Exemplaren hergestellt. Es bestand aus:

Dem Material der deutschen Agenturen, vor allen Dingen des DNB, das in einer besonderen Zentrale, die Dr. Dietrich direkt unterstand, ausgewählt wurde und Hitler vorgelegt wurde. Es war die hauptsächlichste Nachrichten-Lektüre des Führers. Er las nach meiner Kenntnis 100 Schreibmaschinenseiten pro Tag. Es ist meine Auffassung, daß dieses Material für die politische Beurteilung der ausländischen Verhältnisse durch Hitler von besonderer Bedeutung war. Ich bin der Meinung, daß durch die Lektüre dieses Materials Hitlers politische Entscheidungen mit beeinflußt wurden und daß es ein mitbestimmender Faktor seiner Beurteilung der politischen Weltlage, vor allen Dingen auf dem Gebiet der aktuellen Politik, war.

Dieses Führermaterial war — wie mir der Verbindungsmann Ribbentrops im Hauptquartier, Botschafter Hewel, oft mitteilte — die Grundlage für die ausführlichen, fast täglich gegebenen propagandistischen Weisungen Hitlers an Dr. Dietrich für die Erörterungen in der deutschen Presse, und an Goebbels für die allgemeine Auslandspropaganda.

Ich bin der Auffassung, und war es während meiner ganzen Tätigkeit, daß diesem Führermaterial eine besondere politische Bedeutung zukam. Ich habe deshalb versucht, das in meiner Abteilung im Auswärtigen Amt anfallende Nachrichten- und Pressematerial über den genannten Botschafter Hewel an Hitler gelangen zu lassen. Diese Versuche sind bis auf gelegentliche Vorlage besonderer Nachrichten ständig gescheitert. Der Reichspressechef wachte darüber, daß seine Monopolstellung als einziger Nachrichtenbringer in bezug auf die ausländischen Pressenachrichten ihm erhalten blieb.

In einem totalitären Staat kommt der Information und der Nachricht eine größere Bedeutung bei als im demokratischen Staatssystem, in dem die Nachrichten auf den verschiedensten Wegen an die Persönlichkeit und an die Führung herangebracht werden. Es gehört zur Mythologie eines totalitären Staates, daß der Führer alles weiß. Die Grundlage dieses Wissens aber ist die Nachricht. Der alte deutsche Satz „Wissen ist Macht" bekommt von hier aus eine besondere spezielle und vor allem politische Erweiterung. Meiner Ansicht nach war dies der Grund, weshalb im 3. Reich ein beachtlicher Kampf geführt wurde um den Allein- bzw. Geheimbesitz der guten Nachricht und der guten Information.

So führte der Reichspressechef Dr. Dietrich einen, in diesem Punkt unnachgiebigen Kampf um seine Monopolstellung als Pressenachrichtenreferent Hitlers.

VIII. Das nationalsozialistische System der Presselenkung war meiner Ansicht nach typisch für einen totalen Staat. Während die Presse auf Grund ihrer geschichtlichen Entwicklung eine soziologische Funktion hat und eine Institution der demokratischen Lebensform ist, ein Atmungsorgan wie man sagen könnte, bekommt sie im totalitären Staat eine andere Funktion und muß etwas ganz anderes werden. Sie wird ein periodisches Plakat, ein periodisches Flugblatt, oder in der Sprache des totalen Staates gesprochen: ein „Führungsmittel der Propaganda". Diesen Weg ist die deutsche Presse gegangen; für viele ihrer Mitarbeiter unbewußt; denn der Prozeß dieser Entwicklung vollzog sich langsam. Er ist charakterisiert durch wichtige organisatorische, wirtschaftliche und politische Entscheidung der nationalsozialistischen Führung von 1933 bis 1939, die im Bereich des

Propagandaministeriums, des Reichspressechefs der NSDAP und Ammans vorgenommen wurden.

Adolf Hitler hat meiner Ansicht nach ganz planmäßig diesen Weg beschritten. Er hat aus seiner Mißachtung gegenüber der Presse als soziale Funktion eines demokratischen Lebens nie einen Hehl gemacht. Die Errichtung eines Pressechefs als zentrale Presseführungsinstitution im Rahmen der zentralen Propagandastelle, das Propagandaministerium, war die logische Konsequenz seiner Politik. Die Entwicklung der deutschen Presse zum straff organisierten Propagandamittel ist für die uneingeschränkte personalistische Führermacht im totalen Staat eine, meiner Ansicht nach genau so entscheidende Sache, wie die Einschränkung der Unabhängigkeit der Justiz. Die organisatorischen, wirtschaftlichen, politischen und personellen Entscheidungen im Zuge dieser Entwicklung der deutschen Presse, waren meiner Meinung 1939 im wesentlichen gefallen.

Als ich in diesem Jahre mit der nationalsozialistischen Pressepolitik in Fühlung kam, war die Entscheidungsschlacht schon geschlagen. Es ging nicht mehr um die Frage: Echte Presse oder Propagandaführungsmittel, sondern es ging nur noch um Nachhutgefechte (wie z. B. der Kampf um die Erhaltung der „Frankfurter Zeitung") und um den Kampf des Einflusses der Ressorts auf dieses Mittel „totale Presse". Die Einführung der Tagesparole muß meiner Ansicht nach als eine Entscheidung in diesem Abschnitt des Kampfes für die totale und uneingeschränkte Führung der Presse durch den Reichspressechef gesehen werden und nicht als Prinzipienfrage der allgemeinen Presseführung überhaupt.

Es ließen sich viele Beispiele nennen für die Schärfe, mit der die Auseinandersetzungen und der Kampf der Ressorts geführt wurden. Ein Beispiel aber zeigt besonders, bis zu welchen Konsequenzen innerhalb der Staatsführung gegangen wurde: Der Reichspressechef strich diejenigen Schriftleiter von der Schriftleiterliste und machte ihnen die Ausübung ihres Berufes unmöglich, die sich vom Auswärtigen Amt als Presseattachés anstellen ließen. Wenn ich mich recht erinnere, erfolgte die Streichung nach einem Paragraphen, der normalerweise für Berufsvergehen geschaffen war.

Tagesparolen[1])

I.

Betrifft Nennung der Judennamen bei Gerichtsberichten

Einige Zeitungen haben noch immer die Gewohnheit, bei Veröffentlichungen über Prozesse gegen Juden nur die ursprünglichen Namen anzugeben, die gesetzlich vorgeschriebenen Zusatznamen Israel und Sara aber zu verschweigen. Die Zeitungen werden angewiesen, künftig diese Zusatznamen zu verwenden, um den Verbrecher als Juden zu kennzeichnen.

II.

Bestellungen aus der Pressekonferenz vom 15. September 1939

Anweisung Nr. 1034. Vertraulich!

Ausländische Blätter haben behauptet, daß die Juden in Deutschland nach 8 Uhr abends nicht mehr auf die Straße gehen dürfen. Dies ist richtig. Alle Ortspolizeibehörden im Reich haben eine derartige Anordnung getroffen mit der Begründung, daß es häufiger vorgekommen sei, daß Juden die Verdunklung benutzt hätten, um arische Frauen zu belästigen.

III.

Bestellungen aus der Pressekonferenz vom 15. Februar 1940

Anweisung Nr. 347

In der Auslandspresse wird behauptet, daß 1000 deutsche Juden nach dem Gouvernement transportiert worden seien. Die Meldung stimmt, ist aber vertraulich zu behandeln.

---

[1]) *Dokumente CXXVIa 34 – 41.*

IV.

Geheim! — V. I. Nr. 217/41

1. *Tagesparole des Reichspressechefs*
2. *Erläuterung zu Punkt 1 a):*
3. *Informatorisch wird mitgeteilt:*
   a) Es besteht ein Interesse daran, daß allen *jüdischen Äußerungen gegen Deutschland* bezw. die autoritären Staaten gut verzeichnet werden. Dieser Wunsch findet seine Begründung in evtl. zu erwartenden innerpolitischen Maßnahmen.

V.

Nr. 252/41 vom 26. 9. 1941

III. *Informatorisch wird mitgeteilt:*

b) Anhand der *Kennzeichnung des Judentums* bietet sich die Möglichkeit, dieses Thema in den verschiedensten Formen zu behandeln. Um dem deutschen Volk die Notwendigkeit dieser Maßnahmen klarzumachen und speziell auf die Schädlichkeit der Juden hinzuweisen. Der Schnelldienst gibt ab morgen Material aus, was unter Beweis stellt, welche Schäden das Judentum Deutschland zugefügt hat und welches Schicksal es ihm zugedacht hatte und hat. Das Material wird der Beachtung empfohlen.

VI.

Geheim! — V. I. Nr. 283/41, den 28. 10. 41

I. *Tagesparole des Reichspressechefs:*

1. Die *Roosevelt-Rede* ist als die Rede eines Lügners und Fälschers anzuprangern und als das Produkt jüdischer Demagogie und hysterischer Kriegshetze abzustempeln.

II. *Erläuterung zur Tagesparole:*

Zu 1. Die *Roosevelt-Rede* muß mit allen zur Verfügung stehenden Mitteln verrissen werden. Im Mittelpunkt dieser Rede stehen zwei Behauptungen:

a) Er hätte eine Karte, in der Deutschland die Grenzen in Mittel- und Südamerika beseitigt habe. Aus dieser Karte will er herauslesen, daß Deutschlands Machtansprüche weit über die Grenzen des europäischen Kontinents hinausgehen. Das ist die erste Lüge, auf die es sich an sich gar nicht lohnt, politisch sachlich einzugehen, denn sie ist ein ausgesprochenes Machwerk des jüdischen Geistes und Hasses;

b) behauptet dieser Judenstämmling Roosevelt, er hätte ein Dokument, aus dem hervorgehe, daß die Deutschen alle Religionen abschaffen wollten.

Für beide schamlosen Behauptungen fehlt jeder Beweis. Das Ahnungsvermögen dieses famosen Staatspräsidenten ist geradezu verblüffend. Er sagte nämlich, daß Deutschland diese Dinge abstreiten werde. Die ganze Rede läßt sich kaum verarbeiten, denn sie ist ebenso lang wie inhaltlos. Mit den Dingen, die wir herausstellen, müssen wir aber rücksichtslos abrechnen. Interessant ist auch eine Gegenüberstellung früherer Aussprüche Roosevelts mit Äußerungen, die er in diesen Tagen getan hat. Damals sagte er zu den amerikanischen Müttern, daß ihre Söhne nicht in den Krieg getrieben werden. Heute sagt der von jüdischem Geist verseuchte Heuchler: Wir wollten es vermeiden zu schießen, aber das Schießen begann. Die Geschichte wird zeigen, wer zuerst geschossen hat. Wir können es der Geschichte schon heute abnehmen und feststellen, wer zuerst geschossen hat. Die Behauptung Roosevelts, daß Deutschland alle Religionen abschaffen würde, trifft merkwürdigerweise mit der englischen Propagandalüge zusammen, in der England sich etwas über eine sogenannte neue deutsche Reichskirche zusammenfaselt. Ein immerhin merkwürdiges Zusammentreffen. Im gleichen Augenblick, in dem die britische Propaganda verlogene Behauptungen über Deutschlands Absichten der Religionsführung kundgibt, bläst der Judenstämmling Roosevelt in dasselbe Horn. Dies dürfte man an und für sich kaum einem primitiven Negerstamm anbieten, um ihn zu überzeugen. Wir wollen noch einmal zusammenfassend klarstellen, daß sich eine ernsthafte politische Auseinandersetzung mit dieser Rede eines Narren nicht lohnt, sondern wir wollen mit allen Mitteln der Polemik Herrn Roosevelt und damit den Geist dieses jüdischen Fälschertums treffen, mit dem Herr Roosevelt identifiziert werden muß.

VII.

Geheim! — V. I. Nr. 133/43 (1. Erg.) — 28. 4. 1943

Nachtrag zur Tagesparole des Reichspressechefs:

5. Trotz wiederholter eindringlicher Hinweise in der Tagesparole wird die Tatsache der jüdischen Verantwortlichkeit für die Morde von Katyn im Text und in den Überschriften der diesbezüglichen Meldungen nur sehr schwach herausgestellt. Es wird darauf aufmerksam gemacht, daß die Schriftleiter dafür verantwortlich sind, daß nunmehr in den diesbezüglichen Meldungen und Überschriften in jedem einzelnen Falle entsprechend verfahren wird.

VIII.

Geheim! — V. I. Nr. 107/44 — 1. 6. 1944

I. *Tagesparole des Reichspressechefs:*

1. Die pressemäßige Behandlung der Kriegsziele, der Kampfmethoden, der Schreckensherrschaft usw. unserer Feinde ist unvollständig und unwirksam, wenn nicht in jedem einzelnen Falle und in den Leitartikeln der Blätter immer wieder der deutschen Entschlossenheit Ausdruck gegeben wird, diesem jüdischen Chaos zu begegnen und durch tapfere Standhaftigkeit den deutschen Sieg zu erkämpfen. An uns wird der Ansturm des Feindes zerbrechen und damit das ganze jüdische Kartenhaus sowohl militärisch wie politisch zum Einsturz gebracht.

Wochenparole [1])

Streng vertraulich! **Nicht zur Veröffentlichung!**

Deutscher Wochendienst

211/80. Ausgabe **21. Mai 1943** **Nummer 8838—8840**

Anti-Juden-Sondernummer

Das Ziel: Eine antijüdische Zeitschriftenpresse **8838**

Den deutschen Zeitschriften bietet sich gegenwärtig eine einmalige Gelegenheit, entschlossen den antijüdischen Weltkampf zu führen. Da die Juden auf allen Gebieten des politischen, des wirtschaftlichen und des kulturellen Lebens in den verschiedensten Ländern der Erde Einfluß genommen haben, kann sich jede Zeitschrift von ihrem Fachgebiet aus mit diesem Thema befassen. Wir wiederholen nochmals, daß der Einwand, das deutsche Volk wisse über die Juden nun Bescheid und brauche nicht weitergehend aufgeklärt zu werden, keineswegs stichhaltig ist. Auch für die Propagandaarbeit im Inland gilt die These, daß nur durch ständiges Einhämmern einer einmal erkannten Wahrheit das ganze Volk diese Wahrheit in sich aufnehmen und nach ihr handeln kann.

Noch wichtiger als die Wirkung nach innen ist gegenwärtig aber die Wirkung nach außen. Es wird oft unterschätzt, wieviel von dem Inhalt auch einer noch so kleinen Zeitschrift doch nach außen dringt. Sei es, daß das eine oder andere Exemplar in die Hände von ausländischen Fachleuten gelangt, sei es, daß Teile ihres Inhaltes durch Zitierungen außerhalb des Reiches bekannt werden oder in Form von Briefen die Meinungsbildung jenseits der Grenzen unseres Vaterlandes beeinflussen. Denken Sie zum Beispiel an die vielen ausländischen Arbeiter, die zum großen Teil Deutsch verstehen und Deutsch lesen können. Und wenn in deren Hände auch nicht übermäßig viel deutsche Zeitschriften

[1]) *Dokument CXXVIa – 5.*

gelangen, so gibt es doch Diskussionen zwischen ihnen und deutschen Arbeitern, die ständig Leser Ihrer Zeitschriften sind. Der Inhalt Ihrer Zeitschriften dringt so in das Bewußtsein der Ausländer und gelangt täglich in vielen Briefen ins Ausland. Man darf die Wirkung dieser persönlichen, ja intimen Propaganda nicht unterschätzen. Was der Vater, Bruder oder Freund dem Franzosen, Belgier, Dänen, Norweger und Ukrainer schreiben, das ist für viele die Wahrheit selbst. Und diese Diskussionen sind — wie in diesem Beitrag verzeichnet wird — schon in die Presse der Feindmächte gelangt. Unsere Propaganda der letzten Wochen hat die antijüdischen Diskussionen in England z. B. überhaupt erst wachgerufen.

Dazu kommt, daß unsere Propaganda gegen die Juden im Auslande nur dann zum vollen Erfolge führen kann, wenn die deutsche Presse, und das heißt alle Zeitungen und alle Zeitschriften gemeinsam und gleichzeitig mehrere Monate lang von jedem Gesichtspunkt her die jüdische Gefahr aufdecken und die Notwendigkeit ihrer Beseitigung nachweisen.

Der „Zeitschriften-Dienst" und der „Deutsche Wochendienst" haben seit ihrem Bestehen ihren Beziehern die Behandlung von Themen gegen die jüdische Gefahr vorgeschlagen. Wir verweisen aus den Ausgaben der letzten Zeit auf Nr. 196, wo unter 8314 in dem Beitrag „Wenn der Jude an der Macht ist" der Bolschewismus als Vollstrecker des Judentums entlarvt wurde und unter 8315 dargestellt worden ist, in welcher Form Europa die Juden abwehrt. Wir verweisen auf Ausgabe 204, in der wir unter 8615 unter dem Motto „Juden sind Verbrecher" eine Fülle von Material gegeben haben, das Beispiele aus der Geschichte aufzeigt, die dieses Motto als wahr erkennen lassen. Außerdem haben wir in Ausgabe 207 unter dem Thema „Juda will Europas Völker morden" (8712) gutes Material für den Nachweis gegeben, daß es sich bei dem Massenmord von Katyn nicht um einen einzelnen jüdischen Haßausbruch gegen die Polen handelt, sondern um die zielbewußte Fortsetzung der jüdischen Politik gegen alle Nichtjuden.

Zusammengefaßtes Material:

Um den Zeitschriftengestaltern aber nach Möglichkeit die Mühe zu ersparen, zwecks Materialbeschaffung für antijüdische Themen die Ausgaben des „Zeitschriftendienstes" und „Deutschen Wochendienstes" über Jahre zurück zu verfolgen, bringen wir nach diesem Hauptthema, das neue Vorschläge enthält, eine durchgearbeitete Zusammenfassung der wichtigsten Antijudenthemen, die wir bisher vorgeschlagen haben. Außerdem enthält diese Sondernummer ausführliche Angaben von antijüdischem Schrifttum. Schon in jeder deutschen Kreisstadt findet sich eine Bibliothek, die ganz sicher das eine oder andere Werk der vielen hier aufgeführten Bücher enthält. Der Sinn unseres Schrifttumsnachweises ist also nicht der, daß sich der Schriftleiter Hunderte von Büchern auf den Schreibtisch laden soll, sondern liegt einfach in der Überlegung, daß von sehr vielen Büchern einige immer und überall zu erhalten sein werden.

Zu Ihrer Arbeitsweise:

Die vorliegende Sondernummer des „Deutschen Wochendienstes" darf nun nicht nach einmaligem Durchblättern für immer im Panzerschrank verschwinden, sondern muß in den nächsten Monaten vom Hauptschriftleiter dort täglich wieder herausgenommen werden und seine Gedanken bei der Planung der nächsten Nummern seiner Zeitschrift ständig beeinflussen. Wir müssen es erreichen, daß es nicht eine einzige Zeitschriftenseite in den nächsten Monaten mehr gibt, die nicht in irgendeiner Weise auf das Judenproblem Bezug nimmt. Dabei kommt es weniger darauf an, sich in Leitartikeln über dieses Thema zu verbreiten, als durch ständiges Einfließenlassen von Beispielen aus der Geschichte Judas diese Schmarotzer des Menschengeschlechts als solches erkennen zu lassen. Im übrigen muß es zum Grundsatz jedes Schriftleiters werden, bei jedem Staatsmann, Wissenschaftler, Wirtschaftler, Künstler usw., der Jude ist, bei jedem Konzern, jeder Bank, überhaupt jedem Unternehmen, das sich in jüdischem Besitz befindet oder jüdisch geleitet wird, dies auch klar und deutlich zu sagen. Es muß z. B. heißen: der Jude Litwinow, der Jude Kaganowitsch, der Jude Rathenau, die jüdische Bank Rothschild, der jüdische Verlag Mosse, die jüdische Zeitung „New York Times". Dabei machen wir aber nochmals darauf aufmerksam, daß auf keinen Fall eine Persönlichkeit oder ein Unternehmen, das nicht jüdisch ist, als jüdisch bezeichnet werden darf, und zwar muß darauf peinlich genau geachtet werden.

Die Politische Zeitschrift:

Politischen oder politisch betonten Zeitschriften wollen wir hier noch einige Hinweise geben, die ihnen neue Themenkreise erschließen können. So möchten wir anregen, sich doch einmal mit Isaac Adolphe Crémieux, dem Gründer der „Alliance Israélite Universelle", zu befassen. Man kann diesen Mann als den Totengräber des modernen Frankreichs bezeichnen. Auch sind unter den Leitern der USA-Politik die Juden Frankfurter und Rosenmann noch nicht genügend unter die Lupe genommen worden. Ein ständiges Thema der Zeitschriften sind die Juden in der Sowjetunion.

Eine Revolution im Blumengeschäft [1])

I.

Reichssicherheitshauptamt
IV C 3 – E. 1214/E.
Bitte in der Antwort vorstehendes Geschäftszeichen und Datum anzugeben.

Berlin SW 11, den 9. Februar 1943
Prinz Albrecht Straße 8
Fernsprecher Ortsverkehr: 12 00 40
Fernverkehr: 12 64 21
(handschriftlich: 132/5)

An den Chef des Persönlichen
Stabes des Reichsführer-SS
SS-Obergruppenführer und General
der Waffen-SS Wolff, im Hause

Verschlossen

Betrifft: Fahrlässige Verbreitung verbotener ausländischer Zeitungen durch den Unterstaatssekretär Woermann vom Auswärtigen Amt.

Anlagen: 10 Exemplare der „Neuen Zürcher Zeitung" und
2 „ der „Times"

In der Anlage überreiche ich 10 Exemplare der „Neuen Zürcher Zeitung" vom Oktober bezw. Dezember 1942 und 2 Exemplare der „Times" vom 14. und 15. 12. 1942, die in dem Blumengeschäft Walter Loesch in Berlin, Friedrich-Wilhelm-Str. 4 vorgefunden wurden, wo sie als Einwickelpapier verwandt werden sollten. Wie einwandfrei festgestellt werden konnte, wurden diese Zeitungen zusammen mit anderem Zeitungsmaterial durch die Wirtschafterin des Unterstaatssekretärs Woermann dem Blumengeschäft zur Verfügung gestellt. Die Verbreitung der „Times" und der „Neuen Zürcher Zeitung" ist grundsätzlich verboten. Beide Organe dürfen nur in ganz besonders gelagerten Ausnahmefällen bezogen werden und unterliegen selbstverständlich der Geheimhaltung.

Ich bitte, dem Unterstaatssekretär Woermann in einer dort für geeignet gehaltenen Weise eine sorgfältigere Behandlung derartiger Druckschriften nahezulegen.

F. d. R.
Vertl (SS-Hauptsturmführer)

Im Entwurf:
gez. Dr. Kaltenbrunner

[1]) *Dokumente CLXXV – 1.*

II.

Der Reichsführer-SS
Persönlicher Stab

Tgb.Nr. 25/21/43 g
He/Mz.

Betr.:
Fahrlässige Verbreitung verbotener ausländischer Zeitungen durch den Unterstaatssekretär Woermann vom Auswärtigen Amt.

Feld-Kommandostelle, d. 5. 3. 1943

Stempel:

Persönlicher Stab Reichsführer-SS
Schriftgutverwaltung

Akt.Nr. Geh. 132/5

Herrn

Gesandten v. Steengracht
Wolfschanze.

Sehr verehrter Herr Gesandter!

SS-Obergruppenführer Wolff hatte die Absicht, mit Herrn Unterstaatssekretär Woermann in einer Angelegenheit Verbindung aufzunehmen, die ich nun infolge der Erkrankung des Obergruppenführers an Sie herantragen möchte.

Vor einiger Zeit wurden in dem Blumengeschäft Walter Loesch, Berlin, Friedrich-Wilhelm-Straße 4, 10 Exemplare der „Neuen Zürcher Zeitung" vom Oktober bezw. Dezember 1942 und 2 Exemplare der „Times" vom 14. und 15. 12. 1942 vorgefunden. Diese Zeitungen sollten dort als Einwickelpapier Verwendung finden. Wie einwandfrei festgestellt werden konnte, sind diese Zeitungen zusammen mit anderem Zeitungsmaterial durch die Wirtschafterin des Herrn Unterstaatssekretärs Woermann dem Blumengeschäft zur Verfügung gestellt worden.

Die Verbreitung der „Times" und der „Neuen Zürcher Zeitung" ist, wie Sie wissen, grundsätzlich verboten.

Ich wäre Ihnen sehr dankbar, wenn Sie Herrn Unterstaatssekretär Woermann auf die Angelegenheit hin ansprechen würden.

Der Chef der Sicherheitspolizei und des SD wird in vorliegendem Falle von staatspolizeilichen Maßnahmen absehen und auch den Blumenhändler ungeschoren lassen. Herr Unterstaatssekretär Woermann muß jedoch unbedingt dafür Sorge tragen, daß in Zukunft keine ausländischen Zeitungen mehr aus seinem Haushalt in fremde Hände — worunter auch die Wirtschafterin zu verstehen ist — gelangen.

Für Ihre Mühe danke ich Ihnen bestens.

Heil Hitler!
i. A.

Ihr sehr ergebener
gez. Unterschrift (unles.)
(SS-Hauptsturmführer)

III.

Auswärtiges Amt | Berlin, den 15. 3. 1943

Gesandter Baron Steengracht

Lieber Kamerad Heckenstaller!

Ich danke Ihnen für Ihr Schreiben vom 5. 3. d. Js. Ich habe Herrn Unterstaatssekretär Woermann entsprechend Ihrem Schreiben von der Angelegenheit Kenntnis gegeben und auf die besondere Geheimhaltungspflicht aufmerksam gemacht.

Für die entgegenkommende Stellungnahme des Chefs der Sicherheitspolizei und des SD sowohl Herrn Unterstaatssekretär Woermann als auch dem Blumengeschäft Loesch gegenüber, darf ich Ihnen meinen Dank aussprechen.

Herr Woermann erklärte, daß er in Zukunft dafür sorgen werde, daß unter keinen Umständen ausländische Zeitungen mehr aus seinem Haushalt in fremde Hände gelangen.

Mit herzlichem Gruß und Heil Hitler!

Ihr

gez. E. Steengracht

SS-Hauptsturmführer Heckenstaller
Persönlicher Stab Reichsführer-SS

Berlin SW 11
Prinz Albrecht Str. 8

Stempel:

Persönlicher Stab (unleserlich)
Eingang: 20. März 1943
am
Tgb.Nr. 25/21/43 g. V
an: (unleserlich)

„Eine ergötzliche Geschichte" [1])

Einsatzstab Reichsleiter Rosenberg
für die besetzten Gebiete
Einsatzstelle Neuwied/Rhein

Stempel
den 26. Januar 1943

An den
Einsatzstab Reichsleiter Rosenberg
– Stabsführung –
Berlin-Charlottenburg 2
Bismarckstraße 1

Betr.: Bücher aus Judenaktionen bei Finanzämtern

Die mit der Verwertung des Hausrats von emigrierten und abgeschobenen Juden beauftragten Finanzämter haben nicht unerhebliche Bücherbestände übernommen, von denen sie dem Einsatzstab RR jüdisches und hebräisches Schrifttum, aber auch verbotene Literatur anbieten sollen. Aus Gesprächen mit Finanzbeamten habe ich entnommen, daß in verschiedenen Ämtern ansehnliche Büchereien Aufnahme fanden, deren Bestände den Mitarbeitern jener Dienststellen leihweise zur Verfügung stehen.

Die Praxis beleuchtet eine ergötzliche Geschichte, die mir der Herr Präsident Klose vom OFP Köln bei seinem Besuch in Neuwied am 22. 1. erzählte:

In einem F. A. wurde einem Mitarbeiter ein Buch entliehen, das die Geschichte eines Menschen enthielt, der seinen kranken Kopf mit dem vom Schreiner gebastelten aus Holz vertauschte und auf die Frage, wie es ihm ergehe und ob er seinen Beruf auszuüben vermöchte, erklärt haben soll: ausgezeichnet und er sei Redner bei der Partei. Über Autor und Herausgeber konnte ich nichts erfahren.

Das mag ein belustigender Einzelfall für alle jene gewesen sein, die davon hörten. Auch dortige örtliche Stellen der Partei sollen sich mit dem Fall befaßt haben, vielleicht wurden daraufhin auch die anderen Bücher auf verbotenes Schrifttum durchgesehen. Dieser Vorfall läßt mich zu dem Vorschlag kommen, anzuregen, daß vom R.d.F. die Ofp. aufgefordert werden, die aus Judenbesitz in Büchereien übernommenen Bestände durch die Schrifttumsbeauftragten der Partei überprüfen zu lassen, ehe sie ausgeliehen werden.

Heil Hitler!
gez. Brecht

---

[1]) *Dokument R – 139.*

1944: Die Behandlung der Judenfrage in der Presse[1])

I.

Herrn Stabsleiter Sündermann

Abteilung Deutsche Presse — Berlin, den 13. Juni 1944
Hauptreferat Schnelldienst

— — — (unleserlich) . . . o e r b e r
. . . e/Hn

Herrn
Stabsleiter Sündermann[2])
über Herrn Leiter DP

abgef. über Lt.DP
Wei 14/6

(handschr.:) *Juden/Zus.-St.*

Parteigenosse Meyer-Christian hat die Ihnen brieflich angedeuteten Vorschläge für die Behandlung der Judenfrage in der deutschen Presse in einer Denkschrift niedergelegt, die ich hiermit überreiche. Der zuständige Judenreferent der Abteilung Pro, Oberregierungsrat Stuckenberg, ebenso wie Dr. Gengler als guter Sachkenner, stimmen den Vorschlägen vorbehaltlos zu und bestätigen die Zuverlässigkeit des von Meyer-Christian beigebrachten historisch-biographischen Materials. (Siehe Anlagen 2—4!) Obwohl z. Zt. andere Dinge im Vordergrund der Pressepolitik stehen, glaube ich doch, daß an Hand dieser Vorschläge eine auf lange Sicht gesehene Aktion vorbereitet werden sollte.

Die wichtigste Voraussetzung für eine schlagkräftige und überzeugende Behandlung der Judenfrage in der deutschen Publizistik wäre zweifellos die Herbeiführung einer engen Zu-

---

[1]) *Archiv: YIVO – Institute for Jewish Research in New York – Dokument C – 117. Oblt. Dr. Wolf Meyer-Christian ist der Verfasser des Buches „Die englisch-jüdische Allianz" (ital. Übersetzung, Rom 1941, tschech. Übersetzung, Prag 1942). Weitere Angaben über ihn besitzen wir nicht.*
Im Wahnsinn steckt Methode. Dieser wohlbedachte Feldzugsplan gegen einen gedachten Scheinfeind ist für das NS-Denken außerordentlich bezeichnend. Deshalb erfolgt der Abdruck des Dokuments ungekürzt.

[2]) *Siehe Seite 443.*

sammenarbeit und gemeinsamen Linie aller einschlägigen Institute von Partei und Staat. Diese ist, wenigstens in ihrer propagandistischen Zielsetzung nur durch das Propagandaministerium zu erreichen. Wenn man hierfür die Vorschläge Meyer-Christian als Grundlage anerkennt, gibt es zur Zeit zwei Möglichkeiten:

1. Vorlage dieser Denkschrift beim Herrn Minister gemeinsam durch DP und Pro mit der Bitte, ihre praktische Verwirklichung zu genehmigen,
2. selbständiges Vorgehen der Presseabteilung, engste Heranziehung oder Einstellung Meyer-Christians als Sachbearbeiter für Judenfragen.

Die Beschreitung des zweiten Weges stößt auf Schwierigkeiten, weil Meyer-Christian z. Zt. wohl kaum aus der Wehrmacht herauszulösen ist. Es lassen sich jedoch schon seine in dieser Denkschrift niedergelegten Gedanken zu einer ausführlichen Sprachregelung für die Presse zusammenfassen. Ferner könnte das beigefügte historisch-biographische Material als Grundlage für alle zukünftigen Pressearbeiten über die Judenfrage vom Schnelldienst vervielfältigt und ausgegeben werden. Schließlich läßt sich auch die von Meyer-Christian vorgeschlagene Belehrung der deutschen Auslandskorrespondenten in Zusammenarbeit mit AP bezw. auf dem Wege über die Hauptschriftleitungen durchführen.

In einem Begleitschreiben wünscht Meyer-Christian die Erkenntnis besonders unterstrichen, daß der Zionismus als Werkzeug bezw. zur Tarnung des *jüdischen Imperialismus* fungiert. Die Abwehr dieses Imperialismus, der im Zweckbündnis mit den drei bekannten Imperialismen Englands, Rußlands und der USA steht, sei so vordringlich, daß darüber alle anderen ausgeleierten Judenthemen verschwinden müßten. Schließlich müßten die Auslandskorrespondenten auch noch angehalten werden, von Lissabon und Stockholm aus englische oder amerikanische Judenorgane nach Deutschland weiterzugeben bezw. dort sachkundig durchzuarbeiten. Das Gleiche gelte für Ankara bezüglich der zionistischen Presse Palästinas.

Ich bitte um Weisung, ob und in welcher Weise ich die Vorschläge ausführen soll und ob dieselben auch dem Herrn Minister vorgelegt werden sollen.

Anlage Unterschrift unleserlich

II.

Die Behandlung der Judenfrage in der deutschen Presse

Oblt. Wolf Meyer-Christian
z. Zt. Weidmannsau über Breslau 1

a) Lage

Eine auffällige aber unbestreitbare Tatsache ist die Unlust der deutschen Presse, sich mit der Judenfrage eingehender zu befassen. Das gilt für Artikel wie Meldungskommentare. Befohlene Aktionen in dieser Richtung werden ohne Nachdruck geführt, meist ohne redaktionelle Eigenplanung durch Artikelankauf von der Stange. Tatsache ist ferner, daß die deutsche Presse z. Zt. großenteils gar nicht mehr die Voraussetzungen zur Behandlung der Judenfrage in ihrer gegenwärtigen aktuellen Phase besitzt, da sie die hier aufgetretenen Wandlungen nicht mehr verfolgt und verarbeitet hat.

Die Schuld hieran ist nicht bei der Führung der Presse zu suchen, sondern bei zwei Faktoren, die außerhalb ihres Rahmens liegen:

1. Die Erforschung der Judenfrage hat infolge der Vielzahl der fast gleichzeitig nach 1933 gestarteten einschlägigen Institute (Partei, Promi, SD, Reichsinstitut für Geschichte des neuen Deutschlands usw.) nicht die gleiche Stoßkraft und Publizität erlangt, wie die übrige außenpolitische Forschungsarbeit, die ja auch eine erheblich ältere Tradition besitzt; die Forschungsergebnisse sind zerstreut und mangels zentraler Aufbereitungsstellen nicht ohne Mühe zugänglich; das aus der Kampfzeit vorhandene, alte antisemitische Material ist rein polemisch und unzuverlässig.
2. Durch die Maßnahmen des neuen Reiches zur Abwehr und Ausscheidung des Judentums hat die Judenfrage für das Empfinden weiter Kreise den Charakter einer unmittelbaren Bedrohung verloren. Mit dem Verschwinden von Isidor Weiß u. a. hat sie aber auch an Anschaulichkeit, Kampfreiz und – scheinbar – Aktualität eingebüßt. Die breite Masse hält infolgedessen die Judenfrage für erledigt. Damit taucht die Gefahr auf, sie ist sogar schon da, daß die antijüdische Aufklärung, soweit sie noch mit den alten Methoden, aber ohne ihre alten Objekte, betrieben wird, kein Interesse mehr erweckt und den Alltagsmenschen langweilt.

Das wäre auch völlig gleichgültig, wenn die Judenfrage tatsächlich durch die deutschen Maßnahmen historisch geworden wäre. Tatsache ist aber, daß durch die Judenpolitik des Reiches nur die innerdeutsche Seite der Judenfrage erledigt worden ist. Als Ganzes besteht die Frage nicht nur weiter, sie hat vielmehr erst nach 1933 eine ganz ungeheure Verschärfung und Zuspitzung erfahren, und muß daher mehr denn je und fester denn je ins Auge gefaßt werden. Drei schlechthin vitale Gründe, die die deutsche politische Führung unmittelbar berühren, sind hierbei von maßgebender Bedeutung.

1. Im Jahre 1929 wurde zum ersten Male in der Geschichte des jüdischen Volkes die Einigung des Gesamtjudentums herbeigeführt, und zwar unter der Fahne des Zionismus. Indem der Zionistenführer Dr. Chaim Weizmann die Einbeziehung des nicht-zionistischen Großjudentums, vor allem Englands (Melchett) und der USA (Brandeis), in die Jewish Agency vornahm, verband er den politischen Aktivismus des zionistischen Kleinjudentums mit der gewaltigen Finanzmacht der englischen und amerikanischen Assimilationsjuden und optierte durch diese Lösung zugleich für die Westmächte. Die Exekutive dieser erweiterten Jewish Agency stellt seitdem, auch nach ihrem eigenen Willen, nichts weniger dar, als die Regierung der jüdischen Weltmacht. In den Jahren nach 1933 zeigte sich diese jüdische Weltführung bereits als antideutsche Macht (Boykotthetze u. a.). Bei Kriegsbeginn 1939 identifizierte sie sich dann, in Deutschland infolge der militärischen Erfolge viel zu wenig beachtet, mit den Zielen der Westmächte: Zerstörung Deutschlands. Das Telegramm Weizmanns an eine Zionistengruppe in Amerika vom 19. 1. 1942: „Die Juden verlangen ihren Platz in den Reihen derer, die sich die Vernichtung Deutschlands zum Ziel gesetzt haben", sagt hierüber alles. 1943 erfolgte dann durch Weizmann auch die innere Einigung des nordamerikanischen Judentums auf die zionistische Zielsetzung.

Damit stehen, wenn man die sechs Millionen europäischer Juden außer Betracht läßt, jetzt 10—12 Millionen Juden im politischen Einsatz gegen das Reich. Ihre unverhältnismäßig starke Intelligenzschicht steht mit ihren Exponenten unmittelbar hinter den politischen Leitungen auf der Feindseite, und bildet trotz aller innerer Differenzierungen das Bindeglied mit und zwischen England, den USA und der Sowjetunion. Diese Andeutungen reichen jedenfalls aus, um die Kampffront des Weltjudentums gegen Deutschland, die heute tatsächlich keine Phrase mehr ist, zu umreißen. Die Front ist geblieben, aber sie hat sich verlagert. Aus einer innerpolitischen Frage ist eine außenpolitische geworden.

Dieser tiefgreifenden Lageänderung hätte ein ebensolcher Wechsel der Kampfmethoden auf unserer Seite entsprechen müssen.

2. Wie es damit in Wirklichkeit bei uns steht, zeigt folgendes Beispiel: Junge, zwanzigjährige Offiziere erklären auf Befragen, daß sie noch nie mit Bewußtsein einen Juden gesehen haben. Sie bringen daher der Judenfrage, wie sie bisher an sie herangetragen wurde, kein oder nur geringes Interesse entgegen. Die uns Älteren ausreichende Kennzeichnung „typisch jüdisch" hat für sie nicht mehr Bedeutung, als das Wort „typisch chinesisch". Es entsteht damit die Gefahr, daß die Reden des Führers, der seine Politik jedesmal eingehend mit einem Abriß der Judenfrage eröffnet, für die junge Generation insoweit an Eindringlichkeit verlieren, und in ihren Augen den Charakter einer historischen Vorlesung annehmen. Hier zeichnet sich andeutungsweise bereits die Möglichkeit ab, daß das Bewußtsein von der Bedeutung der Judenfrage für uns allmählich mit der älteren Generation zu Grabe geht. Mit anderen Worten: Es scheint, daß die jüngere Generation die Kampfruhe, die im innerdeutschen Sektor der Judenfrage durch die Maßnahmen der Reichsführung eingetreten ist, für das Ende des Kampfes hält und ihre Wachsamkeit einbüßt. Daß sie, und mit ihr die Masse der urteilslosen Tagesmenschen, diesen Kampf von sich aus erneuert, nachdem die Aufklärer eingeschlagen sind — ohne den Feuerschutz einer publizistischen Führung, die ihnen zeigt, daß der totgeglaubte Feind noch lebt und kämpft und noch lange nicht besiegt ist, darf nicht erwartet werden.

3. Die Gegenseite hat diesen Zustand der Gleichgültigkeit glücklicherweise noch nicht bemerkt. Von führender zionistischer Seite wird sogar immer wieder die richtige Erkenntnis ausgesprochen, daß der Antisemitismus nicht nur eine der Grundlagen des Nationalsozialismus ist, sondern zugleich seine wichtigste Waffe bei der Propaganda unter den bodenständigen Völkern. Sehr hübsch und treffend findet man häufig den Antisemitismus als die Geheimwaffe des Führers bezeichnet. Folgerichtig wird, vor allem in Amerika, die Einstellung von Persönlichkeiten und Organisationen, sogar von Regierungen, zur Judenfrage als Maßstab für ihre politische Zuverlässigkeit gewertet. Das gilt auch für die Neutralen, auf deren Beeinflussung wir Wert legen.

Damit erhebt sich die Frage: In welcher Weise machen wir von unserer Geheimwaffe Gebrauch? Was findet etwa ein gutwilliger Schwede in der deutschen Presse an Unterlagen und Material zur Judenfrage wie er sie sieht, Material, das ihn angeht und interessiert und das er verwenden kann? Was bietet der deutsche Rundfunk, bietet unser Auslandsnachrichtenwesen, die doch beide Hörer im Feindlager selbst erreichen, den unzufriedenen und oppositionellen Kreisen etwa in England an schlagkräftigem, für

England zutreffendem und wichtigem Material, das seine aufspaltende Wirkung dort tun und als Mundpropaganda weiterwirken könnte? Wie und wodurch steuern und stärken wir als das Kernland des Antisemitismus die vorhandenen Abwehrkräfte gegen das Judentum in England und in Nordamerika?

Auf diese Fragen gibt es leider keine Antwort. Wir halten eine Waffe in den Händen, ohne ihre Schärfe ständig zu kontrollieren und zu erhalten und ohne einen durchschlagenden Plan für ihren Ansatz.

Die deutsche Presse, das Nachrichtenwesen und der Rundfunk haben bisher die Verlagerung der jüdischen Front von Innen nach Außen übersehen. Wo ihnen der eigene Antrieb für den damit gebotenen Stellungswechsel fehlte, muß jetzt durch Einweisung in die Frontlinie nachgeholfen werden. Sie — wir sprechen hier vor allem von der Presse — muß von neuem zum Angriff geführt werden.

b) Angriffsplan

Für diesen Angriff ist es in keiner Weise zu spät. Ihm ist vielmehr ein sicherer Erfolg vorauszusagen, weil ihn die geschichtliche Notwendigkeit trägt, wenn

1. aus den Fehlern der Vergangenheit entschlossen die Nutzanwendung gezogen wird und
2. ein überlegener Plan hinter ihm steht.

Wie jeder Angriff erfordert er

1. eine sichere Führung,
2. einen konkreten Auftrag,
3. einen Schwerpunkt,
4. Überprüfung aller Kampfmittel,
5. Regelung des Zusammenwirkens aller Waffen,
6. eingehende Vorbereitung.

Zu 1. *Führung:*

Die deutsche Presse muß in diesem Kampf genau wissen, was sie soll, und daß dieser Auftrag kein einmaliger Stoß mehr ist, sondern fortwirkenden Einsatz erfordert. Sie muß wissen, daß sie nicht allein dasteht, sondern hinter ihr der Wille der Reichsführung. Sie muß das sichere Gefühl haben, daß sie Unterstützung findet, wo sie sie braucht. Sie bedarf zentraler Stützpunkte zur Beratung und für Rückfragen.

Zu 2. *Auftrag:*

Insbesondere braucht die Presse einen klaren Auftrag. Dieser lautet: Das deutsche Volk in seiner ganzen Tiefe, die Bevölkerung der besetzten Gebiete, die Neutralen und die Opposition in den Feindländern, also die bodenständigen und judengegnerischen Kräfte in der ganzen Vielfalt ihres verschiedenartigen Wesens aufzuklären über die ihren jeweiligen

Interessen zuwiderlaufende, wachsende Macht des Weltjudentums und seines Einflusses auf feindliche und neutrale Staatsmänner.

Zu 3. *Schwerpunkt:*

Der Schwerpunkt des Kampfes ist anzusetzen gegen den Zionismus. Bekämpft werden dabei als Einzelziele seine Führung und ihre Absichten, seine sichtbaren und getarnten Einrichtungen und Hilfskräfte, sein Plan eines Judenstaates, seine Ideologie und seine politische Praxis.

Schwerpunktbildung bedeutet gleichzeitig Verzicht auf die zahllosen anderen z. Zt. unwichtigeren Angriffsziele, wie es die persönlichen Eigenschaften der jüdischen Rasse, Korruption, Betrug, Raffgier, Arbeitsscheu, Feigheit usw. darstellen. Damit entfällt ein großer Teil des aus persönlichem Leid geschöpften Rüstzeuges des Antisemitismus alter Art. Dessen zweifelhafter Wert ist vor allem bei der beabsichtigten Wirkung ins Ausland zu beachten. Das gilt weniger für Artikel als für die Behandlung von Überschrift und Textierung zahlloser Einzelnachrichten, die eine Anpassung an das höhere Kampfziel nötig machen. Die täglich noch immer auftauchenden Meldungsüberschriften auf den Schauseiten größter deutscher Tageszeitungen wie: Jud' Kaiser sucht neue Betrugsmöglichkeiten, Jud' Baruch wittert Riesenprofite, Jüdische Ausbeuter in den USA, Judenweiber verlangen Deportierung deutscher Kinder, Die Völker bluten — die Juden verdienen, Jüdische Schiebergeschäfte in England, Jude triumphiert zu früh u. a. entspringen zwar, historisch gesehen, unseren Erlebnissen in der Systemzeit, wirken heute aber weder bei unserer jungen Generation, noch bei der Masse der Auslandsleser. Sie verschieben außerdem den Akzent vom Weltjudentum als Gesamtheit auf das private und individuelle und stellen Unwichtiges auf Kosten der entscheidenden Fragen in den Vordergrund. Der ungepflegte Ton verdirbt dazu der tiefergreifenden Tatsachenpropaganda den Kampfraum.

Zu 4. *Kampfmittel:*

Dieser Ton ist auch oft nur die Folge des Mangels an tieferem Wissen um die Zusammenhänge. In unserem Kampfe bedeutet aber wirklich einmal Wissen Macht, und Kenntnisse haben hier die Bedeutung von Munition.

a) Fehlerhafte Angaben, insbesondere falsche und widerlegbare Behauptungen, Verwechslungen von Personen und Organisationen oder ihre unrichtige Zuordnung zu den verschiedenen Kräftegruppen wirken sich als Blindgänger aus. Sie nützen dem Gegner, indem sie das Dunkel verstärken, das er gerade sucht, und zeigen ihm, daß wir uns auf falscher Fährte befinden.

b) Eingehende Kenntnis — durch ausreichende Materialbereitstellung und -ergänzung — ist ferner Voraussetzung für die Behandlung der jüdischen Führer in Artikeln und Kommentaren. Ohne Kenntnis ihres Standpunktes, ihrer Zugehörigkeit und ihres Verhältnisses zueinander ist keine überzeugende Charakterisierung möglich. Die bisher übliche Kennzeichnung „Der sattsam bekannte ...", „Der amerikanische Oberjude ...", „Der jüdische Oberhetzer ..." gibt dem Leser Steine statt Brot und entwertet die beabsichtigte Anprangerung. Diese meist aus Unkenntnis geborene Klischee-Methode wirkt unplastisch und farblos. Sie stempelt alle Juden gleich ab und ertötet das Interesse.

Zwischen Baruch und Frankfurter, Wise und Silver, Weizmann und Ben Gurion, Brodetzky und Laski besteht eine Reihe von Verschiedenheiten in ihren Ansichten über Ziele und Taktik. Ohne die Kenntnis ihrer Standpunkte, Konkurrenzen, ja teilweise Feindschaft untereinander lassen sie sich nicht überzeugend entlarven. Daher: Deutliche Zielansprache! Standortermittlung! Ausspielen von Gegensätzen! Divide et impera! Baruch z. B. ist kein Zionist, sondern USA-Imperialist und Kriegsgewinnler. Frankfurter lebt ganz dem privaten Machtrausch als mächtigster Mann der USA. Wise will den Zionismus und das Weltjudentum unter die Führung der amerikanischen Juden bringen. Alle amerikanischen Juden zusammen propagieren den Palästina-Judenstaat vornehmlich aus Furcht vor einem amerikanischen Antisemitismus im Falle weiterer Judeneinwanderung in die USA. Weizmann ist Hauptträger der englischen Orientierung des Zionismus. Insoweit ist er mit der City zusammen antiamerikanisch. Er will den Judenstaat als ausgesprochener Führer seines Volkes. Als Antimarxist religiöser Prägung steht er jetzt gegen seinen nächsten Mitarbeiter Ben Gurion, der eine Lösung gegen England mit den Sowjets anstrebt.

Diese unterschiedlichen Tendenzen offen auszusprechen wird nicht immer zweckmäßig sein. Ihre Kenntnis ist für die Presse jedoch Voraussetzung für die Deutung der Bewegungen auf der politischen Oberfläche.

c) Diese Dinge in Einklang zu bringen, ist Sache einer umsichtig geleiteten Sprachregelung. Hierher gehört auch die Forderung, den deutschen Standpunkt durch autoritative Maßnahmen in anderen wichtigen Fragen zu klären, um die fortlaufenden Widersprüche auszuräumen. Zum Beispiel: Wieviel Juden gibt es nach deutscher Auffassung in der Welt? (17,5 Millionen.) Wieviel in den USA? In New York? Wie viele sind jetzt in Palästina? (750 000.) Was sprechen wir formuliert als das Ziel des Zionismus an? Wie deuten wir seine taktischen Winkelzüge gegenüber England, Sowjetrußland oder den Vereinigten Staaten? usw.

Zu 5. *Zusammenwirken aller Waffen* heißt hier:

Der neuorganisierte Kampf gegen das Weltjudentum als Feind Deutschlands und Europas muß sichtbar — aber nicht *organisatorisch*-sichtbar — vom ganzen deutschen Volk und seiner Freunde in Europa getragen werden. Auf keinen Fall genügt es, wenn kundige, aber unbekannte Spezialisten als Leitartikler das Feld beherrschen. Gerade die als Außenpolitiker bekannten Journalisten nicht ausgeprägt nationalsozialistischer Herkunft und Abstempelung sind für diesen Einsatz mit heranzuziehen, und zwar nicht schlagartig, sondern nach Eignung und Anlaß.

Darüber hinaus aber sollten alle Kreise der Bevölkerung, Vertreter des Geisteslebens, bekannte Dichter und Gelehrte, Schauspieler und Filmstars, Maler und Musiker, Generäle, Ritterkreuzträger, Ingenieure, Beamte, Einzelhändler, Hausfrauen und ehemalige Funktionäre der SPD und anderer antinationalsozialistischer Parteien für diesen Kampf herangezogen werden, um der Presse in Interviews bis in den lokalen Teil hinein den Stoff und die Beweismöglichkeit zu geben — gerade für das Ausland —, wer alles diesen Kampf trägt.

In ähnlicher Weise ist mit Repräsentanten der besetzten und befreundeten Länder zu verfahren.

Zu 6. *Vorbereitung:*

Ein generell auf der Pressekonferenz gegebener Einsatzbefehl dürfte für die vorgeschlagenen Maßnahmen kaum ausreichen. Allein die Orientierung über Angriffsziel, Kampfauftrag, Schwerpunktlage und die Kritik früher begangener Fehler erfordert eine Reihe von Vorbesprechungen in den verschiedensten Kreisen. Das Gleiche gilt für die Bereitstellung der politischen Munition: des Materials. Zweck hat nur eine großangelegte Belehrung anhand vorbereiteter Unterlagen, die der Presse in die Hand gegeben werden können, um rasch aber gründlich die erforderliche Kenntnis des Gesamtproblems und seiner Einzelheiten zu vermitteln. Die verantwortlichen Presseleiter müssen mit dem Kampfstoff derart imprägniert werden, daß alle einschlägigen Artikel, Meldungen, Reportagen und Glossen mit ihm eingefärbt werden, ohne daß durch Eintönigkeit Übersättigung eintritt oder durch Sichtbarwerden der Organisation eine innere Ablehnung hervorgerufen wird.

Insbesondere müssen die Auslandskorrespondenten, in erster Linie diejenigen der Nachrichtenbüros, eingehend über ihre besonders große Verantwortung als Erstempfänger des aktuellen Nachrichtenstoffes belehrt werden. Bisher waren sie zumeist die Hauptquelle der Irrtümer und der Nichtbeachtung wichtiger Vorgänge mangels ausreichender Kenntnis der Zusammenhänge.

Mit diesen Betrachtungen und Vorschlägen soll die Judenfrage wieder an den ihr gebührenden Ort im öffentlichen Denken gerückt werden. Ihr Zweck wäre erreicht, wenn zweierlei erzielt wird: *Nach innen* Interesse. Interessant ist aber nur der konkrete Feind. Als solcher muß das Weltjudentum also sichtbar gemacht werden. *Nach außen:* Wirkung als Sprengmunition für die fünfte Kolonne des 20. Jahrhunderts. Denn die Judengegnerschaft ist heute nun einmal das geheime Stichwort, an dem sich alle erkennen, die die Zeichen der Zeit verstanden haben. Sollen wir, ausgerechnet wir, darauf verzichten, sie zu führen?

In der Anlage finden sich einige wichtige Tatsachen und Probleme der zionistischen Politik zusammengestellt. Ein Teil von ihnen schreit geradezu danach, daß die deutsche Aufklärung sich ihrer bemächtigt. Die Zusammenstellung soll Hinweis dafür geben, wie diese Fragen im Zusammenhang mit den gegenwärtigen Tagesereignissen um den Judenstaat nutzbringend behandelt werden können.

Weidmannsau, im März 1944.

gez. Wolf Meyer-Christian

KAPITEL XI

Neuordnung der Welt

INHALTSVERZEICHNIS

Vorwort

Das Thema dieses Kapitels ist die Neuordnung der Welt wie die dazu berufenen Denker des Dritten Reiches sich diese nach einem Sieg vorstellten.

Die politische Zukunft wird durch unsere Dokumente in recht bezeichnender Weise umrissen. Teilweise betreffen sie bereits ergriffene Maßnahmen — also etwas schon Geschehenes; andere befassen sich mit in der Zukunft beabsichtigten Plänen der Nationalsozialisten — mit dem, was unweigerlich folgen sollte, wäre das Kriegsglück den deutschen Armeen hold gewesen.

Zu den ersten Opfern der Völker-Vivisektion, die anlief, gehörten die Deutschen selbst. Das war nicht anders zu erwarten, denn Deutschland selbst war ja das erste Land, von dem der Nationalsozialismus Besitz ergriff, wenn die Besatzung dort auch mit Jubel begrüßt wurde.

Hinsichtlich der von uns zitierten geistigen Urheber haben wir hier — genau wie im ersten Kapitel — eine Mischung verschiedener Welten vorgenommen. In ihren Ministerien erarbeiteten die einen die Theorie und allgemeine Richtlinien; die anderen in ihren Dienststellen oder auch im Felde aber zogen die Konsequenzen daraus, und mußten die Anwendungsarten ausprobieren oder Ausführungseinzelheiten herausfinden.

Die der zweiten Kategorie sind heute längst wieder von der Bildfläche verschwunden oder als Kriegsverbrecher abgeurteilt worden, wohingegen jene der ersten sich mit der Erklärung zufriedengeben durften: „Das habe ich nicht gewollt!"

Sind die einen deshalb tatsächlich weniger schuldig als die anderen?

Uns steht es nicht zu, über diese Frage zu urteilen. Möge da der Leser selbst Richter sein!

Allgemeine Grundsätze

I.

Dr. Carl Schmitt:

Wir denken heute planetarisch und in Großräumen[1])

Eine Großraumordnung gehört zum Begriff des Reiches, der hier als eine spezifisch völkerrechtliche Größe in die völkerrechtswissenschaftliche Erörterung eingefügt werden soll. Reiche in diesem Sinne sind die führenden und tragenden Mächte, deren politische Idee in einen bestimmten Großraum ausstrahlt und die für diesen Großraum die Interventionen fremdräumiger Macht grundsätzlich ausschließen. Der Großraum ist natürlich nicht identisch mit dem Reich in dem Sinne, daß das Reich der von ihm vor Interventionen bewahrte Großraum selber wäre; und nicht jeder Staat oder jedes Volk innerhalb des Großraumes ist selber ein Stück Reich, so wenig jemand bei der Anerkennung der Monroedoktrin daran denkt, Brasilien oder Argentinien zu einem Bestandteil der Vereinigten Staaten von Amerika zu erklären. Wohl aber hat jedes Reich einen Großraum, in den seine politische Idee ausstrahlt und der fremden Intervention nicht ausgesetzt sein darf.

Der Zusammenhang von Reich, Großraum und Nichtinterventionsprinzip ist grundlegend. Erst durch ihn erhalten die Begriffe Intervention und Nichtintervention, die für jedes auf dem Zusammenleben der verschiedenen Völker beruhende Völkerrecht ganz unentbehrlich, heute aber heillos verwirrt sind, ihre theoretische und praktische Brauch-

---

[1]) *„Völkerrechtliche Großraumordnung mit Interventionsverbot für raumfremde Mächte. – Ein Beitrag zum Reichsbegriff im Völkerrecht", 2. Ausgabe, Deutscher Rechtsverlag, Berlin/Leipzig/Wien 1940, S. 31–34 und 42–43.*

barkeit. Im bisherigen, staatlich konstruierten Völkerrecht war das berühmte Witzwort Talleyrands, Nichtintervention bedeute ungefähr dasselbe wie Intervention, nicht etwa ein überspitztes Paradox, sondern eine alltägliche Erfahrungstatsache. Sobald aber völkerrechtliche Großräume mit Interventionsverbot für raumfremde Mächte anerkannt sind und die Sonne des Reichsbegriffes aufgeht, wird ein abgrenzbares Nebeneinander auf einer sinnvoll eingeteilten Erde denkbar und kann der Grundsatz der Nichtintervention seine ordnende Wirkung in einem neuen Völkerrecht entfalten.

Wir wissen, daß die Bezeichnung „Deutsches Reich" in ihrer konkreten Eigenart und Hoheit nicht übersetzbar ist. Es gehört zu der Geschichtsmächtigkeit jeder echten politischen Größe, daß sie ihre eigene, nicht beliebig subsumierbare Bezeichnung mitbringt und ihren eigentümlichen Namen durchsetzt. Reich, Imperium, Empire sind nicht dasselbe und von innen gesehen untereinander nicht vergleichbar. Während „Imperium" oft die Bedeutung eines universalistischen, Welt und Menschheit umfassenden, also übervölkischen Gebildes hat (wenn auch nicht haben muß, da es mehrere und verschiedenartige Imperien nebeneinander geben kann), ist unser Deutsches Reich wesentlich volkhaft bestimmt und eine wesentlich nichtuniversalistische, rechtliche Ordnung auf der Grundlage der Achtung jedes Volkstums. Während „Imperialismus" seit dem Ende des 19. Jahrhunderts zu einer oft als bloßes Schlagwort mißbrauchten Bezeichnung ökonomisch-kapitalistischer Kolonisierungs- und Expansionsmethoden geworden ist, blieb das Wort „Reich" von diesem Makel frei. Auch bringen sowohl die Erinnerungen an die Völkeranschauungen des untergehenden römischen Imperiums wie die Assimilierungs- und Schmelztiegelideale der Imperien westlicher Demokratie den Begriff des Imperiums in den schärfsten Gegensatz zu einem volkhaft aufgefaßten, alles volkliche Leben achtenden Reichsbegriff. Das wirkt um so stärker, als das Deutsche Reich, in der Mitte Europas, zwischen dem Universalismus der Mächte des liberaldemokratischen, völkerassimilierenden Westens und dem Universalismus des bolschewistisch-weltrevolutionären Ostens liegt und nach beiden Fronten die Heiligkeit einer nichtuniversalistischen, volkhaften, völkerachtenden Lebensordnung zu verteidigen hat.

Eine völkerrechtliche Betrachtung muß aber nicht nur die innere Einzigartigkeit, sondern auch das Zusammenleben und Nebeneinander der politischen Größen sehen, die Träger und Gestalter der völkerrechtlichen Ordnung sind. Aus praktischen wie theoretischen Gründen ist es notwendig, dieses Neben-, Mit- und Gegeneinander wirklicher Größen im Auge zu behalten. Jede andere Betrachtungsweise leugnet entweder das Völkerrecht, indem sie jedes einzelne Volk isoliert, oder sie verfälscht, wie es das Genfer Völkerbundsrecht getan hat, das Recht der Völker in ein universalistisches Weltrecht. Möglichkeit und Zukunft des Völkerrechts hängen also davon ab, daß die wirklich tragenden und gestaltenden Größen des Zusammenlebens der Völker richtig erkannt und zum Ausgangspunkt der Erörterung und Begriffsbildung gemacht werden. Diese tragenden und gestaltenden Größen sind heute nicht mehr, wie im 18. und 19. Jahrhundert, Staaten, sondern Reiche.

Die richtige Benennung ist dabei von großer Bedeutung. Wort und Name sind nirgends nebensächlich, am wenigsten bei politisch-geschichtlichen Größen, die das Völkerrecht zu tragen bestimmt sind. Der Streit um Worte wie „Staat", „Souveränität", „Unabhängigkeit" war das Zeichen tieferliegender, politischer Auseinandersetzungen, und der Sieger schrieb nicht nur die Geschichte, sondern bestimmte auch das Vokabularium und die Terminologie. Die Bezeichnung „Reiche", die hier vorgeschlagen wird, kennzeichnet am besten den völkerrechtlichen Sachverhalt der Verbindung von Großraum, Volk und politischer Idee, der unseren Ausgangspunkt darstellt. Die Bezeichnung „Reiche" hebt die eigentümliche Besonderheit jedes einzelnen dieser Reiche in keiner Weise auf. Sie vermeidet die das Völkerrecht gefährdende leere Allgemeinheit, wie sie in Worten, wie „Großmachtsphäre", „Block", „Raum- und Machtkomplex", „Gemeinwesen", „Commonwealth" usw., oder gar in der inhaltslosen Raumangabe „Bereich" liegen würde; sie ist also konkret und prägnant im Hinblick auf die Wirklichkeit der gegenwärtigen Weltlage. Sie gibt andererseits aber auch eine gemeinsame Benennung der mehreren, maßgebenden Größen, ohne welche gemeinsame Benennung jede völkerrechtliche Erörterung und Verständigung sofort aufhören müßte; vermeidet also den andern, ebenfalls das Völkerrecht gefährdenden Irrtum, der aus der Konkretisierung eine vereinsamende, jeden Zusammenhang aufhebende Isolierung der einzelnen politischen Größe macht. Sie entspricht endlich dem deutschen Sprachgebrauch, der das Wort „Reich" in den mannigfaltigsten Verbindungen — Reich des Guten und des Bösen, Reich des Lichtes und Reich der Finsternis, sogar in „Pflanzen- und Tierreich" — als Ausdruck, sei es eines Kosmos im Sinne einer konkreten Ordnung, sei es einer krieg- und kampffähigen, Gegenreichen gewachsenen geschichtlichen Macht, verwendet, der aber auch zu allen Zeiten gerade die großen, geschichtsmäßigen Gebilde — das Reich der Babylonier, der Perser, der Makedonier und der Römer, die Reiche der germanischen Völker wie die ihrer Gegner — in einem spezifischen Sinne immer „Reiche" genannt hat. Darüber hinaus würde es uns von dem rein völkerrechtlichen Sinn und Ziel unserer Arbeit ablenken und die Gefahr endloser Zerredungen heraufbeschwören, wollten wir uns hier auf alle denkbaren geschichtsphilosophischen, theologischen und ähnlichen Deutungsmöglichkeiten einlassen, zu denen das Wort „Reich" Veranlassung geben kann. Hier kommt es nur darauf an, dem bisherigen Zentralbegriff des Völkerrechts, dem Staat, einen einfachen völkerrechtlich brauchbaren, aber durch seine Gegenwartsnähe überlegenen, höheren Begriff entgegenzusetzen.

Das bisherige im 18. und 19. Jahrhundert entwickelte und in unser 20. Jahrhundert hinein weitergeführte Völkerrecht ist allerdings ein reines Staatenrecht. Trotz einzelner Besonderheiten und Auflockerungen erkennt es grundsätzlich nur Staaten als Völkerrechtssubjekte an.

— — — —

Die Maße und Maßstäbe unserer Raumvorstellungen haben sich in der Tat wesentlich geändert. Das ist auch für die völkerrechtliche Entwicklung von entscheidender Bedeutung. Das europäische Völkerrecht des 19. Jahrhunderts, mit seiner schwachen Mitte Europas und den westlichen Westmächten im Hintergrunde, erscheint uns heute als eine von Riesen überschattete Kleinwelt. Dieser Horizont ist für ein modern gedachtes Völkerrecht nicht mehr möglich. Wir denken heute planetarisch und in Großräumen. Wir erkennen die

Unabwendbarkeit kommender Raumplanungen, von denen Ministerialdirektor W. Wohlthat wie auch Reichsleiter General Ritter von Epp bereits gesprochen haben. In dieser Lage besteht die Aufgabe der deutschen Völkerrechtswissenschaft darin, zwischen einer nur konservativen Beibehaltung des bisherigen zwischenstaatlichen Denkens und einem von den westlichen Demokratien her betriebenen, unstaatlichen und unvölkischen Übergreifen in ein universalistisches Weltrecht, den Begriff einer konkreten Großraumordnung zu finden, der beiden entgeht und sowohl den räumlichen Maßen unseres heutigen Erdbildes, wie unseren neuen Begriffen von Staat und Volk gerecht wird. Das kann für uns nur der völkerrechtliche Begriff des Reiches sein als einer von bestimmten weltanschaulichen Ideen und Prinzipien beherrschten Großraumordnung, die Intervention raumfremder Mächte ausschließt und deren Garant und Hüter ein Volk ist, das sich dieser Aufgabe gewachsen zeigt.

Soviel wissenschaftliche Arbeit auch noch erforderlich sein wird, um unseren Begriff des Reiches im einzelnen sicherzustellen, seine grundlegende Stellung für ein neues Völkerrecht ist ebensowenig bestreitbar, wie seine spezifische, zwischen der alten Staatenordnung des 19. Jahrhunderts und dem universalistischen Ziel eines Weltreiches stehende Eigenart erkennbar und unterscheidbar ist. Als ich im Herbst 1937 meinen Bericht über „Die Wendung zum diskriminierenden Kriegsbegriff" der Abteilung für Rechtsforschung der Akademie für Deutsches Recht zu deren 4. Jahrestagung vorlegte, war die politische Gesamtlage von der heutigen noch wesentlich verschieden. Damals hätte der Reichsbegriff nicht wie das jetzt hier geschieht, zum Angelpunkt des neuen Völkerrechts erhoben werden können. Im Anschluß an jenen Bericht wurde die Frage gestellt, was ich denn eigentlich Neues an die Stelle der alten Staatenordnung zu setzen hätte, da ich weder einfach beim Alten bleiben noch mich den Begriffen der westlichen Demokratien unterwerfen wollte. Heute kann ich die Antwort geben. Der neue Ordnungsbegriff eines neuen Völkerrechts ist unser Begriff des Reiches, der von einer von einem Volk getragenen, volkhaften Großraumordnung ausgeht. In ihm haben wir den Kern einer neuen völkerrechtlichen Denkweise, die vom Volksbegriff ausgeht und die im Staatsbegriff enthaltenen Ordnungselemente durchaus bestehen läßt, die aber zugleich den heutigen Raumvorstellungen und den wirklichen politischen Lebenskräften gerecht zu werden vermag; die „planetarisch", d. h. erdraumhaft sein kann, ohne die Völker und die Staaten zu vernichten und ohne, wie das imperialistische Völkerrecht der westlichen Demokratien, aus der unvermeidlichen Überwindung des alten Staatsbegriffs in ein universalistisch-imperialistisches Weltrecht zu steuern.

Der Gedanke eines zu den Trägern und Gestaltern eines neuen Völkerrechts gehörenden Deutschen Reiches wäre früher ein utopischer Traum und das auf ihm aufgebaute Völkerrecht nur ein leeres Wunschrecht gewesen. Heute aber ist ein machtvolles Deutsches Reich entstanden. Aus einer schwachen und ohnmächtigen ist eine starke und unangreifbare Mitte Europas geworden, die imstande ist, ihrer großen politischen Idee, der Achtung jedes Volkes als einer durch Art und Ursprung, Blut und Boden bestimmten Lebenswirklichkeit, eine Ausstrahlung in den mittel- und osteuropäischen Raum hinein zu verschaffen und Einmischungen raumfremder und unvölkischer Mächte zurückzuweisen. Die Tat des Führers hat dem Gedanken unseres Reiches politische Wirklichkeit, geschichtliche Wahrheit und eine große völkerrechtliche Zukunft verliehen.

II.

Dr. Giselher Wirsing: Der maßlose Kontinent[1])

Giselher Wirsing. * 15. 4. 1907 — Dr. rer. pol., Herausgeber und Redakteur der Zeitschrift „Die Tat". („Wer ist Wer?" 1935.) — 1933 Assistent im Institut für Sozialwissenschaft der Universität Heidelberg.
Veröffentlichungen: 1932 „Zwischeneuropa", 1938 „Engländer, Juden, Araber in Palästina", 1942 „Der maßlose Kontinent", 1943 „Das Zeitalter des Ikaros", 1950 „Forschung bringt Arbeit und Brot", 1951 „Schritt aus dem Nichts", 1954 „Die Rückkehr des Monro-Mogo-Afrika von morgen". Chefredakteur der Wochenzeitung „Christ und Welt". („Wer ist Wer?", 1955.)
„Der Korrespondent Heymann, der gestern aus Rom hier war, meint, die Achse würde halten. Ich frage ihn, wie sich die 120prozentige Haltung der »Münchener Neuesten Nachrichten« (für die Heymann schreibt) und eines überlegten Mannes wie Wirsing erkläre, worauf er erzählte, daß das Blatt täglich Hitler vorgelegt wird und deshalb in enger Beziehung zur SS stehe." („Vom andern Deuschland", S. 28.)
„Zur Partei gehörten ja auch unzählige teils — teils, weil sie erkannt hatten, daß dem totalitären System nur von innen beizukommen sei. Prof. Jens Jessen hat seine Schüler zur SS geschickt in der Überzeugung, daß hier einmal die Entscheidungen fallen würden. Giselher Wirsing soll aus ähnlichen Gründen gehandelt haben..." (Margret Bovery: „Der Verrat im 20. Jahrhundert", Band II, Hamburg, 1956, S. 11.)
In den Akten des Sicherheitsdienstes findet sich folgender Vermerk:

„R. F. S. S. Sicherheitsdienst, 18. 10. 1938 — Vermerk —
Da eine zuverlässige Information über die Entwicklung des Palästina-Problems seit der Unterbrechung der Beziehungen zu Dr. Reichert nicht mehr besteht, hat II am 7. 10. 38 befohlen, Dr. Wirsing mit der regelmäßigen Berichterstattung zu beauftragen. Punkte für die Reise Dr. W.:

1. Verbindung Dr. R. zu Sh.; festzustellen, wie weit er mit seinen versprochenen Aufzeichnungen über die Zusammenarbeit des Judentums und der Engländer in Palästina ist.
2. Verbindung Dr. R. zu dem gemeinsamen Bekannten vom Berg Carmel.
3. Augenblicklicher Stand der Hagana (verstärkte Aktivität in Europa? — Einstellung zur Judenaktion vom November 1938; Beziehungen zum I. S. und der englischen Armee).
4. Wo befindet sich Fawzi Kaoudschi?
5. Wie wird die Arbeit des arabischen Klubs in Berlin von nationalen Arabern beurteilt? (Ist etwas gegen Einzelpersonen bekannt geworden? Insbesondere, ob Bezahlung im Einzelfall durch den I. S. erfolgt?).
6. Welches ist die tatsächliche Einstellung Ibn Sauds zum Palästina-Problem, insbesondere zur Round-Table-Conference in London?
7. Ist die arabische Militärschule in Damaskus noch in Tätigkeit (insbesondere wichtig, ob sich der englische Ausbilder — Name unbekannt — noch dort betätigt).
8. Wie ist die Haltung der Türkei und der angrenzenden mohammedanischen Staaten?
9. Bestehen von der nationalen Regierung bereits Verbindungen nach Nordafrika?"

(Dok./CXXXIV — 13.)

---

1) *„Der Maßlose Kontinent", Eugen Diederichs Verlag, Jena 1942, S. 437–439.*

In verschiedenen Personalberichten des Sicherheitsdienstes befindet sich folgende Gesamtbeurteilung: „Dr. Wirsing hat sich im Laufe der Zusammenarbeit mit dem SD als williger, fleißiger und außerordentlich wertvoller Mitarbeiter erwiesen."

Da die Engländer und Amerikaner entschlossen waren, Europa den Sowjets preiszugeben, wäre dies eine bedrohliche Kombination gewesen, hätte die Voraussicht der deutschen Führung nicht vor dem Krieg gegen die Sowjets die Möglichkeit eines Zweifrontenkrieges ausgeschaltet. Am Beginn des Winters 1941/42 war die Risikophase überwunden. Die Hauptmasse der Sowjetarmeen war in zehn Vernichtungsschlachten erledigt worden. Die größte Armee, die je in der Weltgeschichte aufgeboten und ausgerüstet worden ist, war damit durch die Kühnheit der deutschen Führung und den Mut der deutschen Soldaten und ihrer europäischen Verbündeten zerschlagen. Zwei Drittel aller wichtigen und entwickelten Wirtschaftszentren der Sowjetunion befanden sich nun bereits in deutscher Hand, darunter drei Viertel der Schwerindustrie. Von dem verbleibenden Rest lagen nun die noch übrigbleibenden Zentren — abgesehen in Mittelsibirien — dem deutschen Zugriff mehr oder minder offen. Was von sowjetischen Truppen noch übrigblieb, wie die Reste des sowjetischen Rüstungspotentials, kann niemals mehr gefährlich werden. Die Angelsachsen hatten damit die letzte Möglichkeit, ein gewaltiges Landheer gegen Deutschland in Europa einzusetzen, verspielt. Vom Atlantischen Ozean bis in die Nähe des Kaspischen Meeres dehnt sich nun ein ungeheuer deutsch-europäischer Machtbereich mit völlig unerschöpflichen und sich gegenseitig ergänzenden wirtschaftlichen Reichtümern.

Nach dem Eintritt Japans und der Vereinigten Staaten in den Krieg sind sämtliche Großmächte in den Weltkampf verwickelt, dessen Ausgang das Gesicht der gesamten Erde bestimmen wird. Die Sowjetunion ist dabei, obwohl immer noch ein militärischer Faktor, nach dem Verlust ihrer europäischen Gebiete nicht mehr im früheren Sinne eine Weltmacht. Die fünf verbliebenen Großmächte bilden nun drei Machtzentren, zwischen denen sich das künftige Schicksal der Welt entscheidet: das deutsch-italienisch-europäische, das durch den französischen Kolonialbesitz weit nach Afrika hinein bis fast an die Grenze des Südatlantik reicht; das japanisch-fernöstliche und schließlich das amerikanisch-britische mit den Vereinigten Staaten als Mittelpunkt. Sollte das Ziel des Präsidenten Roosevelt, die Aufrichtung einer ungeteilten angelsächsischen Weltherrschaft unter Führung der USA, verwirklicht werden, so müssen die beiden anderen großen Machtzentren besiegt und vernichtet werden. Nachdem sich das britische Empire der amerikanischen Vorherrschaft bereits gebeugt hat, wäre dann das Endziel erreicht, das sich Roosevelt im Laufe dieses Krieges steckte. Es genügt fast, den großen Zug der politisch-militärischen Entwicklung dieses Krieges unter Ausschaltung aller nebensächlichen Momente zu schildern, wie wir es hier versuchen, um zu dem Schluß zu kommen, daß die Vernichtung des gewaltigen europäischen wie auch des fernöstlich-japanischen Machtbereichs durch die angelsächsische Kombination unmöglich ist. Konnte man vielleicht noch Zweifel hegen, solange die sowjetische Sphinx sowohl in Europa wie im Fernen Osten plötzliche Überraschungen vermuten ließ, so gibt es nach der Brechung der Sowjetmacht und der Einbeziehung der wichtigsten ukrainischen und russischen Rohstoffgebiete in den europäischen Raum überhaupt keine Gefahrenquelle mehr, durch die sich eine unvorhergesehene Wendung ergeben könnte.

III.

Dr. Werner Best:
Großraumordnung[1])

Werner Best. * 10. 7. 1903 — Dr. jur. — 1927 Universität Heidelberg promoviert — Berufsgang: 1919 erster Zusammenstoß mit den Franzosen in Mainz, Gründung des „Nationalen Jugendbundes" im besetzten Mainz, Mitbegründer des „Deutsch-Völkischen Schutz- und Trutzbundes" in Mainz — 1925 Sammlungsversuch nationaler Verbände im „Nationalblock" in Hessen — 1933 Sonderkommissar für das Polizeiwesen in Hessen, dann Landespolizeipräsident in Hessen, 1935 — Ober-Reg.-Rat — Ministerialdirektor — NSDAP: 1930 aktiv in der Partei — später ᛋᛋ-Sturmführer, 1931 — Obersturmführer 1935.
Veröffentlichungen: 1928 „Der Krieg und das Recht in Ernst Jüngers »Krieg und Krieger«", 1930 „Die Wahrheit über das Boxheimer Dokument". (F. L., „Wer ist Wer?", 1935.)
1942 (ab Okt.) Reichsbevollmächtigter in Dänemark — 1946 in Kopenhagen zum Tode verurteilt — 1949 am 20. 7. zu 12 Jahren Gefängnis begnadigt — 1951 am 29. 8. auf freien Fuß gesetzt. („Endlösung".)

A.[2])

Der Gegenstand der Großraum-Gestaltung ist nicht die Physik eines Raumes, sondern das diesen Raum erfüllende Menschentum. Da das Menschentum als Dauererscheinung nur in den überpersönlichen und überzeitlichen Einheiten der Völker vorstellbar ist, ist die Gestaltung eines Großraumes gleichbedeutend mit der Gestaltung des Verhältnisses der diesen Raum erfüllenden Völker.

Die Gesamtheit menschlicher Dauerbeziehungen nennen wir abstrakt eine „Ordnung". Alle konkreten „Ordnungen" werden in der völkisch-organischen Weltschau von der einen Gesamtheit menschlicher Dauerbeziehungen abgeleitet, in der und durch die sich das menschliche Leben erhält: von „dem Ganzen der in Gesellschaft miteinander fortlebenden und sich aus sich selbst immerfort natürlich und geistig erzeugenden Menschen" (Fichte), das wir biologisch als Volk und in seiner „politischen" Wirksamkeit als Volks-Ordnung bezeichnen. Von der Volks-Ordnung werden als ihre Funktionsformen alle innervölkischen „Ordnungen" geschaffen, die wir heute Staat, Partei, Wehrmacht, Wirtschaft o. ä. nennen. Die Volksordnungen schaffen untereinander Dauerbeziehungen, die zusammenfassend als Völker-Ordnung bezeichnet werden können. Und wenn eine Volks-Ordnung die Dauerbeziehungen zwischen ihr und bestimmten anderen Volks-Ordnungen sowie

---

1) *ᛋᛋ-Brigadeführer Dr. jur. Werner Best, Ministerialdirektor, z. Z. Kriegsverwaltungschef in „Festgabe für Heinrich Himmler", L. C. Wittich-Verlag, Darmstadt 1941.*

2) *S. 34–36.*

zwischen diesen Volks-Ordnungen bewußt nach eigener Auffassung einheitlich gestaltet, so sprechen wir künftig von einer Großraum-Ordnung.

Die Ordnung ist nie für alle in ihr verbundenen Menschen oder Völker eine freiwillige Dauerbeziehung. Stets dominiert unter den Willenskomponenten, die die Ordnung schaffen, erhalten und gestalten, ein Wille als der stärkere. Die Volks-Ordnung wird durch den Willen der Einzelmenschen gestaltet, die wir als Führer bezeichnen. In der Völkerordnung zwingen die stärkeren Völker den schwächeren ihren Willen auf. Und die Großraum-Ordnung wird gestaltet von dem Volk, das stark genug ist, seinen Volksraum zu einem Großraum zu erweitern, in dem sein Wille die Dauerbeziehungen zwischen den Völkern, die den Großraum erfüllen, gestaltet — und zwar enger und einheitlicher, als die Beziehungen dieser Völker untereinander oder mit anderen Völkern bisher beschaffen waren.

Damit ist die „Rechtsnatur" der Großraum-Ordnung ebenso bestimmt, wie diese Bestimmung das Verständnis der „Natur des Rechtes" fördert. Wenn die bisherige Theorie nur zwischen dem innerstaatlichen „Recht" und dem — fälschlich als „Völkerrecht" bezeichneten — zwischenstaatlichen „Recht" unterschied, so war diese Auffassung ebenso zeitgebunden wie die mechanistische Auffassung vom Inhalt des „Rechtes" als eines Systems subjektiver Ansprüche und Verpflichtungen und von der Gesetzes- oder Vertragsform alles „Rechtes". Der neue Begriff der „Ordnung" als der von der Volks-Ordnung her gestalteten Dauerbeziehungen zwischen Menschen und Völkern, läßt zwar noch Fragen der inhaltlichen und formalen Gestaltung der einzelnen Regeln — also des konkreten „Rechtes" — offen, nach denen sich die Beziehungen der Menschen und Völker jeweils vollziehen sollen, aber er ist als der „völkische Rechtsbegriff" geeignet, alle Dauerbeziehungen zwischen Menschen und Völkern in gleicher Weise zu kennzeichnen.

Die Großraum-Ordnung ist also weder eine „staatsrechtliche" noch eine „völkerrechtliche" Erscheinung in dem bisher gebräuchlichen Sinne. Deshalb sind auch die „rechtlichen" Formen, in denen die Regeln für die Dauerbeziehungen zwischen den Völkern des Großraums ausgesprochen werden, ohne sachliche Bedeutung und nach Belieben verwendbar, ohne daß die Tatsache und das Wesen der Großraum-Ordnung durch die Form der Regelung berührt wird. Ob die hier in ihren Grundzügen erörterten Formen eine Großraum-Verwaltung oder andere bisher noch nicht gestaltete oder benannte Formen gewählt werden, berührt die Tatsache und das Wesen der Großraum-Ordnung nicht. Unklarheit würde lediglich die scheinbare Einbeziehung eines fremden Volkes in die Volks-Ordnung des stärkeren Volkes verursachen, wenn nicht die völlige blutliche Aufsaugung des fremden Volkstums beabsichtigt ist; die „Einverleibung" ohne blutliche Aufsaugung wäre in Wahrheit nicht eine Ausdehnung der eigenen Volks-Ordnung auf das fremde Volk, sondern einer Form der Großraum-Ordnung unter dem unrichtigen Namen einer einheitlichen Volks-Ordnung. Der Begriff der Großraum-Ordnung, wie er heute auch der völkisch-organischen Weltschau und dem ihr entsprechenden Gestaltungswillen erwächst, setzt die lebendigen Völker in ihrem Raume als die Komponenten der lebendigen Großraum-Ordnung voraus; es gibt begrifflich nur die völkische Großraum-Ordnung.

Es bleibt noch zu erwähnen, daß der hier aufgestellte Begriff der „Ordnung" auch zur Kennzeichnung der willensmäßigen Dauerbeziehungen zwischen verschiedenen Großraum-Ordnungen ausreicht. Der Begriff einer „Ordnung der Großräume" tritt —

soweit die tatsächlichen Voraussetzungen hierfür vorliegen — an die Stelle der „Völker-Ordnung", die in dem als „Völkerrecht" bezeichneten zwischenstaatlichen Recht ihren förmlichen Ausdruck fand. In welchen Einzelregeln — also in welchen Rechtsformen — die künftige „Ordnung der Großräume" in Erscheinung treten wird, bleibt abzuwarten. Festzuhalten ist, daß die „Ordnung der Großräume" begrifflich das Bestehen von Großraum-Ordnungen als nach außen abgegrenzten Mehrheit von Völkern, die durch eine Gesamtheit einheitlich gestalteter Dauerbeziehungen verbunden sind, voraussetzt.

B.[1])

Das Reich des Dschingis-Khan, dessen Schöpfung ein Wunder militärischer und organisatorischer Leistung war, ist das Vorbild einer kontinentalen Großraum-Ordnung, der der Schwerpunkt einer starken Volks-Ordnung des Führungsvolkes fehlt. Die einzelnen Großraum-Bereiche wurden durch den Volksraum des Führungsvolkes, der fast unbesiedelte Steppe war, nicht verbunden, sondern getrennt. Deshalb fielen die gewaltigen und in sich lebendigen Großraum-Bereiche fast unmittelbar nach dem Tode des Großraum-Schöpfers wieder auseinander. Die Großraum-Verwaltung des Dschingis-Khan verdient deshalb besonderes Interesse, weil sie nicht — wie die römische — aus den Erfahrungen und der Praxis einer hochentwickelten Volks-Ordnung Schritt für Schritt aufgebaut, sondern von dem Genie eines Nomaden aus dem Nichts für die von ihm in wenigen Jahren zusammengefügte Großraum-Ordnung geschaffen worden ist.

IV.

Das Wesen der deutschen Führung in Europa[2])

Wesen und Sinn der deutschen Führung tritt uns anschaulich in der verschiedenen Art entgegen, wie Deutschland den großdeutschen Raum geordnet hat. Während es möglich war, dem tschechischen Volk seine eigene Regierung zu belassen, und dieses nach dem Zollanschluß an das Reich großen wirtschaftlichen Möglichkeiten entgegensieht, bedurfte es Polen gegenüber völlig anderer Ordnungsprinzipien. Hier galt es, Sicherheiten dagegen zu schaffen, daß das deutsche Volk noch einmal vom Osten her in seinem Dasein bedroht wird. Die direkte deutsche Verwaltung in Gestalt des Generalgouvernements erscheint daher als angebrachte Form für die Eingliederung eines zu staatlicher Selbständigkeit unfähigen Volkes in den mitteleuropäischen Großraum.

---

[1]) *S. 50.*

[2]) *Prof. Dr. Paul Herre in „Deutschland und die neue Ordnung", herausgegeben von G. Leibbrandt und E. Zechlin. Deutscher Verlag, Berlin 1941, S. 181–182. Biographie siehe „Weltanschauung!"*

V.

Heinrich Himmler über Herren und Sklaven

A.[1])

Ein Grundsatz muß für den SS-Mann absolut gelten: ehrlich, anständig, treu und kameradschaftlich haben wir zu Angehörigen unseres eigenen Blutes zu sein und zu sonst niemandem. Wie es den Russen geht, wie es den Tschechen geht, ist mir total gleichgültig. Das, was in den Völkern an gutem Blut unserer Art vorhanden ist, werden wir uns holen, indem wir ihnen, wenn notwendig, die Kinder rauben und sie bei uns großziehen. Ob die anderen Völker in Wohlstand leben oder ob sie verrecken vor Hunger, das interessiert mich nur soweit, als wir sie als Sklaven für unsere Kultur brauchen, anders interessiert mich das nicht. Ob bei dem Bau eines Panzergrabens 10 000 russische Weiber an Entkräftung umfallen oder nicht, interessiert mich nur insoweit, als der Panzergraben für Deutschland fertig wird. Wir werden niemals roh und herzlos sein, wo es nicht sein muß; das ist klar. Wir Deutsche, die wir als einzige auf der Welt eine anständige Einstellung zum Tier haben, werden ja auch zu diesen Menschentieren eine anständige Einstellung einnehmen, aber es ist ein Verbrechen gegen unser eigenes Blut, uns um sie Sorge zu machen und ihnen Ideale zu bringen, damit unsere Söhne und Enkel es noch schwerer haben mit ihnen. Wenn mir einer kommt und sagt: „Ich kann mit den Kindern oder den Frauen den Panzergraben nicht bauen. Das ist unmenschlich, denn dann sterben die daran" — dann muß ich sagen: „Du bist ein Mörder an deinem eigenen Blut, denn, wenn der Panzergraben nicht gebaut wird, dann sterben deutsche Soldaten, und das sind Söhne deutscher Mütter. Das ist unser Blut." Das ist das, was ich dieser SS einimpfen möchte und — wie ich glaube — eingeimpft habe, als eines der heiligsten Gesetze der Zukunft: Unsere Sorge, unsere Pflicht, ist unser Volk und unser Blut; dafür haben wir zu sorgen und zu denken, zu arbeiten und zu kämpfen, und für nichts anderes. Alles andere kann uns gleichgültig sein. Ich wünsche, daß die SS mit dieser Einstellung dem Problem aller fremden, nichtgermanischen Völker gegenübertritt, vor allem den Russen. Alles andere ist Seifenschaum.

B.[2])

... Schon in ganz wenigen Jahren — ich stelle mir vor, in vier bis fünf Jahren — muß beispielsweise der Begriff der Kaschuben unbekannt sein, da es dann ein kaschubisches Volk nicht mehr gibt (das trifft besonders auch für die Westpreußen zu). Den Begriff Juden hoffe ich, durch die Möglichkeit einer großen Auswanderung sämtlicher Juden nach Afrika oder sonst in eine Kolonie völlig auslöschen zu sehen. Es muß in einer etwas längeren Zeit auch möglich sein, in unserem Gebiet die Volksbegriffe der Ukrainer, Goralen und Lemken verschwinden zu lassen. Dasselbe, was für diese Splittervölker gesagt ist, gilt in dem entsprechend größeren Rahmen für die Polen ...

---

[1]) *Dokument PS – 1919. Auszüge aus Himmlers Rede bei der SS-Gruppenführer-Tagung in Posen am 4. Oktober 1943.*

[2]) *Dokument NO – 1880.*

Volksdeutsche [1]

I.

23. Januar 1940
130/R/Dt.

An den Reichsführer SS und Chef der deutschen Polizei,
Reichsleiter Heinrich Himmler
Berlin SW 68
Prinz-Albrecht-Str. 9

Betr.: Baltenumsiedlung.

Sehr geehrter Parteigenosse Himmler!

Wie Sie sich vorstellen können, habe ich im Zusammenhang mit der Umsiedlung der Baltendeutschen aus vielen Städten und Dörfern Pommerns, Westpreußens und des Warthegaus Briefe sehr verschiedenen Inhalts erhalten, sowie eine Anzahl umgesiedelter, mir von früher her bekannter Balten getroffen. Ich habe es bisher abgelehnt, die unterschiedlichen Äußerungen — Dankbezeugungen, dann steigernd Beschwerden — an Sie weiterzuleiten, da ich dienstlich mit diesen Fragen nicht zu tun habe. Nichtsdestoweniger werden Sie begreifen, daß ich ein natürliches menschliches Interesse an dem Zustand der Balten habe, und die nachhaltigen wiederholten Darlegungen veranlassen mich deshalb doch, an Sie als dem vom Führer mit der Umsiedlung Beauftragten und Verantwortlichen einige Briefauszüge, die mir charakteristisch erscheinen, zu übersenden, und die Eindrücke zu übermitteln, die ich im Laufe der Zeit gewonnen habe. Sie werden festzustellen haben, ob in der Behandlung dieser Probleme etwas zu ändern möglich ist oder nicht.

... Ich hoffe, Sie werden diese Zeilen so verstehen, wie sie gemeint sind. Es mag sein, daß manches von dem Niedergelegten Ihnen bekannt ist. Ich glaube aber, daß doch eine Zahl Gesichtspunkte Ihnen behilflich sein kann, Ihnen den Auftrag und die Verantwortung tragen zu helfen, die der Führer Ihnen vor dem Urteil der Geschichte über die Umsiedlung der Volksdeutschen übertragen hat.

Heil Hitler!

7 Anlagen gez.: A. Rosenberg

---

[1]) Dokumente CXXIX a – 54. A. Rosenbergs 1. Schreiben umfaßte 13 Seiten mit 7 Anlagen, sein 2. Schreiben ebenfalls 13 Seiten. Wir geben hier nur Auszüge der beiden Briefe und der Anlagen 4 und 7.

II.

Abschrift

Anlage 4

Posen, Mitte Dezember 1939

... Die Lage ist sehr schwer. Deutschland hat eben Krieg zu führen; es geht um größere Dinge als unser Geschick. Wir wissen das alle. Aber der Führer hat uns eine Aufgabe gestellt, die wir zu lösen haben. Wir wollen sie lösen. Wir wollen aufbauen und schaffen. Wir wollen feste Grundsteine sein für die Zukunft. Warum aber will man uns zerschlagen und zerreiben? Dadurch wird der Aufbau nicht gesichert. Wir kommen in ein Vaterland in Ehren heim. Man behandelt uns wie die jämmerlichsten Flüchtlinge. Den Ton, den die Leute uns gegenüber anschlagen, hat der Este nicht gewagt. Verzeih das harte Wort, aber die Art und Weise, mit der viele die Balten behandeln, erinnert an die Bolschewikenzeit, in der wir recht- und schutzlos waren. Wir müssen die Stimmung unter den Balten heben; wir versuchen, die Gemeinschaft zu stärken und die Gemüter zu beruhigen. Im Innern selbst bedrückt und besorgt uns das Schicksal unserer Menschen. Gott sei Dank, jeder sagt: der Führer weiß nicht, was mit uns geschieht. Die höheren Stellen wollen das Beste. Die kleinen Unterbeamten aber blasen sich in ihrer Wichtigkeit auf und versuchen oft, durch grobes Betragen ihre eigene Unsicherheit den Dingen gegenüber, die ihnen über den Kopf wachsen, zu verdecken. Außerdem haben die wenigsten eine Ahnung davon, was die Balten eigentlich sind, was sie aufgegeben haben. Auch hätten die Vertreter des Reiches am Anfang der Umsiedlung nicht das Ganze im rosigsten Licht schildern sollen und Versprechungen machen, die nicht gehalten werden konnten, da die Umstände eben anders liegen. Sofort Arbeit war die Parole. Nun sitzen die Menschen da und warten und warten. Von über 200 Ingenieuren haben nur ungefähr 14 Stellen. Zwei sind in ihrem Beruf angekommen, einer ist hauptamtlich in die SS eingetreten, die übrigen ins Reich gegangen. So liegt es bei den meisten. Die besten Stellen sind durch Leute aus dem Altreich besetzt. Das gilt für alle Berufe, auch auf dem Lande. Es kommen sogar Fälle vor, wo ein Balte als Treuhänder eingesetzt wird, und darauf der Reichsdeutsche kommt und sagt, daß die Sache für ihn bestimmt wäre. Es ist genau so wie mit den Wohnungen, wo der eine die Schlüssel zur Vordertür und der andere die Schlüssel zur Hintertür erhält. Und die Menschen, die Arbeit bekommen, verdienen so wenig, daß sie davon nicht leben können, verdienen weniger als in der Heimat, wo man mit wenig Geld doch noch besser leben konnte als hier. Die Preise für Lebensmittel sollen hier sogar noch höher sein als im Altreich. Die Gehälter sind viel geringer. Wovon sollen wir leben? Vor dieser Frage stehen die meisten, stehen die, die zu wenig zum leben verdienen — stehen die, die noch nicht eingesetzt werden konnten. Die Sorge um das karge Brot für sich und seine Kinder tritt erschreckend in den Vordergrund ...

III.

Anlage 7

Kurzer Überblick über die Zustände in Kalisch

... Die Wohnungsfrage ist unmöglich. Verwanzte, verlauste Wohnungen werden den Baltendeutschen zur Verfügung gestellt, denn es gibt fast *keine* Wohnung, die nicht verwanzt ist. Es soll jedoch in dieser Woche eine große Säuberungsaktion durchgeführt werden und die Polen in die dann freigewordenen Judenwohnungen hineingesetzt werden. Die Baltendeutschen sollen dann die menschenwürdigeren Polenwohnungen erhalten.

... Der erste Transport traf in Kalisch am 9. November ein und bis zum 19. November haben die Baltendeutschen zu 90 % mit Judenwohnungen vorliebnehmen müssen, deren Zustand für einen zivilisierten Menschen untragbar ist. Man hört von Tag zu Tag Gefühlsausbrüche wie z. B.: „Jetzt bin ich so weit, daß ich entweder das Haus anzünde oder mir das Leben nehme." Am meisten leiden natürlich die Frauen aus gutsituierten, kulturell hochstehenden Familien. Auch sind nach Kalisch Elemente abgeschickt worden, auf die im Sinne des großdeutschen Gedankens kein Verlaß sein kann. Da die Exmittierung aus den Wohnungen der Juden und Polen in Gegenwart der Baltendeutschen vor sich geht und sogar junge Baltendeutsche, die zum Selbstschutz gehören, zu dieser Arbeit hinzugezogen werden, hat man die Beobachtung gemacht, daß solche Aktionen moralisch außerordentlich schlecht auf die Umsiedler wirken. Es sind Fälle vorgekommen, wo unsere jungen Leute sich betrinken und dann Judenwohnungen räumen gehen. Wenn die Wirkung des Alkohols verflogen ist, überkommt diese Menschen wieder ein Grauen und sie greifen wieder zum Alkohol usw. Wohin so etwas führt, kann ein jeder klardenkende Mensch sich vorstellen.

Ferner die Frage der sogenannten *einheimischen Volksdeutschen*. Im Selbstschutz von Kalisch sind etwa 100 volksdeutsche junge Leute, die kein einziges Wort Deutsch können, und es unterliegt keinem Zweifel, daß unter diesen sich Polen befinden, zumindest polenfreundliche Elemente. Die Tatsache, daß es bereits Schlägereien zwischen Baltendeutschen und sog. Volksdeutschen in Kalisch gegeben hat, beweist, daß diese letzteren nicht immer deutsche Menschen sind. Dieselben Volksdeutschen erlauben sich den Baltendeutschen gegenüber allerhand Bemerkungen, z. B.: „Warum seid ihr denn überhaupt hierhergekommen? Ihr nehmt uns ja nur unser Brot weg." So etwas muß man *als Deutscher von Deutschen* hören.

IV.

den 20. März 1940
828/R/Ma.

An den Reichsführer-SS
Reichsleiter Heinrich Himmler

Berlin SW 68
Prinz-Albrecht-Str. 9

Sehr geehrter Parteigenosse Himmler!

Am 23. Januar d. Js. sandte ich Ihnen ein Schreiben bezüglich der Baltenumsiedlung.

Unterdessen hat sich die Flut der bei mir einlaufenden Bitten und Klagen der rückgeführten Balten leider nicht verringert, sondern im Gegenteil noch vergrößert. Die Balten, bei denen sich eine gewisse Scheu bemerkbar macht, wenden sich an mich als ehemaligen Landsmann und schildern mir in restloser Offenheit ihre Wünsche und Klagen. Sie weisen auch darauf hin, daß ich als Beauftragter des Führers für die Überwachung der gesamten geistigen und weltanschaulichen Schulung und Erziehung der NSDAP ein Interesse daran haben müßte, daß die nationalsozialistische Begeisterung, mit der sie dem Ruf des Führers folgten, nicht in Resignation umschlägt. An ihre Mitarbeiter ist einiges weitergeleitet worden; Sie baten mich, Ihnen ausgewählte Mitteilungen zur Bearbeitung zu übersenden, was ich hiermit tue.

In meinem obenerwähnten Schreiben brachte ich bereits ein Zitat aus einer amtlichen Bekanntmachung in der „Revalschen Zeitung" vom 14. Oktober 1939, in der es u. a. hieß:

„Für die Umsiedler wird von ihrem Eintreffen an zunächst in der Weise gesorgt werden, daß jeder Wohnung, Nahrung sowie anderen Lebensbedarf zur Verfügung gestellt erhält und sofort Arbeit findet..."

„... Auch hier gilt der Grundsatz, daß möglichst jedem diejenige materielle Grundlage einer Existenz zur Verfügung gestellt werden soll, die seinem seitherigen Beruf und seinen Fähigkeiten angemessen ist..."

In einer in der „Rigaschen Rundschau" vom 2. Dezember 1939 veröffentlichten Erklärung des Landesleiters Dr. Erhard Kroeger heißt es:

„... In der Großstadt Posen wird der größere Teil der Bevölkerung Rigas und Revals untergebracht, vor allem natürlich diejenigen, die durch ihren Beruf an die Großstadt gebunden sind..."

„... Es herrscht ein ungeheurer Bedarf an tüchtigen Arbeitskräften. Ich möchte dabei betonen, daß es sich keineswegs nur um untergeordnete Stellungen handelt, die besetzt werden müssen..."

„... es herrscht bei allen maßgebenden Stellen die Auffassung, daß bei der Besetzung freier Plätze baltendeutsche Bewerber den Vorzug erhalten..."

Nach dieser letzten Erklärung sind über drei Monate verflossen, und die Lage der Balten in den neuen Ansiedlungsgebieten ist eine wesentlich andere, als ihnen s. Zt. in Aussicht gestellt wurde. Auch wenn nicht die *Erfüllung* obiger amtlicher Versprechungen erwartet werden konnte, so doch im Laufe der Zeit eine planvolle sachliche Vorarbeit eines zweckmäßigen Einsatzes durch die von Ihnen Beauftragten. Ich zitiere hier aus dem Brief eines reifen, zuverlässigen und durch und durch deutsch denkenden Balten folgenden Absatz:

„... Die seelische Belastung und damit verbundene tiefe Depression in weitesten Kreisen der Rückwanderer läßt sich gar nicht beschreiben. Aus einer Volksgruppe, die in tiefer Gläubigkeit und unbändigem Einsatzwillen dem Ruf ins nationalsozialistische Deutschland gefolgt ist, hat die ganze Durchführung der Umsiedlung eine zersprengte Schar zutiefst enttäuschter, verbitterter und hoffnungsloser Menschen gemacht. Das Gefühl, dem Schicksal hilflos ausgeliefert zu sein, ist an die Stelle des stark persönlich betonten Vertrauensverhältnisses dieser Menschen zu ihrem Führer getreten. Der Eindruck, daß der direkte Weg zum Führer den Baltendeutschen durch viele Zwischeninstanzen verbaut ist, ist allgemein. Dazu kommt noch die ungeheure Verbitterung, mit der die große Mehrzahl der Rückwanderer nunmehr auch gegenüber ihrer eigenen Volksgruppenleitung erfüllt ist, da diese Leitung sich nach allgemeiner Auffassung der Verantwortung und der Aufgabe, die Belange der Rückwanderer zu hüten und wahrzunehmen, nicht im geringsten gewachsen gezeigt hat. Auch die Rücksichtslosigkeit, teils sogar Brutalität, mit der vielfach auf den Transporten, in den Durchgangslagern, in den Heimen und Krankenhäusern, die Alten und Kranken, die Schwangeren und Wöchnerinnen behandelt wurden, hat auf die Rückwanderer einen vernichtenden Eindruck gemacht, ebenso wie besonders die erschütternden Nachrichten von den aus dieser Behandlung sich ergebenden überaus zahlreichen Todesfällen. Und nicht zuletzt sind die unendlichen Fälle, in denen den Rückwanderern in mehr oder weniger deutlicher Weise zu verstehen gegeben worden ist, daß sie hier als lästige Flüchtlinge, als unerwünschte Eindringlinge, als für den Aufbau des Gebietes unnützes und unbequemes Element empfunden werden, geradezu vernichtend für die Seele der Menschen, die man in feierlicher Weise als Nationalsozialisten aus ihrer Heimat gerufen hat, und die diesem Rufe ohne jedes Zögern gefolgt sind..."

Zu diesen Ausführungen habe ich folgendes zu bemerken:

Ganz allgemein wird in den an mich gerichteten Schreiben immer wieder betont, es wäre zwecklos, eine Empfehlung an die baltische Beratungsstelle zu richten; dagegen wird um Verwendung bei reichsdeutschen Stellen gebeten. Ebenso wiederholen sich die Klagen über taktlose Bemerkungen, die die Balten als unerwünscht eingewandertes Element bezeichnen. Es wird darauf hingewiesen, daß die höheren Stellen der SS wohl bestimmt nicht wüßten, welche Fehler von unteren Stellen begangen werden. Um nur einen der mir gemeldeten Fälle anzuführen, erwähne ich folgenden Vorgang: In einem Baltenlager in Posen, wo die Frau eines Buchhalters mit drei Kindern untergebracht war, erkrankte das eine Kind schwer infolge des ständigen Strohstaubes. Als der behandelnde Arzt die sofortige Überführung in gesunde Verhältnisse verlangte, da sonst mit dem *Tode* des Kindes zu rechnen wäre, erklärte der Lagerkommandant: „Was schadet es schon! Wenn das eine Kind stirbt, hat die Frau ja immer noch zwei andere Kinder!"

......

Heil Hitler!

gez.: A. Rosenberg

Sonderfälle [1])

I.

Der Chef der Sicherheitspolizei und des SD – Einwandererzentrale

Kommission XV

II (26/31) Tgb.Nr. 58/43 Zamosc, den 10. Februar 1943

An den ϟϟ- und Polizeiführer
im Distrikt Lublin, ϟϟ-Gruppenführer Globocnik
Lublin

Bei der Erfassung der Deutschstämmigen sind folgende Sonderfälle besonders zu erwähnen:

1. Johanna *Achidzanjanz* aus Tomaszow:

Genannte wurde am 25. 1. 1943 geschleust. Sie ist zu 50 % deutscher Abstammung und rassisch gut bewertet. Eine Eindeutschung lehnte sie strikt ab. Sie weigerte sich auch, die deutsche Sprache zu erlernen oder Deutsche zu werden. Da es sich um einen Intelligenzfall – A. ist Ärztin – handelt, dürfte eine Überstellung ins Altreich angebracht sein, da sie hier für andere Deutschstämmige ein schlechtes Vorbild, ja sogar eine Gefahr bedeuten würde.

2. Maria *Lambucki*, geb. 27. 4. 1903, aus Tomaszow-Lub.:

Genannte wurde mit ihren zwei Söhnen, Ignatz und Georg, am 23. 1. erfaßt. L. ist 100 % deutscher Abstammung. Ihr Ehemann, der sich in russischer Kriegsgefangenschaft befindet, ist reiner Pole. Bei der Durchschleusung lehnte die L. eine Eindeutschung ab, sie sei mit einem Polen verheiratet und erwarte wohl seine Rückkehr und wolle nicht, daß ihr Mann sie als Deutsche vorfinde. Ihre Söhne hat sie polnisch erzogen. Beide lernen jedoch jetzt die deutsche Sprache. Der Ältere zeigt zwar eine entschlossene, dem Deutschtum gegenüber aber ablehnende Haltung. Er sei als Pole erzogen worden und käme sich fahnenflüchtig vor, wenn er jetzt Bindungen mit dem Deutschtum einginge. Auch in diesem Falle erscheint ein Absatz im Altreich erforderlich.

3. Stanislaus *Koch* aus Gut Sitno:

Genannter war mit seiner Ehefrau und seinen beiden Töchtern Elisabeth und Christine zur Schleusung vorgeladen. Seinerzeit erschien lediglich der Ehemann. Er benahm sich

[1]) *Dokumente CXXXII – 109.*

während der Schleusung äußerst renitent und lehnte trotz 75%iger deutscher Abstammung jede Bindung zum Deutschtum ab. Erst nach wiederholter Aufforderung machte er die von ihm verlangten Angaben. Er bereitete der Aufnahmekraft sowie dem Volkstumssachverständigen erhebliche Schwierigkeiten. Der Vertreter des Kreishauptmanns, Kreisschulrat Gauer, der gleichzeitig als Volkstumssachverständiger fungierte, kannte Koch seit längerer Zeit und äußerte politische Bedenken gegen die Eindeutschung des K.

Seine Ehefrau und die Töchter weigerten sich seinerzeit zu erscheinen. Erst nach nochmaliger Aufforderung erschienen am 22. 1. 1943 die Töchter. Auch sie lehnten die Eindeutschung ab. Es wurde ihnen aufgetragen, ihre Mutter, die zur Zeit krank sein soll, innerhalb 14 Tagen zum Erscheinen vor der Kommission zu veranlassen bzw. ein amtsärztliches Attest vorzulegen. Da die Familie 62,5 % deutschstämmig ist, wurde für die Töchter „Eindeutschungsfähig B" entschieden. Es ist untragbar, daß die Familie Koch unter diesen Verhältnissen in dem Ansiedlungsbereich verbleibt.

4. Brunhilde *Muszynski*, geb. von Wattmann:

Vorerwähnte zeigte bei der Durchschleusung eine Haltung, die als durchaus deutschfeindlich bezeichnet werden kann. Sie bestritt zunächst, deutscher Abstammung zu sein. Erst nach Vorhalt ihres Vater, der nach Angabe des Pol-Präsidenten in Wien Reichsdeutscher ist, gab sie zu, deutscher Abstammung zu sein. Ihre Kinder wolle sie polnisch erziehen, da sie ihres polnischen Vaters wegen auf keinen Fall deutsch sein sollen. Ihr Ehemann sei im Polenfeldzug als polnischer Offizier gefallen. Sie lehne jede Bindung zum Deutschtum ab und wolle nichts damit zu tun haben. M. A. kann sie als Renegatin übelster Sorte betrachtet werden. Sie dürfte, trotzdem sie perfekt deutsch spricht und deutscher Abstammung ist, nicht im Gebiet des Generalgouvernements verbleiben. Da sie durch ihre Stellung und geistigen Fähigkeiten der Mitbevölkerung ein denkbar schlechtes Beispiel gibt, wird vorgeschlagen, ihre sofortige Abschiebung ins Altreich zu veranlassen.

5. Ingeborg *von Avenarius*, geb. Wattmann:

Genannte wurde heute im Beisein ihres Vaters geschleust. Sie zeigte dabei eine derart verstockte Haltung, daß eine Anerkennung als Volksdeutsche bzw. Deutschstämmige unter Verbleib im Generalgouvernement nicht möglich ist. Sie gab auf Vorhalt zwar zu, deutscher Abstammung zu sein, doch lehnte sie jede Erziehung zum Deutschtum ab. Ihr Ehemann sei Pole und bekenne sich zum polnischen Volkstum. Sie selbst sei durch ihre Heirat ebenfalls Polin geworden, und zwar nicht nur staatsrechtlich, sondern auch gesinnungs- und gefühlsmäßig. Sie wolle ihre Kinder auf keinen Fall deutsch erziehen, sondern sie unbedingt dem Polentum zuführen. Über den näheren Aufenthalt ihres Ehemannes konnte sie angeblich keine näheren Angaben machen.

Da es sich in diesem Falle um völlig polonisierte Intelligenz handelt, dürfte eine besondere Überprüfung bezw. eine sofortige Überstellung ins Altreich erforderlich sein.

Diese Vorgänge sind bereits dem SS-Ansiedlungsstab, SS-Ostuf. Hareuther, gemeldet worden.

Unterschrift (unleserlich)
SS-Sturmbannführer

II.

Der Reichsführer-ϟϟ
Persönlicher Stab

Tgb. Nr. 40/12/44 g
Bg./Hm

Feld-Kommandostelle, den 28. Mai 1944
Geheim

Betr.: Unterbringung von deutschstämmigen Familien in Schutzhaft bezw. Heimschulen

Bezug: Dort. Schr. v. 24. 4. 1944 – IV A 6b (IV C 2 alt) 5631/4415/43g

An das
Reichssicherheitshauptamt
Berlin

Auf Grund der Vorlage des Reichssicherheitshauptamtes vom 24. 4. 1944 hat der Reichsführer-ϟϟ folgende Entscheidungen getroffen:

1. Maria Lambucki und Stanislaw Koch sollen nicht weiterhin in Schutzhaft bleiben.

2. Jachwiga Koch soll in eine Heimschule eingewiesen werden.

3. Brunhilde Muszynski soll in Schutzhaft genommen werden. Ihre beiden 4 und 7 Jahre alten Kinder sind zu sterilisieren und irgendwo als Pflegekinder unterzubringen.

4. Ingeborg von Avenarius ist ebenfalls in Schutzhaft zu nehmen. Auch ihre Kinder sind nach der Sterilisation irgendwo als Pflegekinder unterzubringen.

gez. Brandt

ϟϟ-Standartenführer

Tschechen

I.[1])

Bekanntmachung

Konstantin von Neurath. * 2. 2. 1873 — 1901 Eintritt in das Auswärtige Amt — 1903 Vizekonsul in London — 1909 Legationsrat — 1914—1916 Botschaftsrat in Konstantinopel — 1917—1918 Chef des Zivilkabinetts des Königs von Württemberg — 1919 Gesandter in Kopenhagen — 1921 Botschafter in Rom — 1930 Botschafter in London — 1932 Reichsminister des Auswärtigen (F. L.) — 1937—1945 Mitglied der NSDAP — 1937 Goldenes Parteiabzeichen verliehen und Ernennung zum ᛋᛋ-Gruppenführer durch Hitler persönlich — 1943 Beförderung zum ᛋᛋ-Obergruppenführer — 1938 Vorsitzender des Geheimen Kabinettsrats — Mitglied des Reichsverteidigungsrats — 1939—1943 Reichsprotektor von Böhmen und Mähren — Bei Ernennung zum Reichsprotektor Verleihung des Adlerordens durch Hitler (PS — 2932.).
1. Okt. 1946 durch den Internationalen Militärgerichtshof in Nürnberg zu 15 Jahren Gefängnis verurteilt — 6. Nov. 1954 vorzeitig aus dem Spandauer Gefängnis entlassen. † 14. August 1956.

Trotz wiederholter ernster Warnungen versucht seit einiger Zeit eine Gruppe tschechischer Intellektueller in Zusammenarbeit mit Emigrantenkreisen im Ausland durch kleine oder größere Widerstandsakte die Ruhe und Ordnung im Protektorat Böhmen und Mähren zu stören. Es konnte dabei festgestellt werden, daß sich Rädelsführer dieser Widerstandsakte besonders auch in den tschechischen Hochschulen befinden.

Da sich am 28. Oktober und am 15. November diese Elemente hinreißen ließen, gegen einzelne Deutsche tätlich vorzugehen, wurden

die tschechischen Hochschulen
auf die Dauer von drei Jahren geschlossen,
neun Täter erschossen und
eine größere Anzahl Beteiligter in Haft genommen.

Prag, den 17. November 1939.

Der Reichsprotektor Böhmen und Mähren
gez. Freiherr von Neurath

---

[1]) *Dokument USSR — 489.*

II.

Die dritte Möglichkeit

A[1])

Der Reichsprotektor in Böhmen und Mähren
Der Vertreter des Auswärtigen Amtes

12.065/D.Pol.2g. Prag, den 5. Oktober 1940

An das Auswärtige Amt
in Berlin

Inhalt: Die Entscheidung des Führers.
Im Anschluß an den Bericht v. 27. September 1940
– Nr. 11.663/D.Pol.2g – Geheime Reichssache

Über den Empfang des Reichsprotektors und des Staatssekretärs Frank durch den Führer erfahre ich von authentischer Seite folgendes:

Reichsjustizminister Gürtner hielt einleitend einen Vortrag über die tschechische Widerstandsbewegung, wobei er ausführte, daß in der nächsten Zeit der erste Prozeß gegen die vier Haupträdelsführer vor dem Volksgerichtshof stattfinden werde.

Der Führer wandte sich gegen diese Ausführungen und erklärte, daß für tschechische Aufrührer und Rebellen Exekutionskommandos genügten. Es sei falsch, durch Gerichtsurteile Märtyrer zu schaffen, was Beispiele von Andreas Hofer und Schlageter bewiesen. Die Tschechen würden jedes Urteil als Unrecht empfinden. Da die Sache nun einmal auf das gerichtliche Geleise gebracht sei, solle es damit sein Bewenden haben. Die Prozesse seien bis zum Friedensschluß zu vertagen, und später im Lärm der Siegesfeiern würden die Gerichtsverhandlungen ungehört verhallen. Die Urteile könnten nur auf Tod lauten, doch würde dann eine Begnadigung zu lebenslanger Festungshaft oder Deportation erfolgen.

Zur Frage der Zukunft des Protektorats streifte der Führer folgende drei Möglichkeiten:

1. Belassung einer tschechischen Autonomie, wobei die Deutschen im Protektorat als gleichberechtigte Mitbürger lebten. Diese Möglichkeit scheidet aber aus, da immer mit tschechischen Umtrieben gerechnet werden müsse.

2. Die Aussiedlung der Tschechen und die Verdeutschung des böhmisch mährischen Raumes durch deutsche Siedler. Auch diese Möglichkeit käme nicht in Frage, da ihre Durchführung 100 Jahre beanspruchte.

3. Die Verdeutschung des böhmisch-mährischen Raumes durch Germanisierung der Tschechen, d. h. durch ihre Assimilierung. Letztere wäre für den größten Teil des tschechischen Volkes möglich. Von der Assimilierung seien auszunehmen diejenigen Tschechen,

[1]) *Dokument D–739.*

gegen welche rassische Bedenken beständen oder welche reichsfeindlich eingestellt seien. Diese Kategorie sei auszumerzen.

Der Führer entschied sich für die dritte Möglichkeit; er ordnete über Reichsminister Lammers an, daß der Vielheit der Pläne über die Aufteilung des Protektorats Einhalt geboten werde. Der Führer entschied ferner, daß im Interesse einer einheitlichen Tschechenpolitik eine zentrale Reichsgewalt in Prag für den gesamten böhmisch-mährischen Raum verbleibt.

Es verbleibt somit bei dem bisherigen status des Protektorats.

Die Entscheidung des Führers erfolgte im Sinne der vom Reichsprotektor und von Staatssekretär Frank vorgelegten Denkschriften.

gez.: Dr. Ziemke

B[1])

Erich Friderici. General d. Inf. — Bis 1914 Offizier im I. R. 103, Erzieher im Sächs. Kadetten-Korps Dresden, Reg.-Adjutant I. R. 103 — Keine Unterlagen über Verwendung im Kriege 1914—1918 — 1. 10. 1920 RWMin (T 1), Komp.-Chef I. R. 6, Schwerin — 1. Generalstabsoffizier Infü II, Schwerin — 1. Generalstabsoffizier 4. Div., Dresden — Kommandeur III/I. R. I, Gumbinnen — Kommandeur I. R. 11, Leipzig — Kommandant von Leipzig (Aufstellungsstab Division Leipzig) — Kommandeur 17. Div., Nürnberg — Wehrmachtsbefehlshaber Prag (Lt. Schreiben d. Verbandes Deutscher Soldaten e. V. vom 28. 1. 1958).

Geheime Kommandosache

Der Wehrmachtbevollmächtigte
beim Reichsprotektor
in Böhmen und Mähren

Prag, den 15. Oktober 1940
Nr. 22/40 g. Kdos.
CHEFSACHE!
(Nur durch Offizier zu behandeln)

Betr.: Grundsätze der Politik im Protektorat.

— 1 — Anlage

4 Ausfertigungen
1. Ausfertigung

Das Amt des Reichsprotektors hat am 9. 10. d. J. eine Dienstbesprechung abgehalten, in der Staatssekretär SS-Gruppenführer K. H. Frank dem Sinne nach etwa folgendes ausführte:

Seit Schaffung des Protektorats Böhmen und Mähren haben sowohl Parteidienststellen, als auch Wirtschaftskreise, sowie zentrale Behördendienststellen Berlins Erwägungen über die Lösung des tschechischen Problems angestellt.

Der Reichsprotektor hat zu den verschiedentlichen Planungen nach reiflicher Prüfung in einer Denkschrift Stellung genommen. In dieser wurden drei Lösungsmöglichkeiten aufgezeigt:

---

[1]) *Dokument PS — 862.*

a) deutsche Durchdringung Mährens und *Rückbau des tschechischen Volksteiles auf ein Restböhmen.*

Diese Lösung wird, da ja das tschechische Problem, wenn auch verkleinert, weiter bestehen bleibt, als nicht befriedigend bezeichnet.

b) Gegen die an sich totalste Lösung, nämlich die *Aussiedlung der gesamten Tschechen*, sprechen mannigfaltige Gründe. Die Denkschrift kommt daher zum Ergebnis, daß sie in absehbarer Zeit undurchführbar ist.

c) *Assimilierung des Tschechentums*, d. h. Aufsaugen etwa der Hälfte des tschechischen Volksteiles im Deutschtum, insoweit diese blut- und sonst wertmäßig Bedeutung hat. Diese wird u. a. auch durch vermehrten Arbeitseinsatz von Tschechen im Reichsgebiet (ausgenommen die sudetendeutschen Grenzgebiete), also durch Zerstreuung des geschlossenen tschechischen Volksteiles erfolgen.

Die andere Hälfte des tschechischen Volksteiles muß auf die verschiedensten Arten entmachtet, ausgeschaltet und außer Landes gebracht werden. Dies gilt besonders für die rassisch mongoloiden Teile und den Großteil der intellektuellen Schicht. Letztere ist sowohl stimmungsmäßig kaum zu gewinnen und andererseits dadurch, daß sie immer wieder Führungsansprüche gegenüber den anderen tschechischen Volksteilen anmelden und damit eine möglichst rasche Assimilierung stören würden, eine Belastung.

Elemente, die der beabsichtigten Germanisierung entgegenarbeiten, müssen scharf angefaßt und ausgeschaltet werden.

Die aufgezeigte Entwicklung setzt naturgemäß ein vermehrtes Hereinströmen Deutscher aus dem Reichsgebiet in das Protektorat voraus.

Der Führer hat nach Vortrag als Richtlinie für die Lösung des Tschechischen Problems die Lösung nach c) (Assimilierung) gegeben und entschieden, daß bei äußerer Beibehaltung der Autonomie des Protektorats die Germanisierung noch Jahre einheitlich vom Amt des Reichsprotektors wahrgenommen werden müsse.

Von seiten der Wehrmacht ergeben sich aus Obigem keine wesentlichen Folgerungen. Es ist die Richtung, die von hier stets vertreten wurde. Ich nehme in diesem Zusammenhange bezug auf meine an den Herrn Chef des Oberkommandos der Wehrmacht am 12. 7. 1939 unter Zahl 6/39 g. Kdos. verfaßte Denkschrift: „Das Tschechische Problem", (Liegt als Anlage bei.)

Der Wehrmachtbevollmächtigte
beim Reichsprotektor in Böhmen und Mähren
Friderici
General der Infanterie

Verteiler:

OKW – L	1. Ausfertigung
OKH – O Qu V	2. "
Chef H Rüst und BdE–Ic	3. "
Entwurf	4. "

III.[1])

Kulturpolitische Informationen für die Presse

Dietmar Schmidt. * 29. 7. 1911 in Holzhausen — Schriftleiter — 1942 Regierungsrat.

pm 1. november 1941
an alle rpae
rundspruch nr 1
einschließlich oslo, prag, den haag, bruessel, paris u. krakau.
mit der bitte um entsprechende bekanntgabe an alle zeitungen, zeitschriften und korrespondenten ihres bereiches.

aktenz: zo 4190/24. 9. 40/54—18,1 btr.: kulturpolitische informationen.

aus gegebenem anlass wird darauf hingewiesen, dass ein teil der im reiche erscheinenden zeitungen bei der besprechung tschechischer kultureller fragen haeufig ein voelliges unverstaendnis fuer die deutsche haltung gegenueber dem tschechentum an den tag legt. fuer die behandlung dieser fragen gilt die folgende sprachregelung:

1.) grundsaetzlich ist jede betonung einer tschechischen eigenstaendigen — also von der deutschen wesentlich verschiedenen kultur unerwuenscht.

2.) die betonung des slawischen charakters der tschechengemeinsamkeit z. b. mit den russen, polen oder anderen, slawische sprachen sprechenden voelkern — ist zu vermeiden.

3.) historisch ist die erwaehnung aller ereignisse, in denen sich die tschechen in einen gegensatz zum deutschen reich stellten — hussitenbewegung, panslawismus, legionaere, csr usw. — unerwuenscht und lediglich mit entsprechenden kommentaren, die diese episoden als irrwege kennzeichnen, zulaessig.

4.) in positiver weise ist die zugehoerigkeit der tschechen zum deutsch-europaeischen kulturkreis immer herauszustellen. die weitgehende beeinflussung, ja abhaengigkeit der tschechischen kultur von der deutschen kultur ist bei jeder gelegenheit zu betonen, insbesondere auch die deutschen kulturleistungen im boehmisch-maehrischen raume und ihre wirkung auf das kulturelle schaffen der tschechen.

5.) es ist stets zu beachten, daß die tschechen zwar eine slawische sprache sprechen, sonst aber, infolge ihres jahrhundertelangen zusammenlebens mit kulturell ueberlegenen deutschen staemmen im deutschbestimmten reich, durchaus zum deutschen kulturkreis gehoeren und mit anderen, slawische sprache sprechenden voelkern beinahe nichts gemeinsam haben.

6.) historisch sind immer diejenigen zeiten und persoenlichkeiten herauszustellen, in denen die tschechen den anschluß an die deutsche kultur suchten und fanden / wenzel der heilige, zeit karls 4, ferdinand 1, rudolfs 2, boehmisches barock usw.

i. a.
gez. dietmar schmidt

---

[1]) *Dokument RF–1148. Rundspruch des Reichspropagandaministeriums an alle Reichspropagandaämter einschließlich der Propagandastellen in den besetzten Gebieten.*

Polen

I.

Die ersten Monate[1])

Der Oberbefehlshaber Ost — H.Qu. Spala, den 6. 2. 1940

Vortragsnotizen für Vortrag Oberost beim Oberbefehlshaber des Heeres am 15. 2. in Spala

... Der Oberbefehlshaber im Grenzabschnitt Süd, General der Infanterie Ulex, äußert sich am 2. Februar 1940:

... Eine ganz besonders und stetig wachsende Beunruhigung des Landes bringt die Umsiedlung mit sich. Es liegt auf der Hand, daß die darbende und um ihre Existenz und ihr Leben ringende Bevölkerung nur mit größter Sorge die völlig mittellos, über Nacht aus ihren Häusern gerissenen, sozusagen nackt und hungernd bei ihr unterkriechenden Massen der Umgesiedelten betrachten muß. Daß diese Gefühle durch die zahlreichen verhungerten toten Kinder jedes Transportes, und die Waggons voll erfrorener Menschen, zu maßlosen Haß gesteigert werden, ist nur zu erklärlich.

Die Ansicht, man könne das polnische Volk mit Terror einschüchtern und am Boden halten, wird sich bestimmt als falsch erweisen. Dafür ist die Leidensfähigkeit des Volkes viel zu groß!

Die Truppe hat in den letzten Monaten etwa 100 Erschießungen nach standrechtlicher Verurteilung, in der Hauptsache wegen Waffenbesitz und Sabotage, vorgenommen. Die polnische Bevölkerung hält dies für unser gutes Recht und findet sich ab. Dagegen wird sie sich mit allen Mitteln gegen alle verbrecherischen Grausamkeiten, Mißhandlungen und Plünderungen, wie sie von SS, Polizei und Verwaltung begangen werden, zur Wehr setzen.

Die ältere polnische Generation kennt sehr genau aus hundertjährigem Kampf alle erprobten Schliche einer geschickten Verschwörung aus eigener Erfahrung. Sie wird sie an die Jugend weitergeben und diese damit zum besonders ernstzunehmenden Gegner machen.

Die mehrfach geäußerte Ansicht, ein kleiner polnischer Aufstand sei ganz erwünscht, weil man dann Gelegenheit habe, im großen Stil die Polen zu dezimieren, wird für sehr leichtfertig gehalten. Es sind nachweislich Massen von Waffen und Munition im Lande

[1]) *Auszug aus dem Dokument CXXXVI – 15.*

versteckt, so daß eine Aufstandsbewegung bestimmt viel deutsches Blut kosten würde. Zudem muß befürchtet werden, daß für die Niederkämpfung unter Umständen schwer entbehrliche Verstärkungen aus dem Westen herangezogen werden müssen.

Er besteht kein Zweifel, daß mit diesem Treiben in einer unverantwortlichen Weise die militärische Sicherheit und wirtschaftliche Ausnutzung des Ostens nutzlos gefährdet wird...

II.

Bestimmungen für Landarbeiter „polnischen Volkstums"[1]

Bad. Finanz- u. Wirtschaftsminister
Landesernährungsamt Abt. A
(Landesbauernschaft)

Karlsruhe, den 6. März 1941

Vertraulich
Nur für den Dienstgebrauch!

An alle
Kreisbauernschaften

Betrifft: Bestimmungen über die Behandlung ausländischer Landarbeiter polnischen Volkstums.

Mit Genugtuung haben die Dienststellen des Reichsnährstandes — Landesbauernschaft Baden — das Ergebnis der Verhandlungen beim Höheren SS- und Polizeiführer am 14. 2. 41 in Stuttgart aufgenommen. Entsprechende Merkblätter wurden den Kreisbauernschaften bereits übergeben. Anschließend gebe ich einzelne Bestimmungen bekannt, wie diese auf Grund der Besprechungen festgelegt wurden und nun entsprechend angewendet werden müssen:

1. Ein Beschwerderecht steht den Landarbeitern polnischen Volkstums grundsätzlich nicht mehr zu und dürfen solche auch von keiner Dienststelle entgegengenommen werden.
2. Die Landarbeiter polnischen Volkstums dürfen die Ortschaften, in welche sie zum Einsatz gegeben wurden, nicht mehr verlassen und haben Ausgangsverbot vom 1. Oktober bis 31. März von 20 Uhr bis 6 Uhr und vom 1. April bis 30. September von 21 Uhr bis 5 Uhr.
3. Die Benutzung von Fahrrädern ist streng untersagt. Ausnahmen sind möglich für Fahrten zur Arbeitsstelle aufs Feld, wenn ein Angehöriger des Betriebsführers oder der Betriebsführer selbst dabei ist.
4. Der Besuch der Kirchen gleich welcher Konfession ist streng verboten, auch wenn kein Gottesdienst abgehalten wird. Einzelseelsorge durch die Geistlichen außerhalb der Kirchen ist gestattet.

---

[1]) *Dokument EC — 068.*

5. Der Besuch von Theatervorstellungen, Kinos oder sonstigen kulturellen Veranstaltungen ist für Landarbeiter polnischen Volkstums streng untersagt.

6. Der Besuch von Gaststätten für Landarbeiter polnischen Volkstums ist streng verboten mit Ausnahme einer Gaststätte im Ort, die vom Landratsamt hierzu bestimmt wurde und nur an einem Tag in der Woche. Der Tag, welcher zum Besuch der Gaststätte freigegeben wurde, wird ebenfalls vom Landratsamt bestimmt. Bei dieser Bestimmung ändert sich an dem unter 2 verkündeten Ausgangsverbot nichts.

7. Der Geschlechtsverkehr mit Frauen und Mädchen ist streng verboten und wo solcher festgestellt wird, ist Anzeigepflicht gegeben.

8. Zusammenkünfte von Landarbeitern polnischen Volkstums nach Feierabend auf anderen Höfen, sei es in Stallungen oder in den Wohnräumen der Polen, sind verboten.

9. Die Benutzung von Eisenbahnen, Omnibussen oder sonstigen öffentlichen Verkehrsmitteln durch Landarbeiter polnischen Volkstums ist verboten.

10. Die Bescheinigungen von der Ortspolizeibehörde (Bürgermeisteramt), welche zum Verlassen des Ortes berechtigen, dürfen nur in ganz großen Ausnahmefällen ausgestellt werden. Keinesfalls aber, wenn ein Pole eigenmächtig eine Dienststelle, sei es ein Arbeitsamt oder die Kreisbauernschaft, aufsuchen oder seinen Arbeitsplatz wechseln will.

11. Ein eigenmächtiger Stellenwechsel ist streng verboten. Die Landarbeiter polnischen Volkstums haben so lange täglich zu arbeiten, wie es im Interesse des Betriebes gelegen ist und vom Betriebsführer verlangt wird. Eine zeitliche Begrenzung der Arbeitszeit besteht nicht.

12. Das Züchtigungsrecht steht jedem Betriebsführer für die Landarbeiter polnischen Volkstums zu, sofern gutes Zureden und Belehrungen ohne Erfolg waren. Der Betriebsführer darf in einem solchen Fall von keiner Dienststelle deswegen zur Rechenschaft gezogen werden.

13. Die Landarbeiter polnischen Volkstums sollen nach Möglichkeit aus der Hausgemeinschaft entfernt werden und können in Stallungen usw. untergebracht werden. Irgendwelche Hemmungen dürfen dabei nicht hindernd im Wege stehen.

14. Alle von Landarbeitern polnischen Volkstums begangenen Schandtaten, die dazu angetan sind, den Betrieb zu sabotieren oder die Arbeiten aufzuhalten, z. B. durch Arbeitsunwillen und freches Benehmen, unterliegen der Anzeigepflicht auch dann, wenn es sich um leichtere Fälle handelt. Ein Betriebsführer, welcher durch pflichtgemäße Anzeige seinen Polen, der daraufhin eine längere Haftstrafe verbüßen muß, verliert, erhält auf Antrag vom zuständigen Arbeitsamt bevorzugt eine andere polnische Arbeitskraft zugewiesen.

15. In allen anderen Fällen ist nur noch die Staatspolizei zuständig.

Auch für die Betriebsführer sind hohe Strafen vorgesehen, sollte festgestellt werden, daß der notwendige Abstand von den Landarbeitern polnischen Volkstums nicht gewahrt worden ist. Dasselbe gilt auch für die Frauen und Mädchen. Sonderzuwendungen sind streng untersagt. Nichteinhaltung der Reichstarife für Landarbeiter polnischen Volkstums werden mit sofortiger Wegnahme der Arbeitskraft durch das zuständige Arbeitsamt bestraft.

In irgendwelchen Zweifelsfällen gibt die Landesbauernschaft — I B Auskunft.

Eine schriftliche Weitergabe obiger Vereinbarung an Landarbeiter polnischen Volkstums ist streng verboten.

Diese Bestimmungen gelten nicht für Polen, welche sich noch im Kriegsgefangenenverhältnis befinden und somit der Wehrmacht unterstehen. In diesem Falle gelten die von der Wehrmacht bekanntgegebenen Regelungen.

Heil Hitler!

Im Auftrag

gez. Dr. Klotz

III.

Ein Geheimerlaß Rosenbergs[1])

Der Reichsminister für die besetzten Ostgebiete

I/862/42 g Berlin, 26. November 1942

GEHEIM!

An

a) den Herrn Reichskommissar für das Ostland — RIGA
b) den Herrn Reichskommissar für die Ukraine — ROWNO

Betr.: Behandlung der Polen in den besetzten Ostgebieten.

Verschiedene mir über das Verhalten der polnischen Bevölkerung in den besetzten Ostgebieten zugegangene Berichte geben mir Veranlassung, zur Behandlung der in den besetzten Ostgebieten lebenden Polen grundsätzlich Stellung zu nehmen und auf die Notwendigkeit der Verfolgung einer einheitlichen politischen Linie in diesem Zusammenhang hinzuweisen.

Das polnische Volk, das seine politische Chance von jeher im Kampf gegen Deutschland gesehen hat und dessen Geschichte erfüllt ist von einem durch Generationen genährten Gegensatz zu Deutschland, hat einen in seiner Grausamkeit beispiellosen Ausrottungskampf gegen die deutsche Volksgruppe im ehemaligen Polen geführt und den gegenwärtigen Krieg auf Betreiben Englands angezettelt. Obwohl es diesen Krieg zu seinem Teil verloren hat, kämpfen polnische Soldaten auch heute noch auf englischer und sowjetischer Seite gegen Deutschland, indessen die in den eingegliederten Ostgebieten und im Generalgouvernement ansässige polnische Bevölkerung mit den ihr zu Gebote stehenden Mitteln versucht, der deutschen Führung durch passiven Widerstand

---

[1]) *Dokument CXLVa — 21*

und vereinzelte Terror- und Sabotageakte Schwierigkeiten zu machen und dadurch die Widerstandskraft des Reiches zu schwächen.

In den besetzten Ostgebieten liegen die Verhältnisse ähnlich. Auch hier haben die Polen bei aller zur Schau getragenen Loyalität und äußeren Bereitwilligkeit zur Mitarbeit ihre Tätigkeit in den Dienststellen der deutschen Verwaltung und einheimischen Hilfsverwaltung sowie auf dem Gebiet der Wirtschaft vielfach dazu ausgenutzt, um sich und ihren Landsleuten Vorteile jeder Art (z. B. auf dem Gebiet der Lebensmittel- und Wohnungszuteilung, der Zuweisung gut bezahlter Stellungen) zu verschaffen. Das auf dem Gebiet des Verkehrswesens, insbesondere bei der Eisenbahn, eingesetzte polnische Fahrpersonal hat sich weitgehend in den Dienst einer den deutschen Interessen abträglichen Flüsterpropaganda gestellt und stark zur Bildung und Weitergabe von Gerüchten beigetragen, wie überhaupt die Verbindung zu den außerhalb der besetzten Ostgebiete lebenden Polen sowie teilweise auch zu der illegal arbeitenden polnischen Widerstandsbewegung und zu sowjetischen Partisanengruppen durch dieses polnische Fahrpersonal laufend aufrechterhalten wird. Innerhalb der einheimischen Bevölkerung schließlich haben die Polen es teilweise mit Erfolg verstanden, die hier und da vorhandene Unzufriedenheit über die durch den Krieg bedingten notwendigen Maßnahmen der deutschen Zivilverwaltung durch eine geschickte Agitation zu steigern und die Bevölkerung stimmungsmäßig gegen die deutsche Führung aufzuputschen.

Die aus einer solchen Einflußnahme und Einwirkung der Polen für die Interessen des Reiches erwachsenden Gefahren liegen auf der Hand. In vielen Fällen werden sie, die in ihrer ganzen Größe nur im Zusammenhang mit der gesamtpolnischen Widerstandsbewegung erfaßt werden können, allerdings erst nach geraumer Zeit bei den außerordentlich schwierigen und volkstumsmäßig oft unklaren Verhältnissen in Osteuropa erkennbar sein.

Die Tatsache, daß die Mehrzahl der Polen im allgemeinen über bessere deutsche Sprachkenntnisse, über ein gewandteres Auftreten und über eine ansprechendere Kleidung als die einheimische Bevölkerung verfügt, sowie der von einzelnen Polen gern gemachte Hinweis auf ihre während des ersten Weltkrieges erworbenen deutschen Kriegsauszeichnungen und angeblich verwandtschaftlichen Bindungen nach Deutschland, dürfen ebenso wenig wie die ihnen eigene äußerliche Höflichkeit und ihre Dienstbeflissenheit dazu führen, daß sich die deutsche Führung über die wahren Absichten der durchweg auf den Endsieg Englands hoffenden Polen hinwegtäuscht. Nie darf auch vergessen werden, daß die schon auf Grund ihres Nationalcharakters und ihrer Geschichte zur Konspiration neigenden Polen in jener Zeit, in der sie unter deutscher, österreichischer oder russischer Herrschaft lebten, es gelernt haben, sich durch geschickte Anpassung an die jeweiligen Strömungen in das Vertrauen der herrschenden Kreise einzuschleichen und dort beobachtete Schwächen und Meinungsverschiedenheiten zielbewußt für sich auszunutzen. In besonderem Maße gilt dies für die polnische Frau, die vor allem in der Zeit des polnischen Unabhängigkeitskampfes unter dem Deckmantel charitativer Arbeit politischen Machenschaften ihre Hand gereicht hat und stets bereit war, der polnischen Sache einen Dienst zu erweisen.

Das Polenproblem kann in seiner Gesamtheit aus naheliegenden Gründen während des Krieges keiner endgültigen Lösung zugeführt werden. Um so wichtiger ist dafür aber eine eindeutige Haltung aller Angehörigen der deutschen Zivilverwaltung gegenüber dem Polentum und eine klare fortlaufende Befolgung der als notwendig erachteten Richtlinien bei der Behandlung der Polen, sobald irgend die Möglichkeit des Ersatzes durch andere Kräfte gegeben sind. Ich mache deshalb die Einhaltung folgender Richtlinien zur Pflicht:

1. Das Polentum ist aus jeder Stellung, die einen Einblick in wesentliche politische oder wirtschaftliche Zusammenhänge gewährt und in irgendeiner Form einen maßgeblichen Einfluß auf die Verwaltung, Kultur oder Wirtschaft einräumt, möglichst schnell und total auszuschalten. Insbesondere sind Bürgermeister, Kreis- und Rayonchefs polnischen Volkstums oder polenfreundlicher Gesinnung sowie polnische oder polenfreundliche Leiter größerer Wirtschaftsbetriebe und Güter aus ihren Ämtern zu entlassen und durch Angehörige anderen Volkstums (Litauer, Weißruthenen, Ukrainer) zu ersetzen. Das Gleiche gilt für die in den Dienststellen der deutschen und einheimischen Verwaltung tätigen Personen polnischen Volkstums, insbesondere für ehemalige Studenten, Lehrer und Geistliche sowie andere Angehörige der polnischen Intelligenz.

2. Die zur Entlassung gekommenen Polen sind im Hinblick auf die in den besetzten Ostgebieten zu bewältigenden großen Aufgaben umgehend auf anderen Gebieten weiterzubeschäftigen, wie überhaupt der Einsatz der polnischen Bevölkerung in der Landwirtschaft und auf anderen der Sicherung der Ernährung und der Kriegswirtschaft dienenden Gebieten unbedingt sichergestellt sein muß.

3. Das polnische Schulwesen ist über ein vierklassiges Volksschulwesen hinaus nicht zu entwickeln und zu fördern. Ausnahmen für kriegswichtigen Fachunterricht können zugelassen werden.

4. Die Gründung von polnischen Zeitungen, Zeitschriften und Mitteilungsblättern ist zu unterlassen. Lediglich für die im Wilna-Gebiet lebenden Polen ist die unter deutscher Aufsicht erscheinende polnische Zeitung „Goniec Codzienny" zugelassen.

5. Die polnische Sprache ist nur in den von einer eindeutig polnischen Mehrheit bewohnten Ortschaften zugelassen und dem Litauischen, Weißruthenischen bzw. Ukrainischen weder gleich- noch voranzustellen.

Zur Erlernung der deutschen Sprache sowie der Landessprache sollen die Polen nicht angehalten werden. Sie sollen sich vielmehr weiter des Polnischen bedienen.

Ich verkenne nicht, daß die Durchsetzung dieser Richtlinien in vielen Fällen mit Schwierigkeiten verbunden sein wird. Es handelt sich aber um ein *stetig* zu verfolgendes Ziel, das nie aus Bequemlichkeit außer Acht gelassen werden darf. Denn der politische Schaden polnischer Betätigung wiegt meist den augenblicklichen wirtschaftlichen Nutzen auf.

Ich bitte, diesen Erlaß, von dem je 100 Exemplare als Überdrucke in der Anlage beigefügt sind, den Ihnen nachgeordneten Dienststellen weitgehend zur Kenntnis zu bringen und mir über die hinsichtlich der Durchführung dieser Richtlinien veranlaßten Maßnahmen Bericht zu erstatten.

gez.: Rosenberg

Stempel: Reichsministerium für die besetzten Ostgebiete

Beglaubigt:
gez.: Szymaniak, Regierungsoberinspektor

IV.

Aus dem Tagebuch des Generalgouverneurs Dr. Hans Frank[1])

Hans Frank. * 3. 5. 1906 — 1924 Dr. jur. in Kiel — 1927 Mitglied der Reichsleitung der NSDAP — 1930 Mitglied des Reichstags — 1933 Bayerischer Staatsminister der Justiz — Reichsjustizminister — Präsident der Akademie für Deutsches Recht — Führer des Bundes NS-Deutscher Juristen — 1934 Reichskommissar für die Gleichschaltung der Länder — (F. L., „Wer ist Wer?", 1935) — 1939—1945 Generalgouverneur für die besetzten polnischen Gebiete — † 16. 10. 1946 (Hinrichtung).

Bildungsmöglichkeiten in Polen

Es erschien der Reichsminister für Volksaufklärung und Propaganda Dr. Goebbels in Begleitung von Ministerialrat Müller, Gauamtsleiter Dr. Fischer, Chefadjutant Heusinger von Waldeck. Ferner waren anwesend Reichsminister Seyss-Inquart und Reichsamtsleiter Dr. du Prel.

Einleitend führte Herr Generalgouverneur aus:

Den Polen dürfen nur solche Bildungsmöglichkeiten zur Verfügung gestellt werden, die ihnen die Aussichtslosigkeit ihres völkischen Schicksals zeigten. Es könnten daher höchstens schlechte Filme oder solche, die die Größe und Stärke des Deutschen Reiches vor Augen führen, in Frage kommen. Es werde notwendig sein, daß große Lautsprecheranlagen einen gewissen Nachrichtendienst für die Polen vermitteln.

Reichsminister Dr. Goebbels sprach sich grundsätzlich in Übereinstimmung mit den Ausführungen des Herrn Generalgouverneurs gegen die Einrichtung eines polnischen Theater-, Kino- und Kabarettbetriebes aus. Es würden in den größeren Städten und Märkten stationäre Lautsprecheranlagen aufgestellt werden, die zu bestimmten Zeiten Nachrichten über den Stand der Lage und Befehlsparolen für die Polen geben.

Lodz, Dienstag, den 31. Oktober 1939

---

[1]) Dokument PS – 2233 sowie PS – 3465 und D – 970. *Im Mai 1945 fand der Lieut. Walter Stein von der VII. amerikanischen Armee im Appartement von Hans Frank im Hotel Berghof, nicht weit von Neuhaus in Bayern, 36 Bände, welche die Protokolle von Regierungssitzungen und Versammlungen der NSDAP im ehemaligen Generalgouvernement sowie auch das Tagebuch des ehemaligen Generalgouverneurs selbst enthielten. Im allgemeinen bestehen die Dokumente aus Reden und amtlichen Ansprachen des damaligen Generalgouverneurs. Das Tagebuch wurde von Frank selbst oder seinem Sekretär geführt und erstreckt sich über die Jahre 1939–1945. Wir geben hier Auszüge aus diesen Tagebüchern.*

Die Ameise und die Blattlaus

Mein Verhältnis zu den Polen ist dabei das Verhältnis zwischen Ameise und Blattlaus. Wenn ich den Polen förderlich behandele, ihn sozusagen freundlich kitzele, so tue ich das in der Erwartung, daß mir seine Arbeitsleistung zugute kommt. Hier handelt es sich nicht um ein politisches, sondern um ein rein taktisch-technisches Problem.

Abteilungsleiter-Sitzung am Freitag, 19. Januar, 10.30 Uhr

Das Herrenvolk und der Unterworfene

Wir haben bisher die Politik der völligen gegenseitigen Trennung zwischen Deutschen und Polen eingehalten. Ich selbst habe mit Polen noch keinen Kontakt aufgenommen und bitte auch Sie, keinen anderen Kurs zu gehen. Wir müssen in dem großen Gefüge der über große Zeiträume hinwegreichenden Struktur des Nationalsozialismus immer daran denken, daß, wenn wir diesen Raum nicht völlig durchdringen, er eines Tages für uns verloren sein wird. Es kann sich hier nur um ein Entweder-Oder handeln. Das Schicksal hat entschieden, daß wir hier die Herren, die Polen aber die uns anvertrauten Schutzunterworfenen sind. Ich bitte Sie, meine Herren, den Empfang von Polen, von Bittdeputationen usw. auf das dienstlich unbedingt notwendige Maß zu beschränken. Es ist auch nicht möglich, daß wir den Polen den Lebensstandard der Deutschen geben. Es muß ein Unterschied zwischen dem Lebensstandard des Herrenvolkes und dem der Unterworfenen sein. Die Polen müssen die Grenzen ihrer Entwicklungsmöglichkeiten einsehen. Der Führer hat erneut auf meine ausdrückliche Frage entschieden, daß es bei der von uns getroffenen Beschränkung zu bleiben hat. Kein Pole soll über den Rang eines Werkmeisters hinauskommen, kein Pole wird die Möglichkeit erhalten können, an allgemeinen staatlichen Anstalten sich eine höhere Bildung anzueignen. Ich darf Sie bitten, diese klare Linie einzuhalten.

Abteilungsleiter-Sitzung am Donnerstag, dem 12. September 1940

Das gigantische Arbeitslager

Im übrigen liegt uns nichts an der Blüte dieses Landes. Es ist vielleicht das schwerste Wort, das wir sagen müssen. Uns liegt nichts daran, daß etwa die Polen reicher oder sicher werden oder sich in ihrem Eigentum immer beweglicher zeigen. Uns liegt nur daran, die deutsche Autorität in diesem Raum aufzurichten. Wir können dieses Werk nicht danach bemessen, wieviel individuelles Glück wir den einzelnen Polen nach der Auffassung der Regierungen früherer Jahrhunderte vermitteln werden, sondern wir messen diese Leistung danach, je unmöglicher die Aussichten werden, daß sich Polen jemals wieder aufrichtet. Das möge hart und grausam klingen, aber im Völkerringen um Jahrtausende und Jahrmillionen kann es eine andere Entscheidung nicht geben. Es ist ganz klar, daß man für diese Arbeit nur ganz starke und harte Charaktere gebrauchen kann. Wer für diese Arbeit nicht geeignet ist, hat sich schon längst aus unserer Mitte entfernt oder ist sonst auf irgendeine Art von uns gegangen. Wir denken hier imperial im größten Stil aller Zeiten. Dem Imperialismus, wie wir ihn entwickeln, ist kein Vergleich gegönnt mit jenen kläglichen Versuchen, die frühere schwache Regierungen von Deutschland in Afrika unternommen haben. — Der Führer hat auch vorgestern ausdrücklich erklärt, daß dieses Nebenland des Deutschen Reiches die harte Aufgabe zu erfüllen hat, um jeden Preis mit den Polen fertig zu werden, daß es auch von jeder Verpflichtung zu einer Verdeutschungspolitik frei sein soll. Der Führer hat weiter ausdrücklich gesagt, daß er dem Generalgouvernement keinerlei Verpflichtung für eine deutsche Gestaltung des Lebens hier auferlege, daß auch keinerlei Germanisierungstendenzen hier Raum hätten. Dieses Gebiet ist dazu berufen, das Arbeiterreservoir im großen Sinne zu sein. Wir haben hier lediglich ein gigantisches Arbeitslager, wo alles, was Macht und Selbständigkeit bedeutet, in Händen der Deutschen ist.

Abteilungsleiter-Sitzung am Mittwoch, dem 6. November 1940 im Regierungsgebäude

Der Unterschied

Kleiss: Vielleicht wäre es auch interessant, den Unterschied zwischen Protektorat und Generalgouvernement herauszuarbeiten?

Frank: Einen plastischen Unterschied kann ich Ihnen sagen. In Prag waren z. B. große rote Plakate angeschlagen, auf denen zu lesen war, daß heute sieben Tschechen erschossen worden sind. Da sagte ich mir: Wenn ich für je sieben erschossene Polen ein Plakat aushängen lassen wollte, dann würden die Wälder Polens nicht ausreichen, das Papier herzustellen für solche Plakate. — Ja, wir mußten hart zugreifen.

Interview des Herrn Generalgouverneurs durch den Korrespondenten des „V. B." Kleiss, 6. Februar 1940

Die einfache Form

... SS-Obergruppenführer Krüger und ich haben beschlossen, daß die Befriedungsaktion in beschleunigter Form durchgeführt wird. Ich darf Sie bitten, meine Herren, uns mit Ihrer ganzen Energie bei der Durchführung dieser Aufgabe zu helfen. Was von mir aus geschehen kann, um die Durchführung dieser Aufgabe zu erleichtern, wird geschehen. Ich appelliere an Sie als nationalsozialistische Kämpfer, und mehr brauche ich wohl dazu nicht zu sagen. Wir werden diese Maßnahme durchführen, und zwar, wie ich Ihnen vertraulich sagen kann, in Ausführung eines Befehls, den mir der Führer erteilt hat. Der Führer hat mir gesagt: Die Frage der Behandlung und Sicherstellung der deutschen Politik im Generalgouvernement ist eine ureigene Sache der verantwortlichen Männer des Generalgouvernements. Er drückte sich so aus: Was wir jetzt an Führerschicht in Polen festgestellt haben, das ist zu liquidieren, was wieder nachwächst, ist von uns sicherzustellen und in einem entsprechenden Zeitraum wieder wegzuschaffen. Daher brauchen wir das Deutsche Reich, um die Reichsorganisation der deutschen Polizei damit nicht zu belasten. Wir brauchen diese Elemente nicht erst in die Konzentrationslager des Reiches abzuschleppen, denn dann hätten wir nur Scherereien und einen unnötigen Briefwechsel mit den Familienangehörigen, sondern wir liquidieren die Dinge im Lande.

Polizeisitzung am Donnerstag, dem 30. Mai 1940, Beginn der Sitzung: 10.20

Das Prinzip bleibt

Was die Konzentrationslager anlangt, so waren wir uns klar, daß wir hier im Generalgouvernement Konzentrationslager im eigentlichen Sinne nicht einrichten wollen. Wer bei uns verdächtig ist, der soll gleich liquidiert werden. Was sich draußen in den Konzentrationslagern des Reiches an Häftlingen aus dem Generalgouvernement befindet, das soll uns zur AB-Aktion zur Verfügung gestellt oder dort erledigt werden. Wir können nicht die Reichskonzentrationslager mit unseren Dingen belasten. Was wir mit den Krakauer Professoren an Scherereien hatten, war furchtbar. Hätten wir die Sache von hier aus gemacht, wäre sie anders verlaufen. Ich möchte Sie daher dringend bitten, niemanden mehr in die Konzentrationslager des Reiches abzuschieben, sondern hier die Liquidierung vorzunehmen oder eine ordnungsgemäße Strafe zu verhängen. Alles andere ist eine Belastung des Reiches und eine dauernde Erschwerung. Wir haben hier eine ganz andere Form der Behandlung, und diese Form muß beibehalten werden. Ich mache ausdrücklich darauf aufmerksam, daß sich an dieser Behandlung nichts ändern wird durch einen allenfalsigen Friedensschluß. Dieser würde nur bedeuten, daß wir dann als Weltmacht noch viel intensiver als bisher unsere allgemeinen politischen Aktionen durchführen würden, er würde bedeuten, daß wir in noch großzügigerem Maße zu kolonisieren haben, aber ändern würde er an dem Prinzip nichts.

Polizeisitzung am Donnerstag, dem 30. Mai 1940, Beginn der Sitzung: 10.20

Gigantische einmalige Ereignisse

Aber was soll mit den Juden geschehen? Glauben Sie, man wird sie im Ostland in Siedlungsdörfern unterbringen? Man hat uns in Berlin gesagt: Weshalb macht man diese Scherereien; wir können im Ostland oder im Reichskommissariat auch nichts mit ihnen anfangen, liquidiert sie selber. Meine Herren, ich muß Sie bitten, sich gegen alle Mitleidserwägungen zu wappnen. Wir müssen die Juden vernichten, wo immer wir sie treffen und wo es irgend möglich ist, um das Gesamtgefüge des Reiches hier aufrechtzuerhalten. Das wird selbstverständlich mit Methoden geschehen, die anders sind als diejenigen, von denen Amtschef Dr. Hummel gesprochen hat. Auch die Richter der Sondergerichte können nicht dafür verantwortlich gemacht werden, denn das liegt eben nicht im Rahmen des Rechtsverfahrens. Man kann bisherige Anschauungen nicht auf solche gigantischen einmaligen Ereignisse übertragen. Jedenfalls müssen wir aber einen Weg finden, der zum Ziele führt, und ich mache mir darüber meine Gedanken.

Die Juden sind auch für uns außergewöhnlich schädliche Fresser. Wir haben im Generalgouvernement schätzungsweise 2,5, vielleicht mit den jüdisch Versippten und dem, was alles daran hängt, jetzt 3,5 Millionen Juden. Diese 3,5 Millionen Juden können wir nicht erschießen, wir können sie nicht vergiften, werden aber doch Eingriffe vornehmen können, die irgendwie zu einem Vernichtungserfolg führen, und zwar im Zusammenhang mit den vom Reich her zu besprechenden großen Maßnahmen. Das Generalgouvernement muß genauso judenfrei werden, wie es das Reich ist.

Regierungssitzung am Dienstag, dem 16. Dezember 1941, im Regierungsgebäude zu Krakau

Der glückliche Garten

Um die Kirche brauchen wir uns nicht zu kümmern. Ich lasse die Kirchen gar nicht erst zu uns herein, ein Kirchenproblem wird bei uns nicht bestehen. Wenn die Wehrmacht Kirchen im Generalgouvernement hat – zivile deutsche Kirchen wird es im Generalgouvernement nicht geben. Bis jetzt ist auch an mich noch kein Antrag gestellt worden. Wenn ein Deutscher künftig kirchliche Bedürfnisse hat, so soll er sich gefälligst in die Heimat begeben. Wir sind hier sozusagen ein glücklicher Garten, wir haben mit diesem Problem nicht zu rechnen.

Arbeitstagung der Distriktstandortführer und Amtsleiter des Arbeitsbereichs Generalgouvernement der NSDAP
im Königssaal der Burg zu Krakau
am 18. März 1942

Die Schande

Und wenn, wie behauptet wird, der Katholizismus tatsächlich eine Schande für ein Volk ist, um so mehr Katholizismus muß ich dem Polentum wünschen. Man kann nicht gleichzeitig sagen, der Katholizismus sei die größte Sünde auf der Welt, Gottlob, daß wir Deutschen so vernünftig sind, ihn zu bekämpfen – und die Polen davor behüten, daß sie ihn nicht bekommen. Deshalb habe ich auch nichts dagegen eingewendet, daß Tschenstochau wieder in Betrieb benommen wurde, ich habe sogar die Erlaubnis gegeben, einen polnischen katholischen Kalender herauszugeben. Wenn der Katholizismus ein Gift ist, dann kann man dieses Gift nur den Polen wünschen. So geht es mit anderen Dingen auch.

14. April 1942 – 16.40. Pressebesprechung im
Königssaal der Burg zu Krakau

Neues Heimatempfinden

Wir können sagen: „Jeder Deutsche, der in diesen Raum kommt, findet hier seine Heimat." Und auch ihr, meine Jungen und Mädel, sollt hier eure wirkliche Heimat finden. Ihr sollt in diesen Raum hineinwachsen, und er soll um euch wachsen und in euch hineinwachsen. Ihr sollt hier die starken Wurzeln eines neuen deutschen Lebensraumes tragen, der einmal so wird, wie Württemberg oder Baden oder die Mark Brandenburg, wie Bayern oder die Ostmark. Wie Wien oder Hamburg sollen auch Krakau und Warschau, Lemberg, Lublin oder Radom hineinwachsen in die deutsche Gemeinschaft des Lebens und des Heimatempfindens.

Sonntag, den 7. Juni 1942 – Krakau, 11.00:
Morgenfeier der HJ
im Staatskasino Krakau

Hackfleisch

Wenn wir den Krieg einmal gewonnen haben, dann kann meinetwegen aus den Polen und aus den Ukrainern und dem, was sich hier herumtreibt, Hackfleisch gemacht werden, es kann gemacht werden was will.

Einführung des Gouverneurs Dr. v. Burgsdorff in sein Amt als Distriktstandortführer des Distrikts Krakau
im Sitzungssaal der Distriktstandortführung, Stefansplatz 9,
14. Januar 1944 — 15.00

Ein Erfolg

Stellen Sie sich die jetzige Situation des Generalgouvernements vor, wenn wir noch wie im Jahre 1939 eineinhalb bis zwei Millionen Juden im Lande hätten. Entsinnen Sie sich, welch' grauenhaft schweren Aufgaben man sich unterziehen mußte, um das Judenproblem im Generalgouvernement zu lösen. Wenn heute da und dort ein Wehleidiger mit Tränen in den Augen den Juden nachtrauert und sagt, ist das nicht grauenhaft, was mit den Juden gemacht worden ist, dann muß man den Betreffenden fragen, ob er heute noch derselben Meinung ist. Wenn wir heute diese zwei Millionen Juden in voller Aktivität und auf der anderen Seite die wenigen deutschen Männer im Lande hätten, würden wir nicht mehr Herr der Lage sein. Wir hätten Sabotage im Lande, daß wir uns nicht mehr retten könnten. Das ist auch ein Erfolg des Nationalsozialismus, denn damit wäre niemand im Leben fertiggeworden. Nur weil wir im Jahre 1919 mit dem Antisemitismus begonnen haben, haben wir die Kraft gefunden, ihn zwanzig Jahre später in die Tat umzusetzen.

Rede des Herrn Generalgouverneurs auf der Arbeitstagung der Redner des Arbeitsbereiches Generalgouvernement der NSDAP im Hause der NSDAP,
4. März 1944, 16.00

Ein neues Rheinland

Die kommende Entwicklung nach dem Kriege stehe noch dahin. Im Laufe der kommenden Jahrzehnte werde sicherlich eine Intensivierung der deutschen Siedlungen stattfinden. Es sei sonnenklar, daß das Weichselland genau so deutsch werde wie das Rheinland.

Krakau,
Dienstag, den 16. Mai 1944 — 10.00

V.

Das künftige Schicksal des Generalgouvernements[1])

A. Einleitung

Warschau, den 29. März 1943

Wer seit dem Polenfeldzug im Generalgouvernement tätig gewesen ist, hat immer wieder mit Bedauern feststellen müssen, daß es seit Oktober 1939 an einer klaren, einheitlichen Linie in der Polenpolitik gefehlt hat.

Dies ständige Schwanken hat dazu geführt, daß selbst bei deutschen Dienststellen in grundsätzlichen Fragen häufig Unklarheit über die Behandlung der Polen bestanden hat und daß es deshalb oftmals zu widerspruchsvollen Maßnahmen gekommen ist. Bei der polnischen Bevölkerung wurde dieses Hin und Her zwischen „Zuckerbrot und Peitsche" von der Widerstandsbewegung propagandistisch gegen uns ausgenutzt, wobei aus dem häufigen Widerspruch zwischen den Äußerungen prominenter Vertreter des Generalgouvernements und der praktischen Durchführung im einzelnen die Doppelzüngigkeit der deutschen Politik und ihre Unaufrichtigkeit gegenüber den Polen ins Feld geführt wurde.

Es ist dringend wünschenswert, daß jetzt endlich, nachdem bereits 3½ Jahre vergangen sind, über diese Polenpolitik eine klare Entscheidung gefällt wird und daß dann alle Maßnahmen nach diesen Richtlinien auszurichten sind.

B. Hauptteil

I. Das künftige Schicksal des Generalgouvernements

Um eine Entscheidung über die Behandlung der polnischen Bevölkerung des Generalgouvernements zu fällen, muß zunächst eine Vorfrage geklärt werden. Diese Frage lautet:

Welche staatsrechtliche Form soll einmal das Generalgouvernement erhalten? (Handschriftlich: Dieses kann erst später entschieden werden.)

a) Die polnischen Nationalisten, die in der Hauptsache in der polnischen Widerstandsbewegung organisiert sind, erstreben die *Wiederaufrichtung des früheren polnischen Staates*, wobei teilweise sogar entsprechend der Pilsudski-Richtung in der Hauptsache eine Ausdehnung nach dem Osten erstrebt wird, während ein anderer Teil eine Ausdehnung des Gebietes der früheren Republik Polen über die alte Grenze bis an die Oder sich zum Ziel gesetzt hat, wie dies früher von Dmowski gefordert worden war.

---

[1]) *Dokument YIVO (Institute of Jewish Research) Occ E 2–74. Im Yivo-Archiv in New York befinden sich zwei Fassungen dieses Memorandums. Wir geben hier die kürzere wieder. Die Unterschiede sind unwesentlich. So äußert sich z. B. der uns unbekannte Autor O. Gollert folgendermaßen:*

„2. Was das Schicksal der Polen anbetrifft, gibt es – grob gesehen – wohl nur zwei Möglichkeiten, und zwar:

a) die Polen radikal auszurotten. Wenn es gewiß auch einmal vor der Geschichte gerechtfertigt werden kann, aus biologischen Gründen zu derartigen Radikalmaßnahmen zu schreiten, wie es beispielsweise gegenüber den Juden notwendig gewesen ist, so scheint doch eine solche Lösung bei einem Volke, von dem große Bestandteile noch innerhalb der Reichsgrenzen wohnen, der Tradition des deutschen Volkes unwürdig. Der Plan jenes jüdischen Amerikaners ... und so weiter."

Es bedarf keiner Erörterung, daß jeder Pole, der derartige Wahnsinnspläne verfolgt, rücksichtslos als Staatsfeind ausgemerzt werden muß.

b) Die Anhänger einer gemäßigten nationalen Richtung unter den Polen erstreben die staatsrechtliche Ausgestaltung des Generalgouvernements zu einem *Protektoratsgebilde*, wie es bisher im Protektorat Böhmen und Mähren vorliegt.

Die Anhänger dieser Richtung, die im allgemeinen durchaus loyal mit den Deutschen zusammenarbeiten wollen, müssen ebenfalls rücksichtslos bekämpft werden; denn auch ein Protektorat ist ein eigenes staatsrechtliches Gebilde mit einer eigenen Regierung, selbst wenn diese Regierung weitgehend den Richtlinien eines deutschen Reichsprotektors zu folgen hat. In Polen darf aber auf keinen Fall ein neues Staatsgebilde entstehen, da die Republik Polen in *keiner* Form der Eigenstaatlichkeit wieder erstehen darf.

c) Eine dritte Richtung in der polnischen Bevölkerung vertritt die Auffassung, daß das Generalgouvernement in seiner jetzigen Form erhalten bleiben soll und daß dies Generalgouvernement nach den Worten des Generalgouverneurs eine „*Heimstätte der Polen*" bleiben soll, wobei bei diesen Polen die stille Hoffnung verbreitet ist, daß sich die Deutschen nur auf eine „Oberaufsicht" beschränken und die Verwaltung weitgehend durch Polen ausüben lassen.

Der Gedanke, daß das Generalgouvernement Heimstätte der Polen sein soll, ist vom Generalgouverneur Dr. Frank in zahlreichen Proklamationen und amtlichen Verlautbarungen verkündet worden. Es kann dahingestellt bleiben, ob im Jahre 1939 und Anfang 1940 dies aus taktischen Gründen notwendig und deshalb richtig gewesen ist. Auf keinen Fall aber darf dieser Gedanke auf die Dauer verwirklicht werden.

Der Begriff der „Heimstätte" setzt voraus, daß die in dieser Heimstätte lebende Bevölkerung entsprechend ihrem Volkstum sich frei entfalten kann. Würde man dieses Recht den Polen einräumen, so würde dies auf weite Sicht gesehen, eine große Gefahr bedeuten. Im Gebiet des Generalgouvernements leben zur Zeit etwa 15 Millionen Polen. Wenn auch zur Zeit mit Rücksicht auf den Krieg und die kriegsbedingten Verhältnisse der frühere Bevölkerungsüberschuß stark zurückgegangen ist und in einigen Gebieten des Generalgouvernements bei der polnischen Bevölkerung sogar ein Geburtendefizit vorliegt, so darf diese Entwicklung nicht als endgültig angesehen werden. Sobald die Verhältnisse sich nach Beendigung des Krieges gebessert haben, wird der Bevölkerungszuwachs der polnischen Bevölkerung wieder stark ansteigen, so daß die nichtdeutsche Bevölkerung des Generalgouvernements sich im Zeitraum einer Generation außerordentlich vermehren würde.

Da erfahrungsgemäß in der Geschichte eines Volkes auf Zeiten der Größe immer wieder Zeiten der Schwäche einzutreten pflegen, könnte eine derartige Zusammenballung von 20 bis 25 Millionen Polen in einem engen Raum, für das Reich zu gegebener Zeit außerordentlich gefährlich werden.

Schon aus diesem Grunde darf daher das Generalgouvernement nicht Heimstätte der Polen werden.

d) Bei dieser Sachlage ist die einzige Möglichkeit, das Gebiet des Generalgouvernements dem Reichsgebiet einzugliedern und es auf diese Weise zu einem Bestandteil des Großdeutschen Reiches zu machen, so daß es sich staatsrechtlich nicht von den bereits eingegliederten Ostgebieten unterscheidet.

Nur wenn der gesamte Weichselraum einschließlich des Generalgouvernements im Laufe der nächsten Jahre und Jahrzehnte endgültig zu einem deutschen Raum umgestaltet wird, kann die polnische Gefahr als gebannt angesehen werden.

Es ist deshalb dringend nötig, die Idee der Heimstätte aufzugeben und das Generalgouvernement zum Reichsgebiet zu machen. Die Vorstufe dafür könnte bereits jetzt verwaltungsmäßig durch die Bildung von drei Großdistrikten geschaffen werden und zwar durch die Großdistrikte Weichselland mit der Distriktstadt Warschau, Beskidenland mit der Distriktstadt Krakau und Galizien mit der Distriktstadt Lemberg. Diese drei Großdistrikte könnten später, wenn das Generalgouvernement Reichsgebiet wird, in drei Reichsgaue umgewandelt werden, so daß dann die Regierung fortfallen könnte.

II. Das künftige Schicksal der Bevölkerung des Generalgouvernements

Wenn das Generalgouvernement Reichsgebiet werden soll, ist es unbedingt erforderlich, die Bevölkerungsverhältnisse des Generalgouvernements grundlegend umzuwandeln, wobei insbesondere über das Schicksal der 15 Millionen Polen, die zur Zeit noch im Generalgouvernement leben, eine Entscheidung gefällt werden muß.

Es gibt hierfür folgende Möglichkeiten:

a) Die erste Möglichkeit wäre die, die 15 Millionen Polen zu „germanisieren". Abgesehen davon, daß dies auf große Schwierigkeiten stoßen würde, ist die Germanisierung von 15 Millionen Fremdvölkischen in keiner Weise erwünscht. Eine nähere Begründung hierfür erübrigt sich angesichts der Erfahrungen, die in der Geschichte mit der krassen Umvolkung größerer fremder Bevölkerungsteile bisher gemacht worden sind.

b) Eine zweite Lösung würde darin bestehen, diese 15 Millionen durch eine Radikalkur auszumerzen. Auch diese Lösung ist abzulehnen.

Gewiß kann es vor der Geschichte gerechtfertigt werden, einmal aus biologischen Gründen zu derartigen Radikalmaßnahmen zu schreiten, wie es beispielsweise gegenüber dem Judentum notwendig gewesen ist. Aber ein fremdes Volkstum von 15 Millionen einfach auf *diese* Weise zu beseitigen, ist einer Kulturnation unwürdig. Der Plan eines Amerikaners, die männliche Bevölkerung des deutschen Reiches zu sterilisieren, ist mit Recht von der gesamten deutschen Presse als Kulturschande gebrandmarkt worden.

Wir Deutsche sollten uns auch zu stark fühlen, mit derartigen Maßnahmen das Polenproblem lösen zu wollen.

c) Eine weitere Möglichkeit würde darin bestehen, die gesamte polnische Bevölkerung zu evakuieren, d. h. sie am Leben zu lassen, sie aber aus dem Weichselraum zu entfernen. Auch diese Lösung ist abzulehnen.

An sich würde eine Evakuierung möglich sein, da im Zeitalter des Verkehrs und der Technik durchaus eine „organisierte Völkerwanderung" durchgeführt werden könnte. Aber die Zusammenballung von 15 Millionen Polen irgendwo auf der Welt außerhalb der Grenzen des Deutschen Reiches würde die ungeheure Gefahr einer „Irredenta" heraufbeschwören, die, wie die Geschichte zeigt, auf die Dauer gesehen immer wieder zu neuen kriegerischen Entwicklungen geführt hat.

Östlich der Grenzen unseres Reiches dürfte die polnische Bevölkerung übrigens auf keinen Fall angesiedelt werden, da sie dort kraft ihrer Intelligenz zweifellos bald die Führung an sich reißen und insgeheim alles tun würde, um zu gegebener Zeit wieder in den Weichselraum vorzustoßen.

d) Wenn alle diese Lösungen ausscheiden, bleibt als letzte Lösung übrig, die polnische Bevölkerung in verschiedene Bestandteile aufzuspalten und diese Bestandteile verschiedenartig zu behandeln. Die Polen müßten in drei Gruppen eingeteilt werden:

1. in diejenigen, die im Laufe der Zeit eingedeutscht werden können,
2. in diejenigen, die arbeitspolitisch wertvoll sind und deshalb im Weichselraum verbleiben können,
3. in diejenigen, die in keiner Weise für deutsche Interessen in Frage kommen und die deshalb aus dem Weichselraum zu entfernen sind.

Zu 1.: Bei der Frage der Eindeutschungsfähigkeit müßte in großzügiger Weise vorgegangen werden, was ohne Gefahr auch geschehen kann. In der polnischen Bevölkerung gibt es Millionen Menschen, die durchaus wertvoll sind, und zwar nicht nur ihrer rassischen Erscheinung nach, sondern auch wegen ihrer sonstigen Fähigkeiten. Natürlich müßten wir uns bei der Überprüfung dieser Millionenmasse von unseren Anschauungen über den „nordischen Menschen" frei machen. Das können wir auch ruhig tun, wenn wir daran denken, daß fast alle Deutschen östlich der Elbe einen slavischen Einschlag aufweisen (vgl. die Backenknochen der deutschen Bevölkerung östlich der Elbe). Schließlich ist das „Preußentum", das zweifellos für die staatliche und völkische Entwicklung unseres Reiches von größter Bedeutung gewesen ist, zu einem großen Teil eine Mischung aus germanischen und slavischen Elementen. Diese Verbindung hat sich – auf Jahrhunderte hinaus betrachtet – als durchaus günstig herausgestellt, so daß eine erneute Blutmischung von wertvollen slavischen Polen mit der deutschen Bevölkerung des Reiches nicht zu verurteilen ist. Schätzungsmäßig werden 7 bis 8 Millionen Polen – auch bei Anlegung eines strengeren Maßstabes – als eindeutschungsfähig gewertet werden können.

Zu 2.: Dazu kommen weitere Millionen Polen, die zwar nicht einzudeutschen sind, die aber arbeitsmäßig durchaus wertvoll sind. Diese Polen wird man zum großen Teil im Generalgouvernement belassen müssen. Denn einmal haben wir zur Zeit gar nicht genügend Menschen, um den Weichselraum restlos mit Deutschen zu besiedeln. Außerdem werden für die Erschließung des Generalgouvernements durch den Ausbau von Verkehrsstraßen, den Ausbau der Weichsel sowie bei der Durchführung der großen Aufgaben der Wasserwirtschaft usw. Millionen Arbeiter benötigt, die wir ohne Gefahr aus der einheimischen Bevölkerung nehmen können.

Zu 3.: Zur restlichen dritten Kategorie von etwa 2 bis 3 Millionen gehören alle diejenigen, die für uns Deutsche ohne jeden Wert sind. Das sind nicht nur die polnischen Fanatiker, die natürlich restlos ausgemerzt werden müssen, sondern es sind weiter alle asozialen Elemente, alle Kranken und sonstige Personen, die auch arbeitsmäßig für unsere Interessen nicht in Frage kommen.

Gegenüber dieser dritten Kategorie, die zahlenmäßig erheblich kleiner als die beiden anderen Kategorien ist, werden Radikalmittel nicht zu vermeiden sein.

III. Propagandistische Maßnahmen

Falls die vorstehenden Grundgedanken im wesentlichen gebilligt werden sollten, müßte bereits jetzt darangegangen werden, diese Ideen propagandamäßig der polnischen Bevölkerung vertraut zu machen. Hierzu würden insbesondere folgende Maßnahmen nötig sein:

a) Zunächst müßte in einem Führererlaß oder in einer Proklamation oder in einer sonstigen Verlautbarung von grundsätzlicher Bedeutung der polnischen Bevölkerung in aller Deutlichkeit klargemacht werden, daß jede Hoffnung auf die Wiedererrichtung eines polnischen Staates sinnlos ist und daß jeder diesbezügliche Versuch mit jedem Machtmittel gebrochen würde. Da die Polen die deutschen Machtmittel kennengelernt haben, werden sie dies nicht nur für eine leere Drohung halten.

In diesem Aufruf müßte weiter erklärt werden, daß der Gedanke, im Generalgouvernement eine Heimstätte der Polen zu schaffen, aufgegeben worden ist. Dabei müßte zum Ausdruck gebracht werden, daß ursprünglich dieser Plan ehrlich bei uns bestanden hat, daß aber die Polen durch ihr Verhalten selbst bewiesen haben, daß sie eines derartigen Entgegenkommens unwürdig sind. Es müßte in diesem Zusammenhang auf die zahlreichen Sabotageakte hingewiesen werden, und vor allem darauf, daß die Polen noch nicht einmal zur Arbeit sich freiwillig gemeldet haben, während Millionen Deutsche mit zahlreichen Angehörigen anderer europäischer Staaten ihr Leben für das neue Europa eingesetzt haben und täglich neu einsetzen.

Sodann müßte aber den Polen in bindender Form zugesichert werden, daß ihre Befürchtungen unbegründet sind, wonach sie in der gleichen Weise wie die Juden evakuiert würden. Bei der polnischen Bevölkerung ist auf Grund der Hetze der polnischen Widerstandsbewegung die unerschütterliche Meinung verbreitet, daß das Schicksal der Juden einmal auch das Schicksal der Polen sein würde. Die Tatsache, daß wir im Reich – teilweise sogar in der Gesetzgebung! – Juden und Polen auf eine Stufe stellen, gibt dieser Agitation die beste Nahrung. Vor einer derartigen „Evakuierung" haben die Polen naturgemäß die größten Befürchtungen. Es müßte deshalb in wirklich überzeugender Form klargelegt werden, daß dieses Schicksal den Polen auf keinen Fall zugedacht ist.

Weiter müßte durchaus anerkannt werden, daß ein Teil der polnischen Bevölkerung in den letzten 3½ Jahren loyal seine Pflicht getan hat, so daß große Teile der polnischen Bevölkerung außerordentlich wertvoll sind, daß mit diesen Polen, die in unserem Sinne eindeutschungsfähig sind, eine weitgehende Zusammenarbeit beabsichtigt ist und daß die eindeutschungsfähigen Polen auch die Aussicht auf eine staatsrechtliche Gleichberechtigung haben.

Wer in den letzten 3½ Jahren Gelegenheit gehabt hat, sich mit einsichtigen Polen zu unterhalten, hat immer wieder erfahren, daß viele Polen gern und freudig mitarbeiten würden, wenn man ihnen wenigstens eine gewisse Hoffnung auf einen staatsrechtlichen Einbau gibt, zumindest die Hoffnung, daß ihre Kinder bei entsprechend loyaler Erziehung einmal hoffen dürfen, eine Art deutscher Staatsbürgerschaft zu erwerben.

Das Ziel des Aufrufs müßte vor allem sein, bereits jetzt die Polen untereinander aufzuspalten, was durchaus zu erzielen ist, wenn man einem Teil der Polen Versprechungen macht.

b) Eine weitere Maßnahme von entscheidender Bedeutung müßte darin bestehen, daß die augenblickliche Gesetzgebung des Reiches, durch die auf vielen Gebieten Juden und Polen gleichgestellt werden, ausdrücklich aufgehoben wird, was in propagandistisch wirkungsvoller Weise, zeitlich unmittelbar nach dem Allgemeinen Aufruf, bekanntgemacht werden müßte.

Es ist im Reich leider vielfach nicht bekannt, daß in der früheren Republik Polen die überwiegende Mehrheit der polnischen Bevölkerung stark judenfeindlich eingestellt gewesen ist. Zwar beruhte dies nicht auf einer rassischen Einsicht, sondern mehr auf wirtschaftlichen Erwägungen. Aber die Tatsache, daß der größte Teil der Polen judenfeindlich war und sich nur nicht bei den früheren politischen Verhältnissen durchsetzen konnte, ist unbestreitbar. Deswegen haben diese Polen es stets als eine schwere Ungerechtigkeit und als eine Diffamierung sondergleichen betrachtet, daß sie mit diesen, ihnen so verhaßten Juden auf eine Stufe gestellt wurden.

Hier muß, wenn man große Teile der polnischen Bevölkerung gewinnen will, ein grundlegender Wandel vollzogen werden.

Wünschenswert wäre es auch, wenn die Kennzeichnung der Polen durch ein „P" im Reich fortfiele. Gewiß liegen ernste Gründe für die Aufrechterhaltung dieser äußeren Kenntlichmachung vor. Wenn man aber jetzt mit einer neuen Polenpolitik Millionen Polen für uns gewinnen will, müßten wir auf diese Kenntlichmachung, die durchweg als Herabsetzung betrachtet wird, verzichten.

c) Endlich ist dringend erforderlich, daß alle diejenigen Polen, die im obigen Sinne für uns gewonnen werden sollen, ernährungspolitisch bessergestellt werden; denn schöne Proklamationen allein nutzen nichts.

In den 3½ Jahren der bisherigen deutschen Herrschaft hat sich ergeben, daß in den großen Rüstungsfabriken, in denen die Polen ernährungspolitisch erheblich bessergestellt waren als die sonstige polnische Bevölkerung, so gut wie keine Sabotageakte vorgekommen sind, obwohl die großen Arbeitermassen nur von einer zahlenmäßig ganz kleinen Schicht deutscher Menschen geführt werden, und daß diese polnischen Arbeiter in jeder Hinsicht ihre Pflicht erfüllt und gewissenhafte Arbeit geleistet haben.

Angesichts der schwierigen Ernährungslage des Generalgouvernements würde die ernährungspolitische Besserstellung der für uns tätigen Polen propagandistisch von größter Bedeutung sein.

C. Der Zeitpunkt für die neue Festlegung der Polenpolitik und für die Bekanntgabe dieser neuen Richtlinien muß sorgfältig gewählt werden, nachdem wir leider bereits zweimal propagandistisch glänzende Gelegenheiten haben verstreichen lassen.

Das erstemal war dies unmittelbar nach dem Polenfeldzug, wo wir durch eine geschicktere Behandlung der Polen Millionen der polnischen Bevölkerung für uns hätten gewinnen, zumindest aber die polnische Bevölkerung ideenmäßig aufspalten können.

Die zweite Gelegenheit, die ebenfalls versäumt wurde, war die Zeit des Beginns des Krieges gegen den Bolschewismus, als die früheren polnischen Gebiete vom Bolschewismus befreit wurden und die dortige Bevölkerung die einrückenden deutschen Truppen in ehrlicher Begeisterung begrüßte.

Vielleicht bietet sich jetzt im Jahre 1943 noch einmal eine derartige glänzende Gelegenheit.

Die Art und Weise, wie im Augenblick in London die polnische Emigrantenregierung behandelt wird, hat bei den Polen weitgehende Entrüstung hervorgerufen. Die Polen wissen jetzt, daß nicht nur der Bolschewismus die früheren Grenzen der Republik Polen mißachten will, sondern daß auch England offensichtlich die Atlantik-Charta und die Polen-Garantie Chamberlains aufgegeben hat.

Die Polen haben also weder von Rußland noch von England etwas zu erhoffen. Sie werden sich deshalb auch nicht wundern, wenn nunmehr auch wir Deutschen endgültig erklären, daß es niemals wieder einen selbständigen polnischen Staat geben wird; weite Teile der wertvollen Bevölkerung würden es aber dankbar begrüßen, wenn in dem oben angegebenen Sinne einem großen Teil der polnischen Bevölkerung die Möglichkeit zu einer dauernden Mitarbeit im Rahmen des deutschen Reiches gegeben würde.

Erfahrungsgemäß haben große deutsche Siege an der Ostfront einen starken Stimmungsumschwung hervorgerufen, da die Polen die Russen viel mehr hassen als uns Deutsche. Sollte daher in den nächsten Monaten bei der deutschen Offensive der Krieg durch diese militärische Entwicklung in sein entscheidendes Stadium treten, würde dieser Zeitpunkt für die neue Festlegung der Polenpolitik und für die propagandistische Veröffentlichung außerordentlich günstig sein.

Es ist daher nötig, bereits jetzt alles sorgfältig vorzubereiten.

O. Gollert

Russen

I.

Der riesenhafte Kuchen[1])

Geheime Reichssache

Führerhauptquartier, 16. 7. 1941
Bo/Fu.

Aktenvermerk

Auf Anordnung des Führers fand heute bei ihm um 15 Uhr eine Besprechung mit Reichsleiter Rosenberg, Reichsminister Lammers, Feldmarschall Keitel, mit dem Reichsmarschall und mir statt.

Die Besprechung begann um 15 Uhr und dauerte mit einer Kaffeepause bis gegen 20 Uhr.

Einleitend betonte der Führer, er wolle zunächst einige grundsätzliche Feststellungen treffen...

...

---

[1]) *Dokument L – 221. Der Aktenvermerk wurde offenbar von M. Bormann diktiert. Um die folgenden Dokumente besser verstehen zu können, muß man wissen, daß die Macht des Ministers für die besetzten Ostgebiete – A. Rosenberg – schnell mehr Theorie als Praxis wurde. Besonders der ungestüme Reichskommissar für die Ukraine, Erich Koch, der der Unterstützung des Führers sicher war, kümmerte sich überhaupt nicht um die Direktiven. Die zahlreichen Klagen, die Rosenberg deswegen an die Kanzlei des Führers richtete, blieben erfolglos und führten im Gegenteil zur nachstehenden Zurechtweisung:*

Herrn Reichsminister Rosenberg, Berlin.

Sehr geehrter Herr Rosenberg!

Ihr Schreiben vom 21. September ds. Js. – II 1c 1123/44g – betr. Landesausnutzung in Teilen des Reichskommissariats Ostland darf ich nach Beauftragung des Gauleiters Koch mit der Wahrnehmung der Geschäfte des Reichskommissars für das Ostland als erledigt betrachten.

Im Hinblick auf gewisse Ausführungen in Ihrem Schreiben möchte ich Ihnen nur noch einmal mit Eindringlichkeit empfehlen, sich bei der Lenkung der Angelegenheiten des Reichskommissariats Ostland äußerste Zurückhaltung aufzuerlegen. Ich kann mich des Eindrucks nicht erwehren, daß andernfalls weitergehende Anordnungen des Führers nicht ausgeschlossen sind, die dazu bestimmt sein könnten, Gauleiter Koch in seiner Tätigkeit im Ostland völlig unabhängig zu machen.

Heil Hitler!

(Dokument CXLIII – 279) *Ihr sehr ergebener gez. Dr. Lammers*

... Grundsätzlich kommt es also darauf an, den riesenhaften Kuchen handgerecht zu zerlegen, damit wir ihn

erstens beherrschen,
zweitens verwalten und
drittens ausbeuten können.

Die Russen haben jetzt einen Befehl zum Partisanenkrieg hinter unserer Front gegeben. Dieser Partisanenkrieg hat auch wieder seinen Vorteil: er gibt uns die Möglichkeit, auszurotten, was sich gegen uns stellt.

Grundsätzliches:

Die Bildung einer militärischen Macht westlich des Ural darf nie wieder in Frage kommen, und wenn wir hundert Jahre darüber Krieg führen müßten. Alle Nachfolger des Führers müssen wissen: die Sicherheit des Reiches ist nur dann gegeben, wenn westlich des Ural kein fremdes Militär existiert; den Schutz diesen Raumes vor allen eventuellen Gefahren übernimmt Deutschland. Eiserner Grundsatz muß sein und bleiben:

Nie wieder darf erlaubt werden, daß ein anderer Waffen trägt, als der Deutsche!

... Der Führer betont, das gesamte Baltenland müsse Reichsgebiet werden. Ebenso müsse die Krim mit einem erheblichen Hinterland (Gebiet nördlich der Krim) Reichsgebiet werden; das Hinterland müsse möglichst groß sein.

Hingegen hat Rosenberg Bedenken wegen der dort wohnenden Ukrainer.
(Nebenbei: Es tritt mehrfach in Erscheinung, daß Rosenberg für die Ukrainer sehr viel übrig hat; er will die alte Ukraine auch erheblich vergrößern.)

Der Führer betont weiter, auch die Wolga-Kolonie müsse deutsches Reichsgebiet werden; ebenso das Gebiet um Baku; es müsse deutsche Konzentration werden (Militär-Kolonie).

Die Finnen wollen Ost-Karelien, doch soll wegen der großen Nickel-Vorkommen die Halbinsel Kola zu Deutschland kommen. Mit aller Vorsicht müsse die Angliederung Finnlands als Bundesstaat vorbereitet werden. Das Gebiet um Leningrad wird von den Finnen beansprucht; der Führer will Leningrad dem Erdboden gleichmachen lassen, um es dann den Finnen zu geben ...

II.

Die Aufgabe[1])

... Unsere politischen, wirtschaftlichen, menschlichen, militärischen Aufgaben haben wir in dem herrlichen Osten. Wenn es den Kosaken geglückt ist, sich für den russischen Zaren bis ans Gelbe Meer durchzufressen und das ganze Gebiet allmählich zu erobern, dann werden wir und unsere Söhne es in drei Teufelsnamen fertigbringen, Jahr für Jahr, Generation für Generation, unsere Bauerntrecks auszurüsten und von dem Gebiet, das

[1]) *Aus einer Rede Heinrich Himmlers auf der Gauleitertagung am 3. August 1944 in Posen in „Vierteljahreshefte für Zeitgeschichte", IV/1953, S. 394.*

wir zunächst hinter der militärischen Grenze haben, immer einige hundert Kilometer zunächst mit Stützpunkten zu versehen und dann allmählich flächenmäßig zu besiedeln und die anderen herauszudrängen. Das ist unsere Aufgabe...

...Am Schluß bleiben wie immer im Kampf dieser Welt und dieser Natur und dieses Herrgotts die übrig, die stärker sind. Und wir alle haben nur einen Ehrgeiz: daß, wenn die Weltgeschichte später über diese Zeit richtet, und wenn sie als heute schon feststehendes Dogma aussprechen wird: Adolf Hitler war der größte arische, nicht nur der größte germanische Führer — sie dann über uns, seine nächsten Gefolgsmänner, sagt: Seine Paladine waren treu, waren gehorsam, waren gläubig, waren standhaft, sie waren es wert, seine Kameraden, seine Paladine gewesen zu sein. Heil Hitler! (Lang anhaltender stürmischer Beifall.)

III.

Grundsätze für die besetzten Ostgebiete[1])

Führerhauptquartier
den 23. Juli 1942
Bo/Wa

Reichsleiter Martin Bormann
Geheime Reichssache!

Persönlich!

Herrn
Reichsleiter Alfred Rosenberg
Berlin W 35
Rauchstraße 17/18

Sehr verehrter Parteigenosse Rosenberg!

Der Führer wünscht, wie ich Ihnen im Auftrage mitteile, daß Sie für Beachtung und Durchsetzung folgender Grundsätze in den besetzten Ostgebieten sorgen.

1. Wenn Mädchen und Frauen der besetzten Ostgebiete ihre Kinder abtreiben, dann kann uns das nur recht sein; keinesfalls sollen also deutsche Juristen sich dagegen wenden. Man müßte nach Auffassung des Führers sogar einen schwungvollen Handel mit Verhütungsmitteln in den besetzten Ostgebieten zulassen, denn wir können keinerlei Interesse daran haben, daß sich die nichtdeutsche Bevölkerung vermehrt.

2. Die Gefahr, daß sich die nichtdeutsche Bevölkerung in den besetzten Ostgebieten stärker als bisher vermehrt, ist sehr groß, denn die gesamten Lebensumstände werden für die nichtdeutsche Bevölkerung selbstverständlich viel besser und gesicherter. Gerade deshalb müssen wir die notwendigen Vorkehrungsmaßnahmen gegen eine Vermehrung der nicht deutschen Bevölkerung treffen.

---

[1]) *Dokument CXXXIII – 14a.*

3. Deshalb soll auch keinesfalls eine deutsche Gesundheitsfürsorge für die nichtdeutsche Bevölkerung in den besetzten Ostgebieten einsetzen. Einimpfen z. B. der nichtdeutschen Bevölkerung und ähnliche vorbeugende Gesundheitsmaßnahmen, sollen keinesfalls in Frage kommen.

4. Keinesfalls darf der nichtdeutschen Bevölkerung eine höhere Bildung beigebracht werden. Würden wir in diesen Fehler verfallen, würden wir selbst einen kommenden Widerstand geradezu züchten. Es muß also nach Auffassung des Führers durchaus genügen, wenn die nichtdeutsche Bevölkerung — auch die sogenannten Ukrainer — lesen und schreiben lernen.

5. Keinesfalls dürfen wir bei der nichtdeutschen Bevölkerung durch irgendwelche Maßnahmen ein Herrenbewußtsein züchten! Das Gegenteil ist notwendig!

6. Anstelle der jetzigen Schriftzeichen soll künftig in den Schulen die Normalschrift gelehrt werden.

7. Die Deutschen müssen auf jeden Fall aus den ukrainischen Städten abgesetzt werden; sogar die Unterbringung in Baracken außerhalb der Städte ist besser als die Unterbringung innerhalb der Städte.
Keinesfalls sollen die russischen (ukrainischen) Städte irgendwie hergerichtet oder gar verschönert werden, denn die Bevölkerung soll kein besseres Niveau bekommen, und die Deutschen sollen in später neu zu erbauenden Städten und Dörfern wohnen, die von der russischen (ukrainischen) Bevölkerung streng abgesetzt sind. Deshalb sollen auch die für Deutsche zu erbauenden Häuser keinesfalls den russischen (ukrainischen) gleichen (kein Lehmverputz, kein Strohdach usw.).

8. Im Altreich seien, betonte der Führer, viel zu viel Dinge reglementiert und vorgeschrieben; in diesen Fehler dürfen wir keinesfalls in den besetzten Ostgebieten verfallen. Keinesfalls solle also für die nichtdeutsche Bevölkerung zuviel reglementiert werden; hier müsse man sich unbedingt auf das Notwendigste beschränken. Die deutsche Verwaltung müsse deshalb auch auf jeden Fall klein gehalten werden; der Gebietskommissar müsse mit den einheimischen Ortsvorstehern arbeiten; eine einheitliche ukrainische Verwaltung etwa bis zum Generalkommissar oder etwa gar bis zum Reichskommissar dürfe es aber keinesfalls geben.

Durchschlag dieses Schreibens habe ich dem Herrn Reichsminister und Chef der Reichskanzlei übermittelt.

Heil Hitler!

Ihr

gez. M. Bormann

Herrn

Reichsminister und Chef der Reichskanzlei
Dr. Lammers, Berlin

mit der Bitte um Kenntnisnahme.

gez. M. Bormann

IV.

Hart und gerecht[1])

Erich Koch. * 19. 6. 1896 — 1922—1928 Mitglied der Gauleitung der NSDAP — 1928 Gauleiter in Ostpreußen — 1930 Mitglied des Reichstags — Führer des NS-Bauern- und Siedlerbundes — Preußischer Staatsrat — Präses der Provinzial-Synode. (F. L.). Veröffentlichung: „Die NSDAP".

Wir sind das Herrenvolk und müssen hart aber gerecht regieren.

Ich werde das Letzte aus diesem Lande herausholen. — Ich bin nicht gekommen, um Segen zu spenden, ich bin gekommen, um dem Führer zu helfen. Die Bevölkerung muß arbeiten, arbeiten und nochmals arbeiten... Nun regen sich einige Leute auf, daß die Bevölkerung vielleicht nicht genug zu essen kriegt. Das kann die Bevölkerung nicht verlangen. Man muß nur daran denken, was unsere Helden in Stalingrad entbehren mußten... Wir sind wahrlich nicht hierher gekommen, um Manna zu streuen, wir sind hierher gekommen, um die Voraussetzungen des Sieges zu schaffen.

Wir sind ein Herrenvolk, das bedenken muß, daß der geringste deutsche Arbeiter rassisch und biologisch tausendmal wertvoller ist als die hiesige Bevölkerung...

V.

Vertrauliche Aufzeichnung einer Rede des Reichskommissars Koch

A.[2])

(handschriftlich: Geheim!) Berlin, den 22. September 1942

Aufzeichnung

Der anliegende Vermerk über die Tagung in Rowno ist ein Auszug aus einer Aufzeichnung, die von einem Mitglied des OKH angefertigt wurde, das an der Besprechung in Rowno teilgenommen hat. Die Aufzeichnung wurde mir streng vertraulich zu lesen gegeben mit der ausdrücklichen Bitte, keine Abschrift anzufertigen. Ich habe daher nur die wichtigsten Stellen stenografisch festlegen können.

Die Ausführungen des Reichskommissars Koch haben im Generalstab des Heeres wie auch bei den Gebietskommissaren und La-Führern größtes Befremden hervorgerufen. Bespöttelt wird die Behauptung des Reichskommissars, daß wir es dort ausschließlich mit minderwertigen Menschen zu tun hätten und das Gebiet von Eydtkunen bis Wladiwostok (!)

---

[1]) *Dokument PS — 1130. Reichskommissar für die Ukraine Erich Koch in einer Rede in Kiew am 5. März 1943.*

[2]) *Dokument CXLVa — 19.*

nach dem Kriege unser einziges Ausfuhrgebiet sei und die deutsche Ausfuhrindustrie sich ausschließlich auf Kitsch umstellen müsse.

Einige Herren des Generalstabes, die während meines Aufenthaltes aus Nikolajew und Cherson zurückkehrten, erklärten, daß die dortigen deutschen Verwaltungsführer den Ausführungen des Reichskommissars Koch völlig fassungslos gegenüberständen. Die Bevölkerung sei durchaus aufgeschlossen und willig, man verstehe daher nicht, warum sie dann als Sklaven behandelt werden sollen. Man sieht allgemein auch große wirtschaftliche Gefahren in dieser Einstellung des Reichskommissars, da eine schlechte Behandlung der Bevölkerung unabweislich zu einem erheblichen Produktionsrückgang führen müsse. Sollte die schlechte Behandlung so weit gehen, daß die Bevölkerung zur Verzweiflung getrieben werde, so seien Bandenbildungen in großem Umfange und damit schwere Schäden für die deutsche Kriegsführung zu befürchten.

Hiermit

Herrn Ministerialdirektor Dr. Leibbrandt

ergebenst vorgelegt

gez.: Bräutigam

B.[1])

Geheim!

Vermerk über die Tagung in Rowno

vom 26.–28. 8. 1942

1. Die Agrarordnung

Die Zusammenfassung der Tagung über die Agrarordnung ergab Folgendes:

Das Ziel der Agrarordnung ist, die Mitarbeit der Russen sicherzustellen, um damit die Ablieferungsverpflichtung für das Reich erfüllen zu können. Die La-Führer in der Ukraine haben als oberstes Ziel die europäische Ernährungsbilanz zu sichern. Alle Fragen der Agrarordnung sind unter dem einen Gesichtspunkt zu betrachten, wie weit hierfür die Mitarbeit der Russen sichergestellt werden kann, da der Mensch zurzeit infolge des Mangels an Inventar der wichtigste Produktionsfaktor ist, ist die Menschenbehandlung durch die La-Führer von ausschlaggebender Bedeutung.

2. Schwierig ist die Behandlung der Volksdeutschen. Die deutschen Dörfer sind im allgemeinen die schlechtesten. Infolge der Verschleppung der besten Elemente sind sie nicht in der Lage selbständig zu wirtschaften. LBF Körner hat diese Tatsache dem Reichsführer-SS vorgetragen. Aus politischen Gründen will der Reichsführer aber ohne Rücksicht auf die fehlenden Männer und auf die mangelnde Eignung volksdeutsche Siedlungen schaffen, denen dann die nötige Unterstützung und besondere Beratung gegeben werden muß: Es ist eine Frage des politischen Prestiges, den deutschen Rest-Familien eine neue Heimat zu geben.

---

[1]) *Dokument CXLIV – 475.*

LBF Körner faßt das Ergebnis der Tagung nochmals zusammen und gibt als Richtlinie dem Sonderstab Agrarordnung Folgendes mit: Die nächsten Aufgaben der Agrarordnung sind:

1. Vergrößerung des Hoflandes.
2. Die Gründung von Landbaugenossenschaften, die bis Ende 1942 10 % der Wirtschaften erfassen sollen.
3. Die Durchführung der Agrarordnung darf die Erledigung der Herbsternte nicht hindern, sie muß vielmehr einen Anreiz zur sorgfältigen Bestellung geben.
4. Ein Arbeitsstatut muß neu herausgegeben werden.

Rede von Gauleiter Koch

Der Gauleiter kam direkt aus dem Führer-Hauptquartier und brachte mit ungewöhnlich anerkennenden Worten den Dank des Führers für die Arbeit der La-Führer zum Ausdruck. Er stellte den politischen Standpunkt und seine Aufgaben als Reichskommissar folgendermaßen heraus: Es gibt keine freie Ukraine. Das Ziel unserer Arbeit muß sein, daß die Ukrainer für Deutschland arbeiten und nicht, daß wir das Volk hier beglücken. Die Ukraine hat das zu liefern, was Deutschland fehlt. Diese Aufgabe muß ohne Rücksicht auf Verluste durchgeführt werden. In allen Ländern Europas geht es besser als bei uns. Die Grundlage für die Ernährung bei uns im Reich ist die Karte. Schwarzhandel ist nur in geringem Umfange zusätzlich. Bei anderen Völkern ist der Schwarzhandel die Grundlage und zusätzlich werden Karten ausgegeben. Die Ernährungslage in Deutschland ist ernst. Die Produktion sinkt bereits unter dem Einfluß der schlechten Ernährungslage. Die Erhöhung der Brotration ist eine politische Notwendigkeit, um den Krieg siegreich fortzuführen. Die fehlenden Mengen an Getreide müssen aus der Ukraine beschafft werden. Der Führer hat den Gauleiter dafür verantwortlich gemacht, daß diese Mengen sichergestellt werden. Die Ernährung der Zivilbevölkerung ist angesichts dieser Aufgabe gänzlich gleichgültig. Durch ihren Schwarzhandel lebt sie doch besser, als wir denken. Eine Diskussion über die neuen Auflagen gibt es nicht. Der Führer hat 3 Millionen Tonnen Getreide aus der Ukraine für das Reich verlangt, und diese müssen herangeschafft werden. Diskussionen über mangelnde Transportmöglichkeiten wünscht er nicht zu hören. Das Transportproblem muß durch eigene Phantasie gelöst werden.

Ebenso wichtig wie die Aufbringung der Getreideumlage ist die Lieferung von 700 000 Tonnen Ölfrüchte. Sie ist entscheidend für die Fettbilanz Deutschlands. Das Allerletzte muß ohne Rücksicht auf die Bevölkerung herausgeholt werden.

Für die Haltung der Deutschen im Reichskommissariat ist maßgebend der Standpunkt, daß wir es mit einem Volk zu tun haben, das in jeder Beziehung minderwertig ist. Ein Verkehr mit den Ukrainern kommt deshalb nicht in Frage. Gesellschaftlicher Verkehr ist verboten. Geschlechtlicher Verkehr ist unter strengste Strafe gestellt. Niemand darf sich hier gehen lassen. Der Führer hat die Bildung der Partei hier in den besetzten Ostgebieten befohlen mit dem ausdrücklichen Auftrag, die Ostfähigkeit der Reichsdeutschen zu überwachen. Leider ist dieses infolge des Verhaltens der Reichsdeutschen eine unbedingte Notwendigkeit geworden. Rücksichtslose Maßnahmen sind vom Gauleiter Koch angeordnet worden, um Auswüchse zu beseitigen. Es kommt nicht in Frage, daß Mädchen in Shorts, geschminkt und rauchend auf der Straße in Rowno spazieren gehen. Er hat der Polizei den Auftrag erteilt, den Lebenswandel sämtlicher weiblichen Angestellten zu beobachten und hält es für notwendig, daß mindestens zehn öffentlich als Hure erklärt werden.

Das Bildungsniveau der Ukrainer muß niedrig gehalten werden. Dementsprechend ist die Schulpolitik anzusetzen. Dreiklassige Schulen vermitteln bereits eine zu hohe Bildung. Es muß ferner alles getan werden, um die Geburtenkraft dieses Raumes zu zerschlagen. Der Führer hat besondere Maßnahmen hierfür vorgesehen. Die biologische Kraft dieses Volkes würde sonst in wenigen Generationen das deutsche Volk an die Wand drücken.

Kulturell haben wir den Ukrainern beide Kirchen gegeben. Weitere kulturelle Arbeit kommt nicht in Frage. Die Arbeit während des Krieges hat allein im Zeichen der Wirtschaft zu stehen.

Für die Nachkriegszeit wird der russische Raum von Eydtkunen bis Wladiwostok das einzige Absatzgebiet für die deutsche Industrie sein. Selbstverständlich werden wir hier nicht hochwertige Waren liefern, sondern der gewöhnlichste Kitsch ist gut genug für diese Bevölkerung. Die Preise für diese Waren werden entsprechend hoch sein, denn die besetzten Ostgebiete werden die Kosten und Opfer dieses Krieges zu bezahlen haben.

Wenn dieses Volk 10 Stunden am Tag arbeitet, dann muß es 8 Stunden für uns arbeiten. Alle sentimentalen Einwendungen müssen unterbleiben. Mit eiserner Gewalt muß dieses Volk regiert werden, damit es uns jetzt hilft, den Krieg zu gewinnen. Wir haben es nicht befreit, um die Ukraine zu beglücken, sondern um für Deutschland den notwendigen Lebensraum und seine Ernährungsgrundlage sicherzustellen.

VI.

Großraumordnung im Waldgebiet Zuman[1])

Berlin, den 2. April 1943
R/H
(handschriftlich:
Abschr. 1) Dr. Lammers)

Betrifft: Reichskommissar Koch und das Waldgebiet Zuman

Wie wenig der RKU Koch sich innerlich mit seiner Aufgabe verbunden fühlte, zeigte sich zu Beginn seiner Tätigkeit darin, daß er seit seiner Einsetzung im September 1941 bis Anfang oder Mitte Februar 1942 nur ein paar Mal das Reichskommissariat besuchte. Diese Besuche dauerten nur sehr kurze Zeit, wobei ausgiebig zur Jagd gegangen wurde. In dieser ganzen Zeit mußten die Generalkommissare, Gebietskommissare und Landwirtschaftsführer im harten Winter ihre Arbeit ununterbrochen unter schwierigsten Umständen leisten. Es kamen bald Gerüchte, daß der RKU das frühere polnische große Jagdgut Zuman zu

[1]) *Dokument PS – 032. Anlage zu einem Brief A. Rosenbergs an Heinrich Himmler. RKU bedeutet: Reichskommissar für die Ukraine.*

seinem persönlichen Jagdrevier herrichten lassen wollte. Gelegentlich eines Besuches in Berlin ist auch darauf die Sprache gekommen. Einmal erklärte der RKU, er habe evtl. Jagdvorbereitungen ja auf den ausdrücklichen Wunsch des Ministers gemacht. Auf meinen Hinweis, daß ich gar nicht daran denke, erklärte er, er habe ja einen Brief des Gauleiters Meyer erhalten. Nun hatte Gauleiter Meyer in Anbetracht evtl. späterer Besuche aus dem Reich dem RKU mitgeteilt, daß dabei für die Gäste, falls sie Jäger seien, auch eine solche Möglichkeit vorgesehen werden könnte. In keiner Weise ist hier irgendeine Weisung auf außerordentliche Vorbereitungen gegeben worden. Nachdem der RKU von mir eindeutig die Weisung bekam, nach dieser Richtung hin keinerlei Dinge zu unternehmen, erklärte er später auf nochmaliges Befragen jeden für einen Verleumder, der ihm Absichten für eine Großjagd in Zuman unterschiebe. Nichtsdestoweniger kamen später wieder Meldungen, wonach unter dem Titel eines Waldgutes das etwa 70 000 ha große Gebiet Zuman doch für den RKU hergerichtet würde und man beabsichtige, die dort bestehenden Dörfer auszusiedeln oder einzuäschern.

Nun erhalte ich folgende Meldung eines alten Parteigenossen, der neun Monate in Wolhynien und Podolien gearbeitet hat zwecks Vorbereitung für die Übernahme eines Gebietskommissariats oder einer Hauptabteilung im Generalbezirk Wolhynien und Podolien. Diese Meldung lautet:

„Auf Anordnung von höchster Stelle wurde die Aussiedlung des gesamten Rayon Zuman in die Wege geleitet. Deutsche und Ukrainer erzählten gleichermaßen, daß dies geschehe, weil das gesamte Waldgebiet Zuman Leibjagd des Reichskommissars werden soll. Im Dezember 1942, bei bereits grimmiger Kälte, wurde mit der Aussiedlung begonnen. Hunderte von Familien mußten über Nacht ihre ganze Habe verpacken und wurden über 60 km Entfernung umgesiedelt. Hunderte von Menschen aber hat man in Zuman und Umgebung unter Einsatz einer ganzen Polizei-Kompanie abgeknallt, „weil sie kommunistisch eingestellt waren"! Kein Ukrainer glaubt das letztere und auch die Deutschen sind über dieses Argument verwundert, denn dann hätte man zur gleichen Zeit — und wenn es schon um der Sicherheit des Landes willen geschah — auch in anderen Rayons kommunistisch verseuchte Elemente exekutieren müssen. Es wird im ganzen Land vielmehr eindeutig behauptet, daß man diese Menschen ohne Urteil lediglich abgeschossen hat, weil die Umsiedlung zu umfangreich und in der Kürze der verfügbaren Zeit aussichtslos war und im übrigen am neuen Ansiedlungsort nicht genügend Raum zur Verfügung stand! Der Rayon Zuman ist heute weitgehendst entvölkert. Auch die Bauern sind aus ihm zu einem Großteil entfernt. Jetzt stellt sich plötzlich heraus, daß man zum Zwecke der Holzabfuhr aus diesem sehr waldreichen Rayon aus 30 und 40 km Entfernung Bauern heranzwingen muß, die aus dem zwischenzeitlich zum Banden-Eldorado gewordenen Zumaner Waldgebiet den Holzabtransport durchführen sollen."

Ich halte es für notwendig, diesen mir gerüchtweise bekannten Fall, der in ganz Wolhynien und Podolien stärkste Erregung hervorgerufen hat, auch polizeilicherseits zu überprüfen und den zuständigen Höheren SS- und Polizeiführer, SS-Obergruppenführer Prützmann, hierzu dienstlich zu hören.

gez. A. Rosenberg

VII.

... Das Unternehmen Cottbus[1])

A.

Der Generalkommissar für Weißruthenien

Gauleiter / Ba. Minsk am 5. Juni 1943

Tgb.Nr. 428/43 g. Geheim!

An den Herrn Reichsminister für die besetzten Ostgebiete, Berlin
durch den Herrn Reichskommissar für das Ostland, Riga

Betr.: Das bisherige Ergebnis des Polizeiunternehmens „Cottbus" für die Zeit vom 22. 6. bis zum 3. 7. 1943.

SS-Brigadeführer, Generalmajor der Polizei v. Gottberg meldet, daß das Unternehmen „Cottbus" im genannten Zeitraum folgendes Ergebnis hatte:

Feindtote	4500	Gefangene Bandenangehörige	250
Bandenverdächtige Tote	5000	Vernichtete Feindlager	57
Deutsche Tote	59	Vernichtete Feindbunker	261
Deutsche Verwundete	267	Erfaßte Arbeitskräfte männl.	2062
Fremdvölkische Tote	22	Erfaßte Arbeitskräfte weibl.	450
Fremdvölkische Verwundete	120	Versenkt wurden größere Boote	4
		Versenkt wurden Flöße	22

...Die genannten Zahlen zeigen, daß auch hier wieder mit einer sehr starken Vernichtung der Bevölkerung zu rechnen ist. Wenn bei 4500 Feindtoten nur 492 Gewehre erbeutet wurden, dann zeigt dieser Unterschied, daß sich auch unter diesen Feindtoten zahlreiche Bauern des Landes befinden. Besonders das Bataillon Dirlewanger ist dafür bekannt, daß es zahlreiche Menschenleben vernichtet. Unter den 5000 Bandenverdächtigen, die erschossen wurden, befinden sich zahlreiche Frauen und Kinder...

B.

Der Reichskommissar für das Ostland

Tgb. Nr. 3628/43g Riga, den 18. Juni 1943

Geheim!

An den Herrn Reichsminister für die besetzten Ostgebiete, Berlin

Vom Generalkommissar Kube sind die beigefügten Geheimberichte eingegangen, die ganz besonderer Beachtung verdienen.

Daß die Juden sonderbehandelt werden, bedarf keiner weiteren Erörterung. Da dabei aber Dinge vorgehen, wie sie in dem Bericht des Generalkommissars vom 1. Juni 1943 vorgetragen werden, erscheint kaum glaubhaft. Was ist dagegen Katyn? Man stelle sich nur einmal vor, solche Vorkommnisse würden auf der Gegenseite bekannt und dort ausgeschlachtet! Wahrscheinlich würde eine solche Propaganda einfach nur deshalb wirkungslos bleiben, weil Hörer und Leser nicht bereit wären, derselben Glauben zu schenken.... Ich bitte, von dort aus das Weitere zu veranlassen.

gez. Unterschrift (unles.)

---

[1]) *Dokumente R – 135.*

Drei Illustrationen zur Rassenpolitik

I.

„Nur der falsche Herr zeigt und äußert Verachtung"[1])

Handakte Dr. Kinkelin — Berlin, den 29. März 1943

Geheim!

Vermerk

für Herrn Oberregierungsrat Dr. Wetzel

Betr.: Stellungnahme zu den Richtlinien für die Ordnungspolizei

Bezug: Schrb. d. Hptm. d. Sch. Altendorf v. 17. 3. 43 — I 463/439 g —

Ich hätte in die an sich richtigen Richtlinien noch folgende Gedanken gern eingeflochten:

Die Erkenntnis von der rassischen und erblichen Verschiedenartigkeit der einzelnen Menschen und ganzer Völker zählt gewiß zu den Grundlehren unserer Weltanschauung, doch ist wichtiger, daß wir selbst von dem Wert unserer Rasse und dem rassischen Wert des deutschen Volkes durchdrungen sind, stillschweigend und verpflichtet handeln, als diesen Unterschied in die Welt hinauszuposaunen und damit die anderen Völker und Rassen, die nicht minder auf sich stolz sind, uns gegenüber nur unnötig vergrämen. Am wenigsten notwendig ist, dem Angehörigen einer anderen Rasse oder eines anderen Volkes es auch noch unaufgefordert ins Gesicht zu sagen, daß wir weit mehr wert sind als er, und daß wir ihn als minderwertig verachten. Diese Haltung gereicht uns zu größtem Schaden, ohne ihr selbst zu nützen. Kein ehrbewußtes Volk läßt sich als minder-

---

[1]) Dokument CXLVa – 36, Biographie siehe „Theologie".

wertig und verächtlich bezeichnen! Dazu sehen die anderen oft die doch wirklich nicht achtenswerten Beispiele deutscher Vertreter und gewinnen daraus Urteil und Maßstab über uns!

Wichtig ist allein, daß wir selbst fest gegründet sind in unserem Volk und im Bekenntnis zu unserem Blut. Je mehr dies der Fall ist, desto weniger haben wir es nötig, einem Fremden gegenüber Verachtung laut zu äußern, und desto eher ist es möglich, dem anderen mit Verständnis, Duldsamkeit, ja Freundlichkeit und Achtung entgegenzukommen, ohne selbst Schaden zu leiden. (Vergl. die Haltung des Engländers in Rassedingen! Er hat nie offen geäußert, daß er andere Völker und Rassen, vor allem die Farbigen, als minderwertig verachtet, ganz im Gegenteil; seine tatsächliche Haltung aber ist so, daß er im Bekenntnis zu sich selbst eine unüberschreitbare Schranke dem anderen gegenüber setzt, ohne ihn mit Worten zu verletzen.)

Wir müssen uns klar darüber sein, daß unsere Rasseprahlerei und die öffentliche Betonung unseres Wertes uns in der ganzen Welt viel Sympathien verscherzt hat, und nicht einmal im eigenen nordrassisch-germanisch bestimmten Völkerkreis haben wir uns damit Freunde erworben!

Richtige Menschenbehandlung ist eine der wichtigsten politischen Grundforderungen für unsere Erfolge im Osten im Krieg und Frieden. Es ist daher gerade unser Verhalten und unsere Äußerung dem Osten gegenüber, trete er uns nun in einzelnen Rassen oder Völkern entgegen, von einer grundsätzlichen Bedeutung. Nicht nur ist es falsch, alles andere verächtlich zu unterschätzen, gepaart mit eigener Überschätzung und Überheblichkeit, sondern wir müssen vielmehr den Ostvölkern gerecht werden, sie in ihrem Ehrgefühl nicht kränken, vielmehr ihnen die gebührende Achtung und Ehrung erweisen, ohne daß wir uns damit selbst etwas vergeben. Nur der falsche Herr zeigt und äußert Verachtung! Im übrigen vergesse man nicht den Unterschied zwischen Kultur und Zivilisation. Allzu viele halten bei uns als Angehörige eines sehr verstädterten Volkes alle Zivilisation für Kultur, dafür aber alle mangelnde Zivilisation der anderen für fehlende Kultur und also Barbarei. Man vergißt dabei, daß die Ostvölker im Grunde Bauernvölker sind und unabhängig vom amerikanisierenden Bolschewismus mit Recht auf bestimmte Kulturwerte hinweisen können.

Das Gebot ist also: bei aller Freundlichkeit, Aufgeschlossenheit und einer gewissen gerechten Großzügigkeit doch Stolz und Abstand zu wahren, damit aber zu gewinnen, nicht abzustoßen und zu verletzen. Sich selbst ehrbar zu halten, heißt noch lange nicht den anderen zu verachten und mit Faust und Stiefelabsatz zu behandeln als sinnfällige Äußerung eines falschen, schädlichen Herrentums; freundlicher, verständiger Umgang mit den anderen heißt auch noch lange nicht, mit ihnen gemein zu werden! Wahres Herrentum unterscheidet sich darin vom falschen! Und Gerechtigkeit ist von Milde und Weichheit so weit entfernt, wie von willkürlicher Härte oder gar verächtlicher Grausamkeit. Alle Völker des Ostens aber haben einen sehr entwickelten Gerechtigkeitssinn.

Kinkelin

30./3

II.[1])

Betrifft: Menschenbehandlung

Alfred Meyer. 1928 Ortsgruppenleiter der NSDAP in Gelsenkirchen — 1931 Gauleiter des Gaues Westfalen-Nord der NSDAP — 1933 Reichsstatthalter von Lippe und Schaumburg-Lippe — 1936 Leiter der Lippeschen Landesregierung — Während des Krieges Staatssekretär im Ostministerium und Reichsverteidigungskommissar in Westfalen.

Der Reichsminister für die besetzten Ostgebiete

I/17/42 g
Geheim!

Berlin, den 9. April 1942
(handschrtl.: zdA Mg gB)

An

a) den Herrn Reichskommissar
für das Ostland
in Riga

b) den Herrn Reichskommissar
für die Ukraine
in Rowno

(mit Überdrucken für General- und Gebietskommissare)

c) den Aufbaustab M
in Berlin SO
Rungestr. 25/27

d) den Aufbaustab K
in Berlin W 35
Margaretenstr. 17

(Sammelanschrift)

Betr.: Menschenbehandlung

Aus verschiedenen Nachrichten geht hervor, daß von den in den besetzten Ostgebieten eingesetzten Deutschen Prügel und Peitsche immer noch als Straf- und Antreibungsmittel gebraucht werden. Diese Art des Auftretens gegenüber der einheimischen Bevölkerung des befreiten Ostens ist eines Deutschen unwürdig. Da jeder Deutsche von der einheimischen Bevölkerung als ein Vertreter des Deutschen Reiches betrachtet wird, schädigt diese Art des Verhaltens das Ansehen des Reiches. Es verletzt das Ehrgefühl der einheimischen Bevölkerung, das in dieser Hinsicht sogar von den Bolschewisten geachtet worden ist. Außerdem hindert diese Art des Auftretens die erwünschte Zusammenarbeit mit den Ostvölkern.

Ich verbiete daher ausdrücklich den mir im Bereich der Zivilverwaltung Unterstellten den Gebrauch von Prügel und Peitsche gegenüber der einheimischen Bevölkerung und stelle eine Übertretung dieses Verbotes unter Strafe. Das Prügeln und Peitschen von Volksdeutschen werde ich besonders hart bestrafen lassen.

Gleichzeitig bitte ich, mir Vorkommnisse dieser Art zu melden, wenn sie durch Angehörige anderer deutscher Dienststellen innerhalb der besetzten Ostgebiete verübt werden, damit eine einheitliche Haltung aller Deutschen gegenüber der einheimischen Bevölkerung innerhalb des mir unterstellten Hoheitsgebietes gewährleistet werden kann.

Beglaubigt:
Prasse, Regierungsinspektor

gez. Meyer
Gauleiter und Reichsstatthalter

[1]) *Dokument CXLVa—11.*

III.

Ein Briefwechsel[1])

Paul Dargel. * 28. 12. 1903 in Elbing/Ostpreußen — Mittel- u. Realschule — Propagandaleiter — Kreisleiter — Gauamtsleiter — Mitglied d. Provinzialrates — Leutnant d. Res. — Kaufmann — 1933 im Preußischen Landtag — Gauschulungsleiter in Königsberg — 1938 Gauamtsleiter — Großes Goldenes Ehrenzeichen — 1941 Regierungspräsident.

A.

Abschrift

Der Reichskommissar für die Ukraine
Regierungspräsident Dargel

Rowno, den 15. März 1943

Herrn
Heinz von Homeyer b. Generalkommissar
in Melitopol

Lieber Parteigenosse von Homeyer!

Ich danke Ihnen für die Übersendung des Aktenvermerks über unsere Besprechung und für Ihren Brief vom 7. März 1943.

Ich möchte zunächst ein Mißverständnis berichtigen, das sich anläßlich unserer Unterredung bei Ihnen eingeschlichen zu haben scheint. Ich habe nicht von den *Russen* gesprochen, die Europa nicht zur Ruhe kommen ließen, sondern allgemein von den *Slawen*. Nicht die Russen betrachte ich als sehr viel minderwertiger als die Deutschen, sondern alle *Slawen* überhaupt, und hierzu rechne ich sowohl die Russen als auch die Ukrainer, die Polen, die Tschechen usw. Ich bin mir über die geschichtlichen Tatsachen zur Kreuzritterzeit usw. durchaus im klaren. Ich möchte aber grundsätzlich das gesamte Slawentum als für uns gefährlich und als minderwertig angesprochen wissen. Aus diesem Grunde habe ich auch noch nicht daran gedacht, durch unsere politischen Maßnahmen das gute deutsche Herz durchscheinen zu lassen. Selbstverständlich wird jeder vernünftige Politiker bereit sein, die Slawen zur Gewinnung des Krieges so zu behandeln, wie der Bauer sein Vieh behandelt, um mich dieses von Ihnen gewählten Vergleichs zu bedienen.

. . . . .

Beste Grüße und

Heil Hitler!
Ihr
gez. Paul Dargel

---

[1]) Dokument R – 482.

B.

Franz von Homeyer
Hauptabteilungsleiter
b. Generalkommissar f. d. Krim

Melitopol, den 25. März 1943

Herrn
Regierungspräsidenten Paul D a r g e l
beim Reichskommissar f. d. Ukraine
R o w n o

Sehr verehrter Parteigenosse Dargel!

... Gestatten Sie mir, noch einmal auf die slawische Frage zurückzukommen. Die These, daß die Slawen durchweg im Vergleich zu uns minderwertig seien, ist aus verschiedenen Gründen sehr anfechtbar, abgesehen davon, daß diese umfassende Formulierung mit Rücksicht auf gewisse Bundesgenossen z. Z. besser vermieden wird. Ich führe einige dieser Gründe an:

1. Die Deutschen, denen wir die größte Tüchtigkeit zusprechen, nämlich die Preußen, sind ein Produkt germanisch-slawischer Blutmischung.

2. Das Slawentum ist so wenig einheitlich wie das Germanentum. So wenig wir mit dem Schweden gleichgestellt werden möchten, so wenig will es der Russe mit dem Polen oder der Pole mit dem Ukrainer.

3. In gewissen Dingen ist uns der Slawe überlegen. Ich erinnere an die gesunde Moral der Frauen hierzulande nach fast einem Vierteljahrhundert bolschewistischer Moralzerstörung und wage nicht auszudenken, wie es bei uns nach ähnlichen Ereignissen ausgesehen haben würde.

Mein langer Aufenthalt im Osten, zuerst in Südrußland, später in Polen, hat mich erkennenlassen, daß der Slawe *anders* ist wie wir. Vor einem ablehnenden Urteil habe ich mich gehütet, weil die großen Probleme des Osten mir Bescheidenheit zu verlangen scheinen. Wir können den Osten mit unserem Geist erfüllen, wir können ihn aber nicht in eine deutsche Schablone pressen. Auch das ist uns nur möglich bei einem auf unangreifbarer moralischer Grundlage beruhenden Herrentum.

Dem Slawen mangelt allgemein die Fähigkeit zur Staatenbildung und zur Entwicklung einer verantwortlichen Führerschicht. Deshalb zieht sich wie ein roter Faden durch seine Geschichte der Kreislauf: Berufung germanischer Führer, Verslawung der aus ihren Nachkommen entstehenden Führerschicht, Revolutionswirren, Chaos.

An diesem Punkte stehen wir heute wieder. Das Schicksal selbst beruft uns, die Führung des Ostens zu übernehmen. Ich persönlich sehe aus meiner Erfahrung heraus den Osten als unseren Besitz an und würde niemals mehr als einer sehr beschränkten politischen Freiheit der Slawen das Wort reden. Aber ich bin überzeugt davon, daß unser Besitzanspruch nur verwirklicht werden kann durch ein mehr auf moralische Unantastbarkeit, als auf äußere Machtmittel gegründetes Herrentum, das uns auch gestattet, aus Stärke gütig zu sein.

Um noch einmal den Bauern heranzuziehen; wenn er seine Kuh als Mistvieh ansieht, wird er sie schlachten oder verkaufen. Pflegt er sie, dann heißt das, daß sie ihm etwas wert ist.

Wenn Sie mir vielleicht auch nicht voll zustimmen werden, so dürfte meine wiederholte schriftliche Stellungnahme zu dem in Rowno berührten Thema Sie doch zu der Überzeugung gebracht haben, daß mir jede Spur von Sentimentalität völlig fern liegt und daß meine Auffassung einzig diktiert ist durch Kenntnis der Verhältnisse, Sorge um die Wahrung des deutschen Interesses und, ich darf wohl sagen, äußerstes Verantwortungsgefühl.

Ich möchte bei dieser Gelegenheit noch etwas erörtern, was ich seinerzeit schon in Rowno zur Sprache gebracht haben würde, wenn die Zeit nicht so sehr kurz gewesen wäre. Als wir 1918 in der Ukraine saßen, war für Rubel zu Mark ein Zwangskurs von 1,25 : 1 festgelegt. Der Wert des Rubels fiel von Tag zu Tag und, da der Zwangskurs nicht aufgehoben wurde, tat es damit auch die Mark. Am Ende konnte man sich als deutscher Offizier für ein ganzes Monatsgehalt keine Tasse Kaffee mit Kuchen mehr leisten. Wir meinten also, Herren in diesem Lande zu sein und waren in Wirklichkeit Bettler. Im Jahre 1919 erlebte ich dann die englische Praxis. Der Engländer dachte gar nicht daran, einen festen Kurs seines Pfundes zum Rubel herzustellen und blieb somit geldlich immer der himmelhoch Überlegene. Interessant war bei dem Ganzen die Haltung der russischen Bevölkerung. Wir, die wir durch unsere Geldpolitik irgendwie Solidarität bekundeten, wurden kaum noch angesehen, der Engländer, der das Gegenteil tat, war zwar nicht beliebt, aber außerordentlich geachtet.

Ich finde, daß wir heute denselben Fehler machen wie damals. Der Wert des Rubels bzw. des Karbowanez fällt ständig, wobei die anders gelagerte Ursache hierfür außer Betracht bleiben kann. Wie damals haben wir den Kurs des Reichskreditkassenscheines fest an den des Karbowanez gebunden, wahrscheinlich deshalb, weil der Karbowanez eine Schöpfung von uns ist. Es zeigen sich inzwischen dieselben Folgen wie 1918. Man kann weder für Karbowanez noch für Reichskreditkassenscheine Nennenswertes kaufen. Geldlich betrachtet, haben wir also unseren Herrenstandpunkt ohne erkennbaren Zwang verlassen, und die Folge ist, daß sich ein wilder Tauschhandel entwickelt, der uns um so weniger angenehm sein kann, als weite Kreise der im Lande befindlichen Reichsdeutschen in ihn hineingezogen werden. Wir müssen in der Lage sein, gestützt auf eine gesicherte finanzielle Überlegenheit, unsere hohe Wirtschaftsmoral in dieses Land zu verpflanzen, stattdessen lassen wir uns von der Schiebergesinnung, die mit allen Tauschgeschäften irgendwie zusammenhängt, infizieren. Ich möchte Sie bitten, sich dies einmal durch den Kopf gehen zu lassen und auch vom politischen Standpunkt zu überlegen, ob es nicht zweckmäßig ist, den Wert des Karbowanez fallen zu lassen, da die einheimische Bevölkerung anscheinend das Bedürfnis danach hat und uns die Mittel fehlen, um ihn zu stabilisieren, den Reichskreditkassenschein aber durch Lösung des starren Kursverhältnisses auf einem bestimmten Wert zu halten.

Mit den besten Empfehlungen und Heil Hitler!

bin ich Ihr sehr ergebener

gez. H.

KAPITEL XII

Von der Wiege bis zur Bahre

Nationalsozialismus und ...

... Händeklatschen[1])

Nationalsozialistische Deutsche Arbeiterpartei
Der Stellvertreter des Führers — Stabsleiter

München, den 11. 12. 1937
Braunes Haus

Rundschreiben Nr. 173/37

(Nicht zur Veröffentlichung!)

Dem Stellvertreter des Führers ist in letzter Zeit verschiedentlich aufgefallen, daß sich dienstlich anwesende Unterführer der Bewegung bei Reden des Führers oder eines führenden Parteigenossen nicht an den Beifallskundgebungen beteiligten. Ein derartiges Verhalten kann seine Ursache in der Auffassung haben, daß ein dienstlich Anwesender seinen Beifall nicht durch das übliche Händeklatschen zum Ausdruck bringen dürfe. Ich weise demgegenüber darauf hin, daß die Nichtbeteiligung an den Beifallskundgebungen der übrigen Veranstaltungsteilnehmer diese leicht zu falschen Schlüssen gelangen läßt und daß sich auch dienstlich bei Veranstaltungen anwesende Parteigenossen, soweit sie nicht im Absperrdienst tätig sind, an Beifallskundgebungen der übrigen Teilnehmer beteiligen dürfen.

F.d.R.:
(Witt) gez.: M. Bormann
Verteiler III b

... Naturschutz[2])

Unseren Botanikern und Zoologen der SA erwächst damit eine dankenswerte Aufgabe! Wird diesen Fragen in der SA Aufmerksamkeit entgegengebracht, wird der SA-Mann — auf Sturm- oder Truppabenden wie im Gelände — zu engerer Bindung zu all dem, was draußen wächst und blüht, was kriecht und fliegt, geführt, dann wird das zweifellos im Sinne des SA-Obergruppenführers Hermann Göring sein, dem wir die Naturschutzverordnung verdanken. Er wird seine Freude daran haben, wenn in der SA neben den großen politischen Aufgaben auch die Liebe zur heimatlichen Natur gepflegt wird.

---

[1]) *Dokument CXLV – 535.*
[2]) *Prof. Dr. Ernst Lehmann in „Der Biologe", Jahrgang 1937, S. 304.*

... Tierschutz

I.[1])

Zur Regelung der gemeindlichen Bullenhaltung und zur Abwendung der Seuchengefahr ergeht folgende Anordnung:

1. Kühe und Rinder, welche von Juden direkt oder indirekt angekauft werden, sind zum Zutrieb zum gemeindlichen Bullen nicht zugelassen.
2. Kühe und Rinder aus Stallungen, in welchen von Juden gekauftes Vieh steht, unterliegen einer Beobachtung auf die Dauer von einem Jahr. Sie sind während dieser Zeit vom Zutrieb zum gemeindlichen Bullen ausgeschlossen.
3. Die Anordnung gilt ab 1. Oktober 1935.

Königsdorf, den 28. September 1935
Der Bürgermeister der Gemeinde Königsdorf
gez.: Ernst Schreyer

II.[2])

Die Reichsvereinigung der Juden in Deutschland gibt folgende Anordnung ihrer Aufsichtsbehörde bekannt:

1. Juden, die zum Tragen des Kennzeichens verpflichtet sind, und den mit ihnen zusammenwohnenden Personen ist mit sofortiger Wirkung das Halten von Haustieren (Hunden, Katzen, Vögeln) verboten.

   (...)

5. Zuwiderhandlungen gegen diese Anordnung haben staatspolizeiliche Maßnahmen zur Folge ...

... Kaninchenzucht[3])

Seit der Machtergreifung durch den Nationalsozialismus hat die deutsche Kaninchenzucht einen unerhörten Aufschwung genommen. Der deutschen Kaninchenzucht wurde eine neue Zielsetzung gegeben. Der Kreis der Beteiligten wurde mit einem neuen organisatorischen und züchterischen Streben erfüllt. Zum ersten Male wurden der Zucht und Haltung allgemeingültige Grundlagen geschaffen, die aus dem unorganischen Zustand früherer Zeiten die Kaninchenzucht zu einem bedeutenden Wirtschaftsfaktor emporhoben.

---

[1]) *„Tegernseer Zeitung", Tegernsee/Bayern, am 3. Oktober 1935.*

[2]) *„Jüdisches Nachrichtenblatt" am 15. Mai 1942.*

[3]) *José Filler im Vorwort zu seinem Buch „Unsere Kaninchen", Großes Handbuch der deutschen Kaninchenzucht, Verlag Fritz Pfenningstorff, Berlin 1942.*

... Gartenkunst[1])

... Gibt es nun eine *deutsche* Gartenkunst? — Ja! — Kann von einer deutschen Gartenkunst die Rede sein trotz Verwendung auch fremdländischer Arten bei der Gartengestaltung? — Ja! — Oder sollten jene recht haben, die behaupten, alle Kunst sei grundsätzlich international? — Nein! — Denn wir wissen heute, daß Kunsterzeugnisse mit ihrer eigenen Sprache wohl zu allen Völkern reden und als Kunstwerke erkannt werden, also international verstanden werden können; wir wissen aber auch, daß die Ausdrucksformen der Kunst immer nur aus der blutmäßigen, das ist rassischen Eigenart des betreffenden Volkes geboren werden, daher völkisch — also national — sein müssen.

So leuchte deutsche Sonne über deutschen Gärten, über deutscher Gartenkunst!

... Fotografie[2])

Als Beispiel für gute Porträts, die aber für den Rasseforscher nur zum kleineren Teile brauchbar sind, sei auf die an sich sehr schönen und als photographische Kunstwerke hervorragenden Bilder der Erna Lendwai-Dircksen hingewiesen. Sie zeigen meist Charakterköpfe aus verschiedenen deutschen Landschaften und sind durch Veröffentlichung in illustrierten Zeitschriften bereits bekanntgeworden. Aber auch für sie gilt die Einschränkung, daß sie zu sehr auf das Psychologische und Individuelle, also das Einmalige, eingestellt sind. Sie sind auch mehr vom Volkskundlichen her gesehen mit ihren schönen Trachten, die nur leider so viel vom Kopf verdecken. Man kann den Abgebildeten viel eher ihren Beruf als Fischer oder Bauern als ihre Zugehörigkeit zu bestimmten Landschaften oder Rassen ansehen — kurzum, es sind mehr Charakter- als Rassenköpfe. Wirkliche Rassestudien wird man höchstens bei 10 Prozent der Bilder machen können.

... Gymnastik[3])

Wenn ich meine eigene Arbeit daraufhin prüfe, ob ihr Ideengehalt nationalsozialistisch ist, so muß ich auf folgende Fragen Antwort geben:

Welche Erfahrungen sprechen dafür, daß die Grundbegriffe meiner Gymnastik sich mit nationalsozialistischen Grundforderungen decken?

Welche Behauptungen der Theorie sind streng beweisbar, stehen außerhalb einer willkürlichen Deutung und müssen daher auch aus der Theorie des nationalsozialistischen Wollens entwickelt werden können?

---

[1]) *Hans Hasler „Deutsche Gartenkunst", Eugen Ulmer Verlagsbuchhandlung, Stuttgart 1939, S. 298.*

[2]) *Prof. Dr. Karl von Hollander in „Volk und Rasse", Jahrgang 1934, S. 50.*

[3]) *Rudolf Bode in „Odal", Monatsschrift für Blut und Boden, Heft 5, Mai 1939, S. 365.*

Welche Behauptungen der Theorie sind zwar nicht in wissenschaftlichem Sinne beweisbar, haben aber den Gehalt der wesentlichen Charakterzüge, welche eine auf Erlebnis gegründete Schau der politischen Wirklichkeit der Gegenwart zusprechen muß?

Die Erfahrung lehrt für jeden unvoreingenommenen Beobachter mit einer letzten Sicherheit, daß nur der rassisch Einwandfreie die vom Verfasser begründete Gymnastik einwandfrei auszuführen imstande ist, nicht dagegen der jüdisch Infizierte, geschweige der reine Jude . . .

. . . Tanz[1])

. . . In diesen alten herbfrohen Tänzen haben wir nicht nur die Lebensäußerungen eines rassisch hochgezüchteten Blutes vor uns, sondern in den besten Gestaltungen verkörpert sich ein Stück völkischer Lebenshaltung und Weltanschauung. Hier werden echte Gemeinschaften gezüchtet, die der Gesellschaftstanz und die Gymnastik in dieser Gründlichkeit nicht formen können, da ihre Spannweite die Bezirke des Weltanschaulichen in dieser Art nicht betreten kann. Damit ist ein entscheidendes Werturteil für den Tanz unseres Volkes gesprochen.

Wer diesen Wert erkannt hat, muß notwendigerweise als politischer Mensch eine Neuformung und Neuausrichtung des deutschen Tanzes nach diesen Gesichtspunkten fördern und wünschen.

Bedenken wir noch eines: die Formung des deutschen Menschen, seine Wesensvertretung im In- und Ausland, ein Teil seines „gesellschaftlichen Haltes" sind an diesen Formen gebunden. Müßten wir uns nicht, von der Erziehung des politischen Menschen her gesehen, viel eingehender mit einer Erziehungsform beschäftigen, die derartige Möglichkeiten in sich trägt?

In dieser Richtung hat unsere Arbeit einzusetzen. Es muß uns in den nächsten Jahren gelingen, auch im Tanz eine Bewegungs- und Ausdrucksform deutscher Menschen zu pflegen, die aus dem totalen Neuwollen geboren ist und zu der der politische Mensch restlos ja sagt.

. . . Puppenspiel[2])

Setzen wir Nationalsozialisten Kulturwerte für unsere Arbeit ein, dann tun wir es nicht aus dem l'art pour l'art-Interesse eines Kunstästheten, wir tun es, weil wir überzeugt sind, daß der betreffende Kulturwert für die geistig-seelische und weltanschaulich-politische Entwicklung unseres Volkes bedeutungsvoll ist. Einen solchen Kulturwert besitzen wir im Puppenspiel. Das Puppenspiel ist für uns nicht eine billige, mehr oder weniger

[1]) *H. Hecker in „Volkstum und Heimat", 1938, S. 80–82.*
[2]) *Siegfried Raeck in „Musik in Jugend und Volk", 1937, S. 104.*

künstlerisch gestaltete Unterhaltungsform, es ist für uns eine äußerst wichtige kulturpolitische Waffe in unserer ganzen Volkstumsarbeit, insbesondere aber für die Arbeit auf dem Lande und an der Grenze.

... Bauerntracht[1])

... Hätten wir es jemals für richtig gehalten, dem Bauern eine eigene Standesuniform zu schaffen, so wäre uns das gewiß nicht schwer gefallen. Sie wäre sogar wahrscheinlich schöner ausgefallen als jener Rasierpinselhut, mit dem die grüne Front vor der Machtübernahme den Landmann in den Augen des Volkes nur lächerlich machte! Nichts hielten wir aber für unnötiger als dies. Denn wenn der deutsche Bauer in Uniform gehen will, dann braucht man ihm heute keine neue zu erfinden, weil er schon längst eine trägt, die über Stände und Konfessionen, über arm und reich in gleicher Weise hinwegreicht und alle verbindet, eine Uniform, die zum ersten Male in der Geschichte der Uniformen sogar bewußter Ausdruck einer Weltanschauung ist: das Braunhemd Adolf Hitlers!

... Mode[2])

Hier ist es auch nötig, zu dem heiklen Thema „Mode" Stellung zu nehmen, sowohl weil der Führer sich oft schon scharf gegen „laffiges Modewesen" gewandt hat, als auch weil der Liberalismus sich an erster Stelle der Mode-Suggestion zur Durchsetzung seiner Rasse und Volkstum zerstörenden Gedanken immer wieder bedient hat.

Nicht Abwechslung und Sensation sollen Maßstab für die Mode sein, sondern Schönheit und Harmonie mit dem deutschen Wesen.

... Ästhetik[3])

Nationalsozialistische Ästhetik? Diese Wortzusammenstellung wird sicher zunächst einiges Unbehagen hervorrufen, denn der Begriff des Ästhetischen ist für uns mit der Vorstellung von etwas Angekränkeltem, Unmännlichem, Verweichlichtem verbunden. Man empfindet weithin das Wort ästhetisch als den denkbar schärfsten Gegensatz etwa zu kämpferisch, männlich, hart. Die Vorstellungsbilder, die der Klang des Wortes Ästhetik bei den einzelnen hervorruft, mögen verschieden sein. Immer aber werden wir im Geiste sofort eine Abwehrstellung einnehmen.

---

[1]) *Dr. Hermann Reichle in „Volkstum und Heimat", 1938, S. 53 und 57 (Auszug aus der Ansprache anläßlich der Gaukulturwoche des Gaues Saarpfalz in Kaiserslautern.*

[2]) *„Nationalsozialistische Erziehung", Jahrgang 1935, S. 475.*

[3]) *Hans Arnold in „Nationalsozialistische Monatshefte", Heft 78, Sept. 1936, S. 836.*

... Technik[1])

Es gibt eine nationalsozialistische Auffassung der Technik. Sie besteht in einer Abkehr vom rein Materiellen, in einer Betonung des Schöpferischen, in einer engen Anlehnung zum Künstlerischen. Die nationalsozialistischen Ingenieure haben immer diese Linie betont und ihr auf großen Gebieten zum Erfolg verholfen. Sie haben die Schönheit der Technik auf allen Fachgebieten gezeigt. Sie haben im Straßenbau, im Wasserbau und ganz allgemein im Bauschaffen die herrlichsten Beispiele dafür geliefert, daß ebenso wichtig wie die rein materielle Zweckerfüllung der kulturelle Wert des Geschaffenen ist.

... Es freut uns Ingenieure, daß die nationalsozialistische Idee gerade die Technik in so kurzer Zeit so wirkungsvoll erfaßt und umgewandelt hat. Wir denken mit Entsetzen an die Zeit zurück, in der Technik und Kunst unversöhnliche Gegensätze waren und die auf beiden Gebieten Schaffenden sich nicht verstanden. Wir fördern bewußt jede Maßnahme, die das Schöpferische, Gestaltende und Kulturelle auf dem Gebiete der Technik betont.

... Motor[2])

Der Sieg der nationalsozialistischen Idee, gekrönt durch die Machtübernahme des Führers am 30. Januar 1933, war zu einem Teil auch schon ein Sieg des Motors; denn der Führer hatte bereits in der Kampfzeit den Motor im Wagen und später auch im Flugzeug als ein unentbehrliches Hilfsmittel zur Verbreiterung der Aufklärungsarbeit im deutschen Volke erkannt und benutzt.

... Walfang[3])

Wenn man bedenkt, daß Deutschland vor drei Jahren noch kein einziges Schiff auf Walfang hatte, dann ist das für diese kurze Zeit eine geradezu staunenswerte Entwicklung. Gerade vor einigen Tagen ging eine Notiz durch die Zeitungen, daß von deutscher Seite wieder eine Flotte angekauft wurde. In der nächsten Fangzeit werden also mindestens sieben Flotten für deutsche Rechnung fahren.

Das Verdienst für diese schnelle und bedeutende Entwicklung hat einzig und allein der Führer. Vor der Machtergreifung hat man jahrelang versucht, den deutschen Walfang wieder ins Leben zu rufen, aber trotzdem wir jedes Jahr fast die Hälfte der gesamten Weltproduktion von Walöl kauften und verbrauchten, wurde der Gedanke, eine eigene Flotte zu schaffen, stets sabotiert.

Erst das Dritte Reich gab die Möglichkeit, die Idee reifen und das Werk entstehen zu lassen.

---

[1]) *Dr. Todt in „Deutsche Technik" von Dr. Ludwig Warmuth, Otto Elsner Verlagsgesellschaft, Berlin/Wien/Leipzig 1944, S. 24.*

[2]) *Direktor Jakob Werlin in „Völkischer Beobachter" (Berliner Ausgabe), 30. Januar 1941, Beilage S. 8.*

[3]) *Carl Kicheiß in „ODAL", Monatsschrift für Blut und Boden, Herausgeber R. Walther Darré, Heft 5, Berlin, Mai 1938, S. 381.*

... das Spargelessen[1])

Die Pressestelle der Universität Heidelberg teilt mit: Das akademische Disziplinargericht hat einstimmig das Korps Saxo-Borussia, Heidelberg, wegen gröblicher Verletzung der einer studentischen Vereinigung gegen Volk, Staat und Hochschule obliegenden Pflichten mit Wirkung vom Wintersemester 1935/36 auf vier Semester von der Universität ausgeschlossen. Außerdem wurden gegen einzelne Mitglieder der Korporation Strafen ausgesprochen.

Das Urteil erfolgte, weil Mitglieder des Korps während der großen außenpolitischen Rede des Führers und Reichskanzlers lärmend und auf einer Sektflasche blasend in ein Heidelberger Lokal eingedrungen waren. Ferner wurde beim Spargelessen in einem anderen Heidelberger Gasthaus von Angehörigen des Korps in lautem Tischgespräch die Frage erörtert, wie man richtig Spargel esse, insbesondere wie wohl der Führer Spargel äße.

... Reklame[2])

Die Außenreklame ist das Spiegelbild des Wirtschaftliberalismus. Der Sinn ist Umsatzsteigerung um jeden Preis. Das Volk soll von der Wirtschaft „erfaßt", lies ausgeplündert, werden.

Es ist selbstverständlich, daß die neue Weltanschauung keinen Raum für derartige Methoden hat.

Deutschland gehört uns und unserer Jugend!

Wenn wir von der gesamten Außen-Dauer-Reklame befreit sind, sehen wir wieder die freie Landschaft, die schöne Straße, das freundliche Dorf, die deutsche Kleinstadt, und wir sehen, daß die Großstadt auch aus Häusern besteht.

... Krebs[3])

Seit das Hakenkreuz über uns weht und der Geist des neuen Deutschland unser Volk ständig durchdringt, begibt es sich immer wieder, daß unsere führenden Männer mit sicherer Hand die Leitung aller für das Volk besonders nützlichen Fragen an sich nehmen. So führen sie zielbewußt uns zu nationaler Geschlossenheit durch Aufbau und innere Gesundung.

Eine der wichtigen Aufgaben, die Lösung der Krebsfrage, ist auch auf diese Weise in Angriff genommen worden. Die Diagnose Carcinom, Sarkom, also „Krebs", wird nach heutigen Gepflogenheiten nur dann klinisch richtig befunden, wenn unter Ausschaltung aller anderen Krankheiten ähnlichen Charakters, die auch zu Geschwürsbildungen führen, ein Teil der Geschwulst aus dem übrigen Gewebe entfernt worden ist und in der histo-

---

1) *„Blick in die Zeit", Berlin, 12. Juli 1935, S. 15.*

2) *Prof. W. M. Kersting in „Deutsche Kultur-Wacht", 2. September 1933, Heft 22, S. 12.*

3) *Dr. Cornet in „Paracelsus-Institut", Schrift II, Nürnberg 1936, S. 78, Herausgeber: Verein Deutsche Volksheilkunde e. V.*

logischen Untersuchung, also unter dem Mikroskop betrachtet, der typische Aufbau einer Krebsgeschwulst offenkundig geworden ist.

... Apotheker[1])

Unser Stand und sein Nachwuchs mögen nie vergessen, daß sie das heute Gesicherte den SA-Männern verdanken, die an ihrem Nebenmann im Glied nicht den Rock und den Stand sahen, sondern nur den deutschen Mitstreiter, bereit, für eine bessere Zukunft sich totschlagen zu lassen; ohne den Sieg der SA gäbe es heute kein Deutschland mehr und also auch keine deutschen Apotheker.

Uns nationalsozialistischen Apothekern der Kampfzeit ist Pg. Stephan darüber hinaus wert geworden: frühzeitig stand er auch im weltanschaulichen Kampf der nationalsozialistischen Fachgruppe seinen Mann; denn er wußte, wie bitter nötig es war, für „die Stunde des Sieges der SA auch hier bereit zu sein".

Allen denen aber, die „über Nacht sich umgestellt", und die sich demzufolge heute etwas laut betätigen, ohne aber selbst an dem Kampf für das Dritte Reich oder auch nur für den heutigen Apothekerstand den geringsten Anteil zu haben, raten wir, sich nicht zu überstürzen: Diesen Vorsprung holt ihr doch nie ein!

... Haushaltführung[2])

Durch den Umschwung im Denken, den der Nationalsozialismus herbeigeführt hat, ist auch die Stellung der deutschen Frau weithin gewandelt worden. Sie gehört in das Gesamtleben des Volkes vor allem als Trägerin der kommenden Generation. Davon ist im naturwissenschaftlichen Unterricht die Rede. Hier, bei unserem Thema, haben wir es mit der Heranbildung der Mädchen zur Leitung eines hauswirtschaftlichen Betriebes zu tun.

... So ist der volksverbundene Haushalt das Ziel, das wir Frauen erreichen sollten. Die Schülerinnen werden aufgefordert, noch andere Beispiele dafür anzugeben: Luftschutz, Eintopfgericht usw. Der Haushalt kämpft mit an Deutschlands Befreiung. Zum Vergleich nennen die Schülerinnen andere Stücke des Befreiungskampfes: Arbeitsbeschaffung, Saarlandbefreiung, Aufbau der Wehrmacht. Die Wirtschaft ist auch eine Waffe und daher dem Heer zu vergleichen.

In den folgenden Stunden soll es unsere Aufgabe sein, einmal festzustellen, wie der Haushalt als Betrieb sich auf diese vom Volk her gestellte Aufgabe einstellt. Auch die Hausfrau hat Pflichten der Volksgemeinschaft gegenüber, auch die gehört zur Gefolgschaft des Führers.

---

[1]) *In „Pharmazeutische Zeitschrift", 81. Jahrgang, Nr. 98, Berlin, 5. Dezember 1936, S. 1319.*

[2]) *Dr. Hanna Hoffmann in „Nationalsozialistische Haushaltführung" – Gedanken zu einer Lehrprobe für Mädchenschulen – in „Nationalsozialistische Erziehung", 1. September 1938, S 251.*

... Gattenwahl

I.[1])

...Es ergibt sich so die ganz einfache Forderung, daß unser Volk in züchterischen Dingen seine Männer vor allem nach ihren Leistungen bewerten sollte, ihnen aber anempfehlen müßte, sich bei der Wahl ihrer Frauen möglichst nach dem nordischen Auslesevorbild zu richten. Damit könnte sowohl der Leistungs- als auch der rassische Zuchtgedanke in sehr einfacher und zweifellos verwirklichungsfähiger Form in unser Volksempfinden eingegliedert und damit lebendig gemacht werden.

Gewiß soll man eine Frau nicht nur nach ihrem Rassewert beurteilen: Blonde Hülsen ohne Kern und Erbwert können wir nicht gebrauchen; wie derartiges erkannt werden könnte, ist auf S. 168 und S. 180 angedeutet worden. Aber man unterschätze auch nicht die Bedeutung des Körperlichen in rassenmäßiger Hinsicht bei der Auswahl der Ehefrau. Die Zucht auf Äußeres hat immerhin das Gute für sich, daß nicht zuviel durcheinander gekreuzt wird; also offensichtlich fremdes Blut, mit seinen völlig unberechenbaren Auswirkungen im Blutserbe der Nachkommenschaft und des Volkes, unserem Volke ferngehalten wird. In der Tierzucht haben wir hierfür ein durchaus überzeugendes Beispiel, indem in der Zucht der edlen Pferde — während der ganzen Zeit, als die reinen Lehrstuhlmeinungen über ähnliche Fragen heftig aufeinanderprallten — die Zucht auf Rasse und Äußeres gleichsam der ruhende Stützpunkt in der Erscheinungen Flucht war, welcher der Zucht Beständigkeit in der Erbmasse und damit auch in der Leistung rettete. — Ohne das überraschend sichere Gefühl für Ebenbürtigkeit in unseren alten Bauerngeschlechtern wäre dem deutschen Volke niemals jene Erbmasse erhalten geblieben, aus der im 18. und 19. Jahrhundert die Fülle bedeutender Köpfe erstand, die unserem Volk den Weltruf als das Volk der Denker und Dichter einbrachte.

II.[2])

52jähriger, rein arischer Arzt,
Tannenbergkämpfer, mit Siedlungsabsicht,
wünscht
männliche Nachkommenschaft durch standesamtliche Ehe
mit gesundem, altarisch, jungfräulich jungem, anspruchslosem, auch für grobe Arbeit geeignetem, wirtschaftlichem Weibe
mit breiten Absätzen, ohne Ohrringe, möglichst ohne Vermögen.
Vermittler abgelehnt. Verschwiegenheit zugesichert.
Briefe unter A E H 151 094 an die M. Neuest. N.

---

[1]) *R. Walther Darré in „Neuadel aus Blut und Boden", J. F. Lehmanns Verlag, München 1930, S. 199.*

[2]) *„Münchner Neueste Nachrichten", Nr. 169 (laut „Das Schwarze Korps" vom 10. Juli 1935).*

... die Volksnotehe[1])

Aus einem Briefwechsel des Reichsleiters Martin Bormann mit seiner Frau Gerda im Jahre 1944 geht hervor, wie sehr beide bedauern, daß durch den Krieg so viele prächtige zur Zucht geeignete Männer in jungen Jahren dahingerafft wurden, bevor sie genug für Deutschlands Zukunft tun konnten. Bormann versichert seiner Frau immer wieder, wie glücklich er mit einer Dame M. sei. Man müßte dem Himmel wahrhaft dankbar sein, der es mit ihm — Bormann — besonders gut meine, indem er ihm nicht nur Frau und Kinder gewähre, sondern nun auch noch M. Er sei sich bewußt, daß ihm die Pflicht obliege, besonders vorsichtig zu sein, um für seine beiden Frauen gesund und leistungsfähig zu bleiben.

Frau Bormann versichert ihrem Mann brieflich, wie glücklich auch sie über sein Glück mit M. sei, denn weshalb solle ein so reizendes Mädchen nach dem Tod des Verlobten in Spanien ohne Kinder bleiben? Ihr Mann würde da schon Änderung schaffen, nur müsse er halt acht geben, daß M. und sie selbst die Kinder immer hübsch umschichtig zur Welt brächten, damit er stets eine seiner beiden Frauen zur Verfügung habe.

Bezüglich der Kindererziehung meint sie, man könne die Sprößlinge beider Frauen auf dem Obersalzberg gemeinsam betreuen. In einem Punkt allerdings müsse Bormann mit M. sehr vorsichtig sein und könne sie nur allmählich umerziehen. Sie sei zwar nicht fromm, doch keineswegs frei vom Christenglauben. Griffe er also das Christentum an, stoße er sie nur vor den Kopf und mache sie widerspenstig. Durch aufklärende Bücher in kleinen Dosen erreiche er sicherlich eher sein Ziel.

Dann kommt sie auf die „Volksnotehe" an sich und rät ihrem Mann, dafür Sorge zu tragen, daß nicht etwa durch ihre offizielle Einführung in Deutschland skrupellose Männer freie Bahn für Sexual-Abenteuer bekommen. Nebenfrauen sollten nur zum Zweck der Kinderproduktion erlaubt werden und dürften ebenso wie die Kinder selbst, die aus einer Volksnotehe hervorgehen, nicht schlechter gestellt werden, als die legitimen Frauen und deren Kinder. Gesetzlich müßte jedoch jedem an Körper und Seele gesunden Mann in Deutschland hinfort Gelegenheit geboten werden, eine oder auch zwei Nebenfrauen in Volksnotehe zu heiraten, um mit ihnen Kinder zu zeugen. Der Staat hätte die gesetzliche Regelung der Volksnotehe an sich, der Rechte der Nebenfrauen und der daraus hervorgehenden Kinder zu bewerkstelligen. Unter Umständen ließe sich allerdings das ganze Problem vielleicht schon durch eine Einverständnis-Erklärung der ersten Frau regeln, indem diese sich schriftlich bereit erklärt, ihrem Manne Nebenfrauen zu gestatten.

Andererseits dürfe nicht übersehen werden, daß eine Frau, die nicht mit der Volksnotehe ihres Mannes einverstanden sei, diesen selbstverständlich wegen Ehebruchs verklagen und sich scheiden lassen könne.

---

[1]) *Anmerkung der Herausgeber: Die Briefe von Martin und Gerda Bormann können nur referiert werden. Die Weigerung des Herrn François Genoud, Lausanne — er besitzt die alleinigen Rechte zur Veröffentlichung — die Originale einsehen zu lassen, zwang dazu. Sie erschienen in englischer Übersetzung im Buch „The Bormann Letters", herausgegeben von H. R. Trevor-Roper bei Weidenfeld & Nicolsen, 7 Cork Street, London W 1, 1954.*

... Kinder-Pflicht

I.[1])

... Nach der Tagung hatte ich Gelegenheit mit Kaltenbrunner im engsten Kreis zusammen zu sein. Außer mir waren noch Oberbefehlsleiter Friedrichs (Parteikanzlei in München) und Gauinspekteur Flemisch zugegen. Soweit ich mich noch genau entsinnen kann, äußerte sich Kaltenbrunner wie folgt: „Deutschland muß dafür Sorge tragen, daß die Ostvölker und der größte Teil der Balkan- und Donaustaaten zum Aussterben gezwungen werde durch Sterilisierung und Vernichtung der Herrenschicht dieser Länder. Um jedoch den Führungsanspruch des deutschen Volkes zu sichern und gleichzeitig die deutsche Bevölkerung zu steigern, müssen alle ledigen und verheirateten deutschen Frauen, soweit diese noch nicht vier Kinder haben, im Alter bis zu 35 Jahren verpflichtet werden, von reinrassigen einwandfreien deutschen Männern vier Kinder zu zeugen. Ob diese Männer verheiratet sind, spielt dabei keine Rolle. Jede Familie, die bereits vier Kinder hat, muß den Mann für diese Aktion freigeben.

II.[2])

Staatsrat Dr. med. Karl Astel
Leiter des staatl. Gesundheits- und Wohlfahrtswesens
im Thür. Ministerium des Innern
Präsident des Thür. Landesamtes für Rassewesen
o. Professor der menschlichen Erblehre
und Rassenpolitik
Rektor der Friedrich-Schiller-Universität Jena

Weimar, 28. 4. 42
Marienstr. 13 I
Fernsprecher 5893

Herrn
Gauamtsleiter Dr. Vellguth
Wien 1
Am Hof 4

Lieber ᛋᛋ-Kamerad Vellguth!

Beiliegend sende ich Ihnen die Durchschrift meines Schreibens an ᛋᛋ-Obersturmbannführer Prof. Pfannenstiel sowie dessen Antwort mit der Bitte um Kenntnisnahme und urschriftliche Rückgabe. Das Weitere ersehen Sie aus meinem Schreiben.

Ihre Erinnerung aus der Zeit von 1934 geht wahrscheinlich auf die Tatsache zurück, daß der damalige Oberbürgermeister von Altenburg gemeinsam mit dem Kreisleiter ein

---

[1]) *Dokument PS — 3462. Aus der Aussage von Bertus Gerdes, Gaustabsamtsleiter von Oberbayern, Dienststelle in München.*

[2]) *Archiv des YAD VASHEM in Jerusalem.*

Denkmal der nationalsozialistischen Revolution errichtete, und zwar in Gestalt der sogenannten „Germanenhof-Siedlung Altenburg". Diese besteht aus 18 Einfamilienhäusern und besaß ursprünglich eine Satzung, nach der nur Erbgesunde aufgenommen würden *und in dem Falle automatisch eine Kündigung erginge, wo nicht alle 2—3 Jahre ein weiteres Kind geboren würde.* Ich bin damals selbst in Altenburg gewesen und habe — übrigens auch autorisiert durch den Reichsstatthalter in Person — dem Unfug, der sich in dieser Bestimmung darstellte, ein Ende gemacht. Leider ist seinerzeit diese ebenso unsinnige wie gefährliche Bestimmung durch die ganze Presse, u. a. auch durch die amerikanische Presse, gegangen.

Aus der Presse erfuhr auch ich erstmals von der ganzen Angelegenheit.

Eher einzugreifen war überhaupt niemand möglich.

Ich habe damals die sofortige Absetzung dieser Bestimmung durchgesetzt und dafür den Passus eingeführt, daß mit jedem weiteren Kind sich die Miete um 20 % verbilligt. Über diese dann korrigierte Angelegenheit habe ich im übrigen auf dem internationalen Kongreß in Scheweningen referiert; ich lege den Wortlaut meines Kongreßberichtes bei. Ich bitte Sie, sich unmittelbar mit Herrn Prof. Pfannenstiel ins Benehmen zu setzen und ihm auf jeden Fall auch die mir s. Zt. mitgeschickten Unterlagen zugänglich zu machen.

Heil Hitler!
Ihr
K. Astel

(handschriftlich:
Astel)

... Demokratie

I.[1])

Der Nationalsozialismus gestaltet aus Herzogs- und Senatsprinzip die modernste Demokratie. Auch die Technik gab ihre Hilfe. Funk und Film überwinden die unpersönlichen Schranken zwischen Führung und Volk, ähnlich dem germanischen Thing herrscht wieder das persönliche Verhältnis zwischen Führung und Gefolgschaft, und so ist die modernste Form der Volksorganisation zugleich die uralte germanische Demokratie in zeitgemäßer Gestalt.

II.[2])

Ich sehe im Nationalsozialismus mit einigen anderen die *erste* und bisher *einzige* demokratische Bewegung des deutschen Volkes.

---

[1]) *Heinrich Härtle in „Nietzsche u. d. Nationalsozialismus", Eher-Verlag, München 1937, S. 27.*

[2]) *Hans Grimm in „Von der bürgerlichen Ehre und bürgerlichen Notwendigkeit", Albert Langen, München 1932, S. 15.*

... Volksabstimmung[1])

Sicherheitsdienst RF-ᛋᛋ — Außenstelle Kochem Kochem, den 7. Mai 1938

An den
SD-Unterabschnitt Koblenz
K o b l e n z

Betr.: Volksabstimmung am 10. 4. 38

In der Anlage wird eine Aufstellung in einfacher Ausfertigung übersandt, die die Personen aufführt, die in Kappel, Kreis Simmern, Nein- oder ungültige Stimmen abgegeben haben ...

Die Kontrolle wurde derart durchgeführt, daß einige Personen des Wahlausschusses vorher sämtliche Stimmzettel mit Nummern versehen haben. Bei der Wahl selbst wurde dann eine Liste geführt. Da die Scheine den Nummern folgend ausgegeben wurden, war es nachher an Hand der geführten Liste möglich, die Personen herauszufinden, die eine ungültige oder Nein-Stimme abgegeben hatten. Ein Exemplar dieser gezeichneten Scheine ist beigefügt. Die Kenntlichmachung erfolgte mit Hilfe entrahmter Milch auf der Rückseite.

Es ist weiter die abgegebene Stimme des evangelischen Pfarrers Alfred *Wolferts* beigefügt.

Von zwei Personen konnten die genauen Personalien nicht angeführt werden, da mehrere des gleichen Namens im Ort vorhanden sind und der tatsächliche Stimmberechtigte mit Sicherheit nicht mehr angegeben werden konnte.

SD-Außenstelle Kochem
Staffelscharführer
Unterschrift (unleserlich)

3 Anlagen

... Indogermanistik[2])

Was hat die indogermanische Sprachwissenschaft dem Nationalsozialismus zu bieten?

Heute klopft in Deutschland an das Tor jeder Wissenschaft der Nationalsozialismus und fragt: was hast du mir zu bieten? Was leistet nun die indogermanische Sprachwissenschaft? Fast könnte es so scheinen, als ob sie, die sich nicht selten gezwungen sieht, auch in recht entfernte Winkel zu schauen, sich gern in sich abkapselt „und einem für das deutsche Volk unfruchtbaren Intellektualismus" verfällt. Mit einem solchen Urteil würde man der Indogermanistik schwer unrecht tun. Woher stammt denn der Begriff Indogermanen, woher stammt der Gedanke, uns als Arier zu bezeichnen, mit einem Namen, den im Altertum die Inder und Iranier geführt haben, wenn nicht aus der indogermanischen Sprachwissenschaft? Sehen wir einmal zu, ob nicht die Indogermanistik im jetzigen Deutschland eine recht nützliche, ja unentbehrliche Wissenschaft ist!

---

[1]) *Dokument R — 142.*

[2]) *Eduard Hermann in „Göttingsche Gelehrte Anzeigen unter der Aufsicht der Gesellschaft der Wissenschaft"*, Nr. 2 und 3, 1937, S. 49.

... Erdkunde[1])

Es ist nicht Aufgabe des deutschen Erdkundeunterrichts, etwa im Sinne der christlichen Bekenntnisse Topographie des „Heiligen Landes“ zu treiben. Vom deutschen Standpunkt aus ist die Kenntnis weder der historischen noch der heutigen Landesteile Palästinas lebensnotwendig. Palästinakunde mag ein wissenschaftliches Forschungsgebiet für den Geographen, Geologen, Ethnologen usw. sein, ist aber keine Aufgabe für deutsche Schulkinder.

... Esperanto[2])

Reichsminister Rust hat in einem Erlaß verboten, den Unterricht in der Esperanto-Sprache oder einer anderen Welthilfssprache zu fördern oder dafür Unterrichtsräume zur Verfügung zu stellen, weil diese Sprachen wesentliche Werte völkischer Eigenart schwächten und daher im nationalsozialistischen Staat keinen Raum haben.

... Grammatik[3])

Auch die Grammatik, die Lehre von der Wort-, Satz- und Stilbildung, läßt sich rassenpolitisch auswerten. Sprachgesetze sind Artgesetze. Die gleichen Kräfte, die die Seele und den Geist eines Volkes geformt haben, wirken auch in den Wortformungen und Satzbildungen seiner Sprache. „Stilistik wird“, so sagt Rudolf Münch in seinem ausgezeichneten Buch „Die dritte Reform des neusprachlichen Unterrichts“, „zur Volksseelenforschung“. Blut und Boden, Rasse und Raum haben das Weltbild, die Weltanschauung eines jeden Volkes geformt, sie haben seinen Lebensstil bestimmt, und dieser Lebensstil bestimmt seinen Sprachstil. Grammatik ist also nicht bloß sprachliches Regel- und Gesetzbuch, sie ist auch ein Bekenntnisbuch des innersten Wesens eines Volkes.

... Handschrift[4])

Das Interesse an Rassefragen gewinnt heute mehr und mehr an Boden. Infolgedessen wird auch der Wunsch nach Methoden immer lauter, die eine zuverlässige Rassenbestimmung erlauben. Es sind hier schon die verschiedenartigsten Versuche unternommen worden, die sich teils auf rassisch-körperliche, teils auf rassisch-seelische Zusammenhänge stützen. Wenn man sich dem rassisch-seelischen Gebiet zuwendet, so liegt es natürlich sehr nahe, die Handschriftendeutung in den Dienst der Rassenbestimmung zu stellen ...

---

[1]) Studiendirektor Dr. Reinhold Krause im Buch „Rassische Erziehung als Unterrichtsgrundsatz der Fachgebiete“, herausgegeben von Dr. Rudolf Benze, Ministerialrat im Reichs- u. Preuß. Ministerium f. Wissenschaft, Erziehung u. Volksbildung, zusammen mit Kreisschulrat Alfred Pudelko, Abt.-Leiter im Deutschen Zentralinstitut f. Erziehung u. Unterricht, Verlag Moritz Diesterweg, Frankfurt/Main 1937, S. 194.

[2]) „Deutsche Allgemeine Zeitung“, 13. Juni 1935, S. 4.

[3]) Dr. O. Harlander in „Nationalsozialistisches Bildungswesen“, Jahrgang 1945, S. 45.

[4]) Bernh. Schultze-Naumburg in „Volk und Rasse“, Jahrgang 1934, S. 311.

... gotische Schrift

I. pro[1])

Auf der Schreibmaschine herrscht heute die Altschrift fast allein; auf je tausend Maschinen mit Lateinschrift kommen heute nur drei bis vier mit deutscher Schrift. Das ist kulturpolitisch bedenklich! Der Reichsminister des Innern, Dr. Frick, hat deshalb im Sommer 1933 eine Verfügung erlassen, bei Neuanschaffung von Schreibmaschinen deutsche Schrift zu fordern.

... Deshalb sind mit Unterstützung der Notgemeinschaft der Deutschen Wissenschaft und mit Billigung des Reichsministeriums des Innern, der Reichsleitung des Kampfbundes für Deutsche Kultur und des Nationalsozialistischen Lehrerbundes drei Mitglieder des Kampfbundes für Deutsche Kultur mit der Schaffung der neuen Schrift beschäftigt.

II. contra[2])

Nationalsozialistische Deutsche Arbeiterpartei — Reichsleitung
Reichsschatzmeister Stempel: München, den 23. Januar 1941
Anordnung 2/41

Nur für den Dienstgebrauch

An sämtliche Dienststellen der Reichsleitung, an die Gauschatzmeister, an die Reichskassenverwalter der Gliederungen der NSDAP und an die der NSDAP angeschlossenen Verbände.

Betreff: Dienstbetrieb: hier: Normalschrift (Antiquaschrift).

Gemäß Anordnung des Führers und unter Bezugnahme auf das Rundschreiben des Stabsleiters des Stellvertreters des Führers vom 3. 1. 1941 ist künftig für sämtliche Druckerzeugnisse innerhalb der NSDAP, ihrer Gliederungen und angeschlossenen Verbände die *Normalschrift* zu verwenden.

Als Normalschrift wird die Antiquaschrift bezeichnet. Die sogenannte gotische Schrift (Fraktur) ist keine deutsche Schrift, sondern auf die Schwabacher Judenlettern zurückzuführen. Die starke Verbreitung in Deutschland ist durch die Inbesitznahme von Buchdruckereien schon bei Einführung des Buchdruckes und später der Zeitungen möglich geworden.

Ich ordne daher an, daß die Normalschrift für alle Druckerzeugnisse wie Verwaltungsdrucksachen- und Druckwerke, Formulare, Urkunden, ferner auch Aufschriften usw. verwendet wird. Die Einführung kann insbesondere bei Neudrucken bzw. -auflagen erfolgen. Die Restbestände müssen selbstverständlich aufgebraucht werden.

Entstehen bei Neuauflagen durch diese Umstellung besondere Vermögensbelastungen infolge der Nichtverwendung wertvoller Klischees usw., so wird empfohlen, im Einvernehmen mit dem zuständigen Dienststellenleiter die Umstellung auf einen späteren Zeitpunkt zu verlegen. Im Zweifelsfalle bitte ich, bei mir anzufragen. Keinesfalls darf jedoch durch die getroffenen Maßnahmen ein Mehraufwand über den normalen Verbrauch des hauptsächlichst notwendigen Materials wie Papier, Farbe usw. verursacht werden.

Nationalsozialistische Deutsche Arbeiterpartei, Reichsleitung
Schwarz

---

[1]) *Dr. phil. Theodor Steche in „Deutsche Kultur-Wacht", 16. Dez. 1933, Heft 37, S. 13.*
[2]) *Dokument CLIII – 274.*

... das Wort[1])

In Wirklichkeit prägen sich nur die *nordischen* Eigenschaften der Sachlichkeit und Kühle auch im sprecherischen Bezirk aus. Der nordische Mensch spricht eben nur um der Sache willen; nur aus einem gewaltigen und großen Anlaß heraus wird er des gesprochenen Wortes mächtig. Angehörige anderer Rassen, besonders der westischen, reden dagegen, um zu reden, aus jenem inneren Hauptbewegungsgrund der Spielhaftigkeit heraus, der sie durchwirkt. Es bedurfte eben des ungeheuren völkischen Geschehens durch den großen Krieg und seines furchtbaren Endes, um in dem nordisch bestimmten deutschen Volk jenen vulkanischen und weltgeschichtlichen Aufrausch des gesprochenen Wortes zu erzeugen, der ja nicht Wort um des Wortes willen, sondern Tat und Kampf mit Hilfe des Wortes war. Die Führerschicht der Freiheitsbewegung war ebenso überwiegend nordisch, wie sie groß im Kampf des Wortes war. Zudem war auch der Stil ihres ganzen Redens durchaus nordisch, sonst wäre er vom Volke gar nicht aufgenommen worden. Hätten die Redner „auf westisch" etwa zum Volke gesprochen, so wären sie nicht verstanden worden.

... Heidegger[2])

Nationalsozialistischer Deutscher Ärztebund e. V. München, Herzog-Wilhelm-Straße 32
Reichsleitung

Herrn
Thilo von Trotha
Außenpolitisches Amt der NSDAP
Berlin
Wilhelmstr. 72

Lieber Pg. Trotha!

Von verschiedenen Seiten werde ich immer wieder auf die Aktivität von Heidegger in Freiburg aufmerksam gemacht, der es verstanden hat, heute schon in weitesten Kreisen als der Philosoph des Nationalsozialismus zu gelten.

Da ich selbst über Heidegger kein eigenes Urteil habe, habe ich kürzlich bei Jaentsch in Marburg angefragt (Sie kennen ihn ja auch noch von seinem Besuch bei Rosenberg in München) und habe als Antwort eine total ablehnende Denkschrift bekommen, die Jaentsch auf eine gleiche Frage von Krieck eben hergestellt hat.

Es ergibt sich, daß Heidegger als Leiter der Preuß. Dozenten-Akademie ernsthaft zur Wahl steht.

Sprechen Sie doch bitte mit Rosenberg davon, damit er sich, falls er nicht überhaupt sowieso Bescheid weiß, dieser offenbar gefährlichen Angelegenheit annimmt.

Besten Gruß und

Höflichkeitsformeln fallen bei allen parteiamtlichen Schreiben weg.

Heil Hitler!
Ihr Gross

---

[1]) *Dr. Maximilian Weller in „Gesprochene Muttersworte", Kurt Schröder Verlag, Köln 1935, S. 95.*

[2]) *Dokument XLV – 626.*

... Richard Strauss[1])

Amt Musik

Berlin, den 3. 3. 44
Dr. Gk./Ga.

An den
Leiter des Presseamtes
Pg. Biedermann, im Hause

Lieber Parteigenosse Biedermann!

Im Juli wird Richard Strauss 80 Jahre alt, und es ist zu erwarten, daß auch die Partei-Presse große Artikel über ihn bringen wird. Reichsleiter Bormann hat kürzlich im Namen des Führers in einem vertraulichen Rundschreiben zum Ausdruck gebracht, daß alle führenden Parteigenossen, die bisher persönliche Beziehungen zu Richard Strauss unterhalten haben, diese abzubrechen haben, weil Strauss sich schwer gegen die Forderungen der Volksgemeinschaft vergangen hat. Ich sprach kürzlich mit unserem Reichsleiter darüber, um zu erfahren, wie er über die Würdigung Richard Strauss' in unseren Zeitschriften und im „VB" denkt. Der Reichsleiter empfiehlt, daß wir lediglich registrierend von etwaigen Aufführungen Notiz nehmen und nach Möglichkeit keine großen Artikel über Strauss erscheinen lassen.

Da ich nur ganz kurz in Berlin bin, möchte ich Sie bitten, den „VB" entsprechend zu informieren.

Heil Hitler!
gez.: Gk
(Dr. Gerigk)

... Alkohol

I. contra[2])

Gelegentlich kann man immer noch die Bemerkung hören, die Germanen wären in frühgeschichtlicher Zeit sehr starke Biertrinker, also alkoholsüchtig gewesen. Abgesehen davon, daß es in der damaligen Zeit ein Bier in dem heutigen Sinne nicht gegeben hat, ist zu dieser Behauptung zu sagen:

Sie stimmt mit den Forschungsergebnissen der Vor- und Frühgeschichte nicht überein. Denn diese beweisen, daß Germanen und Indogermanen eine sehr hohe Kultur gehabt haben. Sie war durch eine strenge Zucht bedingt, die Alkoholmißbrauch ausschloß, denn nur so konnten sich diese Völker allen widrigen Umwelteinflüssen zum Trotz über Jahrtausende erhalten. Im Germanentum hat also der Alkohol eine ebenso unerhebliche Rolle gespielt wie bei anderen Völkern von gleichhochstehender Kultur.

---

[1]) *Dokument CXLV – 640.*

[2]) *Oberregierungsrat Dr. Falk Ruttke, Lehrbeauftragter für Rasse und Recht in der Juristischen Fakultät in der Friedrich-Wilhelm-Universität, Berlin, in „Der öffentliche Gesundheitsdienst", Verlag Georg Thieme, Leipzig 1939, Heft 14, S. 346–348 (Auszüge).*

II. pro[1])

Der Biergott sieht aus wie ein dicker Münchener, gutmütig und cholerisch. Der Kaffeegötze (von einem Kaffee*gott* kann man merkwürdigerweise nicht sprechen) hat etwas Abessinisch-Afrikanisches; er ist schwarz, grell bemalt, hat noldesche Augen und eine scharfe Semitennase. (Das ist der Grund, warum in einem expressionistisch bemalten Raum niemals Bier, wohl aber Kaffee zu trinken möglich ist.) Die Feste des Biergottes werden stets mit schmetternden Trompeten gefeiert, in die eine Pauke ihr dröhnendes Bummdarah! mischt. Die Musik des Kaffeegötzen aber ist das Gedudel des Saxophons, bei esoterischen Festen auch spitzes Flötengetön.

...Der Biergott ist den Germanen wohlgesinnt, der Kaffeegötze den Juden. Hat ein Deutscher ein Geschäft mit einem Juden, so nehme er ihn mit in einen Bräukeller und gebe ihm Bier zu trinken, so wird er den Sieg über den Juden davontragen. Geht er aber mit ihm ins Kaffeehaus und trinkt Kaffee, so muß er wissen, daß der Dämon des Ortes ein Philosemit ist. Durch diese dämonischen Affinitäten erklärt es sich, daß die Ausbreitung der Kaffeehäuser in einem festen Verhältnis steht zur Ausbreitung der Humanität und der Judenemanzipation. Es ist ein allgemein anerkanntes Faktum: je balkanischer und gar orientalischer eine Gegend ist, um so kaffeeistischer ist die Lebensform der Menschen, die sie bevölkern. Daher heißt der Kaffee auch mit Recht „der Trank der Levante". Mohammed verbot das Bier. (Auch Jahwe liebt sicherlich nicht das Bier. Hätte er es in seiner Bergwüste am Sinai gekannt, so würde er es wohl verboten haben.) Die christliche Kirche aber verbot 1554 den Kaffee. Sie wußte, was sie tat. Aber wer hört auf sie?

... Kriegsverdienstkreuze[2])

Nationalsozialistische Deutsche Arbeiter-Partei – Kanzlei
Der Leiter der Partei-Kanzlei

Führerhauptquartier, den 2. 8. 1944

Rundschreiben 174/44

Betrifft: Auszeichnung von jüdischen Mischlingen I. Grades mit dem Kriegsverdienstkreuz oder mit anderen Orden und Ehrenzeichen.

Im Auftrage des Führers teile ich mit:

Verleihung von Kriegsverdienstkreuzen und sonstigen Orden und Ehrenzeichen an jüdische Mischlinge I. Grades und an Volksgenossen, die mit Juden oder jüdischen Mischlingen I. Grades verheiratet sind, dürfen nicht vorgenommen werden.

gez. M. Bormann

---

[1]) *Dr. Wilhelm Stapel in „Deutsches Volkstum", Jahrgang 1934, S. 95–96 (Auszüge).*
[2]) *Dokument CXLII – 220.*

... Neger

I.[1])

In Nürnberg finden Wettkämpfe von Berufsringern statt, an denen zahlreiche Nationen und auch ein Neger beteiligt sind. Nach einem ausführlichen Bericht der „Fränkischen Zeitung" seien dem Neger ungleiche und unterlegene Gegner gegenübergestellt worden, so daß er bei jedem Auftreten einen Sieg oder ein Unentschieden erzielt habe. Bei den Zuschauern habe sich neben einer kleinen Gruppe, die Beifall gespendet habe, eine wachsende Erregung bemerkbar gemacht, so daß die Weiterführung der Kämpfe gefährdet worden sei. Am Freitag habe dann Julius Streicher die Ringkämpfe besucht und eine Ansprache gehalten, in der er u. a. erklärte, es sei ein Reklametrick und ein Appell an die Minderwertigen, wenn man einen Neger zur Schau stelle und mit Weißen kämpfen lasse. Man achte jede Rasse, aber es wäre besser gewesen, wenn man den Neger in seiner Heimat gelassen hätte, denn der deutsche Mensch empfinde derartige Schaukämpfe als Rassenschande. Zum Schlusse teilte Gauleiter Streicher mit, daß der Polizeipräsident die weitere Teilnahme des Negers auf Grund der großen Erregung, die sich des Publikums bemächtigt habe, untersagt habe. Der Gauleiter stiftete dann einen Pokal für das Turnier.

II.[2])

Mit Recht wurde allgemein die Aufführung der Oper „Aida" im Elberfelder Haus anerkannt. Schließlich ist ja diese Oper mit ihrem heldischen Gedanken durchaus geeignet, dem deutschen Menschen wirklich etwas zu geben. Vielfach aber haben sich die Theaterbesucher den Kopf darüber zerbrochen, weshalb man die Aida und ihren Vater regelrecht auf Neger mit möglichst dunkler Haut und Wollhaar aufmachen mußte. Hätte es nicht im Gegenteil dem deutschen Empfinden Rechnung getragen, nordische, heldische Menschen auf die Bühne zu stellen.

III.[3])

Der Befehlshaber der Sicherheitspolizei und des SD im Bereich des Militärbefehlshabers in Frankreich

Paris, den 24. Nov. 42

Betr.: Arbeitskommando schwarzer Kriegsgefangener
für die Beerdigung erschossener Geiseln

... Aus dem Gespräch und den anschließenden Bemerkungen von Herrn Hptm. Limburg war zu entnehmen, daß Herr Hptm. Irle sein Einverständnis geben würde, damit Wache und Kriegsgefangene während der Zeit in Paris in die Verpflegung der Kompanie von Hptm. Irle zu übernehmen seien. Hptm. Limburg fordert das insbesondere auch aus psychologischen Gründen, da nach seinen Erfahrungen die Schwarzen, wenn sie gut verpflegt werden, auch gut arbeiten.

---

1) *„Frankfurter Zeitung", 11. März 1935.*
2) *„Theater-Tageblatt", 2. Februar 1935.*
3) *Dokument XLV – 44.*

Im Laufe der Besprechungen äußerte Hptm. Limburg Bedenken, ob es überhaupt zweckmäßig sei, schwarze Kriegsgefangene auf diese Weise gewissermaßen als Zeugen einer Exekution von Weißen zuschauen zu lassen. Die Schwarzen würden doch im Lager ihren Kameraden davon erzählen, was nicht nur wegen der Geheimhaltung, sondern auch aus anderen Gründen sich ungünstig auswirken könne. Von mir wurde erwidert, daß die Heranziehung der Farbigen erst als letzte Lösung auf Weisung des Befehlshabers der Sicherheitspolizei betrieben worden sei, nachdem auf andere Weise ein Arbeitskommando für diese wenig erfreuliche Aufgabe nicht beschafft werden konnte.

Im Laufe des Spätnachmittags rief Hptm. Irle als Fortkommandant nochmals an und erklärte, er könne die Unterbringung von Schwarzen in den von O.-Zahlm. Weber ausgewählten Räumen nicht zustimmen. Diese Räume befänden sich in der Unterkunft seiner Kompanie, und er könne unter keinen Umständen ein Zusammenkommen der Farbigen mit seinen Leuten billigen. Auch fürchte er eine Verschleppung von Ungeziefer. Ich wies darauf hin, daß die Räume von den übrigen Räumen durch eine verschlossene Tür abgetrennt seien. Auch wäre ein Zusammentreffen mit deutschen Soldaten unmöglich, da die Schwarzen in der Stirnseite des Gebäudes untergebracht seien und ein getrennter Eingang bestehe. Im übrigen ständen die Schwarzen unter ständiger Bewachung. Weiter erklärte Hptm. Irle, die deutsche Wache in Verpflegung nehmen zu wollen. Für die Schwarzen käme es aber nicht in Frage. Er sähe nicht ein, warum diese Schweine die von der Kompanie aus eigenen Mitteln verbesserte Kost bekommen sollen . . .

. . . Unsterblichkeit[1])

Dr. St./M. 1. April 1942
III/Fr/Pf.–516

An den
Reichsleiter Martin Bormann
München
Brienner Str. 45

Sehr geehrter Parteigenosse Bormann!

Von verschiedener Seite ist die Frage aufgeworfen worden, ob sich ein Bekenntnis zum Gedanken einer Unsterblichkeit mit der nationalsozialistischen Weltanschauung verbinden läßt. Es erscheint mir richtig, öffentlich auszusprechen, daß die Unsterblichkeitsvorstellung im Bereich der Gewissensfreiheit eines Nationalsozialisten liegt. Dies auch deshalb, weil sonst den Gegnern unserer Weltanschauung in den Konfessionen eine Möglichkeit gegeben würde, eine bestimmte Agitation gegen uns zu betreiben.

Ich übersende Ihnen meine Stellungnahme schon jetzt zur Kenntnisnahme, damit Sie sie in Händen haben, bevor sie veröffentlicht wird.

Heil Hitler!
Unterschrift (unleserlich)

1 Anlage

---

[1]) *Dokument CXLII – 217.*

NAMENSVERZEICHNIS

Bearbeitet von Diplom-Volkswirt Margot Schwager

Léon Poliakov / Josef Wulf

Das Dritte Reich und die Juden

Dokumente und Aufsätze. Nachdruck der 2. durchges. Auflage Berlin 1955. 1978. XII, 457 Seiten. Linson DM 58,–. ISBN 3-598-04602-2

„Das Buch vom Dritten Reich und den Juden spricht eine Sprache, vor der jede Phrase verstummt.“ *Hermann Hesse, Nobelpreisträger*

Josef Wulf

Das Dritte Reich und seine Vollstrecker

Die Liquidation von 500.000 Juden im Ghetto Warschau. Nachdruck der Ausgabe Berlin 1961.
1978. 383 Seiten. Linson DM 58,–. ISBN 3-598-04603-X

Dokumente und Berichte über Aufstand und Vernichtung in Warschau. Biographien der Liquidatoren und Helfershelfer.

Léon Poliakov / Josef Wulf

Das Dritte Reich und seine Diener

Enthüllungen über auswärtiges Amt, Justiz und Wehrmacht. Nachdruck der 2. durchges. Auflage Berlin 1956.
1978. XVI, 540 Seiten. Linson DM 58,–. ISBN 3-598-04600-6

„Allein ein Blick in das umfangreiche Namensregister genügt, um manchen erschauern zu lassen, der gleichgültig die Augen verschließt.“ *(Der Abend)*

Léon Poliakov / Josef Wulf

Das Dritte Reich und seine Denker

Dokumente. Nachdruck der Ausgabe Berlin 1959.
1978. XII, 560 Seiten. Linson DM 58,–. ISBN 3-598-04601-4

Dokumente aus allen Bereichen geistiger Betätigung zeigen die Methode des Regimes bei der Unterdrückung und Aushöhlung der Wissenschaft und des Glaubens, des Rechtes und der Publizistik. Neben den überzeugten Wortführern der nationalsozialistischen Weltanschauung stehen die vielen mehr oder minder unfreiwilligen Denker, die inzwischen längst revoziert haben. Ihre erzwungene oder opportunistische Mitwirkung macht einen wesentlichen Teil der verzwickten Problematik des Dritten Reiches aus.

K · G · Saur München · New York · London · Paris
Postfach 711009 – 8000 München 71 – Telefon (089) 798901

FSC
www.fsc.org
MIX
Papier | Fördert
gute Waldnutzung
FSC® C083411

Kolibri 360 GmbH
Ferdinand-Jühlke-Straße 7
99095 Erfurt, Deutschland
produktsicherheit@kolibri360.de